U0935975

生态文明建设大辞典

主　　编

祝光耀　张　塞

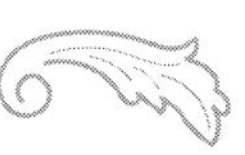

第三册

T–Z

数字与字母

江西科学技术出版社

2016·南昌

T

塔 太 泰 碳 唐 特 替 天 田 条 调 铁 庭 通 同 筒 突 图 土 推 退 托

塔基斯·福托鲍洛斯

Takis Fotopoulos，1940 ~

希腊政治哲学家、活动家，《包容性民主国际学报》创刊主编。主要学术领域是激进民主政治和环境政治理论，主要著作有《走向包容性民主》(1997)和《当代多重危机与包容性民主》(2005)等。在《当代多重危机与包容性民主》中，作者认为，当前我们正面临一场前所未有的多重危机，主要表现是权力的高度集中。这种集中的原因是现代性下的两种主要制度——代议制民主和市场经济。这种危机的解决方案是建立真正的民主社会。这种民主社会是我们自己有意识选择的、能够有助于个人和社会自治的那些社会组织形式基础上的社会。（徐越）

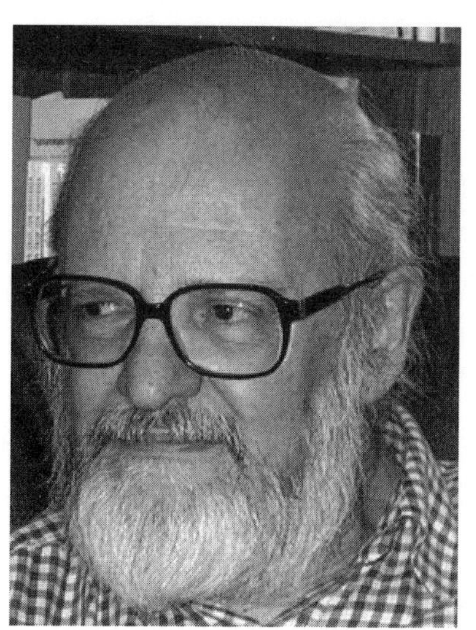

塔斯马尼亚绿党

The Tasmanian Greens

澳大利亚绿党的组成部分，1992年正式成立。由塔斯马尼亚地区的众多环保团体与环境运动发展而来。历史可追溯到1972年成立的世界上第一个绿党“团结塔斯马尼亚组织”。该组织在1972年塔斯马尼亚州选举中获得3.9%的选票。1976年塔斯马尼亚选举中，鲍勃·布朗

（Bob Brown）成为党的候选人，获得2.2%的选票。1991年塔斯马尼亚州众议院选举中，团结塔斯马尼亚组织获得17.1%的选票和5个议会席位。此后，该党改称“绿色独立派”。1992年，绿色独立派正式组建为塔斯马尼亚绿党。在1992年、1996年、1998年、2002年、2006年、2010年、2014年的州议会选举中，塔斯马尼亚绿党分别获得13.2%、11.1%、10.2%、18.1%、16.6%、21.6%、13.8%的选票。与该州的其他政党不同，塔斯马尼亚绿党官方支持其候选人参加塔斯马尼亚的地方政府竞选。（王聪聪）

太极

TaiJi

太极通常被理解为宇宙最初的、整全的、阴阳未分时浑然一体的元气、本体、起源。太极是中国思想史、文化史的重要范畴。太极思想被中国历史上诸学派广泛引申和发挥，对中国古人的世界图式、宇宙生成论、人伦日用、社会秩序等方面影响深远。《庄子》说：“大道在太极之上而不为高，在六极之下而不为深，先天地而不为久，长于上古而不为老。”《易传》：“易有太极，是生两仪，两仪生四象，四象生八卦。”后世关于太极的论述更多。在太极思想影响下出现的太极图为人熟知。太极概念常与易学一起出现。太极概念是道教宇宙论、宗教修行论和术数理论的基本概念。太极在道家体系中指宇宙最原始的秩序状态，为宇宙阴阳未分的混沌状态。（雷爱民）

《太平经》

Taiping Scripture

又名《太平清领书》，是中国早期道教的主要经典。它在中国道教史上有举足轻重的位置，被称作“道教第一经”。原书分甲乙丙丁戊己庚辛壬癸10部，每部17卷，共170卷，《太平经》主张奉天法道，应阴阳五行之理，顺天地自然之法，治政修身，以达于天下太平理想。它继承老子的道论和传统的天神信仰，构筑早期道教的神学思想体系，提出神仙不死、求长生等观念，推崇老子“无为而无不为”的治国思想，提出辟谷、食气、服药、养性、房中术、针灸、占卜、堪舆等修养方术，重视符咒，宣扬服符能驱邪得福、治病长生，提出善恶报应的观念。认为作恶太多，天地必降灾异，殃及后人等。近代学者王明根据多种道教经书及有关史籍，参照合校，著《太平经合校》，基本上还原《太平经》170卷的轮廓与内容，有助于宗教史及思想史研究。（雷爱民）

太平洋环境组织

Pacific Environment

于1987年在美国成立。致力于通过加强民主，支持草根组织，联合当地社团及重新定义国际政策，保护环太平洋地区的生存环境。在中国支持的项目：1. 打击濒危物种非法贸易。揭示北京对鲨鱼的消费是对世界海洋鲨鱼的致命打击。与其他国际和本地组织建立“Wildlife in Trade Alliance”，相互沟通信息，协同开展打击野生物种贩卖和国际走私贸易的现象。2. 海洋保育。对渤海斑海豹保护，资助中国海兽专家王丕烈带领研究组对渤海湾斑海豹繁殖地进行考察；协同韩国的Green Korea一起投入斑海豹的保育工作。3. 保护河流。随着中国河流水污染问题的加重，推动政府和社会解决河流水污染问题。4. 促进中国本土环境民间组织发展。支持中国本土的环境民间组织，意识到草根组织和民众是解决本地环境问题的关键。为中国团体提供资金、培训和信息支持。（席溢）

太阳房

Solar House

把太阳能转换成低温热能加以利用的建筑物。除常规建筑部分外，有集热、蓄热、供热3大部分，配有辅助能源，供太阳能不足时使用。一般太阳房以冬季采暖为主，兼顾夏凉要求；多数太阳房配有太阳能热水系统，可以提供生活用水。根据供热方式，太阳房有主动式和被动式两种：1. 主动式太阳房。主动式太阳房供热系统（包括集热器、储热装置以及相应的管道、泵和风机等）设计是独立于房屋建筑的。按其所用介质的不同，分为水系统和空气系统两大类。这两种系统的主要区别在于空气系统用风机代替水泵，以卵石床蓄热装置代替储水箱，集热器的管道结构也略有区别。空气系统与水系统比较，不存在防冻问题，腐蚀也不严重，系统万一泄露，对建筑物没有危害。缺点是空气的换热系数和比热都比水小得多，因而加大集热器和储热装置的体积，且风机耗用电能较多。2. 被动式太阳房。被动式太阳房一般不需要建筑物以外的设备和其他能源，仅依靠合理的建筑方位和通过窗、墙、屋顶等建筑物的本身构件，吸收、贮存太阳能。结构简单，造价低廉，管理使用方便。又可分为：1）直接受益式。太阳光穿过玻璃直接进入被加热空间，在吸收表面上蓄积热量，并扩散至室内各个部分。设计简单，用材广泛，但室温波动较大。2）间接受益式。利用垂直的南墙作为集热蓄热墙，进行太阳能自然采暖。这种墙由法国费利克斯·特朗勃（Felix Trombe）首创，所以又称特朗勃墙。南墙外表面涂黑，上、下开有空气自然循环孔，离墙10厘米左右的外面安装玻璃窗，当窗和墙之间夹层内的空气被阳光加热后，与室内空气形成自然循环向室内供热。1939年美国麻省理工学院建成世界上第一座太阳房，60年代一些发达国家相继开展研究，至80年代太阳房已达到较高水平。截至1981年，日本完成对新建和旧有私人住宅、大型建筑、集体住宅等4种形式太阳房的实际运行评价，从1980年起积极普及。中国自70年代后期开始进行试验研究，1977年在甘肃民勤建成我国第一座被动式太阳房，1978年建成主动式太阳房，此后陆续建造被动式太阳房的有天津杨村、青海泉吉、内蒙古呼和浩特、河北石家庄和北京等地计有45座。由于主动式太阳房利用太阳能集热器作为热源，进行采暖或空调，其他设备和用常规能源作热源时一样，只需要配备常规能源以备较长时间无日照时采暖用，一次性投资和维修管理等费用较高，在中国应用较少。（参考：席晖、刘志岭：《浅谈被动式太阳房的节能》，《建筑》2005年第6期第65～67页；周燕、谢军龙、沈国民、胡海峰：《主动式太阳房的应用技术》，《能源工程》2003年第2期第17～19页。**朱配辰**）

太阳能

Solar Energy

指太阳的热辐射能，是太阳内部连续不断的核聚变反应过程产生的能量，主要表现为太阳光线。太阳能是一种无污染、可再生的清洁能源，通常以光电、光热、光化学方式转换为热能、电能和化学能，利用太阳能有光热转换和光电转换两种方式。太阳能资源巨大，每年到达地球表面的太阳辐射能相当于130万亿吨煤燃烧的能量。它是一项长久资源，根据太阳产生的核能速率估算，氢的贮量足够维持上百亿年，地球的寿命约为几十亿年。从这个意义上讲，太阳的能量是用之不竭的。此外，太阳能可以直接开采和利用，免去运输成本。但是太阳能也有自身缺点，如：易分散、不稳定，收集效率低、收集成本高等。（**石艳峰**）

太阳能电池

Solar Cell

太阳能电池是把太阳能直接转变为电能的装置，可用作人造卫星上的仪器的电源及其他各种电源，如一些耗电很少的半导体收音机、钟表、手电筒等。按原理和电池结构分为半导体电池、光电化学电池和有机光电转换电池3类。其中以半导体太阳能电池研制最早（始于1954年），使用最多，主要为硅太阳能电池和化合物半导体太阳能电池。硅太阳能电池是物理电池，原理是选用p型（空穴导电）和n型（电子导电）半导体，组成p-n结电池结构，当太阳光照射其表面时，产生光生伏特效应，将太阳能转换为电能。在硅太阳能电池中，单晶硅光电池转换效率较高，但制造工艺复杂，价格也高；非晶硅光电池的转换效率较低，但大面积制备工艺简单，制造成本低；多晶硅光电池转换效率居二者之间，已达13%，可望进一步提高。化合物半导体太阳能电池分为Ⅲ－Ⅴ族和Ⅱ－Ⅳ族两类，主要有砷化镓、磷化铟太阳能电池等，转换效率比硅太阳能电池高，如砷化镓太阳能电池的转换效率可达20%～28%。光电化学电池是通过光电化学反应实现太阳能转换为电能的装置，以n型半导体作光阳极材料，p型半导体作光阴极材料，以碱溶液作电解液，是处于研究中的太阳能电池。有机光电转换电池是以功能高分子代替无机材料制作的太阳能电池。如利用不同氧化还原型聚合物的不同氧化还原电势，在导电材料表面进行多层复合，可制成聚合物多层修饰电极型太阳能电池。目前尚处于研究阶段。太阳能电池具有资源丰富、效率高、无污染、无噪声、寿命长等优点，但由于目前价格较贵，一般只用于空间电子设备或无市电的边远地区。（参考：梁宗存、沈辉、李戬洪：《太阳能电池研究进展》，《能源工程》2000年第4期第8～11页；倪萌等：《太阳能电池研究的新进展》，《可再生能源》2004年第2期第9～11页。朱配辰）

太阳能电动车

Solar Electric Car，Solar Vehicle

将太阳能作为能源驱动的电动车。它将太阳

能转化成电能对车进行供电，在很大程度上降低电动车的使用成本，而且非常环保。相对于一般电动车，其结构性能更加卓越超群，能够及时有效地补充电动车野外行驶途中的电量，增强行驶电能，维护和延长蓄电池使用寿命。其设计独特，安装使用方便，保持电动车现有的配置和车辆结构，是目前同类产品中功率最大、价格最低、性能最优的太阳能充电器。使用寿命可达10年左右，特别是在提高电动车运行性能，降低电动车使用成本方面有很高的应用价值。此外，它具有无污染、无噪音、易驾驶、使用费用低廉等优势。（石艳峰）

太阳能电站

Solar Power Station

太阳能电站是通过太阳能的光热利用和光电利用获得电能的发电站。分为两类：1. 太阳能热电站。利用反射镜聚焦收集阳光，通过循环工质进行热交换使水变成蒸汽驱动汽轮发电机发电。包括分散型（通过串、并联的集热器阵集热，将所得的高温高压蒸汽或高温油汇总到蓄热池，推动汽轮发电机）和集中型（将反射镜阵会聚阳光于一处，安装一大型吸热器，传热介质将一部分热能贮入蓄热池，另一部分加热产生高压蒸汽，推动汽轮发电机）。2. 太阳能光电站。又称太阳电池发电站。通过由若干太阳电池串、并联构成的方阵，将太阳辐射直接转换成直流电能，再经直交流变换装置转换成交流电，输入电网。由于目前世界上以热能发电的太阳能电站数量很少，太阳能电站主要是指使用太阳电池发电的电站，也称为光伏电站或光电站。一般电站功率为几千瓦，大的达到几兆瓦。太阳能电站依其供电方式可分为独立电站和并网电站，并网电站又可分为中央集中型及离散型两种。前者功率较大，在100兆瓦级，后者为千瓦级，多设在屋顶上。在无常规电网的边远地区，独立太阳能电站已具有实用价值。太阳能电站的发展前景是建立大的并网电站取代部分常规能源。并网中央式太阳能电站的优点之一是作为大电网的一部分，不需储能系统，对大电网起调峰作用。发达国家已在这方面进行积极研究与开发，目前正在设想和研究中的有位于地球表面的普通太阳能电站和建造在太空中的太阳能发电卫星两类。前者建造容易，投资费用相对较低，产生电能便于直接送给用户；但受地球上自然条件的影响很大，容量受到限制，效率很低，且需加设大量的集能、蓄能装置。后者位于离地球表面大约35600千米的同步轨道上，与地球处于相对静止状态，不受地球上自然条件的任何影响；因进入地球阴影部分最长时间为72分钟，故基本上可连续发电，容量很大，效率较高；但建造此类太阳能电站投资费用极大，必须采用微波输电技术，还需在地球上安装一面积足有10平方千米的巨型接收天线，故受电站位置只能限于沙漠中或大海上。目前世界上规模较大的太阳能电站，是设在美国阿尔布凯克城附近沙漠里的太阳能发电实验电站，它的聚光器由1700多面反射镜组成，能自动跟踪太阳，将日光聚焦到60米高塔上的蒸汽锅炉里，使锅炉每小时产生10余吨高温高压蒸汽，以推动汽轮发电机发电，其发电容量可达750千瓦。这种塔式太阳热能发电装置正在一些国家推广。（参考：明廷臻、刘伟、许国良、范爱武：《太阳能热气流电站系统研究》，《工程热物理学报》2006年第3期第505～507页；宋玉萍、孟忠：《太阳能光伏电站项目的评价方法及实证研究》，《华北电力技术》2011年第1期第30～35页。朱配辰）

太阳能光伏

Solar Photovoltaics

太阳能发电分为光热发电和光伏发电。通常说的太阳能发电指的是太阳能光伏发电，简称“光电”。光伏发电是利用半导体界面的光生伏特效应将光能直接转变为电能的技术。太阳能光伏发电系统利用太阳电池半导体材料的光伏效应，将太阳光辐射能直接转换为电能，有独立运行和并网运行两种方式。独立运行的光伏发电系统需要有蓄电池作为储能装置，主要用于无电网的边远地区和人口分散地区，整个系统造价很高。在有公共电网的地区，光伏发电系统与电网连接并网运行，省去蓄电池，可以大幅度降低造价，具有更高的发电效率和更好的环保性能。从理论讲，光伏发电技术可以用于任何需要电源的场合，上至航天器，下至家用电源，大到兆瓦级电站，小到玩具，光伏电源无处不在。光伏发电产品主要用于：1. 为无电场合提供电源；2. 太阳能日用电子产品，如各类太阳能充电器、太阳能路灯和太

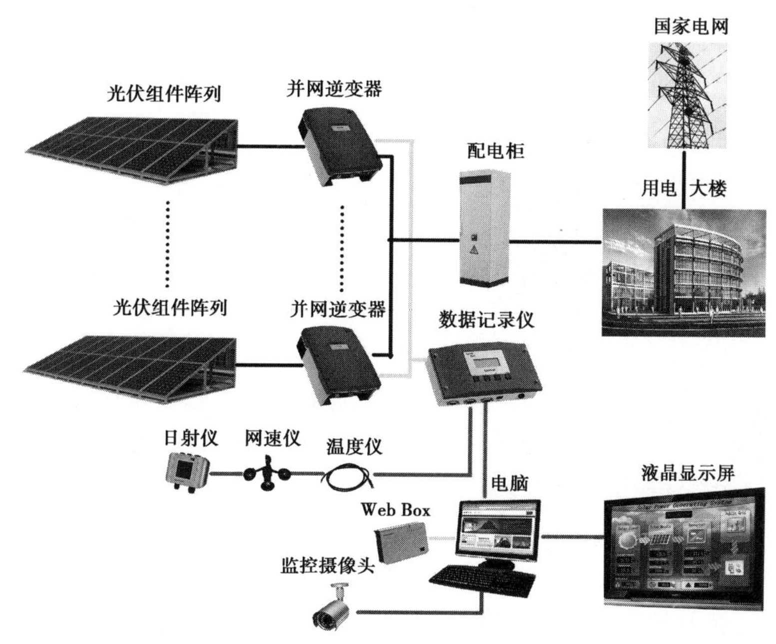

阳能草地各种灯具等；3. 并网发电，这在发达国家已经大面积推广实施。（韩铮）

太阳能集热器

Solar Thermal Collector

将太阳的辐射能转换为热能的设备。虽然不是直接面向消费者的终端产品，但是太阳能集热器与我们的生活息息相关，它是组成各种太阳能

热利用系统的关键部件。无论是太阳能热水器、太阳灶、主动式太阳房、太阳能温室还是太阳能干燥、太阳能工业加热、太阳能热发电等都离不开太阳能集热器，都是以太阳能集热器作为系统动力或者核心部件。根据集热器内是否有真空空间，太阳能集热器可以分为平板型集热器和真空管集热器。平板型太阳能集热器有吸热板、透明盖板、隔热层和外壳等部分组成，是太阳集热器中最基本的类型。其结构简单、运行可靠、成本适宜，还具有承压能力强、吸热面积大等特点，是太阳能与建筑结合最佳选择的集热器类型之一，国际太阳能市场始终以平板集热器为主。（石艳峰）

太阳能聚光镜

Solar Concentrating Mirror

聚集太阳能的特殊镜子。作用原理为：阳光通过直径 0.4 米的涂有银的玻璃反射镜，反射到经过精密加工的银锥体上，银锥体里面含有对光线能起折射作用的油，油是使阳光高度聚集的关键物质。这个银锥体把阳光聚集起来，可使焦点的直径从 1 厘米缩小到 1 毫米，从而使能量密度达到 5000 瓦 / 平方厘米。这一强度已超过激光器激发激光的临界强度，可以为分离铀同位素的激光器提供能量。阳光中聚集的紫外线，能改变金属和其他材料的分子结构，生产出强度极高的航空航天材料。这种反射镜可为空间通信、材料加工及激光器提供能量和动力。按照材料的不同，太阳能聚光镜分玻璃镜面、陶瓷镜面、金属镜面。玻璃镜面的镀层一般镀镁、银、钼等，聚光效果不是很好；金属镜面一般都镀各种金属，镀铝的聚光镜反射率可达到 95% 以上。（石艳峰）

太阳能屋顶

Solar Roof

指以节能减排为目标，利用太阳能光电发热技术在房屋屋顶安装太阳能发电装置，形成的小型电站使太阳能转化为可供生产和生活使用的电能，从而在城乡建筑领域进行发电。太阳能屋顶工程设计主要分为离网式光伏发电系统和并网光伏发电系统，离网式光伏发电系统造价高，主要用于没有电网和人口稀少的边远地区，并网式光伏发电系统由电网补充或者吸收本地负荷，主要应用于经济发达、人口稠密的地区。太阳能发电系统由逆变器、控制器、蓄电池组成。逆变器将电流转变为交流电，是太阳发电系统的核心部件；控制器控制和调节电能的使用；蓄电池负责储蓄由控制器分流而来的电能，此外控制器还负责蓄电池的储蓄量。2009 年国家启动太阳能屋顶计划，财政部发布《关于加快推进太阳能光电建筑应用的实施意见》，同时下发《太阳能光电建筑应用财政补助资金管理办法》，以推进太阳能光电技术在城乡建筑领域的推广和应用。太阳能屋顶计划为贯彻《可再生能源法》，落实中央政府关于太阳能光电技术促进节能减排战略部署而实行。太阳能屋顶计划是光电技术与建筑一体化的应用示范，本身具有重大意义。在《实施意见》中，太阳能光电技术的推广不仅视为促进光电产业本身发展的需要，也被视为促进建筑节能的重要应

用。（参考：何水清等：《太阳能屋顶工程技术与应用（上）》，《太阳能》2013年第23期第57～59页。欧阳文川）

泰德·本顿

Ted Benton

英国埃塞克斯大学社会学教授、生态学者。生年不详。学术研究方向是环境与生态问题。从20世纪70年代至今，笔耕不辍，著述不断。其中能够反映学术思想的重要著作有：《结构马克思主义的兴衰：阿尔都塞和他的影响》（1984）《马克思主义与自然极限：一种生态批判和重建》（1989）《生态学、社会主义和支配自然：与格伦德曼商榷》（1992）《自然的关系：生态学、动物权利和社会正义》（1993）《生态马克思主义》（1996）《社会自然哲学》（2001）等。2006年本顿荣誉退休，社会学系召开思想讨论会，出版《自然、社会关系和人类需要：本顿纪念文集》。在本顿看来，人的劳动可以分为两种：一种是生态制约型劳动，一种是生产改造型劳动。二者的不同在于，前者强调人类劳动的自然物质基础，是以促进、保障、护理等方式利用自然资源的劳动，例如农业生产；后者则是改变自然资源的存在形态的劳动，例如大多数工业生产劳动。生态制约型劳动尊重物质自然的存在，生产改造型劳动往往因为忽视物质存在前提而导致不可预知的结果。本顿认为，两种劳动的差别，是量的差别而不是质的差别，任何劳动都不能忽视劳动的自然条件和物质基础，任何人只要承认这个物质前提，就承认人不能完全控制自然和承认人类社会的发展极限。人之所以不能控制自然，一方面是因为人类无法且永远不能穷尽认识自然规律；人所认识到的，仅仅是浅层次的自然，对于深层次的自然，永远也不可能透彻认识。另一方面，人类的活动受到物质前提制约。人的活动永远不可能达到理想的效果，人类的发展之所以存在极限，在于这个物质前提永远不能被超越，这是受制于能量守恒定律的必然结果。本顿严厉批判对自然进行控制和自然极限可以无限超越的观点，认为控制自然是思维上的二分法的必然结果。二分法是启蒙理性盲目乐观的典型表现，这种理念的存在是当代生态灾难的根本原因。（徐越）

泰德·特雷纳

Ted Trainer，1941～

澳大利亚的环境学者，倡导去增长的经济、简单生活，以及“保守”的生活方式。1975年毕业于悉尼大学，任教于新南威尔士大学。20世纪

80年代，身体力行投身澳大利亚的环保事业，活跃于新南威尔士地区。倡导全球生态村运动，在悉尼郊区创建实践教育基地。他和家人居住在生态村，践行简单生活，通过回收再利用技术，推动自然和绿色的生活。此外，出版大量关于环保、能源转型、经济发展模式批判，以及其他全球性问题的著作。他的社会变化理论也被称为简易生活理论。特雷纳的著作包括：《转型：通向一个可持续和正义的世界》（2010）《可再生能源不能支撑一个消费型社会》（2007）《我们必须转向简易生活：全球局势、可持续替代性社会及其转型》（2001）《拯救环境》（1998）《道德思想的维度》（1982）等。（王聪聪）

泰国环境教育

Thailand Environmental Education

泰国环境教育课程开始于1977年，教育文化和体育部将环境教育科目整合进各级学校课程

中。同时，政府各机构开展各种活动，通过环境教育提升公众环境意识，鼓励公众参与环境保护。泰国的环境教育目的使受教育者获取必要的环境知识和理解力，形成对环境及其问题的明确态度和价值观，并认识自己在防止和解决环境问题、保护地球环境中的角色和责任。在初等教育阶段（一至四年级），课程分成4个相互联系的领域，即基本技能（包括语言和计算技能）；生活经验（包括社会学、环境学、健康教育等）、个性教育（包括伦理学、艺术、体育）、工作经验（提供职前训练和职业定向）。环境教育纳入这些领域，特别是生活经验领域。纳入课程领域中的具体环境内容根据具体年级而定。初中的新课程由5个半综合性学科领域组成；在课程结构中，环境教育通过社会学和科学领域的教学活功实施。在泰国，小学开有资源与环境保护课，在中学有能源与环境课，是泰国进行学校环境教育的重要方式。（张惠娜）

泰勒的生物中心主义伦理学体系

Taylor's Ethics System of Biocentrism

1986年美国环境哲学家保罗·沃伦·泰勒（Paul Warren Taylor 1923）出版《尊重大自然》一书，在继承施韦兹生物中心主义主要观点和吸收当代生物生态学理论智慧的基础上，将生物中心主义系统化为伦理学理论体系。泰勒认为，生物中心主义的理论由4个相互联系的信念构成：1. 人只是地球生命共同体中的一个成员；2. 自然界是相互依赖的系统；3. 有机体是生命的目的中心；4. 人并非天生比动物优越。由以上基本信念出发，泰勒提出具体的生物中心主义伦理学基本原则：1. 不作恶原则；2. 不干涉原则；3. 忠诚原则；4. 补偿正义原则。泰勒的生物中心主义体系，从世界观和伦理学的层面系统阐述人与动物和谐关系的道德意义，给出了人们处理与动物关系的操作性原则，从而构成环境伦理学的基本理论部分。从实践方面讲，它为人们如何看待动物的生命存在，如何看待人与动物之间的相互性提出新颖的思路。（参考：周宏：《动物生命意义的张扬——生物中心主义的动物保护伦理学》，《科学技术与辩证法》2002年第2期第10～14页。牟世晶）

泰勒环境成就奖

Tyler Prize for Environmental Achievement

环境科学、能源、医学领域的国际性奖项，1973年由约翰（John）和爱丽丝·泰勒（Alice Tyler）创立。此奖项每年由美国南加州大学颁发，获奖者可获得20万美元奖金和金质奖章，被认为是国际环境科学的最高奖，世界科学界的最高奖之一。首位获得该奖的中国科学家是中国台湾的张德慈，首位获得该奖的中国大陆科学家是刘东生。（张惠娜）

碳标签

Carbon Labelling

指为缓解气候变化，减少温室气体排放，推广低碳减排技术，把商品生产过程中的温室气体排放量在产品标签上用量化的指数标示出来。碳标签一般针对出口产品，利用在商品加注碳足迹的方式告知消费者产品的碳信息，引导消费者选择低碳排放的商品。碳标签是产品碳足迹的量化标注，碳消耗的多，导致气候变暖的二氧化碳增多，碳足迹就大，标注在产品上的碳标签也就越大，反之，碳标签就越小。国际贸易中碳标签能够得到推行的原因主要是生产者和消费者具有生态理性的倾向，愿意为碳标签的实施支付额外成本；并且核定国际贸易的碳足迹要方法简单易行，标识统一，进行试点推广。英国是最早推出碳标签制度的国家。2006年英国Carbon Trust公司推出碳减量标签制度，2007年3月试行推出全球第一批标示该碳标签的产品，包括薯片、奶昔、洗发水等消费类产品。（王晴晴）

碳标识

Carbon Identification

指对低碳产品的碳使用效率进行合格评定的证明性标志。依据产品生命周期理论和产品碳足迹的计算方法，以标签的形式表述产品在原材料获取、生产、使用、废弃等不同阶段所消耗的二氧化碳数量。碳标识概念最早出现于 20 世纪 90 年代对食物加工程度（Food Miles）的探讨中。具有碳标识的产品与其他同类产品相比，具有低排放、低能耗、低污染等环境优势。碳标识有 3 种形式：碳足迹标识、碳消减标识和碳等级标识。碳足迹标识用来证明产品节约的碳比例，碳消减和碳等级标识反映产品对气候影响的不同程度。碳标识属于特殊的环境标志，它针对的产品类别仅是低碳产品，而非广泛意义上的环境友好型产品。碳标识从本质上讲是以环境信息公告的形式展现，通过向公众展示标志，使消费者了解并选购能耗更低、排放更少的绿色产品；同时促进生产者自觉调整产业结构，采用先进技术，生产低能耗、低排放、低污染的产品，实现环境保护与经济协调发展，减少温室气体排放和缓解气候变化的目的。英国是研究并实施碳标识比较早的国家。2007 年 3 月英国碳信托公司在与英国的食品、服装和洗涤剂生产商合作中，最先引入碳标识。目前，碳标识已经在很多国家使用，如美国、法国、德国、瑞士、日本、韩国等。在中国，只有台湾地区开始着手碳标识制度的实施。（石艳峰　蔡越）

碳补偿

Carbon Compensation

也称碳中和或者碳中立（Carbon Neutral/Carbon Neutrality），指碳的总释放量中立（即零），通过排放多少就作多少抵销的措施达到平衡，是现代人为减缓全球变暖所做努力之一。利用这种环保方式，人们计算自己日常活动直接或间接制造的二氧化碳排放量，计算抵销这些二氧化碳所需的经济成本，然后个人付款给专门企业或机构，由他们通过植树或其他环保项目抵销大气中相应的二氧化碳量。全球变暖是人类的行为造成地球气候变化的后果。石油、煤炭、木材等自然资源主要由碳元素构成。碳耗用得多，导致地球暖化的元凶二氧化碳也制造得多。随着人类的活动，全球变暖在改变着人们的生活方式，带来越来越多的问题。因此，为保护世界环境，提倡绿色环保，有越来越多的组织、团队、企业和普通大众在生活中加入到碳补偿计划中。碳补偿是公众捐资给专门机构，以植树或其他减排项目，抵销自己二氧化碳排放量的自愿行为。近年来，中国及世界各地自然灾害频发，主要原因之一是人类过多地使用化石能源所致。城市是二氧化碳的高排放地区，减少二氧化碳排放，建设低碳城市是大城市的发展方向。从严格意义上来讲，碳补偿是一种奢侈行为，是为了一个几乎不可能实现的目标付账。事实上，当城市文明程度达到一定高度，大规模减少城市碳排放会变得十分困难，此时购买碳补偿就会显得相对经济实惠。（史月田　蔡越）

碳捕获和封存

Carbon Capture and Storage

简称 CCS 技术。指将二氧化碳从工业或相关能源的源头分离出来，输送到封存地点，与大气长期隔绝的过程。潜在的封存方式包括：地质封存（封存在地质构造中，例如石油和天然气田、不可开采的煤田以及深层盐沼池），海洋封存（直接释放到海洋水体中或储藏在海底）以及将二氧化碳固化成无机碳酸盐等。碳捕获与封存是实现温室气体减排的重要途径之一，也是实现低碳经济转型的重要环节。碳捕获与封存技术可以追溯到 20 世纪 70 年代，美国为提高石油开采率，将二氧化碳注入地下，随后这项技术受到发达国家关注和重视。近年来欧美国家开始把火力发电厂排放的二氧化碳作为主要的碳捕捉对象，开始进行二氧化碳地质封存的研究试验。欧盟委员会资助二氧化碳封存研究项目，在丹麦、德国、挪威和英国开展封存发电厂排放的二氧化碳的储层性质的研究。全球范围内多个大规模的燃煤电厂示范项目建成，世界各国均对碳捕捉与封存的示范项目和国际合作十分重视。碳捕获和封存技术也面临严峻挑战。首先，CCS 技术研究需要耗费巨大成本。其次，对于二氧化碳封存能力和潜在风险没有具体数据。再次，封存地点的选择、公众的认知和接受程度也将影响 CCS 技术的推广和使用。（石艳峰）

碳汇林业

Carbon Sequestration Forestry

指通过植树造林、加强森林经营管理、减少毁林、保护和恢复森林植被等活动，利用森林的储碳功能，吸收和固定大气中的二氧化碳，按照相关规则与碳汇交易相结合的过程、活动或机制。全球每年大气和地表碳流动量的 90％来源于森林，每公顷森林每年可吸收二氧化碳 20 ～ 40 吨，释放氧气 15 ～ 20 吨，对维护全球生态安全、气候安全发挥重要作用。碳汇林业实施过程中，不仅仅考虑碳汇积累量，还充分考虑项目活动对提高森林生态系统的稳定性、适应性和整体服务功能，对推进生物多样性保护、流域保护和社区发展的贡献。碳汇林业追求森林的多种效益，同时，促进公众应对气候变化和保护气候意识的提高。碳汇林业发展借助市场机制和法律手段，通过碳汇贸易获取收益，推动森林生态服务市场的发育，提高植树造林的经济效益，调动更多的企业和社会力量参与应对气候变化的林业行动。（史月田）

碳交易市场

Carbon Trading Market

指碳排放交易权市场，或以碳排放权交易为实质的碳信用市场。源头可追溯到 1992 年 6 月联合国环境发展大会通过的《联合国气候变化框架公约》，而后形成《京都议定书》、《马拉喀什协议文件》、《德里宣言》等文件，创新性的引入市场机制，缔约国的减排任务可相互交易，世界各国可以在碳交易市场进行碳交易。中国是世界上第二大温室气体排放国，同时还是全世界核证减排量一级市场上最大的供应国。我国目前没有建立完善的碳交易市场，只是作为参与者，处于整个碳交易产业链的最低端。想要建立碳交易市场，获得碳交易市场的定价权，不仅取决于碳贸易量，还需建立起统一的碳交易平台，为买卖双方提供充分的供求信息。碳交易市场的制度结构、市场分类以及发展趋势等都需要进一步研究。（代富宇）

碳交易试点

Carbon Trading Pilot

指 2011 年 10 月国家发展改革委员会印发《关于开展碳排放权交易试点工作的通知》，批准北京、上海、天津、重庆、湖北、广东和深圳等 7 省市开展碳交易试点工作。在国家发改委指导和支持下，深圳积极推动碳交易相关研究和实践，努力探索建立适应中国国情且具有深圳特色的碳排放权交易机制，先后完成制度设计、数据核查、配额分配、机构建设等工作。2013 年 6 月 18 日深圳碳排放权交易市场在全国 7 家试点省市中率先启动交易。深圳碳市场运行稳定，深圳在运用市场机制实现低碳发展方面成为探路者。（史月田）

碳金融

Carbon Finance

起源于《联合国气候变化框架公约》和《京都议定书》这两个具有重大意义的国际公约，指服务于限制温室气体排放技术和项目的投资、融资、碳权交易及银行贷款等金融活动。《京都议定书》规定，允许发达国家向发展中国家购买减排指标，通常以发达国家有减排责任的企业向发展中国家投资建设可持续发展的减排项目为主。通过这种方式，推动全球碳排放权交易市场的行程，为我国带来巨大商机。我国作为世界最大碳排放国，建立切实有效的碳金融制度势在必行。（代富宇）

碳排放交易系统

Carbon Emissions Trading System

指建立在温室气体减排量基础上将排放权

作为商品流通的交易市场。欧盟于 2005 年建立 ETS，中国“十二五”期间加强控制温室气体排放，建立自己的碳排放交易系统（ETS）。联合国政府间气候变化专门委员会通过谈判，1992 年 5 月 9 日通过《联合国气候变化框架公约》。1997 年 12 月在日本京都通过《公约》的第一个附加协议，即《京都议定书》。《议定书》把市场机制作为解决二氧化碳为代表温室气体减排问题的新路径，即把二氧化碳排放权作为一种商品，从而形成了二氧化碳排放权的交易，简称碳交易。碳交易是为促进全球温室气体减排，减少全球二氧化碳排放采用的市场机制。负责碳交易的强制性减排市场就是碳排放交易系统。碳排放交易系统是建立在温室气体减排量基础上将排放权作为商品流通的交易市场，有助于利用市场机制有效配置资源、控制温室气体排放。中国碳排放交易系统的建立还将有助于碳排放权金融化。制定中国碳排放交易系统的基础是准确的减排量核算。中国加强碳排放交易机构和第三方核证机构资质审核，严格审批条件和程序，加强监督管理和能力建设，在试点地区建立碳排放权交易登记注册系统、交易平台和监管核证制度。（史月田）

碳排放权交易制度

Carbon Emission Permit Trading System

属于排污权交易制度范畴中的一种。排污权概念最早由美国经济学家戴尔斯（Dales）1968 年提出。在对水污染控制的研究中，戴尔斯结合科斯定理发明污染权概念。戴尔斯认为只有依靠政府力量和市场机制的联合，才能防止并解决外部性问题。污染权的主要内容为：作为对环境资源拥有所有权的政府，根据环境的承载能力，以环境保护为出发点，在某一区域确定一个可以接受的排污总量，然后再依据一定原则将排污总量分割成相应单元后分派给使用者。拥有相应排污权的使用者按照政府分派的单元排放污染物，也可以根据商品交换的原则将排污权与其他使用者进行交易，从而达到排污权和环境资源的优化配置。碳排放权交易制度主要借鉴 1990 年美国《清洁空气法案修正案》控制二氧化硫、防止酸雨危害而采取的排污权制度。虽然碳排放权交易制度可以从排污权交易制度方面得到解释，但是在交易主体范围、交易地域、交易制度法律渊源、交易制度设立目的等方面与排污权交易制度存在区别。此外，碳排放权交易制度是在全球气候变暖的大背景下产生的，因此，一系列旨在减少全球碳排放的国际会议及其会议文件也是促成其产生的原因，如哥本哈根会议、坎昆气候大会和《京都议定书》等。（参考：朴英爱：《低碳经济与碳排放权交易制度》，《吉林大学社会科学学报》2010 年第 3 期第 153 ~ 158 页。欧阳文川）

碳税

Carbon Tax

是以环境保护为目的，针对二氧化碳排放征收的环境税。目前碳排放的主要来源是燃煤、石油、汽油、天然气等燃料产品的燃烧。与总量控制和排放量贸易等减排机制不同，征收碳税的管理成本更低，更容易实现。碳税根据化石能源燃烧后的碳排量，按照化石燃料产品的碳含量比例，在其生产、分配或使用过程中征收税费。碳税的征税会提高化石能源的价格，价格的提高促进资源的节约利用、能源使用效率的提高，使非化石能源在价格上更具有竞争优势，从而减少温室气体的排放。碳税可以增加替代能源与廉价燃料的竞争力，所征税费可用于环保项目。20 世纪 90 年代初，芬兰、瑞典、丹麦、荷兰 4 个北欧国家先后开征碳税。（王晴晴　代富宇）

碳信用

Carbon Credit

在 1997 年 12 月《联合国气候变化框架公约》通过的《京都议定书》中，发达国家承诺限制温室气体排放的草案中提出。指在经过联合国或联合国认可的减排组织认证的条件下，国家或企业以增加能源使用效率、减少污染或减少开发等方式减少碳排放，因此得到可以进入碳交易市场的碳排放计量单位。目前自愿性碳市场的市场份额、交易量相对于强制性碳市场有很大的差距。与林业相关的碳标准有以下 4 个：自愿性碳标准－农业；林业与其他土地部分（VCS-AFOLU）；气候、社区及生物多样性标准（CCB Standards）；碳固定标准（CFS）和 Plan Vivo 标准。（李雪姣）

碳信用合作社

Carbon Credit Cooperative

以生态学、经济学理论为基础，运用规模效应在森林管理中的应用，在社员自愿平等基础上，将森林管理分产到户的合作社模式。碳汇信用合作社的优点体现在：1. 小土地经营者可以免于直接参与碳汇交易的麻烦，降低交易成本；2. 合作社通过在京都承诺期内维持一个较大的碳库，可以通过平衡采伐和新造林，或者吸收新的成员加入，使得碳吸收总能保持固定水平，是有效的风险管理措施；3. 合作社社员之间比较熟悉情况，可以相互监督，降低项目失败的风险；4. 降低造林成本，有利于增强木材贸易竞争力。但如果集体林区林地经营规模小，会大大提高合作组织的成本。（李雪姣）

碳循环

Carbon Cycle

指碳元素在大气圈、水圈及生物圈之间的循环状态。生物圈中的碳循环指绿色植物通过光合作用从大气中获得碳并合成糖类，然后经过消费者和分解者，通过呼吸作用和腐烂分解，以气体形式重回大气的过程。地球上有五大碳库，最大的两个碳库是岩石圈和化石燃料，碳含量约占地球上碳总量的 99.9%，两者的容量大且活动缓慢，具有储存库的作用。另外三个碳库是大气圈库、水圈库和生物库，碳在生物和无机环境之间迅速交换，容量小且活跃，具有交换库的作用。（王晴晴）

碳殖民主义

Carbon Colonialism

个别西方发达国家在碳减排领域指责发展中国家，拒绝承担历史责任的政治主张。面对温室气体排放量不断增加和全球变暖的世界性难题，个别西方发达国家在碳减排、资金技术援助和《京都议定书》贯彻落实等重大议题上，攻击指责发展中国家，认为发展中国家只不过是在做表面文章，根本目的是否认在全球气候变化问题上的历史责任、道德责任、法律义务、补偿义务，胁迫发展中国家接受其强行推动的减排方案。这种不顾历史事实，不承认几百年来其国家工业化高度发展中的高能耗、高消耗、高污染、高消费、高碳排放，因而对气候变化负有不可推卸的历史责任，也不承认应为其历史责任向受害的广大发展中国家赔偿，同时在应对气候变化上拒绝做出必要补偿。（徐越）

唐纳 · 哈拉维

Donna Haraway，1944 ~

美国当代著名女性主义科学哲学家、后现代女性主义的重要代表，提出有别于女性主义经验论和女性主义立场论的独特观点。1985 年发表著

名文章《赛博格宣言：20 世纪晚期的科学、技术和社会主义女性主义》，提出赛博格女性主义思想，被誉为“20 世纪女性主义的经典思想之一”。她的情境知识论是建立在赛博格女性主义基础上对科学客观性问题的深刻诠释。它以一般的情绪化知识为基础，有哈拉维自身的见解和体会，引导读者从崭新的角度体会科学和知识的客观性。（徐越）

唐孝炎

Tang Xiaoyan，1932 ~

江苏太仓人，环境科学专家。1953 年毕业于北京大学化学系，1954 年北京大学研究生毕业。现任北京大学环境科学系教授，联合国环境规

划署（United Nations Environment Programme，UNEP）臭氧层损耗环境影响评估组共同主席，北京市人民政府科学顾问，我国大气环境化学领域的系统研究的开创者，1995 年当选为中国工程院农业、轻纺与环境工程学部院士。主要从事臭氧、光化学烟雾、酸雨以及气溶胶化学等方面的研究，创建我国最早的环境化学专业，率先开设环境概论、三废治理、环境化学和大气化学等一系列环境新课程。设计建造国内第一个大气光化学反应模拟装置，最早建立化学反应与大气扩散相结合的计算模式。她通过对兰州光化学烟雾大规模现场综合研究，证实光化学烟雾在我国的存在，发现我国光化学烟雾同外国不同的原因，由此制定的相关防护措施，使兰州夏季严重的光化学污染显著缓解。积极参与全球关注的臭氧层保护工作，主持编写《中国消耗臭氧层物质逐步淘汰国家方案》获得国际组织的高度评价。主要论著有：《光化学烟雾箱的试制和性能实验》（1982）《水蒸汽对光化学烟雾中臭氧生成的影响》（1983）《大气污染物对平流层臭氧的影响》（1984）《大气中臭氧浓度和几个气象变量的统计相关性》（1986）《兰州西固地区气溶胶污染源的鉴别》（1987）《兰州西固地区光化学烟雾污染气质模式》（1988）《环境保护与可持续发展》（2000）《大气环境化学》（获教育部、国家环保局优秀教材一等奖、北京市先进教育集体和教材一等奖，2006）《大气环境标准中的光化学氧化剂》《兰州西固地区光化学污染规律及防治对策的研究》等。（石艳峰）

特里萨·特纳

Terisa Turner

加拿大生态女性主义者、人类学与历史学学者。生年不详。现执教于文化圭尔夫大学。特纳与利·布朗希尔一起从理论上阐述革命性的、后资本主义的全球性社会运动出现的巨大意义，认为其重要性不亚于劳工运动的历史性产生。全球性社会运动的革命性体现在工资和无工资劳动者、女性与男性并肩作战等方面。著作主要是学术论文，如《Mau Mau 重生中的女性主义》(2003)。（徐越）

替代农业

Alternative Agriculture

低工业输入、高生物输出的农业系统，具有整体性、有机联系性、动态性、有序性等特点，旨在克服农业生产中存在的依靠石油动力机械、农药、化肥和工业技术装备等弱点。面对农业生态环境日益恶化的现实，人们开始反思和重新审视农业的发展模式，寻求新的农业发展途径，各种各样的替代农业模式便应运而生。替代农业有两个发展侧重点，一是注重保护农业生态环境，提高农产品品质的替代农业模式，如有机农业、生态农业、自然农业和生物动力农业；二是注重生态、经济和环境效益协调统一的替代农业模式，如可持续农业、现代化集约持续农业和设施农业。替代农业的出现是人与自然关系发展到更高层次的反映，也是未来农业发展的必由之路，发展前

景好，具体发展模式也在不断调整和创新。（参考：左锋、曹明宏：《世界替代农业发展模式的演进及我国的对策》，《经济纵横》2006 年第 2 期第 56 ~ 58 页。朱雨晨）

天保工程

Natural Forest Protection Project

我国天然林资源保护工程的简称，我国林业六大重点工程之一。2000 年 10 月 24 日国务院批准《长江上游黄河上中游地区天然林资源保护工程实施方案》和《东北、内蒙古等重点国有林区天然林资源保护工程实施方案》标志天保工程正式实施。1996 年时任国务院总理朱镕基在四川视察时提出“少砍树，多栽树，把森老虎请下山”的要求，为天保工程的实施拉开序幕。1998 年国内特大洪涝灾害促使人们反思天然林资源的过度损耗对生态环境以及人类生命安全带来的绝大威胁。在此背景之下国务院决定实施天然林资源保护工程，于当年和次年进行工程试点，到 2000 年时出台正式文件。天保工程通过对我国主要天然林区采取禁止、限制砍伐等措施以大幅减少木材产量，对天然林区富余职工分流安置，以此保护天然林生态系统功能和结构的完整性，遏制生态环境的进一步恶化。天保工程涉及 17 个省（自治区、直辖市）734 个县以及 163 个森工局，覆盖天然林面积 11.04 亿亩，占全国天然林总面积的 69%。任务包括：1. 加快工程区内宜林荒山荒地造林绿化和全面停止长江上游、黄河上中游地区天然林的商品性采伐；2. 大幅度调减东北、内蒙古等重点国有林区的木材产量；3. 保护好其他地区的天然林资源，解决这些区域天然林资源的休养生息及恢复发展问题。主要措施是对天然林的重新分类和区划，调整森林资源经营方向，促进天然林资源的保护和培育。规划目标分为 3 部分，从 1998 年至 2000 年是近期目标，主要工作为限制砍伐和安置富余林区职工；2001 年至 2010 年为中期目标，主要工作为提高木材供给能力，实现木材供给从天然林供给到人工林供给的转型；2011 至 2050 年为远期目标，实现天然林资源的根本恢复，人工林取材的目标基本达成，在林区建成完善的林业产业体系。（参考：温璟：《天保工程政策效果评估——以陕西省宜君县为例》，北京林业大学 2014 年硕士学位论文第 20 ~ 32 页。欧阳文川　蔡越　史月田）

天道无为，任物自然

Natural Law without Interference

语出东晋葛洪《抱朴子·内篇》：“天道无为，任物自然，无亲无疏，无彼无此也。”道家道教认为“道法自然”，“道”是万物的本原，大道生成化育万物无为而无不为，即“万物作焉而不辞，生而不有，为而不恃，功成而弗居”。无为被认为是天道运行的基本方式，是道家道教的重要教理与修行原则。（雷爱民）

天地万物本吾一体

We Are the Same with Heaven and Earth

中国南宋思想家朱熹在《中庸章句》中说：“盖天地万物本吾一体，吾之心正，则天地之心正矣，吾之气顺，则天地之气顺矣”。中国明代思想家王阳明说：“夫人者，天地之心，天地万物本吾一体者也”，“夫圣人之心，以天地万物为一体，其视天下之人，无外内远近，凡有血气，皆其昆弟赤子之亲，莫不欲安全而教养之，以遂其万物一体之念”。天地万物本吾一体是宋明时期儒学的基本理念，它表达中国传统的天人合一思想观念，强调个体的道德修养及生命存在与宇宙万物是一体相连的。天地万物本吾一体观点表达宋明儒者对人与天地万物关系的基本看法，人与天地万物一体相连，从生命起源上、从个体的仁义践行上都可以得到说明，人对人与万物的爱以及人与万物一体相连之感，是个体道德修养和人生境界的体现，万物一体的宇宙观让人类的仁爱之情可以泽被自然、贯通寰宇。（雷爱民）

天地无人则不立，人无天地则不生

No Human，No Holy Heaven and Earth；No Heaven and Earth，No Human Life

语出道教典籍《三天内解经》：“天地无人则不立，人无天地则不生。天地无人，譬如人腹中无神，形则不立。有神无形，神则无主。故立之者天，行之者道。人性命神同，混而为一。”道教认为天、地、人三者相互依存、同生共长，一道构成宇宙的整个体系。人需要自然，同时自然也需要人，二者是互动互补、相互依赖的关系。人需要天地阴阳之气与万物来滋养自身，同时天地之道与生生不息之理也需要人领会与弘扬。（雷爱民）

天地与我并生，而万物与我为一

Heaven, Earth and I Come into Being Together, and All Things and I Are One

《庄子.齐物论》说：“夫天下莫大于秋毫之末，而太山为小；莫寿乎殇子，而彭祖为夭。天地与我并生，而万物与我为一。”庄子所谓“天地与我并生，而万物与我为一”，认为人与自然和谐共生，本为一体，“物无贵贱”，强调“道通为一”的基础上“齐物我”“齐是非”“齐生死”，顺应自然、回归于道。由于人与万物并生于天地之间，处于同一个自然整体之中，人与自然万物在和谐统一的关系中实现各自的自由自在。（雷爱民）

天赋价值

Talent value

天赋价值是动物解放或权利论学派的核心范畴，英国伦理学家彼得·辛格和美国伦理学家汤姆·雷根两人对“天赋价值”内涵进行了界定。他们都主张，人与动物之间具有必然的伦理关系，而这种伦理关系的基础就在于动物具有天赋价值。其基本观点主要有二：首先，动物和人都拥有平等的天赋价值。雷根指出：“一切拥有天赋价值的存在物都同等地拥有它，而不论这些存在物是不是人。”他对别的存在物是否拥有天赋价值则持一种不可知论和实用主义的态度。他说：“天赋价值是同等地属于生命的体验主体的。它是否也属于其他存在物，比如岩石、河流、树木和冰川我们不知道；而且，也许永远也不会知道。”他认为，不必知道其他存在物有没有天赋价值。因为现在我们只关心动物的道德地位，因而只要能够确认动物拥有天赋价值就行了。其次，对苦乐的感受能力是道德关怀的极限。人与动物的天赋价值都是多方面的，何种天赋价值才构成人与动物之间伦理关系的基础呢？辛格和雷根都认为，这种天赋价值就是人和动物都共同具有的对苦乐的感受能力。除此以外，人和动物的其他天赋价值都不构成它们之间伦理关系的基础。辛格说：“唯有感知能力的极限所构成的界线，才使我们有理由去停止对他者的利益有所关怀。”“只要某个生物感知痛苦，便没有道德上的理由把该痛苦的感受列人考虑……如果一个生物没有办法感受到痛苦、或是经验到快意或者幸福，就没有任何东西可以列人考虑。”（参考：张德昭、徐小钦：《论动物解放/权利论的天赋价值范畴》，《自然辨证法通讯》，2004年第4期第42～48页。牟世晶）

《天根》

The Root of Heaven & Earth

公开发行的第一部法国生态小说，1956年由出版商Les Racines du ciel出版。作者罗曼·加里

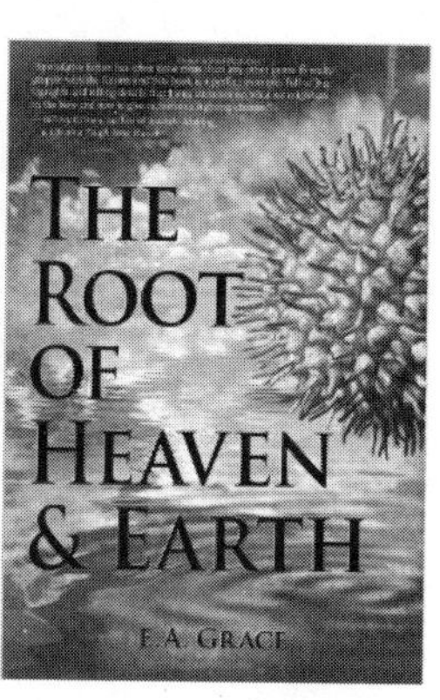

（Romain Gary）。讲述20世纪50年代发生在法属赤道非洲的猎象与反猎象的故事。小说通过主人公莫雷尔一群人的行动，直面急需善待自然、挽救物种、保持生态平衡的严峻课题，向人类发

出严重的警告：与动物和谐相处，爱护环境，保护天根，就是保护生命之树，人类赖以生存之根。天根这个书名的含义，在小说中曾多次提及。它不仅是上帝在大地植下的无数的根，也是上帝在人的灵魂深处植下的极其多样的根，其中一些深深扎在人们心中，如平等、博爱、尊严，而自由这条根最为坚韧。在小说中，出没于荒原和丛林的大象成为人类之友，美的化身，自由的象征。这部作品获得龚古尔文学奖，被搬上银幕。加里因此赢得世界性的声誉。《天根》流行中译本由王文融翻译，北京：人民文学出版社 2010 年出版。（王薛时）

天津 2014 年生态文明建设状况

Eco-Civilization Construction in Tianjin in 2014

2014 年天津生态文明指数（ECI）得分为 78.16，名列全国第 19 位。具体二级指标得分状况及排名情况见表 1。去除 ECI“社会发展”指标后，天津绿色生态文明指数（GECI）得分为 59.49，全国排名第 24 位。天津生态文明建设属社会发达型，社会发展居全国领先水平，协调程度和生态活力居于中游水平，环境质量落后。生态活力方面，天津湿地面积占国土面积比重及自然保护区的有效保护排名相对靠前，森林质量则一直是天津生态活力的短板，排名靠后，其他方面，建成区绿化覆盖率、森林覆盖率全国排名靠后。环境质量方面，天津水土流失率排名靠前，农药施用强度居于全国中游水平，化肥施用超标量、环境空气质量、地表水体质量均居全国下游水准。社会发展方面，除每千人口医疗机构床位数居全国中下游水平，人均国内生产总值、人均教育经费投入、城镇化率、农村改水率以及服务业产值占国内生产总值比例等指标均居全国领先水准。协调程度方面，天津工业固体废物综合利用率、城市生活垃圾无害化率、二氧化硫排放变化效应均居全国领先水平，但环境污染治理投资占国内生产总值比重、氨氮排放变化效应、化学需氧量排放变化效应、烟（粉）尘变化效应等指标全国排名中下游。综合来看，天津的经济和社会发展都显示出强劲的发展势头，但作为“退海之地”的天津，生态系统脆弱，保障能力不足，资源禀赋不足且消费过度，水资源长期匮乏、森林覆盖率和森林质量偏低、空气质量较差等是不容回避的现实。天津应借助首都经济圈建设、京津冀地区经济一体化、环境一体化等机遇，以生态承载力为核心，引导城市布局和产业布局向生态化、集约化、协调化转变，构建区域生态安全格局。

表 1　2014 年天津生态文明建设二级指标情况

二级指标	得分	排名	等级
生态活力（满分为 43.20 分）	24.69	18	3
环境质量（满分为 36.00 分）	18.00	27	4
社会发展（满分为 21.60 分）	18.68	3	1
协调程度（满分为 43.20 分）	16.80	19	3

表 2　天津 2014 年生态文明建设评价结果

一级指标	二级指标	三级指标	指标数据	排名
24 生态文明指数（ECI）	生态活力	森林覆盖率	9.87 %	29
		森林质量	33.52 立方米 / 公顷	25
		建成区绿化覆盖率	34.93 %	26
		自然保护区的有效保护	7.99 %	12
		湿地面积占国土面积比重	23.94 %	3

续表

一级指标	二级指标	三级指标	指标数据	排名
24 生态文明指数（ECI）	环境质量	地表水体质量	5.60%	31
		环境空气质量	39.73%	27
		水土流失率	3.43%	3
		化肥施用超标量	289.03 千克 / 公顷	26
		农药施用强度	7.69 千克 / 公顷	12
	社会发展	人均国内生产总值	99607 元	1
		服务业产值占国内生产总值比例	48.10%	5
		城镇化率	82.01%	3
		人均教育经费投入	3052.47 元 / 人	2
		每千人口医疗机构床位数	3.92 张	26
		农村改水率	98.91%	3
	协调程度	环境污染治理投资占国内生产总值比重	1.33%	20
		工业固体废物综合利用率	99.39%	1
		城市生活垃圾无害化率	96.80%	9
		化学需氧量排放变化效应	5.02 吨 / 千米	24
		氨氮排放变化效应	0.47 吨 / 千米	25
		氮氧化物排放变化效应	7.50 千克标准煤 / 公顷	2
		烟（粉）尘排放变化效应	-1.13 千克 / 公顷	26
		二氧化硫排放变化效应	2.56 千克 / 公顷	2

（参考：严耕等：《中国省域生态文明建设评价报告（ECI2015）》第 127 ~ 131 页，北京：社会科学文献出版社，2015 年。徐保军）

天津绿色之友

Friends of Green China Tianjin

天津市首家登记注册成立的民间环保组织。2000 年 11 月 6 日以天津市环境科学学会绿色教育工作委员会名义在天津市民政局正式登记。现有会员数百人，团体会员 20 多个，在天津开发区设有泰达分会。会员中有环保工作者、教师、新闻记者、大学生、工程技术人员、公务员、工人等。天津绿色之友以多种形式开展民间环保活动。宣传环保知识，提高公民环境意识和参与热情，开展环境保护方面的国内外合作，不定期就公众关心的环境问题或突发性事件进行调研，向有关部门提出环保合理化建议，收集整理各类环保信息，向社会提供咨询，支持政府、社会组织和个人一切有利环境保护及可持续发展的政策、措施和行动，努力促进经济和社会可持续发展。（席溢）

天津市野生动植物保护管理站

Tianjin Wildlife Conservation Management Station

机构职责：负责起草本市陆生野生动植物资源保护与管理方面的政策、法规；负责全市陆生野生动物、林区内野生植物和林区外珍贵野生树木的保护管理和合理开发利用；负责提出本市重点保护的陆生野生动植物名录；承担全市森林和野生动物类型自然保护区的规划和管理；承担全市湿地保护的组织协调工作；承担陆生野生动物、野生植物及其产品的进出口管理工作；查处野生动植物行政违法案件；承担国家濒危物种进出口管理中心天津办事处、天津市湿地保护领导小组办公室和天津市野生动物保护协会的日常工作；负责陆生野生动物疫源疫病监测工作；负责全市陆生野生动物救护工作，指导天津市野生动物救护驯养繁殖中心的相关业务工作。（席溢）

天爵

The Nobility of Heaven

孟子思想中与“人爵”相对应的概念。指个体乐于仁义忠信，修身养性，以德配位，当天降大任时能担此大任者。孟子说：“有天爵者，有人爵者。仁义忠信，乐善不倦，此天爵也；公卿大夫，此人爵也。古之人修其天爵，而人爵从之。今之人修其天爵，以要人爵，既得人爵，而弃其天爵，则惑之甚者也，终亦必亡而已矣。”孟子说的人爵是指人类社会的世俗功名等，偏重物质的、外在的爵位与社会利好；天爵则是以仁义为己任，以德性为追求，修身养性，以承天之大任与承担世俗责任。天爵者不以世俗名利为先，自能承担起相应的社会责任；人爵者直接追求世俗功名利禄，无视自身德性修为，甚至假仁义之名追求世俗功名利禄。孟子主张修天爵以配人爵。（雷爱民）

天君

Tian Jun

荀子思想中与天官相对的概念，即心。荀子把人的认识能力区分为天官（感觉器官）和天君（心）两种机能。天官的作用是认识事物的个别性与经验性的事物，天君的作用是把握事物背后的道，认识事物的普遍性。天官是对个别经验的反映，天君则是对道的把握。荀子《解弊篇》说：“人何以知道，曰心。心何以知？曰：虚一而静。”“虚一而静”在荀子看来是天君把握道的重要方式，它依赖直觉和体悟。（雷爱民）

天理

Heavenly Principle

天理概念是中国古代宋明时期理学的核心范畴。天理有天道、道理、规律、秩序、准则等意思。天理大可为宇宙万物生死存亡之道，小可为万物生成变化的影响因素，中可至人伦日用的规范性准则。天理多与人欲相对。南宋理学家朱熹提出“存天理、灭人欲”一说更是把天理人欲之关系推向了理学的中心位置，天理人欲之辨以及围绕“存天理、灭人欲”展开的争论涉及宋明时代、清代理学中理气心性的论争，它是宋明理学的核心内容。天理观念后来几乎成为中国社会儒家学说的最高标准和基本范畴。它涉及自然之理、万物常道、事物之规律、社会之秩序、人之为人的依据等。（雷爱民）

天然草原植被恢复

Natural Grassland Vegetation Restoration

指以恢复和保护天然草原，维护草原生态平衡，改善草原生态环境和草原畜牧业基本生产条件为重点，依靠高新科技，运用生物、工程、管理等综合措施有效遏制天然草原的退化，提高和恢复天然草原植被及其生态功能，最终达到恢复和保护草原生态环境，保障草原畜牧业持续发展和西部大开发战略目标的实现。天然草原植被恢复项目实行国家投入为主、地方配套及群众自筹为辅的投入原则，鼓励农牧民群众以投资投劳方式积极参与建设。优先安排天然草原生态脆弱区、天然草原重点“三化”区、具有区域草原生态环境代表性和水土流失严重区；珍稀动植物生态环境极需改善区、生物多样性指数下降区域，落实草原承包责任制，健全草原技术服务体系，形成草原生态治理工程的高新综合技术及治理模式。（史月田）

天然林

Natural forest

又称自然林，指未经人为措施而自然更新、成长的森林，包括人工促进天然更新或萌生所形成的森林。可分为原始林和次生林两大类。原始林是未经开发利用，仍保持自然状态的森林，是森林演化的顶级群落，有丰富的物种，良好的森林结构和防护功能，生态系列稳定，有较强的自我恢复能力，具有较高的经济价值。次生林是经人为采伐和破坏后，天然恢复起来的森林，一般由先锋树种组成，郁闭较低，大多丧失原始林的森林环境，生态稳定性和生态功能较差。在中国的东北有一大部分属于次生林。世界上现存最著名的天然林包括：非洲中部热带雨林，南美洲亚马孙河流域的热带雨林，俄罗斯北部的寒带针叶林，美国大峡谷地区天然林等。天然林的功能有：1. 固定二氧化碳，调节大气组成。森林每生产 1 克干物质需要吸收 1084 克二氧化碳。单位面积的森林体储存的碳是农田的 20 ~ 100 倍。2. 改良土壤，提高土壤肥力。3. 净化空气，降低污染。森林在抗性范围内通过呼吸、吸附和吸收等可以减少大气中的有害气体、灰尘、烟雾和酸雨。4. 涵养水源，减少自然灾害。天然植被通过冠、凋落物和根系 3 个层次对降水再分配，影响土壤结构，使林地的非毛管孔隙度和水分的下渗速度显著地大于荒地。降雨部分被林冠和地被物截留，更多的降水渗入土壤，使雨后林地表径流显著小于荒地，这是天然林蓄水的主要原理。5. 保持水土，保障农业生产。中国天然林主要分布在大江大河的源头和部分农业产区周围，对维持长江、黄河、黑龙江、松花江、珠江、钱塘江、渭河等流域的生态稳定性，保障农业持续的稳产高产都起着重要的作用。6. 结构复杂，保证生物多样化。天然林结构复杂，蕴藏着极为丰富的生物多样性，是多种动植物生存和繁衍的栖息地，因此成为最丰富的生物和基因资源率。（参考：徐化成：《人工林和天然林的比较评价》，《世界林业研究》1991 年第 3 期第 50 ~ 56 页。朱配辰　李雪姣）

天然林保护

Natural forest protection

狭义说，天然林保护是保护天然林不被破坏，维持其林分的结构与生产力，使其资源得以发展。广义讲，是对天然林与可以恢复天然林的地段进行科学经营，使现有天然林具有更完善的生态结构，生态环境得到改善，生产力与生物多样性得以提高，使迹地得以天然更新或按适地适树原则建立较好的人天混群落。我国从 1998 年开始启动天然林保护工程。西部地区的天然林保护工程，涉及长江上游的 6 省区，黄河上中游的 7 省区及新疆的天山、阿尔泰山林区。工程实施的主要目标是，使长江上游、黄河上中游地区的 6118 万公顷森林得到切实保护，使每年的森林资源消耗量减少 6100 万立方米，相应调减商品材生产量 1239 万立方米。2000 年 10 月，经国务院批准，“天保工程”正式启动，国家林业局、国家计委、财政部、劳动和社会保障部联合发文批准云南省天保工程建设单位为 66 个县和 16 个国有重点森工局，工程实施范围主要为金沙江流域和西双版纳州全境。工程区总面积为 36260 万亩，占全省土地总面积 57.9%。从 2000 ~ 2010 年，通过天保工程的实施，使现有的 17966 万亩天然林资源得到切实有效的管护。工程实施的重点是对天然林停止采伐，难点是对森工人员的转产安置，并相应解决由停伐带来的一系列经济、社会问题。（参考：张佩昌《试论天然林保护工程》，《林业科学》1999 年第 2 期第 124 ~ 131 页。朱配辰）

天然牧场

Natural Grazing Ground

指不经人工培植全凭自然条件而形成的牧场。（朱雨晨）

天然气

Natural Gas

广义讲，地球各圈层中天然生成的气体都可称为天然气。狭义上日常生产生活中的天然气，指蕴含在地层内的含碳氢物质的可燃气体。天然气由古代生物埋藏于地下经高压、高热作用分解而成。天然气多产于油田、油气田与沼泽地层中，或是与原油伴生贮藏于多孔的构造中，聚集在穹窿构造的顶部，称为油田伴生气；或是贮藏于没有石油的气体构造中，称为非油田伴生气。天然气主要成分是甲烷（CH_4），其含量可为85%～97%，其余为重烃（C_3H_8、C_4H_{10}等）、氢和一氧化碳，非可燃成分二氧化碳、氮及惰性气体很少。天然气可直接作为动力燃料，在生活中已经有广泛使用，作为汽车、火车、电厂动力机以及家庭常用的燃料，比煤气成本低，也可压制成油，做液体燃料，或制做炭黑、合成氨、合成石油、甲醇和其他有机化合物的原料。有的天然气含有氦气，含氦较多的天然气可用于提取氦气。（朱雨晨）

天然气水合物

Natural Gas Hydrate

一种由可燃气体分子和水分子构成，外形似冰的固体化合物，由天然气与水在高压低温条件下形成，主要分布于深海沉积物或陆域的永久冻土中，点火即可燃烧，又有可燃冰、气冰、固体瓦斯之称。天然气水合物仅在海底区域的分布范围就达4000×10^4平方千米，约占全球海洋总面积的10%，储量够人类使用1000年。其能量密度高，是普通天然气的2～5倍，每立方米可释放出164立方米甲烷气，且杂质少，是清洁的高效能源。自20世纪60年代在北极气田的永久冻土下发现以来，许多国家均对这种石油、天然气的替代能源给予关注，有的国家制订长期勘查开发规划。但天然气水合物开采利用难度大、成本高，在实际开采过程中还面临着不少难题：1. 可能导致大量温室气体排放，甲烷比二氧化碳产生的温室效应要大得多；2. 盲目开采可能造成地质灾害，可燃冰的形成和分解能够影响沉积物的强度，进而诱发海底滑坡等地质灾害的发生；3. 目前技术条件下开采成本过于高昂。随着技术进步和科学发展，天然气水合物这一绿色能源的开发利用依然具有良好的前景。（朱雨晨）

天人感应

Interaction between heaven and mankind

天人感应是中国古代历史哲学关于天人关系的神秘主义观点。这种观点认为，天是自然与人世至高无上的主宰，有意志，有情感，能感知并干预人事，自然灾害和祥瑞是天对人谴告和褒奖的表现；人亦能感知天意，并能通过自己的行为影响天意，改变天意。观点产生于先秦，流行于西汉。天人感应源于《尚书·洪范》，从人身为一小宇宙的观点出发，认为天和人同类相通，相互感应，天能干预人事，人亦能感应上天。《左传·僖公五年》："皇天无亲，惟德是辅。"孟子认为君子"尽其心者，知其性也"，如此则可以"上下与天地同流"（《孟子·尽心上》）。《礼记·中庸》认为个人修养达到"至诚"境界者，能够"赞天地之化育"，"与天地参矣"。西汉董仲舒继承《公羊传》的灾异说和吸收墨子的天罚理念，吸取阴阳五行、五德终始等理论，将天人感应说系统化、理论化，认为君主若顺应天意，实行德政，则能得到天显示嘉奖有河图洛书、凤凰来仪等祥瑞。相反，如果"国家将有失道之败，而天乃现出灾害以谴告之；不知自省，又出怪异以警惧之；尚不知变，而伤败乃至"（《汉书·董仲舒传》），最后改朝换代，变易君主。东汉白虎观会议以天人感应说为主要理论依据，讨论五经异同，将讨论成果《白虎通义》作为钦定法典颁行全国，天人感应说盛行一时，成为当时史学理论领域占主导地位的学说，对后世史学产生深远影响。后世不少政治家、史学家往往自觉不自觉地以天人感应作为自己观察、评论历史的理论依据。这种观念是神意史观的理论基础，本质上是神化君权。在封建社会里它客观上又起到一定的限制君主的作用。（参考：徐志辉：《天人感应论与中国古代宇宙观》，《齐鲁学刊》2004年第4期第99～103页。朱配辰　史月田）

天人关系

Relation between heaven and man

天人关系指中国古代哲学、伦理学研究的自

然与人之间的关系。有4个方面：1. 人在自然界中的地位，亦即人类的尊卑问题。2. 人的道德本性与自然界的关系。一些思想家认为，人之本性与天之本性是一致的。孟子认为，人生而有仁义礼智四善心。一些思想家认为，天无道德属性，人之善性与天无关。3. 人道与天道的关系。战国时的荀子与唐代刘禹锡，主张天人相分和天人相胜。战国时孟子、西汉董仲舒和宋明道学家，则主张人道以天道为根据，两者是一致的。4. 人物的天性与后天活动的关系。道家主张自然无为，反对人之后天的造作，认为愈为之，愈失之，提出“不以心捐道，不以人助天”。儒家、法家则强调人为。这些观点大致可以分为两派：一方认为人在自然面前是消极被动的，因而提倡无为，绝对地顺应自然过程，例如道家，特别是庄子学派中的一些人物，这与当代西方某些环境悲观主义者主张的人类放弃现代文明、回到原始时代的思想一致。另一方肯定人对于自然的主观能动作用，提倡“制天命而用之”，即利用自然规律造福人类，显示出开发自然的进取精神，例如战国时代的荀子、唐代的刘禹锡等。中国古代哲学家讨论天人关系，目的在于寻求人生行为准则和依据，其中包括从大自然及其演化规律出发确立人生目标。当代某些学者从战略上研究社会发展及其与环境的关系，强调按照环境的约束条件或人与环境和谐的目标规划社会发展，确立相应的价值观念。（参考：丁为祥：《命与天命：儒家天人关系的双重视角》，《中国哲学史》2007年第4期第11～21页；吴锐：《我国天人关系起源与演变的历程》，《东岳论丛》1996年第3期第55～62页。朱配辰）

天人合德

Same virtue of heaven and man

中国传统文化的主要特征为“天人合一”。“天”不仅意味天地日月和阴阳更替等自然属性，还包含有思想、情感和意志等精神属性。天不仅是自然万物所以产生和变化的原因，还是人的情感意志、伦理道德的本源和原型。因此，天是人的形体和精神的双重来源，人是天地中的一物，其独立性只是相对的。人应在认识自然规律的基础上遵循规律并进一步利用规律，完成和实现天的要求和意志。“人与天调”或者“人副天数”等思想从不同方面表达与天人合一相同的含义。“天人合德”是天与人在精神层面的本质关系。天人合德反映出中国传统道德中以天作为精神和价值本源的思想，天作为价值之源是一切事物内在价值的标准和根据，最高的价值是使“万物生生”，这是根本大德。世界万物和人类社会的变化发展以及作为个体人的福祸生死都体现万物生生的伦理精神。其次，人作为天的“副本”实现天的道德意志，价值追求原则即是仁义或道义。“仁”是人区别于其他一切生物的本质属性，是人的价值所在，其重要性甚至高于生命，“舍生取义”即是这个意思。此外，天之德也是宇宙万物之德，人作为自然中的一部分，其道德也只是道德整体中的一部分，本质上没有任何优越性，因此人不应将自身意志强加于自然之物，恣意妄为。天人合德包含的意蕴对于现代生态文明价值观建设，尤其是破除人类中心主义具有重要反思意义。（参考：张怀承等：《简析天人合德的理论意蕴》，《伦理学研究》2004年第6期第46～49页。欧阳文川）

天人合一

Theory that man is an integral part of nature

天人合一是指天道与人道的结合。中国古代认为天道是自然界万物变化的根本法则和规律，人道是人们的道德准则以及国家治理的法则。中国古代儒家将仁爱思想推广扩大至天地万物，把天道、人道的和谐看作人生的最高理想，从而创立天地万物一体的伦理思想体系。天人合一思想是儒家和谐观的组成部分，后者包括4个内容：自然界的和谐统一，人与自然的和谐统一，人与人的和谐统一以及人自我身心的和谐统一。其中天人合一在其中占有重要地位，不仅是连接其他几条的重要纽带，也是人类达到最高理想的必经之路。在儒家看来，要是想实现天人合一，必须认识和把握作为整体而存在的自然，把人类看做自然的一部分。与此同时，还必须解决自己身心的修养问题和与他人关系的相处问题。孟子认为，要达到天人合一，必须“存其心，养其性，所以事天也。夭寿不贰，修身以矣之，所以立命”。这充分表达人与天的关系，只有保持本心，修养善性，才能实现天道，性命的长短无所谓，重要的是要修养自己与天道的和谐，从而达到安身立命。孟子系统提出天人合一的思想，即“尽心、知性、知天”以及“存心、养性、事天”。知天是认识天道，事天是遵循天道法则处理人与天的关系。知天和事天的统一才能达到人与天的合一。（参考：张峰：《儒家天人合一思想及其对生态文化建设的意义》，《开放时代》1997 年第 1 期第 15 ~ 18 页。朱配辰）

天人相应

Correspondence between man and universe

中医学关于人与自然关系的学说。中医认为，人是大自然的一员，一方面，人体组织结构与自然界有某些相似之处，人体内的机能活动，以至于生、长、壮、老、病、死等生命发展变化的规律，与自然界的春、夏、秋、冬四季变化等规律也有相似之处。从解剖结构上说，古代中医认为人体与自然界有很多相似，如天圆地方的学说，在人体则有头圆足方以相应。这些仅是从形体相似勉强搭配。在生理方面，中医认为有不少规律与自然变化相适应。自然界四季变化，气候不同，人体的生理也随之变化。这从脉象中可以明显看出，春天万物复苏，具有生发之气，人的脉象也就圆滑流畅；夏天自然界万物生长繁茂，人体脉象也随之变洪大；秋天万物成熟，阳气开始收敛，所以人的脉象也相应虚浮和平；冬天大自然界一切生物皆蛰伏收藏，人体的脉象也相应沉匿。这是人体与自然界四季变化相适应的表现。自然界的一日有昼夜之分，人体的生现现象也有昼夜变化与之相适应。自然界的阴晴雨雾等，人体也有物质代谢，汗液二便等变化相适应。甚至体内气血的流动循行，与四季、昼夜变化也密切相关。总之，人与自然界是统一的，相适应的。现代把研究人体与自然界这种相应规律的学问，归于时间医学范畴。了解这些规律，对于治疗疾病、预防疾病与养生防老，有十分密切的关系。人体只有适应自然规律，进而主动锻炼身体，以加强适应能力，才能争取长寿，这是中医养生的重要依据之一。临床医学很重视自然界的变化对人体的影响，认为人类生活在自然界中，自然界的变化如季节气候、昼夜晨昏、地方区域等，均可直接或间接影响人体，机体则相应产生反应。在生理范围内的，即是生理的适应性；超越这个范围，即是病理性反应。它提示人们在临床诊治疾病时，要注意四时气候等诸多因素对疾病变化的影响。因时、因地、因人制宜，要主动地适应自然、改造自然，以提高健康水平、减少疾病。（参考：郭蕾：《天人相应论的思想文化基础》，《山西中医学院学报》2002 年第 4 期第 6 ~ 9 页；盛星明：《浅谈天人相应与中医养生》，《中医杂志》2003 年第 2 期第 157 页。朱配辰）

天体崇拜

Astrolatry

天体崇拜是泛灵论的自然崇拜，在万物有灵观念支配下，人们对天以及天上日、月、星辰等物体以及云、雾、雷、电、风、雨等现象加以崇拜，对天体及其他自然现象心存敬畏，甚至将其人格化、神圣化。它是原始宗教现象，在人类社会原始时代很普遍。（雷爱民）

田桂荣

Tian Guirong,1951 ~

国际知名环保志愿者，2003 央视感动中国候选人物。因自费回收废旧电池，被誉为“中国民间环保大使”。1998 年得知废旧电池的危害，决定自费回收电池，在《新乡日报》上发出题为《不要再糟蹋地球了》倡议书，到市内各学校发放。自1998年开始自费回收废旧电池65吨，开展民间环保活动。2000年7月12日率领30多名学生徒步150千米沿黄河考察排污口，进行水源污染

和水质分析，向排污企业讲解环境污染的危害及治理环境污染的理念，向黄委会和环保部门递交考察报告8份。2001年创办第一个农民环保网站，成立中国第一个由农民创办的环保志愿者协会。多次荣获福特国际环保奖和格雷特曼等多项大奖。2004年7月策划组织30多名环保志愿者参加考察黄河活动。2010年成立田桂荣生态农业示范基地，坚持绿色环保无公害的原则，用深井水浇地，用干鸡粪施肥，不用污水、不用化肥。（张惠娜）

《田律》

Land law of ancient China

《田律》是我国历史最早涉及环境保护一部的重要文献。1975年出土于湖北省云梦县睡虎地的秦简中，《田律》律文仅存6条，主要内容涉及农田管理、时令禁忌、生产秩序、田税征收等4个方面。其中有关生物资源保护和生态平衡维护的有：春天二月，不准到山林中砍伐木材，不准堵塞水道；不到夏季，不准烧草作肥料；不准采取刚发芽的植物或捉取幼兽、鸟卵和幼鸟；不准毒杀鱼鳖，不准设置捕捉鸟兽的陷阱和网禁，到七月解除禁令。只有因死亡而需要伐木制造棺材的，不受节季限制。居邑靠近养牛马的皂和其他禁苑的，幼兽繁殖时不准带狗去狩猎。百姓的

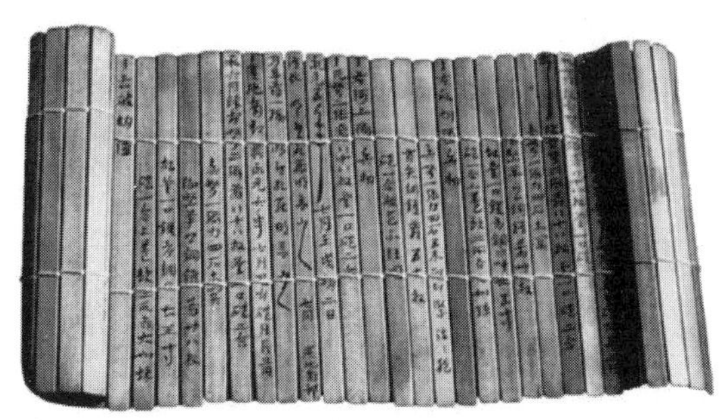

狗进入禁苑而没有追兽捕兽的，不准打死，如追兽捕兽的狗要打杀。在专门设置的警戒地区打死的狗，都要完整地上缴官府，在其他禁苑打死的狗，可以吃掉狗肉而上缴狗皮。《田律》保护的对象包括树木、植被、水道、鸟兽鱼鳖等，对时间限制和捕杀、采集方法等也有具体规定，体现了因地制宜、协调发展农林收副渔业的思想。《田律》对违反规定者还明确如何分别不同情况进行处理的办法，体现法律易于执行的特点。（参考：黄维民：《〈田律〉——我国最早涉及环境保护的一部文献》，《西北大学学报》1991年第1期第113页。朱配辰）

田园诗

Pastoral Poems，Idyll

描写自然风光、农村景物以及安逸恬淡隐居生活的诗作。中国古代的田园诗源于晋代陶渊明和南朝谢灵运，以唐代王维、孟浩然为代表。诗境隽永优美，风格恬静淡雅，语言清丽洗练，多用白描手法。田园诗来源于对田园生活的深切感受，有的接近于口语，有的近似歌谣：有的直抒胸臆，直接表明作者热爱躬耕生活之情，语言平淡而自然，朴实而毫不缺乏色彩，给人清新淳美的感觉，诗情画意的感受。陶渊明等诗人形成东晋田园诗派，谢灵运、谢朓等诗人形成南朝山水诗派，王维、孟浩然等诗人形成盛唐山水田园诗

派。诗人们以山水田园为审美对象，把细腻的笔触投向静谧的山林，悠闲的田野，创造出田园牧歌式生活，借以表达对现实的不满，对宁静平和生活的向往。（王薛时）

条约

Treaty

广义上指两个或两个以上国家之间，或国家组成的国际组织之间，或国家与国际组织之间，共同议定的在政治、经济、科技、文化、军事等方面，按照国际法规定它们相互间权利和义务关系的国际法律文件的总称，包括条约、专约、公约、协定、议定书、换文以及宪章、规约等。条约主体必须是国际法主体。国际法主体是国家以及由国家组成的国际组织，具有缔约权。国家缔约权由国内法特别是宪法加以规定，通常由国家元首、政府首脑、外交部长或他们委派的全权代表行使。1969 年在维也纳举行的联合国条约法会议，通过了《条约法公约》，规定缔结条约程序和原则。条约往往是国家间议定的政治性的、最重要的、规定根本关系的文件，缔结和生效的形式及程序比较隆重，一般需经批准和交换或交存批准书，签字人级别比较高，有效期比较长。（申森）

调理四时

Matching Seasons Changing

四时指春夏秋冬四季变化，调理四时是从中医养生学的角度主张根据四时节气、物候变化、事物性质随时调整，从而强化人体机能，达到强身健体、延年益寿功效。调理四时的思想有四时食养说，即根据四季变化，从饮食方面进行摄生学调度。摄生学提出饮食要从四时节气、物候变化而做出调整。《黄帝内经》提出准则，如作息节律、寓居条件等，其“春夏养阳，秋冬养阴”准则是随时节而调理的养生要求。调理四时还指中国古人从天人感应的角度出发，认为天人一体，人类尤其是人间的统治者在人世的所作所为与天象节气等自然变化紧密相关，人类的善行与高尚品德可以影响自然物候变化，调理四时节气，从而给人世带来祥瑞。（雷爱民）

铁匠学院

The Blacksmith Institute

1999 年在澳大利亚成立，资金来源于基金会拨款、官方发展援助机构和创办人 Richard Fuller。口号是“治理污染，挽救生命”。针对当地具体问题而非宽泛的生态系统保护或环境政策，为直接受污染影响的贫困社区提供实用帮助。在中国的项目有：1. 被污染地项目，找到环境被严重污染甚至已经威胁当地人健康的地区，随后开展清洁环境工作；2. 内蒙古项目，开展针对内蒙古非法开采锌铁矿和东乌旗一家造纸厂排放情况的研究，由绿色北京围绕上述问题进行后续的倡导活动；3. 重庆项目，对重庆三峡库区的垃圾处理情况进行研究，由重庆市绿色志愿者联合会执行；4. 云南项目，为昆明滇池边的村落设计废水和废物管理策略。（席溢）

庭园生态农业

Garden Ecological Agriculture

指农民在住宅院内及与宅基地相连的自留地或水面，依据生态经济学的基本原理和系统工程学方法，利用庭园资源优势，因地制宜从事种植、养殖、农副产品加工等各种庭园生产经营，从规划到布局，从物质、能量的输入到输出，趋向科学、合理、高效、低耗、优质、高产、经济效益、生态效益、社会效益俱佳的经营模式。它具有巧用食物链（网）和共生生态关系，把绿色植物的生产，食草、食肉动物的饲养和微生物的繁育有机串联起来，使物质多次循环利用，能量高效率利用，形成布局合理的生产、生活两用基地，获取较高的经济效益和生态效益。根据庭园特点和经营内容，建立庭园生态农业模式的基本原则是：种植业、养殖业和加工业科学结合，多层次对土地、空气、光热、动植物废弃物等自然资源进行深度利用，用较少的投入获得最大的效益，有利用于生态平衡，使庭园处于周期性的良性循环之中。在中国庭院生态农业由于地域差异有两种典型模式：北方“四位一体”庭院生态农业模式和南方“猪－沼－果”庭院生态农业模式。（李雪姣　史月田）

通识教育
General Education

大学教育的人才培养模式。通识教育目标是培养完整的人，即具备远大眼光、通融识见、博雅精神和优美情感的人，不仅仅是某一狭窄专业领域的专精型人才。在通识教育模式下，学生需要综合、全面了解人类知识的总体状况（包括主要知识领域的基本观点、思维方式和历史发展趋势），在拥有基本知识和教育经验的基础上，理性选择或形成自己的专业方向。学生通过融会贯通的学习方式，形成较宽厚、扎实的专业基础以及合理的知识和能力结构，同时认识和了解当代社会的重要课题，发展全面的人格素质与广阔的知识视野。通识教育模式下培养出来的学生不仅学有专长，术有专攻，而且在智力、身心和品格各方面能协调而全面地发展。不仅具有高尚的道德情操、独立思考以及善于探究和解决问题的能力，而且能够主动、有效地参与社会公共事务，成为具有社会责任感的公民。通识教育首先关注的是一个人的培养，其次才将学生作为一个职业人来培养。（参考：陈向明：《对通识教育有关概念的辨析》，《高等教育研究》2006 年第 3 期第 64 ~ 68 页。王薛时）

通讯自动化系统
Communication automation system

智能建筑的信息通信系统，是保证建筑物内语音、数据、图像传输的基础，同时与外部通信网如电话公网、数据网、计算机网、卫星以及广电网相连，与世界各地互通信息。目前的智能建筑信息通信系统主要由两大系统组成：程控数字用户交换机和有线电视网（CATV）。主要内容有：1. 固定电话通信系统：设程控数字用户交换机或采用公网的集中小交换机；2. 声讯服务通信系统：语音信箱具有存储外来语音，使电话用户通过信箱密码提取语音留言，可自动向具有语音信箱的客户提供呼叫，通知提取语音留言；语音应答系统：通过电话查询有关信息并及时应答的服务功能。3. 无线通信系统：应具备选择呼叫和群呼功能。4. 卫星通信系统：楼顶安装卫星收发天线和 VSAT 通信系统，与外部构成语音和数据通道，实现远距离通信目的。5. 多媒体通信系统：国际互联网，可以通过电话网、分组数据网（X25）、数字数据网（DDN）、综合业务数字网（ISDN）、桢中继网（FR）接入，采用 TCP/IP 协议。6. 视讯服务系统：包括可视图文系统接收动态图文信息，电子信箱系统存储及提取文本、传真、电传等邮件，电视会议系统通过具有视频压缩技术的设备向系统使用者提供显示近处或远处可观察图象并同步通话。7. 电视通讯系统：包括有线电视系统和公共广播系统。其中有线电视系统可接收加密的卫星电视节目以及加密的数据信息。8. 电子信息显示系统入口大厅。9. 视频点播（VOD）系统应用于饭店客房。10. 同声翻译系统应用于国际会议厅。（参考：夏苧：《论电力通讯自动化系统构成及工作原理》，《黑龙江科技信息》2013 年第 34 期第 34 页。朱配辰）

《“同呼吸 共奋斗”公民行为准则》
Civil Code of Conduct of Breathe the Same Air and Struggle Together

2014 年 8 月由国家环保部发布，倡导公众践行低碳、绿色生活方式和消费模式，积极参与大气污染防治和环境保护。《准则》的编制以科学发展观为指导，以生态文明建设为统领，以动员公众参与并践行环境保护为落脚点。内容有：1. 关注空气质量。遵守大气污染防治法律法规，参与和监督大气环境保护工作，了解政府发布的环境空气质量信息。2. 做好健康防护。重污染天气情况下，响应各级人民政府启动的应急预案，采取健康防护措施。3. 减少烟尘排放。不随意焚烧垃圾秸秆，不燃用散煤，少放烟花爆竹，抵制露天烧烤。4. 坚持低碳出行。公交优先，尽量合作乘车、步行或骑自行车，不驾驶、乘坐尾气排放不达标车辆。5. 选择绿色消费。优先购买绿色产品，不使用污染重、能耗大、过度包装产品。厉行节约，节俭消费，循环利用物品，参与垃圾分类。6. 养成节电习惯。适度使用空调，控制冬季室温，夏季室温不低于 26 度；及时关闭电器电源，减少待机耗电。7. 举报污染行为。发现污染大气及破坏生态环境的行为，拨打 12369 热线电话进行举报。8. 共建美丽中国。学习环保知识，提高环境意识，参加绿色公益活动，共建天蓝地绿水净的美好家园。（张惠娜）

同性恋者权利运动

Gay rights movement

同性恋群体的社会认同和平等社会地位的社会运动。1967 年同性恋在英国被部分合法化，此后，“第 28 条”、“民事伴侣关系”成为争取

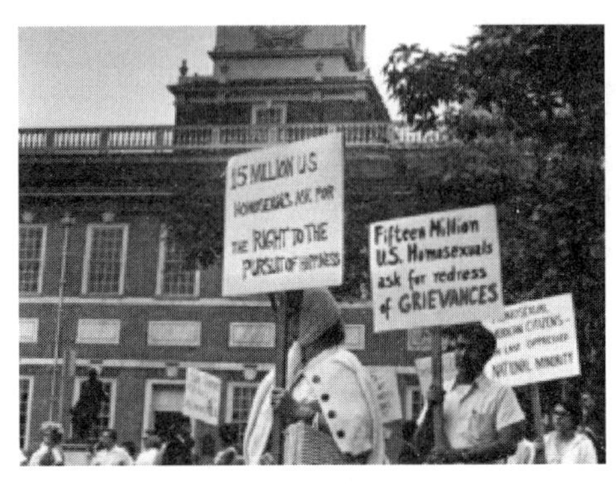

同性恋权利斗争的政治话语。同性恋者权利运动真正登上历史舞台进入公众视野，是 1969 年发生在美国纽约的石墙骚乱（Stonewall Riots）事件。1967 年 4 月，在美国费城独立厅爆发大规模抗议游行活动，同性恋者组织起来争取合法地位和社会认同。石墙骚乱之后，同性恋解放阵线（GLF）和同性恋活动家联盟（GAA）迅速成立。他们发布《同性恋宣言》。在美国同性恋运动的鼓励下，英国于 1970 年创建同样的同性恋团体，逐渐被国内媒体承认。在整个 20 世纪 70 年，同性恋权利运动迅速扩大，特别是在美国纽约和旧金山。同性恋者权利运动取得诸多成就。美国民主党 1980 年成为第一个支持同性恋纲领的政党，佛蒙特州 2000 年成为美国第一个合法承认同性伴侣的联邦州。美国很多联邦州以及欧洲一些国家，开始承认同性婚姻的合法性。同时，对于同性恋婚姻的合法性，社会上有很多反对和质疑的声音。（王聪聪）

筒车

Chinese noria

中国古代农业灌溉使用的一种水车。筒车最晚发明于唐代，但具体发明者不详。在唐代筒车已经在四川等地普遍使用，杜甫的《春水》一诗

中就说“连筒灌小园”。据《杜诗镜铨》引张謇的解释，川中水车如纺车，以细竹为之，车首之末，缚以竹筒。旋转时，低则舀水，高则泄水。这说的就是当年水车的运行情况。大型筒车则不用人力，可以日夜不息地运转，竹筒可以不断吐出原有的水，又纳入新的水。除了水力筒车外，唐代还有人力踏动的小筒筒车，主要用于浇灌菜园。从井中汲水，通过人力推动，运转浇灌。我国南

方的筒车大多采用竹筒汲水，因竹筒坚固、廉价、制作省工省料。《太平广记》中有关于使用竹筒车的记载。在实际操作中，筒车的安装以枯水季节的水位为准，因为枯水季节正是田里缺水的时候。夏季雨水多，河水暴涨，则水车往往被淹没，这时在推力和阻力的作用下，水车往往趋于平衡而不转动。（参考：李发林：《翻车和筒车浅谈》，《文史哲》1986年第4期第76～78页。朱配辰）

突发性海洋环境污染应急管理

Sudden Marine Environmental Pollution Emergency Management

指政府及相关部门通过一系列管理方法和控制手段，在某一突发事件所处的事前、事中、事后不同阶段，及时采取预防措施和必要应对方法，以达到避免或减轻突发事件带来的威胁、负面影响和破坏性损害，从而保障公众安全与社会稳定。这种突发事件指在一定海洋区域内，在原定组织或个人计划范围之外突然发生的、规模较大且对社会产生广泛负面影响，对生命和财产构成严重威胁，对社会利益具有损伤性或潜在危害性的一切事件和灾难。突发性海洋环境污染应急管理的主体是政府，客体是从事海洋实践活动、影响海洋环境的人。组织结构包含4个方面，分别为：决策体系、辅助决策系统、执行系统及保障系统。遵循依法原则，统一指挥、分工协作原则，分级分类处置原则，资源协调管理原则，生命优先原则。（蔡越）

突发性生态灾难

Sudden Ecological Disaster

自然灾害中的一种，指由于生态系统平衡遭到破坏引起的，在生物圈中对人类社会和自然生态环境造成持续性的或者大规模损害事件的总和。生态灾难可分为物种灭绝、环境污染、生态环境的不利变异、动植物的病虫害等类型。突发性生态灾难是在生态灾难形成过程的意义上对生态灾难进行划分后的一类，与突发性生态灾难相对应的是缓发性生态灾难。从导致生态灾难的原因来看，又可分为自然原因导致的生态灾难和人为原因导致的生态灾难。突发灾害由于其发生前没有预兆，人难以做出提前预防措施，因此产生的危害和破坏性最大，比如火山喷发、台风、泥石流、瘟疫等灾害，目前为止只能在一定程度上预测和预防。尤其在经济社会高速发展的今天，在各种不稳定因素的综合作用下会爆发自然性突发灾害和社会性突发灾害。在理论上，突发性灾害并非是单纯在短时间内出现的灾害现象，从本质上看，其出现仍然需要各种矛盾从量的逐渐积累直至矛盾的突然爆发，表面看来的爆发往往是由某个契机导致的。从这个角度说，突发性灾害是可以提前被预判和预防的。问题就在于如何把握这个诱发矛盾爆发的契机在何种情况下出现，如何把握持续时间和影响深度和实际规模。突发性生态灾难的频繁发生要求城市和乡村建立综合安全规划建设和安全预警机制。（参考：艾有福：《突发性灾害救助的伦理审思》，湖南师范大学2005年硕士学位论文第14～21页。欧阳文川）

图腾崇拜

Totemism

图腾崇拜是人类社会早期普遍存在的原始宗教信仰形式。图腾崇拜多将某种动物或植物等特定自然物视为与本氏族有亲缘关系，或有其他特殊关系的神圣对象而加以崇拜。在原始人的信仰中，他们多认为氏族源于某种特定的物种，认为他们与某种自然物具有亲缘关系，认为自己的祖先来源于某种动物或植物等。于是特定动植物等便成为这个民族最古老的祖先。图腾信仰与祖先崇拜常常联系在一起，图腾多出现在族群的旗帜、族徽、柱子、衣饰和身体上面。（雷爱民）

土地承载力

Land Carrying Capacity

又称人口承载力、资源承载力、土地资源人口容量。1949年由美国的威廉·福格特和威廉姆

·A·阿兰明确定义并提出。前者将其定义为“土地为复杂的文明生活服务的能力”。后者的定义是：在维持一定生活水平并不引起土地退化的前提下，一个区域能永久供养的人口数量及人类活动水平，或土地退化前区域所能容纳的最大人口数量。中国科学院自然资源综合考察委员会对土地承载力的定义是：在未来不同的时间尺度上，以可预见的技术、经济和社会发展水平及与此相适应的物质水准为依据，一个国家或地区利用自身的土地资源能够维持稳定供养的人口数量。简言之，土地承载力是指在保持生态环境质量不退化的前提下，单位面积土地所容纳的最大限度的生物总数量。它的研究内容以测算耕地人口承载量为主；研究大多是围绕耕地、食物、人口展开，以耕地为基础，以粮食为中介，以人口容量为最终测算目标。（王晴晴）

土地储备

Land reserve

土地储备制度是政府依照法定程序，运用市场机制，按照土地利用总体规划和城市规划，对通过收购、收回、置换和征用等方式取得的土地进行前期开发并予以储备，以供应和调控城市各类建设用地需求的经营管理制度。城市土地使用制度改革的一项创新。中国第一家土地收购储备机构是成立于1996年的上海市土地发展中心。土地储备产生的原因有：1.数量庞大的人口和对土地需求的持续增长深化了日益尖锐的人地矛盾。2.城市化不断推进，耕地锐减，粮食安全受到威胁。3.工业化和城市化对生态环境的破坏和土地污染严重。土地储备的范围：根据《土地储备管理办法》的规定，以下土地可以纳入土地储备的范围：依法收回的国有土地；收购的土地；行使优先购买权取得的土地；已办理农用地转用、土地征收批准手续的土地，其他依法取得的土地。土地储备的功能：服务于土地调控，促进土地节约集约利用，提高建设用地保障能力，规范土地市场运行。土地储备的分类：土地储备可以分为存量土地的储备和增量土地的储备。存量土地广义上泛指城乡建设已占有或使用的土地，狭义上讲是指现有城乡建设用地范围内的闲置未利用和利用不充分、不合理、产出低的土地，即具有开发利用潜力的现有城乡建设用地。增量土地指新增建设占用的土地，主要来源于城市周边的农用地。土地储备的原则：增加对存量土地的储备，减少对增量土地的储备，严格控制增量用地；把节约集约用地放在首位，重点在盘活存量上下功夫；充分挖掘城市内部的用地潜力，提高土地的节约集约利用率。（参考：吴次芳、谭永忠：《我国城市土地储备的几个问题》，《城市问题》2002年第5期第62～65页。朱配辰）

土地处理技术

Land Treatment Technology

指以土地为处理设施，利用土壤和微生物及植物系统的吸附、过滤及净化作用，通过一系列物理、化学和生物化学等过程，使污水达到预定处理效果，对污水中氮、磷等资源加以利用，使其成为植物自身营养成分的污水处理技术。根据处理目标、处理对象的不同，主要是废水污水经过二级处理后，仍有丰富的营养物和难以生物分解的物质要求高级处理。其处理方式一般为污水灌溉、渗滤（慢速渗滤、快速渗滤）、湿地系统和地表漫流，属于自然处理技术体。土地处理技术注意事项：做好防渗水工程，避免对地下水造成二次污染；污水回灌注意水质，避免土壤重金属污染；严格按照技术参数控制污水停留时间。（王晴晴）

土地复垦

Land reclamation

指对因多种经济活动造成破坏和废弃的土地，按照“谁破坏、谁治理”的原则，采取积极的整治措施，使其恢复到可供利用的状态的活动。需要复垦的土地主要包括：1.在矿产开发和建设施工中，挖损、塌陷、废弃土石灰渣堆积、压占和污染等造成破坏和废弃的土地；2. 各种工业排污造成污染而废弃的土地；3. 城镇道路改建、房屋搬迁、城市垃圾等造成废弃的土地；4. 兴修水利、基本农田建设形成的各种边角、坡、埂和零散废弃地。复垦土地也包括被各种自然灾害破坏的土地。经过复垦恢复后的土地可以有多种用途，如农、林、牧、副、渔业生产，也可以用于生活娱乐设施建设。复垦过程一般分为两个阶段：第一阶段是被破坏土地的形态恢复和修整，多采用工程措施。包括平整废弃的渣石场堆，修整边坡和排水沟渠，修筑堤坝和道路，铺复表土，耙碎压实等。利用城市垃圾和建筑废弃物等填埋矿坑是大型矿坑复垦的有效方法，填满后复土平整。这样既解决城市垃圾和废弃物的处理问题，又恢复了露天采矿场的地表形态。第二阶段是恢复利用。一般把农业利用作为土地复垦的基本方向，具体的利用方向和形式因复垦区自然环境条件、经济和社会发展目标的不同而异。常采用的形式有：农牧业复垦、林业复垦、水利资源复垦和其他利用，如作为厂房、居民区、运动场或公园等。农业复垦的过程一般是在上述形态修复后，给复土施入肥料，先种植以多年生豆科和禾本科牧草为主的先锋植物，加速土壤改良，以后改种农作物。土壤复垦是采矿区生态环境重建和恢复的主要途径，许多国家都先后制定有关法律、法令、规章约束采矿工业对土地的破坏，以法律形式要求对采矿破坏土地进行恢复。土地复垦的主要目的和意义在于珍惜每一寸土地，珍惜有限的土地资源，抑制和改变浪费土地、闲置土地和破坏土地的现象，使有限的土地资源发挥出应有的作用。（参考：卞正富：《国内外煤矿区土地复垦研究综述》，《中国土地科学》2000 年第 1 期第 6 ~ 11 页；何书金、郭焕成、韦朝阳、刘慧：《中国煤矿区的土地复垦》，《地理研究》1996 年第 3 期第 23 ~ 31 页。朱配辰）

土地改良

Land Improvement

人类定向改造土地条件、提高土地功能的过程。目的是防止土地退化，改变土地的不良性状和提高土地的生产潜力。措施主要有工程措施、技术措施和制度措施：1. 工程措施如兴建农田水利工程蓄水、排水、灌溉、防洪、洗盐、压碱和改淤等，修筑梯田、平整土地和其他沟谷防护工程等；2. 技术措施指采用合理的种植制度、耕作制度和施肥制度改良土壤，如深耕轮作、压沙客土、栽种绿肥作物等，种植防护林，起到防风固沙的作用，改善土地环境的小气候；3. 制度措施指通过制度激励人们通过各种方式改良土地，预防粗暴的开发方式对土地的破坏，提高土地的生产力和可持续利用。在土地改良的实际过程中，要根据不同地区的主要制约因素和土地退化的危险因素，采取相应的和综合的措施，在规划中将长远利益和当前利益结合起来，循序渐进进行科学土地改良。（朱雨晨）

《土地管理法》

Land Management Law

见《**中华人民共和国土地管理法**》。

土地集约化

Land Intensification

指在一定面积土地上集中投入较多的生产资料和劳动，使用先进的技术和管理方法，以求在较小面积土地上获取高额收入的经营方式。城镇经济的快速发展使城镇规模不断扩大，从而导致耕地不断减少，粮食和就业压力不断增加。城镇土地集约化利用是目前最有效的解决方法。常见的土地集约度指标有：单位面积土地施肥量、单位面积土地用电量、单位面积土地农机拥有量、机播面积占农田比例、有效灌溉面积占耕地比例等。目前我国城镇土地集约化利用方面存在的问题有：城镇化发展重质不重量，土地利用形式粗放；城市土地利用结构不合理。城市建设由工业用地、居住用地、仓储用地、公共设施用地、道路扩建用地、对外交通用地、市政公用设施用地以及特殊用地构成，各部分的比列反映土地用途的差异。土地政策制度不完善，如行政划拨和有偿使用并行，划拨出的土地未得到有效的使用，有偿使用土地没有进行细致规划，在短时期内无法收回，造成土地利用率低下。（参考：邵华、徐国彬、张晋丽：《浅议中国城市土地的集约化利用》，《资源科学》1999 年第 3 期第 59 ~ 62 页。朱配辰）

土地利用规划环境评价
Environmental Influence Assessment of Land Use Planning

指依据一定的环境指标和模型以评估土地利用和规划对区域或局部环境可能造成的影响的评价程序。土地利用规划环境评价的目的在于提高土地利用规划的科学性，减少土地规划决策与实施过程中对环境造成的负面影响，从而实现环境与社会的协调可持续发展。土地利用规划指以土地总净效益最大化为目的，对土地利用进行提前规划和设计，实现土地资源的合理优化配置。按照土地规划所承担任务不同可分为土地利用总体规划、土地利用专项规划和土地利用项目规划。土地利用规划环境评价主要适用于土地利用总体规划，因为总体规划的规划周期较长并且规划范围更加广泛，与经济社会发展关系更紧密，对环境的影响因此更大。土地利用规划环境评价的核心在于评价指标的选取和评价体系的构建，一般来说指标的选取倾向于以相对指标来反映土地规划在更宏观尺度上对环境的影响，应包括自愿、环境、经济、社会 4 个方面的内容。评价的程序尚没有统一的规定，但在实际工作中一般包括对环境问题的识别、土地生态评价、选取评价指标、方案实施的环境影响评价以及对此进行规避的方案制定等步骤。土地利用规划环境评价的方法则有多种，包括压力—状态—响应模型、生态系统服务价值法、生态足迹法和 SCS 等模型。（参考：吕昌河等：《土地利用规划环境影响评价指标与案例》，《地理研究》2007 年第 2 期第 249 ~ 255 页。欧阳文川）

土地利用与土地覆盖变化
Land Use and Land Cover Change

国际地圈生物圈计划（IGBP）核心计划之一。IGBP 和国际全球环境变化人文因素计划（IHDP）自 1990 年起开始积极筹划全球性综合研究计划，于 1995 年共同拟定并发表《土地利用 / 土地覆被变化科学研究计划》，提出 3 个研究重点：1. 土地利用变化的机制。通过区域性个例的比较研究，分析影响土地使用者或管理者改变土地利用和管理方式的自然和社会经济方面的主要驱动因子，建立区域性的土地利用 / 土地覆被变化的经验模型。2. 土地覆被的变化机制。主要通过遥感图像分析，了解过去 20 年内土地覆被的空间变化过程，并将其与驱动因子联系起来，建立解释土地覆被时空变化和推断未来 10 ~ 20 年的土地覆被变化的经验诊断模型。3. 建立区域和全球尺度的模型。建立宏观尺度的，包括与土地利用有关的各经济部门在内的土地利用—土地覆盖变化动态模型，根据驱动因子的变化来推断土地覆盖未来 50 ~ 100 年的变化趋势，为制定相应对策和全球环境变化研究任务提供科学依据。（席溢）

土地流转风险
Land transfer risk

指因各种不确定因素而导致土地流转中发生损失的可能性。内含有社会风险、经济风险、自然风险。1. 社会风险指土地流转过程中，产生社会矛盾、引发社会冲突、危及社会安定、破坏社会秩序的可能性。它包括公信力风险、诚信风险、寻租风险和社会保障风险。1）公信力风险指由于部分政策在落实到基层政府和组织出现扭曲或延迟，农民群体得知的真实情况与基层组织的宣传出现矛盾，导致农民群众对基层政府和组织的信任感逐渐消失，政府的话语权变成“自说自话”，最终引发政府的公信力危机，影响农村社会的团结稳定。2）在国家允许的土地流转中，诚信风险主要表现在合同不规范上；对于不合法的土地流转，诚信风险更容易变成求偿风险，即流转利益受损方想要获得赔偿时，由于流转方式本身不合法，导致合理诉求不能依法实现。3）由于社会体制存在不合理以及我国长期的官本位思想作祟，一些基层工作人员首先将自己视作土地流转的参与者而非引导者，在利益诱使下，依靠权力过度干预土地流转；部分基层政府部门和村集体组织领导成员，为政绩考核和形象工程，不尊重农民流转意愿，强行将土地进行流转，打“休闲农业”、“旅游农业”等农业“擦边球”。土地流转中的寻租行为，极易滋生腐败事件，败坏社会道德，影响社会秩序，破坏社会团结。4）在目前我国农村社会保障制度尚不完善和健全的情况下，土地仍具有较强的综合性保障功能，养老、医疗、失业和最低生活保障都附着其上；当农民将全部土地承包经营权转让，一旦发生重大事故，将土地流转所得资金用完后，生活将难以维持。2. 经济风险指土地流转过程中，利益相关各方蒙受经济损失的可能性。它包括金融风险、管理风险和产业风险。1）金融风险又分为信用风险、流动性风险和政策风险。信用风险是土地流转双方因各种不定因素使收益与预期偏离的可能性，是影响范围最广的经济风险。流动性风险指在出租、股份合作方式下的土地流转发生资金链断裂时，前者可能无力偿付租金，后者可能无法回笼资金。政策风险是指由于信息不畅通、文化水平不高、话语权缺失等原因，农民很难及时了解土地流转相关的政策变化，长此以往易导致农民对土地流转失去信心。2）管理风险：主要涉及两种主体：一是个体流入者的管理风险，二是集体流入土地的管理风险。3）产业风险：由于农业经营的收益率相对偏低，而从事农业生产的各项风险却并不随之降低，并且劳动强度往往还偏大，导致农民进入其他行业的愿望十分强烈，这构成农业产业风险的动力基础。3. 自然风险指在土地流转中主要由人为因素导致农业用地生态系统结构及其组分遭到破坏，生态功能受到影响的可能性。包括景观美学价值风险和生态组分风险。1）景观美学价值风险：由于地球气候、地形、地貌等的自然条件影响，土地呈现出较强的区域差异性；这些自然条件在影响地表特征的同时，也成为作物的地区生长限制因素。地表差异性、经济作物区域性，加之我国农业文化历史悠久，在长期的劳动实践中产生形式多样的农耕文化，三者共同构成我国丰富多彩的农地美学景观，如广西龙脊梯田、东北黑土地等。2）生态组分风险：土地是多组分的复合系统，由土壤、岩石、矿藏、水文、大气和植被等要素构成并综合人类正反面活动成果的自然—经济综合体；土地流转中的生态组分风险指流转中可能导致生态组分产生结构或要素变化而带来的产出降低的潜在可能。目前我国的土地流转中，由于强调经济发展的首要目标，流转过程中时常片面追求经济效益，关系到土地内在价值的生态组分风险却没有引起人们过多关注。（参考：郭晓鸣等：《必须高度重视农村土地流转中存在的问题和潜在风险》，《农村经济》2011 年第 2 期第 3 ~ 5 页。李毅等：《复合生态系统视角下土地流转风险管理》，《农村经济》2014 年第 1 期第 30 ~ 34 页。**朱配辰**）

土地侵蚀

Land Erosion

土地侵蚀属于全球性主要的生态问题之一，也可称为水土流失。指土壤（包括土壤下层的土体）及附着其表层的物质在外营力的作用下而受到破坏、分离、搬运和沉积的过程。狭义层面，土地侵蚀可理解为只是土壤本身被外营力破坏、分离、搬运和沉积。按照外营力的种类（包括大气圈、水圈等生态圈产生的能量以及重力能等能量）划分，土壤侵蚀可分为水力侵蚀、风力侵蚀、重力侵蚀等类型。此外，人类经济活动中不科学的开采开发方式也成为导致土地侵蚀的重要外营力。土壤侵蚀对自然环境和人类社会都产生极其恶劣的影响。水土流失致使土壤资源严重损害，土壤肥力下降、土质变化导致农业产量降低；地表植被在侵蚀作用下被破坏，导致生态系统失衡恶化，从而发生自然灾害；重力作用下的土壤侵蚀形成山体滑坡、泥石流等灾害，对房屋、桥梁、道路等建筑设施造成巨大破坏，对人类生命安全造成严重威胁。土壤侵蚀与降雨量大小、植被覆盖程度以及坡度大小具有紧密联系，因此防范预防工作可以依靠植树造林、坡面和沟道治理、发展水利工程以及相关的生物工程和农业技术措施。（参考：赵文武：《多尺度土地利用与土壤侵蚀》，《地理科学进展》2006 年第 1 期第 24 ~ 30 页。欧阳文川）

土地沙漠化

Desertification

指由于人为因素或者自然气候变化导致土地退化，从而出现以土地风沙活动为主要特征的大面积干旱和半干旱地区。对于土地沙漠化的成因，科学家具有不同倾向。多数气候学家和地质学家认为土地沙漠化源于气候干旱，而人为因素只是次要原因。持这种意见的学者以撒哈拉沙漠特定时段的降雨变化与沙漠边缘范围变化作为论据将土地沙漠化归结为一种自然过程。与环境论相反，人为论持有者将土地沙漠化的主要原因归结为人的经济生产活动，将气候变化作为导致沙漠化的原因之一。与此同时持环境论和人为论二元论的学者认为土地沙漠化的成因应具体分析，气候变化和人为因素在不同情况下可以分别是沙漠化的主要原因，比如在极端干旱地区的土地沙漠化，其主要原因应归结为气候，而在干旱或半干旱的地区发生的沙漠化则很有可能是人为因素所导致。联合国环境规划署曾将土地沙漠化的成因分为 4 类，即在地理位置上与干旱地区相毗邻的半湿润的生态功能本身比较脆弱；由于人口增长导致的资源过度利用；不合理的土地利用以及规划；政治动乱干扰中长期行动的执行。因此导致土地沙漠化的原因具有复杂性，应当综合研究和分析。（参考：刘拓：《中国土地沙漠化及其防治策略研究》，北京林业大学 2005 年博士学位论文第 17 ~ 25 页。欧阳文川）

土地生态系统安全

Land Ecosystem Security

生态安全又称绿色安全、环境安全、生态环境安全。一般来说，指生态系统的健康和完整情况。国际应用系统分析研究所讲“生态安全”定义为：在人的生活、健康、安乐、基本权利、生活保障来源、必要资源、社会秩序和人类适应环境变化的能力等方面不受威胁的状态。因此，土地生态系统安全指土地生态系统所依赖的自然资源和生态环境处于健康、均衡、稳定的状态之中，使得土地生态系统能够维持其平衡运转的状态，使人类本身生活和生产活动不受生态环境污染和破坏的影响。土地生态系统的安全问题往往由于土地利用结构不合理、忽视利用生态用地、违反土地生态规律用地等原因造成。不遵循生态规律的土地利用方式直接导致土地生态服务功能衰退和弱化。土地生态安全是新兴的研究领域，目前研究方向为：土地生态系统格局测度、土地生态系统功能评价、土地生态系统健康评价、土地安全分析、土地生态风险评估和应对设计、土地生态系统安全管理。（参考：梁留科等：《我国土地生态安全理论研究初探》，《云南农业大学学报》2005 年第 6 期第 829 ~ 833 页。欧阳文川）

土地损失补偿费

Land Loss Compensation Fee

在《土地复垦规定》中规定，企业和个人对其破坏的其他单位使用的国有土地或者国家不征用的集体所有土地，除负责土地复垦外，还应当向遭受损失的单位支付土地损失补偿费。土地损失补偿费可分为耕地损失补偿费、林地损失补偿费和其他土地损失补偿费。其中耕地损失补偿费以前三年平均年产量为基数，对实际造成的减产按照各年造成的实际损失逐年支付相应损失补偿费，林地和其他土地损失补偿费参照耕地损失补偿费的计算办法。（代富宇）

土地休耕计划

Conservation Reserve Program，CRP

土地休耕计划是根据美国 1985 年通过的《食品安全法案》（*Food Security Act* of 1985）设立，1986 年起开始实施的全国性农业环保项目。CRP 本着农民（包括农场主等土地所有者）自愿参与的原则，由政府补贴，农民实施 10 ~ 15 年的休耕还林、还草等长期性植被恢复保护。美国土地休耕计划的参与主体是美国政府和土地所有者，州政府的主要责任是提供计划实施的技术条件及参与工作，协助国家筛选符合补偿需要的地块，并不承担具体的退耕活动和补偿资金的分配。土地所有者是休耕计划的执行人，通过与国家签订休耕合同保护自身收益，能够很好调动积极性。CRP 的主要目标是针对那些土壤极易侵蚀的和其他环境敏感的作物用地进行补贴，扶持农作物生产者实施退耕还林、还草等长期性植被保护措施，最终达到改善水质、控制土壤侵蚀、改善野生动植物栖息地环境的目的。CRP 包括对高侵蚀土地进行闲置的保护储备计划和土壤银行（Soil Bank），对湿地进行闲置或恢复的水银行（Water Bank）和湿地储备计划（Wetlands Reserve Program，WRP），对局部农地进行闲置的续约性的保护储备计划和保护储备加强计划。（参考：刘嘉尧等：《美国土地休耕保护计划及借鉴》，《商业研究》2009 年第 8 期第 134 ~ 136 页。聂晓文等：《退耕还林工程与美国土地休耕计划生态补偿效率比较分析》，《中国市场》2009 年第 44 期第 77 ~ 79 页。**朱配辰**）

土地盐碱化

Land Salinization

也称土壤盐渍化。指易溶性盐分在土壤表层沉积，即土壤胶体吸附有相当数量的交换性钠，当土壤盐分达到一定量时（大于 0.3%）会使土壤盐碱化，从而导致土壤渗透性降低。我国的土壤盐碱化范围辽阔，主要分布于干旱、半干旱地区以及滨海地区，如辽宁、吉林、黑龙江、山东、河南、山西、陕西、内蒙古、甘肃、宁夏、新疆、青海、江苏、安徽、福建、浙江等地。土壤盐碱化的形成有自然原因，也有人为因素。气候干旱的地区，日照持续时间长，地表蒸发强烈，在地势低平、排水不畅或地表径流滞缓、汇集的地区，或者地下水位较高的地区，由于毛细作用，地下水上升到地表被迅速蒸发留下大量盐分，日积月累便会形成盐碱地。此外，在农业生产中采用不适当的灌溉技术也是盐碱性土壤形成的原因。过度开垦和伐木，致使土壤裸露，在蒸发强烈的条件下也容易形成盐碱地。土地盐碱化不仅造成土壤破坏，还由于土壤可渗透性变差，除少数耐盐性植物不受影响，大部分植被和农作物因此不能正常汲取水分而枯竭。治理土壤盐碱化可以从水利方面优化灌溉、排水技术，农业方面可以改良种植方法，如轮作和间种套种等。此外，也可采用生物和化学改良措施治理盐碱化土壤。（参考：宇振荣：《中国土地盐碱化及其防治对策研究》，《农村生态环境》1997 年第 3 期第 1 ~ 3 页。**欧阳文川**）

土耳其民主左翼党

Turkey Democratic Left Party

成立于 1985 年 11 月 14 日的土耳其左翼政党，自称是社会民主党性质的“大众党”。它在政治上主张建立自由、平等、公正、无剥削的制度；经济上主张重视市场经济规律，反对国家过分干预经济，但对重要经济部门在一定范围内要实行垄断；主张建立农工合作社，注意提高劳动者的生活水平。（**李庆**）

土家族生态文化

Ecological culture of Nationality

土家先民生活在武陵山区。这里崇山峻岭，山高人稀，云雾弥漫，气候变幻无常。由于无法解释自然现象，对此产生既神秘又恐惧的认识，自然崇拜应运而生，形成对天地、日月星辰、昼夜年月、动物植物并由此化生万事万物的神话传说和图腾崇拜。是土家族传统文化的重要组成部分。神话传说《虎儿娃》传递“人虎合一”的思想，体现土家人与老虎的和谐统一。动植物被看作与土家族人有着亲缘关系，成为他们的保护神。敬畏、祭祀、禁止伤害这些图腾物，以求其保护，体现出土家族人维持生态平衡，人与自然的和谐共处的关系。土家族传统文化中表现出来的生态关系大致可分为两种。一是平等共生。土家族先民首先将自己视为自然界的一分子，观察和探索身边的世界，平等共生的自然观贯穿其中，认为人和万物都是自然的产物。二是互助互利。在土家先民的生态意识中，大多数生物是人类的朋友，共同创造世界。（牟世晶）

《土壤》

Soils

中国科学院南京土壤研究所主办。创刊于1958年10月。1962年8月与中国土壤学会主办的《土壤通报》合并而停刊。1974年2月《土壤》复刊，在国内外公开发行。是介绍土壤、肥料、土壤生态及环境保护等方面的研究论文和调查报告为主的通报类期刊。是我国土壤科学领域最具权威性的专业期刊之一。办刊宗旨：以科学的态度，求实的精神，严谨的作风，传播土壤科学最新研究成果，交流改土培肥经验，普及土壤科学知识，提倡百家争鸣，活跃学术思想，繁荣我国土壤科学事业，促进农业生产，服务于国民经济建设。双月刊，ISSN：0253-9829。（席溢）

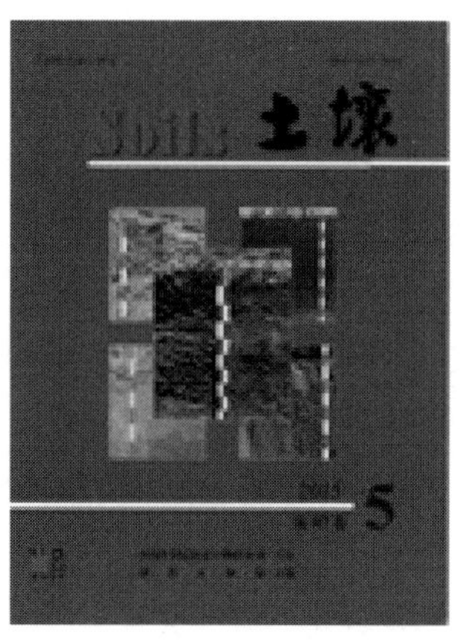

土壤保持型生态功能区

Soil Conservation Ecological Function Area

依据《全国生态功能区划》，全国共有土壤保持生态功能三级区28个，面积93.72万平方千米，占全国国土面积的9.76%。其中，对国家生态安全具有重要作用的土壤保持生态功能区，包括太行山地、黄土高原、三江源区、四川盆地丘陵区、三峡库区、南方红壤丘陵区、西南喀斯特地区、金沙江干热河谷等。类型区的主要生态问题包括：不合理的土地利用，特别是陡坡开垦，以及交通、矿产开发、城镇建设、森林破坏、草原过度放牧等人为活动，导致地表植被退化、土壤侵蚀和石漠化危害严重。类型区生态保护的主要方向为：调整产业结构，加速城镇化和社会主义新农村建设的进程，加快农业人口的转移，降低人口对土地的压力；全面实施保护天然林、退耕还林、退牧还草工程，严禁陡坡垦殖和过度放牧；开展石漠化区域和小流域综合治理，协调农村经济发展与生态保护的关系，恢复和重建退化植被；严格资源开发和建设项目的生态监管，控制新的人为土壤侵蚀；发展农村新能源，保护自然植被。（张沥元）

土壤次生盐渍化

Soil Secondary Salinization

由于人为活动的影响使原来非盐渍化的土壤发生盐渍化或增强原土壤盐化程度的过程。成因包括多肥栽培、土壤水分运移形式、肥料表施、土壤温度和湿度高、地下水水位升高、矿化度增加等。土壤次生盐渍化的危害有：1. 次生盐渍化土壤中可溶性盐类浓度高，易引起植物根细胞在高渗透压下吸水困难或者脱水，导致植物生理干旱，同时土壤养分也无法被植物吸收。2. 土壤的次生盐渍化会抑制土壤微生物的活动，影响土壤生物质的降解效率，从而间接影响土壤对作物的养分供应。3. 次生盐渍化土壤中的部分盐分离子，在大水漫灌条件下会被淋溶到深层土壤或地下水中，对地下水造成污染。土壤次生盐渍化的防治一般采用平衡施肥、合理灌溉、栽培盐生作物、改良土壤（增施有机肥、施用土壤改良剂）等措施。（参考：时唯伟、支月娥、王景等：《土壤次生盐渍化与微生物数量及土壤理化性质研究》，

《水土保持学报》2009年第6期第166～170页。刘阳）

土壤改良剂

Soil Amendment

指能有效改善土壤理化性状和土壤养分状况，对土壤微生物产生积极影响，从而提高退化土壤生产力的物料。土壤改良剂按原料来源可分为天然改良剂、合成改良剂、天然–合成共聚物改良剂和生物改良剂4类。天然改良剂包括天然矿物、无机固体废弃物、有机固体废弃物、天然提取高分子化合物和有机质物料等。合成改良剂是模拟天然改良剂人工合成的高分子有机聚合物，如聚丙烯酰胺、聚乙烯醇树脂、聚乙烯醇、聚乙二醇等。生物改良剂包括生物控制剂、微生物接种菌、菌根、好氧堆制茶、蚯蚓等。其改良作用主要体现在4个方面：1. 改善土壤物理性状、增强土壤的保水保土能力；2. 增强土壤中营养元素的有效性，提高土壤肥力；3. 提高土壤中有益微生物和酶活性，抑制病原微生物，增强植物的抗性；4. 降低重金属污染土壤中重金属镉、铅、锌、钴、铜、镍等的迁移能力，抑制作物对重金属吸收等。（参考：陈义群、董元华：《土壤改良剂的研究与应用进展》，《生态环境》2008年第17卷第3期第1282～1289页。刘阳）

土壤侵蚀

Soil erosion

指土壤及其母质在水力、风力、冻融或重力等外营力作用下，被破坏、剥蚀、搬运和沉积的过程。狭义的土壤侵蚀仅指土壤被外营力分离、破坏和移动。根据外营力的种类，可将土壤侵蚀划分为水力侵蚀、风力侵蚀、冻融侵蚀、重力侵蚀、淋溶侵蚀、山洪侵蚀、泥石流侵蚀及土壤坍陷等。在现代侵蚀条件下，人类活动对土壤侵蚀的影响日益加剧，它对土壤和地表物质的剥离和破坏，已成为十分重要的外营力。侵蚀的对象并不限于土壤及其母质，还包括土壤下面的土体、岩屑及松软岩层等。其中，水力侵蚀或流水侵蚀指由降雨及径流引起的土壤侵蚀，简称水蚀。包括面蚀、潜蚀、沟蚀和冲蚀。重力侵蚀指斜坡陡壁上的风化碎屑或不稳定的土石岩体在重力为主的作用下发生的失稳移动现象，一般可分为泻流、崩坍、滑坡和泥石流等类型，其中泥石流是危害严重的水土流失形式。重力侵蚀多发生在深沟大谷的高陡边坡上。冻融侵蚀，主要分布在中国西部高寒地区，在一些松散堆积物组成的坡面上，土壤含水量大或有地下水渗出情况下冬季冻结，春季表层首先融化，下部仍然冻结，形成隔水层，上部被水浸润的土体成流塑状态，顺坡向下流动、蠕动或滑塌，形成泥流坡面或泥流沟。风力侵蚀是由风力作用引起的土壤侵蚀现象，主要发生在比较干旱、植被稀疏的条件下，当风力大于土壤的抗蚀能力时，土粒就被悬浮在气流中而流失。人为侵蚀是指人们在改造利用自然、发展经济过程中，移动大量土体，而不注意水土保持，直接或间接地加剧侵蚀，增加河流的输砂量。目前主要表现在采矿、修建各种建筑、公路、铁路、水利等工程过程中毁坏耕地、废弃物乱堆放，有的直接倒入河床，有的堆积成小山坡，再在其他营力作用下产生侵蚀。根据中华人民共和国水利部批准发布的《土壤侵蚀分类分级标准》，土壤侵蚀类型分区为一级类型区和二级类型区。全国分为水力、风力、冻融3个一级土壤侵蚀类型区；水力侵蚀类型区分为西北黄土高原区、东北黑土区、北方土石山区、南方红壤丘陵区和西南土石山区5个二级类型区；风力侵蚀类型区分为“三北”（东北西部、华北北部、西北大部）戈壁沙漠及沙地风沙区、沿河环湖滨海平原风沙区2个二级类型区；冻融侵蚀类型区分为北方冻融土侵蚀区、青藏高原冰川冻土侵蚀区2个二级类型区。土壤侵蚀程度分级：1. 无明显侵蚀土壤。其土壤剖面完整；2. 轻度侵蚀土壤，A层残留厚度大于1/2；3. 中度侵蚀土壤，A层残留厚度小于1/2；4. 强度侵蚀土壤，B层残留厚度大于1/2，以至大部分被剥蚀；5. 剧烈侵蚀土壤，C层出露或遭侵蚀。

土壤侵蚀等级愈高，则土层愈薄，土壤肥力愈衰退。调查时常采用剖面对比法确定侵蚀土壤的分类级别，即以无明显侵蚀土壤为标准剖面，与侵蚀土壤进行对比，按土壤残留厚度确定不同侵蚀土壤的等级。中国常用的分级为：无明显侵蚀、轻度侵蚀、中度侵蚀、强度侵蚀、剧烈侵蚀和很剧烈侵蚀。侵蚀等级的确定是以地形、土壤、植被、土壤侵蚀方式和流失量多少等为综合指标，在一般情况下，侵蚀愈严重的区域，其环境质量愈差，水土流失量也愈大，治理也愈加困难。（参考：冷疏影等：《土壤侵蚀与水土保持科学重点研究领域与问题》，《水土保持学报》2004 年第 1 期第 1 ～ 6 页；唐克丽：《中国土壤侵蚀与水土保持学的特点及展望》，《水土保持研究》1999 年第 2 期第 3 ～ 8 页。朱配辰）

土壤生态系统

Soil Ecosystem

土壤生态系统是由土壤环境因子和土壤生物因子共同组成的微型生物圈，各因素之间通过复杂的能量流动和物质循环实现系统内在组份、组织结构和功能上的动态健康。土壤环境因子包括土壤理化性质、土壤质地和结构、土壤三相组成和土壤水、肥、气、热等特性。土壤生物因子包括土壤动物、土壤微生物和植物根系，它们分布在土壤半连续的孔隙网络中，受气候气象、地形地貌、土壤理化性质和人类耕作活动的综合影响。土壤生态系统的生态整合性、自维持活力、外部抵抗力和自组织力是反映该系统综合能力强弱的指标。（参考：李小方、邓欢、黄益宗等：《土壤生态系统稳定性研究进展》，《生态学报》2009 年第 12 期第 6712 ～ 6722 页。刘阳）

土壤生态系统功能

The Function of Soil Ecosystem

指在利用土壤生物多样性进行能量流动、物质循环和信息传递过程中，维持土壤微生态系统健康稳定的运转，满足土壤对自然和人类生产的功能表现。其中，土壤生物区系提供大量的生态系统服务，被整个土壤群集以其自身的目的所利用。土壤环境中的生产者、消费者和分解者共同参与这一功能的实现过程，在不断的循环中维持土壤在物理、化学、生物三个方面的稳定性。土壤分解者群落是土壤微环境持续运转的主力军，它们将土壤中积累的有机质分解成养分，进而作为土壤作物的肥料，同时也在一定程度上实现废弃物的管理和污染土壤的净化。（参考：刘灵芝、吕德国、秦嗣军：《果园土壤生态系统功能微生物多样性研究进展》，《北方果树》2014 年第 6 期第 1 ～ 4 页。刘阳）

土壤生态系统结构

The Structure of Soil Ecosystem

一个稳定的土壤生态系统结构一般包括垂直结构和水平结构，并在不同结构上体现不同的生态功能。垂直结构一般由 3 个层级构成：1. 地上生物群体层，该层级主要被进行光合作用的植物所占据；2. 生物地被层，包括地被生物群体和植物根系所及的土层，其中有丰富的土壤动物和土壤微生物，能充分将土壤有机质分解转化，土壤质量高；3. 土壤底层和岩石风化层，该层生物有机体少，决定土壤矿质元素和水分补给的深度。水平结构一般有均匀分布、簇生分布和随机分布 3 种格局，这 3 种分布根据土壤生物的生存需求和活动习性决定。（参考：张淑花：《农田生态系统土壤动物群落结构对不同管理与利用方式的响应》，哈尔滨师范大学 2014 年博士学位论文第 15 ～ 18 页。刘阳）

《土壤通报》

Chinese Journal of Soil Science

1957 年创刊。中国科协主管、中国土壤学会主办、沈阳农业大学承办的土壤学与肥料学学术期刊。为农业基础科学类核心期刊。主要刊登农业资源与环境、植物营养与施肥、土壤侵蚀与水土保持等方面的调查和试验研究成果、专题文献评述、国内外新技术及学术研究动向等学术论文。读者对象为农业资源与环境、植物营养与施肥、水土保持及其相关学科的科技人员、院校师生及管理工作者。双月刊，ISSN：0564-3945。（席溢）

土壤退化

Soil Degradation

指在各种自然特别是人为因素影响下导致土壤质量可持续性下降（包括暂时性的和永久性的）甚至完全丧失其物理的、化学的和生物学特征的过程。根据土壤退化的表现形式，土壤退化可分为显型退化和隐型退化两大类型。前者指退化过程（有些甚至是短暂的）可导致明显的退化结果，后者指有些退化过程虽然已经开始或已经进行较长时间，但尚未导致明显的退化结果。国外有学者将所有的土壤退化形式归结为 4 个方面：1. 土壤侵蚀：土壤结构物质的损失；2. 土壤衰竭：土壤中营养元素的消耗；3. 外来物质积聚：各种外来有害成分在土壤中的积累与固定；4. 土壤板结：土壤物理结构破坏，容重增加。目前，中国危害最严重的土壤退化形式主要表现在土壤侵蚀和水土流失两方面。（参考：杨卿、郎南军、苏志豪等：《土壤退化研究综述》，《林业调查规划》2009 年第 1 期第 20 ~ 24 页。刘阳）

土壤微生物

Soil Microorganism

指土壤中个体微小的生物体。主要包括细菌、放线菌、真菌，还有原生动物和藻类等。土壤微生物是影响土壤生态过程的重要因素。土壤微生物在土壤形成、生态系统的生物地球化学循环、污染物质的降解和维持地下水质量等方面都具有重要作用。由于土壤中微生物个体微小，数量多，土壤微生物分离和鉴定困难，土壤环境条件复杂等原因，目前为止大约仅 1% ~ 10% 的土壤微生物被分离和鉴定，这限制了对土壤微生物在陆地生态系统中重要作用的认识。研究内容主要包括：对土壤微生物群落结构及其影响因素，土壤微生物结构与生态功能的关系，土壤微生物维持土壤质量的作用等。土壤微生物的研究是调控陆地生态系统内其他因素，使土壤中的有益菌群占据主要生态位，从而抑制土壤中病源微生物生长和繁殖，维护整个陆地生态系统健康和稳定。（朱雨晨）

土壤污染

Soil Contamination

指人类活动产生的污染物进入土壤并积累到一定程度，引起土壤环境质量恶化，对生物、水体、空气和人体健康产生危害的现象。土壤污染物来源广泛，包括化学污染物、物理污染物、生物污染物和放射性污染物。按照土壤污染源和进入途径来划分，土壤污染主要有以下 4 种类型：1. 水质污染型，主要通过污水灌溉；2. 大气污染型，主要通过空气中污染颗粒物的干湿沉降；3. 固体废弃物污染型，各种工业废物和生活垃圾的堆积或掩埋处理；4. 农业污染型，化肥农药的不合理使用等。土壤污染具有隐蔽性、滞后性、长期性和不可逆转性等特点。（参考：陈保冬、赵方杰、张莘等：《土壤生物与土壤污染研究前沿与展望》，《生态学报》2015 年第 20 期第 6604 ~ 6613 页。刘阳）

土壤污染的生物修复

Bioremediation of Soil Pollution

指利用生物的生命代谢活动减少人类活动给土壤环境带来的有毒有害物，使其无害化，从而使被污染的环境能够部分或者完全恢复到原初状态的过程。生物修复根据其所利用的生物种类，可以分为微生物修复、植物修复、动物修复。土壤污染的生物修复是新兴技术，主要针对的是重金属和有机物污染。在污染的土壤里种植木本植物、经济作物，利用其对重金属的吸收、积累和耐性，去除重金属或转化为较低毒性的产物；或利用微生物对重金属和有机污染物的亲合性与吸收能力，进行修复；还可利用植物—菌根—菌根根际微生物这一复合系统的特异效应降解污染物。（朱雨晨）

《土壤污染防治行动计划》

Action Plan for Soil Pollution Prevention

2014 年 3 月环境保护部常务会议审议并原则通过，决定将该《计划》上报国务院审议。《计划》在 2015 年内出台。在此之前，为开展场地环境状况调查、风险评估、修复治理提供技术，推进土壤和地下水污染防治法律法规体系建设提供基础支撑，环保部制定并颁布《污染场地土壤修复技术导则》、《场地环境调查技术导则》、《场地环境监测技术导则》、《污染场地风险评估技术导则》、《污染场地术语》等 5 项污染场地系列环保标准。根据国务院要求，《土壤污染防治行动计划》包括划定重金属严重污染的区域、投入治理资金的数量、治理的具体措施等多项内容；制定我国土壤污染治理的具体时间表，总体上把土壤污染分为农业用地和建设用地，分类进行监管治理和保护；对于土壤污染治理的责任和任务也逐级分配到地方政府和企业，力争到 2020 年使土壤恶化状况得到遏制。（张沥元）

土壤污染调查数据公开事件

Survey Data Public Event of Soil Pollution

土壤污染作为主要污染类型之一，危害表现为导致农作物减产和农产品品质降低、污染地下水和地表水、影响大气环境质量、危害人体健康。2006 年环境保护部开始对全国土壤污染情况首次调查。由于涉及地理、地质、水文等国土信息，出于国家安全的考虑，调查结果不予公布。2013 年初随着各种污染事件被曝光，土壤污染状况开始引起社会公众的广泛讨论，媒体纷纷要求尽快建立土壤重金属污染的监测预警体系，对污染程度和范围做到心中有数，呼吁不能再以“土壤污染是国家机密”的态度拒绝公开。2014 年环境保护部、国土资源部公布土壤污染状况调查结果：实际调查国土 630 万平方千米面积，土壤总点位超标率为 16.1%。耕地、林地、草地的土壤点位超标率分别为 19.4%、10.0%、10.4%。（张沥元）

土壤无机碳

Soil Inorganic Carbon，SIC

土壤无机碳由土壤中固、液、气三相含碳无机物组成，固相无机碳主要包括岩生性碳酸盐和发生性碳酸盐，来源于土壤母质、富含碳酸盐的气载尘埃、植物残体等；液相无机碳主要来源于二氧化碳与土壤水分反应生成的碳酸和碳酸氢根的过程；气相无机碳主要是二氧化碳，来源于土壤生物呼吸产生的二氧化碳以及土壤剖面上部混入的大气。按土壤无机碳的形成方式有下降成因模型、上升成因模型、原地成因模型、生物成因模型、冻结模型 5 种模型。土壤无机碳大约占土壤碳库的三分之一，而土壤碳库作为地球表层最大的碳库，其含碳总量是大气碳库的 3 倍和生物碳库的 3.8 倍，因此土壤系统固碳能力的强弱，在全球碳循环中起着关键作用。（参考：杨黎芳、李贵桐：《土壤无机碳研究进展》，《土壤通报》2011 年第 4 期第 986 ~ 990 页。刘阳）

土壤修复

Soil remediation

指利用物理、化学和生物的方法转移、吸收、降解和转化土壤中的污染物，使其浓度降低到可接受水平，或将有毒有害的污染物转化为无害的物质，从而使污染了的土壤环境能够部分的或完全的恢复到原初状态的过程。从根本上说，污染土壤修复的技术原理为：1. 改变污染物在土壤中的存在形态或同土壤的结合方式，降低其在环境中的可迁移性与生物可利用性；2. 降低土壤中有害物质的浓度。土壤修复技术包括换土法、化学修复、生物修复、电修复和热修复等。土壤修复技术有：1. 热力学修复技术，利用热毯、热井或热墙等的热传导或热辐射加热等，实现对污染土壤的修复。2. 热解吸修复技术，以加热方式将受有机物污染的土壤加热至有机物沸点以上，使吸附土壤中的有机物挥发成气态后再分离处理。3. 焚烧法，将污染土壤在焚烧炉中焚烧，使高分子量的有害物质挥发性和半挥发性，分解成低分子的烟气经过除尘、冷却和净化处理，使烟气达到排放标准。4. 土地填埋法，将废物作为泥浆污泥施入土壤，通过施肥、灌溉、添加石灰等方式调节土壤的营养、湿度和 pH 值，保持污染物在土壤上层的好氧降解。可以用土壤酸度计检测土壤 ph 值与湿度，用土壤 EC 计检测土壤 EC 值，查看土壤改良效果。5. 化学淋洗，借助能促进土壤环境中污染物溶解或迁移的化学 / 生物化学溶剂在重力作用下或通过水压力推动淋洗液注入到被污染的土层中，然后再把含有污染物的溶液从土壤中抽提出来，进行分离和污水处理的技术。6. 堆肥法，利用传统的堆肥方法，堆积污染土壤，将污染物与有机物，稻草、麦秸、碎木片和树皮等、粪便等混合起来，依靠堆肥过程中的微生物作用来降解土壤中难降解的有机污染物。7. 植物修复，运用农业技术改善土壤对植物生长不利的化学和物理方面的限制条件，使之适于种植，通过种植优选的植物及其根际微生物直接或间接吸收、挥发、分离、降解污染物，恢复重建自然生态环境和植被景观。8. 渗透反应墙，是原位处理技术，在浅层土壤与地下水之间构筑具有渗透性、含有反应材料的墙体，污染水体经过墙体时其中的污染物与墙内反应材料发生物理、化学反应而被净化除去。9. 生物修复，利用生物，特别是微生物催化降解有机污染物，从而修复被污染环境或消除环境中污染物，形成受控或自发进行的过程。其中微生物修复技术是利用微生物土著菌、外来菌、基因工程菌，对污染物的代谢作用而转化、降解污染物，主要用于土壤中有机污染物的降解。通过改变各种环境条件如营养、氧化还原电位、共代谢基质，强化微生物降解作用以达到治理目的。中国的土壤修复技术以植物修复为主。物理 / 化学修复方法中运用较多的是：固化—稳定化、化学淋洗、化学氧化—还原、土壤电动力学修复。联合修复方法中运用较多的是：微生物 / 动物—植物联合修复技术、化学 / 物化—生物联合修复技术、物理—化学联合修复技术。土壤修复技术有一定的局限性。首先，污染土壤具有多样性，需要根据土壤受污染程度、土壤性质、修复需求等选择适宜的方法。其次，土壤修复技术会给土壤带来一定的副作用。（参考：骆永明、滕应、过园：《土壤修复——新兴的土壤科学分支学科》，《土壤》2005 年第 3 期第 230 ~ 235 页；李培军、刘宛、孙铁珩、巩宗强、付莎莎：《我国污染土壤修复研究现状与展望》，《生态学杂志》2006 年第 12 期第 1544 ~ 1548 页。朱配辰　石艳峰）

土壤修复技术

Technology of Soil Remediation

涵盖环境、化学、材料、生物和地质等多学科的综合技术，根据采用方法和原理的不同，可分为物理修复法、化学修复法、生物修复法和联合修复法等；根据修复实施场地的不同，又可分为原位修复技术和异位修复技术。目前，我国土壤修复技术正朝着 6 个方向发展：绿色与环境友好的生物修复、联合杂交的综合修复、原位修复、基于环境功能材料的修复、基于设备化的快速场地修复、土壤修复决策支持系统及修复后评估等技术。在实际应用上，已从服务于重金属污染土壤、农药或石油污染土壤、持久性有机化合物污染土壤的单一修复技术，发展到针对多种污染物复合或混合污染土壤的组合式修复技术。（参考：骆永明：《污染土壤修复技术研究现状与趋势》，《化学进展》2009 年第 2 期第 558 ~ 565 页。刘阳）

土壤盐渍化

Soil Salinization

土壤盐渍化的形成一般有两种形式：一种是过去地质历史时期的土壤积盐过程，即残余积盐过程；一种是现代积盐过程，因气候干旱、降水稀少和人为灌溉，加之地表蒸发使地下水中的盐分向土壤上层积聚所造成的盐碱灾害。全球大约有8.31亿公顷的土壤受到盐渍化的威胁，次生盐渍化的面积大约为7700万公顷，其中58%发生在灌溉农业区。我国盐渍土总面积约3600万公顷，占全国可利用土地面积的4.88%。土壤盐渍化程度根据含盐量的多少可划分为非盐渍化、轻盐渍化、中盐渍化、重盐渍化和盐土5个等级。土壤盐渍化的特点包括：1.pH值高，碱化度大，具有盐化和碱化同时进行的双重特性；2.土壤可溶性离子组成以钠离子、氯离子和硫酸根离子为主；3.土壤盐分季节变化明显；4.土壤盐渍化形成原因是残余积盐和灌溉的影响等。（参考：李建国、濮励杰、朱明等：《土壤盐渍化研究现状及未来研究热点》，《地理学报》2012年第9期第1233～1245页。刘阳）

土壤银行

Soil bank

指用停耕部分土地的办法减少农产品产量和保持水土资源的计划，美国政府根据1956年《农业法》制定。土壤银行计划由两个部分组成：1.耕地储备计划。农场主同政府签定为期1年的合同，使原来种植小麦、玉米、棉花、大米、烟草和花生等作物的一部分耕地退出生产，以保护耕地。除特殊情况外，不得在这些土地上种植任何作物或放牧，政府给予补贴，总额不少于耕种这些土地的纯收人。2.水土储备计划。明确部分耕地长期退出耕作，用于种草、植树，以保护水资源、土壤、树木等，期限最长可达15年。参加计划的农场主可以从政府取得地租补贴和一部分水土保持设施费用的补贴。该计划在合同期满后便终止。1958年已有一部分合同期满。到1972年全部合同期满时，仅水土储备计划的补贴总额就高达24.8亿美元。（参考：李超民：《“绿箱”背景下我国退耕还林政策的长期化》，《上海财经大学学报》2006年第4期第63～69页。朱配辰）

土壤质量

Soil Quality

指土壤肥力质量、土壤环境质量及土壤健康质量的综合量度，即土壤在生态系统的范围内维持生物的生产能力、保护环境质量及促进动植物健康的能力，是维持地球生物圈最重要的因子之一。作为复杂的功能实体，土壤质量不能够直接测定，其好坏取决于土地利用方式、生态系统类型、地理位置、土壤类型以及土壤内部各种特征的相互作用等。土壤质量评价由土壤质量指标确定。土壤质量指标可分为物理性指标、化学性指标和生物学指标。物理性指标包括土壤质地、土壤厚度、土壤容重、土壤含水率等；化学性指标包括土壤pH、电导率、CEC和有机质含量等，其中土壤有机质是反映土壤质量的最重要的化学参数之一；生物学指标包括土壤上生长的植物、土壤动物、土壤微生物等。（参考：刘占锋、傅伯杰、刘国华等：《土壤质量与土壤质量指标及其评价》，《生态学报》2006年第3期第901～913页。刘阳）

土壤重金属污染

Heavy Metal Pollution of Soil

指由工业和生活废水排放、农药滥用、汽车废气排放等人类活动，导致土壤中微量金属元素的含量超出土壤自身净化修复的承载力，造成对土壤微环境和功能完整性破坏的现象。常见的土壤重金属污染元素有：镉、汞、镍、铁等。20世纪50年代日本出现水俣病和骨痛病，在查明分别由重金属汞和镉污染引起之后，重金属污染问题迅速在世界范围内引起广泛关注。土壤重金属污染不能被土壤微生物直接吸收降解，由于土壤胶体和颗粒物的吸附作用，重金属污染物成为土壤环境长期潜在的污染物。此外，土壤重金属可以通过食物链的能量流动被生物逐级富集，导致毒性放大，从而威胁人类健康。目前土壤修复技术主要包括物理修复、化学修复、生物修复、农业生态修复4类，但由于土壤治理的恢复周期长，且农作物年产量需求不减，加之工业和农业生产过程中人类活动方式的不加约束和技术变革迟缓，使土壤治理在实际操作中难以进行。（参考：黄益宗、郝晓伟、雷鸣等：《重金属污染土壤修复技术及其修复实践》，《农业环境科学学报》2013年第3期第409～417页。刘阳）

土著环境网络

Indigenous Environmental Network，IEN

重点关注基层土著人口解决环境和经济正义问题的非政府组织，1990年在美国成立。宗旨在于保护土地、水、空气以及天然资源，建立经济可持续发展的社区，教育和赋予土著人口解决问题与发展的策略，以保护环境、健康和所有生命形式，尊重传统知识和自然规律，承认、支持和促进环保的生活方式与经济生活，建立健康持续的土著社区。活动包括建立土著部落政府的能力发展机制，通过搭建信息交流的中心与平台，举办多样性的宣传活动，通过直接行动培养公众意识，提升社区或部落的解决经济正义问题能力，在部落间和土著组织之间建立联盟，与其他人权、妇女、环保非政府组织一起合作。每年在不同城市举办年度会议，围绕影响土著人民解决土地环境正义问题的能力，开展在教育、培训和发展等领域的战略发展对话。（申森）

土著权利运动

Indigenous rights movement

维护土著民基本生存和尊严、土地、语言、宗教保存权，以及其他文化遗产要素的权利的运动。最早出现于澳大利亚。1901年澳大利亚联邦成立，土著澳大利亚人被排除在人口普查之外，也被排除在国内议会之外。同时，在选举、养老金、武装部队、生育补贴、就业等领域，土著澳大利亚人也同样被排除在外。1938年澳大利亚土著人聚集在悉尼，举行大规模抗议活动，要求享有完全的公民权利和平等地位。他们称这一天为“哀悼日”，以纪念欧洲移民150周年。这次抗议活动揭开土著权利运动的序幕。在整个20世纪以及进入21世纪以来，世界各地都爆发不同规模的土著权利运动。2013年10月数百名巴西土著人代表在政府门前抗议，谴责国家宪法对土著人领土和权利的侵犯。（王聪聪）

推力—拉力理论

Push and Pull Theory

推力—拉力理论由唐纳德·博格20世纪50年代提出，主要阐释农村劳动力转移，从运动学视角对农村劳动力转移问题进行分析。理论认为，不论在输出地还是在输入地都存在着某种推力和拉力，劳动力转移正是由于这两种力相互之间作用的结果。在输出地，恶劣自然环境、农村劳动力的大量剩余以及生活水平低下是主要推力，家庭亲和力、熟悉的社交环境是重要的拉力。对于输入地来说，较多的就业机会、较高的工资水平等构成主要拉力，推力有输入地居民对输出地居民的歧视、高昂的生活成本等。总的说，输出地的推力总是大于拉力，输入地则是拉力更大。（李雪姣）

退耕还林

Return the grain plots to forestry

指在过度开垦的农田土地上种植树木以改善该地区土地及生态环境恶化的措施。退耕还林工程建设是有效改善我国西部地区自然环境，遏制生态环境恶化的重要方法。针对盲目毁林开荒、陡坡开荒、沙化地耕种造成的严重生态问题，我国于1999年启动退耕还林工程。退耕还林投入巨大资金，重点改善生态环境，是迄今为止世界上最大的生态建设工程。工程目的是治理水土流失、风沙、洪涝、干旱、沙尘暴等自然灾害频发的现状，建立良好的生态环境。退耕还林遵循原则有：1. 统筹规划，分步实施，突出重点，注重实效；2. 政策引导和农民自愿相结合，谁退耕谁造林，谁经营谁受益；3. 遵循自然规律，因地制宜，宜林则林，宜草则草，综合治理；4. 建设与保护并重，防止边治理边破坏；5. 逐步改善退耕还林者的生活条件。纳入退耕还林规划的耕地有：1. 水土流失严重的；2. 沙化、盐碱化、石漠化严重的；3. 生态地位重要、粮食产量低而不稳定的。江河源头及其两侧、湖库周围的陡坡耕地以及水土流失和风沙危害严重等生态地位重要区域的耕地，在退耕还林规划中优先安排，将易造成水土流失的坡耕地有计划有步骤地停止耕种，按照适地适树方针，本着宜乔则乔，宜灌则灌，宜草则草，乔灌草结合原则，因地制宜植树造林，恢复森林植被。先后有 20 余个省市的近 2000 个县参与退耕还林工程建设，坚持生态优先，调整农村产业结构，发展农村经济，防治水土流失，保护和建设基本农田，提高粮食单产，加强农村能源建设，实施生态移民。国家为落实退耕还林政策，实行退耕还林资金和粮食补贴制度。按照核定的退耕地还林面积，在一定期限内无偿向退耕还林者提供适当的补助粮食、种苗造林费和生活费补助。退耕还林对我国的生态建设具有重要意义：加快林业建设，改善生态急剧恶化状况，保护生态环境，调整农业结构，使农业产品结构合理化，农产品产业发展呈现出多样化趋势；经济林的种植，以及林业、畜牧业的发展提高农民收入；改变生态观念，提高干部和群众保护环境的意识和生态意识；有利于我国经济效益、环境效益、社会效益的可持续发展。（参考：陶然、徐志刚、徐晋涛：《退耕还林，粮食政策与可持续发展》，《中国社会科学》2004 年第 6 期第 25 ~ 38 页；李世东：《中外退耕还林还草之比较及其启示》，《世界林业研究》2002 年第 2 期第 22 ~ 27 页。**朱配辰　李雪姣　任傲尘**）

退牧还草

Return grazing land to grassland

指在畜牧业较为普及的地区通过对牧区土地采取禁牧等方式改善过度放牧造成的生态破坏的行为。为进一步加强草原保护和建设，维护国家生态安全，促进草原畜牧业和牧区经济社会全面协调可持续发展，2003 年国务院决定启动退牧还草工程。退牧还草工程通过围栏建设、补播改良以及禁牧、休牧、划区轮牧等措施，恢复草原植被，改善草原生态，提高草原生产力，促进草原生态与畜牧业协调发展。工程目标是用 5 年时间，在西部 11 个省区集中治理的 10 亿亩草原，重点治理蒙甘宁西部荒漠草原、内蒙古东部退化草原、新疆北部退化草原和青藏高原东部江河源草原。截止到 2006 年底，全国禁牧休牧轮牧草原面积达 13 亿亩。通过加强人工草地和棚圈建设等措施，3000 多万头牲畜从依赖天然草原放牧转变为舍饲圈养，饲料粮补助政策直接增加工程区农牧民的经济收入，使实施禁牧休牧后的农牧民收入基本不减少，生活水平不降低。通过开展舍饲圈养、畜种改良，加快周转，促进了草原畜牧业生产经营方式转变和集约化水平提高，提高了生产效益。退牧还草是系统工程，为保证顺利实施，落实许多配套措施。退牧还草在实践中还存在很多问题，如缺少农作制度调整所需的大量资金、封禁监管有难度等。（参考：包利民：《我国退牧还草政策研究综述》，《农业经济问题》2006 年第 8 期第 62 ~ 65 页。**朱配辰**）

托管论

Trusteeship Theory

托管论是基督教生态神学的观点之一。托管论认为，上帝创造世界，自然万物与人类同为上帝所创造，人与自然在来源上并无差异，人类不占有特殊地位，只是上帝指派的对世界上其他被创造物的托管者。人类对自然没有所有权和支配权，只是被创造物中的一员。因而主张爱护自然，保护生态系统，认为人无权滥用自然资源，也不能浪费和破坏上帝的创造物。（**雷爱民**）

托马斯·亨利·赫胥黎

Thomas Henry Huxley，1825 ~ 1895

英国博物学家、教育家，在海洋生物学、人类形态学领域有杰出贡献，因为坚决维护达尔文进化论学说而被称为“达尔文的坚定追随者”。

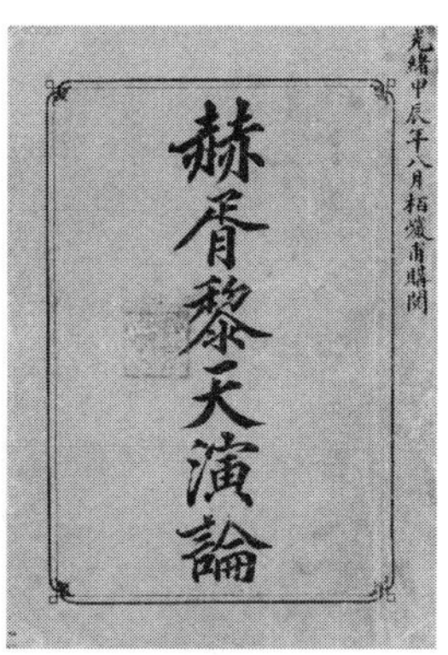

出生于普通教师家庭，因家庭贫困过早离开学校，在努力与坚持下考入伦敦大学医学院，20 岁时获得伦敦大学医学学位。毕业后的 5 年时间，作为海军军医官跟随军舰响尾蛇号航行南半球。与此同时研究海洋生物，文章发表在英国皇家学会的《哲学会刊》，开始在学术界崭露头角。1850 年 25 岁返回英国，被授予英国皇家学会会员，次年又获皇家勋章，被选为评议会议员。1885 年 60 岁身体健康状况急速恶化，1895 年在港口城市伊斯特本逝世。赫胥黎的著作《进化论和伦理学》，在 1896 年由我国著名翻译家严复译出，名为《天演论》。书中阐述的主要思想是：自然界的一切生物总是处于变动发展之中，它们通过自然选择而不断进化，这就是物竞天择。物竞天择的道理同样适用于人类本身。随着人类文明发展，越是适于生存的那些人总是越具有较高伦理的人。赫胥黎是达尔文进化论的支持者和拥护者，在达尔文的《物种起源》出版伊始，赫胥黎就参与了关于进化论的激烈争论中，对进化论的解释和发展起到极其重要作用。（欧阳文川）

托马斯·阿奎那

Thomas Aquinas，1225 ~ 1274.3.7.

中世纪经院哲学家和神学家。把理性引进神学，用自然法则论证君权神圣说，死后被封为天使博士（天使圣师）或全能博士。自然神学最早的提倡者之一，也是托马斯哲学学派的创立者。

天主教长期以来研究哲学的重要学者。撰写名著《神学大全》（*Summa Theologica*），用 5 种理性方式证明上帝存在。书中集中阐述神学和哲学思想。这部托马斯主义的标志性著作分为 3 部分，包括 38 篇论文 631 个问题 3000 个条目和 10000 个异论，是一部中世纪经院哲学的百科全书。此外，托马斯的著作还有：《伦巴德箴言四书注释》《论存在与本质》《反异教大全》《亚里士多德形而上学注释》等。天主教教会把他当成历史上最伟大的神学家，将其评为 33 位教会圣师之一。他是西欧封建社会基督教神学和神权政治理论的最高权威，经院哲学的集大成者。他建立的系统、完整的神学体系对基督教神学的发展有重要影响。被基督教会奉为圣人，有“神学界之王”之称。托马斯·阿奎纳的思想在神学、哲学、伦理学、政治学等领域均有巨大影响。（雷爱民）

托马斯·拜瑞及其生态纪思想

Thomas Barry and His Ecozoic Thought

托马斯·拜瑞是当代西方著名生态思想家和文化历史学家，他在对宇宙观的诠释与追溯中提出生态纪思想。生态纪思想设想可持续发展的未来，认为这是地球地质生命过程的时空必然。认为地球的过去和现在是“远古代地质—生命发生过程、中生代地质—生命发展过程、新生代地质—生命繁茂过程”，地球未来要进入生态纪，走向生态纪元是人类和地球共同体的共同追求。托马斯·拜瑞认为，人类要认识到宇宙本源的含义是人类及其他生物共同生活的家园，人类与宇宙存在天然的联系。他以科学为基础阐述宇宙和地球的由来，分析人类及其他生物的出现过程，认为只有一个完整的地球共同体，包括人类和非人类。这个共同体中每一种存在都有要实现的角色和尊严，每一种存在都有发言权，每一种存在都向整个宇宙宣告自己，每一种存在都进入到与其他存在的交往关系之中。这种相互关联的能力、向其他存在显现的能力、自发行动的能力是整个宇宙每一种存在形式都具备的能力。（雷爱民）

托马斯·波古特克

Thomas Poguntke

德国政党与比较政治学者，现为杜塞尔多夫大学教授、政党研究所主任。生年不详。毕业于伦敦经济政治学院，在欧洲大学学院获得博士学

位，在曼海姆大学获得讲师资格。先后在英国基尔大学、伯明翰大学、波鸿大学和杜塞尔多夫大学任教。曾主持多个跨国研究项目，如国家政党的欧洲化和欧洲政党等，担任数个期刊的编委，如《西欧政治》《政党政治》和《欧洲政治研究期刊》等。主要著作包括《欧洲执政绿党》（2002）《民主社会的政治总统化：现代民主的比较研究》（2005）《国家政治政党的欧洲化》（2008）等。（徐越）

托马斯·塞缪尔·库恩

Thomas Samuel Kuhn，1922 ~ 1996

20世纪著名哲学家，科学哲学领域历史学派的重要代表人物。1922年出生于美国俄亥俄州辛辛那提市，1949年获得哈佛大学哲学博士学位，

1958年进入加州大学伯克利分校任教，后入普林斯顿大学讲授科学史，1979年担任麻省理工学院的科学与科学史教授。代表著作包括：《哥白尼革命》（1957）《科学革命的结构》（1962）《必要的张力》（1977），其中《科学革命的结构》被誉为“现代思想文库中的经典著作”。库恩的著作是20世纪科学哲学的转折点，导致科学观上的深刻变革。库恩思想的出发点是对科学发展历史的性质和特征进行重新解释，他认为不应当将过去科学的发展看做科学技术和知识的简单堆积，从而使得科学史变成科学事实的编年史，他主张确立历史的、整体的发展观。在此基础之上，库恩提出“科学革命”理论。他认为，每一门科学的发展大致经历从常规科学到科学革命再到成规科学的过程，科学的发展正是通过科学革命完成的。科学革命的特点包括：科学探讨问题的转移，科学家们确定合理问题及其解决的标准发生转移，科学思维方式发生转变，科学研究的整个

对象或世界发生改变，以及由此引发相关众多重要问题的科学争论。需要注意的是，库恩揭示的科学革命的结构在科学家中并没有得到承认，并且在后来的科学哲学发展中也没有得到继承。（参考：叶秀山、王树人总主编：《西方哲学史》学术版第八卷江怡主编：《现代英美分析哲学》下第 683 ~ 691 页，南京：江苏人民出版社，北京：人民出版社，2011 年。朱配辰）

托木斯克核事故

Tomsk Nuclear Accident

1993 年 4 月 6 日发生在俄罗斯托木斯克—7 的核爆炸事故。托木斯克—7 是谢维尔斯克市的代号，翻译为北方市，是俄罗斯最大的核工业基地。因为属于绝对保密工程，因此以托木斯克—7 为代号。从 1949 年开始建设至 1967 年西伯利亚化工联合企业全面竣工，形成生产燃料浓缩铀和原子弹原料钚的完整体系。托木斯克—7 核事故的起因是西伯利亚化工联合企业中硝酸清洗容器爆炸而导致。爆炸造成后处理设施以及建筑遭到严重损坏，造成回收处理设施释放出放射性气体云，释放出包括钚 -239 的放射性核素。格鲁吉夫卡村和连接萨木斯和托木斯克的部分干道受到放射性核素污染。虽然托木斯克事故不是由于辐射源安全故障引起，然而与工作人员操作违规，违反安全规则有紧密联系。随着苏联解体以及俄罗斯经济发展和改革开放，托木斯克—7 从以核工业为主向民用企业生产结构转型。（参考：《十大恐怖核事故》，《科学大观园》2010 年第 5 期第 36 ~ 37 页。欧阳文川）

托尼 · 布莱尔

Tony Blair, 1953 ~

英国工党政治家，1997 ~ 2007 年间担任英国首相。生于爱丁堡，1975 年加入工党，是党内的温和左派。1983 年当选为塞奇菲尔德选区的国会议员，连任至 2007 年。1994 年当选为英国工党领袖。在任工党党魁期间（1994 ~ 2007），与戈登 · 布朗（Gordon Brown）一起对工党进行政党改革，修改政党纲领，对传统的社会主义进行修正，强调“新社会主义”，承认个人权利和社会独立，倡导社会正义、社会融合和个人价值，用“新工党”来区别于之前的工党。1997 年英国大选中工党获得突破性胜利，以压倒性多数选票击败执政 18 年的保守党。布莱尔出任政府首相，成为 20 世纪英国最年轻的首相。2001 年大选中工党再次获胜，布莱尔连任首相。2005 年大选后布莱尔三度出任英国首相。布莱尔执政期间，政绩显著，提出著名的第三条道路理论，致力于国家的公共服务改革、经济改革、政治制度改革等，以实现社会公正的目标。此外，布莱尔还带领英国主动融入欧盟，积极参与欧洲一体化进程。2007 年布莱尔辞退首相职务，但依然活跃于世界政坛。（王聪聪）

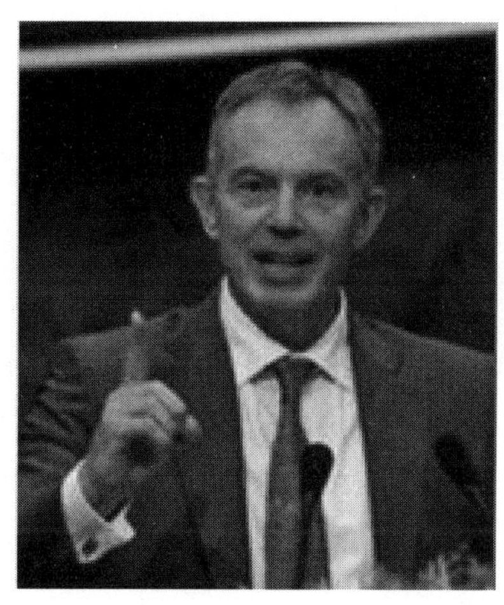

它山堰

Tuoshan weir

它山堰位于浙江宁波市鄞州鄞江镇它山旁，是中国古代甬江支流鄞江上修建的御咸蓄淡引水灌溉枢纽工程，由唐代大和七年（833）鄞江县令王元玮创建。它山堰与郑国渠、灵渠、都江堰并称为中国古代四大水利工程。古代时期，由于宁波地处沿海，涨潮时海潮可沿甬江上溯到章溪。长期的海水倒灌不仅使耕田卤化，还导致宁波城居民用水困难。当地居民最早在鄞江上游四明山与它山之间砌筑一座上下各 36 级的拦河溢流坝。宋代宁波城东北建立 3 座泄水闸，以排泄积水。从此形成坝（堰）、渠、闸等组成完整的灌排系统。

初建时渠首淤积较少，每年清淤一次。南宋时泥沙淤积严重，当地人在渠上建三孔回沙闸，以减少入渠的泥沙。此后元明清三代都对它山堰工程进行维修，明嘉靖年间加高堰顶 1 尺（今仍存），清咸丰年间进行较大修治。1914 年当地政府对它山堰清理淤积，使水道通畅。目前所见它山堰顶长 134.4 米，堰顶宽 4.8 米，堰身大部分埋在沙土下，已无引水灌溉作用。1987 年它山堰被定为全国重点保护文物。历史上它山堰既具有拦水蓄洪灌溉作用，又能阻止潮水倒灌，对浙东富庶农业发展有重要作用。（参考：罗颖、王列：《水利工程景观设计与展望》，《绿色科技》2014 年第 5 期第 34 ~ 37 页。朱配辰）

W

洼 瓦 佤 外 晚 万 汪 王 网 旺 危 威 微 韦 为 违 唯 维 卫 未 位 魏 温 文 稳 问 我 沃 乌 污 屋 无 五 物 雾

洼地效应

Depression effect

在经济发展过程中，人们把“水往低处流”这种自然现象引申为一个新的经济概念，叫“洼地效应”。从经济学理论上讲，洼地效应是利用比较优势，创造理想的经济和社会人文环境，使之对各类生产要素具有更强的吸引力，从而形成独特竞争优势，吸引外来资源向本地区汇聚、流动，弥补本地资源结构上的缺陷，促进本地区经济和社会的快速发展。简单说，指一个区域与其他区域相比，环境质量更高，对各类生产要素具有更强的吸引力，从而形成独特竞争优势。它的特点有：1. 以区域比较优势为基础；2. 产生的内在机制是资本等对利润的追求；3. 洼地效应是一个历史过程，有它自己产生、发展、壮大、消亡的客观规律。例如，中国市场的巨大投资潜力和发展空间，吸引越来越多的国际投资者，使外资投入持续增加。这是中国在全球经济中的洼地效应；也可以形容江浙一带对人才的吸引，民间资本的持续发展产生洼地效应。（李雪姣）

瓦尔·普拉姆伍德

Val Plumwood，1939 ~ 2008

生态女性主义哲学家、社会活动家，澳大利亚国立大学教授，以生态环境问题研究的人类中心主义主张而著称。20 世纪 70 年代起是生态哲学领域的权威性学者，重要理论贡献是人与自然二元论。认为人与自然之间存在着一系列的性别二元论，包括人 / 动物、身 / 心、理智 / 情感、文明 / 原始，等等。指出应当放弃西方理性（如笛卡尔主义中的自我观），支持在同情他者的基础上建立生态伦理观。主要著作包括：《女性主义和自然的统治》（1993）《环境文化：生态危机的原因》（2002）等。（徐越）

《瓦尔登湖》

Walden

19 世纪美国著名作家亨利·大卫·梭罗的著作。书中记录作者从 1845 年到 1847 年超过两年时间中独自在美国东北部康科德镇附近的瓦尔登湖畔小木屋生活的经历。作者与自然亲密接触，思考在其所处的工业时代下，人的精神生活何以贫乏，以及环境和自然在人类欲望和科技的控制下所遭受的不公正对待。《瓦尔登湖》因此成为描写人与自然和谐共生的文学典范。在书中第一章中，作者感慨虽然社会经济日益发展，人的生活水平得到大幅提高，但是人因此也在精神生活中迷失自己。人们忙于追求经济利益和物质享受，对外在于自己的物质财富疲于奔命，欲望空前膨胀，然而人类崇高的精神在无限膨胀的物质欲中愈发渺小，如作者所说“人类在过着静静的绝望的生活”，且“找不到空闲来使自己真正完整无损”。其次，作者对自然受到人类无止境剥削的现状感到深切担忧。对于瓦尔登湖区的森林遭到砍伐和在湖面掘冰的行为，梭罗痛心指责人类的贪心，控诉人类的暴行。《瓦尔登湖》表达作者对人与自然和谐共处的愿景，表达一个对后代人来说很有吸引力的生态理想。因此，《瓦尔登湖》的价值不仅局限于文学领域，而对当今生态学以及生态伦理学也极具启发意义。很多作家和读者都效仿梭罗的生活方式，人们对梭罗的评价随着时间的推移也越来越高。1985 年《美国遗产》评选“十本构成美国人性格的书”，《瓦尔登湖》名列第一，此后好几次类似的评选它仍然位居榜首。梭罗已经成为西方乃至整个世界的“绿色圣徒”。中译本众多，2015 年有 16 家出版社各自出版不同译者的译本。较好版本是徐迟译本，上海译文出版社 2006 年出版。（参考：张群芳：《<瓦尔登湖>生态意蕴》，《安康师专学报》2004 年第 6 期第 44 ~ 47 页。欧阳文川　王薛时）

瓦尔特·巴伯

Walter Baber

美国著名环境政策与政治学者，加利福尼亚州立大学公共政策和行政管理中心教授、环境科学和政策研究框架成员。生年不详。获得卡罗莱纳大学政治科学博士学位、加利福尼亚圣地亚哥大学法律博士，先后在内华达大学、德克萨斯理工大学、伊利诺伊州立大学任教。2009 年担任富布莱特环境政策特聘讲座教授，2012 年澳大利亚国立大学社会科学研究院访问学者。主要研究领域为环境政治和政策、适应性组织治理。授课领域为公共法、国际环境法、公共政策和组织理论。第三代协商民主理论的代表人物之一，提倡跨越国界的协商民主。主要著作有《审议性环境政治：民主与生态理性》（2005）《全球民主和可持续法学理论：协商性环境法》（2009）《共识和全球环境治理》（2015）等。（徐越）

瓦尔特·希斯比

Walt Sheasby

美国绿党的长期活动分子。生年不详。在代表性论著《生态社会主义的根源和派别》中提出，生态社会主义方法植根于卡尔·马克思和威廉·莫里斯的社会理论，法兰克福学派尤其是赫伯特·马尔库塞和埃利希·弗洛姆的批判理论，巴里·康门纳的科学生态学，玛丽·梅洛、凯特·索佩和卡罗琳·梅昌特的社会主义女权主义，朱迪·巴里的社会主义生物中心主义，以及约翰·福斯特、詹姆斯·奥康纳、保罗·伯克特、乔尔·科威尔等人的马克思的政治生态学。认为如果不解决人对人的统治（商品世界中的社会阶级和私有财产等）和人际冲突问题，就无法解决人与自然之间的冲突问题。生态运动只有通过社会革命才

可能取得成功，这种社会革命是对不合理的主客体关系的重置，从而建立起新的合理的世界。（徐越）

瓦斯发电

Gas power generation

利用成熟的内燃机技术，通过瓦斯燃烧将其热能转换成电能的发电模式。瓦斯发电技术目前是煤矿瓦斯利用的主要方式。瓦斯发电站由矿井瓦斯开采系统、瓦斯气预处理系统、内燃发电机组、输变电系统以及余热利用系统几部分内容组成。其生产工艺流程是：煤矿瓦斯抽放站→加压站→混气站→储气柜→瓦斯预处理系统→内燃发电机主厂房。混气站的主要作用是考虑储气柜内的气体流动性差，相对静止程度高，不利于温度、压力、浓度不同的瓦斯气混合。在储气柜前设置瓦斯混气站，可以将不同参数的瓦斯混合在一起，使其在进入储气柜前达到新的平衡。储气柜的主要作用是解决瓦斯抽放时的不稳定性。当内燃发电机组在运行过程中，遇到检修、调整、故障等情况时，瓦斯输送系统不能均衡供气，储气柜可以对不稳定的瓦斯气体进行平衡和缓冲，并储存一定量的瓦斯，对输配系统进行调节。内燃发电机组要求瓦斯中甲烷的含量达到30%以上，才能保证机组的正常运行。在瓦斯燃烧过程中，内燃发动机排出的高温烟气温度可达到400℃以上，若直接排空，既造成能源的巨大浪费，又给环境带来严重的热污染。通过设置余热回收系统，由余热锅炉回收这部分热量，利用内燃机排气的余热及富氧燃烧产生蒸汽，供给生产或生活用气；换热后的燃气通过烟囱排入大气。在内燃机中的瓦斯能量大约有41%转变为电能，45%转变为热能。在瓦斯发电领域，国内目前只有少数企业的内燃发电机组应用获得成功，但在性能方面与国外品牌相比，还存在较大差距。近两年国外品牌燃气机组已进入中国市场，目前卡特比勒、颜巴赫、道依次等厂家的产品已在国内有成功运行的案例。全国已投入运行的瓦斯发电机组有数百台，装机容量达到100兆瓦，在建的瓦斯发电项目装机容量达到300兆瓦。国内已上瓦斯发电项目的地区有：山西沁水、阳泉；贵州水城；安徽淮南；黑龙江鹤岗；河南焦化等。我国的煤矿瓦斯发电技术还处于初级阶段，无论是利用的广度还是深度都存在许多需要解决的问题。向节能减排要效益利国利民，由此带动的巨大环保、经济、社会效益潜力也已初步显现。但是，依然需要在煤矿瓦斯综合利用的深度（提高热效率）和广度（适应甲烷浓度）做更多、更细的工作，走向更高的层次，并最终实现煤矿瓦斯零排放的目标。（参考：高阳：《瓦斯发电技术与节能减排》，《节能与环保》2008年第12期第34～36页。朱配辰）

佤族生态文化

Va ecological culture

佤族是中国云南省世居民族之一，主要聚居在澜沧江南段以西和与其相对的缅甸萨尔温江以东之间怒江山脉南段舒展的地带。境内崇山峻岭连绵起伏，极少平坝，人们习惯上称之为阿佤山区。解放初期，各地区佤族由于历史条件和与其他民族的关系密切程度不同，社会发展水平很不一致。历史上，佤族信仰原始宗教，崇拜自然和祖先，相信“万物有灵”，认为在生产生活中无处不存在鬼神。原始宗教的观念和祭祀活动在佤族人的生产、节日、民间文学、服饰、饮食、居所、婚姻和丧葬习俗等广泛存在并产生极为重要的影响。生存环境的艰难和闭塞以及生产力、社会、经济的落后，使佤族传统文化打上深深的原始崇拜烙印，对于自然万物及其与人关系的认识也基于此，表现出敬畏与尊重的态度、平等观、因果报应观、感恩意识，其生态环境思想是一种朴素、原始、平衡和谐的观念。（牟世晶）

外部性内部化理论

Theory of Externality Internalization

经济学中将外部性问题也称为“外部效应”或者“外部经济”，外部性概念首先由英国学者、剑桥学派领袖、著名经济学家阿尔弗雷德·马歇尔（Alfred Marshall，1842 ~ 1924）在1890年出版的《经济学原理》中提出。马歇尔将工业组织视为和土地、劳动和资本并列的生产要素，以外部经济和内部经济说明工业组织产出的变化。外部经济指工业组织外部因素与生产成本的关系，与目前外部经济所代表的含义有较大差别，使这一概念进入经济学领域。马歇尔的学生庇古（Arthur Pigou）在其《福利经济学》中以边际私人净产值与边际社会净产值的相互排斥解释外部经济，提出"外部不经济"概念，外部性理论由此形成。庇古认为除非私人净边际产品与社会净边际产品相等，或者经过特殊干预，否则"经济人"的自利心不会使国民所得增加，因此私人成本和收益以及社会成本和收益的不相一致是外部性问题产生的根源。外部性问题经过扩展运用后可进一步分类为正外部性与负外部性、技术外部性与货币外部性、生产外部性与消费外部性、单向外部性与交互外部性、区域外部性与私人外部性等。其中较典型的类别为正外部性与负外部性。正外部性源于马歇尔的外部经济理论，负外部性源于庇古的外部不经济理论。正外部性指行为主体的活动使他人或者社会收益，然而他人和社会却无须为此付出代价，负外部性指行为主体的活动使他人或社会的利益受损，然而行为主体却无须为此付出代价。无论是正外部性还是负外部性，都是市场机制失灵的表现。这种情况下资源没有得到合理优化配置，私人成本和收益以及社会成本和收益并不一致。为使资源得到合理配置，应做到"外部性内部化"，有两条路径，即庇古的政府路径和科斯的市场路径。庇古的政府路径具体说是通过政府的税收政策弥补外部性问题产生的私人净边际产品小于社会净边际产品的问题；科斯的市场路径指明确具有综合效益的自然要素的产权归属，在产权明晰的基础上交易即可克服产权不明确造成的外部性问题。（参考：刘世强：《水资源二级产权设置与流域生态补偿研究》，江西财经大学博士学位论文第53 ~ 57页。欧阳文川）

外丹术
Chinese Alchemy

中国道教发明的修炼方法。它与以人体为炉鼎的、强调性命双修的内丹术相对，是内丹术的前身。内容是将自然界的物质如丹砂、铅、汞等矿物石药作为原料，有时还用到中草药等，把它们一道放在炉鼎之中，通过各种方法进行烧炼，以期得到长生不死的仙药。外丹术是道教神仙信仰与世俗宗教活动结合的产物，道教外丹术的产生与当时冶金工艺的发展、道教长生不死的神仙信仰、世人的物质变化观以及古代的神仙方术紧密相关，对道教的修行方法以及中医药的认知与发展具有深远影响。（雷爱民）

外交
Diplomacy

国与国之间的交往、交涉，对外交的具体解释各国不一。"外交"一词，最早来自希腊文，原意"折叠"或"证书"。古代指一国君主颁布的折叠文件，17世纪以后指国家文书档案，还包括外交文件、谈判、条约、外交团等广泛的内容。中国古代视外交为同外人交际，称为外事或外务。清朝末年所设外务部，负责办理外交事务。外援、外宾、使节等术语，自古流传下来。现代由于交通、通信手段的发达，使得国与国之间的隔绝与距离大大缩短，关系更加密切了，古代外交概念已无法表达今天外交所包含的内容。外交是为内政服务的，受本国政治经济的制约。外交同一国的国防有着密切关系。外交手段是和平的，但又以军事力量为后盾。外交是军事行动和战争的前奏。外交工作的政治性、政策性很强，同时又是一门科学和艺术。由于国家间的复杂交往，现代外交包括官方外交、人民外交、军事外交、经济外交、双边外交和多边外交等。其中，经济外交日益成为当今外交活动的重要内容。（李庆）

外交学
Science of Diplomacy

研究外交活动产生、发展过程及规律的学科。外交指国家为实行其对外政策，由国家元首、政府首脑、外交部、外交代表机关等进行的诸如国际交往、谈判交涉、发出外交文件、缔结条约、参加国际会议和国际组织等对外活动。在国外，外交学是在20世纪30年代前后出现的学科。1939年英国外交家哈罗德·尼科松所著《外交学》一书，曾被译成多种文字流行一时。建立中国特色的外交学，是近年提出的。1987年，《世界知识》辟有《漫谈外交》专栏，该刊同年第7期发表月风的《热切希望创立我国外交学》一文，初次论述了外交学的一些基本理论。外交学体系包括：1. 外交学的基础理论，主要有外交学原理、各国外交学流派、外交学史等。2. 外交学的应用理论，主要有各类外交（政治外交、经济外交、军事外交、民间外交等）的性质、任务、活动形式，外交战略和策略，外交信息的收集、加工、处理，外交谈判，外交人员素质构成、培养、检验与评价，外交活动基本技能与方法等。（李庆）

外交政策

Foreign Policy

即国家的对外政策。国家处理国际问题和对外关系与进行对外活动所遵循的基本原则和行动方针。它由各国政府中央决策机构以统治阶级的意识形态为指导，根据国际形势和战略格局的变化而制定。目的是为了捍卫国家的主权和利益，以及为实现一定历史时期的路线和战略任务争取有利的国际环境。它规定对外活动的基本原则与目标及其达到这些目标采取的方针、手段，以及对某一国家、某一地区、某一国际问题的具体政策。外交政策与对内政策既有密切的联系，又有不同的特点。对内政策和对外政策的最深刻的根源，是决定于占统治地位的阶级的经济利益和经济状况。对外政策总是为这个国家统治阶级的利益和追求的目的服务的，内政是外交的基础与出发点，外交政策服务于内政的需要。但是，对外政策与对内政策又有不同的特点，它所要解决的矛盾是国际社会中国与国之间的关系问题，而对内政策要解决的矛盾是国内阶级与阶级之间的关系问题。外交政策作为上层建筑社会意识的一部分，具有相对的独立性。由于每个国家的历史条件、民族文化传统的影响，以及外交政策不仅受国内各种因素的影响，而且受国际环境和各国相互作用的影响，有时也会出现外交政策与国内政治制度和经济基础的性质不一致的特殊情况。（李庆）

外来物种入侵

Alien Species Invasion

又称生物入侵。世界自然保护联盟（IUCN）对其的定义是：在自然、半自然生态系统或生态环境中，外来物种建立种群并影响和威胁到本地生物多样性的过程。世界自然保护联盟将外来物种入侵列为对全球生物多样性的第二大威胁。外来物种入侵的方式有：1. 有意引进，由于经济原因被引进，主要是人为的，如：食人鲳；2. 无意引进，外来物种随游客、箱包、海轮等被携带，如：松突圆蚧；3. 自然飘落，植物的种子随风、水移到别的地方，或者是被鸟吃掉后带到另一个地方，如：飞机草。外来物种入侵的危害：1. 生物多样性减少，危及本地物种的生态安全；2. 造成农林产品质量和产量下降，带来直接经济损失；3. 入侵性病菌影响人类健康；4. 破坏生态平衡。中国于1992年11月7日加入《生物多样性公约》，于2000年8月8日签署《生物多样性公约》框架下的《卡塔赫纳生物安全议定书》，2005年9月6日中国正式成为《议定书》缔约方。目前，中国涉及外来物种入侵的法律包括：《中华人民共和国国境卫生检疫法》《中华人民共和国进出境动植物检疫法》《农业转基因生物安全管理条例》《中华人民共和国动物防疫法》等。（石艳峰）

外生共生体型供应链

Exogenous Symbiosis Body Supply Chain

供应链的下游企业利用上游企业的“废弃物”

作为投入，因此企业间是工业共生关系。从纵向关系看，供应链上的企业是追求利润最大化的独立决策单元，它们基于各自的利益而自愿组成工业共生体。（史月田）

外师造化，中得心源创作原则

The creation principle of Regarding Nature as One's Teacher Outside and Thinking Spirit as One's Origin Inside

源自画家张璪提出的画法创作原则。唐代画家毕宏看到张璪的作品十分钦佩，在钦佩之余问其技法何处学来，张璪答曰："外师造化，中得心源。"早在魏晋南北朝时期，南陈姚最在《续画品》中提出"心师造化"与"立万象于胸怀"。唐代张璪进一步明确地将其表述为"外师造化，中得心源"。这道出中国画写意性的真谛，成为中国画艺术创作千百年来遵循的最基本的创造法则。任何画家的中国画创作，其主题精神都离不开作为生活实践和素材源泉的"造化"，与作为胸襟学养、审美品位的"心源"两大要素。以高雅的品行学养去观察自然，师法造化，可以体悟与发现一般人所无法感受到的美感情趣。（参考：张贝贝：《"外师造化中得心源"与倪瓒山水》，《商》2014 年第 24 期第 95 页。王薛时）

晚期资本主义

Late capitalism

出自比利时托派理论家曼德尔写的一本同名著作，于 1972 年出版。在书中，他试图用马克思主义观点来解释战后国际资本主义经济长期迅速发展的原因，提出资本主义发展的"长波"理论，认为 20 世纪 50 ~ 60 年代开始的以电子技术为基础的新科学技术革命，引起了资本主义的许多新变化。尤其是，自动化使活劳动从生产过程中被排除出去，剩余价值量会自动减少，劳资矛盾会逐渐消灭，资本主义会自动崩溃，世界革命的时刻将会到来。自那以后，晚期资本主义也被用来描述战后资本主义发展的新时期，尽管学界对于这一时期的性质和阶段性划分存在着很大争议。（李庆）

万物齐一

All Things Are the Same and from The One

《庄子·齐物论》说："夫天下莫大于秋毫之末，而太山为小；莫寿乎殇子，而彭祖为夭。天地与我并生，而万物与我为一"，"万物齐一"论即庄子所说的"天地与我并生，而万物与我为一"。庄子在"道通为一"的基础上认为"万物齐一"，他强调"齐物我""齐是非""齐生死"，顺应自然、回归于道，认为人与自然和谐共生，本为一体，"物无贵贱"。庄子"万物齐一"思想将自然、人、万物统一，人可以在追求自在、解放自我的同时让万物自得，真正的自在是人与万物共逍遥、同自由的境界。庄子的"物无贵贱、万物齐一"、"顺应自然、无为为益"、"至人无己、神人无功、圣人无名"是齐一论的实现路径，由于人与万物处于同一个自然整体中，人与自然万物在和谐统一的关系中实现各自的自由自在。（雷爱民）

汪永晨

Wang Yongchen，1954 ~

生于北京，毕业于北京大学，中央人民广播电台资深记者，中国著名环保非政府组织绿家园的召集人，国内知名环保人。1988 年开始关注

中国的环保问题，制作的广播节目《救救香山的红叶》和《还昆明湖一池清水》在听众中引起反响。1994 年制作的广播特写《这也是一项希望工

程》获中央人民广播电台优秀节目一等奖、中国环境新闻一等奖。1996年制作广播节目《中国紫金山天文台》获中国新闻奖一等奖，同年创办绿家园志愿者民间环保团体。带领绿家园做了很多首创性的环保工作，开展绿色讲座、环境记者沙龙、环境记者调查、绿色扶贫等活动。1999年制作的广播特写《走向正在消失的冰川——寄自长江源的家书》获亚洲太平洋地区广播节目大奖。1999年获中国环境地球奖，将所获2万元人民币奖金捐给中华环保基金会，设立绿家园教育基金。2000年被国家环保总局评为环境使者。2003年对中国的江河生态问题做深入研究。2004年获美国悦游旅游杂志（Conde Nast Traveler）2004年世界环境人物奖。2005年开始每天在怒江网上发布江河信息，全面介绍中国的环境保护、生态危机，相继开展江河十年行、黄河十年行、乐水行等活动。出版著作，有《女性独白》《少年大学生之谜》《拥抱自然？》《绿镜头——中国生态的昨天与今天》《世界两极密码——从长江源到北极》《中国绿色行动》等。2007年当选为2007绿色中国年度人物。2008年9月当选美国《时代/CNN》2008环境英雄，12月获得人民网改革开放30年环保贡献人物荣誉称号。（王聪聪　张惠娜）

王灿发

Wang Canfa，1958～

原籍山东，现为中国政法大学教授。2005年11月被授予“2005绿色中国年度人物奖”。在全国第一个建立起民间环境维权法律帮助组织——污染受害者法律帮助中心。10多年来坚持通过帮助污染受害者向法院提起诉讼的方式推动公众环境意识、法律意识和维权意识的提高，促进环境法的执行和遵守。开通全国第一个民间的环境法律帮助热线，免费为污染受害者代理案件，通过环境维权，促进环境保护和环境法治。2001年开始多方筹措资金，连续10年对律师和法官进行环境法律实务的公益培训，在全国建立起环境律师网络，参加培训的法官有许多都成为当地审理环境案件的骨干。参与2008年《水污染防治法》修订草案的起草，增加许多有利于污染受害者维权的条款；参与起草《消耗臭氧层物质管理条例》

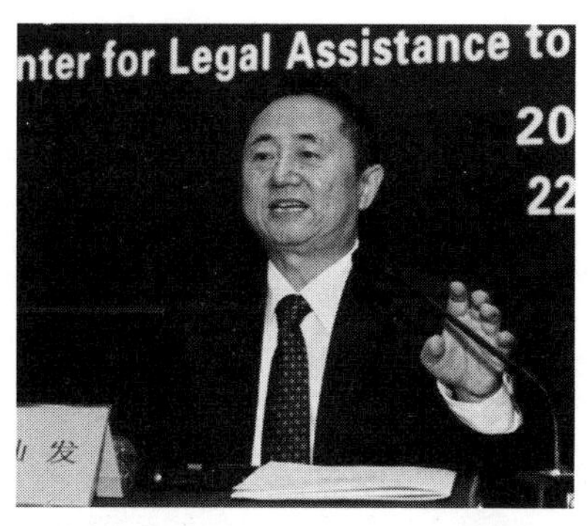

（2010年4月国务院发布），在法律责任和环保部门的执法手段方面比原有立法做出许多突破。在推动环境法治和环境公益方面做出的独特贡献，得到社会各界的广泛认可。先后被授予绿色中国年度人物奖、日经亚洲奖、改革开放30年环保人物、中国正义人物、CCTV十年法治人物，被美国《时代》杂志评为45位世界环境英雄之一，被评为北京市优秀教师称号（1995年9月）、中国环境科学学会优秀科技工作者（1995年11月）、北京市先进工作者（2003年3月）、北京市教育创新标兵（2003年3月）、北京市教学名师（2006年8月）、宝钢优秀教师奖（2007年12月）、北京市师德标兵（2008年9月）。（张惠娜）

王如松

Wang Rusong，1947～2014

江苏南京人，城市生态与生态工程专家。1985年毕业于中国科学技术大学研究生院城市生态专业，获理学博士学位。曾任中国生态学会理事长，城市生态专业委员会主任，中国可持续发展研究会生态环境专业委员会主任、常务理事，国际生态城市建设理事会副理事长，中国科学院生态环境研究中心研究员，博士生导师，2011年当选为中国工程院院士。主要从事中国可持续发展及生态环境问题的研究工作，研究方向为城市复合生态系统生态学和产业生态学理论及生态规划、生态管理和生态工程的应用。揭示出环境、经济与社会耦合的动力学机制和控制论规律；开发出横向耦合、纵向闭合、区域整合、社会复合

等产业生态转型和生态工程集成技术；通过对海南、扬州等地区的实证研究，创立融污染防治、清洁生产、产业生态、生态社区和生态文明于一体的生态省、市、县建设模式等。主要论著有：《社会–经济–自然复合生态系统》（1984）《高效、和谐——城市调控原理与方法》（1988）《城市可持续发展的生态调控方法》（2000）《中小城镇可持续发展的先进适用技术：规划管理篇》（2001）《海南生态省建设的理论与实践》（2004）《城市生态服务功能》（2004）《扬州生态市规划方法研究》（2005）等。（*石艳峰*）

王文兴

Wang Wenxing，1927 ~

安徽萧县人，环境化学家，1952 年毕业于山东大学化学系。现任中国环境科学研究院顾问，山东大学环境研究院院长、教授、博士生导师，中国环境科学杂志社主编，国际大气科学及应用会议组织委员，1999 年当选为中国工程院院士。早期从事催化研究，20 世纪 70 年代转向环境科学，主要是环境化学的研究，近年开展环境物理化学研究，承担国家科技攻关项目，其中包括大气光化学污染规律和防治对策、煤烟型大气污染与防治、大气环境容量、酸沉降化学等研究。长年致力于中国西部地区生态环境研究工作，认为由于

中国西部各省区特点不同，环境保护及治理的方式也应该因地制宜，在中国西部地区生态环境治理方面，国家必须统筹考虑，更应有长远的规划。主要论著有：《太原地区大气综合观测研究》《哈尔滨生态城市实施规划》《乌鲁木齐区域环境容载力与城市污染控制对策》（乌鲁木齐市政府特别支持项目）《兰州光化学污染规律和防治对策研究》《西部干旱区生态环境质量综合评价》《华南酸雨研究》等。（*石艳峰*）

网络媒介

Network Media

以地空合一的电信设施为传输渠道，以功能齐全的多媒体计算机为收发工具，依靠网络技术连接起来的复合型媒介。人们常把网络媒介称为继报刊、广播、电视之后出现的第四媒介。网络媒介为人类信息传播提供崭新天地，它是相对于现实世界而存在的人类精神交往的第二世界。（*张惠娜*）

网络问政

Network politics

指从政者运用和依靠互联网新媒介，就重大社会议题向公众求计问策，就公共权力的使用状况接受公众监督，就政策等相关的执行落实或纠偏改正与公众交流沟通，从而达到及时了解把握

社会公众的意愿和需求、完善决策机制、提高决策水平、解决实际问题、巩固执政地位的目的。优点有：1. 更自由、更畅通。网络提供平等（网上身份相对平等）的对话交流与互动，使从政者增加了解渠道掌握某些真实情况。2. 更便捷、更广泛。可不受时间、地域的限制，从政者随时随地可与网民对话交流沟通，以低成本、高效率搜集民情，弥补此前问政模式的诸多局限和不足。3. 更公开、更透明。采用网络在线交流和网络建议意见平台形式，可以让民众提出的问题和意见公开，引起其他民众的关注，加强舆论监督，从而促使从政者更快解决问题。因以上优点，近年成为地方政府的执政新风。随着网络的日益普及，互联网在中国民众的政治、经济和社会生活中扮演着日益重要的角色，成为中国公民行使知情权、参与权、表达权和监督权的重要渠道。2008 年 6 月 20 日胡锦涛总书记在人民网与网友在线聊天，此后各省官员通过各种形式在网上与百姓沟通。中国官员越来越多地通过网络问政于民，使政府信息渠道更加透明畅通。（刘中华）

网箱养殖

Cage Culture

指将池塘密放精养技术运用到环境条件优越的较大水面而取得高产的高度集约化的养殖方式。这种养殖方式在 20 世纪 80 年代逐步在我国发展起来，优点体现在：1. 可节省开挖鱼池需用的土地、劳力，投资后收效快。2. 网箱养鱼能充分利用水体和饵料生物，实行混养、密养、成活率高，可达到高产。3. 饲养周期短，管理方便，具有机动灵活、操作简便的优点。4. 起捕容易。收获时不需特别捕捞工具，可一次上市，也可根据市场需要，分期分批起捕，便于活鱼运输和储存，有利于市场调节。5. 适应性强，便于推广。网箱养鱼所占水域面积小，只要具备一定的水位和流量，农村、厂矿都可养。（李雪姣）

旺加里 · 马塔伊

Wangari Maathai，1940 ~ 2011

肯尼亚著名的环保活动家和非洲首位女性诺贝尔和平奖获得者。生于肯尼亚的涅里，毕业于美国宾夕法尼亚的匹兹堡大学。20 世纪 70 年代

末开始在民间进行环保宣传，组织著名的绿带运动。几十年来，绿带运动种植树木达数千万棵，改善了肯尼亚乃至东非地区的环境状况，为上万人提供就业机会，同时为争取妇女权利做出贡献。绿带运动成为非洲民间环保运动的典范。在组织绿带运动期间，她曾遭防暴队殴打，甚至被关入监狱，但从未放弃斗争。2002 年当选为国会议员，被任命为环境和自然资源部副部长，开始政治生涯，绿带运动翻开新的篇章。由于绿带运动的成功，马塔伊于2004年获得诺贝尔和平奖。（刘中华）

危地马拉环境教育

Environmental Education in Guatemala

危地马拉重视环境教育法制化。1996 年危地马拉颁布两项环境教育专门法令，一个是《环境教育促进法》，目标是在正式教育中推行环境教育。一个是《环境意识传播促进法》，目标是通过大众传媒等方式开展非正式环境教育。《环境教育促进法》明确学校环境教育的开展由教育部负责实施，自 1997 年学年开始实施包含环境课程的课程计划。《环境意识传播促进法》旨在鼓励媒体对环境议题进行长期宣传。危地马拉为在正式教育和非正式教育中推行环境教育立法，这种方式很独特，足以看出危地马拉对于环境教育的重视。（参考：王元楣等：《拉丁美洲和加勒比

地区部分国家环境教育及相关立法》,《环境教育》2009年第7期第41～45页。张惠娜)

《危害环境的活动所致损害的民事责任公约》

Convention on Civil Liability for Damage Resulting from Activities Dangerous to the Environment

简称《罗加诺公约》，欧洲理事会为保障给危害环境活动造成损害提供充分的赔偿，以及提供预防损害和恢复受损害环境的措施，经过长达5年谈判1993年6月21日在瑞士罗加诺通过的国际公约。《公约》确定覆盖所有损害环境民事责任体制(既包括诸如人身和财产损害之类的传统损害,又包括环境伤害),进一步定义危险物质、生物技术和废物方面的危险活动。在上述明确提到的危险活动之外的其他活动，也可能列入危险活动范围。《公约》代表当代国际环境民事责任立法发展趋势。(申森)

威廉·配第

William Petty,1623 ～ 1687

英国古典政治经济学创始人，统计学家，代表作品有《关于税收与捐献的论文》(1662，简称《赋税论》)《政治算术》(1672)。在《赋

税论》中配第对房屋税、土地税进行早期研究，提出土地税收的基本思想，指出土地税收的最终来源是人类剩余劳动，建议以地价取代地租作为土地税的计税依据。配第的经济学研究是对当时社会上存在的主要经济问题进行论述，没有停留于表象说明，而是深入探索其自然基础。他反对主观臆断，重视运用具体的统计资料。他摆脱重商主义影响，扩大了政治经济学的研究领域，从流通转向生产，注重考察资本主义生产的内部联系。配第提出的有关经济自由观、市场机制论、经济均衡论、经济增长论及国家干预论等诸多思想为经济学的发展奠定理论基础。(蔡越)

威廉·奥福尔斯

William Ophuls

美国政治学者帕特里克·奥福尔斯(Patrick Ophuls)的笔名。生年不详。1973年获得耶鲁大学政治学博士学位，曾在华盛顿、阿比让和东京担任外交官员8年。执教于西北大学，退休后成为独立学者和作家。爱好旅游，出版过多本关于现代工业文明的生态、社会和政治挑战的著作，其中包括《生态学与稀缺政治》(1977)《柏拉图的复仇：生态时代的政治》(2011)等。(徐越)

威廉·莫里斯

William Morris，1834 ～ 1896

19世纪英国手工艺运动的领导者，早期的马克思主义者，自学成才的工匠、设计师、诗人。

英国早期社会主义活动家，英国19世纪伟大的

社会主义思想家。最大成就在于以艺术为切口剖析资本主义社会，以艺术为目标改造社会。将信仰从信念的对象转化为基于历史和经济分析的实体，用于未来美好社会的构建。其社会主义思想在形成过程中批判地继承了罗斯金、马克思、浪漫主义者、空想社会主义者等的思想。作为伟大的艺术家和社会主义者，对人类前途深切关注并具有高度的责任感：认为仅凭知识和技术不能给人类生活带来幸福和尊严。他的社会主义思想，充分体现出对工业文明的反思、批判和矫正，有助于社会技术文明与宗教伦理的协调发展。他的社会主义思想在国际范围内得到广泛的传播，特别是注重伦理道德、捍卫正义与和平、呵护生态文明等看法对不同学派的学者产生重要影响。（徐越）

威廉·佩利

William Paley

英国18世纪中后期的自然神学家、哲学家。1802年出版《自然神学，或自然现象中神之存在与属性的证据》一书，提出“钟表匠理论”的类比观点论证上帝存在。认为：如果我们在荒野中发现一只钟表，即使我们从来没有见过制造钟表的过程，也不认识制造钟表的工匠，甚至根本不知道如何制造钟表，我们仍然不会对某时某地曾经有一位钟表匠的存在及其工作表示怀疑。以此类推，同样的情况存在于自然的作品之中。不同的是大自然的作品体量巨大，以至于在一定程度上无法计算；多数情况下它与人类制造的最完善的产品类似；它们显然是适用于自身目的并从属于自身功能的被设计物，宇宙世界显示出比钟表更多设计的证据。威廉·佩利认为：若有世界及自然万有存在，则必有智慧的设计者；设计者就是神，即上帝。从思想根源上说，威廉·佩利关于上帝存在的设计论证明是对托马斯·阿奎那5个论证中目的论证明的进一步阐发，同时反映当时机械论与物理学在神学上的影响。（雷爱民）

威廉·莱斯

William Leiss，1939 ~

北美生态马克思主义者，先后师承赫伯特·古特曼和马尔库塞研习历史与哲学，先后在约克大学、多伦多大学、渥太华大学执教，长期担任加拿大联邦政府机构顾问，积极推进健康和环境风险方面的政策探索，1999年11月被任命为加拿大皇家学会主席。代表性著作是《自然的控制》（1972）和《满足的极限》（1974），在北美生态马克思主义共同体中占据重要地位。认为控制自然是生态问题的意识形态根源，指出资本主义社会中控制人与控制自然之间的联系。切入生态问题的立足点，是从分析人的需要的本质出发，考察资本主义社会人的需要和商品之间辩证运动及其后果，指出正是对商品的无止境追求造成异化消费。异化消费不仅和人的客观需要相背离，颠倒需要、商品和幸福的关系，而且对异化消费的追求导致生产规模的不断扩大以及生产和管理过程的高度集中，从而突破生态系统所能承受的限度，形成巨大的生态风险。莱斯的理论建构，一方面借用阶级分析法和历史分析法，强调生态危机的产生根源于资本主义的现代化和生产方式；另一方面借用马克思关于“人的本质是自由自觉的劳动”的论断，批判资本主义社会的异化消费，明确提出人的满足最终在生产活动中而不是在消费活动中的命题。他强调，是科学技术的运用造成生态问题，根源并不在科学技术本身，而是因为自文艺复兴以来，控制自然的观念已经成为资产阶级意识形态及其社会进步观的内在组成部分，科学技术成为以资本为基础的特殊利益集团谋取利润的工具，自然仅仅被看作是满足人的需要的客体。因此，科学技术的运用必然会造成自然的异化和生态危机。莱斯的解决方案是建立新的伦理观，一方面控制人的非理性的欲望，另一方面建立生物多样性伦理，从而真正使科学技术的进步成为人的解放和自然的解放的基础。他反对那种坚持在现行框架内把生态危机简单地看作是经济代价的问题，进而把解决经济危机的解决寄托于在自然资源使用上引进市场机制的做法，而是坚持资本主义制度下技术运用和形成生态危机的必然联系，强调只有首先实施社会制度变革，生态危机才存在解决的可能性。（徐越）

《威斯特伐利亚和约》

The Peace Treaty of Westphalia

结束“三十年战争”（1618 ~ 1648）的国际条约。1648 年 10 月 24 日，由神圣罗马帝国皇帝及其同盟者的代表同法国国王及其同盟者的代表，在德意志西北部地区威斯特伐利亚的明斯特城签订。《和约》由《奥斯纳布鲁克和约》和《明斯特和约》组成，共 128 条。条约规定：1. 法国获得阿尔萨斯（斯特拉斯堡除外），确认法国在 1552 年占领洛林的梅斯、图尔和凡尔登为其所有。2. 瑞典取得全部西波美拉尼亚、部分东波美拉尼亚，以及不来梅、维尔登两个主教区。3. 重申“教随国定”的原则。德意志境内新教（路德教、加尔文教）与天主教（旧教）地位平等。新旧教徒间有关领地的争执及其归属问题，按 1624 年时的实际状况予以解决。4. 德意志各邦诸侯在其领地内享有内政、外交的自主权，但不得同外国签订有损帝国利益的条约。5. 承认瑞士独立，并退出神圣罗马帝国，西班牙承认荷兰共和国的独立。该条约沉重打击了哈布斯堡王朝，进一步加深了德意志政治上的分裂，增强了法国和瑞典的实力，提高了它们的国际地位，并改变了欧洲的版图。（李庆）

微观生态经济管理

Micro Ecological Economic Management

指一般意义上的社会经济主体运用经济、技术、法律等手段，从微观角度通过对生态经济系统的调节、控制，以提高生态经济系统生产力，实现生态经济持续协调发展的活动。管理的主体与客体、管理的方式与手段、管理的目标与取向的规定是其内涵，管理的核心始终是围绕生态经济的协调发展。从本质上看，微观生态经济管理，是要努力使经济主体的微观生态经济行为达到规范：使生态系统的物质、能量资源得到充分开发利用，既满足经济增长的需求，又不超越生态系统自我稳定机制所允许的限度，从而维持系统的动态平衡和持续生产力，实现生态系统与经济系统的协调发展。（蔡越）

微灌

Micro Irrigation

又称为局部灌溉技术。按照作物需求，通过管道系统与安装在末级管道上的灌水器，将水和作物生长所需的养分以较小的流量，均匀、准确

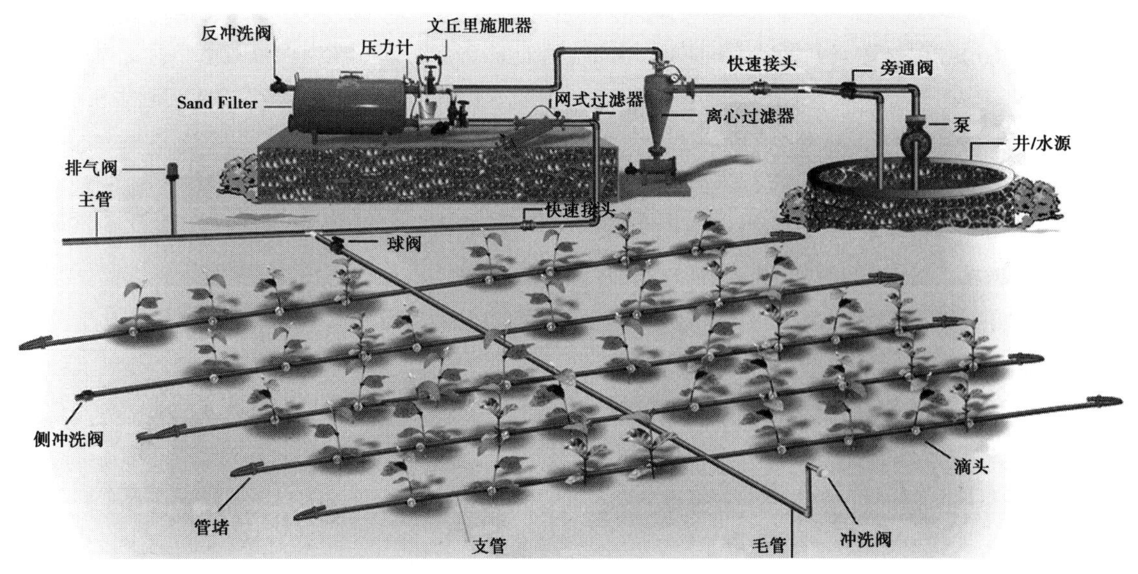

地直接输送到作物根部附近土壤的灌水方法。与传统的全面积湿润的地面灌和喷灌相比，微灌只以较小流量湿润作物根区附近部分土壤。微灌分为4种类型：地表滴灌、地下滴灌、微喷灌、涌泉灌。其中，地下滴灌是将水直接施到地表下的作物根区，流量与地表滴灌相接近，可有效减少地表蒸发，是目前最为节水的灌水形式；微喷灌是利用直接安装在毛管上或与毛管连接的灌水器即微喷头，将压力水以喷洒状的形式喷洒在作物根区附近的土壤表面的灌水形式，简称微喷。微喷灌还具有提高空气湿度，调节田间小气候的作用。典型的微灌系统通常由水源工程、首部枢纽、输配水管网和灌水器4部分组成。微灌还具有以下优点：省水、省工（微灌是管网供水，操作方便，劳动效率高）、节能（微灌灌水器的工作压力一般为50 ~ 150kPa，比喷灌低得多，又因微灌比地面灌省水，对提水灌溉来说意味着减少能耗）、灌水均匀、增产、对土壤和地形的适应性强等。（石艳峰）

微生态学

Microecology

研究微生物与微生物、微生物与宿主以及微生物和宿主与环境的相互关系的学科。微生态学属于生态学范畴，它研究任何生命体的微生态平衡、微生态失调及微生态调节的客观规律。微生态学的应用范围包括：菌群健康状态的确认和检测、菌群疾病状态的确认和检测、最佳生物量的确认、微生态调节方法的研究、微观环境的环保措施研究。中国微生态学研究方向主要集中在农业微生态学、畜牧兽医微生态学、基础微生态学、中医药微生态学、肠菌群的临床效果及作用机制和益生菌等方面的研究。（参考：王世荣：《微生态学研究概况及其应用前景》，《中国微生态学杂志》2013年第5期第617 ~ 619页。刘阳）

微生物资源

Microbial Resources

指可培养的、有一定科学意义或实用价值的各种微生物及其相关的信息资料。微生物是除动物、植物以外的微小生物的总称。微生物菌种资源指可培养的有一定科学意义或实用价值的细菌、真菌、病毒、细胞株及其相关信息。它是国家战略性生物资源之一，是农业、林业、工业、医学、医药和兽医微生物学研究、生物技术研究及微生物产业持续发展的重要物质基础，是支撑微生物科技进步与创新的重要科技基础条件，与国民食品、健康、生存环境及国家安全密切相关。（史月田）

微藻饲料

Microalgae Feed

将微藻作为添加剂的饲料。微藻也称单细胞藻类，是原始、低等并能通过光合作用放出氧气的微小生物的总称。微藻富含蛋白质、多糖、不饱和脂肪酸和细胞色素等多种重要的生命活性物质，在医药、食品保健和饲料等行业有广泛应用。微藻作为饲料添加剂，优势有：1. 微藻富含多种动物必需的氨基酸，特别是谷类缺乏的苏氨酸和赖氨酸；2. 微藻类富含的多糖参与细胞多种生命过程的调节，可以提高动物的免疫力；3. 微藻富含的多种高效的抗氧化物，除可以提高免疫功能外，还可以提高副产品的质量；4. 微藻富含 EPA 和 DHA，可以提高动物的肉、蛋、奶中不饱和脂肪酸含量；5. 微藻类含有微量的促生长因子，可以提高动物的生长速度。过去由于微藻的价格高，推广受到限制，随着异氧发酵等培育技术的进步，微藻的成本大幅降低，微藻饲料为畜禽和水产养殖行业的健康可持续发展注入新动力。（朱雨晨）

韦伯 · 杰克曼

Wilbur Jackman, 1855 ~ 1907

美国教育家、自然研究的组织者之一。1855年1月12日出生于俄亥俄州麦克内克城，他在加利福尼亚和宾夕法尼亚的农场上度过他的少年时代，农场生活的经验使他热衷于户外活动并让他喜欢上了所有的动物和植物。从 1889 年开始，杰克曼任芝加哥市库克县师范学校的教师，他在自己的学校中开展"自然研究"活动，他带领学生到户外活动并运用经典方法探索环境，收到良好的效果。韦伯·杰克曼总结说，课堂中被割裂的知识点在自然环境的研究中自然地结合为一个整体，使学习变得不再彼此孤立。（参考：徐湘荷：《生态教育思想研究》，山东大学 2012 年博士学位论文第 11 页。王薛时）

为环境的教育

Education for the Environment

卢卡斯模式环境教育的三个维度之一。伦敦大学国王学院的卢卡斯教授构建的环境教育模式广受欢迎和普遍接受。其中包括为了环境的教育和在环境中的教育。关于环境的教育旨在提高学生有关环境的知识，发展理解、分析、解决环境问题的技能，这个层面侧重知识、技能的传授。一般而言，有关环境教育的课程中均涉及了有关环境的内容，如气候、水、土壤、能源、动植物、工业化与废弃物、人与社区等。这些主题通过科学、技术、地理、历史等学科的教学进行。英语、数学等基础学科有助于增强学生对环境问题及其解决方案的理解、表达、交流、调查、计算等技能。此外，公民教育有利于培养学生对环境的责任感和道德感；体育通过户外运动有助于形成学生的环境情感等。通过开展环境教育，能更有效地实现国家课程委员会制订的《课程指南 7：环境教育》提出的三大目标中的知识目标与技能目标。（参考：祝怀新：《环境教育的理论与实践》第 134 页，北京：中国环境科学出版社，2005 年。王薛时）

《为了可持续的未来：环境教育国家行动计划》

For a Sustainable Future：National Action Plan for Environmental Education

2000 年澳大利亚要求在整个国家层面实施环境教育。澳大利亚在 20 世纪 70 年代召开教育与环境危机会议。1979 年澳大利亚成立环境教育协会，在 90 年代基本确立可持续发展教育的基本方向。至 90 年代末，《阿德莱德宣言》提出环境教育的目标："学校应全面、充分地发展所有学生的智慧和能力，当学生离开学校后，能关注和理解他们赖以生存的自然环境，并形成有利于实现可持续发展的知识和能力。"2000 年澳大利亚环境与遗产部颁布《为了可持续未来：环境教育国家行动计划》，要求在整个国家层面实施环境教育，成为澳大利亚全国实施可持续发展教育的纲领性文件。此后，澳大利亚颁布《为了可持续未来的教育——澳大利亚学校环境教育国家声明》（2005）《可持续地生活：澳大利亚政府可持续发展教育国家行动计划》（2009），构成完整的环境教育体系，目的是使所有澳大利亚人具备可持续生活所需的知识、技能、价值观和动机、行动。（参考：吕培培：《澳大利亚：为了可持续未来的教育》，《上海教育》2015 年第 6 期第 38 ~ 39 页。张惠娜）

《为了生存的蓝图》

A Blueprint for Survival

以英国著名经济学家、环保主义者、生态经济学倡导者爱德华·戈德史密斯为首的一批科学家和学者编写的小册子，发表于英国《生态学家》杂志 1972 年第 2 卷第 1 期。一篇具有政治倡议性的、要求进行绿色经济变革的政论文章。分为三部分：导论、向平衡稳定的社会过渡、目标。除正文外，还有一篇前言和四个附录。戈德史密斯等学者主要表达了如下四个观点：1. 如果放任世界按当时趋势发展下去，人类存在的基础终将会崩溃。2. 各国政府不愿面对严峻现实，科学家理应提出纠正措施。3. 借助罗马俱乐部的建立和发展，应促进全球性国际运动的出现，作为对罗马俱乐部壮举的有力支持。4. 在新的时代中，人类应当与大自然和谐相处而不是相对立；同时需要形成一种新的生活哲学，作为新社会运动的有力支撑。（徐越）

《为了生存而奋斗的行动》

Struggle for survival action: the founding platform of the UK Greens

1973年2月英国人民党在考文垂成立，成为欧洲历史上第一个绿党。成立声明题为《为了生存而奋斗的行动》，集中展现英国人民党的经济、就业、方位、能源、农业、环境保护、社会安全政策，具有鲜明的生态环境关怀，是世界上最早的可持续发展宣言。文件深受当时著名的《为了生存的蓝图》（A Blueprint for Survival）一文启发。1972年1月《生态学》杂志发表由30多名顶尖科学家联合署名的环境主义文章《为了生存的蓝图》。文章呼吁只有对社会进行激进重构才能避免社会的崩溃和地球的承受极限。文章发表引起极大反响，此后以图书的形式出版超过75万册。英国人民党成立宣言的主要观点，在很大程度上受到了《为了生存的蓝图》的影响。（王聪聪）

违宪审查

Constitutional review

国家通过司法机关和司法程序审查和裁决某项立法和行政是否违犯宪法的制度及活动，又称司法审查。它起源于美国，1803年马伯里诉麦迪逊一案使该制度得以确立。美国的违宪审查，对欧洲和世界其他国家产生很大影响，特别是第二次世界大战后，许多国家，包括某些传统议会制国家，纷纷效法美国设立违宪审查制度。违宪审查的理论根据是，宪法是根本法，具有最高的法律效力，其他法律和法令不得同宪法条文相违背。西方国家的违宪审查制度，基本上分为两种。一种是普通法院的违宪审查，违宪审查权由普通法院主要是最高法院行使，如美国、日本、加拿大、澳大利亚等国。另一种是宪法法院的违宪审查制度，违宪审查权由普通法院之外设立的专门的宪法法院（法国称宪法委员会）来行使。各国宪法法院的职权范围略有差别，但实行违宪审查是各国宪法法院的共同职权。宪法法院除了受理普通法院移送来的具体案件中附带审查违宪问题外，还进行抽象的原则审查，或叫预防性审查。由宪法法院依照法定程序，对某项法律、法令直接进行审查，确定其是否符合宪法。这种审查有的在法律、法令公布实施前，有的国家在公布实施后。违宪审查制度是资本主义制度下各种政治力量互相牵制、调节统治阶级内部矛盾的工具。此外，违宪审查也泛指法定的国家机关通过一定程序审查和裁决法律、法规和行政行为是否符合宪法的制度及活动。有的国家由司法机关行使，有的国家则由立法机关行使。中国的违宪审查权，由全国人民代表大会常务委员会行使。根据现行宪法的规定，全国人民代表大会有权解释宪法，监督宪法和法律的实施；有权撤销国务院制定的同宪法、法律相抵触的行政法规、决定和命令；有权撤销省、自治区、直辖市国家权力机关制定的同宪法、法律和行政法规相抵触的地方性法规和决议。（李庆）

唯物论

Materialism

哲学里关于本体论的基本观点。唯物论理论的基础：所有的实体（和概念）都是物质的构成或者表达，所有的现象（包括意识）都是物质相互作用的结果，在意识与物质之间，物质决定意识，意识是客观世界在人脑中的生理反应，也是有机物对物质的反应。物质是唯一事实上存在的实体。作为一个理论体系，唯物主义属于一元本体论，不同于以二元论或多元论为基础的本体论。作为对现实世界的一种解释，它是唯心主义和心灵主义的对立面。马克思主义认为是哲学两大基本派别之一，与唯心主义对立，在哲学基本问题上主张物质为第一性、精神为第二性，世界的本原是物质，精神是物质的产物和反映。（牟世晶）

维克多·沃利斯

Victor Wallis

美国著名生态社会主义者。生年不详。1970

年获哥伦比亚大学政治学博士学位，现为美国柏克利音乐学院政治系教授、《社会主义与民主》主编。论著有《通往生态社会主义》（2001）《技术、生态学与社会主义的革新》（2004）《社会主义与技术：一种部门性考察》（2006）《资本主义和社会主义对生态危机的回应》（2008）《超越绿色资本主义》（2010）等。认为人们关于科技的流行看法是实现社会主义理念这一历史任务的重要组成部分。提倡合作的社会主义，认为在这种新社会主义条件下，可以促进科技成果的共享。把人民和社会主义两个维度综合起来分析问题，认为人民代表的是民主的掌控，社会主义在提醒我们，只要资本主义依然处于统治地位，科技成果的民主共享就不可能实现。（徐越）

维吾尔族生态文化

Uygur ecological culture

维吾尔族作为新疆 13 个世居民族之一，长期生活在新疆独特的自然生态环境中，形成朴素的生态文化。这种生态文化是维吾尔族应对多变的自然生态环境，与其相互作用，最终实现与自然和谐相处、关系融洽的生存方式，是信仰系统、思维模式与行为规范的综合体。基本宗旨是使人与自然能够和谐相处，永续发展。新疆维吾尔族生态文化的形成是长期的历史过程，在形成过程中切实、有效地约束和规范维吾尔族人探索、适应、改造自然生态环境过程中对生态的认识态度和行为，解决生态问题和环境问题，创造文化，求得生存，从而更好实现所在生活区域各个历史时期的生态平衡。维吾尔族有许多禁忌。这些禁忌伴随他们信仰的宗教及长期生活习惯而沿袭下来。古代维吾尔族崇拜太阳、月亮，对苍天群星怀有神秘、热爱的感情。一旦出现日食，人们会敲打锅盆或做布道诵经，祈求太阳及早恢复原形。虽然有迷信色彩，但反映出维吾尔族人对大自然的敬畏之情。在饮食上，按《古兰经》规定，禁食猪肉、狗肉、驴肉、骡肉和猛兽、猛禽的肉。这种习俗对新疆某些动物起到保护作用。另外，维吾尔族忌践踏粮食、盐及各种食物，反对浪费，提倡节约，保护资源。（牟世晶）

维也纳学派

Vienna school

最初是奥地利维也纳大学的石里克教授等人于 1924 年创立的哲学讨论小组，后来发展为以逻辑经验主义为基础，以逻辑分析为主要特征的影响广泛的哲学思潮。最初的讨论小组成员包括卡尔纳普、克拉夫特、纽拉特等一批知名学者，随着影响扩大，数学家哥德尔，物理学家博格曼加入进来。1929 年维也纳小组颁布自己的纲领《科学的世界观：维也纳小组》，宣告维也纳学派正式成立。中国哲学家洪谦当时作为石里克的学生参加 1930 ~ 1936 年的小组活动。在维也纳学派看来，哲学必须是科学的哲学，从而必须把形而上学当作无意义的东西加以排除。更为重要的是，不存在作为基础或者作为普遍科学而凌驾于经验科学之上的哲学。因此，维也纳学派试图给自然科学与社会科学寻求一个共同基础，即科学化的世界观，包括：哲学的科学化，数学的科学化以及语言的科学化。在思想来源方面，维也纳学派的思想主要受到休谟、孔德、马赫的经验主义和实证主义的影响，同时吸收弗雷格、罗素、怀特海、维特根斯坦等人的逻辑分析思想。20 世纪 30~40 年代，随着希特勒对犹太人的迫害和对奥地利的占领，1936 年石里克遇刺身亡，大部分成员移居美国，维也纳学派从此不复存在。（参考：叶秀山、王树人总主编：《西方哲学史》学术版第八卷江怡主编：《现代英美分析哲学》上第 175 ~ 193 页，南京：江苏人民出版社，北京：人民出版社，2011 年。朱配辰）

卫生填埋

Sanitary Landfill

按卫生填埋技术标准对垃圾进行填埋处理的方法。区别于粗放的露天堆弃和直接填埋等旧式的垃圾处理方法，采取防渗、铺平、压实、覆盖的措施，对垃圾渗沥液、产生气体、滋生蝇虫等进行治理，防止垃圾对地下水、大气及周围环境产生污染。现代卫生填埋场的建设是相当复杂的工程，涉及很多方面，需要根据实地数据，对当地的垃圾特性、地质环境、垃圾力学、防渗工程等诸多方面考量，对填埋场的功能和构造科学规划。除了前期管理，后期对卫生填埋场的合理管理也是填埋场成功运行的关键，既包括制定和执行规则、制度和检测一系列行政管理，也包括处理过程中的现场管理。综合各方卫生填埋的技术和经验，促进垃圾卫生填埋这项环保事业的健康发展是利民工程。（朱雨晨）

卫星城

Satellite city

指在中心城市周围建设的与中心城市有密切联系的小城市，形式上如同行星周围的卫星，故得名。完善的卫星城可以吸收中心城市过多的经济活动与人口数量，分担生态环境压力，具有独立性，可以为居民提供全面的城市服务。从功能上区分，卫星城有以下 3 种类型：1. 工业城：即半独立式郊区城镇，内有从中心城市迁入的或新建的大批工厂，建有相应配套的居民住宅与生活服务设施。2. 生活城：即卧城，主要是居民住宅区以及相应的文娱生活服务设施。3. 文化城：集中设置科学研究机构、文化教育机构，配有相应的生活服务设施与居民住宅，如科学城、大学城等。建立卫星城的目的是为控制大城市人口过分膨胀，疏散大城市的部分工业和人口，同时也可抵销大城市对周围地区的人口吸引力。20 世纪初期，卫星城首先在巴黎城郊出现。在当时巴黎的城郊规划中，提出在巴黎周围半径 16 千米的范围内，建立 28 座卫星城。这是第一代卫星城，卫星城只有生活福利设施，居民的工作在母城里，卫星城完全依赖母城。第二代卫星城是在母城周围建立的半独立的卫星城，这样的卫星城除居住外，还有一定的工业企业和服务设施，如瑞典的斯德哥尔摩附近的卫星城。第三代卫星城称“新城”。新城发展出较多的产业和必要的生活服务设施，能满足居民生产和生活的需要，基本上不依赖于母城，有很大的独立性。第二次世界大战后，英国伦敦首先建设 8 个这样的卫星城。21 世纪初，在英国这样的卫星城有 40 多个。卫星城的布局与发展主要考虑以下因素：1. 确定卫星城的专业职能。卫星城的建设目的是为母城分担压力，规模较小，职能不能太多，一般确定一个专业职能，如电器城、科技城等。2. 尽可能使卫星城在经济上和生活服务上相对独立。3. 确定卫星城的最大控制规模。规模太小不利于卫星城本身的发展，不利于各项生活服务设施配套建设，而且不能提供多种多样的就业机会和较良好的生活条件，对疏散主城人口作用不大。如美国的卫星城一般控制在 2 ~ 10 万人，12 ~ 16 平方千米面积。4. 卫星城要美化，要有吸引力。5. 卫星城的选址要尽量利用原有的小市镇的基础，有良好的交通位置，少占耕地，与母城保持一段距离。卫星城承担着分散和接纳大城市的人口和产业的任务。卫星城的建立对于解决大城市的城市病等问题，具有不可低估的作用，但也出现卫星城发达、中心城衰退的现象。因而许多西方国家停止卫星城的建设，以避免中心城市的衰退。（参考：李万峰：《卫星城理论的产生、演变及对我国新型城镇化的启示》，《经济研究参考》2014 年第 41 期第 4 ~ 8 页。朱配辰　任傲尘）

《未来的一百页——罗马俱乐部总裁的报告》

One Hundred Pages for the Future: Reflections of the President of Club of Rome；*100 Pages Pour I'avenir. Réflexions Du Président du Club de Rome*

1981 年出版，作者奥尔利欧·佩奇。本书对当代人类社会面临的迫切问题进行探讨，作者提出自己的看法，认为只要人类懂得合理地使用资源，特别是人的资源，是能够摆脱危机并根据自

己的愿望重新建设未来的。中译本译者汪幗君，

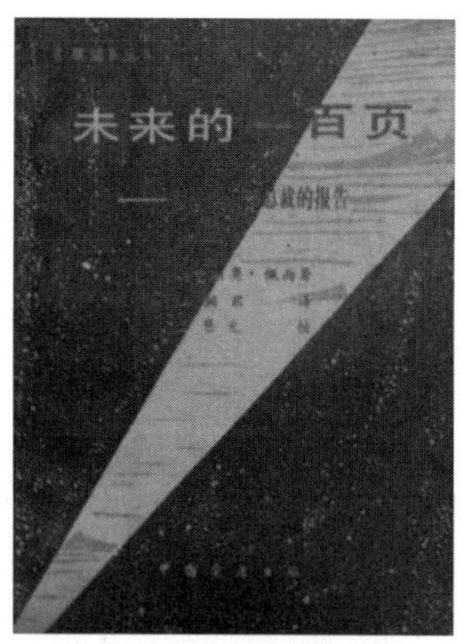

北京：中国展望出版社 1984 年出版。（代富宇）

位序观

Christian Concept on Rank and Order

位序观是基督教创世说中的上帝造物顺序与创世过程，上帝于前 5 天创造天地日月等自然万物，第 6 日按自己的形象创造人类。人类是创世过程中最后出现的被造物，自然万物先于人类而生，人类生于自然万物之后。基督教《创世记》中的上帝造物顺序被认为是基督教生态伦理学的位序观。它被当代基督教生态伦理学引申为万物先于人类，人类应该尊重万物与其生成秩序的生态伦理观点。创世说中的位序观与通常所谓的在神所安排的秩序中人类位于最高阶层的观点不同。（雷爱民）

魏复盛

Wei Fusheng，1938 ~

四川简阳人，1964 年毕业于中国科技大学化学系，1983 年 5 月调入中国环境监测总站，先后曾担任分析研究室主任、监测总站副站长、研究员、总工程师，1997 年当选为中国工程院院士。长期从事环境监测技术工作，主要研究方向有环境化学、环境污染与健康、环境监测分析技术与方法等。20 世纪 80 年代中期，对污染物监测方法统一与标准化进行研究，为我国的环境监测技术与方法体系做出重要贡献。近年关注环境污染与健康的研究，与美国开展多项合作研究，如：空气污染对人体呼吸健康研究、多环芳烃暴露量与代谢产物 1-OH-Py（生物指标）相关性研究、

硼污染对男性生殖健康影响研究等。主要论著有：《原子吸收光谱及在环境分析中的应用》（1988）《水和废水监测分析方法指南（上册）》（1991）《水和废水监测分析方法指南（中册）》（1993）《水和废水监测分析方法指南（上册）》（1997）《大气固定源的采样和分析（编译）》（1993）《土壤环境元素化学》（1994）《烟道气中羟基化合物的采样和测定》（1997）《空气污染对呼吸健康影响的研究》（2001）《有毒有害化学品环境污染及安全防治建议》（2001）《苯并（a）芘的环境污染、健康危害及研究热点问题》（2002）《水和废水监测分析方法（第四版）》（2002）《空气和废气监测分析方法（第四版）》（2003）等。（石艳峰）

温德尔·拜瑞

Wendell Berry，1934 ~

美国诗人，农民，随笔作家和小说家，是 32 部诗歌、随笔和小说的作者。1934 年出生在美国肯塔基州，1956 和 1957 年分获肯塔基大学的学士和硕士学位。在 60 年代早期，放弃纽约大学教

职，回到承载家族和文化传统的肯塔基土地上，在那里耕耘和写作。出版多本诗歌、随笔和小说，绝大部分的作品在很大程度上和乡村生活、生态问题相关，其中有大量作品涉及生态教育问题，有些思想被奥尔继承。作品曾获过许多奖项，有1971年的国家艺术和文学院奖和T.S. 艾略特奖。（王薛时）

温室气体

Greenhouse Gases

指大气层中具有独特分子结构，可以吸收红外线辐射和地面反射的太阳辐射、重新发射辐射导致地球表面变暖的气体，如水汽、二氧化碳、大部分制冷剂等。大气中温室气体主要是水汽、二氧化碳、氧化亚氮、甲烷、臭氧、全氟碳化物、氢氟碳化物等，其中水汽占温室气体的60%～70%，其次是二氧化碳约占26%。大气中的温室气体过量会导致气候异常、海平面升高、冻土融化、全球变暖、生态系统发生异常等危害。《京都议定书》首次以法规形式限制温室气体排放，规定需要控制的6种温室气体为：二氧化碳（CO_2）、甲烷（CH_4）、氢氟碳化合物（HFCs）、全氟碳化合物（PFCs）、六氟化硫（SF_6）。（王晴晴）

温室效应

Greenhouse Effect

又被称为大气花房效应。温室气体吸收地面的长波辐射使大气增温，进而对地球起到保温作用的现象称为温室效应。自然界中的物体以电磁波的形式向周围放射能量，即辐射。大气中吸收和重新放出红外辐射的气体成分被称作温室气体，主要包括二氧化碳、甲烷、一氧化碳、臭氧和氟利昂类等。温室效应主要由现代工业社会煤炭、石油和天然气的过量使用以及汽车尾气中排放的大量的二氧化碳进入大气造成。温室效应导致全球变暖、冰川融化、海平面上升、地球病虫害增多、气候反常、土地荒漠化等，对于农业、海洋生态、水循环等带来很大影响。目前，应对温室效应的举措包括减少煤炭、石油、天然气的使用，开发替代资源等。（石艳峰）

文化

Culture

据不完全统计，时至今日，人们关于文化是什么的答案有近300种之多。美国学者克罗伯和克拉克洪在《文化，概念和定义的批判回顾》中列举欧美对文化的160多种定义。“文化”一词在西方来源于拉丁文cultura，原义指农耕及对植物的培育。自15世纪以后，其意义得到引申。把对人的品德和能力的培养称之为文化。在近代第一个把“文化”作为一个研究对象，把“文化学”作为一门学科研究的是英国著名人类学学者泰勒（Edward Burnett Tylor）。泰勒在著作《原始文化》（1871）中认为，文化或文明，就其广泛的民族学意义讲，是一个复合整体，包括知识、信仰、艺术、道德、法律、习俗以及作为一个社会成员的人所习得的其他一切能力和习惯。美国文化人类学家A. 克罗伯、K. 科拉克洪在《文化：一个概念定义的考评》（1952）一书中认为，文化存在于各种内隐的和外显的模式之中，借助符号的运用得以学习与传播，构成人类群体的特殊成就。这些成就包括他们制造物品的各种具体式样。文化的基本要素是传统（通过历史衍生和由选择得到的）思想观念和价值，其中尤以价值观最为重要。《中国大百科辞典》对文化这一概念做了广义与狭义的区分，认为广义的文化指人类在社会历史活动过程中创造的物质财富和精神财富的总和，狭义的文化指社会的意识形态以及与之相适应的制度和组织机构。《中国小百科全书·第四卷·人类社会》也从广义与狭义角度对文化做了区分，认为广义的文化泛指人类一切活动及其所创造出的所有事物的总和，一般意义上的亦即狭义的文化专指语言、文字、文学、艺术、风俗、习惯以及人类其他精神活动及其产物。（牟世晶）

文化旅游

Cultural Tourism

以文化娱乐为主要内容的旅游活动。如山东潍坊的风筝节，四川自贡的灯会等。中国文化旅游可分为 4 个层面，即以文物、史迹、遗址、古建筑等为代表的历史文化层，例如成都的杜甫草堂、武侯祠等旅游景点；以现代文化、艺术、技术成果为代表的现代文化层，如常州恐龙城、北京 798 基地等旅游景点；以居民日常生活习俗、节日庆典、祭祀、婚丧、体育活动和衣着服饰等为代表的民俗文化层，如台湾九族文化村、云南民族文化村等旅游景点；此外，还有以人际交流为表象的道德伦理文化层旅游景点。目前，全国各地都在积极开展文化旅游以增强本地区文化旅游的吸引力，提高经济效益，弘扬旅游地文化，增强文化交流。文化旅游随着各地区的重视逐渐成为大众旅游的重点关注对象。（朱配辰）

文化生态学

Cultural Ecology

运用生态学的方法研究文化的形成、分布以及不同地域的特殊文化和文化类型如何受到生态环境影响与制约的学科。文化生态学由美国人类学家朱利安·斯图尔德 1955 年在《文化变迁论》中首先创用，倡导建立专门学科，以探究具有地域性差异的特殊文化特征及文化模式的来源，用人类生存的整个自然环境和社会环境的各种因素交互作用的生态理论研究文化产生、发展的规律，以寻求不同民族文化发展的特殊形貌和模式。其他代表人物有安德鲁·瓦依达（Andrew Vayda）、罗伊·拉帕波特（Roy Rappaport）等。文化生态学研究的内容：1. 生产技术或工具与生态环境之间的关系。越是简单、原始的生产技术越是更多地受环境的制约。2. 生产技术与人的行为方式的关系。生产技术的水平可以影响人类的行为方式，不同的生产技术要求不同的合作范围和合作程度。3. 行为方式对文化其他方面即对家庭制度、政治制度、人们的风俗习惯以及居住方式、资源占有利用等的影响。文化生态学认为，文化的基本特征取决于生态环境，这种依从关系本身又是由各种文化因素决定的。生态环境不仅允许或阻碍文化发明的运用，而且往往会引起具有深远后果的社会适应。生态环境制约和影响每一种文化的一般形貌；每一种文化是否合理的或成功的，就其对生态环境的适应而定。如，拥有同样技术手段的社会，由于地理条件不同，彼此会有很大差异。同样的发明创造，在不同的环境中，可能产生不同的运用方式，从而引起不同的社会结构。判断和理解一种文化，必须在它与其生态环境的相互关系中才能够展开。文化生态学的理论和概念主要是用来解释文化适应环境的过程。认为人类是一定环境中总生命网的一部分，与物种群的生成体构成生物层的亚社会层，通常被称作群落。在这个总生命网中引进文化的因素，在生物层上建立起文化层。两个层次之间交互作用、交互影响，它们之间存在共生关系。这种共生关系不仅影响人类一般的生存和发展，而且影响文化的产生和形成，并发展为不同的文化类型和文化模式。（参考：黄育馥：《20 世纪兴起的跨学科研究领域——文化生态学》，《国外社会科学》1999 年第 6 期第 19 ~ 25 页。朱配辰 牟世晶）

文化消费

Cultural Consumption

1985 年在全国消费经济研讨会上首次提出，1987 年成为消费经济学关注的理论问题。狭义上理解，文化消费指对以文学和艺术为对象、以音像制品和出版物为主要形式的消费，即以文化产品和服务为消费内容。广义上指对一切具有文化要素的产品和服务的精神消费。文化消费的具体内容由于学者们不同的研究视角而不尽相同，归纳起来可以分为娱乐、教育、文化、保健 4 个方面。在当前社会，文化消费的水平是衡量国民生活品质的重要指标，也是国家综合国力的体现。从 1985 年文化消费首次提出至今，我国城镇居民的文化消费水平大幅提升，文化消费在生活消费总量中所占份额不断上升，农村居民的文化消费的上升速度甚至超过了同期城镇消费水平。总体来看，我国文化消费在生活消费总量中所占比重不大，文化消费的需求总体不高。文化消费是历史发展的产物，是在社会经济水平达到一定阶段时才会产生的精神需求。因此不同社会阶段中，人们文化消费的形式和内容都不尽相同。同时，文化消费的这种历史特征决定其消费的超时空性质。这种性质也决定文化消费的影响广泛、深远和快速。（参考：欧翠珍：《文化消费研究述评》，《经济学家》2010 年第 3 期第 91 ～ 93 页。欧阳文川）

文化遗产

Cultural Heritage

指从前人那里继承的物质文化遗产和非物质文化遗产。物质文化遗产包括文物、建筑群和遗址。文物指从历史、艺术和科学角度看具有突出的普遍价值的建筑物、雕塑、碑刻、具有考古性质成分或结构的铭文、窟洞及其联合体。建筑群指从历史、艺术或科学角度看在建筑式样、分布均匀或环境景色结合方面具有突出的普遍价值的单立或连接的建筑群；遗址指从历史、审美、人种学或人类学角度看具有突出的普遍价值的人类工程或自然与人联合工程以及考古遗址等地方。从是否可移动的角度又可分为可移动文物和不可移动文物。可移动文物是指历史上各时代重要实物、艺术品、文献、手稿、图书资料等；不可移动文物指古文化遗址、古墓葬、古建筑、石窟、石刻、壁画、庙宇、教堂、桥梁等。非物质文化遗产指各民族人民世代相承的、与群众生活密切相关的各种传统文化表现形式（如民俗活动、表演艺术、传统知识和技能以及与之相关的器具、实物、手工制品等）和文化空间。根据不同层次来划分，文化遗产包括物质的、精神的和心理的 3 个层面的内容：物质内容指已成为历史或陈迹的文化留给现有文化的各种典籍、建筑、古迹、文物、艺术品等实物性的遗留；精神内容指凝结在这些实物性遗留中的文化精神，它表现为特定的道德、哲学、科学、艺术和宗教；心理内容指文化在自身的发展过程中长期积淀而成的文化心理结构，它对现有文化的影响是通过人们的生存方式、风俗习惯、语言操作等途径实现的。在文化遗产的 3 个层次中，深层结构是在人们漫长的实践活动中积淀起来的文化心理结构，这一历史的积淀作为文化遗产的最隐秘的核心规范着人们的操作方式、审美心灵、习俗熏铸和生活理想。（参考：徐嵩龄：《文化遗产科学的概念性术语翻译与阐释》，《中国科技术语》2008 年第 3 期第 54 ～ 59 页。朱配辰）

文化转型

Transformation of Culture

新的文化形态替代旧的文化形态的变革过程，表现为文化变革、进步过程，一般指大的历史尺度上特定民族或社会群体中主导性文化模式的新旧转换。实质是特定时代特定民族或社会群体中主导性文化模式的新旧转换过程。虽然文化转型能够带给社会伟大进步和历史价值，同时也需要代价，也会导致社会的精神危机，引起人们的信仰迷茫和生存意义的失落。中国传统文化面临转型。研究文化转型的一般规律、特点与现代化、历史转型的关系，对于创新文化建设，构建优良文化生态、提升科技创新能力有积极的启迪与借鉴作用。（张惠娜）

文明

Civilization

汉语“文明”一词，最早出自《易经》，曰：“见龙在田，天下文明。”（《易·乾·文言》）。英文中的文明 Civilization 一词源于拉丁文 Civis，意思是城市的居民，其本义为人民生活于城市和社会集团中的能力。引申后意为一种先进的社会和文化发展状态，以及到达这一状态的过程，涉及领域广泛，包括民族意识、技术水准、礼仪规范、宗教思想、风俗习惯以及科学知识的发展等等。在现代汉语中，文明是与“野蛮”相对立的状态，或“开化”状态，文明与进步的观念相关，暗含人类优秀或卓越之意。文明是历史沉淀下来的，有益于增强人类对客观世界的适应和认知，符合人类精神追求，能被绝大多数人认可和接受的人文精神、发明创造以及公序良俗的总和。文明与文化的联系在于：文化发展中的积极成果是文明；文明是文化中积极、进步和合理成分的总和。一个社会的文化进步程度越高，社会文明发展水平相应地就越高。从人类历史长河看，文化越发展越进步，社会的物质文明和精神文明就越发展越进步。文化与文明的区别在于：首先，从起源上看，文化与人类同步产生，文化随着人类的产生而产生。文明一般以文字的发明和国家的形成开端，或以金属工具的发明、冶金术、文字和大规模的建筑为标志。因此，文化与人类一同诞生，而文明从文字出现开始。其次，文化作为社会历史范畴，是与自然相比较而言的。文化越发展，表明人类的发展越是依赖于自己所创造的文化。文明同野蛮、无知和愚昧相对，标志人类社会进步和开发程度。最后，文明主要指人类活动的积极成果，而文化则包括人类活动的整个过程以及活动方式、活动手段，其中既有积极成果，也有消极成果。塞缪尔·亨廷顿（Samuel P. Huntington1927 ~ 2008）在其著作《文明的冲突与世界秩序的重建》中，提出世界七大或八大文明一说，即中华文明、日本文明、印度文明、伊斯兰文明、西方文明、东正教文明、拉美文明，还有可能存在的非洲文明，并认为冷战后的世界，冲突的基本根源不再是意识形态，而是文化方面的差异，主宰全球的将是文明的冲突。（牟世晶）

文明生态村

Civilized Ecological Village

文明生态村是三个文明建设成效显著、自然生态环境良好的行政村。创建文明生态村活动的主要任务是：以改善人居环境为突破口，以提高农民素质和生活质量为出发点，以经济发展、民主健全、精神充实、环境良好为主要内容，协调推进物质文明、政治文明和精神文明建设，努力实现人的全面发展和农村经济社会的全面进步。创建文明生态村活动的标准有：1. 村容村貌整洁优美，生态环境得到改善。2. 思想道德风尚良好，文教卫体设施健全。3. 基层民主制度健全，社会治安秩序良好。4. 农村经济发展壮大，农民生活更加殷实。5. 领导班子坚强有力，干群关系和谐融洽。我国文明生态村在全国逐步建立。（李雪姣）

文学艺术生态转向

Ecological Transformation of Literature and Art

文学对生态危机做出务实回应的结果，旨在缓解大众文化时代文学所面临的严重危机。生态批评兴起于 20 世纪 90 年代，迄今不过短短 20 年，却已在理论界引发多股热潮，给人文学科带来深刻而微妙的变化。在影响最大的文学领域，生态诗学、生态女性主义、环境伦理学等衍生理论的应运而生重新规划文学的发展之路，尤其是创作与批评的功能重建为危机重重的文学事业带来一线生机。生态批评在文学界引发影响深远的思想革命。文学功能的蜕变与拓宽是其中重要成果之一。跨界合作、主体性的调整以及对物质世界的渗透，都是人类中心主义向生态中心主义转型过程中出现的产物。这些变化颠覆创作与批评的原有功能，为它们的发展注入动力。文学的生态转向是顺应时代的务实之举，有效缓解大众文化时代文学所面临的严重危机。（参考：陈豪：《从生态批评看文学功能的转向》，《探索与争鸣》2013 年第 10 期第 45 ~ 47 页。王薛时）

文艺审美性

The Aesthetic Appreciation of Literature and Art

文艺所具有的最重要的属性之一。文艺的审美性是文艺作品作为内容与形式完整统一的形象化体系而具有的可以引发非功利情感的特性。艺术作品需要一定的艺术表现形式，从而需要一定的艺术技巧，表现为一定的艺术性。用于审美的文艺作品具有一定的外形。这一外形是由人工创作出来的。文艺作品的外在表现形式、技巧及其艺术性可以具有相对独立的审美价值，但像自然界中的审美事物一样，也要受到内容的功利性的制约。如果艺术品表现内容的功利价值倾向与欣赏者观念意识的功利价值倾向不相一致，引起欣赏者的反感，这一艺术品就不具有审美性和审美价值，即便它仍然可以具有艺术性。文艺的审美性应该由作品表现形式的艺术性和作品内容的功利性共同构成。（参考：李志宏：《文艺审美性与意识形态性关系的科学化阐释》，李志宏、金永兵主编：《站在新的历史起点上：新时期文学理论研究的回顾与反思》第 161 ~ 167 页，长春：时代文艺出版社，2008 年。**王薛时**）

文艺生态恶化

Ecological Deterioration of Literature and Art

指文艺作品缺少文字和色彩所承传的不可言说的精神内容，丧失思想、情感、崇高和美的状况。生态原本是生态学概念。由恩斯特·海克尔在 1866 年率先提出的生态学已不再仅仅是针对生物界、自然界的学科门类和范畴。研究文化、精神生活时同样不能忽视整个生态环境、生态系统，特别是精神生态和文化生态的总体结构、总体状况和运行机制。精神文化、文艺审美领域作为具体而微的生态系统，同样也存在着生态平衡和生态建设的问题。文艺生态恶化的成因是复杂多维的，要改善文艺生态状况，根治文艺生态污染必须动员全社会的力量，诉诸多种途径和方法，进行立体治理，下大力气促成系统优化。改善文艺生态系统，规范文艺消费行为，重建良性的文艺生态环境必须着眼全局，标本兼治，以人为本。（参考：何志钧、秦凤珍：《文艺生态建设的多维透视》，《社会科学家》2008 年第 2 期第 26 ~ 29 页。**王薛时**）

文艺生态建设两个重点

Two Important Points on the Construction of Literature Ecology

当代生态文艺理论家曾永成在《社会主义文艺生态建设论纲》中提出的重要观点。生态理论在文化和文艺领域里运用是晚近的事，但文化和文艺的生态观念早已存在。毛泽东、邓小平的有关论述都体现出文艺生态观念。要建设社会主义文艺的良性生态体系，必须以生态系统论的眼光看文艺。马克思人学生命观是社会主义文艺生态建设的理论基础，它在感性和理性的统一中，揭示人的生命所应具有的超越精神。当前文艺生态建设的两个重点是功能生态营构和生产生态调控。前者解决社会和群众对文艺需要问题；后者解决的是文艺领导和管理问题。从开放的眼光看，应该充分重视创作主体生命精神和艺术思维活动的复杂性、生动性和互补性。要注意反对文化自发性崇拜，不能抹杀文化所具有的主体实践精神。社会主义文艺的生态建设应在共产主义崇高理想的照耀下，高扬实践主体精神，研究文艺生态规律，推进文艺事业的发展。（**王薛时**）

文艺生态系统

Ecosystem of Literature and Art

生态学中生态系统的概念在文艺领域中的类比。文艺生态系统认为文学艺术，包括文学艺术家、文学艺术作品、文学艺术的鉴赏批评在内，可以被视为自然界的生命物的活动。文学艺术领域的生态系统为人们从事文学艺术活动提供一定的环境。它是人所处的世界，是人所处的地理环境、文化环境、社会环境、政治环境以及一个时代的精神氛围等等。在文学艺术领域内，它的各个组成部分，如感受、体验、创作、出版、展出、演出、欣赏、批评、组织、管理，都是相互联系的，分别处于不同的等级与层面。文学艺术活动系统内的信息流动显而易见，文学言语学、艺术符号学对此多有贡献。精神能量的交流也可以得到说明。信息、能量在文学艺术活动过程中的流动是交互的、反馈的、循环的。在文学艺术领域内，存在着许多不同的“物种”：如诗歌、散文、小说、音乐、绘画、雕塑、电影、电视、戏曲等。文学艺术领域内的自调节能力历来很强，各艺术门类之间或渗融互补，或侵蚀吞并，其消长起落随处可见。（参考：鲁枢元：《文学艺术是一个生长着的有机开放系统》，《河南社会科学》2001年第1期第23～27页。王薛时）

文艺消费

Consumption of Literature and Art

以文艺产品的精神意义消费与商业消费复合体为主导形态。文艺消费包含作为前商品时代遗留的非商品消费的文艺消费、作为指向超越商品化逻辑束缚的后商品时代的可能境界的非商品消费的文艺消费、各种边缘化的亚商品消费的亚文艺消费在内的一切对文艺产品、文艺服务和其他相关文艺设施的使用活动。消费在历史上的诸种含义共存于当代文艺消费中。当代文艺消费呈现出商业性与非商业性、产业性与事业性、个体性与社会性、膜拜性与展示性、修心性与宣泄性对立统一的特点。（参考：何志钧：《文艺消费新探》，《鲁东大学学报》2006年第3期第94～98页。王薛时）

文艺消费系统

Literature and Art Consumption System

一种社会文化系统，包含外部关系和内在有机联系的整体。文艺消费系统内在地具有一种刺激—反应、挑战—迎战的运转机制，内在的包含着一种反馈能力和系统结构、要素秩序。文艺消费系统在对来自环境的挑战做出反应的过程中，自然的系统自己创造自己。文艺消费系统也随着外界社会文化状况的改变相应地做出反应，促使系统升级演化。系统内部也要求一种结构和比例的平衡，一旦快感文艺的消费过度，而美感文艺的消费不足，系统会出现失衡，因此系统自身会趋向于恢复平衡，促使两类文艺消费达到平衡态。系统客观上作为一个整体要求各种要素的和谐协调，比例均衡，稳态发展。（参考：何志钧、秦凤珍：《文艺生态建设的多维透视》，《社会科学家》2008年第2期第26～29页。王薛时）

文艺意识形态性

The Ideological Aspects of Literature and Art

马克思主义文艺理论的核心命题。文艺意识形态性是马克思主义文艺理论的理论支点。意识形态作为社会意识中反映人们所处的社会关系（生产关系和交往关系）和思想要求、利益愿望的思想观念的总和，对于每一个社会成员都有巨大影响。人们的思想和行动无不受到一定意识形态的支配和规范。出于对意识形态以及它与人的思想、行为之间关系的自觉认识，马克思主义把文艺界定为一定的社会意识形态，要求无产阶级文艺自觉担当起以无产阶级的世界观认识和改造世界，以社会主义的精神教育和鼓舞人民大众的历史使命，因而意识形态性成为无产阶级文艺的灵魂。（参考：王元骧：《论文艺的意识形态性》，《求是》2005年第15期第45～47页。王薛时）

稳定塘

Stabilization Pond

利用天然净化能力对污水进行处理的构筑物的总称，旧称氧化塘或生物塘。工艺是将土地进行适当的人工修整，建成池塘，并设置围堤和防渗层，利用菌藻的共同作用处理废水中的有机污染物。稳定塘的工作原理是：以太阳能为初始能量，通过在塘中种植水生植物，进行水产和水禽养殖，形成人工生态系统。在太阳能（日光辐射提供能量）作为初始能量的推动下，通过稳定塘中多条食物链的物质迁移、转化和能量的逐级传递、转化，将进入塘中污水的有机污染物降解和转化，最后去除污染物，以水生植物和水产、水禽的形式作为资源回收，净化的污水也可作为再生资源予以回收再用，使污水处理与利用结合起来，实现污水处理资源化。稳定塘污水处理系统具有基建投资和运转费用低、维护和维修简单、便于操作、能有效去除污水中的有机物和病原体、无须污泥处理等优点。在我国特别是在缺水干旱的地区，稳定塘是实施污水资源化利用的有效方法，稳定塘处理污水成为推广新技术。（石艳峰）

稳态

Steady State

泛指各种系统内各组成部分协调活动维持内环境的相对稳定状态。生态系统的稳态指生态系统对干扰的抵抗，对变化的适应，长期处于相对稳定的状态。生态系统中的生物和非生物普遍具有自我调节和自我维持的能力。生态系统内有各种稳态机制，如生物种群密度的调节，生物的生理自我调节与遗传的调节，捕食关系的调节等。这些稳态机制共同作用，保持生态系统的相对稳定性。但生态系统保持稳态的能力是有一定限度的，超过限度，稳态失效，生态即遭破坏。限度的大小取决于生态系统的成熟度和复杂性。在成熟的生态系统中，当系统的部分稳态机制发生故障时，可以由其他机制的增强予以补偿，重新获得生态系统的稳态。（朱雨晨）

稳态经济

Steady State Economy

使人口与人工产品的总量保持恒定的经济，是西方经济增长和经济发展理论的分支。最早在1923年由约翰·穆勒在《政治经济学原理》一书中提出稳态这个概念。1973年经济学家赫尔曼·代利主编《走向稳定的经济》一书，标志着稳态经济学的形成。稳态经济学的倡导者认为现代经济学局限于研究经济的高速增长，忽略原材料的耗竭及环境污染等问题，是错误的。他们试图寻找人口数量与生产产品数量相对稳定的经济形势，以达到经济发展与生态环境的承载能力保持平衡。但是理论存在局限性。首先在于对人口数量的限制，经济发展导致人口数量的增加，破坏原本的平衡；其次是对人工产品数量的限制，资本主义市场经济体制下，资本家追逐剩余价值会导致商品数量远超需求量；最后是收入分配不公平的限制，收入分配不公平将导致贫富差距不断扩大，最终打破稳态经济的平衡。（代富宇）

问责机制

Accountability mechanism

指特定的问责主体对承担一定职责和义务的组织与成员的职责和义务履行情况进行监督并要求其承担否定性后果的责任追究制度。生活中有各种各样的问责机制，政府有行政问责机制、司法问责机制等，企业有岗位问责机制、员工问责机制等。它的设立，可以很好地督促被问责对象职责和义务的履行，维护问责主体的权利。（刘中华）

我国海洋自然保护区

Our Country's Marine Nature Reserve

指以海洋自然环境和资源保护为目的，依法把包括保护对象在内的一定面积的海岸、河口、岛屿、湿地或海域划分出来，进行特殊保护和管理的区域。（史月田）

《我们憧憬的未来》

Our Desirable Future

2012年6月20～22日在里约热内卢召开的联合国可持续发展大会上，来自193个国家的代表在闭幕式上通过最终成果文件《我们憧憬的未来》。文件指出，我们必须实现可持续发展，保证地球的未来及今世后代的发展，促进创造经济、社会、环境可持续的未来。文件重申《关于环境与发展的里约宣言》原则，包括《宣言》提出的共同但有区别的责任原则等；同时指出，在消除贫穷的背景下发展绿色经济，是实现可持续发展的重要工具。报告由6个部分组成，分别阐述我们共同的愿景、重申政治承诺、可持续发展和消除贫困背景下的绿色经济、可持续发展机制框架、行动框架和后续行动以及执行手段等问题。文件重申共同但有区别的责任原则，决定发起全球可持续发展目标磋商进程，肯定绿色经济是实现可持续发展的重要手段，决定成立联合国高级别可持续发展政治论坛，敦促发达国家履行联合国可持续发展承诺，向发展中国家转让环境友好型技术，帮助发展中国家提高能力建设。其中，第5部分《行动框架和后续行动》阐述可持续发展具体领域的未来行动。（申森）

我们的贡献

OUR PART

环保意识推广项目，旨在借助周迅的公众形象和影响力，通过全方位的媒体平台倡导人们通过积极的、简单有效的生活方式的改变，降低个人碳排放，共同抵御气候变化。2008年4月21日，周迅被联合国开发计划署（UNDP）任命为中国首位亲善大使，共同合作名为“OUR PART 我们的贡献”的环保意识推广项目。自创立以来，主要工作之一是推广 OUR PART TIPS（环保生活小贴士），来自科技部2007年《节能减排手册》与UNDP《环保生活解决方案》两大官方文件的环保生活小贴士被重新编辑，赋予：自豪 Proud、时尚 Hip、幽默 Humorous、主动 Proactive、有力 Impactful、真诚 Sincere、有型 Stylish、明星力量 Star Power 等特点，转化为易于可行的日常生活行为；倡导通过自身行为的改变，传播环保意识。理念：气候变化：不争的事实，21世纪最严峻的挑战，后果不可逆转，会因我们的无所作为而继续恶化，如果不能得到缓解，中国三分之二的冰川会在21世纪结束前消失。抵御气候变化：我们的贡献，我们可以有所作为，比我们想象的容易，省钱：共同改变我们的生活方式，完全可能战胜气候变化。这是“OUR PART 我们的贡献”环保意识推广项目设立的初衷，希望找到简单可行的办法，让更多的人了解到选择绿色消费行为和绿色出行方式，其实与北极冰川的消融，各国极端天气带来的洪水灾害等之间有着紧密的联系。（席溢）

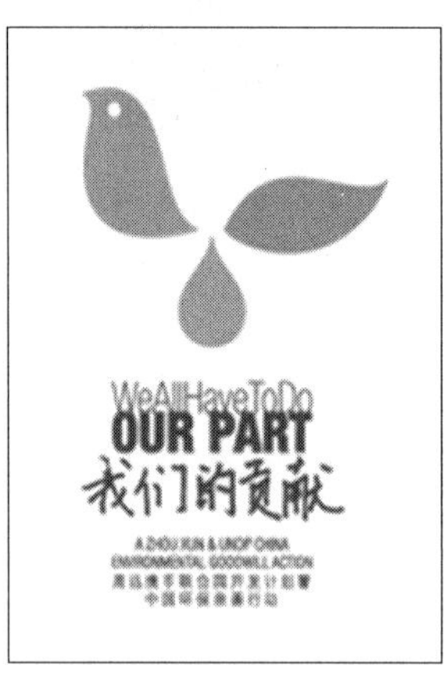

《我们共同的未来》

Our Common Future

世界环境与发展委员会关于人类未来的报告。1983年挪威女首相格罗·哈莱姆·布伦特兰夫人应联合国秘书长邀，组建由五大洲多国官员、科学家和有关方面代表组成的环境和发展世界委员会，对全球发展与环境问题进行3年大跨度大范围研究。1987年4月环境和发展世界委员会向联合国提交报告书：《我们共同的未来》（Our Common Future）。报告中将可持续发展描述成“满足当代人需要又不损害后代人满足其需要的发展”，强调环境质量和环境投入在提高实际收入和改善生活质量中的重要作用。报告书最引人注目的观点是明确提出环境和发展两利的新方法论，提出可持续发展的概念。“可持续发展”强调既不损害满足后代人要求的可能性和能力而又满足当代人需要的发展，着重指出要重视和加强全球性相互依存关系以及发展经济和保护环境之间的相互协调关系。自此，可持续发展概念问世并逐渐传播开来。（参考：何兴华：《可持续发展论的内在矛盾以及规划理论的困惑》，《城市规划》1997年第3期第48～51页。王薛时）

《我们能源的未来：构建一种低碳经济》

Our Energy Future-Creating a Low Carbon Economy

英国政府2003年颁布的官方能源政策文件。文件强调控制碳排放量的必要性，承诺英国至2050年将把碳排放量减少60%，要求当前经济发展必须建立在以低碳为原则的基础上，同时强调环境、能源消耗、平价能源和市场竞争在政策实施中的基础性作用。白皮书未就低碳经济构建中的细节问题给予阐述。这些细节在2004年4月的《能源效率实施计划》和2006年的《贸工部微产能战略》中得到补充。2005 年 11 月在贸工部倡议下，英国政府开始接受更广泛意义上的能源选择。这看似是对单纯降低碳排放量的政策的延续，但人们也逐渐开始猜测，《能源白皮书》的真实意图也许是为核能使用的合法化寻找说辞。（张沥元）

沃夫冈·吕蒂希

Wolfgang Rüdig

英国著名环境政治学者，格拉斯哥思克莱德大学教授。生年不详。研究领域包括政治行为（政党成员和活动分子）、政党、社会运动和绿色政治。

在《英国政治科学》《政治研究》和《欧洲政治研究》等期刊发表论文。对英国绿党成员构成的经验性研究和对欧洲执政绿党的比较研究，都产生了较大学术影响。主要著作有：《环境主义与乌托邦》（1985）《绿色政治》（三卷，1990、1991、1999）和《政府中的欧洲绿党》等。《政府中的欧洲绿党》探讨政府参与战略选择、执政要求的组织适应与进一步适应需要、欧盟政治参与中的改变与被改变、政府参与对绿党选举政治的影响等内容。（徐越）

沃威克·福克斯

Warwick Fox，1954 ~

加拿大环境哲学家。代表作是《超越个体生态学：发展环境主义的新基础》（1990）。1990 ~ 1998 年是澳大利亚塔斯马尼亚大学环境研究中心的研究员。1988 年以来一直是《小号手：生态智慧》期刊的顾问编辑。（徐越）

乌尔里希·贝克

Ulrich Beck，1944 ~ 2015

德国著名社会学家，慕尼黑大学和伦敦政治经济学院教授。出生于斯鲁普斯克（现波兰城市），自 1966 年起先后在弗赖堡大学、慕尼黑大学学习

法律、社会学、哲学、心理学和政治学。1972 年获得博士学位，1979 年获得讲师职位，1992 年在慕尼黑大学开始担任社会学教授、慕尼黑大学社会学研究所所长。自 1980 年起担任《社会世界》杂志编辑，主持承担德国研究学会的多个研究项目，如自反性现代化研究。贝克研究基于的核心问题是，在剧变的全球变化背景下，社会和政治观念和行动如何融入新的现代化中。这涉及现代化中的不可控、愚昧及不确定性等问题。基于此，贝克先后提出风险社会、第二次现代化及全球化社会学等理论。同时试图用世界主义的视角而非国家主义视角来分析社会学问题，即将研究议题置于全球资本、政府和公民社会共同参与的多元权力的博弈之中。贝克的研究领域涉及现代性（化）、生态问题、个人化和全球化、全球资本主义。主要著作有《风险社会》（1992）《生态启蒙》（1996）《风险时代的生态政治》（1995）《世界风险社会》（1998）等。（徐越）

乌尔利希・布兰德

Ulrich Brand，1967 ~

绿色左翼政治学者，奥地利维也纳大学政治系教授，主要研究领域包括国际政治与国际政治经济学、国家与民主转型、国际环境与资源政治（特别是生物多样性，食品、能源和自然的资本化）等。代表著作包括：《全球化与生态危机》（2012），《大众主义民主：玻利维亚社会与国家转型》（2012），《替代性选择2.0版》（2012）等。2015年，作为德国罗莎・卢森堡基金会资助的专家，受邀在北京大学、中国人民大学、武汉大学、中南财经政法大学、复旦大学和同济大学等就绿色资本主义和社会生态转型专题做系列演讲，使他的社会—生态转型理论或批判性政治生态学理论为国内学界所广知。（徐越）

乌干达环境教育

Environmental Education in Uganda

乌干达的环境教育源于殖民地时期，分为正规的与非正规的两个部分。在乌干达沦为殖民地之后，传统的社会政治和经济结构被大幅度改变，被殖民国家结构形式替代。在教育领域，相应地形成与传统教育不同的组织形式与做法，一直沿用至今。近年来，乌干达继续沿用英国式教育体制，正规的环境教育通过学制（小学7年，初中4年，高中2年和大学）进行。在正规教育中，环境教育承担者主要是中小学，学院和大学以及其他高等教育机构。在中小学，环境教育水准仍处于初级阶段。人们已普遍认识到环境教育是阻止环境退化和恢复退化的生态系的一个有效途径。人们对环境教育师资的培训尚未引起足够的重视。教师是将环境教育纳入学校课程的关键因素。同时，教师们也尚未尝试将环境本身作为环境教育的自然实验室。教师们似乎进行的是有关环境的教学（teaching about the environment），而不是进行为了环境的教育（education for the environment）。（参考：祝怀新：《环境教育的理论与实践》第265页，北京：中国环境科学出版社，2005年。王薛时）

乌克兰绿党

Party of Greens of Ukraine

由绿色世界协会发展而来，1990年成立。1998年乌克兰大选中取得历史性突破，获得5.5%的选票和议会中的19个议席。此后陷入低迷状态，逐渐成为边缘政党。2002年全国大选中获得1.3%的选票，未能进入全国议会。2006年和2007年全国大选中分别获得0.54%和0.40%的成绩，依然无缘议会。2012年和2014年全国大选中得票率依然未能突破1%，分别获得0.35%和0.24%的选票，未能进入全国议会。目前仅在地方议会拥有少量议席。1994年加入欧洲绿党联盟。乌克兰绿党的政策主张，包括反对经济体系的反生态倾向、重构社会体系以及保护人权等。（王聪聪）

乌克兰绿色世界

Zelenyi Svit

乌克兰的环境政治团体，1987年成立。起源于乌克兰和平委员会指导下的生态协会组织，物理学家伊乌里・施切尔巴赫（Iurii Scherbak）曾担任首任主席。成立后组织和发动很多环境抗议运动，如反对乌曼烟厂的环境污染、基辅南部的铁路修建、反对西乌克兰雷达站建设等。最著名的抗议运动是1988年11月联合其他环保团体组织的大规模生态集会，该集会增加了绿色世界的知名度，为乌克兰绿色政党的建立创造条件。（王聪聪）

乌珀塔尔气候能源与环境研究所

Wuppertal Institute for Climate, Environment and Energy, WI

1991年成立，德国著名的环境政策智库，也是全球能源与环境政策领域的重要研究机构。总部设在德国北莱威州的乌珀塔尔市。主要面向全球、区域、地区层次上的可持续发展战略，重点是生态与经济和社会之间的相互影响。核心研究领域小组包括：未来的能源结构和流动性，能源、运输和气候政策，能源流动和资源管理，可持续生产和消费。（徐越）

《乌有乡消息》

News from Nowhere

英国作家英威廉·莫里斯的长篇政治幻想小说（1890，出版商 Print 发行）。小说主人公是社会主义者，他在参加有关社会主义问题的讨论后，回家做了一场梦。在梦中他发现自己已经生活在实现共产主义的英国，他通过实地观察和与人交谈，惊奇地看到旧时代的生活痕迹已经彻底消失，人们的精神面貌发生了根本转变。在这个全新的世界上，贫富悬殊的现象没有了，私有财产和货币消亡了，人压迫人的现象也不复存在，一切都实现按需分配。人们在这个世界上获得了真正的自由，人人有自己热爱的工作，个个过着丰衣足食的生活。小说通过对主人公这场梦的描绘，热情地赞美人类的未来的社会形态——共产主义，对 19 世纪英国的资本主义经济制度及其帝国主义政策进行批判。在艺术上，小说继承拜伦、雪莱及宪章派诗人的浪漫主义传统，通过幻想与象征手法，曲折然而真实地反映当时英国的社会现实。作品笔调热情洋溢，具有强烈的感召力。通行的中译本由黄嘉德、包玉珂翻译，商务印书馆 1981 年出版。（王薛时）

乌兹别克自然资源和精神财富保护联合运动

Birlik, Unity People's Movement

乌兹别克斯坦的第一个民主反对派组织，1988 年成立。计算机教授阿卜杜拉希姆·波拉特（Abdurahim Polat）是创始成员之一，一直担任组织的主席。戈尔巴乔夫统治时期，是苏维埃地区最强大的民族民主组织之一。政治目标是结束乌兹别克斯坦的棉花农业，实现乌兹别克斯坦的国家独立。在拯救咸海、保护自然环境等方面做出很多政治努力。2003 年转型为政党，但却一直未得到官方承认，5 次申请均被司法部驳回。乌兹别克斯坦总统伊斯拉姆·卡里莫夫（Islam Karimov）执政后禁止了该组织的政治活动。（王聪聪）

污染前端治理

Pollution Front-end Control

指企业在产品生产过程中通过改进加工工艺，提高资源利用效率，减少中间加工工序和所需时间，减少不必要的资源浪费与能源消耗，进而获得节能减排的前端治理效果。事实证明，在污染产生之前控制资源利用过程中产生的污染物，可以降低治污成本，减少污染物的排放，同时提高资源利用效率。（史月田）

污染避风港

Pollution Haven

出自污染避难所假说。假说认为，当大型工业化国家寻求设立新的工厂或办公地点时，它们往往会寻找资源、劳动力、土地和材料成本最低的不发达国家或地区。这种做法往往是以牺牲这个国家或地区的环境为代价。发展中国家不仅资源廉价、劳动力成本低，而且往往缺乏严格的环境法规；相比之下，有着严格环境法规的国家则会导致企业成本的增加。因此，那些选择到外国投资的公司倾向于寻找到拥有最低的环境准入标准或最弱的环境执法力度的国家，这些国家被称为污染天堂或污染避风港。（徐越）

污染防治区域联动机制

Regional Linkage Mechanism for Pollution Prevention

指不同行政区域结合各自地理特征、经济社会发展水平、污染状况、城市空间布局、污染物输送规律等因素，建立起区域间的合作协调机制。包括针对大气污染建立区域监测网络和应急响应体系，针对水污染建立流域内环境综合管理模式，将海洋环境保护与陆源污染防治相结合，控制陆地污染，提高海洋污染防治综合能力。目前，在大气污染方面，京津冀、长三角、珠三角等重点区域已陆续建立起联防联控协作机制。（张沥元）

污染负荷指数

Pollution Load Index，PLI

指评价重金属污染水平的指标。1980年由爱尔兰科学家汤普林森（Tomlinson）等人在从事重金属污染水平的分级研究中提出。指数由评价区域所包含的多种重金属成分共同构成，能直观反映各个重金属对污染的占据程度，以及重金属在时间、空间上的变化趋势。在某一环境中根据污染负荷指数（PLI）可将其程度划分为无污染（0）、中度污染（I）、强污染（II）和极强污染（III）4种类别。污染负荷指数一般应用于土壤、水体等被重金属污染的环境中。（参考：王婕、刘桂建、方婷等：《基于污染负荷指数法评价淮河（安徽段）底泥中重金属污染研究》，《中国科学技术大学学报》2013年第2期第97～103页。刘阳）

污染集中控制制度

Centralized Control System of Pollution

指在一定区域内，综合考虑资源开发利用、生产布局和污染治理等各种因素，建立集中的污染处理措施和设施，对多个项目的污染源进行集中控制和处理的管理制度。我国多年的环境污染治理实践证明，单纯追求单个污染源的处理率和达标率，不能改善整个区域的环境质量，难以体现经济效率。由此，我国在环境管理中提出这项制度，主张集中力量解决区域内最主要的环境问题，集中人力、物力、财力解决重点污染问题。依据污染防治规划，按照废水、废气、固体废物等的性质、种类和所处的地理位置，以集中治理为主，用尽可能小的投入获取尽可能大的环境、经济、社会效益。在治理过程中可以很方便地引入新技术，使废物资源化，提高污染治理效果和资源利用率，有效降低污染防治的总投入。它可以节省环保投资，提高处理效率，有效地改善和提高环境质量。（刘中华　代富宇）

污染排放超标企业

Enterprises with Pollutants Over-discharged

指超过国家或者地方规定的污染物排放标准，或者超过重点污染物排放总量控制指标排放污染物的企业。（史月田）

污染生态学

Pollution Ecology

生态学的分支学科，应用生态学的重要组成部分。起步于20世纪60年代末70年代初。是研究生物系统与被污染的环境系统之间的相互作用规律并采用生态学原理和方法对污染环境进行控制和修复的科学。污染生态学涉及：1.污染现状的描述、污染危害的调查以及污染强度的评价；2.污染生态过程的研究；3.消除污染、防治污染的技术与对策的研究。污染生态学共有8个学科分支：污染生态化学、复合污染生态学、污染生态毒理学、污染进化生态学、污染生态修复学、污染治理生态工程学、污染生态物理化学和污染控制微生物生态学。（石艳峰）

污染受害者法律帮助中心

Center for Legal Assistance to Pollution Victims

中国政法大学环境法学教授王灿发带领一群志愿者于1999年11月开办的国内第一家专为污染受害者提供帮助的法律援助中心。中心为许多求助无门的环境污染受害者提供帮助，免费为无力支付诉讼费、律师代理费的污染受害者打官司。在首届中国十大年度环保人物的评选中，污染受害者法律帮助中心主任王灿发荣获此项荣誉。宗旨：通过组织热心环境保护事业的法律专家、学者、律师和环境管理与技术专家对中国环境资源立法及其实施问题开展专题研究、进行国际交流、对

律师及环境执法和司法人员及公众进行环境法知识的培训，普及环境资源法知识，提高公众的环境法律意识和中国的环境资源立法、执法水平；通过对污染受害者提供法律帮助的方式，维护污染受害者的环境权益，促进中国环境资源法的执行和遵守。活动领域：1. 通过开办免费的污染受害者法律咨询热线电话、接待污染受害者的来信来访，为污染受害者提供无偿法律咨询服务。热线咨询的污染受害者来自全国各地，除了西藏和台湾以外，几乎每个省、自治区、直辖市都有求助者。在帮助下，当事人咨询的案件有的已经解决，有的正通过行政途径或司法途径解决。2. 免费对律师和法官进行环境法律实务培训，建立全国的环境律师网络。从 2001 年开始，连续 6 年免费培训来自全国各地的 262 名律师、189 名法官，培训环境行政执法人员 21 名。建立起全国性的环境律师网络。3. 组织举办国际及全国性环境法实施研讨会，促进环境法实施方面的国际和国内交流。中心于 2001 年、2004 年、2005 年与日本环境会议等合作，分别在北京市、日本熊本县和上海市召开三届环境纠纷处理中日国际研讨会；2002 年在西安召开中国西部环境诉讼疑难案件研讨会；2004 年 8 月与全国人大环境与资源保护委员会法案室联合在北京举办环境损害赔偿立法国际研讨会。这些活动极大促进了我国的环境法治建设和帮助污染受害者的能力建设。4. 开展环境法律研究，完善中国环境立法。在帮助污染受害者的同时，中心承担国家和地方的多项研究课题。其中包括《环境影响评价法》《清洁生产法》《自然保护区法》《畜禽养殖污染防治条例》《转基因生物安全法》《消耗臭氧层物质管理条例》《循环经济法》《环境保护违法违纪行为处分暂行规定》《公众参与环境保护办法》等法律、法规和规章的起草，推动新的环境法律制度建立。（席溢）

污染天堂

Pollution Haven

又称污染避风港。参见污染避风港。（徐越）

污染物

Pollutant

一般指进入环境后直接或间接影响生物生长、发育和繁殖，从而破坏环境稳态的物质。污染物有多种分类方法，按其性质可分为化学污染物（有机污染物和无机污染物）、物理污染物（微波辐射、放射性污染物等）和生物污染物（病菌、寄生虫卵等）；按其形态可分为气体污染物、液体污染物和固体废弃物；按其在环境中物理、化学性状的变化可分为一次污染物和二次污染物；按其危害程度可分为致畸物、致突变物和致癌物、可吸入颗粒物以及恶臭物质等。一种污染物必须在特定的环境中达到一定的数量或浓度，并且持续一定的时间才会造成环境污染；当其数量或浓度低于环境标准容许值或不超过环境自净能力，就不对环境构成威胁。（参考：徐淑碧：《环境污染物的分类及其危害特点》]，《重庆环境保护》1980 年第 3 期第 15 ~ 17 页。刘阳）

污染物地质大循环

Geological Major Cycle of Pollutants

指环境中的污染物质在地质作用下周而复始的循环过程。污染物的地质循环同时遵循一般物质地质大循环规律。存在于环境中的污染物质，按其来源可以分为自然和人为。自然中由生态系统能量迁移和物质转化过程中产生的元素和化合物，以及由人类经济生产活动中产生的元素和化合物，判断其是否为污染物，以是否会对人的身体健康产生危害作为标准。自然环境中污染物的产生主要通过岩石和矿物的风化、沉积物的分解、大气降尘、火山爆发、水流冲刷等途径在生态系统中传播和扩散，参与地质循环，有时也会在环境氧化和还原的特定条件下形成有毒化合物。常见的有毒元素有汞、镉、砷、铬、铅。汞由于有不溶于水、易沉积等特性，在微生物作用下会形成甲基汞和二甲基汞。甲基汞在水生生物中通过食物链传播，二甲基汞挥发后会进入大气的生态循环；镉元素和砷元素的循环可能由于含镉的岩

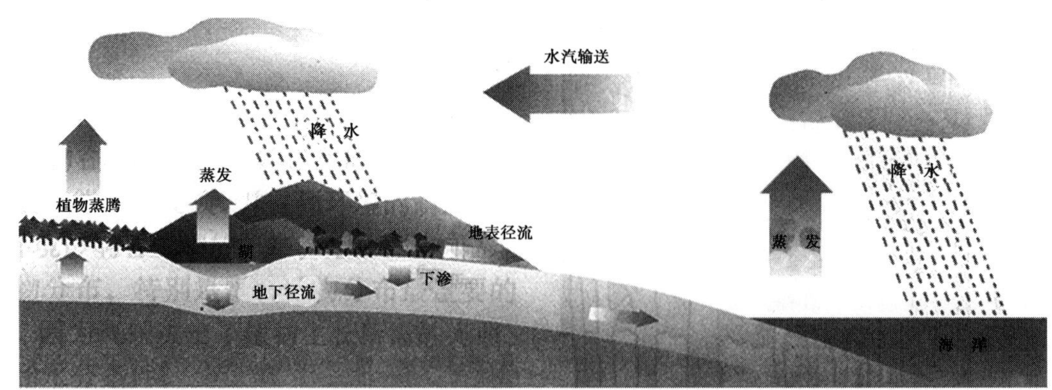

石风化，也可能由于其被用于生产原料，从而使其含量在生态系统循环中增加；铬元素和铅元素的循环是由于易被胶体吸附形成沉积物而在地质循环中发生迁移。（欧阳文川）

污染物排放标准

Standard for Discharge of Pollutants

中国环境保护部制定的对人为污染源排入环境的浓度或总量所做的限量规定，目前共 96 条，主要包括水污染排放标准、空气污染排放标准、噪声污染排放标准、土壤污染排放标准等。目的是通过控制污染源排污量的途径实现环境质量标准或环境目标。污染物排放标准根据环境质量目标的需求、污染控制技术的进展及社会的经济承受能力制定。是对污染源排放污染物的种类和最高允许排放量所规定的统一的、定量化的限值。污染物排放标准的制定，对限值污染物排放，规范企业生产管理制度，促进绿色清洁生产具有重要的指导意义。（代富宇）

污染物排放许可证制度

Permit System of Pollutant Discharge

指国家和地方政府为有效控制水、大气等污染物排放，加强对污染源的监督管理，对排污单位规定许可排放污染物的数量、种类和排放去向等并颁发相应许可证的环境管理制度。排污单位必须事先向环境保护部门办理申领排污许可证手续，经环境保护部门批准后获得排污许可证后方能排放污染物，在排放过程中必须严格按照排放许可证的规定排放污染物，禁止无证排放。国家和地方政府根据污染物排放总量，分配控制的区域内污染物排放量，对不超出排污总量控制指标的排污单位，颁发《排放许可证》，对超出排污总量控制指标的排污单位，颁发《临时排放许可证》并限期削减排放量。持有《临时排放许可证》排污的单位，必须定期向当地环境保护行政主管部门报告削减排放量的进度情况。经削减达到排污总量控制指标的单位，可申请《排放许可证》，对违反《排放许可证》规定额度超量排污的，当地环境保护行政主管部门根据情节，有权中止或吊销其《排放许可证》。（刘中华）

污染物排放总量控制

Pollutant Cap Control

是国际上广泛采用的污染控制方式，西方国家从 20 世纪 60 年代开始研究污染物排放总量控制，制定出一套总量控制制度及其实施机制。我国 1996 年的“九五”计划中提出对 12 种污染物施行排放总量控制，制订《“九五”期间全国主要污染物排放总量控制计划》。总量控制包括污染物总重量、污染范围、时间跨度 3 个方面。实施污染物排放总量控制，有助于促进地区经济、社会走上可持续发展道路；提高政府的环境管理水平；有效提高污染防治费用的利用率；同时促进企业技术进步，实施绿色清洁生产。目前中国环境保护部下设污染物排放总量控制司，拟订主要污染物排放总量控制、排污许可证和环境统计政策、行政法规、部门规章、制度和规范并监督

实施。下属部门包括综合处、水污染物排放总量控制处、大气污染物排放总量控制处及统计处。（代富宇）

污染限期治理制度

Deadline Governance System of Pollution

指对超标排放污染物、超过总量控制指标排放污染物以及严重污染环境的排污者，由法定国家机关依法限定其在一定时限内完成治理任务、达到治理目标的管理制度。适用的对象一般包括两大类：严重污染环境的污染源和位于需要特别保护的区域内的超标准排污的污染源。需要特别保护的区域指风景名胜区、自然保护区和其他需要特别保护的区域。近年来适用范围有进一步扩展的趋向，只要有超标排放，不管是否造成严重污染，都可以要求相关单位进行限期治理。限期治理一般由地方各级人民政府决定，被指令限期治理的企事业单位必须如期完成治理任务。对于逾期未完成治理任务的，除加收超标排污费外，还可以根据情况对其实施一定数额的罚款和其他行政处罚。作为一项重要的环境保护管理制度，它的目的在于强化对现有污染源的污染和区域环境污染的治理力度，改善环境质量状况。（刘中华）

污染源

Pollution Source

污染的发生源。通常指那些向环境排放有害物质或对环境产生有害影响的场所、设备和装置。污染源可以分为天然污染源和人为污染源两种。前者指大自然中排出有害物质或对环境产生有害影响的场所，如喷发的火山是有毒气体和粉尘的污染源；后者指人类活动造成的污染源。因为天然污染源是自然界自身产生的，自然界有相应的自净能力，因此污染控制主要针对人为污染源。人为污染源的分类有很多种方式，按照污染物的种类，可以分为无机、有机、热、声、放射、病原体等污染源和同时排出多种污染物的混合污染源；按照污染对象，可以分为大气、水体、土壤和生物污染源；按照人类的活动划分，可以分为工业、农业、生活、交通等污染源。运用技术的、经济的、法律的以及其他管理手段和措施，从污染的源头进行预防和控制是治理环境污染的重要手段。（朱雨晨）

污染源控制型环保企业

Pollution Source Control Environmental Protection Enterprise

指在污染源调查的基础上，运用技术、经济、法律的以及其他管理手段和措施，对污染源进行监督，控制污染物的排放量，以改善环境质量。按照有关标准控制污染源的企业。（史月田）

污染者付费原则

Polluter Pays Principle，PPP

即污染者负担原则，指一切向环境排放污染物的单位或个体经营者，应当依据政府的规定和标准缴纳一定的费用，使其污染行为造成的外部费用内部化，促使污染者采取措施控制污染，使政府等管理部门获得相应的收入以治理污染。经济合作与发展组织（OECD）在20世纪70年代首次提出污染者付费原则，要求所有污染者都必须为其造成的污染直接或者间接地支付费用，确立环境资源有价值的思想。污染者付费原则强调环境污染造成的损失和治理费用应当由污染者承担，不应转嫁给其他团体或个人。在促进企业及个人减少污染物排放、提高环保效率、实施清洁生产等方面具有积极作用。（代富宇　史月田）

污染治理环保产业

Pollution Control Environmental Protection Industry

指在国民经济结构中，以防治环境污染、改善生态环境、保护自然资源为目的而进行技术产品开发、商业流通、资源利用、信息服务、工程承包等活动的产业。（史月田）

污水处理费

Sewage Charge

按照污染者付费原则，由排水单位和个人缴纳并专项用于城镇污水处理设施建设、运行和污泥处理处置的资金。国家财政部根据《水污染防治法》《城镇排水与污水处理条例》，制订《污水处理费征收使用管理办法》，作为征收污水处理费的使用总则。自 2015 年 3 月 1 日起实施。征收污水处理费是为保障城镇污水处理设施运行维护和建设，防治水污染并保护环境。（代富宇）

污水二级处理

Secondary Wastewater Treatment

指城市或厂矿的污（废）水的应用生物处理方法，即通过微生物的代谢作用进行物质转化的过程，将污水中各种复杂的有机物氧化降解为简单物质，又称作生物处理。污水经过二级处理可除掉其中 90%的生化需氧量及 90%的悬浮固体颗粒。按生化需氧量（BOD）的去除率可分为两类：1. 不完全的二级处理，主要采用高负荷生物滤池等设施，可去除 BOD75%左右（含一级处理），出水的 BOD 可在 60ppm 以下；2. 完全的二级处理，主要采用活性污泥法，可去除 BOD85 ~ 95%（含一级处理），出水的 BOD 可在 20ppm 以下。目前污水二级处理的设施与技术有：1. 生活污水处理设施，是兼化粪和处理于一体的适用于城市居民生活小区、大型写字楼等生活污水处理的一种质轻高效的污水处理设施。该装置由两大部分组成。一是沉淀区，功能和作用是对来自暗井的生活污水进行沉淀，以去除废水中可沉和粗大的物质，同时废水在此进行微生物的接种和驯化培养。二是处理区，功能是将废水在此区域内得到处理，将废水中的 COD 转化为无害的无机物质。该区是本设备的关键组成部分，采用的工艺形式为有关科研单位在通过大量研究的基础上设计提出开发的国内外先进的混合型刮膜系统。经过一定时间的培养，使大量的微生物附着生长于载体物质的表面，以富集经自然驯化和变异的、适应流经该载体物资表面所生长的微生物，从而在厌氧或缺氧的条件下实现对废水的有效处理。2. 微电解技术，是处理高浓度有机废水的理想工艺，又称内电解法。它是在不通电情况下，利用填充在废水中的微电解材料自身产生 1.2V 电位差对废水进行电解处理，以达到降解有机污染物的目的。本技术能大量处理水中分散的微小颗粒、金属粒子及有机大分子。目前，许多国家都在努力普及二级处理，污水处理厂的规模越来越大，正向工艺操作自动化方向发展。（参考：王树涛等：《我国北方城市污水处理厂二级处理出水的水质特征》，《环境科学》2009 年第 4 期第 1099 ~ 1104 页；郭天鹏等：《污水二级处理出水深度处理的实验研究》，《给水排水》2003 年第 8 期第 97 页。朱配辰）

污水一级处理

Primary Wastewater Treatment

指城市或厂矿污（废）水的第一级处理。设置厂（站）应用物理方法，即用格栅、沉砂池、沉淀池等构筑物，去除污水中的漂浮物和部分悬浮状态的污染物，调节污水的 pH 值以减轻腐化程度，然后再行排放或转入二级处理。污水经一级处理后的效果，一般可除掉 35%的生化需氧量和 60%的悬浮固体颗粒。常用方法有筛滤法、沉淀法、上浮法、预曝气法等。1. 沉淀法是通过重力沉降分离废水中呈悬浮状态的污染物，主要构筑物有沉砂池和沉淀池。沉砂池的作用是从废水中分离比重较大的砂土等无机颗粒，一般沉砂池能够截留粒径在 0.15 毫米以上的砂粒；沉淀池作用为：1）去除污水中大部分可沉的悬浮固体；2）作为化学或生物化学处理的预处理，以减轻后续处理工艺的负荷和提高处理效果。2. 上浮法即用于去除污水中漂浮的污染物，或通过投加药剂、加压溶气等措施使污染物上浮而被去除。上浮法主要用于去除污水中的油类杂质，主要构筑物是隔油池，应用较多的为平流式隔油池，处理效率一般为 60% ~ 80%，出水含油量为 100 ~ 200 毫

克 / 升。污水中油粒很小，甚至呈乳化状态时，则需用加压溶气或投加混凝剂等措施，使油粒凝集浮升然后撇除。3. 预曝气法是在污水进入处理构筑物以前，先进行短时间（10 ~ 20分钟）的曝气，作用为：1）可产生自然絮凝或生物絮凝作用，使污水中的微小颗粒凝聚成大颗粒，以便沉淀分离；2）氧化废水中的还原性物质；3）吹脱污水中溶解的挥发物；4）增加污水中的溶解氧，减轻污水的腐化，提高污水的稳定度。预曝气一般可专设预曝气池，也可与其他构筑物合建。曝气装置与活性污泥法等所使用的基本相同，处理设施有沉淀池、浮渣隔板、隔油板及过滤网等。污水经一级处理后不能除去污水中的微粒子、溶解性物质及细菌，故尚需进行二级处理和三级处理，使污水达到排放标准或补充工业用水和城市供水。（参考：邵林广等：《城市污水一级处理技术分析研究》，《武汉冶金科技大学学报》1998 年第 4 期第 45 ~ 49 页。朱配辰）

《污水综合排放标准》

Integrated Wastewater Discharge Standard

由国家环境保护总局于 1996 年 10 月 4 日颁布的国家标准，编号 GB8978−1996，于 1998 年 1 月 1 日起实施。本标准代替《污水综合排放标准》（GB8978−88）。制定本标准的目的是保护江河、湖泊、运河、渠道、水库和海洋等地面水以及地下水水质的良好状态，保障人体健康，维护生态平衡，促进国民经济和城乡建设的发展。本规定分年限规定 69 种水污染物的最高允许排放浓度及部分行业最高允许排放水量。（代富宇）

屋顶花园

Roof Garden

在建筑顶部建造的园林景观。节约城市空间的园林建设形式，在城市绿化中具有广泛应用前景。屋顶花园的形式有开敞性屋顶绿化、半密集型屋顶绿化以及密集型屋顶绿化，这些形式对屋顶花园的设施荷载量与后期养护投资有不同的要求。屋顶花园的优势有：1. 充分利用空间；2. 减少水分流失；3. 降低有害烟尘浓度，改善气候环境；4. 降低噪声；5. 延长房屋使用寿命；6. 为小

动物提供栖息地。屋顶花园作为屋顶绿化的形式之一，相较于屋顶草坪，植物与设施更为丰富，为人们提供兼备审美价值与生态价值的休憩场所。（任傲尘）

屋顶绿化

Roof Greening

又称空中绿化。以建筑物的顶部平台为依托，蓄水、覆土并部分或完全覆盖植物于防水膜上，营造绿色景观，城市多层次空中绿化的一部分。广义讲，屋顶绿化指在各类古今建筑物、构筑物、城围、桥梁（立交桥）等的屋顶、露台、天台、阳台或大型人工假山山体上造园，种植树木花卉的统称。狭义讲，屋顶绿化指植物栽植在离开地面的屋顶区域的绿化形式。根据研究角度不同，屋顶绿化有不同的分类方法。按照建筑的使用功能屋顶绿化可分为：公共游憩型屋顶绿化、盈利型屋顶绿化、住宅式屋顶绿化、办公、宾馆、医院类屋顶绿化。从建筑高度划分可以分为单层建筑屋顶绿化、多层建筑屋顶绿化、高层建筑屋顶绿化、地下建筑屋顶绿化。根据其所在建筑的形式，按其开敞程度分，可分为：开敞式屋顶绿化、半开敞式屋顶绿化和封闭式屋顶绿化三类。从最终使用的目的可以分为以休闲为目的的屋顶、以生态为目的的屋顶、以科研生产为目的的屋顶和

混合屋顶。根据屋顶的荷载能力的大小，可以分为密集型屋顶绿化、半密集型屋顶绿化和拓展型屋顶绿化。按屋顶构造划分平屋顶绿化和坡屋顶绿化。按其所有性质划分，大体可分为私人性质的屋顶绿化和公共性质的屋顶绿化。按绿化布局分为自然式屋顶绿化、规则式屋顶绿化、混合式屋顶绿化。屋顶绿化的功能有：1. 生态效益：改善和净化空气、减少环境污染；降低噪声污染；改善城市生态环境。2. 社会效益：缓解城市建设用地与绿化面积的矛盾为市民提供交往场所；节能减排，节约社会资源。3. 经济效益：节省能源消耗；延长建筑使用寿命；使建筑质量提高、建筑增值。4. 人文效益：美化环境，为城市居民创造舒适环境；释放压力、愉悦心情；增加城市休闲开放空间；聚集游客，宣传城市形象。（参考：陈辉等：《屋顶绿化的功能及国内外发展状况》，《环境科学与管理》2007 年第 2 期第 162 ~ 165 页；魏艳等：《我国屋顶绿化建设的发展研究——以德国、北京为例对比分析》，《林业科学》2007 年第 4 期第 95 ~ 101 页。朱配辰　任傲尘）

屋面节能技术

Roof Covering Energy Saving Technology

指在屋面上采取相应技术措施阻止热量传递的技术。在屋面结构中合理设置保温层与节能措施，可以大大提高建筑物的保温隔热效果，降低采暖、空调能源损耗，改善室内舒适度，对建筑节能具有重要意义。屋面按照坡度与形状，可分为平屋面与坡屋面。屋面节能的做法有很多种，通常做法有：倒置式屋面、蓄水屋面、浅色坡屋面、屋面绿化等。1. 倒置式屋面，是将传统屋面构造中的保温层与防水层颠倒，把保温层放在防水层的上面。2. 蓄水屋面是在刚性防水屋面上蓄一层水，目的是利用水蒸发时，带走大量水层中的热量，大量消耗晒到屋面的太阳辐射热，从而有效减弱屋面的传热量和降低屋面温度，隔热效果较好，是改善屋面热工性能的有效途径。3. 将平屋面改为坡屋面，并内置保温隔热材料，不仅可提高屋面的热工性能，还有可能提供新的使用空间（顶层面积可增加约 60%），也有利于防水，并有检修维护费用低、耐久之优点。4. 城市建筑实行屋面绿化，可以大幅度降低建筑能耗、减少温室气体的排放，同时可增加城市绿地面积、美化城市、改善城市气候环境。目前，国外采取的屋面节能技术主要有：1. “冷”屋面。使屋面变“冷”主要有两种途径，一是涂刷反射性的白色涂料，如丙烯酸涂料或用反射的矿物粒料罩面；另一种方法是采用白色或浅色单层屋面系统。单层屋面系统包括 PVC、TPO、EPDM 和改性沥青卷材，但以 PVC 和 TPO 最普及，长期性能也较好。2. 太阳能屋面。通常指安装有太阳能发电系统的屋面，例如美国在屋顶上安装太阳能发电系统。这种太阳能发电系统大体有两种类型：两层玻璃之间夹硅片组成的太阳能板和薄膜无定形硅光电板。前者需要将玻璃太阳能板安放在金属托架和支架上，后者可将这种材料直接粘贴到屋面上，不需要支架或托架。3. 绿色屋面。又称种植屋面，是一种在屋面上种植花草、灌木甚至树木，使屋面具有像花园一般园林景观的屋面。这种屋面集中体现节能和环保。绿色屋面的组成使其保温性能大大提高。绿色屋面按照其种植植物的种类、组成以及维护管理的状况可以分为简式绿色屋面（粗放型）和复式绿色屋面（精细型）两类；按组成有多层铺设系统和模块系统之分。4. 金属屋面。金属屋面有两种基本类型：结构金属屋面和建筑金属屋面。前者是将金属板直接与栅条或条板相连，后者金属板下面一般需要铺胶合板、定向纤维板等。金属屋面的节能效应除涂成白色使其具有很好的反射性能外，还主要表现在使用寿命长。（参考：杨子江：《建筑屋面节能技术》，《工业建筑》2005 年第 2 期第 40 ~ 43 页；钱鹏：《建筑屋面节能技术》，《住宅科技》2006 年第 10 期第 31 ~ 35 页。朱配辰）

屋面绿化隔热

Greening and Thermal Insulation of Roof covering

指对屋顶实施绿化从而起到屋面隔热的效果。屋面绿化结构一般分为植物层、土壤层、过滤层、蓄排水层、隔根层和防水层。其中植物通过光合作用吸收阳光，并由植物叶片反射光辐射，降低屋面对光的吸收。土壤层与蓄排水层中含有大量水分，水分蒸腾时可以带走热气，以消耗太阳辐射，有效减弱屋面的传热量并降低屋面温度，起到保温效果。在夏季，绿化屋面与普通隔热屋面相比隔热性显著，可以降低大量空调能耗。（任傲尘）

屋面蒸发隔热技术

Evaporation and Heat Insulation Technology of Roof Covering

通过强化和改善屋面的保温隔热能力改善室内热环境的技术。在不适用常规能源的情况下，蒸发隔热屋面能有效转化和控制辐射至屋面的太阳辐射热能、减弱室外温度对室内温度的影响，节约空调暖气控温设备的能耗。蒸发隔热屋面使用的是水分蒸发带走热量的原理，蒸发 1 千克水带走 2428 千焦的热量。按照构造和材料不同，蒸发隔热屋面可分为自由水表面被动蒸发屋面、多孔材料蓄水屋面和吸湿屋面 3 种。自由水表面被动蒸发屋面特征是在建筑屋面中有一个与空气直接接触进行热交换的液体表面，包括蓄水屋面、流动水膜和喷雾等措施；多孔材料蓄水屋面是在建筑屋面铺设一层如松散的沙砾或加气混凝土等多孔材料，材料具有蓄积天然降水或人工洒水的作用，受到太阳辐射和空气的换热作用后，蓄积的水分会移动至多孔材料的上表层蒸发带走大量的热；吸湿屋面使用掺有氯化钙的吸湿多孔材料搭建，吸湿多孔材料的含湿量随室外空气相对湿度的变化而具有自动调节功能，白天蒸发散热夜间吸湿再生，达到降温隔热的目的。（朱雨晨）

无产阶级

Proletariat

亦称工人阶级，是资本主义生产方式的产物，资本主义社会的两大阶级之一。在资本主义社会，指被剥夺了生产资料、靠出卖劳动力为生的雇佣劳动者阶级；在社会主义社会，指无产阶级专政国家的领导阶级。它出现于 14 ~ 15 世纪欧洲的工场手工业时期，成长壮大于 18 世纪产业革命和机器工业发展以后。19 世纪 40 年代，经过总结长期阶级斗争的经验，接受了马克思主义的教育，由自在阶级提升为自为阶级。这个阶级同大机器生产相联系，是先进生产力的代表，是大公无私、最有远见、富有组织性、纪律性和革命的彻底性的阶级，是资本主义制度的掘墓人。它的历史使命是：推翻资本主义，建立无产阶级专政，逐步实现共产主义，解放全人类。无产阶级还必须同农民、知识分子和其他劳动人民结成巩固的联盟，加强无产阶级的国际团结，坚持同各种反动势力作不调合的斗争，才能实现自己的奋斗目标。（李庆）

无产阶级政党纲领

Programme of Proletarian Party

指无产阶级政党为实现本阶级和广大人民群众的利益和要求而确定的奋斗目标和总的政策。政党的纲领集中地反映了它所代表的阶级的利益，是政党的性质的标志。无产阶级政党的纲领，是马克思主义基本原理同人民的利益相结合的产物。各国无产阶级政党根据本国的具体国情，运用马克思主义基本原理，把人民的利益和要求上升为自己的纲领，并领导人民为之奋斗。无产阶级政党的纲领一般可分为最高纲领和最低纲领。最高纲领是无产阶级政党的最终奋斗目标，即实现共产主义；最低纲领是无产阶级政党在一定的历史时期里根据具体的社会政治经济情况而确定的奋斗目标，最低纲领是实现最高纲领的必要准备。无产阶级政党必须有一个符合人民利益的纲领，才能使全党在思想上、政治上和行动上保持一致，才能使无产阶级和广大人民群众团结在党的周围。（李庆）

无产阶级专政

Dictatorship of the Proletariat

也称工人阶级专政，指无产阶级领导的、以工农联盟为基础的社会主义国家政权。它与剥削阶级专政的性质根本不同。它对无产阶级和广大人民实行民主，对占人口少数的剥削者实行专政。马克思和恩格斯1846年在《德意志意识形态》中，初步提出了无产阶级专政的思想。在1848年发表的《共产党宣言》中，进一步阐述了这一思想。1850年马克思在《1848年至1850年的法兰西阶级斗争》中，第一次使用了“工人阶级专政”的概念。列宁继承和发展了马克思主义的无产阶级专政理论，创造了苏维埃政权的国家形式，并着重指出无产阶级专政是阶级社会中民主的最高类型，是代表多数人利益的无产阶级民主的形式。无产阶级专政的理论，是马克思列宁主义国家学说的实质。无产阶级专政的职能主要是：镇压被推翻的剥削阶级的反抗以及新生的剥削分子和其他反动分子；对生产资料私有制实行社会主义改造，建立和发展社会主义公有制；发展社会生产力；防御国外敌人的侵略和颠覆等。无产阶级专政的最终目的，是彻底消灭阶级，实现共产主义。无产阶级专政是人类历史上最进步、也是最后一种专政，它将随着阶级的消灭逐渐消亡。我国的人民民主专政实质上是无产阶级专政。（李庆）

无待之游

Mind of Independence

无待之游是相对有待之游而言的，它是庄子在《逍遥游》中提出的理想境界与至乐境地。无待之游指超越内外界事物的条件限制，以道观物，无物我贵贱之分，无人我之别，无小大之绊，能“乘天地之正，而御六气之变”，“顺万物之性，游变化之途”，不随外界事物的变化而受到影响，达到“至人无己、神人无功、圣人无名”的境地，从而“乘物以游心”，实现达生至乐的终极目标，谓真人境界。无待之游也叫无待逍遥，是为逍遥游。（雷爱民）

无公害农产品

Pollution-free Agricultural Products

指有毒有害物质控制在安全允许范围内，符合《无公害农产品标准》的农产品，或以此为主要原料并按无公害农产品生产技术操作规程加工的农产品。无公害农产品的质量要求低于绿色食品和有机食品。（史月田）

无公害农产品产地认定

Pollution-free Agricultural Products Area Certification

指产地环境、生产过程和产品质量符合国家有关标准和规范的要求，经认证合格获得认证证书，允许使用无公害农产品标志，未经加工或者初加工食用农产品的产地，经过政府专门机构按照标准认定。（史月田）

无公害食品

Non-pollution Food/Pollution-free Food

无公害食品指产地环境、生产过程和最终产品符合无公害食品标准和规范，经专门机构认定，许可使用无公害农产品标志的食品。无公害食品最根本的要求是农药残留和重金属含量应在规定的限度内，有时也称作“无公害农产品”。无公害食品应具备下列条件：1. 产品的原料产地符合无公害食品生产基地的生态环境质量标准。2. 农作物种植、畜禽饲养、水产养殖及食品加工符合无公害食品生产技术操作规程。3. 产品符合无公害食品产品标准。4. 产品包装、贮运符合无公害食品包装贮运标准。5. 产品生产和质量必须符合国家《食品卫生法》的要求和食品行业质量标准。20世纪50～60年代以来，因施用农药不当，造成食品上农药残留过多并危害健康，国际上遂兴起无公害食品消费热潮。无公害食品通常用有机农业或生态农业方式生产，因生产率低，成本相对较高，产品一般以高于市场价格出售，但因食用安全，仍深受消费者欢迎。美国加利福尼亚州实行确认有机农业制度，经两年观察和产品检测符合州定标准后，向农场发放有机农业证书，农场即可按有证书方式经营，并获居民信任。中国自20世纪80年代以来逐渐兴起对此类食品的消费热潮，许多地方设立生产基地，并由农牧业及环保方面科技人员指导，以保证质量。发展无公害食品对保护人们健康、促进环境保护工作颇为有益。（参考：赵旻：《无公害农产品绿色食品和有机农产品解析》，《农业环境与发展》2002年第2期第1～3页。朱配辰）

无铅汽油

Clear gasoline，ULP unleaded gasoline

指在提炼过程中没有添加铅的汽油。无铅汽油中只含有来源于原油的微量铅，一般每升汽油为百分之一克。它的辛烷值为95，比现有其他级别含铅汽油的辛烷值（97）略低。无铅汽油的使用能有效控制汽车废气中的有害物质，减少碳氢化合物（造成烟雾）、一氧化碳（有毒）及氮氧化物（形成酸雨）等污染。要减少排污最有效、最简单的方法是在排气系统中加装催化转换器，而汽油含铅量每升超过0.013克时，就会使催化剂失效，从而达不到控制汽车废气的目的。因此，这个临界量即为界定无铅汽油的标准。车用无铅汽油具有较高的辛烷值和优良的抗姗性，用于高压缩比的汽化器式汽油发动机上，可提高发动机的功率，减少燃料消耗量；具有良好的挥发性和燃烧性，能保证发动机运转平稳、燃烧完全、积炭少。目前我国无铅车用汽油产品有三个牌号，按研究法辛烷值分为90号、93号和95号。无铅汽油的评价指标有：1. 抗爆性。辛烷值是衡量燃料抗爆性能的指标，它表示燃料发生敲缸倾向即发生自燃倾向的指标，范围为0～100，汽油的辛烷值越高，抗爆性能越好。为了提高汽油的辛烷值，生产厂家应用抗敲缸添加剂，如四乙基铅、四甲基铅和有机锰化合物等。铅汽油的辛烷值为95，比现有其他级别含铅汽油的辛烷值（97）略低。2. 挥发性。挥发性是车用汽油的重要特性。挥发性过大，一方面会造成高温运转时形成太多的油蒸汽，损耗发动机的功率致使发动机运转不稳或停机，另一方面会增加蒸发损失，导致汽油中的有机化合物（vOC）和烃类（HC）污染大气环境；挥发性过小，会造成燃料蒸发不充分导致发动机冷起动困难。3. 稳定性。稳定性好的汽油，长期储存不易变质；稳定性差的汽油在储存和使用过程中，通常出现颜色变深，生成稠胶状沉淀物。一般通过实际胶质和诱导期衡量。美国在1988年就实现了车用汽油的无铅化。在我国，1997年6月1日，北京城八区实现了车用汽油的无铅化。2000年1月1日，全国停止生产含铅汽油，7月1日停止使用含铅汽油，全国实现了车用汽油的无铅化。（参考：周士庆：《为何要使用无铅汽油》，《城市公用事业》1995年第5期第37～38页；袁东、周伟、叶舜华：《含铅和无铅汽油汽车尾气成分和致突变性》，《环境与健康杂志》1999年第3期第125～127页。朱配辰　刘阳）

无情有性

The Buddha-Nature Remaining in All Wheat

无情有性论是中国佛教的理论创造。指草木瓦石等没有情识之物也具有佛性，也可以有佛的果位。佛性论是佛教哲学的重要基础，从佛教信仰的角度说，佛性论是佛教徒确立自信与解脱的基石。在中国佛性论发展历史上，天台宗湛然大师对无情有性的佛性论观点进行系统论证。湛然无情有性思想是继竺道生“一切众生皆有佛性”思想之后一个重大的佛性论思想，佛教一般认为有情（一切有情识之生物）方具佛性，湛然大师根据《大乘起信论》所说“真如缘起”论，认为山川、草木、大地、瓦石等无情亦具佛性，亦可成佛。（雷爱民）

无情众生

Non-sentient Beings

佛教用语，相对有情众生而言，指世间除有

情众生外，没有情识的东西即为无情众生。如自然界的植物、矿物等，由于它们不能造业，故无轮回之事。（雷爱民）

无生观

Birthlessness Theory

“无生”又作“无起”，佛教的重要观点。指“诸法实相”无生灭、不生起，认为存在之诸法无实体，性空假有，故无生灭变化可言。依照无生观，佛教认为众生通常为现象所迷，不识无生之理，故起生灭之烦恼，流转于生死轮回。若依无生之“理”观世界，即可破除现象生灭烦恼，得世界“缘起性空”的真实本相。识得一切诸法本性本体为空，故无生灭变化。佛教所谓“空”指一切诸法实相皆空，强调保有无生无灭情形，尔后可证空悟道。（雷爱民）

无土栽培技术

Soilless Culture Technology

指不用天然土壤栽培作物，而是利用作物生长所必需的营养液或基质对其进行培养的技术。这种营养液可以代替天然土壤为作物提供水分、养分、气体组分和温度，使作物能够正常生长并完成整个生命周期。由于无土栽培具有不受土地条件限制、劳动强度小、病虫害少、优质高产、便于工业化生产等优点，各国都积极开发无土栽培的工业化市场，美国是世界上最早进行无土栽培商业化生产的国家。该技术的推广有利于减少农药、化肥的使用，减轻对环境的污染。无土栽培的核心技术是营养液的配制与管理，我国营养液的调控自动化程度不高，在一定程度上限制无土栽培技术的发展。我国 1985 年成立了第一个无土栽培学术组织——中国农业工程学会无土栽培学术委员会。（参考：蒋卫杰、刘伟、余宏军等：《我国有机生态型无土栽培技术研究》，《中国生态农业学报》2000 年第 3 期第 17～21 页。刘阳）

无为大堤

Wuwei Levee of the Yangtze River

无为大堤位于长江左岸安徽省巢湖市境，是长江干流 1 级堤防。全长 124.2 千米，保护面积 4520 平方千米，保护着巢湖流域 9 个市县区，28.47 万公顷耕地，600 多万人口及华东电网、淮南铁路、合巢芜高速公路等重要设施，在国民经济发展中具有极其重要的战略地位。无为大堤历史悠久，据史志记载，在今大堤保护范围内筑圩始于三国，兴于唐代，修复并发展于宋代，完备于明清。历史上无为大堤曾称皇堤、官坝、江堤、

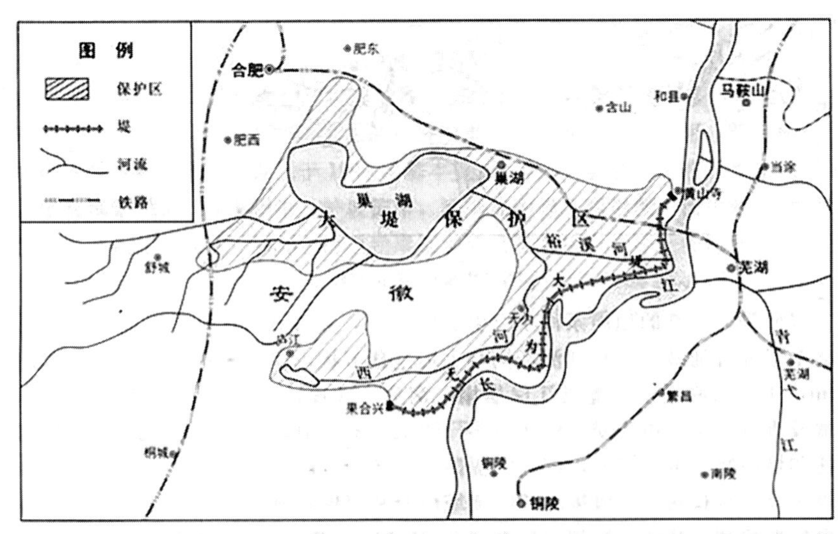

无为大堤防洪形势图

江坝，刘公庙以下称民堤、民坝，20 世纪初开始统称江堤，1954 年大水以后始称无为大堤。历代江堤修防，涌现出许多英模人物。如近代吕惠生烈士，在任皖中行政公署主任期间，策划并领导修建一道长 7.25 千米的新堤（惠生堤）。新中国成立前，无为大堤防洪能力很低，稍遇大汛，即溃堤成灾。1954 年大堤安定街溃口，保护区的 9 个县、市全部受淹，淹没农田 28.47 万公顷，受灾人口 500 多万人，粮食减产 63.2 万吨，人民财产损失极其惨重。沿无为大堤在各个时期兴建各种涵闸 114 座，其中古老涵闸 69 座，新中国成立后新建或改建涵闸 45 座，其中大中型 2 座。1981 年曾对大堤早期修建的涵闸进行钻探和普查，发现埋藏在老堤堤身或堤基下的古老涵闸 69 座，洞身短，无防冲消能设施，大部分为石灰浆砌条石，个别为木结构。由于河流泥沙自然淤积和历年的堤身加高培厚，埋藏深度一般在堤顶以下 9.4 ~ 12.24 米，最深的为 13.44 米，且都靠在堤身背水面，成为大堤隐患。1984 年开始彻底清除涵闸。（参考：俞华：《北岸巨龙——无为大堤》，《人民长江报》2008 年 8 月 23 日第 B04 版。朱配辰）

无为而治

Govern by Non-interference

《道德经》说：“我无为，而民自化；我好静，而民自正；我无事，而民自富；我无欲，而民自朴”。“无为而治”被认为是道家的基本思想，也是其修行、治国的基本方法和理念。“无为而治”作为完整的语句出自《论语·卫灵公》。子曰：“无为而治者，其为舜与？夫何为哉？恭己正南面而已矣。”无为而治的思想此后成为道家修行和治国理念。无为而治的解释较多，主要观点认为：1. 顺应自然，不违反常规、事理；2. 有所为有所不为；3. 上无为而下有为；4. 不胡乱干预、循道而行；5. 依靠万民自为自化，无为而无不为；6. 修行过程不断损益，清静无为等。（雷爱民）

无我论

Theory of Anatman

无我也称非我、非身，佛教的根本教义之一。佛教将“无我”作为“三法印”之一。佛教缘起论认为世界上一切事物都没有独立的、实在的自体，没有常在主宰的“自我”，即“人无我”。“法无我”则认为一切法都是由因缘和合而生，不断变迁，没有常恒主宰者，从而主张“诸行无常、诸法无我”。佛教认为人们都有“我”，因为有“我”，于是有无明，继而有执着，从而产生贪嗔痴妄念，于是便有无尽烦恼。佛教十分关注人们现实人生的苦痛，竭力寻求解脱之道，主张“无我”是为破除人生的无常与虚幻，教人们看破无常，破除我执，消除无明，从而断尽烦恼，证得清净自在，佛教的无我论要求人们返回到内心，从实现人生的苦难中解脱出来。（雷爱民）

无政府主义

Anarchism

不同观点流派的混合物，基本主张是废除国家和政权，实现个人的充分而完全的自由。它是反对权威、崇尚自由的意识形态。认为政治权威是恶的和不必要的，权威和自由是对立的；对有组织的生活不抱希望，是一种理想主义的乌托邦。和空想社会主义一样，渴望人类摆脱一切控制和不平等，主张通过自由公社和其他社团来实现社会的无强制的自由组合。无政府主义唤起个人反叛精神，谴责战争、暴力、剥削、政治压迫、教育管制、宗教迷信，主张妇女解放，提倡废除结婚和离婚。它是 19 世纪欧陆兴起的反传统的思潮和运动。最早对此加以理论阐述的，是德国施蒂纳的个人主义的无政府主义。之后法国的普鲁东被尊为“无政府主义之父”，他阐发无政府共产主义。其后的代表是俄国巴枯宁的无政府工团主义和克鲁泡特金的无政府共产主义。进入 20 世纪，随着资本主义的经济危机而趋于无声无息。60 年代后又死灰复燃，表现为具有反抗精神的人们抗议既有社会结构。今天看来，无政府主义虽不是一种深思熟虑的政治经济方案，但却是一种精神

气质，具有造反和反叛的浓厚意味。（李庆）

《无政府主义和环境生存》

Anarchism and Environmental Survival

加拿大绿色工联主义学者格雷厄姆·珀切斯的代表著作之一，黑玫瑰图书出版社1996年出版发行。书中概述人类缓慢异化的历史。为了解决全球生态危机，提出富有远见并且相对可行的方案。认为只有一个综合的、生活的、可持续发展的关系，才能使我们与生存的生态环境相适应。大部分章节在作者20多岁时创作完成。书中为人类社会的未来勾画了一个清洁的、自给自足的、良好的社会蓝图，人们不再需要家长式的集权政府管理，具有生态乌托邦主义倾向。（徐越）

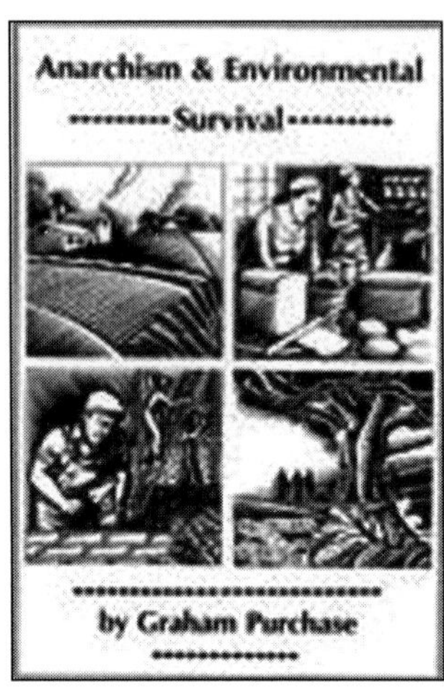

五大发展理念

The Doctrine of The culation

发展理念是发展行动的先导，从根本上决定着发展的成效甚至成败。在党的十八届五中全会上，习近平同志系统论述创新、协调、绿色、开放、共享五大发展理念，强调实现创新发展、协调发展、绿色发展、开放发展、共享发展。（史月田）

五德终始

The Doctrine of Five-virtue Circulation

五德终始是中国战国时期思想家邹衍根据阴阳五行思想提出的历史演变学说。五德指木、火、土、金、水五行所代表的五种德性与实体，终始指历代王朝根据五行相生相克的内在关系而诞生出现的周而复始、循环运转的社会历史现象。邹衍以这个学说解释人类历史变迁、王朝的更替和兴衰。学界普通认为，战国中期之前的阴阳五行学说是五德终始说的思想来源。邹衍的五德终始说本是想从自然“阴阳消息”的变化规律研究中指出天降灾祸与人的关系，从天人合一的角度警示“不尚德”的统治者们肆意妄为会给自身及天下带来严重后果和灾难、甚至造成王朝的灭亡、天下的毁灭。五德终始说为中国古人普遍接受。它为古代的朝代更替、改朝换代提供理论工具，包含中国古代的历史循环观于其中。五德终始说为王朝变更提供合法性依据，受到历代新王朝建立者的信奉。（雷爱民）

五位一体

Five-in-One Strategy

“十八大”报告的新提法之一，指在建设中国特色社会主义的总布局中，经济建设、政治建设、文化建设、社会建设和生态文明建设五个方面融为一体。“十八大”报告指出，“把生态文明建设放在突出地位，融入经济建设、政治建设、文化建设、社会建设的各方面和全过程，努力建设美丽中国，实现中华民族的永续发展”。其中，经济建设是中心，为其他建设奠定物质基础；政治建设是方向，为其他建设提供政治保证；文化建设是灵魂，为其他建设提供思想保障、精神动力和智力支持；社会建设是支撑，为其他建设创造和谐稳定的社会环境；生态文明建设是根基，为其他建设提供不可或缺的自然载体和环境条件，并渗透、贯穿于其他建设之中。它们相辅相成、互相促进，共同构成中国特色社会主义事业的全局。五位一体的战略布局，表明党对中国特色社会主义建设规律从认识到实践都达到新的水平，标志着我国社会主义现代化建设进入新阶段，体现我们党治国理政的新境界。（刘中华）

五位一体总布局

Five-in-One Comprehensive Layout

中国共产党在第十八次全国代表大会报告中的一种新提法，指将经济建设、政治建设、文化建设、社会建设、生态文明建设融于一体，着眼于全面建成小康社会，推进社会主义现代化建设，实现中华民族伟大复兴。五位一体总布局是一个有机整体，其中经济建设是根本，政治建设是保证，文化建设是灵魂，社会建设是条件，生态文明建设是基础。对比中共十七大报告的“四大建设”，最新提出来是生态文明建设理念。生态文明建设的提出，顺应了时代发展趋势，积极应对国情要求，满足了人民群众的需要。生态文明建设与原本的四位一体布局相结合，形成五位一体总体布局，更先进、更科学、更具时代性。我们未来的奋斗目标是保持经济持续健康发展的同时加快转变经济发展方式，完善社会主义市场经济体制；政治上着力建设社会主义法治国家，不断扩大人民民主；文化建设方面加强社会主义核心价值体系建设，增强文化竞争力；将社会建设的重点放在保障和改善民生方面，推动和谐社会建设，不断提高人民生活水平；生态文明建设方面，加大自然生态系统和环境保护力度，加强生态文明制度建设，努力建设资源节约型和环境友好型社会，以实现绿色发展、循环发展、低碳发展的目标，建设美丽中国。（蔡越　代富宇）

物哀

Mono No Aware and Japanese Views of Plant Aesthetics

日本传统文化和审美意识中的重要观念。“物哀”一词，日语写作“物の哀れ（もののあわれ）”。据日本史书《古语拾遗》考证，“物哀”原本是感叹词，可用于表达一切情感。对于“物の哀れ”的中译词，至今众说纷纭，以“物怜哀”“感物兴叹”“愍物宗情”这三个译法为代表。汉语中的任何一个词语都无法充分表现出其所具有的含义及韵味，因此不能简单地从汉字字面对其进行释义。在“物哀”观念的影响下，自然风物成为日本文化的象征。樱花在日本民族的植物美学观中有着代表性的意义：樱花是美的，但易开易落。这样美与无常相通，与悲哀相联系。但是，无常性是以常性为前提，个体生命的短暂以群体生命的无限为映照；所以哀和美是相辅相成的，是矛盾的又是统一的。这是日本民族特有的关于自然风物的审美思维，有人称这为樱花情结或物哀情怀。今道友信说这是基于植物的世界观的美学。（参考：方爱萍：《论日本民族的“物哀”审美意识》，《河南理工大学学报》2009年第1期第117～121页。王薛时）

物各自生

To Be with Itself

物各自生，语出郭象《庄子注》：“故天者，万物之总名也。莫适为天，谁主役物乎？故物各自生而无所出焉，此天道也”。万物独化，物各自生，天地万物自生自化，自足自存，这是天道所致。物各自生说是中国古代西晋玄学家郭象的重要观点，是郭象思想的核心观念之一。郭象的独化论体系与物各自生观点，继承先秦两汉以来的道家自生观，认为万事万物一切个体自足、自存、自生、自化；独化指个体的自行变化，自生指个体无待它求，自足完满，从而肯定万事万物都有其个体性，个体乃绝对自足之个体，个体具有完全自足的价值。（雷爱民）

物竞天择

Natural Selection

达尔文进化论的核心。物竞：生物的生存竞争；天择：自然选择。生物相互竞争，能适应者生存下来。在生物进化论中的意思是每种生物在繁殖下一代时，都会出现基因变异。若这种变异是有利于这种生物更好生活的，那么这种有利变异就会通过环境的筛选，以“适者生存”的方式保留下来。原指生物进化的一般规律，后也用于人类社会的发展。清朝末年，甲午海战的惨败再次将中华民族推到危亡关头。此时，严复翻译英国生物学家赫胥黎的《天演论》，宣传“物竞天择，适者生存”观点，于1897年12月在天津出版《国闻汇编》刊出。物竞天择的基本原理为：生物在斗争中往往会得到记忆，这些记忆积累到一定值时会成为新的非可见非可触摸、一般可想象的经验。在经验中学习技能，在经验和实践当作获得技巧，获得技能后灵活运用。这样生物通过这样的方式衍生下去。在衍生的过程中会繁殖，如果上一代有基因或 DNA 的扭变或变异等，后者就会出现变异者或进化等。生物通过探索、实践，获得基因扭变，从而获得进化，生物就是这样进化过来。（牟世晶）

物理生态学

Physical Ecology

物理学和生态学相结合形成的生态学交叉学科，研究有机体和物理环境之间相互关系。物理生态学不仅为生态学研究提供物理学的研究方法，而且对空间分布、动态机制、生态机理等物理因子的研究有助于生态学的纵向发展，如探讨声、热、光、辐射与能量动态的效应对生态系统的影响，或使用物理方法模拟生态系统的能量流动等。受物理学影响的生态学典型概念如生态场的提出，是指生物与环境之间相互作用形成生态势的空间范围，对于研究生物种群水平及模拟生态系统提供理论支撑。随着数学、物理学、生态学等学科的交叉渗透，有助于突破生态学某些领域的拘泥局面。物理生态学的产生，为研究生物相互作用机制提供有效途径。（参考：王德利：《生态场理论——物理生态学的生长点》，《生态学杂志》1991 年第 6 期第 39 ~ 43 页。韩铮）

物态文化

Material Culture

指人类在长期改造客观世界的活动中形成的一切物质生产活动及其产品的总和。文化中可以具体感知的、摸得着、看得见的东西，是具有物质形态的文化事物。物态文化是文化诸要素中最基础的内容。物态文化是人类的第一需要，直接体现文化的性质、文明程度的高低。随着社会的进步或发展，尤其是文化商品化、符号性消费的今天，物态文化像正弦函数一样，在传播中具有的价值一直波动着。实体价值和虚拟价值的严重剥离随着媒体传播的盛行和崇拜。物态文化在传播中的价值生成过程包括以下阶段：编码阶段。对每个商品不可能任其自然赤裸裸的传播，尤其是当今消费时代和眼球经济时代，必须进行精心的赋值和精美的设计包装，可以简称为编码阶段。传播阶段。对于一种物态文化的价值生成过程中，文化的传播阶段是最具有风险的。当第一次编码确定以后，在传播过程中没办法改变，无论是在时间上或者是在空间上的移动，如果商品在传递给目标受众形象的时候，这个信息确定并通过一定的方式传播出去以后就很难更改，不管是传播过程中遇到什么问题，要不然，将意味着第一次的编码失败，这是很多整合营销专家最为忌讳的举动。译码阶段。由于在传播过程中遇到的各种不确定性因素，译码将会变得很无趣或者解码扭曲，所以在解码阶段同样会产生不同的文化解读现象，这是一种价值添加或者流失的最为直接的体现，将反映在受众对商品的评价以及商品本身给予受众的转换价值尺度。剥离 / 添加阶段。物态文化传播中的价值生成也是文化对流过程中自我完善的过程，像产品在不同的历史时期变换不同的广告战略一样，它总是在随着各种因素的变换而不断地改变自已，以适应一种新的文化竞争环境。所以剥离、添加阶段可以理解为物态文化重塑的过程，在这一过程中把先前遇到的问题或者是与以后的传播出现冲突不协调的方面进行剥离，然后重新赋予新的、具有文化竞争力的虚拟价值，使其在下一阶段能够快速实现价值生成，对物态文化的传播极为重要。再编码阶段。加入历史积淀的因素或者新的相关市场因素，这些因素和实体本身已经没有必然的价值联系，但是许多商家还是为再次传播而不惜代价地将这种索然无味的东西进行全新的包装或者再编码，以达到升值的目的。（牟世晶）

物无贵贱

No Hierarchy Standard among Things

语出《庄子·秋水》：“以道观之，物无贵贱；以物观之，自贵而相贱；以俗观之，贵贱不在己”。物无贵贱思想是庄子从天道、自然的观点和立场出发得出的结论。从“道生养万物、天道无亲”的角度来看，自然万物同源一体，无甚差别。从万物本身出发观察其他事物，万物莫不自以为尊贵而贱视他物。从世俗观点和一般意见来看，万物的贵贱则不由事物自身决定，“齐贵贱”“一统类”是以道观物的结果。从道的角度看，万物都是“道”的产物，没有贵贱之分。（雷爱民）

物质的运动与平衡

Material Movement and Balance

物质运动是运动与平衡的交替，静止和平衡是事物存在和发展必不可少的条件。如果只有运动，没有任何静止和平衡，一切都是转瞬即逝的，没有任何确定性、稳定性，那么事物就成了不可捉摸的，这样事物的存在就成为不可能的，人们对事物的认识和利用也就成为不可能的。物质运动是运动与平衡的统一。在历史发展的一定阶段，某个生态系统达到一定的平衡，在这里食物链上每一个环节都是重要的，不可缺少的，增加或减少某一个环节，都会影响生态系统的平衡。这是长期进化发展的结果。平衡又是暂时的、相对的，是矛盾暂时相对的统一。只有打破旧的平衡，建立新的平衡，才有进化，才有发展。运动是绝对的，它导致事物的发展。静止和平衡是相对的，但它也是事物发展必不可少的条件。不能把静止和平衡单纯地看作是消极的和保守的因素。运动和平衡是对立的，又是统一的。绝对的运动与相对的平衡的统一，这便是唯物辩证法的运动观。（牟世晶）

物质环保

Material Environmental Protection

指相对佛教心灵环保而言。佛教强调修心行善，从根本与观念的源发性角度阐释环保意识与环保理念。佛教要求信众在摆脱欲望限制、摆脱物质束缚的同时还要从外在的行为规范上实践环保理念，爱护和尊重一切生命，将一切生命都看作是真如佛性的显现，认为一切有生命情识的动物、植物等都包含佛性，都应处处尊重，要求不杀生，提倡放生、护生等；佛教从“依正不二”的观点认为“依报”是生命依存的环境，“正报”是生命主体本身，生命主体与其所依存的环境是“一体不二”的关系，主张不论是天上的飞禽、地下的走兽，或海洋的生物，一概不能食杀，主张爱物惜福，不奢侈浪费，不可饮食日用无节制，或任意糟蹋丢弃、暴殄天物等。（雷爱民）

物质流分析法

Substance Flow Analysis, Material Flow Analysis

指在一个国家或地区范围内，对特定的某种物质进行工业代谢研究的有效手段。它向我们展示某种元素在该地区的流动模式，可以用来评估元素生命周期中的各个过程对环境产生的影响。工业代谢是原料和能源在转变为最终产品和废物的过程中，相互关联的一系列物质变化的总称。（史月田）

物质文化

Material Culture

指为满足人类生存和发展需要所创造的物质产品及其所表现的文化，是文化要素或者文化景观的物质表现方面，包括饮食、服饰、建筑、交通、生产工具以及乡村、城市等，与非物质文化相对。物质文化的基本特征在于具有一定的色彩和形态。物质生产是人类首要的基本的活动。人们首先必须吃、喝、住、穿，然后才能从事政治、科学、艺术、宗教等等。人类为满足生活需要而生产的物质文化产品，既包括物质生活资料，如饮食文化、服饰文化、居住园林文化、日用器物文化、舟车交通文化等，也包括人们的物质生产能力，即科学、技术、工艺等。物质文化中凝聚着制度文化的因素。例如，舟车交通文化中包含着古代的车舆制度，皇家及官员坐乘的饰物、车盖乃至驾车的马匹数量等，都有制度上的相应规定。物质文化中凝聚着观念形态的因素。例如居住园林文化中宫殿布局，体现着君权至上、尊卑有序的观念；中国园林“虽由人作，宛自天开”艺术特色，体现中国人物我同一的精神旨趣和形神兼具的审美取向。对物质文化，不仅要关注它的物质性的表象，还要关注它的文化内涵，即人文特征和民族特色。（牟世晶）

物质文化遗产

Material Cultural Heritage

指凝聚特定时期人类文明成果的物质设施，以及与特定时期人类文明相配套的社会制度和思想意识形态等上层建筑基础。文化遗产包括物质遗产和非物质遗产两种形态，其中以物质形态表现出来的文化遗产，就是物质文化遗产。1972 年 11 月 16 日联合国教科文组织第 17 届会议通过的《世界文化与自然遗产保护公约》中，将物质文化遗产分为：文物、建筑群和遗址等 3 个主要形式。其中文物包括从历史、艺术或科学角度看，具有突出、普遍价值的建筑物、雕刻和绘画，具有考古意义的成分或结构，铭文、洞穴、住区及各类文物的综合体；建筑群主要指从历史、艺术或科学角度看，因其建筑的形式、同一性及其在景观中的地位，具有突出、普遍价值的单独或相互联系的建筑群；遗址主要是从历史、美学、人种学或人类学角度看，指具有突出、普遍价值的人造工程或人与自然的共同杰作以及考古遗址地带。（朱配辰）

物质消费

Material Consumption

指满足日常吃、穿、住、行用等方面的生活资料的消费。物质消费是一种初级但极其重要的消费，它与人的基本生活需要相联系，以满足人的物质性需要、维持人的基本生存或者更高的生活品质为目的。因此物质消费注重的是商品的质量特性及其实际效用。在物质消费文化研究中侧重于将物质（商品）消费视为人及其生存被异化的根源。在马克思与恩格斯的政治经济学中，将以物质（商品）消费为特征的经济形态视为社会形态转换的中间阶段，即“商品经济”，认为在“商品经济”的社会形态中，人与人之间的关系必然建立在对物的纯粹依赖之中。马克思指出，“人的依赖关系，是最初的社会形态，在这种形态下，人的生产能力只是在狭隘的范围内和孤立的地点上发展着。以物的依赖性为基础的人的独立性是第二形态，在这种形态下，才形成普遍的物质交换、全面的关系、多方面的需求以及全面的能力体系。建立在个人全面发展和他们的共同的社会生产能力成为他们的社会财富基础上的自由个性，是第三阶段”。在商品经济的社会形态下，劳动被异化，劳动者与自己的劳动相脱离，在劳动中否定自己。此时劳动只是作为人的生存手段而存在，而不是自由自觉地类生活而存在。之后的法兰克福学派发展了劳动异化理论，将物质消费中人在商品下的异化延伸至整个人类生活领域，揭露了资本主义物质消费文化中的文化霸权实质。（参考：马克思、恩格斯：《马克思恩格斯全集》第 46 卷第 104 页，北京：人民出版社，1979 年。欧阳文川）

物质需要

Material Needs

指在一定历史阶段的人为了维持生存，满足自己的基本生活需求和其他更高的生理层面的享受而产生的对于物质方面的需要。物质需要是人的最基本和最重要的需要，人和社会的进一步发展都必须建立在满足物质需要的基础上。马克思指出“我们首先应当确定人类生存的第一个前提也就是一切历史的第一个前提，这个前提是：人们为了能够创造历史，必须能够生活。但是，为了生活，首先就需要衣、食、住、行以及其他东西。因此，第一个历史活动就是生产满足这些需要的资料，即生产物质生活本身……人们首先必须吃、喝、穿、住，然后才能从事政治、科学、文化、艺术、宗教等活动，才能创造历史。”此外，物质需要在不同的历史阶段都表现为不同的形式和内容。在前资本主义时代，人的物质需要主要在自给自足的自然经济中体现出来，人通过自己的劳动创造所需的食物和其他生活必需品。在资本主义商品经济时代，工人在制度化、规模化的工厂中制造人们生活、工作所需要的一切产品。区别在于商品经济时代工人的劳动成果并不直接属于其本身，劳动极其劳动成果作为工人满足物质需要的手段而存在。满足人的物质需要是满足人的精神需要的前提，然而与人的精神需要相比，物质需要属于较低层级。人的本质在于其社会属性，而非生物属性，因此对于物质需要的追求与满足必须在精神的引导下进行，如江泽民所说，“在一定条件下，精神可以变物质，精神的力量可以转化为物质的力量。强大的精神力量不仅可以促进物质技术力量的发展，而且可以使一定的物质技术发挥出更好更大的作用。”丹尼尔·贝尔就在其《资本主义文化矛盾》中提出了对于物质需要的著名区分，即将人的物质需要分为需求和欲求。需求是人的生理层面的需要，是基本的、必须予以满足的，并且有其限度；欲求则是人的心理层面的更高级的需要，是通过与他人比较而产生的，因而是没有限度的。人的进一步发展虽然要以物质需要的满足为前提，但是人的需要随着社会的发展，必然要从物质层面进一步升华到精神层面。（参考：马克思、恩格斯：《马克思恩格斯选集》第 1 卷第 32 页，北京：人民出版社，2012年；江泽民:《江泽民论有中国特色社会主义》（专题摘编）第 395 页，北京：中央文献出版社，2002 年。欧阳文川）

物质循环与能量流动

Material Circulation and Energy Flow

指生态系统能够持续健康运转的两个方面，物质循环指在一个具体的生态系统中通过生产者、消费者、分解者、环境、生产者、消费者、分解者、环境的序列过程循环进行的，推动生态系统持续正常的运转。能量流动指太阳光经植物的光合作用被转化为化学潜能，然后再通过取食关系在生物与环境、生物与生物之间的能量传递与转化过程。能量流动与物质循环是不同质的。物质循环中必然包含着能量传递，但是能量流动是单向的，而非循环的。生态系统的能量流动起源于太阳能，随着食物链和生产链的各个环节的传递和转移，是逐级消耗的，最终以热能的形式逸散到环境中。（参考：崔玉柱：《谈森林生态系统的能量流动与物质循环》，《林业勘察设计》2013 年第 3 期第 31 ～ 32 页。刘阳）

物种灭绝

Species Extinction

指某个生物物种的生命过程完全终止，生物物种内的生物个体完全消失，从而导致生物物种在地球上不复存在。由于每个生物物种都有其特定的生命周期，因此物种灭绝是一种正常的自然现象，是整个自然生态系统演替更新的一部分，在生物史中已经发生 5 次大规模物种灭绝。目前全球正在经历第 6 次更大规模的物种灭绝，与生物史中前 5 次物种灭绝相比较，第 6 次物种灭绝纯粹的自然原因退居其次，主要由于工业社会的生产和消费模式片面追求经济增长和物质积累，导致对大自然过度利用和开发，对环境造成严重污染和破坏，从而使整个自然生态系统功能和结构紊乱，加速物种生命周期完结。因此第 6 次物种灭绝波及范围更大，灭绝速率更快。少到不会对其所处的生态系统产生影响的物种灭绝。（参考：刁雯雯等：《物种灭绝机制》，《生物学通报》2007 年第 2 期第 12 ～ 13 页；陈银坚：《物种灭绝及物种多样性保护探讨》,《宁夏农林科技》2011 年第 8 期第 70 ～ 71 页。欧阳文川）

物种灭绝机制

Mechanism of Species Extinction

指某个生物物种的生命过程完全终止，生物物种内的生物个体完全消失，从而导致生物物种在地球上不复存在。由于每个生物物种都有其特定的生命周期，因此物种灭绝是一种正常的自然现象，是整个自然生态系统演替更新的一部分。物种灭绝是一个复杂的过程，可将其分为 5 种类型：1. 背景灭绝，即物种无法适应正常环境变化而导致的灭绝；2. 集群灭绝，即由于生态环境发生巨大改变导致生物大规模灭绝；3. 野外灭绝，即物种个体在野外已经完全消失，只能通过人工培育的途径继续存活；4. 局部性灭绝，即物种在栖息地已经完全消失，但偶在栖息地以外发现其踪迹；5. 生态灭绝，即物种内个体数量已经少到不会对其所处的生态系统产生影响的物种灭绝。物种灭绝的 5 种类型都可按照内因和外因的路径进一步归纳，物种灭绝的外部原因包括生物原因、物理原因和人类社会影响等，如背景灭绝主要由于生物原因导致，集群灭绝主要由于物理原因而导致。外部原因的生物学机制可进一步分为种间竞争、捕食以及流行病、多因素协同作用；物理学机制可进一步分为地质变化、气候变迁、灾害等因素；人类社会的影响主要表现在对大自然的过度利用和开发，对环境造成严重污染和破坏，从而使整个自然生态系统功能和结构紊乱，加速物种生命周期完结。目前正在进行的第 6 次物种灭绝的主要原因可以更多归结为人为因素，第 6 次物种灭绝相比较生物史前 5 次物种灭绝波及范围更大，灭绝速率更快。物种灭绝的内在机制包括物种正常的灭绝和进化、类群的系统发育年龄、类群的形态形状单一以及特有类群、地域（热带区系或者岛屿区系）等因素。（参考：刁雯雯等：《物种灭绝机制》，《生物学通报》2007 年第 2 期第 12 ~ 13 页。欧阳文川）

物种歧视主义

Speciesism

指人对非人类存在物的歧视。物种歧视论，最早出现于 1975 年英国作家莱德的作品《科学的受害者》，指人类对非人类存在物的偏见，主张保护人类的利益而贬损其他物种的利益。这是一种从伦理、道德层面到具体行为方式上对其他物种的深入侵害。正如种族歧视、性别歧视的存在根源是源于对种族、性别的偏见一样，物种歧视的存在也是由于人类对其他物种的偏见。人类是有知识、有理性、会思考的动物，这些特性使得人类具有强烈的优越感，因而漠视其他动物的存在，弃非人类物种的权利于不顾。再者，人类传统观念的影响，认为人类优先、人定胜天等，也使人类很难将其他非人类物种的权利考虑在应有的权利范围之内。所以，人类常常以自我为中心支配甚至侵害其他物种。基于整体主义生态观，世界并非仅仅是为了人类而存在，道德关怀的范围不应该以人类为极限，人类应超越并纠正物种歧视这种不道德的行为以及观点，在实际行为上做到平等地对待非人类存在物。（牟世晶）

物种歧视主义类型

Speciesism Types

从形式上看物种歧视有 3 种类型：1. 激进的物种歧视主义。在这种类型的物种歧视主义看来，只要不损害他人的利益，一个人选择任何一种方式对待动物在道德上都是许可的。2. 极端的物种歧视主义。这种类型的物种歧视主义承认动物拥有苦乐感受的能力，因而拥有利益，但它认为，当人的利益与动物的利益发生冲突时，在其余情况相同的情况下，那种哪怕是为促进人的边缘利益或非基本利益而牺牲动物的基本利益的做法，在道德上也是许可的。3. 关注动物利益的物种歧视主义。在这类物种歧视主义看来，当人的利益与动物的利益发生冲突时，在其余情况相同的情况下，那种为了人的利益而牺牲动物的类似利益的行为在道德上是许可的，但不能为了人的非基本利益或琐碎利益而牺牲动物的基本利益。物种歧视主义的实质是武断地把物种本身作为从道德上区别对待不同物种之利益的依据。然而，人们能够以非武断的理由为基础，区别对待人类的利益和非人类存在物的利益，能够不以物种歧视主义的方式来促进人的利益。（参考：杨通进：《环境伦理学对物种歧视主义和人类沙文主义的反思与批判》，《伦理学研究》2014 年第 6 期第 100 ~ 105 页。牟世晶）

《物种起源》

On the Origin of Species

这是英国生物学家，进化论的创始人查尔斯·罗伯特·达尔文（Charles Robert Darwin）的重要著作，书名全称为《论借助自然选择（即在生存斗争中保存优良族）的方法的物种起源》，出版日期为 1859 年 11 月 24 日。书中的进化论观点被恩格斯称为是与细胞学说、能量守恒转化定律并列的 19 世纪自然科学的三大发现之一。1831 年达尔文离开剑桥大学，乘坐贝格尔号军舰进行为期 5 年的环球考察，对大量动植物以及地质地理结构做了研究。1837 年达尔文开始创作他的物种演变笔记，从 1837 年直至 1859 年《物种起源》发表的 20 多年时间，达尔文断断续续创作关于进化论的主要论文。《物种起源》是达尔文创作的最具影响力的学术专著。在书中达尔文首次提出进化论观点，认为生物体的发展是在自然环境的作用下由简单到复杂，由低级到高级的进化过程，在对生命体大量实证研究的基础之上，达尔文否认神创论和物种不变论的生物生成观，第一次站在科学的角度研究生物与环境之间的动态关系。书的中心观点为自然选择，即通过自然的选择和淘汰使最适者生存，选择的根据在于变异，没有变异就没有选择。同一物种受到同样的环境作用后个体发生同样的变异称为定向变异，定向变异的方向取决于自然环境，并且定向变异不会遗传；同一物种受到同样的环境作用后，不同的个体发生不同的变异，这种情况下环境的作用并不决定变异的方向，这种变异成为不定向变异，即可能遗传也可能不遗传。某种类型的不定向变异一旦成为自然的选择就将纳入生物进化的方向，新的物种在此基础上形成。从《物种起源》的出版之日起，对进化论的讨论和批判从未停止过，20 世纪 80 年代对其批判达到高潮。中译本近年众多，较早译本有谢蕴贞译本，科学出版社 1955 年出版；周建人译本，三联书店 1954 年开始分册出版，商务印书馆 1963 年分 3 册出版。（参考：何方：《重读〈物种起源〉》，《生物学杂志》2002 年第 1 期第 9 ~ 11 页。欧阳文川）

雾霾

Fog and Haze

雾霾天气作为一种大气污染状态，是对大气中各种悬浮颗粒物含量超标的笼统表述，尤其是 PM2.5（空气动力学当量直径小于等于 2.5 微米的颗粒物）被认为是造成雾霾天气的元凶。随着空气质量的恶化，阴霾天气现象出现增多，危害加重。中国不少地区把阴霾天气现象并入雾一起作为灾害性天气预警预报，统称为“雾霾天气”。其中雾和霾是不同的概念，雾是由大量悬浮在近地面空气中的微小水滴或冰晶组成的气溶胶系统，多出现于秋冬季节，是近地面层空气中水汽凝结（或凝华）的产物，水含量达到 90%，水平能见度降低到 1000 米以内；霾，也称灰霾（烟雾），是空气中的灰尘、硫酸、硝酸、有机碳氢化合物等粒子的混合物，水含量低于 80%，水平能见度小于 10000 米。雾一般易出现于午夜至清晨，而霾的日变化特征不明显，持续出现时间较长。形成雾霾的原因主要有：1. 气溶胶颗粒物，大气颗粒中的 EC 主要来自采暖或交通源的直接排放；OC 主要来自机动车或煤燃烧的直接排放及多环芳烃、有机酸等挥发性有机物在大气中的二次转化；2. 多种气象因素，如低风速、高湿度、大气纬向环流、大气边界层和逆温层等气象的出现都可能导致雾霾天气的发生和加重。雾霾的防治措施有：1. 严格控制污染物排放：加强工业大气污染综合治理，如在化工、造纸、印染等产业聚集区，逐步淘汰分散燃煤锅炉，推进脱硫、脱硝、除尘改造工程，并加快煤改电等清洁能源工程建设，加大工业挥发性有机物排放整治力度；2. 实施区域间联防联控；3. 建立多部门检测应急机制；4. 加强全民环保宣传教育；5. 健全大气环境保护法制；6. 推动环保类科技发展。自 2011 年 10 月底以来，美国驻华大使馆与北京市环保局关于北京地区空气质量监测数据的差异，引起了公众的广泛热议和媒体的广泛报道，PM2.5 和雾霾这两个科技新词开始进入公众视野。中国气象局将霾预警分为黄色、橙色以及红色三级，分别对应中度霾、重度霾和极重霾，同时首次将反映空气质量的 PM2.5 浓度与大气能见度、相对湿度等气象要素并列为霾预警分级的重要指标，使得霾预警在反应大气视程条件的同时，能够体现空气污染和大气成分的状态。（参考：周涛、汝小龙：《北京市雾霾天气成因及治理措施研究》，《华北电力大学学报》（社会科学版）2012 年第 2 期第 12 ~ 16 页；董微：《雾霾报道研究》，吉林大学 2014 年硕士学位论文第 17 ~ 19 页。朱配辰　刘阳）

雾霾政治

Fog and Haze Politics

雾霾现象作为单纯的环境难题本身，不一定成为政治议题和政治活动，当它同时成为社会民生问题与发展问题并为公众所主动意识到时，就逐渐演变为现实政治。这正是当下中国悄然发生着的变化。一方面，越来越多的公众倾向于从环境权益和环境参与权利的角度来理解环境难题的性质、成因与解决出路，从而溢生出不容忽视的社会与政治民主压力。另一方面，传统经济发展模式所遭遇的日益严峻的资源与环境瓶颈约束，迫使党和政府必须采取具有明确环境伦理与生态文明意涵的发展新思维，从而构成日渐强大的倒逼式动力。正因为如此，如今的雾霾议题及其应对，已经演变为鲜活生动的雾霾政治。（张沥元）

X

夕 西 吸 希 系 细 潟 下 厦 先 纤 现 限 宪 献 乡 香 翔 项 逍
消 小 效 协 写 解 心 辛 新 信 星 行 形 幸 性 匈 熊 休 修 需
徐 许 蓄 玄 选 学 寻 荀 循

夕阳产业

Sunset Zndustry

指对趋向衰落的传统工业部门的形象称呼，指产品销售总量在持续时间内绝对下降，或增长出现有规则地减速的产业。基本特征是需求增长减速或停滞，产业收益率低于各产业的平均值呈下降趋势。（史月田）

夕阳工业

Sunset Industry

指经济发达国家的整个工业中地位逐渐下降的部门，又称传统工业，主要为西方经济学家使用。20 世纪 70 年代后，西方国家的经济危机日益频繁，导致许多传统的工业部门相继衰落，如开工严重不足、产品市场萎缩，从而在整个社会生产中的比重不断下降。传统工业大多是工业革命后机器大工业发展的鼎盛标志。随着现代科学技术和经济结构的发展需要，新兴工业不断兴起，发展迅速，如石油化工、合成材料、电子技术、原子能、宇航工业等，极大地冲击和改变原有的工业结构，使传统工业生产停滞不前，甚至衰退。但传统工业目前在经济发达国家的经济中仍占主要地位，在较短时间内还不可能为新兴工业所取代。在发展中国家，传统工业仍处于兴起、兴盛时期，尚待大力发展，故传统工业只是一个相对概念。通过引入、采用新技术，对其进行改造，提高生命力，是传统工业继续发展、适应工业现代化要求的重要途径。在区域工业发展规划中，必须重视对传统工业的技术改造与引导，重视其在现代工业结构中的地位与特点，在许多落后的地区经济发展中，传统工业仍将是工业发展的主体。（李雪竣）

西安环境科学学会

Xi'an Society for Environmental Sciences

成立于 1999 年，由环境科学、环境工程、环境管理、环境宣传教育的专家、学者和科技工作者以及关心支持环境科技工作的产业界人士、社会工作者和从事环境科学研究与教学、环境产品设计与生产等的企事业单位自愿组成的学术性的非营利性社会组织。现有会员千余人。学会设有理事会、常务理事会，下设专业委员会、分会。集聚西安地区环境保护领域在学术上有造诣，技术有专长，管理上有经验，社会上有影响的 300 余位专家、学者和环保企业家，组成西安环境智库。宗旨是坚持可持续发展理念，围绕西安环境与发展目标，发挥政府、社会、企业之间的桥梁和纽带作用，团结、组织广大会员及各方面力量，促进环境科学和环保事业发展，为推进西安及周边地区经济、社会与环境协调发展服务。主要工作：1. 开展国内外环境学术交流与环保技术合作，促进先进技术与产品的开发应用，为西安及周边地区环境保护和可持续发展提供科技支撑与技术服务；开展并加强与科研院校的合作，探索和实践产、学、研紧密结合的新模式；开展科技评价，促进环境科技创新发展；开展环境政策、环境法律、法规服务和环境科技咨询工作，为经济建设服务。2. 为社会提供公共环境信息和宣传环境科普知识，举办环境科技业务培训和讲座；提高公众环境意识，推动环境科技事业的进步与发展。3. 搭建环境领域公众参与和社会监督平台，建立政府 - 企业 - 公众之间信息沟通与交流渠道，为推动建立绿色企业—服务型政府—公众参与决策体系发挥积极作用，为政府及其环境保护行政主管部门献言献策。（席溢）

西奥多 · 罗斯扎克

Theodore Roszak，1933 ～ 2011

加利福尼亚州立大学东湾分校历史学教授，因 1969 年的《反主流文化的形成》一书成名。早年就读加州大学洛杉矶分校，在普林斯顿大学获得博士学位。先后任教于斯坦福大学、不列颠哥伦比亚大学等。《反主流文化的形成》一书，系统阐释欧洲和北美 20 世纪 60 年代反文化运动的兴起与发展，书中的“反文化”一词也为他所首次使用。（徐越）

西班牙工人社会党

Spanish Socialist Workers'Party，PSOE

1897 年成立，西班牙国内第二个历史悠久的政党，西班牙国内最大的中左翼政党。曾在整个

20 世纪 80 ～ 90 年代主宰西班牙政坛。1982 年大选后组阁执政直到 1993 年。最近的执政经历，是 2004 ～ 2011 年由何塞 · 路易斯 · 罗德里格斯 · 萨帕特罗（José Luis Rodríguez Zapatero）领导的中左政府。与西欧其他社会民主党相比，西班牙工人社会党的绿色转向有其特殊性，一方面西班牙的绿色运动相对较弱，没有产生重要的政治影响；另一方面工人社会党在 80 年代进入政府执政，追赶战略使该党忽视经济增长中的环境关心。工人社会党在 1990 年通过的新纲领中，对环境问题的论述更多的是抽象描述，缺少实质性的政策更新。（王聪聪）

西班牙共产党

Communist Party of Spain，PCE

曾是西欧最重要的共产党之一，1921 年成立。20 世纪 70 年代是欧洲共产主义的主要推动者之一。欧洲共产主义的实践，使西共纲领拥有更多

革新元素。80 年代中期，为克服政党面临的组织、意识形态和选举危机，进行重大的政党变革。1986 年大选前，与国内的绿色左翼、社会主义政党组建选举联盟，进而发展为政党“联合左翼”（IU）。目前是联合左翼中最大的政党。2011 年西班牙议会大选后，联合左翼在全国议会的席位由 1 个增加到 8 个。1986

年成立宣言中，联合左翼强调在不减缓经济和社会进步的同时，实现人与自然的平衡。环境政策是西班牙共产党（联合左翼）的重要政策议程。2011 年西班牙大选中，联合左翼呼吁退出核能、大力发展新能源汽车和可再生能源、推广可持续的交通政策、实施绿色税收、保障粮食主权等。（王聪聪）

西班牙环境教育

Environmental Education in Spain

20 世纪初西班牙建立了许多自然保护协会，开始鼓励更多教师意识到保护自然的必要性。大规模的环境教育运动在 20 世纪 70 年代教育复兴运动中开展。环境部于 1983 年在巴塞罗那举办首次全国环境教育会议。这次会议旨在反思学校中自发的环境教育活动，探讨有关在教师教育中引入跨学科课程，在环境教育中建立新的师生关系和生生关系的模式。1987 年第 2 次全国环境教育会议，对 80 年代以来的活动进行总结，更新并制定先前草拟的指导大纲，倡导建立环境教育长期会议，认为环境教育不仅是一门学科，更是一种民主行为。它能让人们通过对话和公众参与的方式反思社会的发展模式。在这次会议的基础上，西班牙教育与科学部草拟面向学校系统的《国家环境教育策略方向》的文件，确立将环境教育纳入教育体制的战略，最终在 1990 年议会上通过《教育系统组织一般法》，正式确立环境教育在学校中的地位，标志着官方对环境教育的法定认可。从此，西班牙的环境教育脱离自发状态，以更规范的方式迅速发展。（参考：祝怀新：《环境教育的理论与实践》第 146 页，北京：中国环境科学出版社，2005 年。王薛时）

西班牙环境运动与环境团体

Spanish Environmental Movements and Groups

西班牙相对落后的经济水平，没有为环境运动和绿党的发展提供优越的天然条件。20 世纪 60 ~ 70 年代，西班牙的绿色运动迅速崛起。西班牙最早的环境运动团体是 1970 年成立的西班牙土地和环境计划委员会（ORMA）。20 世纪 80 年代中期，西班牙正式成立全国性的绿党组织。与此同时，西班牙的生态政治派别、环境绿色团体纷纷建立。这一时期建立的有西班牙生态发展改造运动（VERDE）和绿色选择（Alternative Verde）。1986 年西班牙加入北约的全民公投，成为国内环境运动发展的契机。这一时期，很多国际环保组织都在西班牙建立分支机构，国内环境团体的力量得到加强，特别是西班牙生态环境保护协会（AEDENAT），由于很多反北约运动的人加入，政治影响力不断扩大。（王聪聪）

西班牙绿党

Los Verdes

西班牙生态政治运动可追溯到 20 世纪 60 ~ 70 年代，国内环保团体和激进分子 1983 年开始组建全国性的绿党。1984 年西班牙绿党正式成立，1985 年召开第一次代表大会，通过了政党的纲领。绿党党纲成为团结和协调全国绿党组织的指导性原则和指南。1986 年全国大选中获得 0.16％的选票，未能进入全国议会。成立 30 多年来，一直致力于与其他左翼力量一道，在全国议会和欧洲议会中提出替代性政策。党的基本政治目标是，建立基于环境主义、和平主义、非暴力、女性主义、平等主义、共和主义和激进主义的社会共同体。20 世纪 90 年代以后进入相对停滞的发展时期，政治影响力逐渐弱化。目前西班牙国内政治影响力较强的绿党组织，是 1987 年成立的加泰罗尼亚绿党倡议（Initiative for Catalonia Greens）。（王聪聪）

西班牙全国总工会

General Confederation of Labor in Spain，CGT

西班牙无政府主义—工联主义的工会组织，1979 年成立。作为世界上最大的无政府主义工会组织，西班牙全国总工会拥有6万名支持者，代表着约200万产业工人的利益，最强大的基地位于加泰罗尼亚。目前西班牙全国总工会在重要的工业委员会中都不占据主要地位，很多倡议也得不到其他工会组织的响应。西班牙弗朗西斯科·佛朗哥独裁统治结束后，无政府主义卷土重来，但西班牙全国总工会的实力已大不如前，政治实力也无法与西班牙的另外两大工会组织（CCOO、UGT）相比。西班牙全国总工会是世界上最早尝试将绿色生态运动和红色劳工运动相结合的工会组织之一，明确把生态学作为理论行动指南。2001年，西班牙全国总工会与法国全国旅游工会（CNT），以及其他十几个工联主义团体，共同发表了具有绿色政治色彩的国际宣言《面向21世纪的无政府主义》。（王聪聪）

《西半球自然和野生生物保护公约》

Convention on the Protection of Nature and Wild Life in the Western Hemisphere

部分美洲国家1940年签订的有关生物资源保护的国际条约。宗旨是为代表性物种保存最大数量和足够大的生存空间，包括候鸟，以免它们由于人类控制的任何媒介而灭绝。《公约》要求成员国成立国家公园、国家保护区、自然名胜区和荒野保护区，要求成员国保护野生动植物，进行科学合作，保护候鸟并保护附件中所列举的物种，要求成员国对受保护动植物的进口、出口和过境进行管制。但《公约》没有规定设立监督实行的相关机构，是重要缺陷。（申森）

西部大开发

China Western Development

以将东部沿海地区剩余经济发展能力输送至西部经济欠发达地区，支援其经济建设和社会发展，缩小东西部间差距并巩固国防作为目的的国家政策。1999年中央政府决定实施西部大开发战略，西部大开发的范围包括重庆市、云南省、四川省、贵州省、陕西省、甘肃省、青海省、宁夏回族自治区、新疆维吾尔自治区、西藏自治区、内蒙古自治区和广西壮族自治区、恩施土家族苗族自治州、湘西土家族苗族自治州、延边朝鲜族自治州12个省、自治区、直辖市等地区，占地面积685万平方千米，约占全国总面积的71.4%。西部大开发战略经全国人民代表大会审议通过后由时任国务院总理朱镕基、副总理温家宝担任国务院成立的西部地区开发领导小组组长和副组长，2000年3月正式开始实施。我国西部地区地广人稀、自然资源丰富、市场潜力大且战略位置极其重要，是我国现代化总体战略布局的关键点也是难点。由于我国工业化、现代化进程起步较晚，落后的经济体制和粗放型经济增长方式并未彻底改变和转型，东西部地区之间经济发展差距悬殊，工业化和城市化水平反差较大，所以我国的工业化和现代化进程必须要在全盘考虑和平衡中西部地区间经济、文化水平的基础上完成。《西部大开发总体规划》将西部大开发战略按50年为周期分为3个阶段，从2001年至2010年为奠定基础阶段，重点在于整体结构的调整，搞好基础设施、生态环境、科技教育等基础建设，为西部地区进步发展创造条件，使西部地区经济增长速度达到全国平均水平；2010年至2030年为加速发展阶段，在前10年成就的基础上巩固成果，培育特色产业，实现区域经济在产业化、市场化和生态化等方面的综合升级，进入发展冲刺极端；2031年至2050年进行农牧边远地区和落后山区的开发，普遍提高西部人民生活水平，全面缩小差距。2000年至2010年西部大开发10年期间，西部经济增长提速、产业结构不断升级、城乡基础设施得到较大改善，尤其是农村生产生活条件得到明显改善，农牧民收入有所提高。此外，西部地区生态环境保护及其建设有长足进步，根本改变了教育、社会保障和医疗等社会事业方面原先的薄弱基础。2010年7月国务院西部大开发会议在总结过去10年的经验教训和成果的基础上进一步明确新一轮西部大开发的总体目标和重大课题，标志着西部大开发战略进入新的发展阶段。（参考：朱玉福：《西部大开发十周年：成就、经验及对策》，《贵州民族研究》2010年第3期第12～18页。欧阳文川）

西部大开发战略

Western Development Strategy

指将我国东部沿海地区过剩经济发展能力用以提高西部地区的经济社会发展水平，达到巩固国防、协调区域经济社会发展目的的中央政策部署。西部大开发战略的范围，包括12个省、自治区和直辖市：重庆市、四川省、陕西省、甘肃省、青海省、云南省、贵州省、广西壮族自治区、内蒙古自治区、宁夏回族自治区、新疆维吾尔自治区、西藏自治区，以及恩施土家族苗族自治州、湘西土家族苗族自治州。2000年1月西部地区开发领导小组成立。2012年2月，国家发改委进一步明确西部大开发基本的战略部署。主要思路是，在开发理念上更加注重发展的质量和效益；在开发方式上更加注重充分发挥区域比较优势；在开发布局上更加注重因地制宜、分类指导；在开发重点上更加注重集中力量解决全局性、战略性和关键性问题；在开发机制上更加注重坚持政府引导、市场运作；在开发政策上更加注重差别化支持措施。其中，交通和水利是实施政策的关键，生态建设、农民生活、开放水平是政策的重点。西部大开发经过奠定基础阶段、加速发展阶段、现代化阶段三个阶段，最终实现保护和修复西部生态环境、促进产业结构优化和升级、提高科技教育水平、鼓励创新和开放的战略目标。（张沥元）

西藏2014年生态文明建设状况

Eco-Civilization Construction in Tibet in 2014

2014年西藏生态文明指数（ECI）得分为88.21，全国排名第4位。去除社会发展指标，绿色生态文明指数（GECI）得分76.17，全国排名第4位。2014年西藏各项二级指标的得分、排名和等级情况见表1。西藏生态文明建设属环境优势型，环境质量排名全国第1，生态活力、协调程度居全国中游水平，社会发展居全国中下游水平。在所有24个三级指标中，西藏2014年排名前10位的有11个指标，主要体现在环境质量和生态活力方面。环境质量的三级指标都在前10名内，地表水体质量（第2）、环境空气质量（第3）、水土流失率（第7）、化肥施用超标量（第5）、农药施用强度（第6）等良好排名使西藏的环境质量全国第1；生态活力方面的森林质量和自然保护区的有效保护均居第1。西藏的社会发展全国排名靠后，城镇化率和每千人口医疗机构床位数二项指标均居倒数第一，但经济发展结构相对优化，三大产业结构中，服务业产值占国内生产总值比例达到53.00%。同时，重视教育投入（人均教育经费投入居第5位），为经济社会发展提供了可持续发展的动力。西藏的协调程度全国排名尚可，环境污染治理投资占国内生产总值比重排名第2，工业发展相对落后，农牧业生产中化肥农药使用量较低，对环境和生态的影响不大，但工业固体废物综合利用率、化学需氧量排放变化效应、氨氮排放变化效应、氮氧化物排放变化效应和二氧化硫排放变化效应都排在全国最后，这说明随着工业发展和农牧业现代化的转型，资源能源的投入和对环境生态的压力会逐步增大。整体来看，西藏地处青藏高原高海拔高寒地带，植物年生长量较低，森林覆盖率一直不高，属于生态脆弱区。资源环境承载能力不高，农牧业容量有限，开发密度和开发强度都难以提高，因此全国功能区规划把西藏大部分地区归入限制开发区域（重点生态功能区），也是国家重要的生态安全屏障。但随着西藏工业生产的进步，农牧业规模扩大和市场化程度加大，生产中的资源能源的投入，西藏未来发展的生态及环境的压力会逐步增大。

表1　2014年西藏生态文明建设二级指标情况汇总

二级指标	得分	排名	等级
生态活力（满分为43.20分）	26.74	11	2
环境质量（满分为36.00分）	29.20	1	1
社会发展（满分为21.60分）	12.04	19	3
协调程度（满分为43.20分）	20.23	10	2

表2　2014年西藏生态文明建设评价结果

一级指标	二级指标	三级指标	指标数据	排名
生态文明指数（ECI）	生态活力	森林覆盖率	11.98 %	25
		森林质量	153.72 立方米/公顷	1
		建成区绿化覆盖率	18.06%	31
		自然保护区的有效保护	33.91%	1
		湿地面积占国土面积比重	5.35%	15
	环境质量	地表水体质量	99.00%	2
		环境空气质量	93.42	3
		水土流失率	9.37%	7
		化肥施用超标量	4.31 千克/公顷	5
		农药施用强度	4.15 千克/公顷	6
	社会发展	人均国内生产总值	26068.00 元	28
		服务业产值占国内生产总值比例	53.00%	3
		城镇化率	23.71%	31
		人均教育经费投入	2723.71 元/人	5
		每千人口医疗机构床位数	3.53 张	31
		农村改水率	——	——
	协调程度	环境污染治理投资占国内生产总值比重	3.50%	2
		工业固体废物综合利用率	1.52 %	31
		城市生活垃圾无害化率	——	——
		化学需氧量排放变化效应	−0.13 吨/千米	30
		氨氮排放变化效应	−0.01 吨/千米	30
		二氧化硫排放变化效应	0.00 千克/公顷	29
		氮氧化物排放变化效应	0.00 千克/公顷	28
		烟（粉）尘排放变化效应	0.00 千克/公顷	10

（参考：严耕等：《中国省域生态文明建设评价报告（ECI2015）》第268～274页，社会科学文献出版社，2015年。徐保军）

西藏高原生态学会

Tibet Plateau Ecological Society

成立于 1986 年。办公地址位于西藏自治区林芝地区林芝县八一镇西藏高原生态研究所内。宗旨：1. 通过各学科技术力量的协同调查研究与实验，揭示西藏高原生态特异性与优势，为填补西藏高原生物、生态科学的一部分空白而努力突进。2. 为西藏农牧林业的生产和振兴经济，变“输血”为“造血”体系，提供切合实际的生态学原理、方法和技术措施。3. 荟萃本区各业从事生态研究的人才，交流科技信息和研究成果，组织各业间的协同研究，开展生态科普知识宣传。4. 组织召开西藏高原生态科研论文交流年会，出版西藏高原生态论文集刊。向区内外交流本区生态研究工作的进展与成果。5. 向上级有关部门反映本会会员的工作设想、建议和工作中存在的困难与要求。（席溢）

西藏自治区生态建设协会

Tibet Ecological Construction Association

2013 年在拉萨正式成立。由西藏生态园林工程有限公司发起，旨在凝聚社会共识和力量，推动社会各界人士承担更多环境保护和生态建设责任，实现改善和恢复自治区生态环境的目的。为社会有识之士及各方力量提供了平台，为西藏自治区各项生态建设工作整合社会各方资源。目前，该协会已经与企业界具备强大影响力的组织建立了良好关系，将积极争取相关企业家及组织的支持，为西藏自治区生态环境建设工作贡献力量。（席溢）

西藏自治区生态建设与环境保护基金会

Tibet Ecology & Environment Foundation

成立于 2005 年，西藏自治区环境保护厅为业务主管单位，具有法人资格的非营利地方性公募基金会。基金会的宗旨是：通过在西藏地区实施公益性项目，促进西藏自治区生态建设与环境保护事业发展。业务范围是：在西藏地区实施或资助有益于生态建设与环境保护的公益性项目，发展生态建设与环境保护产业，开展对该领域的科学研究、宣传教育、人才培训和学术交流等活动，资助和奖励对西藏地区生态建设与环境保护事业做出杰出贡献的组织和个人；开展本会各专项基金规定的生态建设与环境保护项目。（席溢）

西德绿党

Die Grünen

德国联盟 90/ 绿党的前身，成立于 1980 年的卡尔斯鲁厄。西德绿党是 20 世纪 60 ～ 70 年代轰轰烈烈的环境运动、和平运动的产物。1977 年，下萨克森州的绿色团体“环境保护绿色名单”等出现。1980 年，西德绿党正式成立。绿党反对环境污染、反对核电站、反对北约的军事干预等。在成立大会上，绿党确立基本价值取向，即著名的四大价值支柱：社会正义、生态智慧、基层民主和非暴力。1983 年西德绿党首次获得全国联邦议会席位。在整个 80 年代，特别是由于苏联切尔诺贝利灾难以及德国面临的酸雨危害，绿党获得持续增加的选举支持，在 1987 年的议会大选中获得 8.3％的选票。1990 年，在德国统一后第一次大选中，绿党未能突破 5％的议会门槛。1993 年，绿党与联盟 90 合并，成立德国联盟 90/ 绿党。1998 ～ 2005 年，绿党参与社会民主党主导的两届“红绿”联盟政府，绿党政治家约希卡・菲舍尔成为德国副总理兼外交部部长，绿党还获得其他两个部长席位（环境部长和健康与食品部长）。西德绿党的核心政治理念是可持续发展，特别是经济、能源以及交通政策的环境考量。（王聪聪）

《西德绿党联盟纲领》

Die Grünen: Das Bundesprogramm

西德绿党在 1980 年 3 月萨尔布吕肯大会上通过的党的基本纲领文件。在文件中，绿党概括绿色政治的四个原则：生态学、社会正义、基层民主和非暴力。绿党的这一表述成为欧洲绿党生态原则最具权威性的版本。它综合绿党政治涉及的主要方面，而且与其他国家的绿党的政治原则基本契合。《纲领》着重阐发绿党克服资产阶级生态难题的左翼替代性方案。此外，在文件中，绿党还呼吁废除所有的核设施，反对北约和华沙条约组织，主张每周35小时工作制等。这一纲领的通过，也被视为党内以赫伯特·格鲁尔为代表的保守派的失败。因为，绿党是应该成为位于议会外的反对党，还是应着眼于实际的政府权力，这是党内原教旨主义者和现实主义者长期争论的焦点问题。2002年，德国联盟90/绿党通过了自己的新党纲《德国联盟90/绿党：政治纲领与原则》。（王聪聪）

西德尼·塔罗

Sidney Tarrow，1938 ~

美国著名政治学家和社会运动理论学者，美国艺术与科学院院士，康奈尔大学政府和社会学教授。1965年获得加利福尼亚大学伯克利分校政治科学博士学位。主要研究领域为比较政治学、社会运动、政党政治、集体行动和政治社会学。在20世纪60年代对共产主义感兴趣，后转向比较政府政治和社会运动与抗议，涉及意大利和法国政治、中心边缘关系、新社会运动和抗争政治。在《运动的力量》中分析社会运动力量的文化、组织和个人来源，强调社会运动的生命周期是受政治机会结构影响的一部分。在合著的《斗争的动力》中一定程度上顺承新跨国积极分子的观点，承认社会运动属于更大范围的抗争形式的一部分。目前关注国际人权议题。主要著作有《意大利南部农民的共产主义》（1972）《运动的力量：集体行动、社会运动与政治学》（1994）《斗争的动力》（2001）等。（徐越）

西方环境伦理学

Western Environmental Ethics

现代西方环境主义伦理学包括现代人类中心主义环境伦理学、生物中心主义环境伦理学、动物权利论的环境伦理学以及生态中心主义环境伦理学。现代人类中心主义即理性人类中心主义，肇始于文艺复兴之后理性主义的兴起。人相信理想是真理的标准，是一切事物的衡量标准，并且可以解决一切问题，人类历史本质上就是人类理性不断发展和成熟的历史。人可以按照自身的利益要求去征服、控制、利用任何物种而不必思考其行为的合理性，其他物种对于人类而言本质上并不具备任何权利。生物中心主义的理论基础是生态学的互利共生和物种间平等的原则，它认为人以外的其他物种具有和人一样的自然赋予的生命，生命不分贵贱高低，一律平等，因此动物、植物以及其他生物都有其内在价值，人应该承认并且尊重这种价值，敬畏一切生命。动物权利论强调人对于动物生存权利的尊重和满足，主张众生平等，是非人类中心主义的直接产物。生态中心主义同样是一种整体主义的生态理论，其代表人物为奥尔多·利奥波德（Aldo Leopold）与罗尔斯顿（Holmes Rolston III）。利奥波德在其著作《大地伦理》提出著名的生态主义“金律”，即只有当一件事物能够同时使生命共同体的各个组成部分都趋于完整和稳定时才是正当的，否则就是不正当的；罗尔斯顿（Holmes Rolston III）依据其自然价值论，认为生态系统中的一切组成部分都有其客观价值，组成部分对于系统整体的稳定而言具有其固有价值，对于其他组成部分又同时具有工具价值，然而系统整体作为生命的创造者和承载者，又具有超越部分本身固有价值和工具价值的系统价值。人类从生命体角度而言具有更大价值，然而其根本来说还是生态系统整体的产物。（参考：陈剑澜：《西方环境伦理思想述要》，《马克思主义与现实》（双月刊）2003 年第 3 期第 96 ~ 101 页。欧阳文川）

西方净土观

Sukhavati/Dewachen Theory

西方净土观是佛教的重要理念。净土即清净国土或庄严神妙的国土之意，是清净功德的所在地，是诸佛菩萨为度化一切众生在因地发大愿力所成就者。狭义的净土专指西方极乐净土，即西方极乐世界，即佛国净土，与三界众生所在之地相对。佛教主张修德行善，超越现实苦难，终获涅槃解脱，入极乐净土世界。西方净土是佛教修行的目标和重要理想。净土观为中国佛教派别净土宗极力推崇。（雷爱民）

《西方马克思主义导论》

An Introduction to Western Marxism

加拿大生态马克思主义学者本·阿格尔的代表著作，1979 年出版。书中在阐述西方马克思主义的发展新趋势时，最早提出“生态马克思主义”（Ecological Marxism）这一概念，使生态马克思主义作为马克思主义的一个全新学术分支，正式登上思想史的舞台。书中认为，马克思主义关于工业资本主义生产领域的危机理论已经失去效用，今天危机的趋势已转移到消费领域，亦即生态危机取代了经济危机。这一观点也为詹姆斯·奥康纳后来提出资本主义的第二重基本矛盾理论做了铺垫或准备。（徐越）

西方生态伦理思想哲学困境和出路

Philosophy Dilemma and Outlet of Western Ecological Ethics Thought

机械主义自然观、主客二分的哲学架设、功利主义、实证主义等思维方式被认为对西方生态伦理思想影响深远，导致西方生态伦理思想困境。这些观念认为人与自然物是对立的，它们以人为标准判断和衡量一切事物之价值，认为只有人才是目的，具有内在价值，是道德关怀对象，而人之外的其他一切存在物都是手段，只具有工具价值，不在道德关怀的范围之内，从而把自然看成是与人类不可调和的对立关系。在人类社会陷入环境危机和生态危机的历史条件下，人类必须超越近代科学主义、理性主义的主体性哲学和功利主义价值观，挖掘和复兴人与自然和谐的自然观念和伦理传统，从古代社会的自然哲学和伦理学中汲取有价值的东西，建立起以关爱自然为基础的环境伦理学，把自然共同体和社会共同体结合起来，把人置于生态共同体之内，重建人和自然界的价值论地位，重新确立人与自然界之间的价值关系，建设万物和谐、彼此相连的生态整体论。（雷爱民）

西方生态伦理学理论学派

Theory Schools of Western Ecological Ethics

西方生态伦理学有 4 个理论学派，指：人类中心论的生态伦理理论、现代人类中心主义理论、生物中心主义生态伦理理论、生态中心论环境伦理理论。人类中心论的生态伦理理论，代表人物是美国学者诺顿和墨特。他们区分强弱不同的人类中心主义，不承认自然的内在价值，坚持人类的主体地位，为人类利用自然界与生态环境权益辩护。现代人类中心主义理论把非人类的生命和自然界包括在内，强调人对自然的责任。生物中心主义生态伦理理论，他们认为有机体有其自身的“内在之善”，主张把道德对象的范围扩展到人以外的生物之上，代表性观点有施韦兹尊重生命的伦理学、辛格的动物解放伦理学、泰勒生物平等主义伦理学。生态中心论环境伦理理论，这种理论强调生物中心论，强调有机体的价值与权利，认为生物个体的生存具有道德优先性，物种与生态系统比个体更重要，生物及生态系统、生态过程都是道德关心的对象，代表人物莱奥波尔德，提倡建立大地伦理学，确立新的价值观，认为有助于保护生物共同体的和谐、稳定和美丽的

就是正确的。（雷爱民）

西方生态美学

Western Ecological Aesthetics

西方生态美学被认为由三大部分组成，即环境美学、生态批评、景观学科。生态美学主张在自然审美上破除以人为中心的观念，以生态为标准，提出万物皆可欣赏、如其所是地欣赏、本真的直觉美、客观化诉求等美学主张。生态美学被认为是用生态世界观看待美学问题的美学分支。生态世界观是20世纪60年代西方世界反思生态危机产生出来的哲学思想，他们大多关注生态问题与人类生存之间的关联，主张从人类中心主义转向生态中心论，以生态学范式看待和对待整个自然以及人与自然的关系，从美学上要求建立生态型的审美观，其中生态批评的代表人物有布伊尔、格罗费尔蒂斯等，环境美学代表人物有伯林特、卡尔松、瑟帕玛等。（雷爱民）

西方生态女性主义

Western Ecofeminism

1974年法国女性主义者弗朗西丝娃·德·奥波妮提出生态女性主义。生态女性主义是妇女解放运动和生态保护运动结合的产物，它既是女权主义的重要流派，也是生态哲学的重要流派。生态女性主义主张从性别角度讨论生态问题，认为男权统治与人对自然的统治都根植于以家长制为逻辑的认识论之上，认为性别歧视、对自然的控制、种族歧视、物种至上主义与其他各种社会不平等之间有内在关联。生态女性主义反对人类中心论、男性中心论，主张改变人统治自然的思想，批评男权和父权制，赞美女性本质，反对导致剥削、统治、攻击性的价值观，他们把这种思潮扩大到其他领域，从不同角度研究男女性别的差异，探讨女性角色、女性价值，生态女性主义试图寻求不与自然分离的文化，认为生态学家要成为女性主义者；生态女性主义包括自然—文化生态女性主义、精神生态女性主义、社会—建构主义生态女性主义、社会主义生态女性主义等派别。（雷爱民）

西方现代环境美学

Western Modern Environmental Aesthetics

西方环境美学兴起于20世纪70年代，被认为是与艺术美学、日常生活美学相并立的当代三大美学之一。环境美学针对工业革命与启蒙运动以来的人类中心主义以及与之相关的艺术中心主义观念进行批判，提出自然美学命题，主张恢复自然生态在美学中的地位。生态整体观成为环境美学的重要原则，生态现象学被引进环境美学，参与美学对传统的静观美学进行颠覆性批判，环境美学已经成为美学领域与生态学领域中的重要论题。其中环境美学的代表人物有芬兰的瑟帕玛、加拿大的卡尔松和美国的罗尔斯顿、伯林特等。（雷爱民）

西方新社会/政治运动

Western New Social/Political Movement

指20世纪60～70年代在西欧、日本、美国等发达国家出现的大规模和平运动、反核运动、环保运动、女性运动等大众抗议性社会政治运动。西方新社会运动产生的重要背景，是第二次世界大战后西方国家后工业经济的发展。与之前的社会运动如工人运动相比，西方新社会运动的显著特征是斗争目标的变化，即由物质主义议题如经济福利，向后物质主义议题如人权、生活质量、和平主义、女性和同性恋的平等权利、环境保护等转变。换句话说，工人运动的核心目标是争取工人的经济和政治利益，而新社会运动的目标是致力于社会文化、生活方式、身份认同的革新等。此外，新社会运动在运动主体上也区别于之前的工人运动，主体更加多元化。1968年法国的“五月风暴”，引发整个西欧的公众运动；在美国也兴起黑人维权运动，以及反战运动、反核运动和妇女运动。西方新社会运动极大地改变了西方社会的社会结构、社会文化价值观以及政治生态，

生态运动的发展为欧美绿党的出现，奠定坚实的基础。（王聪聪）

西蒙娜·德·波伏娃

Simone de Beauvoir，1908 ～ 1986

法国现代最杰出的存在主义女权作家、学者。1943 年第一部长篇小说《女宾》问世，1945 年出版《他人的血》反法西斯主题小说，1946 年到

1949 年期间创作《第二性》西方女权主义经典著作，1949 年出版后，在西方世界引起极大反响。此外，创作有《人总是要死的》《名士风流》《一个循规蹈矩的少女回忆》《年富力强》《时势的力量》《了结一切》等作品。极为关心人的生命存在状况（即本体论问题），从人的生存状态和生死存亡的关系考察精神与肉体的融合与撞击。孤独感刺激波伏娃思考人的身体与思想、死亡和存在的偶然性。运用爱的特例表明情感与永恒难以相互转化。爱的双方为了追求对方的超越把希望都寄托在无法超越的处境与自我和他人的关系上，以超越他人作为晋升自我的阶梯。然而，超越是有限度的。使用绝对自由的特权任意逾越，以实现自我的永恒，这种过于理想化的行为表面看似超越，实质等于水中捞月。认为人既无法实现意识和情感的超越，又不能寄希望于永恒，最后是走向无尽的孤独。在个体生命观上是悲观的，在个体价值的实现和对于整个人类社会发展史是绝望的。文本渗透着人是什么，人怎样生存，人应该如何生存这些问题，成为思维中从不停息的主旋律。（徐越）

《西欧的环境抗议》

Environmental Protest in Western Europe

英国著名环境社会与政治学者克里斯托弗·卢茨主编的代表性著作，出版于 2003 年。一般认为，随着 20 世纪 70 ～ 80 年代环境主义的制度化发展，环境社会运动正在被驱散，激进组织已经融入政策制定和咨询的过程中，环境抗议逐渐被游说和伙伴关系等方式代替。书中具体分析英国、法国、德国、希腊、意大利、西班牙、瑞典和巴斯克地区等欧洲 8 个国家和地区的环境大众抗议现状，时间跨度为 1988 ～ 1997 年，重点叙述环境抗议发生的频率，说明环境抗议究竟是下降还是激化。作者的主要发现是，在这一时间跨度内的环境抗议活动并未趋于下降，在某些国家有下降趋势，但在另外某些国家中反而更加激化。大部分环境抗议是有节制的，暴力行为极少发生。欧盟逐渐增强的环境治理能力为环境抗议的欧洲化提供了机遇，但没有数据表明，抗议活动针对欧盟或由欧盟及其机构引起。环境抗议活动大部分处于以上 8 个国家和地区的较低层次。也没有证据表明，环境抗议的欧洲化使得涉及国家的抗议模式趋同，其实仍存在着较大的不同。本书最后强调，没有或极少有证据说明环境主义的消散。环境积极分子的制度化具有自我局限性。（徐越）

《西欧新社会运动》

New Social Movements in Western Europe

瑞士环境社会学家汉斯皮特·克雷希的代表性著作。新社会运动指 20 世纪 60 年代发生的生态运动、同性恋权利、和平运动和妇女运动等。书中比较了瑞士、德国、荷兰、法国四国新社会运动的社会、民族、文化背景和现实动因，特别关注反核、同性恋和城市自治等运动。在批判集

体行为的古典理论基础上，强调社会变化间接通过重构既存权力关系而影响到政治动员。同时，作者运用经验分析说明社会运动的动员与传统政治中的国内外权力以外的领域有密切关系。在考察西欧的新社会运动时，将制度化置于抗议浪潮中加以考察。认为社会运动的制度化不是自动的过程，同激进化趋势一样，是抗议浪潮内部相互作用的产物。至于二者谁占上风，取决于政治精英同抗议兴起的关系的变化。除精英的战略选择外，有些国家为新社会运动的制度化提供较为有利的结构性因素，如瑞士。在抗议周期中解释社会运动的制度化，更能反映出制度化的动态过程，以及推动制度化的多种因素之间的相互作用。中译本译者张峰，重庆出版社 2006 年出版。（徐越）

西雅图反全球化抗议事件

Seattle Anti-globalization Protests

1999 年 11 月 30 日，世界贸易组织贸易部长会议在美国西雅图市召开。来自不同阶层的许多抗议人士涌入西雅图会场门口，呼吁关心国际贸易中的环境和劳工福利政策，表达反对全球化的立场。这一抗议活动导致会议的开幕式被迫取消，会议被延至 12 月 3 日。许多国际劳工与环境团体组织成员以及其他人员参与示威游行。示威者与西雅图的警察发生冲突，警察试图用催泪气体驱散示威者，示威者不肯散去。结果，这场示威游行演变为全西雅图的暴力冲突，600 多名示威者被逮捕，数千人受伤。西雅图市长后来宣布全城戒严与宵禁。西雅图市后来支付 20 万美元平复此事，关于集体的诉讼依然悬而未决。（王聪聪）

西雅图种族代表会议

Seattle People's Caucus

美国和加拿大的原住地居民网络、美国第七代基金和其他组织，1999 年在西雅图举办的环境代表大会。大会旨在当代资本主义父权制主导的全球化进程中，提出对当前以利润为导向的发展模式的替代性方案，倡导可持续的经济、社会发展模式。西雅图种族代表会议宣称："我们相信，我们也可以提供主导性经济模式和依赖出口的发展模式的可靠替代。我们的可持续生活风格与文化、知识传统、进化中宇宙、精神、集体价值、互惠、对母亲自然的尊重和敬畏等，在我们探求一个平等、正义和可持续性占主导地位的转型社会中是至关重要的。"（王聪聪）

吸食毒品

Take Addictive Drugs

《刑法》将毒品界定为鸦片、海洛因、甲基苯丙胺、吗啡、大麻、可卡因以及国家规定管制的其他能够使人形成瘾癖的麻醉品和精神药品，因此毒品可分为麻醉品和精神药品。法律意义上的毒品具有毒害性，即对人的身体健康造成危害；具有依赖性，即人吸食毒品后会在精神上以及生理上对其产生依赖性；具有被管制性，即毒品是被法律明确管制的，区别于一般的可能使人上瘾的烟或者酒；具有违法性，即毒品的使用必须是违反法律的。医用麻醉品和精神药品，仅具有依赖性、被管制性、毒害性，并不能说明毒品使用的违法，因此吸食毒品是以口吸、鼻吸、口服、注射等方式服用被国家管制的麻醉品和精神药品。之所以称服用毒品为"吸毒"，是因为最初的毒品的服用方式都以口鼻吸入。"吸食"指用口、鼻利用工具吸入毒品生发的烟雾或者以吞食、咀嚼的方式服用毒品；"注射"毒品是指利用针管直接将毒品注射剂注入至皮下、肌肉或者静脉，或者是造成皮肉破损后将毒品浸入体内。《中华人民共和国治安管理处罚法》规定对于吸食毒品的人应处以行政拘留和罚款的处罚，《禁毒法》

规定以社区戒毒、自愿戒毒、强化隔离戒毒处理吸毒行为。（参考：彭美红：《吸毒行为入罪问题研究》，湖南师范大学 2014 年硕士学位论文第 11 ~ 14 页。欧阳文川）

希尔卡·皮提拉

Hilkka Pietila，1930s ~

西方生态女性主义者，芬兰赫尔辛基大学教授。主要研究领域是发展问题、和平与世界合作。皮提拉和吉恩·维克尔斯以联合国观察员身份，合著有《发挥妇女的作用：联合国的角色》（1990）。两位作者在书中具体分析女性主义政治在全球化中的重要性，激烈批评联合国在女性议题上的职责缺失。（徐越）

希腊环境教育

Environmental Education in Greece

1980 年以后希腊的环境教育取得较大进步。1990 年希腊通过法律，认可环境教育成为小学和中学课程的一部分。法律规定环境教育应帮助学生意识到人与自然，还有与他们所处的社会环境的关系。应该使他们意识到环境问题，通过特定计划帮助他们为问题的提出做出自己的贡献。希腊各个地方的大学积极提供培训教师的课程。令人鼓舞的是，环境教育被纳入大学教育系基础培训的课表中（虽然专门时间很短暂），这又成为一种激励，是以哲学博士为对象开始出现的全国或国际性的研究计划。这最终导致学校教育资料的产生。希腊的教师培训同一些欧洲国家相比规模较小，但贡献却是同样杰出。事实上，一些非常好的资料都是由教师组织创建出来的。例如环境教育潘亥莱尼克教师协会，致力于在全希腊的教师之间建立交流网络，宣传他们的工作，通过组织课程支持新方法系统的推广。（参考：［英］帕尔默著，田青、刘丰译：《21 世纪的环境教育：理论、实践、进展与前景》第 232 页，北京：中国轻工业出版社，2002 年。王薛时）

希腊绿党

Ecologist Greens in Greece

相对于欧洲其他国家而言，希腊绿色运动发展相对缓慢。1989 年，希腊一些生态团体参加欧洲议会选举，获得 2.6％的选票，未能取得任何议会席位。10 月，绿党生态组织联盟（Federation of Ecological Organization）正式成立。希腊绿党在随后的 1989、1990 年大选中，分别获得 1 个议席，进入希腊议会。但 90 年代中后期以后，希腊绿党陷入持续分裂状态。2002 年，希腊的另一个绿党生态绿党（Ecologists Greens）成立，该党由希腊国内的生态论坛发展而来，并在 2003 年召开了第一次代表大会。生态绿党的基本原则是：可持续性、社会正义、非暴力、基层民主、多样性、去中心化与团结。自成立以来，希腊生态绿党参加了 2006 年与 2010 年的市镇层面的选举，2004、2009 年的欧洲议会选举，以及 2007、2009、2012、2015 年的希腊大选。在 2006 年的市镇选举中，生态绿党获得 2 个议席；2009 年的欧洲选举中，该党获得 1 个议席；2010 年的市镇选举和 2015 年的希腊议会大选中，分别获得 11 个和 1 个议席。目前，希腊生态绿党是欧洲绿党的成员党。（王聪聪）

希腊左翼党

The Left Party of Greece

1987 年 4 月 26 日成立的希腊政党。其前身是由退出希腊共产党的以德拉科普洛斯等为首的一派组成的希腊共产党（国内派）。该党建立于 1969 年 4 月，1974 年 7 月希腊军人独裁政权垮台以后取得合法地位。1976 年第一次党代表大会提出，通过民主道路走向社会主义。1978 年二大确定遵循欧洲共产主义路线，主张建立既不同于社会民主主义、又不同于“现实社会主义”的具有希腊民族特色的社会主义。1986 年四大通过决议，决定建立新党，党内外所有承认通过民主道路走向社会主义的战略、主张革新的左翼均可以参加大会。1987 年 4 月 26 日，以希共（国内派）为主体的左翼召开建党大会，宣告成立希腊左翼党。希腊共产党（国内派）自此不复存在。该大会通过了纲领宣言、政治决议和党章原则，称它是“工人阶级、城乡一切体力和脑力劳动者的党”。新党的宗旨是团结、动员激进的社会力量和左翼力量，为社会变革提供“新的动力”，深刻进行结构改革，为“实现民主自由和劳动者自治的社会主义”开辟道路，最终建立一个“没有阶级和没有任何形式的剥削与压迫的社会”。1992 年，希腊左翼党并入了已成为单一政党的左翼和进步联盟。（李庆）

系统发生的生态美

Phylogenetic Ecological Beauty

生态美是系统生发的，这种系统生发性体现在整生性的生发方面。袁鼎生在《生态艺术哲学》一书中认为：主客体潜能的整生性构成了生态美学系统生发的基础，古代客体潜能与近代主体潜能各自的“整生性实现”，造就现代主体的整生性潜能与客体的整生性潜能的耦合对生性实现，使之发展出当代人与生境潜能形构与质构统合的整生性实现，形成旨在走向自然的艺术生态美。系统生发的生态美有其特定的内涵，事物潜能整生是生态美的基础，主客体潜能的对生与生态美的生成发展紧密相关，人类与其生存场域的自然整生是当代生态艺术美关注的重点。（雷爱民）

系统价值

System Value

系统价值以整个自然生态系统为出发点，在由人类、动物、植物、微生物、无机物共同构成的自然生态系统中，所有存在物的内在价值、不同存在物之间的工具价值以及它们的相互作用与相互生成的价值，都是系统价值的有机内容。和特定价值主体的内在价值和工具价值比较起来，系统价值是最高、最广博的价值形式，它重视任何一种特殊的价值形式，海纳百川式地把一切现实的价值形式吸纳、整合、包容于自身之中。（参考：张云霞：《内在价值、工具价值、系统价值辩证关系初探》，《河南师范大学学报》（哲学社会科学版）2011 年第 3 期第 27 ~ 30 页。牟世晶）

系统生态学

System Ecology

将系统分析理论和方法应用于生态学研究领域而形成的生态学分支学科。系统生态学的核心观点是将生态系统看作呈现突变性特征的复杂体系，将生态系统视为完整的统一体，各个组成部分之间相互联系、相互作用、相互协调，既受制于总体，又有各自的特点，将这种综合体分解成若干组成因素，以数理模型表示，运用系统分析（systems analysis）的方法分析人类干预、生物及其环境之间的相互作用。系统生态学的发展得益于计算机的发展和应用，以及数学方法在生态学领域的渗透。20 世纪 60 年代以来，系统生态学得到较快发展，在资源合理利用、草原改良、农田管理、环境污染监测与控制、人口调节和预测、鸟类导航、害虫控制等方面付诸实践应用并取得不少成果，尤其是通过研究物质流、能流、信息流的运行阐明生态系统的行为动态关系卓有成效。（参考：肖增祜：《系统生态学中的几个基本问题》，《辽宁大学学报》（自然科学版）1982 年第 S1 期第 26 ~ 32 页。韩铮　牟世晶）

系统自然观

Systematic View of Nature

辩证唯物主义自然观的发展。根植于相对论、量子力学、分子生物学和以系统论、控制论、信息论、耗散结构论、协同论、突变论、混沌理论等为代表的系统科学的基础上。系统自然观体现在自然界的系统存在方式与系统演化两个方面。自然界的系统存在方式是由若干相互联系、相互作用的要素组成的具有特定结构与功能的有机整体。它是自然界物质的普遍存在方式。不仅整个自然界是一个系统，而且其各个组成部分又自成系统、互成系统。自然系统具有物质、能量和信息三要素，根据系统与外界环境是否交换物质、能量、信息，可以将其分为孤立系统、封闭系统和开放系统。现实自然界是一个开放系统。自然界物质系统具有整体性、层次性、动态性、开放性等基本特点。自然界不仅存在着，而且演化着。自然界的系统演化，既有有序和进化，又有无序和退化。自然界的演化，既不是单调地走向有序和进化，也不是单调地走向无序和退化。有序与无序的不断转化，进化与退化的不断交替，使自然界处于永恒的物质循环之中。（牟世晶）

细菌灯泡

Bacterial Bulb

英国剑桥大学研究团队研制的一种由发光细菌制作的生物灯泡。这种灯泡依据夏威夷短尾乌贼发光器的发光原理研制。研究发现短尾乌贼发光器中含有的发光细菌是由一组5个基因引发的，其中2个基因组成荧光素酶，另外3个基因负责制造荧光素。当荧光素酶与荧光素结合以后就会发光。依据这个发现，剑桥研究团队研制出细菌灯泡。这种灯泡内部装的是会散发荧光的大肠杆菌，不含金属物质，也不需要耗电，能量利用率非常高，几乎所有的输入能量都被变成光。研究者依据发现选取活动能力较强的大肠杆菌作为媒介进行基因组移植实验，成功地把控制发光的基因组移植到大肠杆菌中，赋予大肠杆菌发光的能力。然而这种技术尚不成熟，因为细菌的寿命很短，后代是否还有发光功能，成为细菌灯泡需要克服的难点。（韩铮）

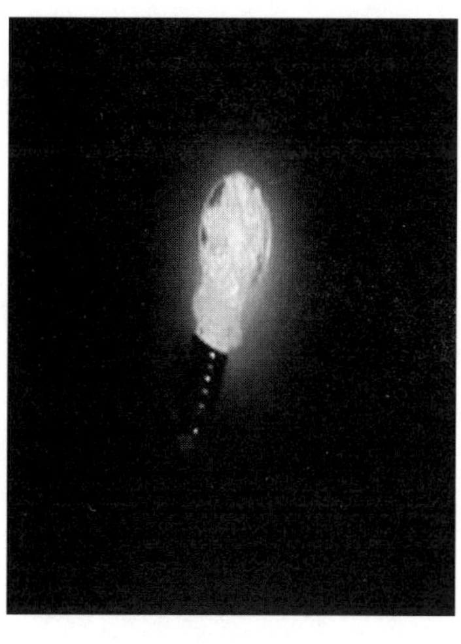

《细菌浩劫》

Warning Sign

美国科幻电影。导演哈尔·巴伍德，1985年在美国上映。讲述美国军方将一个细菌武器实验室伪装成农业科技实验室，秘密研究某种超级病菌。人类一旦感染这种病菌后并不死亡，而是迷失本性，成为杀人狂。这种细菌战将导致敌方军心崩溃。结果，实验室发生泄露，被自动安全装置封闭起来。内部的科研人员受到感染，成为人不人、鬼不鬼的怪物。影片促使人们对科技及科技发展带来的利弊以及人类盲目干预自然引发的恶果进行思考，被评为十大最佳环保电影之一。（张惠娜）

潟湖

Lagoon

指海岸带由滨外坝、沙坝或沙嘴与外海或河口相隔，形成半封闭或全封闭的浅水湿地。潟湖地处海陆交界处，一般由沙坝、潮汐水道和纳潮盆地组成，通过一条或多条水道与外海相连，其连通性的差异导致水体存在盐度差异。有学者按照盐度将其划分为淡化潟湖（盐度小于海水）和咸化潟湖（盐度大于35‰）。潟湖是一种特殊的海岸湿地，受大陆河流和海洋的共同影响，不仅

具有一般湿地的水文特征和生态功能，而且还有某些特有的生态功能。潟湖是天然的养殖场，为人类提供丰富的生物资源；具有良好的旅游资源，有很大的开发潜力。潟湖在调控洪水峰值、降低土壤污染、调节气候、减缓海岸侵蚀等方面具有积极的生态功能。此外，潟湖还是优良的避风港湾和重要矿区。目前我国潟湖生态系统遭到破坏，面积不断减少，因此对潟湖进行切实地保护和开发具有重要的生态和经济意义。（韩铮）

下凹式绿地

Low Elevation Greenbelt

是一种具有渗蓄雨水、削减洪峰流量、减轻地表径流污染等优点的生态型排水设施。城市的发展使原本的土地覆被、土地利用发生显著变化，这导致雨水的截留、蒸发、下渗等水文过程也随之发生变化，加大区域发生洪涝灾害的风险，同时传统的城市排水系统也不堪重负。城市绿地作为城市生态系统的重要组成部分，兼具城市水文循环的生态环境效应。下凹式绿地相较于普通绿地，利用下凹结构的空间充分汇聚收集雨水，增加雨水下渗的时间。下凹式绿地也设计成低于路面，可以汇集周围的雨水径流。因地制宜是设计下凹式绿地的基本原则。（朱雨晨）

下院

The Lower House, House of Commons

资本主义国家两院制代议机构的重要组成部分之一，有的国家称为众议院、国民议会或第二院。源于英国的平民院，后纷纷为其他资本主义国家所效仿。下院的议员来源，通常按人口比例由选民分选区来选举产生，定期改选，而且对年龄、居住年限、教育程度、财产状况等均有严格规定。根据资产阶级法律的有关规定，下院享有立法、监督政府、监督财政等权力。在内阁制议会的国家，下院的权力往往更大些。内阁的组成、条约的缔结、财政预算案的制定等，必须首先经下院审查和通过。如果下院通过了对内阁的不信任案，那么，除非解散议会下院，否则，内阁必须总辞职。下院与上院互相制约，有利于通过法案的合理化，但也容易造成扯皮现象。（李庆）

厦门绿拾字环保服务社

Xiamen Greencross Association

非政府、非营利、非宗教的草根民间环保组织，2007 年 8 月 9 日正式通过厦门市民政局的审核，登记注册为民间组织——厦门市绿十字环保志愿者中心，主管部门是厦门市环保局。它倡导和推动环境领域公众参与机制的形成，影响环境公共政策；通过丰富多彩的志愿者活动，推动公众选择绿色生活方式，促进政府、企业及社会公众环境诉求的和谐发展。宗旨：通过开展环保宣传活动，倡导绿色生活方式，推动可持续发展教育，搭建交流平台，促进公众参与，共建和谐社会。价值观：节约、循环、参与、和谐。工作成果：催生及推动当地学生社团成长，培养大批优秀环保人才；推动企业参与和关注环境保护，承担企业社会责任；组建相关专门项目小组，深化众多项目具体实施；改善当地环境等。（席溢）

厦门 PX 项目抗争事件

Xiamen PX Project Protests

厦门 PX 项目是 2006 年厦门市争取到的重大外资项目，已通过环保评估论证和国家环保局的审批。在 2007 年 3 月的全国人大和政协会议上，政协委员与厦门大学教授赵玉芬等人联合发起的《关于厦门海沧 PX 项目迁址建议的提案》，使厦门 PX 项目置于媒体舆论的聚光灯下。提案指出，PX 项目距离居民区太近，存在着泄漏或爆炸隐患，建议项目迁址。赵玉芬等人的提案没有得到政府回应，PX 项目继续建设。2007 年 6 月 1 日，数千名厦门民众走上街头抗议游行，反对在厦门建设 PX 项目，要求政府终止兴建化工厂计划。这一过程中，由于政府利益和民众诉求的偏差，环境信息公开制度的不健全，以及政府与民众的信息不对称，导致大量谣言和流言迅速传播。2007年12月5日，厦门市召开城市总体规划环评公众参与新闻发布会，广泛征求民众意见。在12月13日和14日召开的市民座谈会中，大部分市民代表以及人大、政协代表都反对上马PX项目。经过一年多的抗争，厦门PX项目最终流产，迁址福建漳州。厦门PX项目事件是环境社会政治动员中“邻避现象”（“不要在我家后院”）的典型案例，也是中国环境维权和民主进程中的重要里程碑。（王聪聪　张沥元）

先秦文艺生态学思想

Pre-Qin's Ecology Thought of Art and Literature

中国古代先秦时期的文艺生态思想。先秦时期是中国文艺生态学思想的发生期。这一时期不仅某些文学作品萌露出比较鲜明的生态意识，而且文论中突出彰显文艺生态学的某些重要命题。先秦文论家对文艺与“政象”、文艺与人“心之枢机”、文艺与“两仪”关系的描述，不仅体现了文艺生态学思想发生期的哲学高度及意蕴，也显示出先秦文艺生态学思想的广泛样态及其深入性。先秦时期中国文论固然还处在自身初创阶段，某些史籍的有关记载，还多属一种感性、非自觉的创作经验之谈。但是，从现有古籍中我们可以看到，这个时期的文艺理论已经包含了某些具有生命力的文艺生态学观点。与此同时，其他意识形态领域中大量有关思想理论，又为古代中国文艺生态学思想的发展铺垫哲学基础。先秦时期既是中国文艺理论的出发点，也是中国文艺生态学思想的启程线。（参考：高翔：《先秦文艺生态学思想研究》，《社会科学研究》2009年第6期第178～182页。王薛时）

先驱性领导者

Pioneer leader

生态现代化理论中的重要概念。指在某一项技术或政策领域保持着统治和领先地位的国家或企业。先驱性领导者的创新型解决方案和政策模式，不仅可以赢得国际市场的竞争优势，也会起到示范引领作用，促进创新型技术和政策的国际扩散。世界上30多个国家都模仿和采用德国的电网回购政策。在环境政策领域，瑞典、荷兰、丹麦等国家，都是创新型环保政策的引领者。它们较早实施二氧化碳排放的减排方案，发展可再生能源，引入环境税和能源税。德国、日本、美国还是可再生能源技术领域的先驱性国家，保持着清洁能源技术专利（如碳捕捉、风能、太阳能电池等）的世界领导者地位。中国在可再生能源的制造领域，也拥有世界领导者的地位，特别是太阳能电池板、太阳能热水器、风力发电机等。先驱性领导者以清洁技术为驱动的明智环境政策，可以在技术创新方面引领世界市场，获得长久的竞争优势。（徐越）

先污染后治理

Treatment After Pollution

先污染后治理是关于环境保护与经济发展相互关系的一种观点，指的是在经济发展的一定阶段，主要是初级阶段，不得不忍受环境污染，只有当经济发展到相当水平，才可能有效地去治理。其结论是，先污染后治理具有客观规律性。论证者往往进一步解释说，环境污染和破坏，作为人与自然之间冲突的表现，正如人类社会内部的分裂和对抗一样，是同生产发展的一定阶段相联系的。他们强调先污染后治理的客观规律性，并不是反对采取措施来治理和防止环境污染，而是指出在经济水平不高的条件下，相当一部分环境保护目标和措施，将由于经济水平和技术水平的限制而不能实现，社会将忍受环境污染的后果。批评者认为，强调先污染后治理具有客观规律性，将使社会放弃环境保护，放纵环境污染。环境保护不应当落后于经济发展，二者应当而且可以同步进行。如果等到严重污染后，再行治理，就需花费数倍乃至数十倍的经济代价。近年来，随着

经济发展过程中污染问题的日益严重，先污染后治理的思路已经被逐渐摒弃。（朱配辰）

纤维石膏板

Gypsum Fiber Board

以建筑石膏粉为主要原料，以各种纤维为增强材料的建筑板材。又称石膏纤维板、无纸石膏板。具体制作过程，以建筑石膏粉为主要原料，掺加无机或有机纤维材料及其他附加剂，制成的料浆经过打浆、铺浆、脱水成型、凝固、干燥制成成品。依据添加纤维材料不同，可以分为无机纤维石膏板和有机纤维石膏板。纤维石膏板是在纸面石膏板获得广泛应用的基础上的又一次开发，不再需要护面纸和黏结剂，同时综合性能十分优越，具有抗冲击能力高、内部粘连牢固、防压痕能力强，防火、防潮、保温、隔音性能优越等优点，加之良好的呼吸性能，适用家居建筑的隔板、天花板、地板的制作，给居住者良好的居住舒适感。（朱雨晨）

纤维素生物燃料

Cellulosic Biofuels

纤维素生物燃料又称第二代生物燃料，指利用纤维类生物质资源通过物理转化（机械粉碎、微波处理等）、热化学转化（碱处理、有机溶剂处理和无机酸处理等）和生物转化（酶法降解、微生物发酵法等）3 大类技术手段，开发生成的包括乙醇、生物柴油等可再生能源物质。常见的纤维素来源包括各种农业残余物（玉米秸、麦秸、稻草等）、林业残余物（伐木产生的枝叶、死树等）、专门栽培的作物残余物以及各种城市生活废弃物等。纤维素生物燃料的开发应用，能够有效缓解化石燃料储量有限和不可再生的能源危机，有助于循环经济的发展。目前，如何运用分子生物学手段优选出具有高酶活的优良菌种，以提高纤维素的转化率，仍然是工业上在降解纤维素技术方面存在的问题。（参考：殷福珊：《纤维素生物燃料的商业化》，《日用化学品科学》2009 年第 5 期第 13 ~ 14 页。刘阳）

现代传媒

Modern Media

传播媒介发展的一个阶段。“传媒”这个词来自英文的 medium，汉语里解释的意思是“传播媒介”。传媒是传播各种信息的媒体，即信息传播过程中从传播者到接收者之间携带和传递信息的一切形式的物质工具。最早的传媒是以口耳传播为主要方式，后来出现利用手势、旗语、烽火等方法接收彼此信息的传媒方式。随着人类文明的发展，出现以文字（形成以书籍、报纸等）为主的媒介。近代传媒包括信件、绘画，文字、符号、印刷品和摄影作品等。第二次工业革命以来，出现电影、广播、电视等各种电子媒介。20 世纪中后期，网络慢慢发展起来，并成为传媒主流。从广义上说，现代传媒的种类包括报纸、电视、书籍、杂志、互联网、电影、广告、手机、电话、传真、可视电话、广播、短信、CD 等等。现代传媒发挥着监测社会环境、协调社会关系、传承文化、提供娱乐的功能。（张惠娜）

现代国家

Modern State

国家一般是指现代理性国家，形成于西方现代社会初期，是一种自立于其他制度之外的、独特的、集权的社会制度，并且在已经界定和得到承认的领土内，拥有强制和获取的垄断权力。民族可以界定为一种名义上的人类共同体。它有着一个共同的祖先、历史传统和大众文化神话，据有一块领土，所有成员都有劳动分工和法定权利，其中包括种族文化因素和现代公民特征。民族的概念所具有的二重性和模糊性影响着它随后与国家的融合。民族的公民要素和领土要素越明显，其融合过程便越容易；反之，民族概念中种族要素越突出，国家与民族间融合的可能性便越小。目前，绝大多数民族国家都是多民族的混合体。较发达而古老的西方国家成为民族国家的机会更多一些，但它们也会遭到深刻的国内民族分裂的折磨。由于早在种族民族主义尚未波及上述社会内部的少数民族社团（如布列塔尼、巴斯克、苏格兰、佛兰德、魁北克等民族）之前，它们便已经享有了国际地位，因而只有在不很严格的和历史的意义上，才能把它们称作民族国家。严格意义上说，世界上只有大约10%的国家具有民族国家的地位，即国家的领土和制度由一个唯一的、具有同种文化的、在种族方面可定义为民族的成员所掌握。在今天，种族同一的民族国家仍是一个强有力的政治理想，但已经不再具有普遍意义。（郇庆治）

现代建筑

Modern Architecture

20世纪中叶以来在西方建筑领域居主导地位的建筑思潮。现代建筑主张建筑师要摆脱传统建筑形式的束缚，大胆创造适应于工业化社会条件和要求的崭新建筑。因此，它具有鲜明的理性主义和激进主义的色彩，又称为现代派建筑。在英语文献中，“现代建筑”用大写字母开头的 Modern Architecture 表示，用小写字母开头的 modern architecture 表示“现代”这个时间范围的建筑。现代建筑思潮产生于19世纪后期，成熟于20世纪20年代，在50～60年代风行全世界。现代建筑同工业化社会相适应，强调建筑师要研究和解决建筑的实用功能和经济问题，主张积极采用新材料、新结构，在建筑设计中发挥新材料、新结构的特性。现代建筑主张坚决摆脱过时的建筑样式的束缚，放手创造新的建筑风格，创造建筑新风格。（王薛时）

现代林业产业

Modern Forestry Industry

指以森林生态系统为经营对象，按照森林生态系统的演替规律，开展森林经营活动，通过各种措施，减少对林地的养分耗损，增加林地养分补充，增加对系统的投入，建立新的高效的生态链，形成高级有序循环，促进林业系统向高级有序态进化。现代林业的经营目标是通过对有限森林资源的节约、节制和循环使用，创造健康有序的森林资源使用机制，实现和谐发展的循环性社会。现代林业的内涵：1. 用科学发展观指导林业；2. 用现代科学技术提升林业；3. 用现代物质条件装备林地；4. 培育新型务林人推进林业；5. 提高林地产出率、资源利用率和劳动生产率，提高林业发展的质量、素质和效益。现代林业建设需要构建林业的3大体系：完备的森林生态体系，发达的林业产业体系，健全的林业管理体系。（史月田）

现代农业

Modern Agriculture

以先进的科学技术和装备为支撑，按市场规则运行，实行集约化生产和高劳动生产率，发展可持续的农业产业形态和产业体系。相对于原始农业、传统农业而言的农业形态或农业阶段。2007年的中央1号文件提出现代农业的要求是高产、优质、高效、生态、安全，发展路径是用现代物质条件装备农业，用现代科学技术改造农业，用现代产业体系提升农业，用现代经营形式推进农业，用现代发展理念引领农业，用培养新型农民来发展农业。现代农业的特征有：1. 具备较高的综合生产率，包括较高的劳动生产率、土地产出率和资源利用率；2. 达到区域生态的良性循环，农业本身成为一个良好的可循环的生态系统；3. 现代农业成为高度商业化的产业，要求建立非常完善的市场体系，包括农产品现代流通体系；4. 农业生产物质条件的现代化、农业科学技术的现代化、管理方式的现代化等。（参考：肖建中：《现代农业与服务业融合发展研究——基于浙江实践分析》，华中农业大学2012年博士学位论文第19～20页。刘阳）

现代农业模式

Modern Agriculture Model

国际上推进农业现代化过程中有两种典型模

式，一种是人少地多的美国模式，另一种是人多地少的日本模式（包括韩国、台湾等）。无论哪种模式，现代化起步时期都有共同特点：1. 人均国内生产总值水平较高，达到 1000 美元以上；2. 农业增加值的比重很小，在 30%以下；3. 农业劳动力的比重较高，在 30%以上；4. 农产品商品率低，在 40%左右。在中国建设现代农业过程中，由于各地农业生态类型、自然资源条件和社会条件的差异，因而在现代农业的建设和运作上，各地有着不同的探索。各地探索建设现代农业中的运行模式有：1. 外向型创汇农业模式；2. 龙头企业带动型的现代农业开发模式；3. 农业科技园的运行模式；4. 山地园艺型农业模式。（李雪姣）

现代企业制度

Modern Enterprise Theory

指以市场经济为基础，以企业法人制度为主体，以有限责任制度为核心，以产权清晰、权责明确、政企分开、管理科学为条件的新型企业制度。企业制度是企业产权制度、企业组织形式和经营管理制度的总和。企业制度的核心是产权制度，企业组织形式和经营管理制度以产权制度为基础，三者分别构成企业制度的不同层次。企业制度是动态的范畴，它随着商品经济的发展而不断创新和演进。从企业发展的历史看，具有代表性的企业制度有：1. 业主制。这一企业制度的物质载体是小规模的企业组织，即通常所说的独资企业。在业主制企业中，出资人既是财产的唯一所有者，又是经营者。企业主可以按照自己的意志经营，独自获得全部经营收益。这种企业形式一般规模小，经营灵活。企业主要对企业的全部债务承担无限责任，经营风险大；企业的存在与解散完全取决于企业主，企业存续期限短等。因此业主制难以适应社会化商品经济发展和企业规模不断扩大的要求。2. 合伙制。这是一种由两个或两个以上的人共同投资，并分享剩余、共同监督和管理的企业制度。合伙企业的资本由合伙人共同筹集，扩大了资金来源；合伙人共同对企业承担无限责任，可以分散投资风险；合伙人共同管理企业，有助于提高决策能力。但是合伙人在经营决策上也容易产生意见分歧，合伙人之间可能出现偷懒的道德风险。所以合伙制企业一般都局限于较小的合伙范围，以小规模企业居多。3. 公司制。现代公司制企业的主要形式是有限责任公司和股份有限公司。公司制的特点是公司的资本来源广泛，使大规模生产成为可能；出资人对公司只负有限责任，投资风险相对降低；公司拥有独立的法人财产权，保证企业决策的独立性、连续性和完整性；所有权与经营权相分离，为科学管理奠定基础。（史月田）

现代社会治理体制

Modern Social Governance System

是规范社会行为、调节利益关系、协调社会关系，改进社会治理方式，完善体制内的社会组织建设，将体制外的社会组织制度化、规范化、法治化，在法治约束和保障公民权利的基础上建立起公共权力与公民之间制度化、规范化与法治化的良性互动关系。现代社会治理体制体现在：1. 治理意味着政府组织已经不是唯一的治理主体，治理承担者扩展到政府以外的公共机构和私人机构；2. 治理中的权力运行方向发生变化，从单一向度的自上而下的统治，转向上下互动、彼此合作、相互协商的多元关系；3. 形成多样化的社会网络组织，从事公共事务的共同管理；4. 政府治理策略和工具向适应治理模式要求的方向改变。简单地说，在当代社会治理已发展成为多元主体的共治形态。（李雪姣）

现代生态田园城市

Modern Ecological Garden City

建设有生产功能的、节约的、对环境破坏最小的，满足现代人的生产方式、精神风貌、美学特征、文化特征的城市。建设战略有：1. 反规划解放和恢复自然之大脚，建立生态基础设施，提供生态系统服务；2. 倡导大脚美学，基于生态与环境伦理的新美学，认识到自然之美，健康之美。“大脚革命”遵循的原则：与洪水为友；回归生产，恢复土地的生产力；珍惜脚下的文化和普通人的遗产；最小的干预；让自然做功。（李雪姣）

现代田园城市

Modern Garden City

指依据自然、资源、环境特点，优化城市空间结构，各级组团围绕城市绿地紧凑布局，形成规模适度、功能健全、分工合理、合作紧密、相互依赖、城乡和谐的组团城市。现代田园城市突出体现现代综合生态观，兼备城市和乡村的优点，强调人与自然相互融合、统筹城乡发展，实现社会、经济、资源、生态、环境在城市中的协调发展，是城乡一体化的物质载体。现代田园城市注重“以人为本”思想，以建设资源节约型、环境友好型社会为基本原则，把实现社会效益、经济效益、生态效益最大化为根本目标；以统筹城乡各类资源要素为有力手段，通过和谐搭配城市与自然资源、有效融合城乡空间、转型经济结构、改革社会体制等，不断改善和美化城市的生产、生活、居住环境，逐步构建起城乡社会和谐发展的城市结构形态。（李雪姣）

现代西方哲学自然观

Modern Western Philosophy View of Nature

20 世纪以来西方哲学家在现代资本主义社会危机和自然科学革命中形成的对自然界的各种看法。现代西方哲学自然观强调自然界只是在自然科学的、特别是数学和物理的命题中显示出来的东西。B.A.W. 罗素表示相信外在世界的存在，认为不应当把自然界归结为物体的总和，而应当看作由点、瞬间、质点所组成的一系列“事件”，即事物的各种性质和关系的系统。他又认为，这一切归根结底都是人们通过感官形成的感觉材料。它们组成某种可用数学描述的先于经验的逻辑结构，构成一个先验的实在的“共相世界”。人本主义自然观反对从科学出发认识自然界，认为自然界总是同生命、主体、人耦合着，是后者活动的产物。有机主义自然观在调和科学主义和人本主义两种倾向的基础上，把自然界看作是一个有机体。新托马斯主义自然观片面坚持科学主义和人本主义观点的结果，给神学留下了空隙。新托马斯主义者借口科学和哲学都不足以解决自然观问题，力主用“超自然”“超物质”的信仰加以补充。他们秉承中世纪经院哲学家托马斯·阿奎那的思想，认为一切存在物都是由质料和规定这种质料的形式组成的，认为后者是主导的、积极的，前者是从属的、消极的。它只是一种消极接受形式作用的潜在可能性，一种想成为存在的“渴望”，也可以说是一种“非存在”。由于特定的历史条件，大多数现代西方哲学家都力图用不同方式，在不同程度上适应现代科学的发展，反对机械唯物主义自然观。但是，他们大都回避甚至否定自然界的客观存在及其发展规律性，有的还强调人认识自然的非理性因素，宣扬宗教神秘主义。（牟世晶）

《现代性的后果》

The Consequences of Modernity

英国著名社会学家安托尼·吉登斯的主要著作之一。书中提出与现代性相联系的制度变革的新颖并富有启发性的视角。何为现代性？吉登斯认为，现代性是社会生活的模式或组织，兴起于 17 世纪的欧洲，随后逐渐或多或少外溢到全球层面。他在书中指出，我们还没有进入后现代性时期，而是处于现代性繁盛时期。在这一时期，现代性的后果变得前所未有地剧烈与普遍化。他在吸收与批判古典社会学家的社会思想传统基础上，提出自己的观点，即现代性的动力来源于时空延伸、脱域机制和反思特性。基于此，吉登斯认为，全球化是现代性的后果之一，提出现代性制度维度、全球化维度、现代性严重后果维度和后现代性可能维度。书中主旨建立在作者既有理论的基础上，关注安全 / 危险、信任 / 风险维度，强调现代性的双刃剑现象。现代社会机构的发展为人类享有更为安全的环境创造极大的机会。但现代性也带来挑战，如现代工业产物的退化、极权主义的增长、环境毁坏的威胁、军事权力和武器的扩展。（徐越）

现代政党

Modern Political Parties

代表一定阶级、阶层或集团的利益，旨在执掌或参与国家政权以实现其政纲的政治组织。严格意义上的政党，是近现代资本主义社会阶级斗争的产物。其基本特征或要素是：1. 有明确、具体的政纲，即政治主张和方针政策；2. 有定型的从中央到基层的组织系统；3. 有一定数量的党员和各级领导人；4. 有约束党员行为规范的纪律；5. 通过党组织和党员的各种活动，广泛争取非党群众的支持，竭力争取执掌或参与国家政权，以实现自己的政纲。近现代政党的出现和活动，在历史上有重大的进步作用，它使古代君主个人终身统治的专制政治改变为近现代政党的民主政治。政党民主政治使政治生活、政治斗争和政治决策公开化、团体化、群众化、程序化、法治化、制度化，有利于发挥统治集团集体的作用，有利于调动广大群众的积极性和主动性，有利于减少和消除危害国家和社会的各种滥用权力的现象等。17 世纪英国的辉格党和托利党，是最早出现的资产阶级政党。第二次世界大战后，政党几乎成为各国普遍的政治现象。现今，世界各国的政党总数约有 4000 个。（李庆）

现代主义

Modernism

相对于后现代主义而言，泛指现代工业发展、现代社会条件下形成的理论成果，而后现代主义则是后工业社会、后现代社会或信息社会条件下所发展形成的思想结晶。现代主义或现代派运动一词，现在被固定作为一种国际性倾向的统称，这种国际倾向出现于 19 世纪末期西方的诗歌、小说、戏剧、音乐、绘画、建筑和其他艺术领域，后来影响到 20 世纪大多数艺术的特征。一般认为，这种倾向在第一次世界大战前夕或战后不久达到了顶峰。因此，对于此后现代艺术与文化的发展，弗兰克·克莫德提出了“对现代主义两个阶段之间有益的粗略区分”，即古现代主义和新现代主义，前者是早期的发展，后者则是超现实主义的和后超现实主义的发展。其他一些人，特别是美国的哈桑和费德勒等则主张，正在出现一种新的后现代主义的艺术与文化风格。20 世纪 70 年代后期兴起于欧洲思想界的利奥塔德与哈贝马斯之争，则使这场起源于北美文化艺术界的讨论带有了哲学思辨的色彩。（郇庆治）

现代自然观

Modern View of Nature

现代自然观力图遵循两个基本原则来理解自然界：一是尽量做到对自然界各种事物的本质做出完整而系统的概括说明；二是对自然界的辩证发展的内在逻辑做出科学的概括说明。就具体内容说，新的现代自然观主要体现在：1. 整个自然界的万事万物都是由物质、信息和意识三种基本存在构成的。物质、信息和意识是自然界的三种基本存在，自然界的一切事物都是由这三种基本存在组成的。2. 自然界的万事万物在现实的存在形式上都可以归纳为三种形式，这就是非生命、生命和人体。3. 自然界存在由低级到高级、由简单到复杂的发展规律。自然界由低级到高级的发展规律是物质—信息—意识，由简单到复杂的发展规律是非生命—生命—人体。从上述现代自然观的基本内容可以看出，它从根本上克服传统自然观存在的缺陷，实现了对自然界的全面而系统的把握：1. 现代自然观对整个自然界进行完整概括；2. 现代自然观科学揭示自然界的各种基本存在的本质特性；3. 现代自然观更科学、更合理地揭示了自然界各种事物之间的联系和发展规律。（参考：杨玉辉：《一种新的现代自然观》，《社会科学研究》2003 年第 2 期第 65 ~ 68 页。牟世晶）

现代自由主义

Modern liberalism

现代西方政治思潮之一。自由主义一词源于西班牙语中的一个词，19 世纪初被首次用作西班牙自由党的名称，表示该党在政治上既不激进也不保守的折中态度，后在欧洲、北美广泛流行使用，成为一种资产阶级思想流派的代名词。尽管自由主义者对社会问题往往采取实用主义的态度，使自由主义的内容经常改变，但强调以理性为基础的个人自由，主张维护个性发展，则始终是自由主义的核心。自由主义者主张，国家的政治生活都应以维护个人自由为目的，反对任何形式的专制，无论是国家的、教会的、还是社会习俗的、舆论的；生命、自由和财产是公民不可剥夺的基本权利，在法律许可的范围内公民享有广泛的自由权，国家应实行代议制民主，国家权力必须受到限制，国家为保护公民权应实行法治与分权。自由主义者赞成社会的发展与进步，既主张改革、反对保守主义，也反对激进的民主主义和马克思的社会主义。自由主义政治思潮的发展经历了传统自由主义和现代自由主义两个历史时期。传统自由主义时期从 17 世纪起延续到 19 世纪末，现代自由主义时期则从 19 世纪末一直到当代。与传统自由主义的名称相对，现代自由主义也被称为新自由主义。自由主义的发生、发展与变化显示了西方社会政治风云的变幻，不仅极大地影响了西方社会民主主义、实用主义、新保守主义等政治派别或思潮，而且在相当长的时期内成为英、美等主要资本主义国家制订政策的理论基础。（李庆）

现代综合进化论

Modern Comprehensive Theory of Evolution

又称现代达尔文主义，或新达尔文主义。将达尔文的自然选择学说与现代遗传学、古生物学以及其他学科的有关成就综合起来，用以说明生物进化的理论。由于达尔文的经典进化论有极大的局限性，20 世纪的科学家对达尔文进化论进行大刀阔斧的增加与修改，逐渐形成现代进化论体系。20 世纪 20 ～ 30 年代首先由 R.A. 费希尔、S. 赖特和 J.B.S. 霍尔丹等人将生物统计学与孟德尔的颗粒遗传理论相结合，重新解释达尔文的自然选择学说，形成群体遗传学。以后 C.C. 切特韦里科夫、T. 多布然斯基、J. 赫胥黎、E. 迈尔、F.J. 阿亚拉、G.L. 斯特宾斯、G.G. 辛普森和 J.W. 瓦伦丁等人根据染色体遗传学说、群体遗传学、物种概念以及古生物学和分子生物学的许多学科知识，发展达尔文学说，建立现代综合进化论。现代综合进化论彻底否定获得性状的遗传，强调进化的渐进性，认为进化是群体而不是个体的现象，重新肯定自然选择的压倒一切的重要性，继承和发展达尔文进化学说。现代进化理论认为，进化是生物种群中实现的，突变、选择和隔离是生物进化和物种形成过程中的三个基本环节。现代综合进化论的基本观点包括：种群是生物进化的基本单位；突变为生物进化提供材料；自然选择主导着进化的方向；隔离是物种形成的必要条件。（牟世晶）

现实主义国际关系理论

Realism in International Relations Theory

追求国家利益与权力是国家的天赋，为此可以不择手段，置道德民主而不顾的观点。代表人物是英国威尔士大学教授爱德华·卡尔。他最先提出了三论断，即权力是政治的主要因素；道德、民主和正义是相对的；政治是权力与道德的结合，一切政治都是权力政治，一切冲突都是权力冲突，国际政治的基本要素之一就是权力。现实主义学派还认为，国际关系是受自然法则和人的本性支配的；人为了实现私欲和追求权力，可以利用一切手段，包括暴力手段；在国际社会中，每个国家都受国家利益支配，都要追求国家的利益与权力。1948 年，汉斯·摩根索在《列国政治论——为权力与和平而斗争》中，提出了现实主义六原则。中心思想是，权力与利益是国家政治的中心，强调权力政治范畴的独立性，道德原则不能抽象地应用于国家行为。20 世纪 50 年代后，美国的乔治·凯南、亨利·基辛格和法国的雷蒙·阿隆等，发展和丰富了现实主义。战后美国的遏制政策、大规模报复战略、核威慑理论等，都与现实主义有着密切关系。（李庆）

现象学还原

Phenomenological Reduction

德国哲学家德蒙德·胡塞尔（Edmund Husserl）现象学的中心方法概念。在胡塞尔的现象学中，现象学还原包含两层含义，首先指现象学的悬搁，其次指先验还原。现象学的悬搁作为一种方法，是胡塞尔要求摒弃看待和研究事物的自然观点向现象学观点转变的关键。自然观点意指对事物存在与否的前置预设以及与此相适应的理论成见，它是现代自然科学赖以发展的理论前提。因此现象学的悬搁是对意识被给予之物的存在与否不做任何在先的执态。需要注意的是，现象学的悬搁与怀疑论的悬搁并不相同，后者指对任何被给予之物的明见性保持怀疑，前者只是要求摒除意识中除被给予之物以外的任何在先概念和态度，对于意识构造内容本身并不存疑。先验还原指通向先验主体性的方法通道。通过现象学的悬搁仅仅为纯粹意识领域的研究开辟领地，然而这并不必然导向先验主体性的意义，因此先验还原作为通向先验主体性的通道，必须将现象学的悬搁进一步彻底化。这种彻底化包含两方面意义：首先，将意识内容进一步从现实性朝向样式中的当下性内容还原至意识中隐含的所有视域范围，即当下性的原印象及其滞留性和前摄性内容；另一方面，这种彻底化延伸到世间的自身统觉之上，这是纯粹意识的内部性转变为先验的主体性。（参考：倪梁康：《胡塞尔现象学概念通释》第 128 页、第 404 页，北京：三联书店，2007 年。欧阳文川）

现象与本性相即论

Theory of Coexistence between Phenomenon and Noumenon

佛教教理有缘起性空论，即现象与本性相即论。认为一切现象的存在都是由于因缘聚散所致，因而空虚无主，即所谓“诸行无常、诸法无我”，认为事物没有独立的自我、不变的自性。此中的“我”指独立的实体、不变的自性，无我即是空、空性。缘起论有两个层面的意思：就存在的现象而言它是有，就其存在的本性而言它是空，“有”与“空”统一于缘起的事物中，现象与本性相即不离。这是佛教所谓的“色不异空，空不异色；色即是空，空即是色”的思想。（雷爱民）

限额捕捞

Catch Quota

也称定额捕捞，在指定海域和一定时间内，对某一或某些捕捞群体确定允许捕捞的数额，然后将这些有限的捕捞定额，分配给生产者，是用来控制捕捞死亡，进行渔业科学管理的有效措施之一。采用限额捕捞系统进行渔业管理，对被分配者的捕鱼船数一般不加限制，一旦达到所分配到的捕捞配额，则立即停止捕捞，违者将受到处罚。一般只用于单一或一两个资源处于相对稳定状态的鱼种。同时要有较严格的管理措施，和能及时统计渔获量的统计系统。在多鱼种渔业中，采用限额捕捞的管理措施，可能导致渔获物集中在最有经济价值的品种上，出现优质种群捕捞过度的现象。另外，由于受渔业资源的自然波动、渔获对象的流动性以及渔船的流动和分散等因素所制约，管理上极为困难，费用也将剧增。为将捕捞限制到某一预先确定的水平，一般以最大持续产量（MSY）作为限额的基准，规定总允许渔获量（TAC）作为限额基数。总允许渔获量的确定往往要分两个步骤进行研究分析，即资源评估和预测。通过资源评估，掌握资源种群的数量，确定其最佳利用状态下的允许渔获量和相应的捕捞水平，并判断该种群资源利用是捕捞过度或利用不足。如已捕捞过度，则渔获限额要比当前渔获量低；如利用不足，则可适当增大总渔获定额。

通过有关资源评估模式，估计出总允许渔获量的具体数额。20 世纪 70 年代以来，采用限额捕捞方法进行渔业管理的主要是经济发达国家。北大西洋各沿岸国的做法是：将总允许渔获量分成每个渔民或渔船的定额渔获量，规定渔获量分配额可自由转让。如果出现捕捞过度，必须减少总渔获量时，政府部门可买进或回收分配额，以降低对自然资源的损害。（参考：唐启升：《如何实现海洋渔业限额捕捞》，《海洋渔业》1983 年第 5 期第 150 ~ 152 页；唐议、唐建业：《我国实施捕捞限额制度的有关问题》，《上海水产大学学报》2003 年第 3 期第 249 ~ 252 页。朱配辰）

限期治理制度

The System of Undertaking Treatment within a Prescribed Limit of Time

指对造成严重环境污染的单位以及在需要特别保护区域已经造成恶劣环境影响的污染源，依法在限定时间内，对限定治理的内容按照要求的效果完成任务的制度。《中华人民共和国环境保护法》的基本环境保护制度之一。限期治理的对象包括严重污染环境的污染源，以及位于特别保护区域内的超标排污的污染源。主要包含限期治理目标和限期治理期限两部分。限期治理制度最早在 1973 年第一次全国环境保护工作会议的会议报告——《关于全国环境保护会议情况的报告》出现，此后在 1978 年中央转批的《环境保护工作汇报要点》和 1979 年颁布的《环境保护法（试行）》中再次从法律层面确认环境限期治理制度。目前，我国一系列的环境污染防治法律都分别规定这一制度，如《大气污染防治法》《水污染防治法》《海洋环境保护法》等。限期治理制度由县级以上环境保护行政主管部门向同级人民政府提出申请，由同级人民政府核准。对于限制治理期间的单位，环保部门可以责令其限制生产和排放，或者可以根据需要停止整治措施；对于没有按照限期治理制度的要求处理污染的单位，环保部门可以在加收超出排污标准以外的费用外，还可处以罚款、责令停业的决定。（参考：刘莎：《水污染防治法中限期治理制度研究》，苏州大学 2012 年硕士学位论文第 5 ~ 6 页。欧阳文川　代富宇）

限制开发区

Restricted Development Zone

依据《全国主体功能区规划》，限制开发区域分为两类：一类是农产品主产区，即耕地较多、农业发展条件较好，尽管适宜工业化城镇化开发，但从保障国家农产品安全以及中华民族永续发展的需要出发，必须把增强农业综合生产能力作为发展的首要任务，从而限制进行大规模高强度工业化城镇化开发的地区。另一类是重点生态功能区，即生态系统脆弱或生态功能重要，资源环境承载能力较低，不具备大规模高强度工业化城镇化开发的条件，必须把增强生态产品生产能力作为首要任务，从而应该限制进行大规模高强度工业化城镇化开发的地区。国家对限制开发区的功能定位是：保障农产品供给安全的重要区域，农村居民安居乐业的美好家园，社会主义新农村建设的示范区；保障国家生态安全的重要区域，人与自然和谐相处的示范区。（张沥元）

宪法

Constitution

反映阶级力量对比关系和确认民主制度的国家根本大法。它本质上同普通法律一致，但又有特殊属性。宪法规定国体、政体、国家结构、基本国策、公民基本权利义务、国家机关组织活动原则、国旗、国徽、国都等，普通法只调整国家生活某一方面的社会关系。在国家的整个法律体系中，宪法属于至高无上地位，具有最高法律效力，是普通法的立法基础；普通法不得在精神上或条款上与宪法抵触，否则无效。宪法通常由制宪会议、宪法起草委员会等专门机构制定，并要求以特定多数通过为有效，有的还要通过全民讨论或复决，普通法只需按照一般的立法程序制定或修改。许多国家建立了宪法监督制度，以保证其贯彻执行。宪法学家根据宪法的表现形式、制定与修改的程序以及制宪主体的不同，将宪法分类为成文宪法与不成文宪法、刚性宪法与柔性宪法、钦定宪法与民定宪法、协定宪法和条约宪法等。英国宪法堪称不成文宪法的典型，1787 年制定的美利坚合众国宪法则是世界上第一部成文宪法，1791 年制定的法国宪法是欧洲第一部成文宪法，1918 年制定的苏俄宪法则是第一部社会主义类型的宪法。中华人民共和国成立后，制定了《中国人民政治协商会议共同纲领》作为临时宪法。随后制定了 1954 年宪法、1975 年宪法、1978 年宪法和 1982 年宪法。（李庆）

《宪法》与环境保护

Constitution and Environmental Protection

我国现行的 1982 年《宪法》，对自然资源与生态环境保护工作做了重要的原则性规定，是我国保护生态环境、实施可持续发展战略和大力推进生态文明建设的最权威法律依据。它的第 9 条规定：矿藏、水流、森林、山岭、草原、荒地、滩涂等自然资源，都属于国家所有，即全民所有；由法律规定属于集体所有的森林和山岭、草原、荒地、滩涂除外。它的第 10 条规定：城市的土地属于国家所有。农村和城市郊区的土地，除由法律规定属于国家所有的以外，属于集体所有；宅基地和自留地、自留山，也属于集体所有。任何组织或者个人不得侵占、买卖、出租或者以其他形式非法转让土地。一切使用土地的组织和个人必须合理地利用土地。它的第 26 条规定：国家保护和改善生活环境和生态环境，防治污染和其他公害。国家组织和鼓励植树造林，保护林木。（张沥元）

宪政

Constitutional Government

也称民主宪政、立宪政治、立宪政体，即用宪法的形式把已争得的民主事实确定下来，以便巩固这种民主事实，发展这种民主事实。它是社会生产关系发展到一定阶段的产物，与近现代的资产阶级民主相联系。资产阶级宪政，是资本主义战胜封建主义的产物。资本主义商品经济实行等价交换和自由贸易原则，要求打破封建专制的一切等级、行会的束缚，在资产阶级内部实行平等地管理国家和享受民主权利。资产阶级取得政权后，就建立了与资本主义自由竞争和自由贸易相适应的资产阶级的民主政治制度，并通过宪法将这种民主制度和公民自由民主权利固定下来，以巩固和发展资产阶级革命的胜利成果。无产阶级宪政，则是在无产阶级推翻资本主义制度、建立社会主义国家政权以后，为了巩固和发展以生产资料公有制为基础的社会主义经济制度，以及广大人民平等参与管理国家和社会事务的权利，制定宪法，创建了社会主义的宪政。（李庆）

宪政社会主义

Constitutional Socialism

突尼斯民族解放运动领导人哈比卜·布尔吉巴倡导的一种社会主义。布尔吉巴出生于突尼斯其纳斯提尔城一个中产阶级家庭，就读于法国巴黎大学，深受人文主义、人道主义、民主主义、科学社会主义，以及后来斯大林和铁托等人论述的社会主义等各种思想的影响。1927 年回国，参加宪政党，后创建新宪政党，曾三次遭到法国殖民当局的逮捕、流放和监禁，长达 10 年之久。1956 年 3 月 20 日，法国被迫承认突尼斯独立，由布尔吉巴执政。他认为，突尼斯独立后仍处于国际垄断资本的控制之下，民族资产阶级不可能得到发展。20 世纪 60 年代末，他提出，在突尼斯实行新宪政党的社会主义纲领，将宪政党改名为突尼斯社会主义宪政党，宣称要根据突尼斯特点，批判地接受各种社会主义的进步、自由、公正、民主的思想，认为宪政主义是争取社会进步、发展社会生产的手段，目的在于提高人民生活水平，创建一个美好的社会。布尔吉巴否认阶级斗争和无产阶级专政，宣扬人道主义和社会各阶层的合作与和睦，强调进行有计划的经济改革。从 1959

年开始实行计划和经济部长本·萨拉赫提出的经济计划，开展国有化、工业化、土改和农业合作运动，设立中央银行，收回发行货币的权利，收回对铁路、港口、水电、矿产等经济部门的控制权，把影响突尼斯经济的法国人企业实行国有化，有的实行公私合营。在农业方面，把法国等外国农场主的土地全部收归国有，在此基础上，兴办机械化农场，并将一部分土地分给农业工人和农民。在农村实行土地改革，分到土地的农民必须参加合作社。强迫加入合作社的做法挫伤了农民的积极性，导致农业生产下降。1970年开始调整经济政策，提出私人、集体、国营三种成分并存原则，调整工业结构，放松对私营企业限制，制定优惠法令，积极引进外资和技术。政治上实行民主开放政策和多党制，推行民主社会主义，倡导成立非洲社会党国际。1987年11月，布尔吉巴退出政界，本·阿里继任。宪政社会主义代表资产阶级和小资产阶级利益，具有较浓厚的改良主义色彩。（李庆）

献祭

Sacrifice

献祭就是祭祀，它通过牺牲自己的一些或全部利益、生命向神表示忠诚、感激、忏悔和信赖等感情。向神献祭通常是人犯错或犯罪后出现的事情，献祭的内涵是表达悔改、回心转意的态度。在旧约时代，对神的崇拜表现在献祭上。对于遵守旧约的犹太人来说，献祭是非常重要的事情。他们通过宰杀牛、羊、雏鸽等祭祀形式向上帝表达尊敬与崇拜。献祭是犹太人面对上帝的礼拜性的致敬仪式。《利未记》记载5种献祭形式，即燔祭、平安祭、素祭、赎罪祭、赎愆祭。到新约时代，人们不再献祭，献祭仪式转向以心灵诚实敬拜上帝的方式，“所以，弟兄们，我以神的慈悲劝你们，将身体献上，当作活祭，是圣洁的，是神所喜悦的，你们如此侍奉，乃是理所当然的”。人们做礼拜时废除献祭牛、羊、雏鸽等供物习俗，认为基督耶稣在十字架上为人类献上了永远的赎罪祭。（雷爱民）

乡村生态系统

Rural Ecosystem

将乡村区域内的人类、各类资源、各种环境要素糅合而成的复合体，是以自然为主体的包含自然与人工的生态系统。它既体现类似自然生态系统生态功能和过程，又包含社会、经济、自然等要素，具有人类影响的鲜明特征。乡村生态系统包括的范围有两种界定，一种不包括没有受到人类干扰的森林沙漠等地，具体指包含农田、水体、山地等要素依托乡村聚落而形成的地区；另一种说的是广大乡村区域，即除城市生态系统以外地方。乡村生态系统具体形式表现在山、水、田、林、路等要素的有机结合，形成牢固的生态整体。在此之中，必须合理架构乡村生态系统，从而有利于实现乡村生态系统良性循环和生产力的提高，有效改善整个系统存在的问题。（李雪姣）

香港地球之友

Friends of the Earth (HK), FoE(HK)

香港地区的民间环保团体，1983年成立。政治愿景是：作为环保先锋推动政府、企业和社会，共建可持续发展并公平合理的环保政策、经商方式和生活形态，全力保护香港及邻近地区的生态环境。目前拥有超过12000名支持者以及51家企业合作伙伴。组织活动包括：1989年推出香港首个公众健康运动“空气清新，人人开心”；2009年推出香港首创的星级低碳晚餐，务求减少食物里程，享用低碳晚餐；2010年组织香港、广州、深圳、江西的志愿者参加“水长征”；2012年成立食物回收捐助联盟，鼓励食物供应商捐赠卖剩食物等。（王聪聪）

香港海洋环境保护协会

Hong Kong Marine Conservation Society

独立的志愿者机构，于1991年在中国香港成立，资金来源于会员会费和捐赠。口号是“改善海洋环境，提高环保意识”。致力于分析对当地水源造成严重威胁的多种因素，对其进行积极改善。主要项目有：1.“孩子与海洋”图片展览。除有专人介绍未被破坏前的香港海洋环境、海岸公园及海岸保护区等内容外，还有讲座及问答游戏，以加深年轻人对海洋生物的认识，提高环保意识。2. 白鳍豚调研。与南中国海海洋学研究所合作调查珠江三角洲地区的白鳍豚的数量和分布状况。3. 小须鲸调研。针对渤海斑点海豹和黄海北部的小鲸（又名小须鲸）开展研究。4. 珊瑚调查。坚持在海南和广西等地，每年进行珊瑚调查。（席溢）

香港环保生态协会

Hong Kong Eco Association

爱护大自然的非牟利慈善团体。协会一直致力推动环保教育，通过举办不同活动，包括幻灯片讲座、工作坊、出海观察中华白海豚、观察红树林湿地、季候鸟、珊瑚以及岩石地质、古迹考察等等，将各种生态保育知识传授给各大中小学生以及企业机构。热心筹办环保公益活动，如环保大使计划、生态图片展览、清除树木杀手薇甘菊及各类型环保比赛等。协会愿景是让参与人士通过亲身体验，增强香港人的生态保育观念，向社会宣传保育生态等于保护人类生活环境。（席溢）

香港环境教育

Environmental Education in Hong Kong

香港的环境教育最初是以生态研究的形式出现于生物和地理等学科中，在这些学科里科学知识不是以问题方式被提出，因此反思也不被提倡。环境教育的成分仍然能在自然科学和社会科学科目中存在，环境教育的水平在20世纪80年代初处在较低水平上。在社区，3个重要组织：绿色力量、保护委员会协会和地球之友被看作香港环境教育的先驱。《香港的污染：行动时刻》白皮书的发表是变化的标准：它清楚地显示出香港政府通过法规和教育手段进行环境保护的决心。白皮书指出香港环境意识水平低的状况，政府在环境教育方向财政支出不多；目标是激发环境意识，解释促进环境状况的政府计划，同时鼓励公众参与到发展之中。随着白皮书的公布，来自各方资源的基金增加，这些基金用于增进公众环境意识和社区自身减少污染的计划。1992年《学校环境教育指南》出版，是建立校园环境教育目标与方向的政府文件。在白皮书之后，环境研究课题在高中得以推广。（参考：［英］帕尔默著，田青、刘丰译：《21世纪的环境教育：理论、实践、进展与前景》第234页，北京：中国轻工业出版社，2002年。王薛时）

翔生有机生态农场

Sunshine Earth Organic Eco Farm

位于四川省成都市新津县兴义镇，规划15000亩有机种植体系，涵盖有机植物工厂、有机香草、有机蔬菜、有机水果、有机芽苗菜等超过300个来自不同地域和国家的有机作物品种。在遵循基础有机体系的前提下，建立更加深入和完善的中国有机农产品贸易协会（OTUC）科学种植体系。2011年主办中国（成都）首届国际有机产业峰会，融合国际先进有机种植理念，专家专人指导，用心培育每一颗蔬菜。所有蔬菜在生产中不使用化学合成的肥料、农药、生长调节剂，不采用基因工程和离子辐射技术，遵循自然规律，采取农作、

物理和生物的方法培肥土壤、防治病虫害，以获得安全的生物及其产物的农业生产体系。核心是建立和恢复农业生态系统的生物多样性和良性循环，以维持农业的可持续发展。（席溢）

项目环评

Environmental Impact Assessment of projects

指针对拟建项目的合理布局、选址、生产类型及其规模等对周围环境造成的影响进行预测和评定，并提出防治对策和相应措施建议，从而为项目决策提供依据。它是项目可行性研究工作的重要组成部分，需要与项目可行性研究同步完成，可以对开发的项目的环境影响提出超前预防对策和措施，强化建设项目的环境管理，从国家政策的层面对新建项目提出关于环境保护等方面的要求和限制，可以减少重复建设，并杜绝新污染的产生，较好地贯彻“预防为主”的环境保护政策，为开展区域政策环境影响评价奠定基础。（刘中华）

逍遥游

Wandering in Absolute Freem

逍遥游思想出自中国古代思想家庄子的《庄子·逍遥游》。《逍遥游》一文通过大鹏与蜩、学鸠等小动物的对比，阐述小、大之别，认为无论是蜩与学鸠，或是飞到九万里高空的大鹏，它们都是“有所待”的，并不是真正自由的，只有超越一切依赖，达到“至人无己，神人无功，圣人无名”的理想人格，才可达到逍遥境地。庄子认为只有忘却物我界限，达到无己、无功、无名境界，无所依赖，才可能实现“逍遥游”。“逍遥游”是庄子的人生理想，也是庄子人生论的核心内容。逍遥游指向的超脱万物、无所依赖、自由自在的精神境界塑造一种令人向往的人生理想，达到这种境界的方法是“坐忘”“心斋”，由此最终实现精神自由和天人合一的人生逍遥。（雷爱民）

消除贫穷国际日

International Day for the Eradication of Poverty

1987 年 10 月 17 日，10 多万人在《世界人权宣言》1948 年的签署地巴黎特罗卡岱罗广场，向赤贫、暴力和饥馑的受害者表示敬意。他们认为，贫穷是对人权的侵犯，申明需要携手确保这些人权得到尊重。此后每年的 10 月 17 日，来自不同背景、不同信仰和不同社会阶层的人都会聚集在一起，表达他们对贫穷者的声援。联合国大会 1992 年 12 月 22 日通过第 47/196 号决议宣布，设置 10 月 17 日为消除贫穷国际日，各国在这一天根据本国的情况，开展和推动开展消除贫穷的具体活动。消除贫穷国际日提供了一个机会，让人们意识到那些生活在贫穷中人群的努力和拼搏，向贫穷者表达他们的关切。（申森）

消费税

Consumption Tax

以特定消费品为课税对象所征收的一种税，即在对货物普遍征收增值税的基础上，选择部分消费品征收消费税。在各个国家，消费税的主要作用体现在组织税收收入、调节消费结构及收入分配、纠正外部性。合理征收消费税，可以调节产品结构，引导消费方向，保证国家财政收入。（代富宇）

消费污染

Consumption Pollution

指由人的不适当和不理性的消费模式在生活、生产过程中产生大量废弃物，这些废弃物在没有得到及时无害化处理或者处置不当的情况下会引起环境和生态破坏，进一步影响人的生存质量。由消费造成的典型污染包括城市生活垃圾、城市生活生产污水和汽车尾气。消费污染的出现是特定历史阶段的产物。在自然经济社会、工业社会中，消费污染现象尚未出现或者属于边缘问题，进入后工业文明时代以后，在传统工业社会中最为严重的环境（工业）污染得到有效缓解和遏制，由过度消费引发的消费污染成为环境污染的主要原因。西方发达国家自20世纪70年代开始向后工业社会转变，从传统的以生产制造为中心的经济社会向以消费和服务为中心的社会转变。消费水平成为衡量国家综合实力的表现之一，也成为促进经济快速发展的重要动力。消费需求的持续增长必然刺激生产制造业扩大供给。从这个角度来讲，处于后工业社会中的发达国家没有真正走出工业污染，而是处于工业污染和消费污染的双重压力之下。解决消费污染不能简单地遏制消费，从现实角度说这是不可能也非理性，更为可取的是从生产、流通、销售、处置等各环节倡导环境保护、生态保护的理念，以政府为主导、市场为手段去强化经济发展的生态化，以此解决消费污染问题。（参考：李晓壮：《北京市消费污染与环境治理研究》，《北京社会科学》2010年第3期第40～45页。欧阳文川）

消费政策

Consumption Policy

经济政策的一部分，指国家在某一时期，根据本国国民经济的总体情况，以实现经济健康发展为前提，确保居民收入、提高消费水平为目标，制定的经济政策。消费政策包含宏观消费政策、微观消费政策及其他与消费相关的政策。在改革开放以前，我国实行的是高积累、低消费的政策，以加快国内工业建设为主要中心，居民收入和消费需求增长都受到抑制。改革开放后，国家经济政策实现转向，改变以往供给不足、需求过剩的现象，转型为供给相对过剩、有效需求不足的经济状态。为促进消费，调节市场供需平衡，国家制订消费政策，以促进市场发展，提高全民收入与经济增长。（代富宇）

消费主义价值观

Consumerism Value

指把物质消费作为人生唯一追求目标的观念。这种观念认为物质消费的增长是幸福的增长。作为工业社会的一种基本价值观，有特定的历史背景。首先是17～18世纪以来在个人主义价值观主导下对幸福世俗化的理解，也是以人文主义为主导的以人的自然本性建立道德价值的基础，以各种自然欲望满足作为幸福内容的伦理学认识。其次，建立在人的自然欲望基础的资本内在增值规律对人的欲望的肯定、鼓励以及无限放大，使人产生商品拜物教的消费观念。消费主义价值观倡导下的过度消费、奢侈消费超出社会、自然承受的范围，造成资源享用的不平等，引起利益矛盾冲突，带来诸多社会问题：自然资源面临枯竭的危险，环境污染严重，片面强调物质享乐导致人的单向度发展，造成人身心失衡，使人的存在方式异化，形成新的生存困境。为此，要转变消费主义价值观，倡导理性消费主义价值观，将消费行为限定在社会和自然能够承受的、有利于人的全面发展及人与自然和谐发展限度内。（牟世晶）

消耗臭氧层物质

Ozone Depleting Substances，ODS

指破坏大气臭氧层的物质。臭氧（O_3）是氧气（O_2）的同素异形体，主要存在于距离地球表面10～50千米臭氧层中。它能够吸收太阳光中对人体有害的短波紫外线，防止其到达地球，起到保护地球表面生物的作用，被称为“地球的保护伞”。常温常压下，臭氧稳定性较差，容易与别的物质发生化学反应受到破坏。在紫外线照射下，氯原子会从氟氯化碳类物质中分离出来，与臭氧发生反应，放出氧气和一氧化氯，一氧化氯与游离氧反应生成氯原子，开始下一个恶性循环。目前大量使用的消耗臭氧层物质主要包括：全氯氟烃、哈龙、四氯化碳、甲基氯仿、甲基溴、含氢氯氟烃等。随着氟氯化碳类物质不断增多，臭氧层越变越薄，导致更多短波紫外线进入地球，对地球上的生物造成危害。2010年3月24日国务院第104次常务会议通过《中华人民共和国消耗臭氧层物质管理条例》。《条例》规定消耗臭氧层物质的生产、销售、使用、进出口、监督检查、

法律责任等内容。（石艳峰）

消耗臭氧潜能值

Ozone Depletion Potential，ODP

指某种物质在其大气寿命期内，造成的全球臭氧损失与同质量的 CFC11 排放造成的臭氧损失的比值，计算公式为：ODP= 由 x 产生的全球 ΔO_3/ 由 CFC11 产生的全球 ΔO_3。消耗臭氧潜能值表示大气中消耗臭氧层物质对于臭氧破坏的相对能力，以 CFC11 为基准比较物，设定其 ODP 值为 1。ODP 的值越小，则表示制冷剂的环境效益越高。目前普遍认为 ODP 值小于或等于 0.05 的制冷剂可以被接受。不同消耗臭氧层物质对臭氧层的损耗能力不同，因此它们的 ODP 值也不同。（石艳峰）

《消失的盖亚：最终警告》

The Vanishing Face of Gaia

英国科学家、环境学家詹姆斯·洛夫洛克（James Lovelock）关于盖亚假说的著作，2009 年出版。洛夫洛克在书中就否认海平面上升和北极冰川融化的速度高于科学模型预测速度的观点进行反驳。他再度慎重警告人类，地球进入一个新的热态，荒漠化加重，人类文明将面临着存亡危机。在书中，他重申地球是个有机整体系统的观点，希望人类能够尊重大地母亲，同时表达对政府间气候变化专门委员会（Intergovernmental Panel on Climate Change）和《京都议定书》的失望。（韩铮）

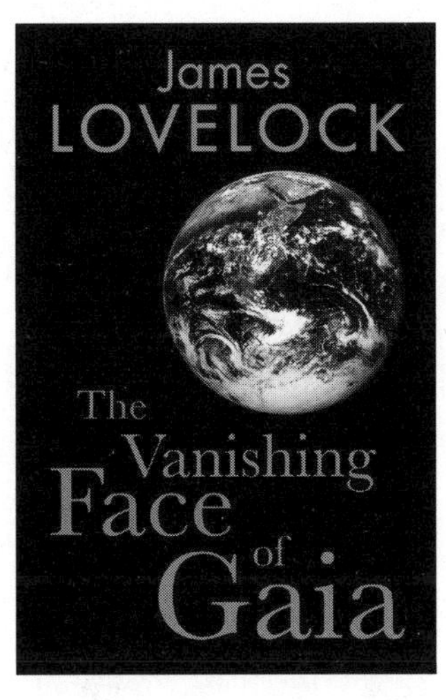

小布什政府与《京都议定书》

Bush administration and Kyoto Protocol

按照克林顿政府 1998 年 11 月签署的《京都议定书》，美国应该在 2008 年至 2012 年间，将每年的温室气体排放量在 1990 年的水平上削减 7% 左右。但是，克林顿政府并没有把《京都议定书》提交国会，因而《京都议定书》没有获得国会的批准，不具有长久的约束力。小布什政府上台后，虽然仍承认《联合国气候变化框架公约》的基本原则，但却极力反对《京都议定书》，认为其对美国的减排规定要求过高，会影响美国经济的发展，因此于 2001 年 3 月宣布美国退出《京都议定书》，并拒绝参加 2002 年的联合国可持续发展大会。在退出《京都议定书》后，小布什政府制定以降低温室气体强度为核心的《全球气候变化倡议》（*GCCI*），作为替代《京都议定书》的气候新政策，坚持自主减排模式。在该政策中，美国政府所使用的“降低温室气体强度”的概念，不同于有着硬性规定的减少温室气体的排放总量的概念。因此，实际上美国根本没有为自己设置约束性的减排责任。美国的退出，对《京都议定书》的第 6 次以及以后的缔约方大会产生非常不利的影响。《京都议定书》的生效日期，因美国的退出以及澳大利亚、俄罗斯等国态度消极而不断后延。2007 年 12 月第 13 次缔约方大会上，联合国气候变化大会经过艰苦的谈判过程，终于通过巴厘岛路线图，启动加强《联合国气候变化框架公约》和《京都议定书》全面实施的谈判进程，但小布什政府再次拒绝参会。美国在小布什执政期内，始终没有对其应当承担的国际环境保护义务做出有约束性的承诺，对全球气候治理和环境保护带来十分不利的影响。（刘中华）

小桥流水人家

Small Bridge, Flouing Water and Household

对我国江南水乡基于农渔业生产生活方式的人与自然、社会与自然之间相对和谐的古典城乡样态的生动描绘。自改革开放以来，由于苏南等地区过分注重经济发展和大规模、高速度的城镇化，这些地区的传统水乡景观遭到了一定程度影响的或破坏。基于此，苏南等地区近年来提出了新的城镇景观特色建设目标：建设现代化城镇，完善各项基础设施；建设生态城镇，严格控制建设用地，保证农田面积，完善绿化体系；建设卫生城镇，及时有效处理工业污染和生活废弃物污染；建设水乡城镇，利用建筑、河流、池塘，结合绿化体系，实现现代元素与小桥流水人家水乡景观的重新统一。（张沥元）

小水电

Small Hydropower Stations

指装机容量很小的水电站或水力发电装置。过去小水电一直被认为是可再生的绿色能源，既满足了电力需求，生态效益又显著，并且相较于火电和大水电，对环境的负面影响小，似乎并不存在太大的环境问题。然而随着近十年来的发展，人们发现对于小水电的发展和生态保护的关系盲目乐观了，小水电除了个体规模较小外，引起的环境问题与大水电有相似性。“圈河运动”的无序开发，导致了区间断流、水质恶化和自然景观破坏等生态问题。小水电的开发应在规划设计阶段就强调小水电和环境的结合，在这个阶段平行展开环境评估；注重对新技术、新材料的研究和开发；在施工过程中工程与环保、水保、生态保护同步进行，控制水土流失，实现生产废水“零排放”。（朱雨晨）

小学环境教育

Environmental Education in Primary School

针对小学生的生理和心理特点，选择适合少年儿童特点的环境教育内容和方法，寓环境教育于各科教学或娱乐之中，目的是培养少年儿童热爱环境的高尚品德和爱护环境的良好习惯。这种教育一般是通过自然常识课的教学进行。例如，美国 1972 年版小学自然常识课本的副标题就名为“认识你的环境”。我国小学环境教育自 1979 年开始进行教学试验，方法是通过自然常识课介绍环境教育的基本内容，以儿童喜闻乐见、通俗易懂的方式将环境科学知识渗透到课文、数学、美术、音乐等课程中。此外，还组织课外活动小组，开展各种各样的环境保护活动。（王薛时）

小学环境教育课程设计

Curriculum Design for Primary School Environmental Education

针对小学生的环境教育课程设计。小学生已开始形成一定的认知能力，能够认识简单的因果关系，认识时间、空间和距离概念。因此，对于小学而言，无疑要开发一些以认知为目标的课程内容。根据亨格福德的环境教育课程目标，作为最为基础的目标层次为生态学基础层次。因此，在环境教育课程设计中，首先考虑使教育内容具备生态性、科学性。同时尽量调动学生各种感官的活动，引导儿童积极地情感体验、参与和实践。小学环境教育的跨学科性特征，要求我们在进行环境教育课程设计时，必须考虑到基础性与系统性相结合。在小学教育中，应该把最基本的环境因素纳入课程中，为学生今后的发展打下基础。在小学的环境教育课程中，要力求避免走入环境科学专业化教学的误区，例如：频频出现环境科学的术语，概念的表述强调科学、严密，知识系统过分讲究学科体系上的逻辑性，实验器材讲究标准、操作要领讲究规范等等。（参考：祝怀新：《环境教育的理论与实践》第 46 页，北京：中国环境科学出版社，2005 年。王薛时）

小约翰柯布

John B.Cobb，Jr.，1925 ~

美国著名过程哲学家，生态经济学家，西方社会绿色国内生产总值的提出者之一。从事生态经济和生态文明的研究，曾与赫尔曼达利共同出版《21 世纪生态经济学》。他的过程哲学思想以怀特海有机哲学为基础，主张克服二元论，对以忽视和牺牲自然为特征的现代世界观进行重构，提出后现代的生态世界观。在建设后现代生态经济的设想上，认为人类的经济行为是一种条件下社会要素运动的历史性产物，具有很强的主观能动性。建立相对独立自主的本地化市场经济，既能形成较小的社会共同体，还可能实现廉洁政治。此外，构建深度多元的生活方式信仰，可冲淡人们金钱至上的观念。他在中国未来建设生态文明的过程中给出3点建议：1.合理运用历史悠久的成熟文明；2.发展农村小型多样化生产以解决人类食品安全问题，避免工业化农业的耗能困境；3.共同体治理结构是中国社会政治经济稳定的基础，将建设生态文明上升到国家战略是正确的发展方向。《21世纪生态经济学》中译本译者王俊、韩冬筠，北京：中央编译出版社2015年出版。（蔡越）

小众媒体

Niche Media

相对于大众传播媒体而言的传播媒介。大众传播是单向传播，在小众传播过程中受与传的区别日益模糊。相对于大众媒体而言，小众传媒传播范围小、受众群体少，是满足少数人群个性化需求的传播媒介。为特定人群的特定需求提供信息服务，不追求数量取胜，受众的选择性和主动性更加增强。在一定的地域和时间范围内，能对目标人群进行精准传播，包括户外广告、销售点广告、直邮广告、交通广告、黄页广告、产品陈列广告、传真广告和电话广告等多种形式。小众媒体可以直接影响消费者的购买行为，也可称为促销媒体。还可以分为窄众媒体和一对一媒体。窄众媒体包括户外媒体、售点媒体和交通媒体等形式。一对一媒体主要包括直邮和电话等形式。（张惠娜）

小资产阶级

Petty Bourgeoisie

占有一定的生产资料或少量财产、一般不受别人剥削也不剥削他人（或仅有轻微剥削）、主要依靠自己劳动为生的阶级，包括中农、小工商业者、手工业者、自由职业者等。作为劳动者，他们倾向于无产阶级；作为私有者，又倾向于资产阶级。在资本主义社会中，他们的经济地位极不稳定，随着资本主义的发展和竞争的加剧，不断发生两极分化，大部分贫困破产，转变为无产阶级或半无产阶级，小部分上升成为资产阶级。在殖民地和半殖民地社会，他们备受帝国主义、封建主义和官僚资本主义的压迫，是革命的动力，是无产阶级的可靠同盟军。无产阶级夺取政权以后，在无产阶级政党的正确领导和教育中，他们绝大多数能够走社会主义道路。少数具有严重资本主义自发倾向的人，企图寻机离开社会主义方向，走资本主义道路，必须对这部分人进行教育，制止这种倾向。（李庆）

效用价值论

Utility Theory of Value

指强调价值效用属性的价值论。它想用效用的大小高低说明物品的价格。但这是错的。效用的大小可以说明价格的高低，但实际上，效用大并不等于价格一定会高，效用小也并不等于价格低。如果低效用高价格的物品遇着高效用低价格的替代品，那么这种物品会立即消失。当效用价值论难以说明价格时，它就演变为边际效用价格论，认为：如果新添一个单位的物品体现出高效用，那么物品的价格必定高，相反，如果新添一单位物品体现出低效用，那么物品的价格必定低。这只是表面现象，它的内在实质，是因为物品仍处于短缺状态，供不应求。因此，使这种效用价值论成立的应该是生产费用论。如果一定的生产费用能够有更高的产出，那么，物品就会丰产价廉，满足需求从而改变物品的边际效用。边际效用价格论具有强烈的主观效用色彩，它以主观感觉是否满足为标准。但实际上这只是客观效用通过人的主观性而完成自己功能的必要环节而已。（史月田）

协定

Agreement

条约的名称之一，国际文件中的一种，指国家间或由国家组成的国际组织间用来解决或规定专门问题或临时性问题而缔结的有效期相对较短的契约性文件，如停战议和协定、贸易支付协定、文化交流协定、科技合作协定和民间交往协定等。有时，协定也指某种政治性的协议。与更正式的条约相比，协定缔结的手续一般比较简单，而且可以避免有关国家国内法上的某种不便利。协定对签字各方都有约束力，要求履行协定规定的义务，保证享受充分的权利。协定的主要内容一般包括序言、实质性条款和最后条款三个部分。除非经双方议定须经批准外，协定自签订之日起即可生效，但时效相对较短。（申森）

协商民主理论

Deliberative Democracy Theory

亦称审议民主理论。它是一种主张平等、自由的公民在公共协商过程中，提出各种相关理由，说服他人或转换自身的偏好，在广泛考虑公共利益的基础上、利用公开审议过程的理性指导协商，赋予立法和决策以政治合法性的新型民主理论。1980年，克莱蒙特大学政治学教授毕塞特在《协商民主：共和政府的多数原则》一文中，首次从学术意义上使用了“协商民主”一词，主张扩大公民参与。1996年，圣露易大学博曼出版了论述协商民主条件的著作《公共协商：多元主义、复杂性与民主》。1998年，哥伦比亚大学社会科学教授埃尔斯特在其主编的《协商民主》一书中提出，作为一种政治决策机制，讨论与协商是对投票的替代。后来，罗尔斯与哈贝马斯也分别出版了论述协商民主的著作，他们在书中都将自己看成是协商民主论者。他们认为，协商民主的实质是以理性为基础，以真理为目标。因为，只有在一个包含一切的和公平的审议过程中所形成的政策才是合法的，其中，所有的公民都参与并且将继续自由地合作。协商民主具有这样几个特征：合法性、公开性和责任性。协商民主理论的形成，标志着民主理论发展的新方向。（李庆）

协调程度指标

Coordination Degree Indicator

中国省域生态文明建设评价指标体系的四大核心考察领域之一。其中，生态、资源、环境协调程度下设立的三级指标，包括工业固体废物综合利用率、工业污水达标排放率、城市生活垃圾无害化率，生态、环境、资源与经济协调程度下设的三级指标，包括环境污染治理投资占国内生产总值比重、单位国内生产总值能耗、单位国内生产总值水耗、单位国内生产总值二氧化硫排放量。协调程度指标是整个评价指标体系中最具创新性的部分，旨在对省域环境社会协调发展做出量化评价。该指标一方面强调大范围生态系统和自然环境对生态文明建设的基础性作用，另一方面也强调生态环境和经济社会的协调发展、良性互动，以此弥补以往类似评价指标体系的不足。（张沥元）

协调论

Theory of Coordinate

指在人地关系上奠定现代地理学统一性与综合性基础的理论。协调论主张分析人与环境关系，以谋求自然环境与人类生活之间的和谐为目的。人地关系随着社会和生产力发展而发展，先后经历天命论、环境决定论、或然论、协调论等认识阶段。内涵指各种物质运动过程内部各种质的差异部分、因素、要素，在组成统一整体、协调一致时的相互关系和属性。协调作为相互关系和物质属性，具有的要点：1. 协调是整体概念，物质内部单独一个孤立的组成要素不能构成为协调。协调统一体中除要素的量的差异以外，还有质的对立或区别，各组成要素内部及相互间的作用和联系。协调统一体是内部具有各种有机联系的整体。2. 各个组成部分、要素、因素之间不是杂乱无章的关系，而是有机的联系，表现为协调一致性、对称性和有序性。根据协调原理，自然界物质及其运动过程内部各组成部分、要素之间的比例协调性和结构有序性是其内部关系协调统一的标志。3. 协调不能取消事物的矛盾斗争和事物之间的差异性，协调是事物对立面的统一，差异中的一致。协调统一体表现的规律性，内容不是单一的而是复杂多样的，包括物质系统整体上的特征和规律性；物质系统内部各对立、矛盾部分的本质联系，以及不同物质系统所组成的和谐整体内部的规律性等。（史月田）

协同发展论

Coordinated Development Theory

1971 年德国物理学家赫尔曼·哈肯（Hermann Haken，1927 ~）首次提出协同学概念。他认为，世界的统一既在于它们微观构成的单一性，也遵从宏观结构规律的普适性。1987 年哈肯进一步指出：“现在协同学一词已经有了双重的含义。原来我将协同学定义为‘系统的各部分之间的互相协作，结果整个系统形成了一些微观个体层次不存在的新的结构和特征’。现在我认为，协同学还意味着完全不同的学科之间的协作、碰撞，进而产生一些新的科学思想观念。从这个意义上讲，也许存在某种‘相变’，使得我们能够共同形成一个对世界更为深刻的理解。”（[德]H·哈肯著，戴鸣钟译：《协同学：自然成功的奥秘》，上海：上海科学普及出版社，1988 年）或者说，“存在着超越一切的必然性，导致新的结构和新的模式”得以产生。很显然，这种普遍的必然性，就是物质系统中客观存在着的协同工作机制，亦即自组织的协作运行机制。协同发展论核心战略思想是“协同发展战略应当在人类活动的各种系统之中，并且也在我们生存其内的空间和时间之中，予以全面展开与通盘实施”，从而实现并体现人类社会高度自组织演化与发展的本质特征。协同发展论包含系统协同发展论、空间协同发展论和时间协同发展论 3 个协同发展内涵。（参考：叶峻：《协同发展论与科学发展观》，《鲁东大学学报》（哲学社会科学版）2011 年第 5 期第 16 ~ 19 页。牟世晶）

协同教育

Cooperative Education

具有时代特征的新的教育观念。协同教育是我国学校教育由封闭式办学逐步走向开放式办学过程中出现的新生事物，具有时代特点的教育社会化、社会教育化的大教育观的现实反映。指在现代教育观念特别是素质教育观念指导下，学校、家庭、社会等多方面教育资源、教育力量主动协调、积极合作、形成合力，实施同步教育，共同培养“四有”新人。主要对象是在中小学学习成长的儿童和青少年。改革开放以来我国协同教育发展迅速，基本形式主要有：多种类型的家长学校；以社区为依托的学校、家庭、社会相结合的协同教育；学校与家庭互相配合共同育人的传统方式的继承与创新。（参考：王宝祥、刘宏博：《我国协同教育发展概况和促其健康发展的建议——关于协同教育的初步研究》，《教育科学研究》1999 年第 6 期第 82 ~ 88 页。王薛时）

协同进化

Co-evolution

即两个相互作用的物种在进化过程中发展的相互适应的共同进化。一个物种由于另一物种影响而发生遗传进化的进化类型。例如一种植物由于食草昆虫所施加的压力而发生遗传变化，这种变化又导致昆虫发生遗传性变化。由于生物个体的进化过程是在其环境的选择压力下进行的，而环境不仅包括非生物因素，也包括其他生物。因此一个物种的进化必然会改变作用于其他的生物的选择压力，引起其他生物也发生变化，这些变化又反过来引起相关物种的进一步变化。在很多情况下两个或更多物种单独进化常常会相互影响，形成一个相互作用的协同适应系统。协同进化的研究内容极为广泛，包括竞争物种间的协同进化、捕食者与猎物系统的协同进化、寄生物与寄主系统的协同进化、拟态的协同进化和互利作用的协同进化等。从广义的概念理解，协同进化（也称共同进化）指生物与生物、生物与环境之间在进化过程中的某种依存关系。可以从分子水平、细胞水平、个体水平、种群水平和生态系统水平上的协同进化进行研究。（牟世晶）

协同学

Synergetics

20 世纪 70 年代联邦德国理论物理学家 H. 哈肯创立。主要研究协同系统在外参量的驱动下和在子系统之间的相互作用下，以自组织的方式在宏观尺度上形成空间、时间或功能有序结构的条件、特点及其演化规律。协同学以研究完全不同的系统中存在的某种共同本质特征为目的的综合性科学，研究远离平衡态的开放系统，在保证与外界进行物质和能量交换的条件下，如何能够自发地产生一定的有序结构和功能行为。协同学认为，任何事物都有自组织能力，自组织系统中组成系统各子系统之间存在着协同作用。这种作用在一种无序的自然状态下进行，无须外界人为的推动或需之甚少。自组织系统的变幻衍化同时遵循着自然的变化过程。（李雪姣）

写意精神

Spirit of Chinese Freehand Brushwork

中国绘画艺术的重要特征。写意精神是中华民族精神文明在审美领域中的独特见解和真情领悟，也是中国传统哲学观念直接作用于画家们在反复实践基础上形成的具有民族特色的艺术表现形式。明确使用“写意”一词的元代汤垕，在《画鉴》中首倡：“画当以意写之”，“高人胜士，寄兴写意者慎不可以形似求之”。具有哲学意识的“写意精神”覆盖中华民族五千年精神文明，以其生生不息、自强奋进的美学精神流传至今，是中国传统文化和艺术实践完美结合的产物。写意精神的形成和发展，记载着中华民族的光荣历程，是东方哲学和美学在艺术形式中高度统一。（王薛时）

解振华

Xie Zhenhua, 1949 ～

天津市人，1969 年 11 月加入中国共产党，1968 年 10 月参加工作，在职研究生学历，法学硕士，工程师。1993 年至 2005 年任环境保护总局局长。

2005 年，由于松花江重大水环境污染事件，作为环保总局局长引咎辞职。2006 年到 2014 年任国家发展和改革委员会党组成员、副主任兼直属机关党委书记，现任中国气候变化事务特别代表，全国政协人口资源环境委员会副主任。从 1982 年起进入当时还不为大众熟知的环境保护领域，推动我国环境立法框架基本形成。经过 30 多年的努力，一直为中国环保事业奋斗，获得联合国环境保护最高奖联合国环境署世川环境奖，还获得过全球环境基金全球环境领导奖、世界银行绿色环境特别奖及节能联盟节能增效突出贡献奖。（张惠娜）

心灵环保

Mind Environmental Protection

心灵环保是佛教在现当代环境伦理学兴盛之下提出的一种环保方法。心灵环保既与环境保护有紧密关系，又是佛教徒修行的基本要求。佛教认为学佛的最高目标是离苦得乐、断惑证真、脱迷开悟、修成佛果，要达到这个目标，最重要的是认识心灵，把握心识本性，去惑存真，转识成智，达到寂静涅槃的境界。佛教认为人心最大的污染源是贪、瞋、痴三毒，人的烦恼与苦难也常常由此而起，因而主张随缘，随顺自然，不我执法执，应持戒修行，净化心灵，出离世间烦恼，超脱生死轮回，证悟成佛，从根本上减少对物质世界的依赖，消减心灵欲望与不正当的执着。（雷爱民）

心态文化

Mentality Culture

包涵宇宙观、思维方式、审美情趣、民族心理、价值观等相对完整的综合体。它决定着某个社会共同体的世界景观的建立和其文化传统的统一。一个民族的心态文化是文化中深层结构，在相当漫长的历史时期决定着该民族的特点。同意识形态、社会政治等文化因素相比，心态文化具有更大的稳定性、持久性。心态文化是人们在创造文化的实践中积累、归纳出来的，同时它又作为文化的核心给创造文化的实践活动以理论指导和制约。它同文化的其他层次紧密相连。心态文化的一个概念可以以一种习俗或生活方式，以一种艺术形式或文学主题反映到文化的其他层次中。生长于一种文化中的人自然地继承这种文化的特点，思维和行为经常在无形中被心态文化控制，在无意识中受到心态文化的强烈影响。基于心态文化在整个文化结构中的地位以及对一个民族的意义，我们在跨语言、跨文化交际研究中，特别是进行文化对比时，应该把心态文化作为入手处，把心态文化作为最关键的中心环节剖析。这有助于我们把握两种文化之间的根本差异，揭示文化的其他层次的特征来源。（牟世晶）

心斋

Purifying the Heart

“心斋”是常与庄学的“坐忘”思想相提并论的重要命题，语出《庄子·人间世》：“回曰：‘敢问心斋。’仲尼曰：‘若一志，无听之以耳而听之以心，无听之以心而听之以气！听止于耳，心止于符。气也者，虚而待物者也。唯道集虚。虚者，心斋也。”心斋即老子所谓的“至虚极、守静笃”的境界，心斋要求摒除杂念，使心境虚静纯一；面对人世间中各种不得不面对的名、利、智、争等问题，如何保持纯一之心，即“心”在受物之时，如何止于其所受物之功用而不任由其驰骋，不受所受之物的牵引，从而安于其所受，一切随顺物事之情与自然之理而应对之，物来顺应，内不失已、外不失物，从而保其德之发用，使“心”止于其所当止之物，从而“听之以气”，“虚一而静”，彰显“天地与我并生，万物与我为一”、“与天地精神往来”的精神境界。（雷爱民）

辛迪加

Syndicate

指在 19 世纪末 20 世纪初产生的垄断组织形式之一。参加辛迪加的企业，在生产上和法律上仍然保持自己的独立性，但是丧失商业上的独立性，销售商品和采购原料由辛迪加总办事处统一办理，其内部各企业间存在着争夺销售份额的竞争。（史月田）

新安江水质补偿协议

Water Quality Compensation Deal of Xin’an River

新安江位处安徽、浙江两省交界处，发源于黄山，流入浙江，在下游汇成千岛湖。1998年以来，千岛湖水体富营养化状况严重。浙江省表示，为换取新安江一江好水，愿意支付给上游安徽省一定的水污染治理补偿，共同维护区域内生态安全。因此，安徽、浙江两省达成了“利益共享、责任共担”的原则，2011 年 9 月联同财政部、环保部共同签署《关于开展新安江流域水环境补偿试点的实施方案》，达成协议称，皖浙两省联手共测水质，最终将根据检测结果决定谁来支付 1 亿元的生态补偿金归属。（张沥元）

新保守主义

Neoconservatism

以保卫资本主义制度及其私有制为目的的资产阶级政治思潮或意识形态。20 世纪 60 年代末 70 年代初，在西方社会动荡和经济危机年代作为现代自由主义的对立面产生，70 年代以来获得迅速传播，是 18 世纪末传统保守主义的继续和发展。现代保守主义虽流派众多，甚至各怀门户之见，但其基本思想有共同或类似之处：1. 认为人性本来就是愚昧、不善，或者说是受无知、愚昧等历史遗留物的毒害而造成人类的狂妄、自私、虚伪等邪恶倾向；作为有机体的社会整体利益应高于个人利益，必须用绝对的道德规范来弥补人性的缺陷，以维持社会的正常秩序。2. 认为当代资本主义危机首先是文化危机，是传统价值观、道德观的堕落。导致当代资本主义这一社会矛盾尖锐化的原因，是社会主义者和一批新自由主义分子组成的新阶层倡导敌对文化造成的，因此主张继承传统保守主义和依靠宗教信仰来稳定资本主义秩序。3. 当代保守主义者否认人民群众有治国的能力，认为过分的政治民主会导致民主政治的危机，因而主张贤人治国，即由少数有权威的政治精英来统治下层的芸芸众生，只有依靠他们的统治才能成为公正的社会。4. 认为以凯恩斯主义为基础的国家干预，建立福利国家等政策，造成了西方国家 20 世纪 60 年代以来政府债台高筑、严重通货膨胀和失业率居高不下的资本主义生存危机；而计划经济易于导致极权主义，政府对经济的干预必然降低对社会财富的使用效率。新保守主义在英、美、法等国有很大的影响。（李庆）

新常态

New Normal

指中国经济在新的发展阶段出现的经济增长率下降、滞胀等一系列新失衡、新机遇现象。这些现象正逐渐成为经济发展中较长时期稳定存在的特征。2014 年 5 月习近平总书记根据当前中国经济发展状况首次谈到这一概念。对此，我国应适度降低经济增长目标，深化改革，加快产业结构调整和自主创新，推行紧缩的货币政策，实行供给和需求双向扩张的财政政策，积极适应新常态。新常态具有普遍性特征，从生态文明建设角度看，我们应树立尊重、顺应、保护自然的新生态平等价值观理念，遵循五位一体总布局建设的新战略观，坚持绿水青山就是金山银山的新资源观，倡导保护环境就是发展生产力的新经济观。适应生态文明新常态面临的突出问题，积极应对气候变化，加大二氧化碳减排能力，加大治理雾霾力度，淘汰落后产能，培养全新的哲学思维观念，加快制度建设，开展多方位国际合作。（蔡越）

新村运动

New Village Movement

韩国 20 世纪 70 年代发起的改造乡村运动。运动兴起的原因是当时工农业发展平衡严重失调，城乡差距扩大，严重影响人们的生活水平。为使乡村生产力迅速提高，韩国在政府组织下，派技术人员深入乡村开展培训，使新科技尽快运用于农业生产当中。韩国新村运动初期，政府将重心放在改善乡村公路、水电设施、卫生条件等可以优化乡村居民生活环境的方面；在新村运动的中后期，韩国政府将重心放在维持乡村生态景观，保护乡村文化特色等方面。忠清南道堤川市德东里乡村，改善乡村环境，保护乡村原有自然景观及传统园林文化，发展乡村旅游，开设种花、做豆腐、捉鱼、收玉米等农家活动，吸引国内外游客。还有一些乡村，利用其规划有序的梯田景观、稻田、果园等美丽的风景，推动本国的乡村生态旅游业，提高乡村建设的综合水平。（李雪姣）

《新帝国主义》

New Imperialism

戴维·哈维 2003 年出版的著作，以领土逻辑和资本逻辑为分析起点，以剥夺性积累为基础进一步分析当代资本主义资本积累实现的途径，为理解新帝国主义提供崭新的视角。领土逻辑即国家和帝国政治，指行为主体在一定领土上能够动员其人力和自然资源以实现政治、经济和军事目标。资本逻辑即资本积累在时空中的分子化进程，指帝国主义是一个在时间空间中扩散的政治经济过程，对资本的控制和利用是第一位的。由于权力的领土逻辑和资本逻辑的关系是辩证统一的，在他看来，应该结合实际的情况来分析当代资本主义，避免落入单纯的政治或经济分析的模式。哈维认为，领土逻辑和资本逻辑是区分新旧帝国主义的主要标志。“有时领土逻辑更受重视，但使资本主义的帝国主义同其他帝国主义相区别的，恰恰是资本逻辑居于支配地位。”哈维认为，当代资本主义必须要通过时间空间的再生产而得以生存下来。时空修复理论是指通过时间延迟和地理扩张解决资本主义危机的特殊办法。这主要表现在两点：第一，通过投资长期资本项目或社会支出来进行时间转移，以推迟资本价值在未来重新进入流通领域的时间。第二，通过在别处开发新的市场，以新的生产能力和新的资源、社会与劳动可能性来进行空间转移，在非均衡的地理环境下为资本积累的实现提供可能性。在非均衡的地理环境下，通过不公平和不平等的交换，可以榨取垄断租金。（徐越）

新法团主义

New Corporatism

又称新社团主义。在现代国家与社会关系中，一种介于多元主义和国家主义之间的中间形式，强调国家和社会参与的重要性，又分为国家法团主义和社会法团主义。国家法团主义模式是经过国家自上而下的强力干预而形成的，即通过种种行政化或明文规定的方式，国家赋予某些社团以特殊的地位，社团的发展在很大程度上受政府政策的影响。相反，在社会法团主义模式中，某些社团享有的特殊地位是通过自下而上的竞争性淘汰过程形成的，竞争是社团的主要生存方式，并通过国家法律监管体系的认可而获得其合法性地位。这些获得国家支持或承认的竞争性社团，通常拥有丰厚的经济、政治和社会资本。国家法团主义多出现在转型社会中，尤其是自由民主和资本主义不太发达、并且实行新重商主义的国家之中，例如第二次世界大战后不久的南欧、发展中的拉美国家、东亚和东南亚国家。在转型国家中，国家法团主义通常发挥一种过渡性作用。通过国家自上而下强有力的干预，帮助民间组织完成其社会功能。（俞可平）

新工党与第三条道路

New Labour and the Third Way

通常指超越传统左翼社会主义和右翼保守主义的中间道路，试图将右翼政党的经济政策与左翼政党的社会政策相融合的理论与实践。20世纪90年代，英国工党领袖托尼·布莱尔提出要建立第三条道路，在坚守左翼社会正义价值观的基础上，超越传统左翼的国家控制、高税收等政策议程，创建一种面向新世纪的“新政治”。社会民主党的理论家安东尼·吉登斯（Anthony Giddens）提出，第三条道路超越传统意义的社会主义，支持通过增加个人技能、能力与生产的禀赋而实现社会平等的目标，而不是通过分配收入来实现这一目标；它强调平衡财政预算，通过强化个人责任提供平等的机会，实现政府的分权化，鼓励公共与私人部门的合作。第三条道路的目标不是废除资本主义，而是通过福利国家政策逐渐消除资本主义制度的不公正。第三条道路是在全球化时代社会民主党进行自我调整和自我变革的尝试，通过肯定自由市场的价值而实现政治革新，标志着社民党向政治谱系中间移动的发展趋向。布莱尔的第三条道路，在欧洲大陆社民党内引起强烈反响，也促使欧洲不同版本的第三条道路出现，如德国的新中间道路。自由主义和保守主义者批评第三条道路实际上是倡导自由放任的资本主义。更多的批评来自社会民主党以及左翼党，认为第三条道路具有明显的新自由主义的特征，是对左翼价值、社会主义的严重背离。（王聪聪）

新公共行政理论

New Public Administration Theory

指形成于 20 世纪 60 ~ 70 年代的与传统行政理论相对的“新”公共行政理论。它摒弃传统行政的权威主义和以效率为中心的取向，强调公共行政要以公平与民主作为主要目的及理论基础，将道德价值概念注入行政过程，将社会公平注入传统的经济与效率目标；重视人性和行政伦理研究，倡导民主主义的行政模式以及灵活多样的行政体制研究；强调公民参与、政策制定、相关控制、分权授权、组织发展、顾客至上和民主工作环境等。它提出的重塑政府运动、企业型政府、政府新模式、市场化政府、代理政府、国家市场化、国家中空化等观念，是对这种变革的不同称谓。它所倡导的价值观，如社会公平、代表制、回应性、参与和社会责任等，推动了公共行政的发展，某些方面为新公共管理的产生做了理论准备。（刘中华）

新公共行政实践

New Public Administration Practice

指从 20 世纪 60 年代开始发源于西方发达资本主义国家，为应对经济形势的巨大变化对政府执政提出的诸多新挑战，各国政府进行的一系列适应时代并融合新的公共行政理念的公共行政改革及其实践活动。它有着不同于传统公共行政的鲜明特点，如强调根据时代的要求重新定义公共行政，重视人性和行政伦理的关系，重视价值观、道德、伦理等文化因素在公共行政中的影响，主张政治与行政的关联性，提倡社会公平等。通过一系列实践，政府公共行政逐渐从控制导向转为服务导向，从效率导向转为公正导向，从工具理性转为价值理性，确立合作与信任相结合的整合机制和德治与法治相结合的约束机制，并形成系统性的新公共行政。（刘中华）

新功能主义

Neo-functionalism

20 世纪 50 ~ 60 年代发展起来的欧洲一体化理论，深受戴维·米特兰尼功能主义思想的影响，主要由以厄恩斯特·哈斯为代表的政治理论家在功能主义基础上改造完成。基于对欧洲煤钢共同体、欧洲原子能共同体和欧洲经济共同体的观察分析，哈斯提出了新功能主义的两条主要假设：一是功能外溢，二是个体归属感或忠诚度的转移。前者指某一部门的功能性一体化举措引入，会引起其他部门的进一步一体化需要，即功能需要的溢出。后者指随着一体化举措带来的对跨国功能性需要的满足，人们原来局限于民族国家的归属感或心理忠诚，会逐渐转移到超国家的水平。依此，哈斯将新功能主义发展成为一种系统的欧洲一体化理论。此外，利昂·林德伯格、菲利普·施密特和约瑟夫·奈等人，也都是新功能主义的重要代表。（李庆）

新古典福利经济学

New Classical Welfare Economics

又称新福利经济学。在 20 世纪 40 年代旧福利经济学基础上发展而来。资产阶级经济学家为适应新的历史条件下垄断资本主义发展需要，对旧福利经济学进行修改、补充和发展。主要包括以下理论：效用序数论、最优化条件、补偿原则论、社会福利函数论、相对福利理论以及平等和效率交替论。新古典福利经济学强调福利是一切社会成员的福利，强调通过提高效率增进社会福利，提倡个人自由，但是过分强调效率而回避分配问题。新古典福利经济学产生后，被一些西方国家政府作为制定经济政策的依据，对资本主义经济的稳定发展起到一定作用。该理论具有一定的针对性、合理性，也具有一定的借鉴意义和启发作用。（代富宇）

新古典经济学理论历程

New Classical Economics Theory Process

新古典经济学的理论发展经历4代学者的不断探索。经济学的系统性发展源自亚当·斯密，中经大卫·李嘉图、西斯蒙第、穆勒、萨伊等，逐渐形成第一代古典经济学的理论体系（Classical Economics）。20世纪经济学历经张伯伦革命、凯恩斯革命和理性预期革命等，形成包括微观经济学和宏观经济学的基本理论框架。这个框架被称为新古典经济学（Neoclassical Economics），以区别于先前的古典经济学。新古典经济学集中而充分反映经济学过去100年间的研究成果和发展特征，在研究方法上更注重证伪主义的普遍化、假定条件的多样化、分析工具的数理化、研究领域的非经济化、案例使用的经典化、学科交叉的边缘化。新古典派经济学（New Classical Economics）是在对以往新古典经济学（Neoclassical Economics）进行细化，于20世纪70年代形成的学派，理论框架由理性预期假说和自然失业率假说组成。该学派主张市场经济能自动解决失业、不景气等问题，政府主导的稳定政策没有任何效果。自20世纪80年代以后，以澳大利亚华人经济学家杨小凯为代表的一批经济学家，用非线性规划和其他非古典数学规划方法，将被新古典经济学遗弃的古典经济学中关于分工和专业化的精彩经济思想，变成决策和均衡模型，掀起一股用现代分析工具复活古典经济学的思潮。在20世纪末，以美国经济学家斯蒂格利茨1993年出版新的《经济学》教科书为代表和标志，开始第4次综合。斯蒂格利茨的理论创新在于：1. 将宏观经济学的表述直接奠定于扎实的微观经济学基础之上，从而实现对萨缪尔森《经济学》的超越；2. 加强对信息问题、激励问题、道德问题、逆向选择问题等新课题的研究并取得新成果和新发展；3. 进一步注重政府干预经济的积极作用，依靠政府的依法调控能实现市场有效配置资源的作用。（史月田）

新极右翼思潮

The New Extreme-right Ideological Trend

在欧洲大陆长期存在，但20世纪末以后明显趋于猖獗的右翼极端思潮与运动。它在政策主张上，反对外来移民，反对欧洲一体化，要求给本土国民以特别的就业与福利保护，在政治上往往与极右翼政党相联系。总的来说，欧洲国家极右翼势力的崛起同迅速变化着的欧洲经济与社会密不可分。如，挪威1995年到2010年间，外来移民数量增长3倍，达到50万人，挪威的总人口仅为480万人。结果是，挪威的右翼政党进步党在2009年大选后成为国会的第二大党。作为右翼政党，进步党反对现行的移民政策，主张禁止伊斯兰罩袍进入学校。至少在某种程度上，移民的大量涌入以及种族矛盾不断升级，客观上加速了右翼思想的蔓延。在信息化、全球化的今天，自由的网络环境又起到煽风点火作用。2011年挪威发生的极右翼分子制造的血案表明，欧洲国家政府一方面需要加强防范右翼极端主义以及防范恐怖主义的力量，另一方面要继续推广多元文化共存的理念，融合、化解矛盾才是根除右翼思想的最终途径。（郇庆治）

新疆2014年生态文明建设状况

Eco-Civilization Construction in Xinjiang in 2014

2014年新疆生态文明指数（ECI）为75.28分，排名全国第22位。具体二级指标得分及排名情况见表1。去除“社会发展”二级指标后，新疆绿色生态文明指数（GECI）为62.46，全国排名第19位。新疆生态文明建设属相对均衡型，环境质量居于全国上游水平，社会发展、协调程度居全国中游水平，生态活力居全国下游水平。生态活力方面，自然保护区的有效保护率、森林质量在全国排名靠前，同为第8位。森林覆盖率、建成区绿化覆盖率、湿地面积占国土面积比重均较低。环境质量方面，水体环境质量、农药施用强度指标在全国处于较好水平；水土流失率高、环境空气质量差，分别居全国第28位和第21位。化肥施用超标量较高，居全国第18位。社会发展方面，每千人口医疗机构床位数、农村改水率、人均教育经费投入在全国排名靠前，人均国内生产总值处于全国中偏下游水平；城镇化率、人均预期寿命和服务业产值占国内生产总值比例较弱，处于全国中下游水平。协调程度方面，环境污染治理投资占国内生产总值比重在全国排名靠前，居于第1位；烟(粉)尘排放变化效应居全国中游水平；工业固体废物综合利用率、城市生活垃圾无害化率、化学需氧量排放变化效应、氨氮排放变化效应、二氧化硫排放变化效应、氮氧化物排放变化效应均处于全国下游水平。总体来看，作为西北5省、自治区中国土面积最大的一员，新疆在生态文明建设过程中面临着一系列挑战，如结构性矛盾突出、自我发展能力不强、区域发展不平衡、生态环境脆弱等。促进经济又好又快发展依然是新疆生态文明建设中最迫切的任务。

表1　2014年新疆生态文明建设二级指标情况汇总

二级指标	得分	排名	等级
生态活力（满分为43.20分）	22.63	26	4
环境质量（满分为36.00分）	22.00	12	2
社会发展（满分为21.60分）	12.83	14	3
协调程度（满分为43.20分）	17.83	12	3

表2　新疆2014年生态文明建设评价结果

一级指标	二级指标	三级指标	指标数据	排名
生态文明指数（ECI）	生态活力	森林覆盖率	4.24%	31
		森林质量	48.20%	8
		建成区绿化覆盖率	36.40%	23
		自然保护区的有效保护	11.74%	8
		湿地面积占国土面积比重	2.38%	27
	环境质量	水体环境质量	91.80%	6
		环境空气质量	50.41	21
		水土流失率	61.95%	28
		化肥施用超标量	164.89千克/公顷	18
		农药施用强度	4.08吨/千公顷	5
	社会发展	人均国内生产总值	37181元	18
		服务业产值占国内生产总值比例	37.40%	21
		城镇化率	44.47%	26
		人均教育经费投入	2085.32元/人	7
		每千人口医疗机构床位数	6.06张	1
		农村改水率	91.91%	7

续表

一级指标	二级指标	三级指标	指标数据	排名
生态文明指数（ECI）	协调程度	环境污染治理投资占国内生产总值比重	3.81%	1
		工业固体废物综合利用率	51.86%	25
		城市生活垃圾无害化率	78.09%	26
		化学需氧量排放变化效应	5.47 吨 / 千米	22
		氨氮排放变化效应	0.56 吨 / 千米	22
		二氧化硫排放变化效应	−0.01 千克 / 公顷	31
		氮氧化物排放变化效应	−0.20 千克 / 公顷	31
		烟（粉）尘排放变化效应	−0.18 千克 / 公顷	14

（参考：严耕等：《中国省域生态文明建设评价报告（ECI2015）》第 297 ~ 303 页，北京：社会科学文献出版社，2015 年。**徐保军**）

新疆环境科学学会

Xinjiang Society for Environmental Sciences

1979 年成立。学会成立以来，本着为广大环境科学科技工作者服务的宗旨，发扬献身、创新、求实、协作的精神，按照民主办会的原则，围绕自治区环境保护的中心工作，尽力开展了环境科普知识的宣传教育、优秀论文评审、国内外有关学术交流、环境科学期刊出版及科技咨询服务等多项活动，弘扬尊重知识、尊重人才的科学道德风尚，普及环境科学知识，促进环境科学科技人才的培养，推动新疆环境科学事业的发展，在环境决策中发挥参谋作用。办有期刊《新疆环境保护》。（**席溢**）

新疆坎儿井

Karez of Xinjiang

古时称井渠，是古代新疆各族人民根据当地盆地地理条件利用地面坡度引用地下水的地下水利工程。坎儿井与万里长城、京杭大运河并称为中国古代三大工程。吐鲁番坎儿井出现于 18 世纪末叶，主要分布在吐鲁番盆地、哈密和禾垒地区，尤以吐鲁番地区最多，计有千余条，如果连接起来，长达 5000 千米，因此有人称之为“地下运河”。“坎儿”即井穴，当地人民吸收内地井渠法创造。它把盆地丰富的地下潜流水通过人工开凿的地下渠道，引上地面灌溉使用。早期的坎儿井发展缓慢，直至清道光二十五年（1845）

林则徐在伊拉里克增穿井渠后推广，吐鲁番坎儿井发展到百处。光绪六年（1880），左宗棠率兵平定阿古柏叛乱后，“督劝民户，淘浚坎儿井”，“吐鲁番所属渠工之外，更开凿坎井一百八十五处”。此后，吐鲁番坎儿井继续发展。20 世纪 50 年代，吐鲁番坎儿井发展到 1300 多条，后由于水位下降等种种原因，到 20 世纪末，吐鲁番坎儿井只有 700 条。（参考：杨连正：《寻访天下宜茶之水（续）》，《农业考古》2003 年第 2 期第 155 ~ 159 页。**朱配辰**）

新疆生态学会

Xinjiang Ecological Society

成立于 1993 年，由新疆维吾尔自治区科学技术协会直接领导，挂靠在新疆环境保护科学研究院开展生态科研、学术交流、科普宣传等活动的群众性组织。在生态科学学术交流、科普宣传教育等方面取得一定成绩。学会每年都参加"6·5"世界环境日和科协组织的科普教育活动周的宣传活动。办公地址位于新疆乌鲁木齐新市北京南路科学二街305号新疆环境保护科学研究院内。（席溢）

新疆野生动植物保护协会
Xinjiang Wildlife Conservation Association

成立于1985年，是中国野生动物保护协会（CWCA）的团体会员，由新疆从事野生动物保护管理、科研教育、驯养繁殖、自然保护区工作的人员和广大野生动物爱好者组成的一个具有广泛代表性的野生动物保护组织。（席溢）

新疆自然保育基金
Xinjiang Conservation Fund

成立于2001年底，由全球绿色资助基金（Global Greengrants Fund）提供创始资金。以生物多样性保护为基础，推动新疆地区的自然保育和环境治理工作。通过资助新疆本地大学生环保社团及民间环保团体基本项目的实施，帮助其更好地完成工作，已获资助的团体及项目有：新疆师范大学绿色阳光行动组的绿光论坛项目，新疆医科大学绿之源协会的环境教育项目，伊犁师范学院绿色伊犁河协会的绿色书架项目。除了对新疆本地环保社团给予资助援助之外，还充分发挥桥梁和纽带作用，为他们提供其他各方面的联系与帮助，加强各团体之间的相互联系与信息交流，并为其提供一个与外界非政府组织交流信息的平台。宗旨：帮助解决新疆的环境问题，促进新疆本地环保团体的发展。使命：以生物多样性保护为基础，推动新疆地区的自然保育和环境治理工作；以环境保护为切入点，维护和保障新疆地区弱势群体和新疆各民族的生存权和发展权；以促进高校环保团体能力建设为出发点，提高新疆地区公民保护环境和公众参与的意识。新疆自然保育基金目前正在推动的项目有：1.新疆天山托木尔峰地区雪豹的生活习性、分布及数量调查及偷猎及贩卖贸易情况。此项目是与新疆野生动物专家及研究人员合作开展，通过对雪豹栖息地、生活习性的跟踪调查，评估雪豹当前存在的数量及面临的威胁，制定出一个可行的措施对其加以保护。并通过对新疆地区雪豹偷猎、贸易现状调查，分析新疆地区雪豹贸易对本土及周边国家、地区雪豹的威胁。2.猎隼偷猎贸易调查。通过对新疆地区猎隼偷猎、贸易现状调查，分析新疆地区猎隼贸易对本土及周边国家、地区猎隼的威胁。探讨非法贸易存在的根源，提出解决方法。通过宣传提高当地民众的保护意识，使更多人参与此项工作。（席溢）

新马尔萨斯主义
Neo-Malthusianism

新马尔萨斯主义是以马尔萨斯人口学说为理论基础，主张实行避孕以节制生育限制人口增长的人口理论。最初由马尔萨斯的信徒弗朗西斯·普雷斯于19世纪中叶提出，后来受到卡莱尔（Richard Carlile）、德莱斯代尔（Georges Dryshae）等人的拥护，所以也称普雷斯主义、卡莱尔主义或德莱斯代尔主义。新马尔萨斯主义与马尔萨斯的学说没有本质区别，他们都认为，资本主义社会存在的过剩人口和劳动群众生活贫困都是人口自身增殖造成的，与资本主义的剥削制度无关，都否认消灭资本主义制度是解决资本主义社会人口问题的前提条件。然而，他们之间仍然存在着差别。他们的区别在于：马尔萨斯作为牧师极力主张实行所谓道德抑制，即无力赡养自己子女者不要结婚或晚婚并在婚前遵守道德。新马尔萨斯主义者强调通过自觉自愿的家庭限制，即通过避孕等节制生育手段限制人口增加。他们一般不主张晚婚，更不赞成禁欲，认为人们只要结婚之后采取避孕、流产等措施，仍能限制家庭人数，从而减轻家庭负担和减少生活困难。他们认为，有意识的家庭限制不仅是理想的措施，而且是克服人们贫困的切实可行的办法。他们和马尔萨斯一样，把人口过剩看成是自然规律，并把失业和贫困归之于这个自然原因。但对抑制人口的方法和马尔萨斯不同，认为用避孕和堕胎等人工方法来节制生育，是保证人口增长数量与生活资料增长数量同步的最好方法。20 世纪 30 年代后，新马尔萨斯主义者对自己的理论做补充，对马尔萨斯的公式加以扩展，他们不仅谈论粮食危机，而且广泛谈论自然资源不足、经济增长速度缓慢、社会生活和福利水平的下降、生存空间不足、生态平衡失调、污染等问题。在人口方面，也不限于人口增长速度，还涉及人口质量和种族优劣、贫困和富国人口增长差别、人口分布和迁移等问题，求助于数学和统计，用复杂的图式和统计资料说明人口和人口有关的经济、自然资源的变动状况。（参考：彭学农：《生态马克思主义对新马尔萨斯主义生态学的批判》2013 年第 4 期第 41 ～ 47 页。朱配辰）

新媒体

New Media

相对于传统媒体而言，通常指时间上较晚出现的、功能或特征上与既有媒体存在差别的媒体，因而又被称为既有的报刊、户外、广播、电视之外的第五媒体。学界流行的定义是：基于数字化并以先进的信息传播技术为核心技术支撑的媒介或内容载体，包括光纤电缆通信网、数据库通信系统、通信卫星和卫星直播电视系统、数字电视、互联网、移动多媒体以及利用数字技术播放的广播网等。最大特征是交互性，包括人和新媒体间的人机交互、新媒体间的机机交互、以及建立在新媒体基础上的人人交互。它的出现改变了受众与媒体的相处模式，以及受众之间的相处模式，增强了彼此间的交流互动，以其形式丰富、互动性强、渠道广泛、覆盖率高、精准到达、性价比高、推广方便等特点，对传统媒体构成颠覆，在现代传媒产业中占据越来越重要的位置。（刘中华　张惠娜）

新媒体革命

New Media Revolution

现代科技进步和经济的发展，特别是网络技术在传播领域的广泛应用，使媒体传播的手段和样式发生很大变化，影响传统媒体运作的方式和思路，在世界范围内引发新媒体革命。媒体的竞争不仅发生在同类媒体内部，也发生在新媒体与传统媒体之间。新媒体革命体现为信息传播的全球化，新闻报道的即时性，信息覆盖的规模化、多媒体融合初现端倪和受众需求变化等多个方面。新媒体革命的本质在于蕴含人的发展这一价值主旨，打破个人与个人之间、个人与组织之间、组织与组织之间的时空限制，开辟相对于现实世界而存在的人类精神交往的第二世界。新媒体革命推进人的解放和人的发展，体现在新媒体革命推进人的物质需求的全面发展，推进人的政治参与、政治诉求的全面发展，推动人的精神文化的自我成长。（参考：刘芳：《新媒体革命的本质与核心价值观念的构建》，《社科纵横》2013 年第 10 期第 147 ～ 150 页。张惠娜）

新媒体时代

New Media Age

1967 年由美国哥伦比亚广播电视网技术研究所所长戈尔德马克（P.Goldmark）提出的概念。在媒体发生和发展过程中，新媒体并非新兴或者新型的媒体的统称，应该有其相对准确的概念。新媒体的概念不断变化，广播相对报纸是新媒体，电视相对广播是新媒体，网络相对电视是新媒体。也就是说，新媒体时代是相对于传统媒体时代而言的，是报刊、广播、电视等传统媒体之后发展起来，利用数字技术、网络技术、移动技术，通过互联网、无线通信网、卫星等渠道以及电脑、手机、数字电视机等终端，向用户提供信息和娱乐服务的传播形态和媒体形态。新媒体也可被称为数字化媒体。新媒体强调的是影音文字信息的

整合。在新媒体时代，受众可获得视、听、触、嗅、动等多方位的体验与享受。互动性是新媒体独特的魅力所在。（张惠娜）

《新媒体时代的中国低碳转型》

China's Low Carbon Transformation in the New Media Era

作者赵亮，2011年1月28日发表。作者指出，新媒体是新的技术支撑体系下出现的媒体形态，如数字杂志、数字报纸、数字广播、手机短信、移动电视、网络、桌面视窗、数字电视、数字电影、触摸媒体等。相对于报刊、户外、广播、电视传统意义上的媒体，新媒体被形象地称为“第五媒体”。随着互联网创新的不断推进以及媒体传播载体的日益丰富，博客、播客、词媒体等个性化平台也被冠以新媒体的标签。新媒体不仅对低碳转型产生积极影响，并且新媒体与低碳转型呈现出互动的格局。新媒体是推动中国低碳转型的社会传播引擎，新媒体不断关注低碳转型、服务低碳转型和监督低碳转型，为低碳转型可持续发展建立了防线。而中国低碳转型也为新媒体提供了更多元化的发展空间。以节能环保、新一代互联网信息技术、新能源汽车、新材料等为代表的七大战略性新兴产业振兴刺激了媒体革命，也推动了新媒体事业的发展，为新媒体找到自己的着陆点创造了机会。中国低碳转型的社会需求是持久的。基于这种持久性，新媒体事业迎来黄金发展周期。从2008北京奥运会新媒体首次作为奥运会独立传播机构与传统媒体一起被列入奥运会的传播体系，到2009年哥本哈根气候大会，以及2010年天津气候谈判，新媒体证明自身作为新传播渠道的社会价值和商业价值，新媒体让公众参与变成可能。新媒体时代是低碳转型的机遇，也是公众参与的机遇。（张惠娜）

新民主主义文化性质

The Nature of New Democracy Culture

由中国共产党领导的新文化的性质。新民主主义革命时期中国共产党提倡的新文化，是新民主主义的文化。这种新文化是无产阶级领导的人民大众的反帝反封建的文化。这种新民主主义文化区别于旧民主主义文化的地方在于它是由无产阶级领导的，以无产阶级的科学思想体系马克思主义为指导。新民主主义文化代替旧民主主义文化在中国文化革命中占据主导地位，具有历史的必然性。这是因为，中国资产阶级在经济上、政治上都很软弱，没有勇气和能力领导彻底反帝反封建的革命斗争。新民主主义文化的内涵包括：新民主主义的文化是民族的；新民主主义的文化是科学的；新民主主义的文化是大众的。这种民族的科学的大众的文化是人民大众反帝反封建的文化，新民主主义的文化，中华民族的新文化。（王薛时）

新能源

New Energy

指传统常规能源化石燃料等之外的非常规能源。相对于广泛使用和开发技术成熟的常规能源，新能源是人类新近开发的，以新技术为基础系统开发利用的能源，尚处于推广阶段。包括太阳能、潮汐能、波浪能、海流能、风能、地热能、生物能、氢能、核聚变能等。相对于传统能源，新能源通常具有污染少、储量大的特点，开发有利于优化能源结构，对解决当今世界面临的环境污染、能源短缺等问题具有重大意义。（韩铮）

新能源产业

New Energy Industry

指基于新能源的发现和应用，包括对太阳能、生物质能、地热能、风能等非传统能源进行科研、实验和开发，以使其发挥与传统能源在生产与经营活动中同样甚至更好的作用，进而将其产业化的高新技术产业。除太阳能、生物质能、地热能和风能外，联合国开发计划署还将大中小型水电、海洋能列入新能源行列。我国在《“十二五”国家战略性新兴产业发展规划》中还将页岩气、地温能、氢能列为新能源。新能源可进一步分为可再生新能源和不可再生新能源。新能源的特点在于清洁环保和低污染，生产中几乎不会或者很少排放污染性物质；此外，新能源储量巨大且分布极广，可循环使用；在使用方式上，新能源具有很强的灵活性，可以因地制宜。新能源产业作为新兴产业，对于社会可持续性发展具有重要意义：是改变传统粗放型经济发展方式中高耗能高污染的资源使用缺陷的必然要求；新能源产业改变资源使用结构，有益于保障国家资源能源安全；是提升综合国力、增强国际竞争力的重要途径；是应对全球气候变暖、协调自然与社会共同发展的重要举措；有益于改善能源使用效率，降低企业发展成本，对国民经济健康持续发展具有重要意义。（参考：张宪昌：《中国新能源产业发展政策研究》，中共中央党校2014年博士学位论文第50～55页。欧阳文川）

新能源汽车

New Energy Vehicles

又称代用燃料汽车，指采用非常规车用燃料作为动力来源的汽车。新能源汽车是综合车辆的动力控制和驱动方面的先进技术，形成的具有新技术、新结构的汽车。新能源汽车包括燃气汽车（液化天然气、压缩天然气）、燃料电池电动汽车（FCEV）、纯电动汽车（BEV）、液化石油气汽车、氢能源动力汽车、混合动力汽车（油气混合、油电混合）太阳能汽车和其他新能源（如高效储能器）汽车等，其废气排放量较低，有利于改善空气环境质量。新能源汽车是低碳经济发展的必然选择，是汽车产业的发展趋势。（任傲尘）

《新能源汽车生产准入管理规则》

New Energy Vehicles Production Access Management Rules

由国家发展和改革委员会根据《汽车产业发展政策》的有关规定制定，从2007年11月1日起实施。本规则由总则、新能源汽车分类及管理方式、新能源汽车生产资格、生产企业及产品管理、附则五部分构成。本规则所称新能源汽车是指采用非常规的车用燃料作为动力来源（或使用常规的车用燃料、采用新型车载动力装置），综合车辆的动力控制和驱动方面的先进技术，形成的技术原理先进、具有新技术、新结构的汽车。新能源汽车包括混合动力汽车、纯电动汽车（BEV，包括太阳能汽车）、燃料电池电动汽车（FCEV）、氢发动机汽车、其他新能源（如高效储能器、二甲醚）汽车等。（石艳峰）

新农村建设五大方面

Four Aspects of the New Rural Construction

以新农村建设的标准：生产发展，生活宽裕，乡风文明、村容整洁，管理民主。生产发展，是推进现代化农村建设的产业支撑，实现其他目标的中心和物质基础。生活宽裕，是新农村建设的目的，也是衡量我们工作的基本尺度。乡风文明，是农民素质的反映，体现农村精神文明建设的要求。只有农民群众的思想、文化、道德水平不断提高，崇尚文明、崇尚科学，形成家庭和睦、民风淳朴、互助合作、稳定和谐的良好社会氛围，教育、文化、卫生、体育事业蓬勃发展，新农村建设才是全面的、完整的。村容整洁，是展现农村新貌的窗口，是实现人与环境和谐发展的必然要求。社会主义新农村呈现在人们眼前的，应该是脏乱差状况从根本上得到治理、人居环境明显改善、农民安居乐业的景象。这是新农村建设最直观的体现。管理民主，是新农村建设的政治保证，显示了对农民群众政治权利的尊重和维护。只有进一步扩大农村基层民主，完善村民自治制度，真正让农民群众当家做主，才能调动农民群众的积极性，真正建设好社会主义新农村。（史月田）

《新女性新地球》

New Woman, New Earth

全名《新女性新地球：性别意识形态和人的

解放》，美国民主社会主义者、生态女性主义者、天主教神学家罗斯玛丽·鲁特尔的代表著作，1975年出版。书中探讨了性别主义、种族主义、反犹太主义、环境破坏以及其他控制形式之间的关系。问世多年后，依然是关于女权主义和宗教审判的典范之作。（徐越）

新热带植物区系

Neotropical Floral Kingdom

简称新热带区，范围包括佛罗里达最南部、中美洲、南美洲的大部（至南纬30°）及附近热带岛屿等热带地区。本区植物种类十分丰富，与古热带区系有共同起源，有很多共有科、属，如番荔枝科（Amnonaceae）、樟科（Lauraceae）、莲叶桐科（Hernandiaceae）等。但由于大陆板块的分裂和现代气候的影响，两者的植物区系差异逐渐变大。该区是许多热带作物的发源地，特有科属植物丰富，如有膜蕨科（Hymenophyllopsidaceae）、红木科（Bixaceae）、仙人掌科（Cactaceae）等。学者塔赫他间（A.Takhtajan）将本区划分为5个地区：加勒比地区、圭亚那高地地区、亚马孙地区、巴西地区和安第斯地区。其中圭亚那高地地区面积小，植物种类丰富，8000多种植物中一半以上为特有种，是南美洲非常古老的植物区系地区，有很多孑遗植物。巴西地区种类丰富但无特有科；安第斯地区植物种类贫乏，却是南、北方植物迁移的必经之路，并具热带、温带以至两极分布的各类成分。（韩铮）

新人道主义

Neo-Humanism

新人道主义是关于人的存在与价值的有限论的人道主义。新人道主义认为，在人与自然之间实际上始终存在着两种关系：一是人与外部的个别自然物的关系。在这个关系中，人与个别自然物（如动植物）相比较，可以说人是最高存在物。但是，人与自然之间还有另外一种关系，即人和自然界整体之间的关系。在这个关系中，只有把人包括于自身之中的自然界整体，才有资格成为最高存在和最高价值。在任何时候，人都不可能脱离自然界整体，人的生存和活动都始终在自然界整体秩序的统治下。在这个意义上，自然界整体才是一个无限的存在，人始终是一个有限的存在。人的价值追求，不能违背自然界整体的价值需求（如生态系统对稳定平衡的追求）。因为如果没有自然界整体的存在，不能保障自然界整体秩序的和谐，人的任何欲望、狂想乃至人的生命顷刻之间就会灰飞烟灭。因此，人不能仅仅把人类的一己之利放在最高的位置，没有自然界整体价值的实现，人的任何价值都无法实现。新人道主义在人与自然界的关系中，既为了人，又约束人、规范人。约束和规范人正是为了人自己的根本利益和可持续的生存和发展。（参考：李丁：《发展伦理学与新人道主义》，《内蒙古民族大学学报》（社会科学版））2010年第5期第79～82页。牟世晶）

新天新地

New Heaven and New Earth

新天新地是基督教末日论与救赎教义的重要观念，指在世界末日来临时，所有人都要接受上帝审判，上帝将摧毁旧有的罪恶世界，重建幸福的新天新地。“但我们照他的应许，盼望新天新地，有义居在其中”。在基督教的新天新地教义中，“看见一个新天新地，因为先前的天地已经过去了，海也不再有了”，在新天新地中没有罪恶，不再毁坏，同时在空中掌权的魔鬼此时已被扔在火湖里，空中洁净了，地要被火焚烧，海不再有了。当“最后审判”完成，就将出现永久性的新天新地，到时旧有的事物都将过去，都变成新的，但凡通不过上帝末日公义审判的，都要被消除干净。在神的国度，只在乎公义、和平以及圣灵中的喜乐。新天新地中，上帝的忠诚信徒最后将由基督接到天上去。（雷爱民）

新闻发布会

Press Conference

是社会组织如政府部门、企业等为公布重大新闻或解释重要方针政策而邀请新闻记者与相关人员参加的公共关系专题活动。任何社会组织，如政府、企业、社会团体都可举办，西方国家政府普遍采用其发布新闻，具体形式包括记者招待会、新闻发布会、酒会。记者招待会较正式，有较高层次官员出席，一般是专题性的，以答记者问为主要特色；新闻发布会由公关负责人执行；酒会更自由、随意、非正式，气氛也相对轻松，可单独召开，也可附属于其他形式。它是一种两级传播：社会组织先将信息告知记者，再通过记者所属的大众传播媒体告知公众。一般具有以下特点：1. 以新闻发布会发布消息，形式比较正规、隆重，规格较高，易于引起社会的广泛关注。2. 在会上，记者可就自己感兴趣的方面进行提问.能更好地发掘消息、充分地采访本组织，同时使组织也更深入地了解新闻界。在这种形式下的双向沟通，无论在深度上还是广度上都较其他形式更为优越。3. 往往占用记者和组织者较多的时间，花费较多的经费，因此成本较高。4. 对组织新闻发布会的发言人和主持人要求高，需要反应敏捷，善于应对，反应迅速。（刘中华）

新闻观

Concept of Journalism

对新闻现象、新闻活动等的性质、地位、作用、意义、衡量标准和价值实现途径的总的看法，是对新闻工作应当遵循的基本原则与思想方法的集中概括。是世界观在新闻活动方面的体现。对新闻活动中诸现象、事物的看法与评价，按主次、轻重次序的排列，就构成了新闻观体系。新闻观和新闻观体系，会影响人们的心理与行为，左右着人们价值观。新闻观在人们心中是实际存在着的，是相对稳定和持久的认识方法与行为准则。一个人有什么样的新闻观，就会有什么样的价值取向；有什么样的价值取向，就会有什么样的工作准则；有什么样的工作准则，在新闻实践中就会采取什么样的行动；有什么样的行动，就会形成什么样的结果；有什么样的结果，就会产生什么样的影响。这样一个心理反应过程，是客观存在。不管人们是否明确地意识到，他对新闻的选择、加工、传播、评价行为，总是在一定的观念和价值取向指导下，受一定新闻观支配。新闻观不仅影响个人的行为，还影响着群体行为和整个组织行为。值得注意的是，即使是在同一个规章制度、生产流程下工作，如果两个人的新闻观相反，那么就可能会采取完全相反的行为，做出完全相反的选择，这将对组织目标的实现产生完全不同的作用。显然，新闻传播倾向与效果也不同。（张惠娜）

新西兰价值党

Green Party of Aotearoa New Zealand

世界上第一个全国层面上的绿党，1972 年成立。主要支持者为新左翼群体以及中左翼分子。成立之初强调替代性的政策，而非仅仅是反对党。

主要政策包括反对核能、支持裁军、倡导零增长等。在1972 年、1975 年、1978 年、1981 年、1984 年的大选中均未获得任何议会席位，但是最先将环境议题引入政治竞争领域，引起公众对环保与生态的广泛关注。政治遗产被稍后的“奥特亚罗瓦新西兰绿党”（Green Party of Aotearoa New Zealand）继承。后者成立于 1990 年，是新西兰第三大政党，在全国议会中拥有 14 个议席。新西兰绿党由价值党及其他环境团体成员组成，是现代的环境政党。核心的政治原则为生态经济学、社会正义、参与性民主和非暴力。目前新西兰绿党已成为新西兰政坛中稳定的政治力量，拥有相对稳定的选举支持。在 1999 年、2002 年、2005 年、2008 年、2011 年、2014 年的大选中，新西兰绿党分别获得了 5.2%、7.0%、5.3%、6.7%、11.1%、10.7%的选票和议会中的 7 个、9 个、

6个、9个、14个、14个议席。（王聪聪）

新现实主义国际关系理论

New Realism in International Relations Theory

也称结构现实主义，是国际关系理论的主要流派之一，兴起于20世纪70年代末期。该理论的主要贡献者是肯尼斯·沃尔兹。沃尔兹认为，古典现实主义是简约化理论，试图从个体层次对整体做出阐释，因而算不上真正的国际关系理论。他强调，国家虽然是国际关系的主体，但国际关系的结构是由国际政治上权力分配的结果所决定的，结构制约并影响着国家的长期战略与外交政策。也就是说，影响各国外交政策的因素并非国家内部之差异，国家在国际结构中的位置才是造成各国对外政策不同的主要因素。该学派创立后成为美国国际关系研究的主流，对当代国际政治研究和政策分析的影响极为深远。（李庆）

新型工业化道路

New Path of Industrialization

指科技含量高、经济效应好、资源消耗低、环境污染少、人力资源优势得到充分发挥的实现信息化和工业化双重目标的工业化道路。在新的科技革命突飞猛进、经济全球化深入发展、资源环境问题越来越严重的情况下，我国必须突破传统工业化模式，走一条有时代发展特点、符合客观规律和我国国情的新型工业化道路，才能确保经济社会可持续发展。兼顾我国国情，同时借鉴发达国家工业化过程中的经验教训，中共十六大报告指出，实现工业化是我国现代化进程中艰巨的历史性任务。走新型工业化道路，必须发挥科学技术作为第一生产力的重要作用，注重依靠科技进步和提高劳动者素质，改善经济增长质量和效益。要推进产业结构优化升级，形成以高新技术产业为先导、基础产业和制造业为支撑、服务业全面发展的产业格局。要优先发展信息产业，在经济和社会领域广泛应用信息技术。要正确处理发展高新技术产业和传统产业、资金技术密集型产业和劳动密集型产业、虚拟经济和实体经济的关系。目前来看，我国走新型工业化道路的制约因素有：1.信息瓶颈。从宏观方面来看，我国的大多数国企属于典型的自然资源和垄断型企业，如铁路、自来水、天然气、电力、机场等。相当一部分国企对政府财政过度依赖，高投入、高消耗、高污染，经济效益却很低，造成公共资源和公共财产的浪费。此外，由于经济制度发展不完善，在很大程度上限制了企业的制度创新，企业管理落后，企业改革面临很大的阻挠。法律建设滞后，存在很多漏洞和限制。2.资金技术匮乏。尤以中小企业最为明显。我国中小企业面临融资渠道狭窄、融资困难的局面。我国现有的经济政策演化出重国企轻民企的思维模式，资金分配不均衡使得中小企业难以获得有效的支持。从微观上来看，缺乏资金使中小企业抵御经济衰退的能力极差，同时也造成中小企业升级和技术创新的困难。3.人才缺口。我国虽然是人力资源大国，但是国民整体素质不高，现有的产业大军所掌握的技能并不能完全适应数字信息化社会飞速发展的需要，很多行业依旧面临着严重的人才短缺问题。在高级人才方面，我国严重缺乏高端技能的综合性人才。4.创新不足。自主创新能力不足是我国经济发展长期以来的诟病。在技术方面，我国工业化的技术来源过多依赖于国外，产业技术的自主创新能力低，技术水平与发达国家相比还有很大差距。由于发达国家的控制，在技术引进方面，我们并不能掌握核心技术。在多数情况下，很多企业主要是模仿，而不是消化吸收原有技术，真正做到提高创新。（参考：简新华等：《论中国的新型工业化道路》，《当代经济研究》2004年第1期第32～38页。朱配辰）

新型农民

New Farmers

指有文化、懂技术、会经营、高素质的农民。新型农民是有文化、懂技术、会经营的新型劳动者，具备3个明显素质：1.具有较好的社会素质，自立自强、崇尚科学、诚信友爱、知法守法，讲公德、有道德、重美德、尚文明；2. 具有较高的技能素质，熟悉和会用现代农业技术，熟练掌握一到多项生产技能和技巧；3. 具有一定的经营和管理能力，能充分利用人、财、物和土地等资源进行生产并获得较高的经济收益。（史月田）

新兴产业
Emerging Industry

指随着新的科研成果和新兴技术的发明应用而出现的新的部门和行业。通行的新兴产业指电子、信息、生物、新材料、新能源、海洋、空间等新技术的发展而产生的一系列新兴产业部门。（史月田）

新右翼主义
The New Right

保守主义内部的一种政治意识形态传统。它提倡市场个人主义和国家权威主义的有机融合，但由于主张不同的融合程度，就出现了新自由主义或新保守主义的不同称谓。新自由主义是古典/经典自由主义的新版本，其理论核心是市场和个人，“让国家滚开”是其主要目标，如撒切尔夫人的改革。新保守主义重申了19世纪的保守主义的社会原则，希望重建权威，回归传统价值，特别是那些和家庭、宗教、民族相关的价值。它谴责了20世纪60年代出现的我行我素、自我崇拜的价值观，同时对多元宗教和多元文化的出现表示忧虑。新右派思潮可以明确追溯到20世纪70年代发生的凯恩斯式的社会民主主义的明显失败与对社会分裂和权威衰弱的日益担忧，在英美两国以撒切尔主义和里根主义的改革影响最大。新右派思潮的扩展超出了古典保守主义的框架，对当代自由党和社民党向市场目标的转向助益颇多。然而，其观点是不连贯的，而自由市场经济学的有效性并非不容置疑。历史迹象表明，它在20世纪80年代达到顶点后便逐渐退却了。（李庆）

新政治党
New politics party

指持有彻底变革传统社会制度模式的激进目标与政治立场的新型政党，20世纪60～70年代兴起的新社会与政治运动的产物，如欧洲发达国家中的绿党。以生态哲学作为基础，以生态政治原则为指导，要求彻底变革传统社会制度下的经济与政治运行模式。绿党对生态原则的信奉与政治认同，必然意味着对现有经济社会结构及文化观念的重塑，这内在地决定绿党政治意识形态的激进性质。同时，绿党从不回避自己从根本变革现代社会的政治要求，生态重建只是其中的一个方面。因此，尽管绿党的政治战略与策略有合作的一面，但仍有充分的理由称之为激进的新政治党。此外，作为具体政党的名称，“新政治党（NPP）”是指泰国2009年成立的、以人民民主联盟为基础的全新政党，它反对泰国其他现存政党仅维护自身利益的做法。（徐越）

新制度主义
New Institutionalism

20世纪70～80年代，西方社会科学领域重新强调制度分析在解释现实问题中的地位与作用，并被称为新制度主义。制度一直是政治学的主要研究对象。在20世纪50～60年代，受科学主义思潮和反理性思潮的影响，传统政治学开始向现代政治学转变。行为主义成为政治学的主流理论，制度被排除在政治学研究的视野之外。进入20世纪90年代以来，新制度主义分析范式已经超越单一学科，遍及经济学、政治学、社会学乃至整个社会科学的分析路径。这些不同学科、不同流派共同构建了新制度主义的理论体系，其中影响较大的有社会学制度主义、理性选择制度主义、历史制度主义和规范制度主义。（李庆）

新中产阶级党
New Middle-class Party

指20世纪50年代以来，以西欧多个国家的社会民主党、工党和社会党为代表，主张走议会民主道路、建设自由民主社会的传统左翼党派；为赢得本国竞选、单独执政或与其他政党联盟执政，把赢得新兴中产阶级的支持作为其竞选战略的政党。与新中产阶级政党相对应的，是衣帽党，即产业工人阶级政党。（徐越）

新自由主义

Neoliberalism

在古典自由主义思想上建立起来的资本主义经济、政治、社会矛盾发展的产物。新自由主义主张私有制，反对公有制；奉行“看不见的手”原则，否定国家对市场进行干预；宣扬全球资本主义化，反对社会主义制度。表面上是为全人类服务，实质上是为国际垄断资产阶级服务；在全球一体化时代下为资本主义发展提供新便利；一方面推动资本主义的发展，缓和资本主义基本矛盾，另一方面又造成全球资本主义体系新的矛盾和危机。在借鉴与使用新自由主义思想和理论时应结合我国实际情况，具体问题具体分析，杜绝生搬硬套。（代富宇）

新自由主义环境管治

Neo-liberal Environmental Governance

环境治理理论的分支流派，理论框架以新自由主义的视角作为审视生物物理世界的方法论、政策和实践依据。要求在管治环境问题时同样采用自由市场手段，通过（稀缺）自然资源的商品化，实现对自然资源的量化供求机制，从而解决全球环境问题。是新自由主义管治理论与非人类社会的管治相结合的产物，是当代学者对新自由主义的全新运用。新自由主义有多种定义和运用。在传统意义上，人们对于新自由主义的认识，通常简化为“市场占主导地位”的概念化理解，即弱化行政、放松管制和私有化——这里的“市场”指的是市场经济中的传统市场概念。就新自由主义的管治理念而言，著名学者哈耶克和弗里德曼认为，自由市场相比国家干预更具有优越性，只要允许市场自由运转，供需定律将确保实现最佳的价格与回报。然而，卡尔·波兰尼持有不同观点。他认为，自由市场也可能会产生一种张力，会扰乱和改变社会互动，取代其他有价值的生活和工作方式。进一步说，新自由主义使得政府一方面自愿放弃对资源和社会规范制定的掌控，另一方面却致力于巩固新自由主义的政府框架、管治模式和监管关系。新自由主义的管治理念推广和应用到环境领域，新自由主义环境管治便应运而生。（徐越）

新左翼

New Left

20 世纪 50 年代末到 70 年代初活跃于西方主要发达资本主义国家的一种所谓“新马克思主义”的政治思潮和运动。基本组成部分是当时激进的知识分子和青年学生。新左翼之“新”的含义，与有关国家过去几代人的“左翼”观点相对而言，它本身并没有一个明确而又易于为人们所把握的规定性。在这个运动的不同时期，马克思主义的观点，各种激进主义的看法，和平主义的、工联主义的甚至托洛茨基主义的、卡斯特罗主义的，以及其他五花八门的空想社会主义思想，都有所表现。不过，如果把这个运动作为一个整体来看，它的基本目标是：反对现存的资本主义制度，建立一个理想社会。为此，它反对帝国主义，反对侵略弱小民族，反对社会不平等，反对种族歧视，反对独裁统治和国家资本主义制度，并且对老左翼的口头革命表示不满，要求采取直接革命行动。一般认为，英国是新左翼力量较大和活动时间最长的国家。在那里，新左翼的产生与 1956 年匈牙利事件，特别是赫鲁晓夫在苏共 20 大的秘密报告有关。正是在这两个事件的影响下，英共的一些党员首先出版了具有社会主义人道主义观点的杂志《新理性派》。与此同时，非党的激进知识分子也出版了刊名为《大学与左翼评论》的杂志。英国新左翼的官方喉舌《新左翼评论》，由以上两种杂志合并而成。美国的新左翼运动产生于 60 年代初，直接原因是越南战争，以及美国民权运动和黑人反抗斗争的发展。西欧大陆的新左翼运动出现较晚，范围之广，影响之深远，都是英、美两国所无法相比。1968 年 5 月轰动世界的法国学生运动，实际上也是欧美新左翼运动的组成部分。在 80 年代初问世的欧美主要国家的绿党和绿色运动，也不能说与新左翼毫无关系。前者的很多成员，甚至某些派别，都是当年活跃于新左翼运动中的骨干分子。新左翼在 20 多年时间内发动过多次波澜壮阔的运动，但终究未能避免走上失败的道路。它作为一个运动，从一开始就有很多致命的弱点：既没有牢固的组织，也缺乏严格的纪律；既没有统一的理论基础，也缺乏明确的指导思想：尤其严重的是，他们不仅没有团结本国工人阶级共同奋斗，而且相反，他们中许多人认为无产阶级已经资产阶级化了，不可能再成为革命的领导力量，结果使自己处于孤立无援的地位，最终遭到失败。（李庆）

《新左翼评论》杂志

New Left Review

英国一家研究世界政治、经济、文化问题的双月期刊。1960 年创办，前身是《新推理者》和《大学与左翼》杂志，至今已有 50 余年的历史。创立伊始，致力于宣传和推动左翼大众运动，现已成为更注重理论研究的杂志。整体而言，如今的《新左翼评论》保持自身偏左的传统立场，积极反映社会的激进变革。它虽扎根英国历史，却主动规避英国历史的束缚，弱化表现英国文化和文学，追求政治性并致力于体现国际化特色。（徐越）

新左翼运动

New Left Movement

20 世纪 60 ~ 70 年代西方社会中出现以青年知识分子为主体，旨在实现一系列诸如同性恋权利、女性权利等改革议题的社会政治运动。与之前工人运动侧重于争取工人的经济权利和社会正义不同，新左翼社会运动更加强调文化和社会性议题。大部分新左翼运动继承传统左翼的政治价值与理念，但许多不认同马克思的阶级斗争理论。新左翼运动既抨击西欧资本主义社会的政治、经济、文化现实，也反对苏联模式的社会主义道路，希冀突破政治僵局，探索新型的社会主义道路。在美国，新左翼运动以嬉皮运动和反战运动、学生校园抗议运动为主。欧洲的新左翼运动最初出现在联邦德国（西德），以反对越南战争、争取国内的民主权利为主，是欧洲激进学生运动的典范。新左翼运动在 1968 年法国的“五月风暴”中达到高潮。20 世纪 70 年代末，新左翼运动逐渐销声匿迹，大部分成员融入其他新社会运动中。（王聪聪）

信息不对称理论

Asymmetric Information Theory

指在市场经济活动中不同人员对有关信息的了解是有差异的，掌握信息比较充分的人处于有利地位，缺乏信息的人则处于不利地位。这一理论最早由美国经济学家约瑟夫·斯蒂格利茨、乔治·阿克尔洛夫和迈克尔·斯彭斯提出。他们认为，在市场经济中，卖方比买方更加了解商品的有关信息，掌握更多信息的一方通过向信息贫乏的一方传递可靠信息而获利。信息不对称是市场经济的弊病，政府应在市场体系中发挥自身作用，减少信息不对称对经济生产的危害。这一理论对很多市场现象提出了解释，并成为现代信息经济学的核心理论，被广泛应用到各个领域。（代富宇）

信息公开

Information Disclosure

指国家行政机关和法律、法规以及规章授权和委托的组织，在行使国家行政管理职权的过程中，通过法定形式和程序，主动将政府信息向社会公众或依申请而向特定的个人或组织公开的制度。2007 年国务院第 165 次常务会议通过《中华人民共和国政府信息公开条例》，自 2008 年 5 月 1 日起施行。共 5 章 38 条，提出信息公开，对信息公开的相关概念、信息公开的范围、信息公开的方式和程序、监督和保障等都有规定。2015 年

4月国务院办公厅印发《2015年政府信息公开工作要点》更加明确强调推进行政权力清单、财政资金、公共服务、国有企业、环境保护等9大领域的信息公开工作。其中不少方面是首次纳入公开范围，如要求地方各级政府部门公布权力清单，公开棚户改造建设项目信息、国有企业信息、社会组织和中介机构信息等。（张惠娜）

信息商品

Information Goods

指用来交换的信息产品，即它是人们通过搜集、加工、传递和存储所形成的并且用来交换的信息。信息商品是特殊商品，具有一系列不同于一般物质商品的特征，在生产、分配、流通和消费等再生产各环节具有许多与物质商品不同的特点。信息商品既具有一般商品的属性，又具有共享性、时效性、不对称性、间接性和层次性等特殊属性。（史月田）

信息熵

Information Entropy

是物理学熵概念的泛化。它的引入不仅解决了信息的定量描述问题，而且为熵概念的进一步泛化奠定基础。当信号源的要领扩展为由诸多个随机事件构成的概率系统，则熵函数同样可以用来描述此种随机事件系统（广义信源）的不确定性。在包括生命科学在内的自然科学乃至社会科学的各个领域，存在着大量的不同层次、不同类别的随机事件的集合，而每一种集合都对应有相应的不确定性（或称为无序性、混乱度、无规律性等等），所有这些不确定性都可使用信息熵这个统一的概念来描述，即凡是导致事件集合的肯定性、组织性、法则性、有序性等增加或减少的活动过程，都可用信息熵的改变量这个统一的标尺来度量，从而使此种随机事件集合的某种规律性描述实现定量化。（李雪姣）

信息生态位

Information Niche

生态位指生物与其所在的生态系统之间的一种适宜性关系，确切地说，是生态系统中对于某种生物生存所必需的生态因子的集合或者生态系统中其他生态因子对于该种生物而言的适宜性程度。类似自然生态系统中生物与其他物种的能量物质交换，即生物对资源占有和利用情况，具有信息需求或者参与信息活动的个人、组织在特定时间和空间中与其所处的信息生态系统同样存在物质和能量的交换和转换。信息生态系统是由信息人、信息、信息环境组成的类似自然生态系统的有机系统，它具有自我调节能力和自我维持能力，以保证系统的均衡稳定性。信息人、信息、信息环境三者的优化组合和动态链接是信息生态系统持续演化和发展的基础，其中信息人是信息生态系统中的核心要素。信息人的生态位由其自身的价值取向、知识结构等内在生态因子和社会、经济等外部生态因子共同构成。因此，信息生态位是指具有信息需求或者参与信息活动的个人或社会组织在与包括其他信息人、信息内容、信息载体、信息技术、信息制度等的信息生态系统中所处的地位，是与其他信息人在信息交流互动以及与信息环境间进行物质能量转换的过程中所处的功能地位。（参考：刘志峰等：《信息生态位概念、模型及基本原理研究》，《情报杂志》2008年第5期第28页；张建坤：《面向信息服务平台的信息生态位及其演化模型研究》，北京工业大学2010年硕士学位论文第13页。欧阳文川）

信息生态系统

Information Ecosystem

生态系统是指由人类社会、生物群落与其所处环境在一定时间和空间下，通过能量流动与物质循环等功能作用所构成的有机统一体。信息生态系统由信息人、信息、信息环境所组成，是它们三者在一定信息空间下通过类似于生态系统中的物质与能量交换而构成的功能统一体。信息人、信息、信息环境三者的优化组合和动态链接是信息生态系统持续演化和发展的基础，其中信息人是信息生态系统中的核心要素。依据要素功能作用，也可以将信息生态系统定义为由信息生产者、信息传递者、信息分解者和信息消费者与信息环境之间的能量物质交换中所构成的生态系统。信息生态系统及其要素之间的相互关系是信息生态学的主要研究对象，因此信息生态学是对包含信息、信息人以及信息环境的信息生态系统结构和功能的研究。信息生态系统属于生态系统的子系统，与生态系统一样也是生命体系统，它是社会生态系统的有机组成部分，并与其他社会生态子系统相互作用，系统之间存在能量与物质的转化与交换，受其他子系统的制约和影响。由于信息科技处于动态变化发展之中，其形式和功能也都处于变动之中，因此，信息生态系统的结构和功能时刻处于动态变化之中。（参考：韩子静：《信息生态学与信息生态系统平衡研究》，浙江大学2008年硕士学位论文第1页、第10页。欧阳文川）

信息生态学

Information Ecology

生态学是关于人、生物与其所处环境之间的互动规律的研究，研究自然生态系统和人类社会生态系统各自运行规律以及系统之间的相互关系。因此，信息生态学是对包含信息、信息人以及信息环境的信息生态系统结构和功能的研究。20世纪下半叶是信息技术高速发展的时期，信息技术对人类社会和经济的发展都带来革命性变革，由此进入信息化时代。伴随信息技术发展的同时，一系列信息矛盾逐渐显现出来，信息爆炸、信息垄断、信息霸权和信息污染等弊端使人反思人与信息环境之间的问题；另一方面，由于世界各地区信息技术的不平衡发展，在发达国家和欠发达国家、高收入人群与低收入人群之间出现“数字鸿沟”，一系列社会问题开始显露。人与信息及信息环境之间的关系研究在这种背景下开始被重视，以信息生态系统为研究对象的信息生态学由此出现。信息生态学是一门跨界交叉学科，出现于20世纪60年代的美国，其发展可大致分为两个阶段：第一阶段为20世纪60年代至80年代的20年间，这一时期的学科特点是缺乏统一的理论架构，尚未形成独立学科体系；第二阶段为20世纪80年代至今，这一阶段信息生态学已经逐渐成熟，成为一门独立学科。目前学科研究的主流方向为宏观理论体系框架以及学科微观层面的具体应用。信息生态学将生物、信息及信息环境作为整体，关注点是信息在整体中的互动，为信息社会的可持续发展提供理论基础。作为新兴的学科，信息生态学的发展尚不成熟，可以从社会学和生态学两个角度去解读，生态学角度下的信息生态学是利用现代系统理论方法和计算机技术分析和处理从实验中得到的数据，对人类、生态系统及生物圈生存攸关的问题进行综合研究、模拟与预测，着眼于未来的发展与反馈作用。信息生态学是面向生物学信息的科学，比理论生态学更加强调对大量生态学信息的准确定量分析和解释，不仅对信息管理学的学科发展有重要意义，而且对于研究信息社会的发展规律，探讨社会信息化、城市信息化、企业信息化的发展进程都具有重要的指导意义。（参考：周庆山、李瀚瀛、朱建荣等：《信息生态学研究的概况与术语界定初探》，《图书与情报》2006年第6期第25～26页；韩子静：《信息生态学与信息生态系统平衡研究》，浙江大学2008年硕士学位论文第1页、第10页。欧阳文川　韩铮）

星球大战计划

Star Wars Program, Strategic Defense Initiative

又称《战略防御倡议》，是美国在20世纪80年代研议的军事战略计划。《计划》源自美国总统罗纳德·里根在1983年3月23日的著名演说。核心内容是，以各种手段攻击敌方的外太空的洲际战略导弹和外太空航天器，以防止敌对国家对美国及其盟国发动的核打击。技术手段包括在外太空和地面部署高能定向武器（如微波、激光、高能粒子束、电磁动能武器等）或常规打击武器，在敌方战略导弹来袭的各个阶段进行多层次的拦截。美国的许多盟国，包括英国、意大利、西德、以色列、日本等，在美国的要求下也不同程度地参与这项计划。它的出现背景是在冷战后期，由于苏联拥有比美国更强大的核攻击力量和导弹破防能力，美国害怕“核平衡”的形势被打破，需要建立有效的反导弹系统，保证战略核力量的生存和可靠的威慑能力，维持核优势。同时，美国也想凭借强大的经济实力，通过太空武器竞争，将苏联的经济拖垮。最早的原型是1981年秋里根的军事顾问、前国防情报局长丹尼尔·格雷厄姆组织数十名专家研究并提出的称为《高边疆》的战略研究报告，认为利用现有技术，美国能在80年代末和90年代初建造空间反导弹系统。最后定型的计划由《洲际弹道导弹防御计划》和《反卫星计划》两部分组成。预算高达1万多亿美元。由于《计划》费用昂贵和技术难度大，许多具体项目，如著名的X-30、X-33等最终无限期延长甚至终止。再加上苏联后来解体，美国在花费近千亿美元经费后，于20世纪90年代宣布中止该《计划》。（刘中华）

行动主义

Activism

泛指人们对政治事件或议题所采取的积极态度，特别是指要求采取激烈的实际政治行动，例如某种组织、集团或党派为实现其政治目标而要求直接使用暴力等。西方学者常用这个术语说明政治党派，尤其是激进党派的少数积极分子在自己组织内部所发挥的特殊作用，特别是他们在革命动荡时期的特殊作用。在西方左翼队伍中，积极分子一词着重强调一个人卷入政治活动的深度及其观点的激进程度，它常常可以与战士或富于战斗精神的人相互替代。行动主义除上述最广泛的含义外，还经常用以表示第一次世界大战后欧洲一批持表现主义文艺观点（expressionism）的知识分子的政治行动原则。特别是当时德国的一批知识分子，他们反对传统的文艺观念，反对视皇帝、军队、学校和家长制统治为绝对权威，公开表示自己站在受压迫、受剥削的社会最底层的劳苦大众一边，并且提出了“行动就是一切，思想只不过是对行动的合理说明而已”的口号，要求为确立一种新的社会秩序而奋斗。（李庆）

行为生态学

Behavioral Ecology

行为生态学是研究环境对于动物的影响及动物适应环境变化的行为学和生态学相结合形成的交叉学科。早期的研究来源于对于动物行为、生态学、生物进化的研究，将生物学、行为学、进化论和遗传学等知识运用到生态学研究中，侧重探讨环境变化对于动物的影响。随着理论的深入，行为生态学也逐步被应用于实践中，在保护珍稀野生动物、保护动物栖息地、动植物繁殖等方面都具有重要的意义。行为生态学引入经济学思想，探索新的理论和研究方法，在短短的十几年内就在新理论和新观念的探索上有所建树并提出了许多全新的概念，如进化稳定对策、博弈论、频率制约、最适模型、经济可保卫性、两性利益冲突、亲缘选择、广义适合度、利他主义、行为权衡和决策以及基因的自私性等，并已开始形成自己的理论体系。（韩铮　张惠娜）

《行为生态学》

Behavioral Ecology

国际行为生态学的官方刊物，建立在广泛的

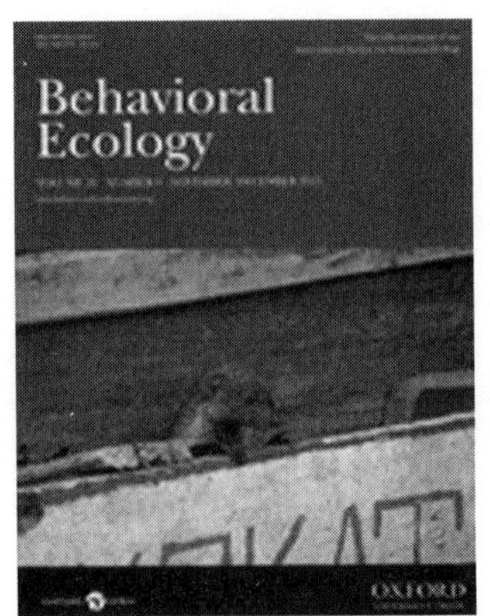

基础上，采取理论与实践相结合的方法。研究范围是有机物体行为，包括植物、无脊椎动物、脊椎动物以及人类。具体范围有：利用生态和进化的原理解释行为发生和适应的意义；利用行

为进程预测生态模式；相对分析行为与环境之间的相关性。双月刊，ISSN：1045-2249。2014 年影响因子为 3.177。（席溢）

《行为生态学和社会生物学》

Behavioral Ecology and Sociobiology

主要刊登个体、种群、群落水平的分析动物行为方面的研究性和理论性论文。特别关注点包括行为对生物适应的近似机理、最终功能和演化等。特别感兴趣的方面有：种内行为的相互作用与社会行为间的行为机制，如竞争和资源分配的互利共生、寄生行为、生理生态学取向的捕食与被捕食的相互作用在时间和空间相关的进化和功能的理论。纯粹描述性的材料是不能被接受出版的，除非特别强调是行为机制的分析和新的理论。月刊，ISSN：0340-5443。ISSN：1045-2249。2014 年影响因子为 2.350。（席溢）

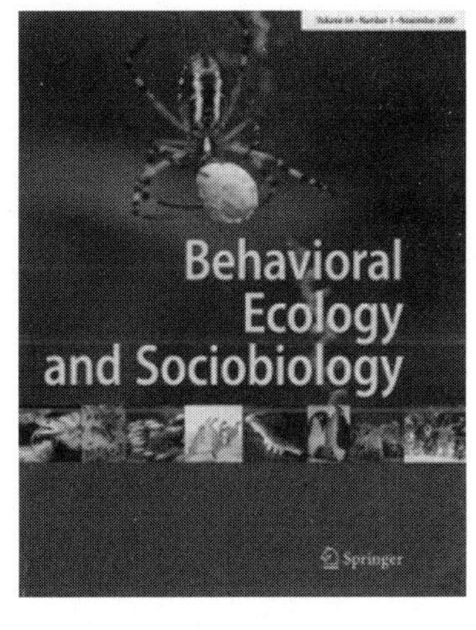

行为文化

Behavioral Culture

指人们在生活、工作中贡献的有价值的促进文明、文化以及人类社会发展的经验及创造性活动。行为文化是文化层次理论结构要素之一。文化层次理论结构包括精神文化、物质文化、制度文化、行为文化。行为文化的形成途径：1. 价值观管理。价值观是人的行为的重要心理基础，它决定着个人对他人和事的接近或回避、喜爱或厌恶、积极或消极。对价值的认识不同，会从其行为上表现出来。具有合理的行为，首先需要有正确的价值观念。2. 制度化管理。行为文化建设和制度文化建设是密不可分的，只有严格完善的制度建设，用完善的制度去规范人的行为，才有可能形成统一的行为文化。3. 习惯养成。习惯对于特定行为方式的熟练化和自动化，可以不假思索地去践行某种特定的行为方式。而职业行为习惯的养成是在长期的生产管理工作、学习、生活等实践中，依靠职业道德的养成和修炼，这是符合职业行为习惯养成的基础和前提。行为文化的意义：行为文化是文化层次理论结构要素之一，它是通过人的日常行为体现出来的有形文化，既是由人类在社会实践中约定俗成的行为规范，即习惯性定势的风俗构成的文化层它包括活动规范和行为方式，体现在礼俗、民俗、风俗等形态中。当人们按照社会风俗践行达到一定程度，就会变成某种自然而然的行为倾向。只有人的行为层面表现出约定俗成的特点之后，文化建设才能体现出它的意义。（牟世晶）

《行星地球》

Planet Earth

由 BBC 发行，2007 年上映，阿拉斯泰尔·福瑟吉尔（Alastair Fothergill）制作，探索频道、日本放送协会、加拿大广播公司联合拍摄，包括一个电影版 90 分钟影片和一个电视系列片。拍摄历时 3 年多，摄影机为观众捕捉了由 Okavango 洪水引发的一年一次的变化，最先进的科学技术和空中摄影使观众能跟随一些大规模的迁移，经历猎食者和被猎者史诗般的旅程。影片系列片分别名为《两级之间》《季节森林》《无垠深海》《雄伟高山》《淡水资源》《洞穴迷宫》《奇幻沙漠》《冰封世界》《辽阔平原》《富饶丛林》《多样浅海》。《行星地球》是对人类生活的行星地球的惊人探查，荣获艾美奖、皮博迪奖。（张惠娜）

行政监察制度

System of Administration Supervision

指由专门行政监督机关针对国家各级行政机关及其工作人员在行政管理中经常性的各种行为进行检查和监督的制度。从世界各国的行政监察制度来看，专门的行政监督机关包括国家权力机关、代议机关或其下属的专门监督机构、总统下属的专门监督机构以及政府下属的监督机构等。行政监察的内容广泛并且方法多样。虽然世界范围内行政监察制度形式多样，但一般来说具有以下特点：1. 行政监察是一种典型的政治职能，是国家权力机关、议会或者政府的监督权力的体现，行政监察的实施通过它们下属的专门机构来完成。2. 行政监察的对象主要是国家各级行政机关及其工作人员，同时也包括由国家任命的担任某种特殊的职务的公务人员，其目的在于对行政机关及其工作人员的权力进行监督和制约，避免贪污腐败等渎职行为的发生，保障国家机器高效协调运转。3. 行政监察制度主要是针对国家各级行政机关及其国祚人员的综合性监督行为。一方面，行政监察机关只针对行政机构及其工作人员的行政行为，即能够产生法律效力的行为进行监察和监督；另一方面，行政监察是一种综合性监察，即对从事各类专门性行政事务的行政机关的全面监察，这是行政监察机关区别于其他专业性的行政监督部门的主要特征。行政监察的基本职能包括对各级行政机关及其工作人员的执法监察、效能监察以及廉政监察。（参考：周婧：《行政监察制度研究》，山东大学 2006 年硕士学位论文第 9 ~ 15 页。欧阳文川）

行政权

Administrative Power

又称行政管理权。国家行政机关执行法律、管理国家行政事务和社会事务的权力，是国家政权的一个组成部分。行政权的主要内容有：1. 行政规范制定权；2. 关系的证明、确认权；3. 权利的赋予、剥夺权；4. 行政决定的执行权；5. 争议的调处权。根据不同的标准，行政权还可分为不同种类：1. 根据所辖范围，分为内部行政权和外部行政权；2. 根据管理的领域，分为外交权、治安权、审计权、征税权、物价权，等等；3. 根据其内容的表现形式，分为规范制定权、组织权、证明权、公证权、审判权、命令权、检查权、监督权、奖励权、处罚权、调解权、复议权、决定权、强制权等。行政权的主要特征有：1. 执行性。行政权是执行法律、执行权力机关意志的权力，其运行必须对权力机关负责。2. 法律性。行政权是法定权力，为法律所设定，其行使必须合法。3. 强制性。行政权的实施以国家强制力为保障。4. 优益性。行政机关在拥有行政权时，依法享有一定的行政优先权（职务上的）和行政受益权（物质上的）。5. 不可处分性。行政机关有权实施行政权，但无权任意处分，不得自由转让或放弃行政职权。（李庆）

行政权力分散化

Decentralization of Administrative Power

指通过组织变革和结构调整实现分权和权力下放的行政权力调整，赋予底层权力机构和非政府组织机构更多的自主决策权。它不仅意味着权力中心和决策权的下移，还代表着政府将权力逐渐归还于社会。理论逻辑是，未来民主行政改革的目标方向，是市民社会和民间组织成为社会权力的主流，公民的个体责任以及对自己决定承担相应的后果将成为社会运行过程中的主要法则，多元竞争机制将被不断引入公共服务和公共产品的提供过程中。具体表现为两个方面：第一，中央政府与地方政府之间和行政机构内部各层级间的分权。中央政府和地方政府之间，逐渐由集权的行政管理体制转变为分权的行政管理体制。行政机构内部各层级间依据经济体制改革的需要各自的权限划分、职能配置等进行进一步调整，将更多的权力下放到行政机构内部低层次的部门。二是政府与社会之间的分权。通过政府职能的转变，将权力交予社会，如政企分开、政资分开等变革，逐渐将一些权力交给社会中的市场来决策。相比于集权的行政机制，更有灵活性、更有效率、更有创新性，可以更好地激发社会以及政府内部各层次之间运行行政权力的积极性。（刘中华）

行政人员绩效考核

Administrative Personnel Performance Examine

指政府机关或企业等组织机构对其组织内行政工作人员在一定考核期内表现出来的工作能力、努力程度及工作业绩进行的分析和评价。行政人员绩效考核一般有着严格、标准的方法和程序，目的是激发行政工作人员的工作热情，提高其工作效率，并为行政工作人员的个人奖惩、薪酬或职位调整等提供参考依据。（刘中华）

行政人员素质测评

Administrative Personnel Quality Assessment

指按照严格的规范程序和相应的标准，对行政人员的各项行政素质进行的测试评价。行政人员由于其行政管理工作的特殊性和重要性，因此要求具备相应的素质能力，包括相应职位的专业知识和能力、判断决策能力、执行能力、人际沟通能力、组织协调能力、团队管理能等。因而，为了科学合理的选拔任用，需要对这些方面的能力进行专业的素质测评。它一般包括生理和心理素质测评、知识经验素质测评和能力与技能素质测评三个方面。（刘中华）

行政体制

Administrative System

狭义上又称为行政管理体制，指管理国家行政事务的政府机关职权的划分、机构的设置与运行的方法等各种制度的总称。相对于立法体制、司法体制而言，是国家政治制度中非常重要的部分。按照不同的标准有多种不同类型的划分。按照国家经济发达程度可以分为发达国家的行政体制、发展中国家的行政体制以及欠发达国家的行政体制三类。按照行政体制本身层次可以分为中央行政体制、地方行政体制以及基层行政体制三种。也有西方比较政治学者从经济结构特点出发，将行政体制分为农业型的行政体制和工业型的行政体制以及过渡性的行政体制三种类型。一个好的行政体制，通过理顺其各方面的关系，能够调动各方面的积极性，建立、维护正常的行政秩序，更好地发展社会生产力，有助于保证国家的长治久安。目前，我国正在进行行政体制改革，对国家行政机关的行政结构、职能和行政行为进行规范优化，目的是提高公共行政的效率和效果，产出更好的公共产品和公共服务。（刘中华）

行政问责

Administrative Accountability

指针对政府机关或行政官员因未能履行其职责，或在履职过程中滥用行政权力，或因行政不作为等行为而违反法定义务，以致影响行政秩序和效率，损害行政管理相对人的合法权益，给行政机关造成不良影响和后果的行为，由特定的主体进行监督和责任追究的机制。它的实质，是通过各种形式的责任约束，限制政府权力和官员行为，增强各级行政机关和行政官员的责任意识，提高其行政能力。（刘中华）

形神相即

Matter and Mind Coexist

形神相即，出自“形、神”性质及相互关系的判定与争论。在中国南北朝时期发生一场“形神之辩”，围绕形神关系的争论形成了“神灭论”与“神不灭论”两种观点和立场。神灭论观点采取先秦道家“道”本原论、气一元论、天道自然论等观念，强调形神相即不离。范缜在《神灭论》中说：“神即形也，形即神也，形存则神存，形谢则神灭。”他认为神（精神）和形（形体）是互相结合的统一体，二者不可分离，范缜提出了“形神相即”“形质神用”的命题。神不灭派的观点以佛教神不灭论为基础，利用老庄等重神轻形以及可以导出的神不灭论倾向，说明形神为异、

形粗神妙的观点。（雷爱民）

形性合一

The Unity of Matter and Nature

“形性合一”是中国传统医学的基本观念，《黄帝内经》系统描述人的形、性紧密互动关系。《黄帝内经》认为人性的前提和依据是气，人性是气在生成人之形体上的落实。《黄帝内经》通过“气论”“阴阳五行论”和“天人相参”观念，为人性找到形而上的根据。《黄帝内经》主张“气禀人性、形性合一”的观念，由于获得阴阳二气的多寡和程度不同，人性可分为阴阳五态人、阴阳二十五种人，阴阳二气的互动影响到不同类型的人的形体特征、气质性情、道德品性等。《黄帝内经》强调“重身重形，形性合一”和人性多样性特点，认为人性改善的可能性是气赋予的，养性是养生的重要内容，德与寿是相互一致的。《黄帝内经》认为“和适情志”是养生养性的关键，它重视人性改善中人的自觉性，认为人可以通过自身修养而改善自身的性情；中医养生学强调形性共养，身心合一并进。（雷爱民）

形质神用

Matter Interact with Mind

形质神用是范缜在《神灭论》中提出的形、神关系命题，这是他在与神不灭论的信奉者争论时提出的观点。他认为形神是相即不离、相互统一的，他说：“形者神之质，神者形之用。是则形称其质，神言其用；形之与神，不得相异，名殊而体一也。”神灭论者认为神是精气，形神之间是地位相当的两种实体间的合和共处关系。神不灭论者以神为灵魂，认为它是轮回业报主体；南北朝时期的神不灭论者如梁武帝、沈绩从成佛的根据讲神识不灭。神灭论者范缜说的“神”指人的精神活动，范缜认为形神关系是形体与功用之间的相即关系；梁武帝、沈绩以体用范畴主张“体”独立于“用”而支配“用”。（雷爱民）

《幸运地球村》

Lucky Earth Village

湖北电视台 2000 年开播的环保、旅游类综艺节目。受众锁定在广大普通百姓身上，采用新颖、丰富、灵活的电视杂志方式，栏目分为地球守望者、地球村故事、巧手小旭做环保、玩路者等板块。综合运用新闻、专题、文艺等多种表现手段，力求在紧扣主题的前提下满足普通大众的审美情趣。获国家广播电视总局 2005 年度电视节目技术质量奖。（张惠娜）

性空思想

Voidness Thought

佛教教理的重要内容，常与缘起论联系在一起，即所谓“缘起性空”。缘起论指世间事物都是由因缘合和而生，因缘聚则事物生，因缘散则事物亡；性空思想指由于一切现象都是缘起论的结果，因而事物自性空寂，没有实在、不变、独立的自体。性空思想不是否认宇宙万物存在的现象，只是指出万事万物的真实状态，通过缘起论揭示其真实本性是空的，让人了解“空有不二”的道义，从而离却种种错误执见。性空不是否认物质的现有性，而是认为它是一种幻有，幻有包括：一方面不是没有，而是假有；另一方面由因缘和合而成。总之，缘起性空指事物的生成、发展、消亡都是由各种条件和关系决定，没有恒常不变、独立存在的自体，它们都是因缘和合、假名安立的；缘起的当下即是性空，性空的当下即是缘起；佛教讲诸法皆空、无有实体，这是缘起性空的意义所在，它一方面否定错乱的执见，另一方面不碍缘起之假名。（雷爱民）

匈牙利的养殖轮作制

Hungarian Farming Rotation

由匈牙利开发的养殖业与种植业轮作经营循环利用同一块土地的模式。轮作的周期分为 3 个阶段：1. 第一个阶段鱼池养鸭 4 ～ 5 年，鱼池为鸭子提供天然觅食场所，主要饲养所需的大部分蛋白质都可以从鱼池获得，同时鸭子排泄物的肥水作用，使得浮游植物和浮游生物增多，为养鱼提供了饵料。2. 鱼鸭养殖的模式，使得池底的有机物沉积增加，为第二阶段池底种植饲料作物提供了肥料基础，种植期为 2 年。经过试验发现苜蓿适合作为饲料作物，高产高收益，并能改善池底的土质和土壤结构。种植紫花苜蓿和红花苜蓿经济收益高。3. 种植苜蓿后，土壤里留下了丰富的氮和钙，为下阶段种植水稻提供了营养条件。种植水稻 3 年，之后又可以开始下一轮的鱼池养鸭。这种养殖轮作制不仅获得多种农业产品，总收入也远远高于单一养殖，短期收益与长期收益同时兼顾。（朱雨晨）

匈牙利卡波西克沃—纳吉玛劳斯水电大坝抗议事件

Gabcikovo-Nagymaros Dam Protest

20 世纪 80 年代继奥地利海恩堡水电站项目抗争后，著名的大众性环境抗议事件。卡波西克沃—纳吉玛劳斯水电大坝，是匈牙利和捷克斯洛伐克共同出资在多瑙河下游修建的水电站项目。这一水电大坝的建设引起很多争论。从 1981 年开始，匈牙利的一些科学家就撰文反对该水电站的修建，认为水电大坝的建设会对周围生态环境造成严重破坏，产生严重的生态后果。此后，抗议和反对修建水电大坝的声音越来越大，很多知识分子、政治家以及普通公民都加入抗议队伍。1984 年成立的多瑙河小组环境团体，组织很多抗议示威游行活动。卡波西克沃—纳吉玛劳斯水电大坝事件，促进匈牙利的绿色运动和绿党的发展，在一定程度上推动匈牙利的民主政治转型进程。（王聪聪）

匈牙利选择绿党

Zöld Alternativa

20 世纪 80 年代中后期，严重的环境污染以及多瑙河下游的卡波西克沃—纳吉玛劳斯水电大坝的兴建，导致匈牙利很多环境压力团体的出现。同时，在国际机构如野生自然基金、国际水网的支持下，匈牙利的地方性环境团体得到迅速发展。1989 年，匈牙利绿党（Magyarorsz á gi Zöld P á rt）正式成立。1990 年国民议会选举中，绿党所在的民主论坛联盟获得选举胜利，进入联合政府执政。绿党成员佐尔坦·伊利斯（Zoltan Illes）担任了环境副部长。在联合政府中，绿党处境相对比较困难，也很难在政府中兑现选举前的政治承诺。1993 年匈牙利绿党进行政党重组，改建为目前的“选择绿党”。1994 年匈牙利议会大选中，绿党获得不到 0.1％的选票，未能进入议会。在 1998 年国会选举中，绿党未能取得选举突破。匈牙利绿党的政治影响力逐渐减弱。（王聪聪）

熊彼特创新理论

Schumpeter’s Innovation Theory

熊彼特以创新理论解释资本主义的本质特征，解释资本主义发生、发展和趋于灭亡的结局，从而闻名于经济学界，影响颇大。他在《经济发展理论》一书中提出创新理论以后，又相继在《经济周期》和《资本主义、社会主义和民主主义》两书中加以运用和发挥，形成以创新理论为基础的独特的理论体系。创新理论的最大特色，是强调生产技术的革新和生产方法的变革在经济发展过程中的至高无上的作用。熊彼特的创新理论的基本观点有：1. 创新是生产过程中内生的；2. 创新是一种革命性变化；3. 创新同时意味着毁灭；4. 创新必须能够创造出新的价值；5. 创新是经济发展的本质规定；6. 创新的主体是企业家。（史月田）

休谟难题

Hume’s Problem

18 世纪英国哲学家休谟提出的因果问题和归纳问题。因果问题：大多数人都相信只要一件事物伴随着另一件事物而来，两件事物之间必然存在着一种关联，使得后者伴随前者出现。休谟在《人性论》及后来的《人类理解论》中反驳这个理论。他指出，虽然我们能观察到一件事物随着另一件事物而来，但我们并不能观察到任何两件事物之间的关联。依据怀疑论的知识论，我们只能够相信那些依据我们观察所得到的知识。休谟主张我们对于因果的概念只不过是我们期待一件事物伴随另一件事物而来的想法罢了。“我们无从得知因果之间的关系，只能得知某些事物总是会联结在一起，而这些事物在过去的经验里又是从不曾分开过的。我们并不能看透联结这些事物背后的理性为何，我们只能观察到这些事物的本身，并且发现这些事物总是透过一种经常的联结而被我们在想象中归类。”因此，我们不能说一件事物造就另一件事物，我们所知道的只是一件事物跟另一件事物可能有所关连。休谟在这里提出“经常联结”（constant conjunction）这个词。经常联结代表当我们看到某件事物总是“造成”另一事物时，我们所看到的其实是一件事物总是与另一件事物“经常联结”。因此，我们并没有理由相信一件事物的确造成另一件事物，两件事物在未来也不一定会一直“互相联结”。我们之所以相信因果关系并非因为因果关系是自然的本质，而是因为我们所养成的心理习惯和人性所造成的。归纳问题：休谟主张所有人类的思考活动都可以分为两种：追求“观念的联结”（Relation of Ideas）与“实际的真相”（Matters of Fact）。前者牵涉的是抽象的逻辑概念与数学，并且以直觉和逻辑演绎为主；后者则是以研究现实世界的情况为主。为了避免被任何我们所不知道的实际真相或在我们过去经验中不曾察觉的事实的影响，我们必须使用归纳思考。归纳思考的原则在于假设我们过去的行动可以作为未来行动的可靠指导。论证的或直觉的：这样的思考在基本上是先验的，我们不能以先验的知识证明未来就会和过去一致，因为在逻辑上明显事实是世界早已不是一致的。（牟世晶）

休闲观光农业

Leisure and Sightseeing Agriculture

指利用农村田园景观、自然生态及环境资源，以农村的有形资源（如农耕文化、乡风民俗、农业经营活动及农林牧副渔产品等）为依托，结合隐含的观光游憩、教育等无形资源，通过科学规划和开发设计，为都市游客提供观光、度假、体验、购物、娱乐、健身等多项休闲需求的农业经营活动。休闲观光农业是传统农业或现代高科技农业与旅游业相结合的新型绿色朝阳产业，是农业发展的高级形式。在生产农艺上，休闲观光农业注重现代高科技和传统的精耕细作相结合，按照绿色标准规范生产过程进行生产操作。在模式上，注重根据不同物种的特点，打造布局合理、内涵丰富、环境优美的立体结构模式。休闲观光农业的特征有：1. 将第一、二产业和服务业相融合；2. 具备生产、生活和生态的“三生”特征；3. 具有市场定势性，体现着人与自然的和谐性。休闲观光农业同时具有经济、游憩、社会、教育、环保、医疗、文化 7 个方面的功能。（蔡越）

休闲生态渔业

Leisure Ecological Fishery

在渔业生态系统内的生产者、消费者和分解者之间的分层多级能量转化和物质循环作用的原理下，利用渔村设备、渔村空间、渔业生产的场地、渔法渔具、渔业产品、渔业经营活动、自然生物、渔业自然环境及渔村人文资源，经过规划设计，实现第一产业与第三产业的结合配置，以提高渔民收入的一种渔业模式。休闲生态渔业分类有：1. 生产经营形态。以渔业生产活动为依托，让人们直接参与渔业生产，亲身体验猎渔活动，主要以垂钓、观赏捕鱼等为标志的生产经营形式。2. 饮食服务形态。让人们更加贴近产地，直接品尝美味的水产品佳肴，主要表现在都市郊区以渔为依托的农家乐、避暑山庄、都市鱼庄等。3. 游览观光形态。4. 科普教育形态。以水产品种、习性等知识性教育和科普为目的的展示形式，如水族馆、海洋博物馆等。（李雪姣）

修补论

Emendationism

中国清华大学环境哲学教授卢风在《生态文明新论》中把生态文明理论分为两派，一派为超越论，一派为修补论。他认为持修补论的生态文明理论对现代性与现代工业文明肯定较多。修补论认为生态文明是人类保护环境、维护生态健康的积极努力和文明行为，现代工业文明只是缺失生态文明这一维度，故而造成全球性的环境污染、生态破坏和气候变化等生态环境问题，人类只要补上生态文明这一维度，现代工业文明的伟大成就即可以得到继承。修补论通常把人类文明理解为人类创造的积极成果，人类文明应由物质文明、精神文明、政治文明和生态文明等构成。生态文明只是人类文明的一个部分，现代工业文明缺失生态文明这一部分，所以造成空前严重的环境危机与生态问题。如果现当代人类补上生态文明这一课，工业文明就将安然无恙，现代性造成的生态危机就可以得到化解和克服。（雷爱民）

修道成仙

Cultivate Oneself with Tao to Become Immortal

道教的宗教信仰与修行目标，主张凡人经过一定修炼方式导引，可以入长生不死的境地，从而位列仙班。道教注重现世生命，同时，神仙信仰也是道教最基本的信仰之一。修道成仙的信奉者主张“以道观身”“以气观身”，对人的精、气、神以及身体结构有步骤修炼，通过对神仙谱系的信仰以及内外丹的修炼实践，亲证神仙实有和神仙可学，通过导引、吐纳、胎息、按摩、房中术等具体修炼途径，以期达到长生不死的目的，从而变成神通广大的神仙。（雷爱民）

修行解脱论

Theory of Self-Cultivation and Spiritual Liberation

修行解脱论是佛教的基本旨趣。佛教认为六道众生只有认识到世界缘起性空的本性，持戒修行，学佛修善，证空悟道，才能脱离生死苦海，超越六道轮回，修得正果，得至乐涅槃。（雷爱民）

修正主义

Revisionism

国际共产主义运动中一种打着马克思主义旗号，实际却背离马克思主义基本原理的思潮。修正主义一词源于拉丁文 revidere 和 revisere（修改和重新审查），原泛指对某种学说的修正。19 世纪末 20 世纪初，德国社会民主党和国际共产主义运动中出现了以伯恩施坦为代表的机会主义思潮后，修正主义一词才被用来称呼修改马克思主义基本原理的思潮和流派。修正主义者认为，马克思主义理论体系内实际存在着空想论的残渣，其中有一些结论和推论是错误的或已经过时了，要发展马克思主义，就必须以对它的批判为第一步。在哲学方面，他们认为纯粹的唯物主义归根到底就是唯心主义，马克思对黑格尔哲学采取批判的态度，就意味着回到了康德，马克思的唯物史观导致各种错误的结论，辩证法是妨碍对事物的一切做合理观察的圈套。在经济学方面，他们认为，有产者的人数不是在减少，而是在增加，经济危机已经结束，资本主义的新时代已经到来；价值和剩余价值纯粹是思维的构成物，把劳动价值当作测量资本家剥削劳动的尺度是错误的。在科学社会主义方面，他们认为，历史并不是由残酷的阶级斗争的链条组成，社会主义的命运在于阶级矛盾的日益缓和，宣传用暴力推翻政府是滑稽可笑的；民主国家不再仅仅是剥削阶级的工具，它开始从镇压被剥削者的工具转变为解放他们的工具，因此，无产阶级的政治任务不是破坏国家政权，而是通过取得议会多数来夺取国家政权；阶级的专政是一种倒退，它已经大大落后于时代了。以列宁为首的马克思主义者与修正主义进行了针锋相对的斗争，捍卫并发展了马克思主义学说。（李庆）

需求定理

Demand Theorem

指商品的价格和需求量之间反向变动的关系，即价格越低，需求量越多；价格越高，需求量越少。需求定理是新古典经济学思想的理论基础，但其成立基础受到质疑。支持者认为价格对供求的作用是确定的，价格机制可使稀缺资源的配置实现最优化。但质疑者认为，需求定理认定价格对于需求的决定性，单纯的分析成本，而不分析收益，将二者割裂开来，所以其理论存在一定瑕疵。（代富宇）

需求价格弹性

Price Elasticity of Demand

又称价格弹性或需求弹性，指需求量对价格变化的反应程度，用需求量变化百分比除以价格变化百分比。按照需求规律的作用，价格和需求量呈相反方向的变化，价格上升，需求量减少；价格下跌，需求量增加。按需求量变动百分数与价格变动百分数的关系，可分为需求富有弹性（高弹性）、需求单一弹性、需求缺乏弹性（低弹性）。实际中，需求价格弹性常运用于价格和销售量的分析与估计中，还用于决策分析。（代富宇）

徐大懋

Xu Damao，1935 ~

安徽当涂人，1960 年毕业于清华大学，原哈尔滨电站设备集团公司高级工程师，现任中广核集团科技委副主任，高级顾问，是我国火电、核电汽轮机和热能工程领域著名专家，对我国核电与能源发展前景见解独到。在工程研究与技术设计方面学术造诣深厚，曾获国家科技进步二等奖、国务院重大技术装备一等奖等多项重要科技奖项，1997 年当选为中国工程院院士。主要论著有：《先进的燃煤联合循环发电技术》（1994）《总能系统新概念与中国火电动力的发展》（1994）《加速发展核电—中国能源结构调整的必由之路》（2005）《节能增效的 NCB 新型专用供热机》（2009）等。（石艳峰）

《徐霞客游记》

Xu Xiake's Travel Notes

以日记体为主的中国地理名著。明末徐霞客经 30 多年旅行，写有天台山、雁荡山、黄山、庐山等名山游记 17 篇和《浙游日记》《江右游日记》《楚游日记》《粤西游日记》《黔游日记》《滇游日记》等著作，除佚散者外，遗有 60 余万字游记资料。身后由他人整理成《徐霞客游记》。传世本有 10 卷、12 卷、20 卷等数种。主要按日记述作者 1613 ~ 1639 年间旅行观察所得，对地理、水文、地质、植物等现象，均作详细记录，在地理学和文学上卓有成就。在地理学上，《徐霞客游记》考察喀斯特地区的类型分布和各地区间的差异，尤其是喀斯特洞穴的特征、类型及成因，有详细的考察和科学的记述。书中纠正文献记载关于中国水道源流的一些错误。如否定自《尚书·禹贡》以来流行 1000 多年的“岷山导江”旧说，肯定金沙江是长江上源。书中记录调查云南腾冲打鹰山火山

遗迹，科学地解释火山喷发出来的红色浮石的质地及成因。1928 年丁文江主持编辑《徐霞客游记》，使用新式标点，附《旅游路线图》。1980 年褚绍唐、吴应寿以季会明抄本和乾隆本为底本，参校新发现的季梦良抄本和徐建极抄本，整理校点，1991 年再附缀由褚绍唐重新编制的《徐霞客旅行路线图集》，是目前研究徐霞客及其《游记》最完善的本子。（王薛时）

徐州市生态健康学会

Ecological Health Society of Xuzhou City

成立于 2007 年 4 月 22 日。由中国矿业大学、徐州师范大学、徐州工程学院、徐州市中心医院、徐州市中医院、徐州正盈工贸发展有限公司的知名专家学者和企业领导，联合在徐高校、科技、环保、医疗等企事业单位的专家、学者及社会知名人士自愿组成，依法登记的学术性、公益性、非营利性学术团体，是徐州市科学技术协会的重要组成部分，是推动徐州市生态健康科学事业发展的重要社会力量。宗旨：坚持党的领导，遵守宪法、法律、法规和国家政策，贯彻落实科学发展观；弘扬尊重知识、尊重人才和社会主义道德风尚；团结广大生态健康领域的专家学者、科技工作者和企事业家，坚持民主办会的原则；坚持实事求是、开拓创新、与时俱进的科学精神、科学态度和优良学风；将生态健康领域的科技创新与社会经济相结合，促进人类与生态环境的和谐发展。提高全民生态健康意识，关注生态，关爱健康。工作内容：1. 开展国内外学术交流，活跃学术思想，推动自主创新，促进学科交叉与发展；2. 弘扬科学精神，普及生态健康知识，传播科学思想，努力提高全民生态健康素质，推广先进技术；3. 编辑、出版、发行科技书刊及相关的音像制品；4. 反映会员和科技工作者的意见和要求，维护其合法权益；5. 组织会员和科技工作者积极参与徐州市生态健康领域的科技政策、发展战略、有关法律法规的制定；6. 举荐人才，表彰、奖励在科技活动中取得优异成绩的会员和科技工作者；7. 对徐州经济建设中的重大决策进行科学论证和咨询，提出建议；8. 接受委托，承担生态健康领域的项目评估规划、标准制定、监测、成果鉴定、仲裁及资格评审，组织、举办科技展览，编审科技文献，提供技术咨询和技术服务；9. 生态健康领域的科技成果推广，人才交流与中介；10. 认定会员资格，开展对会员和科技人员的继续教育和培训工作；11. 积极为会员服务；12. 承担政府转移的职能及其他社会职能。（席溢）

许涤新

Xu Dixin,1906 ~ 1988

经济学家，中国最早研究生态经济问题的学者之一，代表作品有《生态经济学探索》(1985 等)，论述生态经济学当时这门新兴交叉学科的研究对

象、性质、基本原理和实际应用等许多重要问题。受国务院环境保护委员会委托，担任《中国自然保护纲要》（1987）主编，成为中国保护自然资源和环境方面具有系统宏观指导作用的纲领性文件。生态经济思想主要是对自然界中的生态平衡规律给予认同，认为这与经济领域中的许多规律息息相关，人们不能以破坏生态平衡来追求经济效益，避免造成再生产的失衡和中断。在社会主义现代化建设中，应注意把经济平衡、经济效益同生态平衡、生态效益结合起来。以经济学家的

敏锐眼光，深入推动生态经济学的探索，开拓中国生态经济学的研究，对这个关系到国民经济建设全局的重大问题给予有力推动。（蔡越）

蓄清刷浑

Storing Cleaning Water and Washing Muddy Water

蓄清刷浑又名蓄清敌黄，是我国古代治理黄河泥沙过程中长期积累下来的宝贵策略，指的是凭借淮河清水冲刷黄河河床，使之更加深通。但

是要真正实现蓄清刷浑，就必须使得淮河清水高于黄河的浊流，而实际情况是黄河水强而淮河水弱。为了达到这个目标，沿途接纳诸多支流的淮河，全部汇入洪泽湖储蓄，相机放泄入黄，以冲刷黄河底的泥沙入海。在这个过程中，淮河清水的储蓄必须处理得当。首先要考虑高堰的承受能力，如果蓄水过多，则高堰溃决，引发水患。《清史稿》中记载，青口一带“意在蓄清敌黄，然而淮强随可刷黄，而过盛则运堤莫保，淮弱末由济运，黄流又有倒灌之虞”。因此，洪泽湖的高家堰大坝就格外重要。清代治理河道的官员，主要采取加固高家堰大堤，扩大洪泽湖蓄水能力，修筑碱水闸以宣泄洪泽湖异涨，同时疏浚入海口，开通闾尾使黄河顺畅如海。清朝乾隆年间，洪泽湖高于黄河有七八尺，一交夏季，拆展御坝达数百十丈宽，大泄淮河清水冲刷黄河淤垫。时至冬日，则堵闭御坝收蓄清水济运。清代为实现蓄清敌黄，人为截断淮河入海之路，将淮河之水留于洪泽湖，使得洪泽湖水面不断扩大，先后吞并南岸诸多小湖而与淮河联成一体，后又吞并淮北的诸多湖泊。随着黄河水不断倒灌於垫，洪泽湖底日益抬高，成为海拔高于周围平原十米的巨大悬湖。洪泽湖的安全又依靠高家堰，因此，清代有民谣“倒了高家堰，淮阳二府不见面”。为确保高家堰的安全，雍正年间设立仁义礼智信五坝。一遇夏季汛期，就开放高堰五坝泄洪，洪水下注宝诸湖，后灌入运河，同时运河必须开启高邮东岸的车逻、南关、五里、昭关等归海五坝泄入周围湖泊。由于当地水路崎岖迂回，往往湖泊难以容纳，造成洪水四溢，开闸泄洪时期一片汪洋，形成十年九灾的惨状。清代采取的蓄清敌黄政策，对于维系运河起到一定的作用，但对于黄河多沙淤积河床的问题，一直没有得到很好地解决。（参考：曹志敏：《清代束水攻沙、蓄清敌黄的治理方略及其影响》，《前沿》2011 年第 2 期第 170 ～ 173 页。朱配辰）

玄者自然之始祖

Xuan Is the First Ancestor of Nature

语出葛洪《抱朴子・内篇》：“玄者，自然之始祖，而万殊之大宗也。”玄者自然之始祖，是晋代道教学者葛洪提出的宇宙观，葛洪把“玄”作为其思想体系的核心概念之一。他认为“玄”是自然的始祖、万殊的大宗，它能使“乾以之高，坤以之插，云以之行，雨以之施。胞胎元一，范铸两仪，吐纳大始，鼓冶亿类”，“玄”即“大道”、“玄一之道”，即老子所谓道、世界本源。在葛洪那里，“玄”是天地万物之母，“玄”和“道”是等同的，他对“道”的描述基本与“玄”一样，他把“玄”的认知和把握当作成仙的必经途径。（雷爱民）

选举党

Electoral Party

指为赢得更多选民支持和实现选举获胜，不刻意突出政党的左与右界限，尽可能用具体的、中间化的选举策略吸引选民支持的政党。选举党以选举结果作为衡量政党竞选活动的主要或唯一

标准。如1989年后的德国社民党虽然有明确的柏林纲领，但这纲领作为党的行动宗旨，内容已经涵盖应对环境议题和妇女权益议题的原则。这些原则在相当程度上受到女权主义和绿色政党的影响。这意味着，它的党纲不再阶级分明，不再刻意强调左右之分。此外，在重大的经济政策上，它也不能提出明确区别于联盟党的方针举措。与此同时，德国社民党还适应媒体政治的需要，刻意突出政治家的个人形象，较少表现自己纲领的阶级特色，以便在选民面前表现出自己更为开放、更为适应社会需求的特征，从而体现出选举党特色。在现实政党政治中，不仅是大规模主流政党，一些小规模政党如绿党也在努力吸引更多的选民，尽管它们往往都不愿意被称为选举党。（徐越）

选举权

Suffrage

公民享有推举国家代表机关或某些国家机关领导人的权利。公民基本政治权利之一。享有选举权的公民，是有一定范围、条件的，并不是任何公民都可以享有选举权。根据宪法、法律的规定，在中国，凡年满18周岁的中华人民共和国公民，除依法被剥夺政治权利的人和不列入选民名单的精神病患者外，享有选择权。选举权作为公民的一项基本权利，在社会主义条件下得到了真正地实现。为了有效地实行选举权，《中华人民共和国选举法》规定了必要的物质保障和严格的司法保障。在资本主义初期，各国对选举权的主体有严格的资格限制。其后，随着选举权主体资格的放松，又控制候选人提名权这一重要环节，实际上为公民的选举权设置了诸多障碍。（李庆）

选举人团

Electoral College

一些总统制国家由选民选出的总统选举人组成的选举团体。该制度始于美国，至今仍在采用。依美国宪法第2条第1款规定：每个州依照该州议会所定方式选出选举人若干人，其数目同该州在国会应有的参议员和众议员人数相等，国会确定选出选举人的时间和选举人投票的日期，该日期应全国统一。在制宪会议上认为，采用选举人团对总统的选举有辨别能力，这种选举方法有利于社会的稳定，而且选举人团是临时组成的，使他们不带任何偏见。具体的做法是，在大选之年，各州于11月第1个星期一之后的星期二选出总统选举人，其人数与各州应选的国会议员的人数相同，总统选举人最初由各州议会选举，后来改为由选民选举。各州选举人选出后于12月第2个星期三之后的第1个星期一，在各州首府投票选举总统副总统。次年1月6日在众议院开票计算，在总统副总统候选人中得票最多且超过半数者当选。如无人过半数，总统由众议院在得票最多3名候选人中选出，副总统由参议院从得票最多的两人中选出。芬兰总统的选举也采取类似的制度。（李庆）

选区

Electoral District

依照法律规定划定的选举国家代表机关、公职人员的区域单位。各国划分选区的原则是不同的，一般是按地区或人口划分。选区为投票单位，选出一定数目的议员。按照选区选出的议员数目，可分为小选区和大选区两类。小选区又称单名制选区，即每个选区只选出一名议员。目前，美国、法国、加拿大等国采用这种方式。大选区又称多名制选区，即从每个选区选出两名以上的议员，实行者有德国、意大利等。大选区和小选区都是基本政治制度的产物。美英等国是两党制政治，实行小选区制，选民只能在两党所提出的两名候选人中选择一位，而小党则难以取胜。德国、意大利是多党制国家，实行大选区制，可使各大党都有一定数量的候选人当选。资本主义国家划分选区，一般都遵循“一人一票原则”，规定同等数量的议员必须由相应数量的选民选出，而且通常都按照国家的自然地理区域或行政区划来划分，并按照人口变动情况，适时进行改划。（李庆）

选择性政治是可能的

Lehet Más a Politika

匈牙利的绿党组织之一（另一个是匈牙利选择绿党），成立于2009年。“选择性政治是可能的”由匈牙利国内的非政府组织发展而来，主要政治理念是环境保护、可持续发展、反对政治精英的腐败、协商民主。匈牙利绿党及其绿色政治，没有西欧绿党和绿色运动那样激进。2010年“选择性政治是可能的”在匈牙利国会选举中获得7.48%的选票和16个议席；2014年匈牙利国会大选中获得5.26%的选票和5个议席。在2009年欧洲议会选举中，“选择性政治是可能的”获得2.61%的选票，未能取得欧洲议会席位。在2014年欧洲议会选举中，获得5.04%的选票和1个欧洲议会席位。2012年开始经历政治分裂，在是否进行政党联盟问题上，党内发生分歧。最终，“对话匈牙利”从“选择性政治是可能的”分裂，成立同名的新的政党组织。2011年“选择性政治是可能的”成为欧洲绿党的成员党。（王聪聪）

学科渗透模式

Subject Infiltration Model

英国实施环境教育的典型课程模式之一。英国在《国家课程》中对各现行学科渗透的环境教育内容提出较为具体的建议。英国的专家和学者一致认为：在现行学科中渗透环境教育内容包括知识、技能、态度等，既不影响现行学科教育目标的实现，又不增加学生的学业负担。随着环境教育的内涵向可持续发展教育的拓展，英国《国家课程》及时修订，要求在地理、科学、技术设计、历史、艺术、体育、公民等学科中渗透可持续发展教育。在国家课程的框架下，教师在各科教学中自然地渗透可持续发展思想。以历史学科为例，第二关键阶段的某个单元的主题为“1948年以来英国生活的变化”，该主题旨在让学生根据事例讨论过去50年英国发生的变化。这个单元的内容没有直接涉及50年来英国环境的变化。许多教师采用提问、讨论等形式，正确引导学生思考诸如50多年来在工作、生活、文化、人口、技术、工业、交通等领域的迅速变化对环境及人们自身产生了何种影响，其中哪些变化在他们看来具有可持续性等问题。（参考：祝怀新：《环境教育的理论与实践》第140页，北京：中国环境科学出版社，2005年。王薛时）

学生环境教育评价

Evaluation of Students' Environmental Education

重点放在学生的环境教育学习态度与情感、学习能力和行为习惯养成上。1. 态度与情感包括：1）是否有对自然的关心、好奇心和求知欲；2）是否对环境问题有积极关注的态度；3）是否有积极参与改善环境的热情；4）是否对他人的观点有包容意识。2. 学习能力包括：1）观察技能：对环境问题的敏感性、观察的准确性；2）实验技能：正确掌握操作方法的程度、设计实验的能力；3）查阅信息资料的技能：查找信息资料的范围、对信息资料熟悉的程度、掌握资料收集方法的熟练程度；4）表达能力：阐述观点时语言的明确性、条理性；5）合作能力：与同伴共同协商的程度、听取别人意见的态度、约束自己行为的程度。3. 行为习惯包括：1）是否有接近和探究自然的习惯；2）是否积极愉快地参加公益劳动、宣传活动等；3）能否自觉做到爱护花草树木、节水节电、爱惜粮食；4）是否能够做到阻止不良的环境行为，维护学校、社区及公共场所的卫生。4. 知识包括：1）对有关环境概念的认识和理解取得进步的程度；2）对研究的问题是否提出新想法、新观点；3）能否运用所学知识简单分析和解决某些生活中的实际问题。（张惠娜）

学生环境素质发展档案

Student Developmental Portfolio for Environmental Literacy

环境教育评价的实施性措施。学生的环境素

质是不断发展和变化的，这种发展不是线性的，而是伴随着不断反复前进的。建立学生环境素质发展性档案，要把学生在环境素质的各个方面发展变化随时记录下来，积累学生发展的第一手资料，作为综合评价的基本依据。环境素质发展性档案具有动态特征，是进行形成性评价为核心的发展性评价的基础，也是提高环境教育评价的可信度和实效性的根本保障，能在很大程度上避免主观性和片面性。学生环境素质发展性档案的主要内容包括：家庭情况；学生现状；认知发展情况；情感发展情况；学生的日常活动情况；阶段性价值判断等。学生环境素质的发展情况不能够通过一次两次的问卷或访谈就能完整得到，一个人的综合素质是体现在其平时的学习和生活中的，即一个人的价值观态度决定一个人的行为模式。（参考：祝怀新：《环境教育的理论与实践》第132页，北京：中国环境科学出版社，2005年。王薛时）

学生运动

Student Movement

指20世纪60年代在欧美等西方国家发生的大规模学生反叛运动。当时，西方国家经济进入相对繁荣时期，在后物质主义价值观的影响下，很多青年学生站上历史的舞台，成为社会运动的主力，在欧美各国掀起大规模的文化变革运动。学生运动最先发生在1964年的美国，加州伯克利大学学生发起要求言论自由和民主参与的大规模抗议活动，揭开了学生运动的序幕。之后，学生运动席卷欧美各国，运动的目标包括增加民主权利、改善学生学习条件、课程改革、停止越南战争、改善第三世界条件等。美国、德国、英国学生运动的爆发，大都与政治议题相关，反对越南战争是很多学生运动的重要目标，法国的学生运动更多是文化和道德的反叛。60年代学生运动的高潮，是1968年发生在法国的“五月风暴”。1968年5月，学生运动遭到镇压之后，法国工会号召法国工人总罢工来支持学生运动，5月13日，巴黎80万人举行大罢工，声援学生运动，之后罢工浪潮席卷整个法国。20世纪60年代的学生运动，具有明显的“左倾”政治化特征，“三M”（马克思、马尔库塞、毛泽东）是西方学生运动的偶像。学生运动批判性、叛逆性和新政治的文化取向，对人们的价值观和生活方式，对西方政治、文化和教育制度的发展，都产生深远影响。（王聪聪）

学习型政府

Learning Government

来源于学习型组织理论的政府管理形态，倡导建立开放的政府管理系统，通过不断学习，从外界汲取新的思想并将这些新思想及时用于政府管理机制、权力结构、行政决策等的改善；同时需要民众对政府的决策、执行过程和事后评估等进行有效的介入监督，从而建立有效将学习行为转化为创造行为、具有较高的工作效率和社会民众满意度的新型政府。它具有两个层面的内涵：1. 就政府机构内部而论，政府应在职能分工的基础上建立专业化制衡机制，它授予每个公务员的权力是有限的，但在执行公务的过程中，公务员可以充分行使其权力。当然，其权力的行使也受到其他机构的制衡。2. 就政府机构外部而论，政府组织是开放型的机构，它同其他社会组织相互交换信息，互相进行学习。2001年5月，时任国家主席江泽民在亚太经合组织人力资源能力建设高峰会议上讲话中明确提出，构筑终身教育体系，创建学习型社会。之后在中国共产党的“十六大”报告进一步强调，把学习型社会作为全面建设小康社会的重要目标，作为未来的社会形态和社会境界，突出地提到全党全国人民的面前，将建设学习型政府逐渐视为有中国特色社会主义现代化伟大事业的重要组成部分。（刘中华）

学校环境教育

Environmental Education in Schools

又称正式环境教育。各级各类学校中的环境教育，对象是各级在校学生，可分为大学、中学、小学和学前幼儿园环境教育。学校环境教育是服务于未来的教育，目的在于培养具有环境科学知识和环境道德的一代新公民，为环境科学的进一步发展培养后备人才。我国的学校环境教育起步较晚。1979 年中国环境科学学会环境教育委员会召开第一次会议，此后，各级各类学校的环境教育蓬勃兴起。在高等院校，主要是有计划地设置环境保护专业，招收本科生和研究生，培养高层次的环境科技人才和师资。对于中小学，主要是普及环境科学知识。为此，从幼儿园、小学到初中都在相应学科中增加环境教育内容。目前正在试点经验的基础上进一步总结和研究学校环境教育的规律和特点。（王薛时）

寻租

Rent Seeking

指为获得和维持垄断地位从而得到垄断利润（亦即垄断租金）所从事的非生产性寻利活动。整个寻租活动的全部经济损失，要远远超过传统垄断理论中的“纯损”三角形。寻租就是寻求经济租金的简称，是在没有从事生产的情况下，为垄断社会资源或维持垄断地位，从而得到垄断利润（亦即经济租）所从事的非生产性寻利活动。政府运用行政权力对企业和个人的经济活动进行干预和管制，妨碍市场竞争的作用，从而创造少数有特权者取得超额收入的机会。这种超额收入被称为“租金”（rent），谋求这种权力以获得租金的活动，被称作“寻租活动”，俗称“寻租”。寻租的危害间接造成经济资源配置的扭曲，阻止更有效的生产方式的实施。1. 直接浪费经济资源，利用时间、精力和金钱去游说的结果，对寻租者来说可能更有效率，但对社会来说没有效率而言。2. 导致其他层次的寻租活动或“避租”活动。政府部门工作人员为对付寻租者的游说与贿赂，需要时间和精力反击。3. 寻租活动有合法与非法之分。企业向政府争取优惠待遇，利用特殊政策维护自身的独家垄断，属于合法的寻租活动。行贿和走私就属于非法的寻租活动。（史月田）

荀子生态观

Ecological Views of Xunzi

荀子（约公元前 313 年－公元前 238 年），著名思想家、文学家、政治家，时人尊称荀卿，是战国后期儒家学派的重要代表人物。在《荀子》中，荀子论述如何看待自然规律、如何认识自然规律以及如何利用自然规律等问题，对当前尊重自然规律、维护自然生态、人与自然和谐共生、社会经济可持续发展等生态文明核心要求具有重要借鉴价值。对于如何看待自然，荀子持“天人相分”观点，他认为天和人之间存在本质区别，各自具有不同职分和功能。自然界有客观存在的、特有的运行规律，严格按照自身规律进行更替，不会因为人类社会的兴衰而有任何改变。“天行有常，不为尧存，不为桀亡”就是这个道理。对于如何认识自然规律，荀子认为自然是列星、日月、阴阳等万物的交互更替过程，自然万物都是天地阴阳变化的结果，即“天地合而万物生，阴阳接而变化起”。对于如何利用自然规律造福人类社会方面，荀子一方面承认自然有其固有规律和价值，人不能将其任意改变，但是另一方面，荀子又肯定人的主观能动性，认为人在充分了解并遵循自然运行规律的前提下可以利用其减灾增福。因此他说“应之以治则吉，应之以乱则凶。强本而节用，则天不能贫；养备而动时，则天不能病；循道而不贰，则天不能祸”，即社会政治措施只有适应自然规律才能顺利进行，反之会有灾祸，人只要节约开支、加强农业生产，天时就会使人衣食充足。（参考：代峰：《荀子的自然观探析》，《石河子大学学报》（哲学社会科学版）2002 年第 1 期第 49 ~ 51 页。欧阳文川）

循环发展

Circular Development

指相对于传统直线型发展模式“资源—产品—废弃物”的单向过程而言的新型发展模式。核心理念是循环经济。循环经济一方面指用尽可能小的资源消耗和环境成本，获得最大化的经济与社会效益的经济模式，另一方面强调这种工业经济模式应遵循物质双向流通原则，在保证循环发展所需的原材料顺利从生物圈获得的同时，生产的产品也能以生态友好的方式返回到生物圈。循环发展是我国推进生态文明建设的“三个发展”战略之一（另外两个是绿色发展和低碳发展）。（徐越）

循环经济

Circular Economy

指在生产、流通和消费等过程中进行的减量化、再利用、资源化活动的总称。20 世纪 60 年代美国经济学家 K · 波尔丁首先提出“循环经济”一词，20 世纪 90 年代后，发展知识经济和循环经济成为国际社会的两大趋势。我国从 20 世纪 90 年代起引入德国关于循环经济的思想；2003 将循环经济纳入科学发展观；2004 年提出从不同的空间规模大力发展循环经济。2008 年 8 月全国人大常委会通过《循环经济促进法》，2009 年 1 月 1 日起实施。循环经济本质上是生态经济，要求运用生态学规律指导人类社会的经济活动。循环经济倡导的是与环境和谐的经济发展模式。它要求把经济活动组织成“资源—产品—再生资源”的反馈式流程，特征是低开采、高利用、低排放。所有的物质和能源要能在这个不断进行的经济循环中得到合理和持久的利用，以把经济活动对自然环境的影响降低到尽可能小的程度。循环经济为工业化以来的传统经济转向可持续发展的经济提供战略性的理论范式，从根本上消解长期以来环境与发展之间的尖锐冲突。循环经济的原则：1. 减量化，即在生产、流通和消费等过程中减少资源消耗和废物产生；2. 再利用，即将废物直接作为产品或者经修复、翻新、再制造后继续作为产品使用，或者将废物的全部或者部分作为其他产品的部件予以使用；3. 资源化，即将废物直接作为原料进行利用或者对废物进行再生利用。在发达国家，循环经济已经成为一股潮流和趋势，有的国家甚至以立法的方式加以推进。德国于 1996 年实施《循环经济与废物管理法》。日本把循环经济称为“循环型社会”，于 2000 年通过《推进形成循环型社会基本法》。在循环经济体系中，根据物质流向的不同可分为两个不同过程：即从原料开采到生产、流通、消费的过程和从生产或消费后的废弃物排放到废弃物的收集运输、分解分类、资源化或最终废弃处置的过程。人们仿照生物体内血液循环的概念，将前者称为动脉过程，后者称为静脉过程。相应地，承担动脉过程的产业称为动脉产业，承担静脉过程的产业称为静脉产业。（参考：李兆前、齐建国：《循环经济理论与实践综述》，《数量经济技术经济研究》2004 年第 9 期第 145 ~ 154 页；解振华：《关于循环经济理论与政策的几点思考》，《环境保护》2004 年第 1 期第 3 ~ 8 页。朱配辰　蔡越）

循环经济 3R 原则

Circular Economy 3R Principles

3R 原则是循环经济活动的行为准则。3R 原则，即减量化（reduce）原则、再使用（reuse）原则和再循环（recycle）原则。1. 减量化（reduce）原则：要求用尽可能少的原料和能源来完成既定的生产目标和消费目的。这就能在源头上减少资源和能源的消耗，大大改善环境污染状况。例如，我们使产品小型化和轻型化；使包装简单实用而不是豪华浪费；使生产和消费的过程中，废弃物排放量最少。2. 再使用（reuse）原则：要求生产的产品和包装物能够被反复使用。生产者在产品设计和生产中，应摒弃一次性使用而追求利润的思维，尽可能使产品经久耐用和反复使用。3. 再循环（recycle）原则：要求产品在完成使用功能后能重新变成可以利用的资源，同时也要求生产过程中所产生的边角料、中间物料和其他一些物料也能返回到生产过程中或是另外加以利用。（史月田）

循环经济层次

Circular Economy Level

20 世纪 60 年代以美国经济学家鲍尔丁的宇

宙飞船理论为标志，循环经济在世界各地迅速发展。循环经济理论的核心主旨是提倡经济活动以循环式经济代替传统的单程式经济，从效仿以线性为特征的机械论规律转向服从以反馈为特征的生态规律。吴季松认为，循环经济就是在人、自然资源和科学技术的大系统内，在资源投入、企业生产、产品消费及其废弃的全过程中，不断提高资源利用效率，把传统的、依靠资源净消耗线性增加发展的经济转变为依靠生态型资源循环发展的经济。由于循环经济源于实践，为更好地把握实践，就需要对实践进行理论抽象、总结和概括，以提炼出循环经济模式，为后来者提供示范和借鉴。人们已从不同的角度与层面对循环经济模式进行过诸多阐释。其中，影响较大的属三模式论，即循环经济的小循环、中循环和大循环。（史月田）

循环经济产业模式

Circular Economy Industry Mode

指物质闭环流动型经济，在人、自然资源和科学技术的大系统内，在资源投入、企业生产、产品消费及其废弃的全过程中，把传统的依赖资源消耗的线形增长的经济，转变为依靠生态型资源循环的经济。目的是通过资源高效和循环利用，实现污染的低排放甚至零排放，保护环境，实现社会、经济与环境的可持续发展。循环经济是把清洁生产和废弃物的综合利用融为一体的经济，要求运用生态学规律指导人类社会的经济活动。在物质循环、再生、利用的基础上发展经济，是建立在资源回收和循环再利用基础上的经济发展模式。原则是资源使用的减量化、再利用、资源化再循环。生产的基本特征是低消耗、低排放、高效率。它要求把经济活动组成“资源—产品—再生资源”的反馈式流程，其特征是低开采，高利用，低排放。（史月田）

循环经济产业体系

Circular Economy Industrial System

指国内发展循环经济的工业生产领域，主要特征是降低消耗、节约资源、提高效率和减少污染，由生态农业、生态工业、生态服务业等产业构成，按照生态规律运行，实行资源循环利用和清洁生产的经济形态。（史月田）

《循环经济促进法》

Circular Economy Promotion Law

见**《中华人民共和国循环经济促进法》**。

《循环经济规划》

National Plan for Circular Economy

2012 年 12 月 12 日国务院常务会议讨论并通过《“十二五”循环经济发展规划》，为缓解资源约束矛盾，从根本上减轻环境污染，提高经济效益，明确将发展循环经济作为我国经济社会发展的重大战略任务。《规划》通过提高资源产出率，健全激励约束机制，旨在积极构建循环型产业体系，推动再生资源利用产业化，推行绿色消费，加快形成覆盖全社会的资源循环利用体系。我国循环经济发展的近期目标是：主要资源产出率比“十一五”末提高 15%，资源循环利用产业总产值达到 1.8 万亿元。为此要努力构建循环性工业体系、农业体系、循环型服务业体系，推行循环型工农业生产方式，促进资源利用节约化、生产过程清洁化，构建绿色建筑和绿色交通等。此外，还开展循环经济示范行动，创建示范城市和示范工程；健全法规标准，加强监督管理。（张沥元）

循环经济价值链

Circulation Economy Valuation Chain

迈克尔·波特 1985 年提出。波特认为，每一个企业都是在设计、生产、销售、发送产品的过程中进行种种活动的集合体。企业的价值创造通过这一系列活动构成，这些相互关联的生产经营活动，构成创造价值的动态过程，即价值链。价值链在经济活动中是无处不在的，上下游关联的企业与企业之间存在行业价值链，企业内部各业务单元的联系构成企业的价值链。价值链上的每一项价值活动都会对企业最终能够实现多大的价值造成影响。价值链为产业链提供价值基础，相关企业为提升自身在价值链中位置而展开竞争与合作。（史月田）

循环经济经济学理论基础

Circular Economy Economic Theory Basis

美国经济学家波尔丁在20世纪60年代提出生态经济时的宇宙飞船论。波尔丁受当时发射宇宙飞船的启发分析地球经济的发展，他认为飞船是一个孤立无援、与世隔绝的独立系统，靠不断消耗自身资源存在，最终它将因资源耗尽而毁灭。唯一使之延长寿命的方法是要实现飞船内的资源循环，尽可能少地排出废物。同理，地球经济系统如同一艘宇宙飞船。尽管地球资源系统大得多，地球寿命也长得多，但是只有实现对资源循环利用的循环经济，地球才能得以长存。（史月田）

循环经济模式

Circular Economy Pattern

循环经济模式针对传统的线形经济模式而言，是一种以资源的高效利用和循环利用为核心，以“减量化、再利用、资源化”为原则，以低消耗、低排放、高效率为基本特征，符合可持续发展理念的经济发展模式，本质是一种“资源－产品－消费－再生资源”的物质闭环流动的生态经济，是实施可持续发展战略的先进生产方式，也是达到生态治理目标的重要途径。循环经济模式的本质是在生态系统、生产过程和经济增长之间，通过无污染、无生态破坏的技术工艺流程达到良性循环。它要求运用生态与经济规律指导人类社会的经济活动，使经济系统与自然生态系统相互协调、统一、和谐。与传统的生产模式比较，循环经济模式具有以下特征：1. 传统生产模式是资源—产品—废物排放、产品—消费—废物排放的物质单向流动的经济模式。所有的废渣、废水、废气、生活垃圾和其他污染物，不加任何处理，随意排放到环境中。与传统经济模式不同，循环经济模式通过物质循环、转化、增值带动经济发展，采用的是可逆循环、多向转化、多级利用和无废物排放的经济模式，它消除自然资源的过度开发现象，力求达到污染物的“零排放”和无生态破坏，可提高居民的生活质量和经济增长的质量。2. 传统经济模式对资源的利用表现为“高开采、低利用、高排放、高破坏”，由此导致资源的极大浪费和生态环境的严重恶化。循环经济模式对资源的利用是“合理开采、高效利用、洁净排放、低度破坏”思路，其经济特征为“减量化、再利用、循环化”的原则。这些原则的中心意思是：1）减少生产和消费过程中的资源消耗量，改变商品的过度包装，从源头节约资源，尽量不生产一次性使用的产品；2）不断重复使用消费品，尽量延长消费品的使用寿命；3）将使用过的垃圾、废物变成再生资源，制造新的产品，而不随意排放废物。20世纪末测算，世界再生资源的回收利用对产品的贡献率为钢45%（美国为58%），铜62%，铝22%，铅40%，锌30%，纸制品35%。1997年世界纸张主要生产国的再循环利用率为德国72%，韩国66%，日本53%，美国46%，而我国仅为27%，差距是十分明显的。传统经济模式的治理是末端治理，治理成本高，周期长，成效不明显。相比之下，循环经济模式则注重源头预防和全过程控制。（史月田）

循环经济试点

Pilots of circular economy

2005年国家发改委、环保总局等6部门联合颁布《关于组织开展循环经济试点（第一批）工作的通知》。《通知》确定的试点范围包括钢铁、有色、化工等7个重点行业的43家企业，再生资源回收利用等4个重点领域的17家单位，以及13个不同类型的产业园区，涵盖10个省份的资源型和资源匮乏型城市。具体目标是：在钢铁、有色、化工、建材等重点行业探索循环经济发展模式，树立一批循环经济的典型企业；在重点领域完善可再生资源回收利用体系，建立资源循环利用机制；在开发区和产业园区试点，提出按循环经济模式规划、建设、改造产业园区的思路，形成一批循环经济产业示范园区；探索城市发展循环经济的思路，形成若干发展循环经济的示范城市。2007 年 6 部门联合颁布《关于组织开展循环经济试点（第二批）工作的通知》，第二批试点选择了第一批尚未涉及、对实现节能减排目标有重要意义的农业、矿产资源、皮革、食品、包装、纺织印染等行业的企业、园区或城市。（张沥元）

循环经济系统

Circular Economy System

指物质闭环流动型经济，在人、自然资源和科学技术的大系统内，在资源投入、企业生产、产品消费及其废弃的全过程中，把传统的依赖资源消耗的线形增长的经济，转变为依靠生态型资源循环来发展的经济。目的是通过资源高效和循环利用，实现污染的低排放甚至零排放，保护环境，实现社会、经济与环境的可持续发展。循环经济是把清洁生产和废弃物的综合利用融为一体的经济，它要求运用生态学规律来指导人类社会的经济活动。（史月田）

循环经济系统学理论基础

Circular Economy Phylogeny Theoretical Basis

循环经济本质上是一种生态经济，它要求运用生态学规律而不是机械论规律指导人类社会的经济活动。与传统经济相比，循环经济的不同之处在于：传统经济是一种由“资源—产品—污染排放”单向流动的线性经济，其特征是高开采、低利用、高排放。在这种经济中，人们高强度地把地球上的物质和能源提取出来，然后又把污染和废物大量地排放到水系、空气和土壤中，对资源的利用是粗放的和一次性的，通过把资源持续不断地变成为废物来实现经济的数量型增长。与此不同，循环经济倡导的是一种与环境和谐的经济发展模式。它要求把经济活动组织成一个“资源—产品—再生资源”的反馈式流程，其特征是低开采、高利用、低排放。所有的物质和能源要能在这个不断进行的经济循环中得到合理和持久的利用，以把经济活动对自然环境的影响降低到尽可能小的程度。（史月田）

循环经济与清洁生产

Circular Economy and Clean Production

清洁生产和循环经济是 20 世纪 90 年代以来在我国引人注目的两项实践。正确认识、积极推进清洁生产和循环经济，对转变我国经济增长方式与发展模式、促进可持续发展具有重要意义。资源环境要素纳入经济系统内部，转变经济增长方式，促进资源环境和经济结合一体化发展，清洁生产和循环经济的发展成为必然趋势。以废物循环作为循环经济的实践，以清洁生产为基础推进产业生态化，结合强化末端管制，围绕建立绿色市场进行制度创新。（史月田）

循环农业

Circular Agriculture

指在农作系统中推进各种农业资源往复多层与高效流动的活动，以此实现节能减排与增收的目的，促进现代农业和农村的可持续发展。通俗讲，循环农业是运用物质循环再生原理和物质多层次利用技术，实现较少废弃物的生产和提高资源利用效率的农业生产方式。循环农业作为环境友好型农作方式，具有较好的社会效益、经济效益和生态效益。只有不断输入技术、信息、资金，使之成为充满活力的系统工程，才能推进农村资源循环利用和现代农业持续发展。我国传统农业采用的是初级循环生产方式。随着农业社会向工业社会的演变，农业生产方式发生显著变化，正在向资源—产品—再生资源—再生产品的循环方式演变。（史月田）

循环农业生态产业链

Circular Agriculture Ecological Industry Chain

指在种植业、林业、渔业、牧业及其延伸的农产品加工业、农产品贸易与服务业、农产品消费领域之间形成的相互关联的产业体系。在该体系中，各产业之间通过废物交换、循环利用等方式形成一个闭合的生态产业链条。是在农业生产过程中的一种生态产业链，它的链条内资源能够得到最佳配置、废弃物得到有效利用、环境污染减少到最低水平。发展循环农业，构建农业生态产业链时，除了遵循 3R 原则（减量化、再利用和资源化），还应遵循因地制宜、经济与生态效益相结合、市场导向、产业化经营 4 个原则。（蔡越）

循环型产业链

Chain of Circular Industry

循环经济是新型经济运行方式，共生和协同是其基本特征。发展循环经济需要若干企业围绕相关资源进行合作形成产业链条。循环经济产业链的良性运作是产业链上的企业利益合理分配和价值共享的结果。产业链是指由构成一个产业相互关联的所有要素形成的、带有该产业普遍特征的多层次结构。它通常的表现形式：1. 以生产某种具有同类使用功能的产品和服务的产业贯穿始终，各种要素环环相扣；2. 建立在产业内部分工和供需关系基础上的，以若干个企业为大节点、产品为小节点纵横交织而成的网络状系统。（史月田）

循环型产业网络

Industrial Network in Circle Economy

循环经济是根据减量化、再利用、再循环和无害化原则，以物质流管理方法为基础，依靠科学技术、政策手段和市场机制调控生产和消费活动过程中的资源、能源流动方式和效率，将"资源—产品—废物"这一传统的线性物质流动方式改造为"资源—产品—再生资源"的物质循环模式。在产业组织形态上，循环经济表现为循环型企业、循环型产业链和循环型产业网络三个层次。循环型产业网络是由若干循环型企业和循环型产业链结合在一起的，具有循环性、群落性和增值性等特征的网络性经济组织。循环型产业网络既遵循产业生态系统的基本原理，也遵循产业经济组织的内在要求。在生态意义上，循环型产业网络体现为：企业之间横向共生、产业链上纵向闭合以及产业网络的系统耦合。这三点为网络内物质资源再生、循环利用和无害处理提供物质基础；在经济意义上，循环型产业网络表现为产业关联、价值共享和风险共担，构成网络生成和演化的利益基础。（史月田）

循环型农业发展模式

Circular Agriculture Development Model

作为人类生存和农业发展基础的农业资源的有效配置和合理利用是农业实现可持续发展的基础。农业资源指人们从事农业生产或农业经济活动中可以利用的各种资源，包括农业自然资源和农业社会资源。农业自然资源指自然界存在的，可为农业生产服务的物质、能量和环境条件的总称。它包括水资源、土地资源、气候资源和物种资源等等。农业社会资源指社会、经济和科学技术因素中可以用于农业生产的各种要素，主要有人口、劳动力、科学技术和技术装备、资金、经济体制和政策以及法律法规等。将传统农业发展模式转变为以循环经济理论为基础的循环型农业发展模式的核心问题，是农业资源包括自然资源和社会资源的有效配置和合理利用。（史月田）

循环型企业

Recycle Enterprise

企业将循环经济思想融入战略规划中来，对企业进行后向整合和前向整合，使各个企业之间的优势互补，从而节约资源、降低成本和保护环境；引入循环经济模式后，使企业与上游企业和下游企业形成闭合价值链。在这条价值链上的所有企业能相互受益，上游企业的废物成为下游企业的原材料，下游企业的成本降低形成企业的成本优势。引入循环经济模式对企业来说是双赢的

结果，能改变企业的业务流程，促使企业根据循环经济模式发展的不同阶段选择不同的预算管理模式。（史月田）

循环型社会

Circular Society

即资源节约型、环境友好型社会。循环型社会的生产、生活方式，有别于传统的资源—产品—废弃物的直线型发展模式，强调以减少废弃物、再利用和循环为发展模式取向，倡导生态价值观和绿色消费观。循环经济是循环型社会最重要的组成部分。除了拥有资源能源消耗低、经济效益高、环境负荷小的产业系统和消费系统外，循环型社会还需具备景观优美的自然生态系统、完善的社会公共服务的城市功能系统，以及具有高素质的人口和公平的社会系统。循环型社会概念的出现可以追溯到1994年德国《循环经济与废物处置法》中的循环利用概念。日本《建立循环型社会基本法》做出具体阐释：循环型社会是通过抑制产品成为废物，当产品成为可循环资源时促进产品的适当循环，并确保不可循环的回收资源得到适当处置，从而使自然资源的消耗受到抑制，环境负荷得到削减的社会形态。（张沥元　牟世晶）

Y

雅 亚 烟 岩 沿 研 盐 颜 厌 雁 阳 杨 养 氧 瑶 野 页 液 一 伊 衣 依 宜 移 遗 彝 乙 以 艺 议 易 意 溢 因 引 饮 隐 印 英 营 影 硬 永 优 尤 游 有 幼 淤 于 余 鱼 渔 舆 与 宇 雨 语 园 袁 原 圆 缘 远 院 约 云 运

雅典宪章

Athens Charter

1933年国际现代建筑协会（International Congresses of Modern Architecture）在雅典举行会议，中心议题是城市规划，制定的《城市规划大纲》，被称为《雅典宪章》。《宪章》是对34个城市的系统调查分析后的成果，分为居住、娱乐、工作、交通等标题，阐述有关现代都市问题以及解决问题的提案。主要有：1. 居住方面的主要问题是：人口密度过大，缺乏空地；太接近工业区，生活环境易受污染；沿街建造居住房屋，易受交通噪声影响，并且采光条件差。建议居住区应使用最好的地段，根据每个地区生活情况的因素拟定不同的人口密度；在人口密度较高的地区建设高层集体住宅。2. 工作方面的主要问题是：工作地点在城市中的布置没有考虑与居住区的关系，过远的距离形成过分拥挤的人流交通。建议有计划妥善地处理城市工业区、商业区与居住区的关系，使工作地点与居住区的距离便于使用者迅捷到达。3. 娱乐游憩方面的主要问题是：城市绿地面积少，且布置不当，无助于改善居住环境。建议在新建居住区时留出足够的空地进行绿化和文化娱乐建设，在市郊保留良好的风景地带。4. 交通方面的主要问题是：由于交通工具的进步，使得原来狭窄的街道已不能承受交通的压力，城市中心地带过分集中的行政、商业、文化娱乐设施进一步加剧市中心交通的拥挤程度。建议从城市整个道路系统入手，依据车辆行驶速度进行道路功能分工，依据实际调查得到的统计资料对道路宽度加以确定，在调整城市功能分区后建立统一的交通网。《雅典宪章》发表以后确实对西方建筑教育和建筑实践起了巨大作用，它的功绩是扫除当时建筑界中的巴黎美院的形式主义设计思想，将建筑设计同经济的、社会的因素结合起来。

第二次世界大战后30年的实践证明《雅典宪章》在指导思想上存在根本性弱点。对于这些缺陷，在后来的《马丘比丘宪章》中得到修正。（参考：王育：《重读＜雅典宪章＞》，《北京城市学院学报》2009年第3期第91页；赵光宇、马晖：《从＜雅典宪章＞到＜北京宪章＞——对居住问题的历史性思考》，《华中建筑》2000年第3期第16～17页。朱配辰）

亚当·斯密

Adam Smith，1723.6.5. ~ 1790.7.17.

18世纪英国经济学家，古典政治经济学发展到成熟阶段的代表人物。代表著作有《道德情操论》（1759）《国富论》（1776）。《国富论》标志着古典政治经济学体系的建立。斯密建立的古典经济学体系以经济自由主义为中心，强调劳动分工和专业化生产有益于生产效率的提高，主张用市场机制这只“看不见的手”（invisible hand）引导商品生产者实现社会资源的有效配置，反对政府对经济生活的干预。斯密的主要理论有分工理论、货币理论、价值论、分配理论、资本积累理论、赋税理论。后来的经济学家大卫·李嘉图进一步发展、自由经济自由竞争的理论；马克思从中看出自由经济产生周期性经济危机的必然性；凯恩斯提出政府干预市场经济宏观调节的方法。目前的经济理论仍然处于不断探索不断完善的过程，尚没有任何一种尽善尽美可以完全解决经济发展的方法，但这本书仍然可以看作是用现代经济学研究方法写作的第一本著作，对经济学研究仍然在起一定的作用。现代经济学研究都是在这本著作的基础上进行的，不论是发展它或反对它。（蔡越　代富宇）

亚欧环境部长会议

Asia-Europe Meeting（ASEM）Environment Ministers' Meetings

亚欧会议框架下的多边合作机制之一。中国政府2000年10月在韩国首尔举行的第3次亚欧会议上最先提出召开亚欧环境部长会议的倡议，得到亚欧会议其他成员国首脑的广泛支持，写入第3次亚欧会议主席声明。作为倡导国，中国2002年1月17日举办第一届亚欧环境部长会议，亚欧会议框架内的10个亚洲国家、15个欧盟国家和欧盟委员会共26个成员，派出高级代表团参加会议，有17位部长、副部长出席会议，与会代表240余人，通过《亚欧环境部长会议主席声明》，就开展亚欧环境合作的基础、潜力及合作原则等达成基本共识，将贫困、能源与环境、水环境、荒漠化防治、森林退化、化学品排放、城市环境、生物安全、沿海及海洋保护、清洁生产技术、生态保护、气候变化、环境政策与立法以及促进可持续生活等，确定为亚欧环境合作的关键领域和重点。（申森）

亚太经合组织

Asia-Pacific Economic Cooperation，APEC

全称亚太经济合作组织，成立于1989年。1989年1月，澳大利亚总理霍克访韩时提出，召开亚太国家部长会议，讨论加强经济合作问题。11月5～7日，澳、美、日、韩、新、加及东盟6国在堪培拉举行亚太经济合作首次部长级会议。1991年11月，第3届部长会议通过《汉城宣言》，正式确定该组织的宗旨和目标。1993年6月改为现名。截至2014年，共有21个国家和地区参加该组织，即澳大利亚、文莱、加拿大、智利、中国、中国香港、印度尼西亚、日本、韩国、马来西亚、墨西哥、新西兰、巴布亚新几内亚、秘鲁、菲律宾、俄罗斯、新加坡、中国台北、泰国、美国和越南。东南亚国家联盟、太平洋经济合作理事会和南太平洋论坛是观察员。秘书处设在新加坡，工作语言为英语。在成立之初，它是仅由各成员外交部长和贸易部长参加的部长级区域论坛。从1993年起，每年举行一次经济领导人非正式会议。除了领导人会议和部长级会议之外，亚太经合组织还举行有关专业部长会议如贸易部长会议、高官会及贸易投资委员会会议等。按惯例，每年主办领导人会议的成员即为该年度领导人会议、部长级年会和高官会的主席。截至2014年，已举行26届部长会议和21次领导人非正式会议。（李庆）

亚太绿党网络

Asian-Pacific Greens Network

亚太地区绿党的国际合作网络，成立于2005年，全球绿党的分支。第1次代表大会于2005年在日本京都召开，来自亚太地区23个国家的27个绿党和组织参加会议。致力于实现全球绿党的核心价值观，即社会正义、可持续性、非暴力、参与民主、尊重多样性、生态智慧。成员党涵盖澳大利亚、印度、印度尼西亚、日本、韩国、蒙古、尼泊尔、新西兰、巴基斯坦、菲律宾、中国台湾等国家和地区的绿党组织。基本组织架构包括代表大会、协调委员会、执委会、行动小组、论坛、青年组织。第2次代表大会于2010年在台湾召开，大会选举产生新的决策机构，制定了工作规则以及未来五年的行动规划。（王聪聪）

亚洲人民全球行动

Asian Peoples' Global Action

以农民运动为主导的亚洲性网络，跨国社会运动组织。政治目标是，为了获取土地权和水权、食物主权、经济的持续和文化的保持以及环境的可持续性而奋斗。在全球环境正义运动中发挥着重要作用，与其他反全球化国际组织如国际化学能源矿业工人联盟等一样，亚洲人民全球行动涉及环境议题，通常不被看作是环境运动的一部分。也就是说，环境运动之外的社会团体中，同样存在着一种环境主义维度。作为跨国社会运动组织，亚洲人民全球行动也面临着将跨国层面的活动与地方层面的草根团体的斗争有机联系的挑战。（王聪聪）

烟气脱硫技术

Technology of Flue Gas Desulfurization

针对燃烧烟气中硫化物（主要是二氧化碳）的净化处理技术，是控制大气污染物排放、防止酸雨形成的重要措施。按照脱硫方式和产物形态的不同，烟气脱硫技术可分为湿法（脱硫剂和副产物均为湿态）、半干法（脱硫剂为湿态，副产物为干态）、干法（脱硫剂和副产物均为干态）三大类。湿法脱硫技术包括钠碱洗涤法、氢氧化镁法、湿式石灰法、海水洗涤法和氨法脱硫等；半干法脱硫技术主要包括烟气循环流化床脱硫技术、旋转喷雾干燥法脱硫工艺等；干法烟气脱硫技术应用干粉状或粒状吸收剂、吸附剂或催化剂来处理含二氧化硫的烟气，如活性炭脱硫法、电子束烟气脱硫技术等。目前世界上应用最多且最为成熟的烟气脱硫技术是湿法脱硫，具有脱硫效率高、装置运行可靠性高、操作简单、处理成本低等优点。（参考：张杨帆、李定龙、王晋：《我国烟气脱硫技术的发展现状与趋势》，《环境科学与管理》2006年第4期第124～128页。刘阳）

烟气脱硝技术

Technology of Flue Gas Denitration

针对燃烧烟气中氮氧化物和颗粒物中有机氮化物的净化处理技术。分为干法脱硝和湿法脱硝技术两种。干法脱硝技术包括选择性催化还原法（SCR）、选择性非催化还原法（SNCR）、炭还原法、吸附法和等离子法等；湿法脱硝技术是利用可以溶解氮氧化物或可以与它发生反应的溶液吸收废气中氮氧化物的方法，包括酸吸收、碱吸收、氧化吸收和配合吸收法等。另外，针对氮氧化物的源头治理，国内外关于燃烧技术的改进主要分为无氮燃烧技术和低氮氧化物燃烧技术。我国2012年1月1日起正式实施的由环境保护部和国家质检总局共同发布的《火电厂大气污染排放标准》（GB13223～2011），其中要求新建机组从2012年开始、老机组从2014年开始，其氮氧化物排放量不得超出每立方米100毫克，这一标准在源头上有助于遏制大气环境的持续恶化，促进了各大企业脱硝技术的革新。（参考：宋闯、王刚、李涛等:《燃煤烟气脱硝技术研究进展》,《环境保护与循环经济》2010年第1期第63～65页。刘阳）

岩佐茂

Iwasa Shige，1946～

当代日本著名的社会学家、环境思想家。日本北海道人，现任一桥大学社会学研究科教授，所著《环境的思想》被誉为“日语版生态马克思主义理论的经典之作”。对生态环境问题的研究基于经济视域，试图寻找环境保护与马克思主义的结合点，从而为环境保护问题的阐释找到新的理论视角。1989年起开始担任日本科学工作者会议东京支部事务局长，特别关注公害和环境问题。在担任事务局长期间，收集了很多关于环境方面的资料，参加各种关于公害环境问题的研讨会，多次访问中国，就环境问题与中国学者展开讨论。当时全球性环境议题已经非常突出，1992年联合国地球峰会召开，日本的环境保护运动也开展得如火如荼。与其他学者不同，是将西方的生态马克思主义思想传入日本的第一人。试图寻找环境保护议题与马克思主义的结合点，多次强调指出，生态社会主义是社会主义的未来与本质。（徐越）

沿海防护林

Coastal Protection Forest

沿海地区以防护为主要目的建设的森林、林木和灌木林生态工程，是沿海防灾体系的重要组成部分。是我国正在建设的十大生态屏障之一。沿海防护林体系工程建设在20世纪50年代已开始，重点在广东、福建沿海地区进行绿化，目前范围涉及我国沿海11个省（自治区、直辖市）和5个计划单列市。全国沿海防护林体系二期工程建设于2015年完成。沿海防护林主要功能是：抵御和减轻台风、海啸、风暴潮等自然灾害，改善生态环境，维护国土生态安全。由海岸消浪林体带、海岸基干林带和纵深防护林组成的多层次、多林种、多树种的综合防护林系统以及建立与该系统相应的经营管理体系成为沿海防护林体系。沿海防护林体系可分为：1. 泥质海岸防护林体系。从海岸带适宜造林的地方起向内陆延伸，形成以海岸消浪林带、海岸基干林带为主，与纵深防护林等相结合的综合防护林体系。2. 沙质海岸防护林体系。从海滩适宜造林的地方起向内陆延伸，形成以海岸基干林带为主，与纵深防护林等相结合的综合防护林体系。3. 岩质海岸防护林体系。从最高潮位线起向内陆延伸，形成以海岸基干林带为主，与纵深防护林等相结合的综合防护林体系。从浅海水域向内陆延伸的层次：1. 消浪林带，位于海岸线以下的浅海水域、潮间带、近海滩涂，主要由红树林、柽柳、芦荟等灌草植被和湿地构成。2. 海岸基干林带，位于高潮位以上、宜林近海陆地，主要由乔木组成，具有一定宽度。3. 纵深防护林，位于海岸基干林带向内陆延伸的广大区域，防护丘陵山地与平原农区，由护路林、农田防护林、村镇绿化等构成。沿海防护林的作用有消浪、护岸、水土保持、涵养水源、防风固沙、保护生物多样性、防御灾害、产出林业副产品等。（参考：胡海波、张金池、鲁小珍：《我国沿海防护林体系环境效应的研究》，《世界林业研究》2001年第5期第38～43页。朱配辰　任傲尘）

沿海及海洋保护议题

Coastal and Marine Conservation Issues

全球性重大生态环境议题之一。海洋占地球表面的70%，海洋及沿岸地区生态环境为大量海洋生物提供多样化的栖息地。海洋生物产出的氧气占人类呼吸所需的1/3，同时也是蛋白质来源，更重要的是调控全球气候的变化。海洋及沿岸地区生态栖息地包括：红树林、珊瑚礁、海草床、沿海三角洲、海底热水流火山口，以及位于海平面以下数千米洋底上的海山和软沉积物。联合国《千年生态系统评估报告》指出，世界海洋及沿岸地区正面临严峻威胁，这些地区生态环境正在迅速改变。海洋及沿岸地区面临的主要威胁包括：陆源污染及富营养化过度，破坏性捕捞及非法、无申报、无管制捕鱼；生态栖息地遭受物理改造；外来物种入侵以及全球气候变化等。目前公认的是，合理设置的大规模海洋保护区，是保护生物多样性和海洋生物生存环境的重要措施。大量证据表明，海洋保护区增强了生态系统对气候变化和海洋酸化的抵抗力。海洋保护还可以增强食品安全。海洋保护的具体措施，首要的是制止对海洋生物资源的过度利用，其次要保护好海洋生物栖息地或生境，保持海洋生物资源的再生能力和海水的自然净化能力，维护海洋生态平衡，保证人类对海洋的持续开发和利用。（**申森**）

研究性学习

Project-based Learning

学生在教师指导下，从自然社会和生活中选择和确定专题进行研究，并在研究中主动获取知识、应用知识、解决问题的学习活动。这种实践探索的方法为环境教育提供新的更有成效的教学模式，它给学生新的学习方式，强调学生通过实践，学习科学研究的方法，增强探究创新意识，发展综合运用知识的能力。环境研究性学习的课题内容非常广，一般分为 4 类：1. 社会调查类。比如，学校周边环境调查，校园内粉尘状况调查，河流污染情况调查，身边废弃物对环境影响及对策，生态农业的调查与思考。2. 实验研究类。如酸雨对建筑物的腐蚀，洗涤剂的危害，蚯蚓在处理生活垃圾中的作用等。3. 项目设计类。如新校园的合理绿化，一次环保主题班会的设计。4. 文献调查类。如臭氧层破坏的原因等。考虑到高中学生进行研究受到许多因素的制约，还要从人力、物力、财力、时间等方面考虑课题的可行性和可操作性。（参考：祝怀新：《环境教育的理论与实践》第 100 页，北京：中国环境科学出版社，2005 年。**王薛时**）

盐碱地造林

Afforestation in Saline Alkali Soil

盐碱地是指所含的盐分影响到作物的正常生长的土壤，严重的盐碱土壤地区植物几乎不能生存。造林绿化是盐碱地改良利用的一项重要措施。盐碱地造林绿化的原理是按照适地适树的原则，根据造林地的条件，实行科学整地、育苗、造林，加强管理，保证树木正常生长，不断改良土壤。具体技术措施为：1. 选择树种。选择耐盐能力强、耐旱涝能力强、易繁殖生长快、能够改良土壤、经济价值高、用途广泛等特点的树种。2. 盐碱土改良。措施有：1）水利措施。结合盐碱地区的气候条件，根据盐随水来、盐随水去的水盐运动规律，采取修建排灌系统，灌水洗盐，井灌井排和蓄淡压碱等措施，将土壤中的盐分随水排走，并将地下水位控制在临界深度以下，达到土壤脱盐和不易返盐的目的，以利于林木成活和生长。2）耕作措施：包括深耕晒垡、平整土地、细致整地、中耕松土等，可以改善土壤物理性状，切断毛细管，防止盐分上升；生物措施：种植绿肥，增加土壤有机质，培育地力，改善土壤结构。3. 育苗。苗圃的选择：选择原则是土壤盐分低、地下水位低、地势平坦、土质较好、有排灌条件。整地：苗圃地耕耙以后根据该地的土壤和气候条件及所育苗木特点做床或做垄。高床适宜雨水较多、排水不良的地区；低床适宜干旱缺水或盐碱重的地区；高垄适宜盐碱较重的地区。增施有机肥：一般采用腐热的堆肥、厩肥和饼肥等。适期播种：根据当地土壤、气候特点适时播种。加强管理：注意保持土壤疏松、湿润，防止土壤返盐。4. 造林。造林前平整土地，清除杂草，整修台田或条田，修建排灌渠道，及时浇水、排水；适时造林；确定合理的造林密度；加强抚育管理。（参考：张建锋等：《盐碱地改良利用与造林技术》，《东北林业大学学报》2002 年第 6 期第 124 ~ 129 页。**朱配辰**）

颜色革命

Color Revolution

又称“花朵革命”，指 20 世纪末期发生在中亚和独联体国家的政治变革，参与者用鲜花（如玫瑰、栗子花、郁金香、茉莉）或物品的颜色作为他们的标志，倡导民主和普世价值，要求通过和平和非暴力的形式进行变革。颜色革命是欧美大国以各种类型的非政府组织为中介，在政治、经济、文化和社会领域进行的渗透或者通过培养政治反对派以抨击选举舞弊、政府独裁等形式进行非暴力革命，直到夺取政权并建立符合西方国家价值观的政府。颜色革命已经在格鲁吉亚、乌克兰和吉尔吉斯斯坦这几个国家取得成功。颜色革命一词起源于1989年捷克斯洛伐克的“天鹅绒革命”，“天鹅绒革命”同样是一种通过非暴力、和平方式进行政权更迭的政治活动，因为革命过程没有发生任何流血事件，所以被形容为“天鹅绒般的顺滑质感”，并被作为非暴力革命的代名词。颜色革命的发生可以归结为内部原因以及外部原因。内部原因如国家的政治本身缺乏民主、经济发展缓慢、腐败严重、人民生活困苦、贫富分化大、民族关系复杂、新生政治力量的崛起等；外部原因包括俄罗斯国力衰退以及西方国家的极力推动等。（参考：王艳：《“颜色革命”警示下的中国政治生态建设》，天津大学2010年硕士学位论文第14～19页。欧阳文川）

厌氧生物处理技术

Technology of Anaerobic Biological Treatment

又称厌氧消化技术或厌氧发酵技术，指在厌氧条件下由多种微生物（厌氧或兼性）的共同作用下，使有机污染物分解并产生甲烷和二氧化碳的技术。这一技术主要包括厌氧接触法、厌氧滤池（AF）、上流式厌氧污泥床（UASB）反应器、厌氧流化床（AFB）、厌氧附着膜膨胀床反应器（AAFEB）等。厌氧消化过程的阶段：1. 水解、发酵阶段；2. 产氢、产乙酸阶段；3. 产甲烷阶段。有机物首先通过发酸细菌的作用生成乙醇、丙酸和乳酸等，接着通过产氢、产乙酸菌的降解作用转化为乙酸和氢气 / 二氧化碳，然后再被产甲烷菌利用，最终转化为甲烷和二氧化碳。厌氧生物处理的效率关键在于反应器中微生物的活性，影响微生物活性的因素主要有温度、pH值、氧化还原电位、营养物质、F/M比、有毒物质等。厌氧生物处理技术特点：1. 能将有机污染物转变成沼气，并加以回收利用；2. 运行能耗低；3. 有机负荷高，占地面积少；4. 污泥产量少，剩余污泥处理费用低等。（参考：吕建国：《废水厌氧生物处理技术的发展与最新现状》，《环境科学与管理》2012年第S1期第87～92页。刘阳）

厌氧生物滤池

Anaerobic Biological Filter

内部填充有厌氧微生物填料的污水处理反应器。厌氧微生物一部分生长附着在填料上，形成厌氧生物膜，一部分在填料空隙间处于悬浮状态，当废水流过淹没的填料时，在生物膜吸附作用、微生物代谢作用和填料截留作用下，废水中的污染物被去除，并产生甲烷气体。根据污水水流方向可将厌氧滤池分为升流式和降流式，目前市场上应用最广的是上向流厌氧生物滤池。与好氧生物滤池相比，厌氧生物滤池的优势：1. 其内部有比表面积很大的填料，可附着大量微生物，因此，滤池中可维持很高的微生物浓度，能承受很高的有机容积负荷；2. 生物固体停留时间长，生长繁殖的细菌种类较多，这对冲击负荷有较强的适应能力，对有机物的去除率较高；3. 其装置简单，工艺本身能耗小，运行管理方便。（参考：王永谦、吕锡武、郑美玲等：《厌氧生物滤池在生活污水厌氧－好氧组合处理工艺中的应用》，《四川大学学报》（工程科学版）2014年第2期第182～186页。刘阳）

雁行理论

Flying-geese Model

日本经济学家赤松要在1932年根据日本棉纺工业的发展状况，针对日本的经济发展状况提出的理论。认为日本的产业通过“国外引进—国内生产—开拓出口—产品出口”的4个阶段循环，可实现后起国家产业结构工业化、重工业化和高加工度化，并最终成为“领头雁”。山泽逸平对其理论进行了扩展，发展为“引进—进口替代—出口成长—成熟—逆进”5个阶段。这一理论经过后续发展，已扩展到整个亚洲地区。泛指某产业在不同国家或同一国家不同地区中随着产业转移而先兴后衰的现象。（代富宇）

阳光板温室

Sunlight Plate Greenhouse

指使用聚碳酸酯中空板搭建的能够透光、保温（或加温）的设施。阳光板是由挤出级聚碳酸酯原材料经过熔融状态挤出成型的聚碳酸酯中空板，板材厚度通常为4毫米到40毫米之间。温室选用的阳光板需要有较高的透光率和较好的保温性，常用板型为矩形双层板和三层板，颜色选用透明色。由于聚碳酸酯会因紫外线的照射黄化、脆化，可以在板材的表面共挤一层防紫外线保护层（UV层），UV层可以将短波紫外线吸收，而不影响可见光的透过。温室结露会导致温室透光率下降，使用防雾涂层的工艺可以防止结露。阳光板温室近年来发展迅速，与玻璃温室相比，具有质量轻、骨架材料用量少、造价低、结构件遮光率小、使用寿命长、生产效益好的优势。同时从产品的特性上来看，可以根据不同的需求选用不同的材料，灵活实用。这使阳光板温室成为现代世界温室发展的主流，广泛应用于展示观光、科研实验、高效生态培育等领域。（朱雨晨）

阳光行政

Sunlight Administration

指基于现代民主政治的行政理念，或者是贯彻这种理念的政治制度安排，旨在增强政府权力运作的透明度，将权力运作置于“阳光”之下，从而保证人民群众参与和监督政府权力的有效实施，达到“权为民所用、利为民所谋、情为民所系”的“全心全意为人民服务”的政府执政宗旨。最终目标是建立透明、廉洁、高效的服务型政府，是我国政府从管制型向服务型转型的政治策略和执政目标。在当下中国的行政实践中，政府用政务公开和政府信息公开来促进这种理念的实施，已经取得诸多不错的效果，比如司法改革中的陪审员制度改革。（刘中华）

阳光经济

Sunshine Economy

又称生态经济（Ecological Economy），指无断层并且不以毁灭地球资源为代价、以农业为主可休养生息、能实现人类社会经济稳定增长的可持续经济发展模式。由德国学者赫尔曼·舍尔提出。它以人与自然和谐共存理论、生态基础制约与经济主导理论、生态安全性与经济有效性兼容理论以及生态、经济、社会效益相统一理论为原则。在发展阳光经济的过程中，遵循自然界生态平衡的规律和社会经济发展的客观规律，注重二者间互为条件、互相制约、互相协调的共存关系，遵循经济与生态协调发展这一最主要的生态经济规律，采用新的、具备更高生产力水平的“绿色技术”，指导人们发展经济，重视经济发展的可持续性，树立保护环境的意识，重视协调人与自然的关系，推动人类社会从20世纪的工业社会逐渐转向21世纪的生态社会。（蔡越）

杨东平

Yang Dongping，1949～

生于山东曲阜市，北京理工大学教育研究院

教授、博士生导师，自然之友理事长，著名教育

和文化学者。担任北京理工大学学术委员会主任、21世纪教育发展研究院院长、北京市西部阳光农村发展基金会理事长、中国陶行知研究会常务副会长等职务。主要研究领域是高等教育理论、教育现代化理论、现代教育史、教育公平理论等，曾出版《城市季风：北京和上海的文化精神》《最后的城墙》《未来生存空间》《倾斜的金字塔》《艰难的日出——中国现代教育的20世纪》等著作。身体力行参与中国教育改革、生态环境保护、历史文化保护、传统文化继承和改造、教育公平等社会活动。1993年与梁从诫选择环境领域作为提升民众公共参与的契机和空间，共同创立中国民间第一个环境组织“自然之友”并担任理事长。（王聪聪）

杨欣

Yang Xin，1963 ~

生于四川成都，环保团体“绿色江河”会长。20世纪80年代中期开始从事长江上游的考察、摄影和探险工作，先后参加长江上游金沙江段考察、中国长江科学考察漂流探险队、雅砻江（长江支流）摄影考察探险队、长江上游森林资源考察队、长江源摄影考察探险队、神奇长江源电视摄制探险队等。1995年创建“绿色江河”组织，呼吁全社会对长江源生态环境进行关注与保护。1997年靠义卖《长江魂》一书，筹款在海拔4500米的可可西里无人区，建立中国民间第一个自然保护站——索南达杰自然保护站。索南达杰自然保护站成为当地政府反偷猎机构保护藏羚羊的前沿基地，也是中国民间自然生态环境保护和长江源生态环境保护的标志。2011年建立中国民间第二座自然保护站——长江源水生态环境保护站，为保护长江水源地奉献力量，发起“每人带走一袋垃圾”项目。因对环保事业的杰出贡献，曾荣获地球奖、母亲河奖、盖蒂环保奖、环保志愿者生态建设大奖、中国野生资源保护奖、2006年绿色年度人物、SEE&TNC生态奖（2007）一等奖、“中国当代徐霞客”等荣誉或称号。（王聪聪）

《养生主》

The Nourishing of Life of Chuang Tzu

《庄子》中的篇名。庄子以“缘督以为经”出发，阐述养生要领和养神方法。他主张顺应事物的自然之理，不陷溺于外在物欲，忘却感情，不违逆于自然，意在揭示“顺物自然”、入世而又超世的存在方式及其重要性。养生要领在于“为善无近名，为恶无近刑”和“缘督以为经”，超越经验知识与生命悲情，随顺生命本性，对生命本性自觉体察和守护，同时养神、养形、养气、养心，从而“返其真纯”，破除“人”“故”“名”等干扰，齐万物、齐生死，虚心以游世，坦然面对死亡，全真保性，自由自在地享受生命过程。（雷爱民）

氧化塘法

Oxidation Pond Process

又称生物塘法、稳定塘法。利用水塘中的微生物和藻类对污水和有机废水进行需氧生物处理。氧化塘起源于亚洲，发展于欧美。氧化塘被用于废水处理已经有3000年以上的历史，在汉朝时期，我国古代劳动人民就懂得利用塘水体的自净能力净化废水。氧化塘法处理废水依靠菌藻共生作用去除废水中有机物：1. 异养微生物，将有机物氧化降解而产生能量，合成新的细胞；2. 藻类通过光合作用固定二氧化碳并摄取氮、磷等营养物质和有机物，以合成新的细胞并释放出氧。目前氧化塘法开始由小规模向大规模发展，已由过去单一处理生活污水发展到处理食品、石油化工、纺织等工业的废水。氧化塘控制技术已由过去的自然状态发展到现在的半控制和控制状态，大大缩短了处理时间。氧化塘法开始将污染源的控制、人工处理构筑物、氧化塘水产养殖、农田灌溉、处理水再利用等结合起来，日益重视污水资源化，逐步发展成为污水处理系统工程。（参考：郑轶丽：《氧化塘处理高含盐采油废水宏观动力学研究》，四川大学 2004 年硕士学位论文第 1 ～ 6 页。朱雨晨）

瑶族生态文化

Ecological culture of Yao

瑶族是耕山民族，长期以来，唯恐入山不高、入林不密，耕了这山到那山。瑶族对生态环境和森林资源保护形成了大量的传统观念、规定，反映瑶族对自然环境和自然资源进行科学保护和合理利用的习俗，体现瑶族文化对森林资源保护和经营管理的影响和作用。瑶族认为万物皆有灵，山有山神，水有水神，树有树神，兽有兽神，世间万物各有其神灵掌管。这些神灵的主宰力量人类无法抗拒。人只有顺从、敬奉，才能取得原谅、恩赐和宽容。瑶族古歌《人类起源》认为：人与动物是兄弟，生活在同一天地。后来是瑶族人用智慧将人和动物区分开来。人与动植物及其自然生态环境有着直接的关系。因此，瑶族人对动植物充满好奇和敬畏之心，从而尊重和保护野生动植物，在客观上起到了保护自然生态环境的积极作用。（牟世晶）

野草文化传播中心

Wildgrass

四川成都本地的草根非盈利环保组织，于 2007 年在成都正式注册。由热心环保公益事业、关注生存家园、渴望可持续生活的环保爱好者自愿组成。野草依托社区基础，以文化为载体，环保为突破口，向公众传播可持续生活方式的理念。通过各种活动项目的开展，推动公众参与、认识环保。理念：环境的污染是人心的污染造成的。保护环境要从文化传播开始。要治理环境的污染，就要从人本身入手，人是最终造成环境恶化的一大根源。通过关注生存家园，“野草”通过传播可持续生活理念，引领健康生活方式，促进环保公益事业，最终达到人人享有绿色生活环境的目标。宗旨和使命：不断地探索可持续生活模式并与公众分享，是环保成为人人都能参与的生活方式。价值观和工作原则：利己不损人→利己又利他→非其无私，方能成其私。活动：野草民乐团音乐会、绿动未来·2008 绿色创投项目评选活动、地震救援、灾后挑战命运、重建家园励志演出、保护区水源保护生态旱厕项目、生态旱厕论坛、生态城乡 1+1 项目等。（席溢）

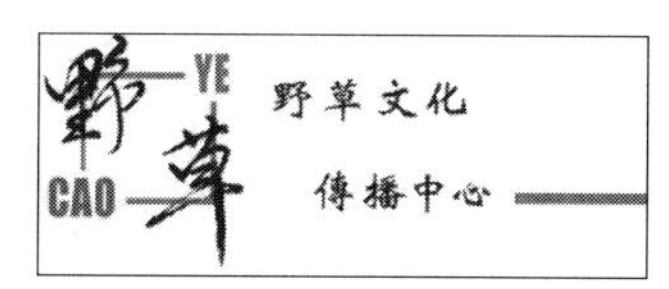

野猫式罢工

Wildcat strike

依据罢工行动有无组织领导，即是否由工会团体来组织，分为正式罢工和野猫式罢工。在劳动权利立法比较健全的国家，将那些没有工会领导的、劳动者自发的、无组织的罢工，称作野猫式罢工。野猫式罢工是侵害团结权和滥用争议权的行为，实际上损害其他劳动者的权利，因而不符合合法罢工的要件，不受法律保护。正因为如此，野猫式罢工成为无政府主义工会团体的直接行动手段选择。（徐越）

《野生动物保护法》

Wild Animal Conservation Law

见《**中华人民共和国野生动物保护法**》。

野生动植物保护国际

Fauna & Flora International

1903 年成立，世界上历史最悠久的国际野生动植物保护组织。宗旨是致力于在科学研究的基础上，充分考虑人类的需求，选择可持续性的解决方法，保护全球的濒危物种和生态系统。1999年该组织进入中国，2002年设立中国办公室。野生动植物保护国际中国办公室的主要工作领域包括：濒危树种的保护、濒危灵长类的保护、青藏高原草地资源管理以及生物多样性主流化。着力于濒危树种及其栖息地的保护，在这一领域培育青年科学家及保护工作者，通过推动地方保护能力建设及各方的合作，将濒危植物及其栖息地永久保存下去。在保护和研究濒危灵长类及其栖息地领域，培育青年科学家及保护工作者，通过将保护纳入地区发展规划，推动地方保护能力建设及各方的合作，将灵长类及其栖息地永久保存下去。理顺自然环境的外在变化，调整草地畜牧业的生产生活方式。通过科学的生态保护管理技术，重建和谐的人文生态价值观，实现青藏高原草地生态系统的永久平衡。通过加强地方政府和相关管理部门的意识和能力，将生物多样性保护全面纳入地方社会和经济发展规划、政策和项目中，让生物多样性保护的概念和行动成为主流。（申森）

野生救援

Wild Aid

环保志愿者组建的非营利组织。总部设于美国旧金山，在中国、印度、加拉帕戈斯群岛、伦敦和纽约设有办事处。资金来源于政府部门、企业、媒体、明星和民众。口号是“没有买卖，就没有杀害”。是提高公众意识，通过公共宣传活动，教育人们减少对濒危野生动物制品需求的国际环保组织。项目主要有：1. 保护鲨鱼。提高数据收集和研究能力，在国际协议和公约的框架下鼓励对具体鲨鱼物种的保护，支持海洋保护和建立主要鲨鱼保护区。2. 保护犀牛。通过公益宣传片和小型纪录片，“野生救援”致力于劝导全世界的消费者减少对犀牛角的需求。3. 保护大象。通过拍摄公益宣传片和纪录片，呼吁全世界的消费者提高保护大象的意识，减少对象牙制品的需求。4. 保护老虎。领导国际护虎联盟呼吁永远禁止虎器官和虎制品交易。5. 保护海洋生态系统。建立综合的海洋执法工作办法，侧重于整条执法过程，包括侦查、拦截、起诉和判决违法人员。6. 减缓气候变化。和能源基金会拍摄了公益系列短片，关注中国当下的能源问题，包括研究城市规划、绿色建筑、交通发展、能源使用标准和个人能源消耗等几个方面。和美国《国家地理》杂志一起，邀请中国国内名人一起拍摄公益宣传片。（席溢）

野生生物保卫者

Defenders of Wildlife

美国著名的致力于野生动物保护的非营利的环保组织，1947年成立。工作集中于保护野生动物及其自然栖息地，保护生物多样性。目标是保护北美地区所有脆弱的生物多样性，从植物到传粉昆虫、鳄鱼。认为如果不能整体保护生物多样性，保护动植物的栖息地，动植物的保护也就无从谈起；只有跨地区和跨国环境合作，才能真正为生物多样性的繁荣创造条件。设立捍卫野生动物行动基金，促进濒危物种保护的政策立法并确保法律的落实与实施，在地方层面采取切实措施，促进野生动植物的恢复和保护。（王聪聪）

页岩气技术

Shale Gas Mining Technology

页岩气是以游离或吸附状态藏身于页岩层和泥岩层中的非常规天然气，具有清洁高效的特点，中国储量居世界第一。与常规天然气相比，页岩气开发具有开采寿命长和生产周期长的优点，大部分产气页岩分布范围广、厚度大，且普遍含气。这使得页岩气井能够长期地以稳定的速率产气。美国最早开始对页岩气进行开采，大幅降低其对进口石油的依赖。因此，页岩气引起全世界的重视，成为影响世界能源市场结构的强大力量。随着其他各国纷纷加入页岩气勘探开发研究的队伍中，非常规天然气的开发利用技术日趋成熟，将成为常规天然气最现实的替代资源。我国的勘探和开采技术处于起步阶段，尚不成熟，仍需要借鉴国外先进技术和经验。国际页岩气的勘探开发涉及资源评价、气田勘探和气层开采 3 个阶段。在资源评价阶段需要对页岩及其储层潜力做出评估，并综合考虑其他因素筛选出有利勘探目标区。在气田勘探阶段主要通过地质、地球物理、地球化学以及钻探试验井等多学科综合方法，确定主要产层。在气层开采阶段通过制定开发方案，大量钻探生产井，并采取增产措施，维持天然气产量增长和稳定，提高气层的采收率。在页岩气生产过程中要使用大量的水用于压裂，在生产过程中还会在地层中注入化学试剂，这将可能导致开采区的淡水供应短缺和地下水污染，因而页岩勘探开发中的环境问题引起广泛关注。（韩铮）

《液体的树》

Liquid Tree

诗人红豆的生态诗集。反映诗人对原生态自然的审美，借助充满哲思的诗句，作者描绘美轮美奂、天人和谐的生态世界，体悟世界的生态复杂性。在不完美的真实中，带领读者感受生命不息的自然状态。诗集促使人们低下头思考一直在鼓吹万物平等的人类应如何做到与自然最大限度的和谐与共存。《液体的树》从生态视角批判当下的生活。在作者看来，当今社会被现代化驱赶着，尽是矫揉造作的美丽，少了太多自然的美与真。现代文明在人与自然关系方面，许多都被冠上人为的虚妄，大部分核心价值观都是反生态的。人类一直意图控制万物，妄想成为大地王者，却总以失败告终。北京：作家出版社 2012 年出版。（王薛时）

一般均衡理论

General Equilibrium Theory

法国经济学家瓦尔拉斯在《纯粹经济学要义》中提出的理论。他认为，在整个经济体系处于均衡状态时，所有消费品和生产要素的价格将有确定的均衡值。这套价格系统能够使消费者在给定价格下提供自己拥有的生产要素，根据各自预算将自己的消费效用最大化；企业在给定价格下决定其生产量和对生产要素的需求，达到利润最大化；市场则在这套价格体系下达到总供给与总需求的平衡。目的是说明资本主义可以处于稳定的均衡状态。这一理论尽管存在不足甚至错误，经过多位经济学家对其进行补充和发展，为经济学发展做出贡献。（代富宇）

一次能源

Primary Energy

指自然界中以原有形式存在的、未经加工转换的能量资源，又称天然能源，主要包括化石燃料煤炭、石油、天然气等，核能、生物能、水能、风能、太阳能、地热能、海洋能、潮汐能等。一次能源又分为可再生和不可再生能源，前者指能够重复产生的天然能源，如太阳能、风能、水能、生物质能等，主要来自太阳，可重复产生；后者主要是各类化石燃料、核燃料等。不可再生能源随着使用而减少。随着经济的快速发展，能源成为制约世界经济发展的主要瓶颈，一个国家或地区的能源消费结构反映该国家或地区可持续发展的能力，因此调整能源结构对于国民经济的可持续发展具有重要的作用。尤其是提高可再生能源在一次能源中所占的比重，不仅有利于节能减排、提高能源利用率，而且在应对全球气候变化等生态问题上具有积极意义。（韩铮）

欧阳文川）

一次污染物

Primary Pollutants

指物理结构和化学性质未发生变化，进入大气后直接污染空气的污染物，主要有二氧化硫、一氧化碳、氮氧化物、固体颗粒物（飘尘、降尘、油烟等），含氧、氮、氯、硫的有机化合物以及放射性物质等。相对于二次污染物而言又称为原生性污染物，因为在空气、阳光、水雾、高温等环境下一次污染物之间会发生物理结合或复杂的化合反应，形成对环境和人体健康危害更大的二次污染物。（参考：罗蕊、王学中、林国梁等：《一次污染物对臭氧生成的影响研究》，《环境科学研究》2006 年第 4 期第 26 ~ 30 页。刘阳）

一次性消费

One-off Consumption

指对资源资料的一次性购买和一次性使用的行为，有时也被理解为一次性购买后很少或者不会再去购买的消费行为，但一般情况下将之视为在环境保护意义下的经济行为。从实际使用结果来看，一次性消费不仅包括对资源价值一次性使用完毕的形式，也包括虽没有充分利用商品的使用价值，但仍然一次性将其报废处置的情况。一次性消费起源于第二次世界大战以后由西方兴起的消费主义思潮。从 20 世纪 50 年代起，消费主义首先在美国盛行，成为人们追求的时尚。消费主义主张消费至上，强调物质享受和感官满足。然而，消费主义价值观的另一面却表现为对自然的任意控制和利用，将自然视为取之不尽、用之不竭的生产消费来源。一次性消费是消费主义价值观的现实缩影。时至今日，一次性消费的形式仍然流行于当今的生产生活过程中，原因在于这种消费形式具有一系列鲜明特征，如卫生性、便携性、经济性、实用性等，在生活中常见的有一次性碗筷、一次性口罩、一次性牙刷、一次性塑料袋等物品。（参考：柴艳萍等：《一次性消费的绿色转向及其实现途径》，《湖南科技大学学报》（社会科学版）2013 年第 2 期第 111 ~ 113 页。

一带一路

The Belt and Road Initiative

指“丝绸之路经济带”和 21 世纪“海上丝绸之路”。2013 年 9 月和 10 月习近平总书记在访问中亚四国及东盟期间首次提到这一概念，这是中国新时期的战略构想，是扩大国际区域经济合作的新形式。这一概念的提出不仅明确我国对外开放的新路径，开辟经济新增长点，而且有利于我国与沿途国家共享经济繁荣和地缘政治稳定，对于建立高标准自由贸易区，优化国内区域开放格局，构建利益共同体和命运共同体具有重大意义。一带一路战略思想中同样包含着生态环境命题，肩负着促进国家地区间生态合作互惠化，实现生态利益共享的重任，努力建设一条和平之带、绿色之路，实现经济、社会、环境的协调发展。在意识到沿线生态环境的脆弱性以及保护工作的艰巨性后，应积极开展多种形式的合作，完善环境利益共享机制，建立统一的环境协调机构，积极推动环境制度创新，建立合理的产业分工体系，协调推进经济与环境共同发展，实现双赢。（蔡越）

一党制

One-party System

指国家政权完全由一个政党来掌握，法律上和事实上都不允许其他竞争性政党存在的政党体制。实行一党制的国家，包括极权主义国家和部分民族主义国家。极权主义国家，如法西斯主义国家，实行一党制，公开取缔其他政党，垄断和控制所有的政府权力，控制社会经济的各个方面。民族主义国家的一党制主要存在于非洲国家。这些国家实行一党制与反对殖民主义运动有密切关系，它们在第二次世界大战以前多属于欧洲列强的殖民地，在民族独立的长期斗争中，社会领导力量逐渐形成了民族主义政党。这些政党上台执政是其历史发展的必然，总体上有利于国家保持政治稳定、经济发展和主权统一。（李庆）

一体观

Integral View

基督教认为“上帝用地上的尘土造人，把生气吹在他鼻孔里，他就成了有灵的活人”，上帝用尘土造人，尘土与人类来自同样的东西，而且同样被上帝所创造，这样的观点被引申为基督教生态伦理一体观。一体观主张人不能凌驾于自然之上，人的肉身来自尘土，灵魂是上帝用自然中的气息所化生，认为人与自然本源上是一体的，人的肉身与灵魂都与自然紧密相关，因而人不能远离自然，应该与自然和谐相处，从而为人与自然共同救赎承担更多的责任与义务。（雷爱民）

一体两用论

One System in Itself and Two Uses for People

《生态文明绿皮书：中国省域生态文明建设评价报告 2015》首次阐述省域生态文明建设评价体系的理论依据，即一体两用论和强体善用论。前者表征人与自然的关系，后者体现生态文明建设策略。一体两用论探讨生态与环境、资源的关系。核心观点认为：一方面，自然是本体，以生态系统的形式存在，自然生态系统不断演化，人及人类社会都是其中的一部分。另一方面，自然有两个功用，即资源和环境。体是前提和根本，是矛盾的主要方面，用是体派生出来的，是矛盾的次要方面。一方面，自然首先是以生态系统形式存在的体。它的意涵包括：1. 它是自体，即生态系统就是它自身，不管人类是否存在，只要生物与环境之间不断进行物质循环、能量流动和信息反馈，生态系统就存在。2. 它是全体，指生态系统包括一切自然生成物，当然也包括人类在内。3. 它是机体，生态系统不是现代人所谓的机械，而是能自我演化、具有一定自我修复能力的自组织机体，各种生物之间，生物与环境之间，都具有复杂多样的有机联系。另一方面，自然为人类提供资源和环境两种功用。环境，是生态系统适宜于人这个物种和其他生物物种生存居住的生境，是自然生态系统为人与所有生物共享的功用。资源，是人类为生存发展而通过科学技术手段对生态系统加以利用的要素，是自然生态系统相对于人这个智能性存在独有的功用。其他生物只是本能地适应环境，人却不仅能适应环境，也可以利用自然资源改造环境，更好适应于人类的文化生存。从用的角度看，人类对环境和资源的选用，是以自己的需要为价值尺度的，标准是人类中心主义。总之，自然与人类，其实是一体两用的关系：一方面，自然是体，是生态系统，它始终存在，不断演化，人也包括在其中；另一方面，自然这个生态系统能为人类提供资源和环境这两种功用，人类完全可以合理加以利用。（参考：严耕等：《中国省域生态文明建设评价报告（ECI2015）》第 1 页、第 27 ~ 30 页，北京：社会科学文献出版社，2015 年。徐保军）

一氧化碳

Carbon Monoxide

碳不完全氧化产生的一种无色、无臭的可燃性气体。密度 0.9767 克 / 厘米^3，微溶于水，易溶于氨水。所有含碳物质如煤、石油的不完全燃烧均可产生一氧化碳。一氧化碳有剧毒，与血红细胞结合，阻碍血红细胞输送氧，人会表现出头昏、恶心、意识障碍的现象，严重的会引起心肌损害、肺水肿、呼吸衰竭等致命病症。通风不良的家庭用煤炉是最常见的一氧化碳生活性中毒来源。长期接触一氧化碳的工作还有炼焦、炼钢、矿井放炮、合成氨、合成甲醇和石墨电极制造等，长期接触一氧化碳会导致神经和心血管系统的损害，需加以注意。同时，冶金工业、化工、煤气工业排放到环境中的一氧化碳也会造成大气污染，对生物也有损害，我国对于居住区的一氧化碳最高容许浓度为 3 毫克 / 米^3，日平均 1 毫克 / 米^3。（朱雨晨）

一院制议会

One-chamber Parliamentary System

议会由一个议院行使其全部职权的议会制度。特点是机构单一，责任明确，立法和通过议案较为简便，可以减少议会本身的纠纷和冲突。理论上，它源于卢梭的人民主权学说。许多学者依此认为，民意只有一个，代表民意的机关也应只有一个；在议会中设立两院，容易使议会内部发生矛盾，导致议会失去牵制行政机关的能力。英、法、美等国在历史上曾实行过一院制。目前实行一院制的国家有丹麦、芬兰、瑞典、西班牙、葡萄牙、卢森堡、新加坡、危地马拉、圣马力诺等。有的国家全国性议会为两院制，但地方性议会大部分为一院制（如英国）；有的联邦制国家联邦议会及大部分邦（州）议会为两院制，个别邦（州）议会为一院制（如美国的内布拉斯加州议会）。在实行单一制国家结构形式的社会主义国家，通常实行一院制议会制度，如中国、越南、朝鲜等。（李庆）

伊甸园

The Garden of Eden

伊甸园出自基督教创世神话与人类起源的故事。据《旧约·创世纪》记载，上帝耶和华根据自己的形象创造了人类的祖先男人亚当，再用亚当的一根肋骨创造了女人夏娃，并安置他们居住在伊甸园中。伊甸园是上帝在东方的伊甸为亚当和夏娃建造的一个人间乐园，那里地上撒满金子、珍珠、红玛瑙，各种树木生长繁茂，开满各种奇花异草，树上果子还可以作为食物。上帝让亚当和夏娃居住在伊甸园中，让他们修葺并看守伊甸园，但由于亚当、夏娃受到蛇的引诱，违背上帝命令吃了伊甸园的禁果，被上帝惩罚，最终被逐出伊甸园并受苦受难。（雷爱民）

伊丽莎白·鲍姆伯格

Elizabeth Bomberg

英国著名环境政治学者，爱丁堡大学社会学和政治科学学院教授、美国加利福尼亚大学圣塔巴巴分校博士。生年不详。先后在约克大学、斯特灵大学、欧洲学院（比利时）任教，在布鲁塞尔和加州大学伯克利分校担任研究员。研究兴趣包括比较环境政治和政策、绿党政治、能源和气候变化、可持续发展、美国和欧盟政治。授课主

要涉及环境政治、美国政治、欧盟政治和可持续发展。主要著作包括《欧洲联盟中的绿党及其政治》（1998）《管理页岩发展：欧洲的经验》（2015）等。（徐越）

伊莎贝尔·杜兰

Isabelle Durant, 1954 ～

比利时政治家，比利时生态党成员。1994 ～ 1999 年期间，杜兰曾与杰克·莫拉尔（Jacky Morael）等人一起担任生态党的联邦秘书与发言

人。1999 年生态党进入联邦政府执政后，由于党内代表认为莫拉尔未能实现联邦政府水平上的谈判目标，因而，杜兰被指派出任联邦副总理的职位。杜兰还同时担任联邦政府的交通部部长职务。对于绿党而言，在联合政府内施加政策影响并不

容易。杜兰曾单方面决定禁止所有的夜间飞行，引发与自由党、社会党的冲突，最终这一决定没有落实。杜兰试图强化对国有铁路公司管制的倡议，也未能被其他政府合作伙伴所接受。2003 年杜兰担任生态党的联邦议会议员。2004 年杜兰与让－米歇尔·伊瓦斯（Jean-Michel Javaux）等继续担任生态党的联邦秘书与发言人。此外，她还担任过欧洲议会议员、哈尔贝克市议员和欧洲议会副主席等职务。（王聪聪）

伊斯兰教环保观

Islam Concepts of the Environment Protection

伊斯兰教认为，自然界和天地万物都是真主创造的，自然环境和自然资源是真主赐给人类的恩典，人类必须予以尊重。生态环境是人类生活的组成部分，人类必须正确地开发和利用大自然，合理利用自然环境改善生活。伊斯兰教认为人与自然相互依存、相依为命、共存共荣，因而提倡合理、适度地开发和利用自然资源。人类可以开发自然资源，但不能滥用自然资源，不能挥霍，不能浪费。伊斯兰教强调浪费是犯罪；提倡多植树，号召人们多植树、多造林，将植树造林看作一项善功，禁止人们乱砍滥伐；提倡保护动物，号召人们珍爱动物，不允许人们随意捆绑动物，捕杀动物。（雷爱民）

衣宝廉

Yi Baolian，1938 ~

辽宁辽阳人，1962 年毕业于吉林大学化学系，1966 年中科院大连化物所研究生毕业，国家 863《电动汽车重大专项》专家组成员和燃料电池发动机责任专家，大连新源动力股份有限公司董事长，大连交通大学环境与化学工程学院特聘教授，2003 年当选为中国工程院院士。他长期致力于化学能与电能的相互转化及其相关领域的研究与开发。其研究成果有：航天碱性燃料电池系统、燃料电池技术应用于水溶液电解工业节能和电化学传感器、质子交换膜燃料电池、熔融碳酸盐燃料电池和固体氧化物燃料电池等，拥有专利 22 项。其主要论著有：《国外燃料电池研究发展现状》（1996）《燃料电池现状与未来》（1998）《再

生氢氧燃料电池》（2000）《直接甲醇燃料电池的原理、进展和主要技术问题》（2001）《储能技术的研究开发现状及展望》（2005）《燃料电池技术发展现状与展望》（2012）等。（石艳峰）

依正不二

Advaita about the Dependent and the Independent

佛教的重要思想，“依为依报，即世间国土也，为身所依，故为依报。正为正报，即五阳身也，正由业力，感报此身，故名正报”。佛教将生命主体所依存的国土称为依报，即外在的生存环境，将众生乃至诸佛的身心称为正报，即生命主体。“依正不二”指生命主体与外在生存环境之间是统一的、相互依存的关系。佛法依正不二的教理，主张人类和自然之间不是对立关系，而是相互依存的关系；依报是生命依存的环境，正报是生命主体，生命主体和生存环境之间是共同存在、一体不二的。随着宇宙生命自身内在运行和法则逐渐显现出相应的结果，作为正报的生命主体开始个别化，同时作为依报的环境开始形成。依报不二的佛教教理主张不要将主体与环境的关系对立

起来，认为环境不是一成不变的，即使是同一自然，同一地域，由于生存其间的生命主体不同，环境存在的意义就不同。环境对各生命体是相对独立的，各生命体对环境有不同的感受与需求。（雷爱民）

宜居城市

Livable City

指经济、社会、文化、环境协调发展，人居环境良好，能够满足居民物质和精神生活需求，适宜人类工作生活和居住的城市。内涵包括：1. 经济持续繁荣；2. 社会和谐稳定；3. 文化丰富厚重；4. 生活舒适便捷；5. 景观优美怡人；6. 具有公共安全。1996 年在土耳其伊斯坦布尔召开的联合国第 2 次人类居住地大会，提出城市应当是适宜居住的人类居住地的概念。在中国，宜居城市一词首次出现在 2005 年国务院批复的《北京城市总体规划（2004 ~ 2020 年）》中。宜居城市可以从自然物质环境和社会人文环境审视。自然物质环境包括 3 个子系统：1. 城市自然环境，如清澈的河流、洁净的空气、适宜的气温条件等；2. 城市人工环境，如标志性的建筑物、清晰生动的城市天际线、宽广的林荫道、具有文化特色的广场、艺术氛围浓郁的街道等；3. 城市设施环境，如便捷的交通、完善的公共卫生和医疗设施、众多的高等院校、丰富的文化休闲场所、多样化的人居环境等。社会人文环境包括 3 个子系统：1. 城市社会环境，如和谐的社会交往环境、完善的社会保障网络、牢固的公共安全防线、亲和的社区邻里关系、良好的城市治安环境等；2. 城市经济环境，如充足的就业岗位、较高的收入水平、雄厚的财政实力、巨大的发展潜力等；3. 城市文化环境，如完善的文化设施、丰富多样的文化氛围、充足的教育资源、形式各异的文化活动等。国外宜居城市注重城市内部建设，针对环境、经济、社会、城市发展理念等多个角度。中国宜居城市以人居环境为基础，强调以人为本、建设和谐社会。在 2005 年北京第一个将宜居城市写入城市总体规划并提出完整的实践设想之后，青岛、苏州、厦门、广州、大连等多个城市也分别规划打造宜居城市。（参考：董晓峰：《依据城市研究进展》，《地球科学进展》2008 年第 3 期第 323 ~ 326 页。朱配辰）

移民环境容量

Immigrant Environmental Capacity

指一定区域一定时期内在保证自然生态向良性循环演变，并保持一定生活水平和环境质量的条件下，按照拟定的规划目标和安置标准，通过对该区域自然资源的综合开发利用后，该区域经济所能供养和吸收的移民人口数量。移民环境容量是在人口承载能力、环境适度人口容量研究的基础上派生出来的。移民环境容量的研究，是通过对库区及库周区的资源、环境及社会经济等方面的系统分析，定量刻画库区（包括库周区）及移民安置的环境容量，为制定移民安置规划、区域经济发展规划以及区域环境管理提供可靠的理论依据。其中，环境容量可分为现实容量和潜在容量两种。通过对国土资源的合理规划，并以一定数量资金、技术、劳力的投入，潜在容量可以转变为现实容量。它主要与安置区幅员面积、气候条件、生物资源、矿产资源、经济发展水平、生活条件、人口素质有关。此外，社会制度、法律完善程度、道德水准、观念、习惯及环境意识对它也有影响。一般地说，一个区域的资源越丰富，技术越先进，经济越发达，环境质量越好，移民环境容量越大；该区域生活标准越高，移民环境容量越小。综合来说，移民环境容量的研究，是将移民安置、区域经济发展、生态环境保护和治理三者结合起来，使移民安置区的生态环境向良性方向发展。一般着重研究库区可更新资源（包括各种生物资源及非生物资源中的流动性资源，即土地、气候、水等）的资源量，可供开发的潜力及合理利用的途径，以及在不同的经济发展水平下，库区生态环境所能承受的人口容量。确保生态系统的良性循环，力求做到经济效益、社会效益与环境效益三者之间的协调、统一、兼顾，以期最终做到在自然资源负荷能力和农业生态环境系统自我缓冲调节能力的阈值内，通过协调地、有计划地开发、利用、保护自然资源，确保生态环境的良性循环，建立多元化、多产业并举的农业经济结构，为制定妥善、合理的移民安置规划提供依据。（参考：刘肖珩等：《移民环境容量有关问题的探讨》，《重庆环境科学》1995 年第 1 期第 35 ~ 39 页。朱配辰）

遗传生态学

Genecology

研究动植物群体遗传与其生态环境之间关系的生态学分支学科。遗传生态学最早于 1923 年由植物学家 Turresson 提出，20 世纪 60 年代成为独立学科，以种群生态学、种群遗传学、生物化学、统计学、地学等研究为基础，以种群为研究对象，主要从遗传和生态两个方面研究物种因环境差异而产生的种内变异和分化，从而揭示种群对环境的适应过程及其机理。研究内容包括生物种群的数量特征、空间特征、遗传组成、种内变异、分化现象及其遗传基础、分化种群对环境的适应性、种群基因型与环境相互作用的机理以及生态型等内容，并且以遗传、变异、进化生命活动过程为核心，将生态系统中生物与环境的相互作用有机结合起来，深刻揭示生态系统中信息传递、遗传变异、分化、适应等基本规律。遗传生态学为进化生态学、分子生态学、行为生态学、生殖生态学、系统发育学、进化论等开辟了新的研究途径，也为育种学、营林学、园艺学、保护生物学、环境生物学、生物多样性的保护和利用提供理论支撑。（参考：何维明、钟章成：《遗传生态学透视》，《生态学杂志》1997 年第 2 期第 53 ~ 57 页。韩铮）

遗传修饰生物体

Genetically Modified Organisms

又称为转基因生物体，指利用分子生物学技术，将某些生物的基因转移到其他物种中，改造生物的遗传物质，使其在性状、营养和消费品质等方面满足人类需求的被改造生物，包括微生物、植物与动物等。这种技术突破了物种之间的藩篱，透过外来的或异种基因的植入制造出新的生物体。在遗传修饰生物体从实验室走向自然界的过程中，针对生物体基因型的改变对生态系统的影响以及某个特定基因在生态系统以及生态学过程中的功能表现，科学界和社会环保群体对由此造成的影响持高度怀疑态度，也是当下热门环境伦理问题之一。（参考：魏伟、钱迎倩、马克平等：《遗传修饰生物体（GMOs）生态风险的监测》，《生物多样性》1999 年第 4 期第 312 ~ 319 页。刘阳）

彝族生态文化

Ecological Culture of Yi

彝族分布在山区，从事粗放的农耕生产。他们所处的地域、自然条件以及生产力发展水平，决定他们在实践过程中对人与自然界相互关系的认识水平，从而形成自己的生态文化。彝族大多分布在山区，对山水林木有特殊的亲切感，自古以来，形成一套管理林木的办法，是其生态文化中最为闪亮的部分。彝族先民的图腾崇拜习俗，蕴含珍爱动植物的思想情感，崇尚旺盛的生命力和刚强勇猛的性格。像其他农耕民族一样，彝族有农耕祭祀礼仪，宣扬祭农务总神之灵验。人在整个生态系统中发挥积极性、主动性、创造性，但人力有局限性，因而会仰赖农务总神的力量，以求能够五谷丰登。彝族村寨多建在当阳的一面。滇南彝族住房多为土掌房，房顶用泥土覆盖并夯实，可遮挡风雨，可晾晒谷物，简易实用。房前屋后栽种果树。农田、农地在村子附近，田间沟渠交错纵横，随节令变化栽种不同的农作物，山地则主要用于种植旱地作物。总之，彝族生态文化中的有关制度和习俗，是在生产力水平和科技水平都较低的情况下对人与自然关系的朴素认识的反映，具有一定的科学性和科学内容。（牟世晶）

乙醇汽油

Ethanol Gasoline

由粮食及各种植物纤维加工成的燃料乙醇和普通汽油按一定比例混配形成的新型替代能源。按照我国的国家标准，乙醇汽油是用90%的普通汽油与10%的燃料乙醇调和而成。乙醇属于可再生能源，由高粱、玉米、薯类等经过发酵而制得。它不影响汽车的行驶性能，减少有害气体的排放量。乙醇汽油作为新型清洁燃料，是当前世界上可再生能源的发展重点，符合我国能源替代战略和可再生能源发展方向，技术上成熟安全可靠，在我国完全适用，具有较好的经济效益和社会效益。乙醇汽油是混合物而不是新型化合物。在汽油中加入适量乙醇作为汽车燃料，可节省石油资源，减少汽车尾气对空气的污染，还可促进农业的生产。20世纪20年代巴西开始乙醇汽油的使用。目前，巴西是世界上乙醇汽油中乙醇含量最早达到20%的国家。美国是世界上另一个燃料乙醇的消费大国。20世纪30年代乙醇汽油在内布拉斯加州首次面市。乙醇汽油特性是自洁清洗特性、亲水特性。使用乙醇汽油的优势有：1. 减少排放。国家汽车研究中心所做的发动机台架试验和行车试验结果表明，使用车用乙醇汽油，在不进行发动机改造的前提下，动力性能基本不变，尾气排放的CO和HC化合物平均减少30%以上，有效地降低和减少了有害的尾气排放。2. 动力性好。乙醇甲烷值高（RON为111），可采用高压缩比提高发动机的热效率和动力性．加上其蒸发潜热大，可提高发动机的进气量，从而提高发动机的动力性。3. 积炭减少。因车用乙醇的燃烧特性，能有效地消除火花塞、燃烧室、气门、排气管消声器部位积炭的形成，避免了因积炭形成而引起的故障，延长部件使用寿命。4. 使用方便。乙醇常温下为液体，操作容易，储运使用方便，与传统发动机技术有继承性，特别是使用乙醇汽油混合燃料时，发动机结构变化不大。5. 燃油系统自洁。车用乙醇汽油中加入的乙醇是一种性能优良的有机溶剂，具有良好的清洁作用，能有效地消除汽车油箱及油路系统中燃油杂质的沉淀和凝结（特别是胶质胶化现象），具有良好的油路疏通作用。6. 资源丰富。我国生产乙醇的主要原料含有糖作物、含淀粉作物以及纤维类燃料，这些都是可再生资源且来源丰富，因而使用乙醇燃料可减少车辆对石油资源的依赖，有利于我国能源安全。（参考：韩德奇、徐会林、周子剑、张冬捧：《乙醇汽油的开发和应用》，《江苏化工》2002年第4期第8～12页。朱配辰）

以道观之，物无贵贱

From the Observation of Taoist Thought，Everything is Equal

从宇宙本体之道的高度俯观万物，万物没有贵贱。从万物本身的角度看，万物莫不自以为尊贵而贱视他物。从世俗观点看，万物的贵贱不在物自身。“齐贵贱”是以道观之的结果，庄子所以能“齐物”“齐论”都是以道观之的结果。老子用否定性思维从形下到形上，提升出“道”，作为宇宙万物的本体。庄子从形上之道下观形下之万物，“齐”万事万物而建立起自己的体系。道通为一。从形而下之“器”的角度看，从物各有自性看，各自为一小天地，因而有那么大的差距。从形而上之“道”的角度看，从永恒、绝对、无限、大全的宇宙本体的高度看，万物皆一，都是道的不同体现，而且都同一于自然自在之真性。“天地与我并生，万物与我为一”。天地万物都是道派生的，和人一样都是道之一偏。从永恒绵延的无限时间来看，有限事物的寿命都是有限的常数定值；和无限绵延的时间相比微乎其微的，趋近于零。（史月田）

以工代赈

Using Food Supplies as a Form of Relief

古代赈济灾民的方法之一，组织工程建设召集灾民劳动换取食物，而不是施舍给他们。一方面可以解决温饱问题，另一方面也可以创造社会价值。重要的是防止灾民暴动扰乱社会秩序。通

过安置灾民从事社会生产或建设，重建灾区基础设施，尽快恢复灾区经济的有效办法。（史月田）

以沼气为纽带的物质循环利用模式

With Biogas as Link Material Recycling Mode

农村沼气是利用微生物对畜禽粪便、农作物秸秆等有机废弃物进行发酵，通过微生物活动产生沼气，使用沼气灶、沼气灯、沼气发电机等专用器具作为生活生产能源，同时将沼气生产过程中产生的大量养分丰富与速效的沼液和沼渣用于农作物种植肥料或作为喂鱼养猪饲料，使物质和能量得到循环利用，改善和保护生态环境，促进农业生产过程中的良性循环和再生利用。以沼气为纽带的循环经济模式实现废弃物—资源—产品的循环，形成封闭式的大循环经济。（史月田）

艺术生态

Artistic Ecology

文化生态系统的子系统。社会生态系统是人类独创的庞大而复杂的人工生态系统，它包括经济生态、政治生态和文化生态三大系统。虽然艺术生态系统属于社会生态系统，但却具有自然生态系统的主要生态特征。自然生态系统是极其复杂的由多要素、多变量构成的系统，通常与一定时间相联系，分为幼期、成长期和成熟期，表现出鲜明时间性的特点。艺术生态系统和自然生态系统中的许多事物一样，具有发生、形成和发展的过程，表现出自然生态系统的特点，从而具有生态系统自身特有的整体演变规律。艺术生态系统与周围环境及生态过程相联系，随着时间的推移而变化。艺术生态系统总是朝着“物种”多样性、结构复杂化和功能完善化的方向演替。只要有足够的时间和条件，生态系统迟早会进入成熟稳定阶段。与自然生态系统又有所不同，艺术生态系统是社会生态系统，因此生态系统的管理尤其显得重要。与对待自然生态一样，人类只有了解艺术生态系统的生态特征，尊重它的生态规律，才能让它能够充分发挥自己独特的生态功能。（参考：沈勇、贾双飞：《论艺术生态系统的生态特征》，《广西师范大学学报》2010 年第 5 期第 110 ~ 113 页。王薛时）

议定书

Protocol

一项条约的次级文书，由相同的缔约方制定，旨在处理附属事项，如对条约某项条款的解释、条约未载入的正式条款或对技术事项的规定。如一项条约的任择议定书是为该条约设立额外权利和义务的文书。任择议定书通常在同一天通过，但具有独立性，需要另行批准。这种议定书使条约的某些缔约方在它们之间建立一个比总体条约要更进一步的义务框架，但对该议定书并不是总体条约所有缔约方都赞同，从而形成了双轨制。1966 年达成的《公民及政治权利国际公约任择议定书》，是这种规定的著名案例。再如，基于一项框架条约的议定书，是载有具体的实质性义务的文书，宗旨是实施以前框架公约或总括公约的总体目标。这种议定书确保更为简洁、速度更快的条约缔结进程，特别用于国际环境法领域。基于 1985 年《保护臭氧层维也纳公约》第 2 条和第 8 条的 1987 年达成的《关于消耗臭氧层物质的蒙特利尔议定书》，是这种规定的典型案例。（申森）

议会

Parliament

又称国会，资本主义国家的代议或立法机关，起源于中世纪英国的封建等级会议。17 世纪资产阶级革命后，英国正式确立议会制度。其后，美、法及其他国家相继采用。19 世纪时，议会制度在各国普遍确立。议会的组织结构形式基本上有两种，一种是一院制，一种是由上、下两院组成的两院制。有的国家的议会构成还包含了国家元首，比如英国、荷兰、澳大利亚等。一院制议会的议员和两院制议会的下院议员，一般由选举产生。两院制议会上院议员，有的是选举产生，有的是根据特定资格、特定程序而产生。议会内部组织的情况因国而异，一般包括议长、常设委员会、议会党团、议会督察员等。各国宪法对于议会的法律地位的规定也不尽相同。有的规定议会为国家最高权力机关，其法律地位居于行政和司法之上，比如英国、日本、澳大利亚等议会内阁制国家；有的只规定议会为立法机关，而不是最高权力机关，如美国。议会内阁制国家的议会，比总统制国家的议会职权要大。不论前者或后者，根据宪法规定，都拥有立法、财政控制、监督政府以及弹劾政府官员的权力。19 世纪下半叶以来，议会地位不断下降，但它仍是资产阶级国家制度的重要组成部分，是资产阶级民主制的核心和主要标志。（李庆）

议会党

Parliamentary Party

指在选举政治中能够进入全国议会的政党。一般能够进入全国议会的政党是规模较大、政治影响也较大的政党。依据许多国家的法律规定，议会党可获得国家财政提供的政党活动资金，在各级议会选举的竞选中享有优惠条款，如部分免费利用国家媒体动员竞选等。成为议会党是判断政党发展或成功程度的重要标志。（徐越）

议会党团

Parliamentary Groups of Political Parties

议会内属于同一个政党或属于几个政党的政治倾向相同的议员组成的集团。议会党团起源于英国，并大致可分为三种类型：一个政党单独组成本党议会党团；由两个以上的政党的议员联合组成一个议会党团；跨国议会党团，指在某些区域性的国际组织的议会（如欧洲议会）中，由各成员国的有关政党的议员组成的政党组织。有的国家规定，只有占有一定数量的议席才能单独组成议会党团。议会党团是政党在议会中进行活动的重要领导和组织者。有些国家，各政党主要通过各自的议会党团对议会施加影响。还有一些国家规定，议会党团可参与提名议长、组织议会下设的各种委员会、规定议会议事程序和其他事务的协商。议会党团的主要任务是，贯彻本党的纲领和政策，统一本党议员在议会中的步调。通常在议会正式表决之前，各政党通过议会党团实际上已经预先决定了各自的立场和态度。在内阁制国家，议会党团的作用较大，特别是占有议会多数席位的执政党，党的领袖凭借它来控制整个议会。在多党制国家，各政党往往通过议会党团同其他政党的议会党团进行斗争或妥协，决定进退，影响整个政局。（李庆）

议会共和制

Parliamentary Republic

也称议会制共和国。国家最高行政机关（政府）由议会授权或委托组成，并对议会负责的政权组织形式。它是资产阶级民主共和政体的一种，与“总统制共和国”相对应，是资产阶级民主共和国政府实行议会内阁制的国家。在现代资本主义国家中，无论君主立宪国或民主共和国，其政府都有实行议会内阁制的，如意大利、比利时、荷兰、奥地利、丹麦、印度都称为“议会共和制”。在这种政体下，议员由普选产生，是国民意志的代表，由议员组成的议会是国民的代议机构，是国家最高权力机关，它享有立法和组织、监督政府（内阁）等权力；政府由议会中的多数党或政党联盟组成，并对议会负责，受议会监督，内阁成员通常必须同时是议会的议员；总统或君主不负实际行政责任，他们在行使权力时，必须有内阁首脑（总理或首相）或内阁成员（大臣或部长）副署，表示内阁对议会负责，内阁首脑和成员既要对自己的本职工作和行为单独负责，又要对政府的一般工作集体负连带责任；行政权属内阁，一切政策由内阁决定，当内阁的政策和行为得到议会多数赞同时，就可以继续执政，如果议会通过对内阁的不信任案或否决内阁的重要提案，内阁应总辞职，或提请国家元首解散议会，重新选举议员。（李庆）

议会内阁制

Parliamentary Cabinet System

又称议院内阁制、责任内阁制。一些西方国家中内阁由议会产生并对议会负责，相对于总统制的国家行政组织制度形式。源于17世纪的英国。1688年"光荣革命"后，英王威廉三世任命少数议员为枢密院成员，并指定议会中最有实力一派的领袖，由其负责共同商讨和决定国家政务。此后逐渐形成定制。即当议会选举后，由英王任命多数党领袖为首相，由首相负责组织对议会负责的内阁，行使行政权。议会拥有宪法性武器，极大地控制着政府内阁。它可以弹劾政府，拒绝批准政府预算，还拥有影响力极大的质询权。行政体系与议会的相互依存性是其基础。只要议会信任，政府内阁就可以一直掌管权力；但如果政府失去议会的信任，那么它就得辞职。如果届时不能组成议会支持的新政府，通常是解散议会，重新进行选举。议会内阁制是单一权威体系，公众—选民—政党—议会—总理（内阁），权力的单线特征明显。行政首脑的权力资源主要来自政党，他（她）的行为主要受制于议会党团。政党政治是议会内阁制下政治运作的核心。主要特点是：议会监督内阁，内阁对议会负责；国家元首只是国家的象征，没有实权，不负实际责任；内阁首脑由议会中多数党领袖担任，内阁成员是议会议员；议会通过对政府的不信任案后，内阁必须总辞职，或者请求国家元首解散议会，由新产生的议会决定它的去留。英国、日本、意大利均是这种政权组织形式的代表。（李庆）

议会委员会

Parliamentary Committee

议会中承担专门性工作的组织，通常被称为"行动中的国会"。随着社会经济的不断发展，国家和公共事务的日益复杂化，议会的职能渐趋多样化、专业化，需要立法、规范的事务越来越多。为了能使议会更好地发挥其职能，西方各国纷纷建立起各种委员会，这些委员会日益成为各党派讨价还价、进行政治斗争的场所。议会委员会一般通过选举、推选或选派方式进行。人员构成大致与各党派在议会中的力量对比相一致。分为常设委员会和临时委员会。常设委员会一般包括专门委员会和非专门委员会两种。专门委员会与某一相应的政府部门的活动有关，职权范围也与对应的政府部门的职责保持一致。非专门委员会指无专门职权的委员会，它可以审议任何议案。临时委员会也叫特别委员会，是为了处理某些特殊的问题而成立的委员会，其作用是在议会会议期间，按照议院的决议就某一专门议题或案件进行审理和调查。（李庆）

议员

Parliamentary Members

国家代议机关的成员。一院制议会的议员和两院制议会的下院议员，一般由选举产生。两院制议会上院议员，有的是选举产生，有的是根据特定资格、特定程序而产生，有世袭制、任命制、担任制，或者几种制度同时采用等。议员的资格，过去有财产、教育、性别等方面的限制，现在多数国家只提出年龄及居住年限的限制。除了世袭和终身的以外，议员一般都有一定的任期，各国议员任期的长短并不相同。上院议员的任期通常比下院议员的任期长。议员一般有提出议案的权利、向内阁质询的权利，以及讨论和表决议案的权利。为保证议员的身份和行使职权，各国宪法都明文规定了议员的各项特权和豁免权，一般有不受逮捕的特权、发言和表决不受追究的特权，以及接受年薪的权利。许多国家还规定议员财产公开、禁止受贿、禁止兼任有关职务等。在西方国家，议员（除任命和世袭者外）经全体选民选举产生，因而一般认为他们是全体公民的代表，而不是特定的地区、职业、阶层和政治力量的代表，具有相当的独立地位。但事实上，议员普遍受到政党和财团等各种政治势力的控制或影响。（李庆）

易伯鲁

Yi Bolu，1914 ~ 2009

湖北汉阳人，中国知名的鱼类生态学家，武昌鱼的命名人，是中国最早研究浮游甲壳动物的学者，先后就职于北平动物研究所、中央动物研究所，1971 年由中国科学院水生生物研究所调入华中农学院（华中农业大学前身）后一直任教于该院，是华中农学院水产学院水产系的创始人之一，水产养殖学科的奠基人。1942 年毕业于西南联合大学生物系，曾在昆明粤秀中学任生物教员。1943 年入原北平研究院动物研究所（抗战期间迁昆明）任助理员，从事滇池浮游生物的研究。1945 年转入重庆北碚中央研究院动物研究所，进行鱼类研究工作。新中国成立后继续从事鱼类研究工作，在中国科学院水生生物研究所任助理研究员，兼任所务秘书两年。1956 年任副研究员，1959 年起任鱼类研究室副主任、鱼类资源组组长。1971 年调入华中农学院，参与创办水产系，先后任副教授、教授和系主任等职。1982 年编著国内首部鱼类生态学教材《鱼类生态学》，相继被许多院校相关专业翻印作为教材使用。论著《葛洲坝水利枢纽与长江四大家鱼》（1988）已成为江河鱼类产卵场和早期资源调查方面的经典之作，被美国同行看作是研究四大家鱼资源的范本，因而被翻译成英文，挂在政府研究机构网站上供读者下载和参阅。（石艳峰）

易地保护

Off Site Conservation

也称迁地保护，是保护生物多样性的重要形式。指在珍稀濒危野生物种失去其合适的生存条件、物种数量极少的情况下，为了保护物种、维持其正常的生殖繁衍，采用一定的技术手段重新塑造或者模仿适宜其生存的生态环境，通过人工授精、培育和治疗伤病、提供食物等手段维持种群数量和繁殖，以此达到保护生态多样性的目的。受到易地保护的物种，经过人工培育而达到一定数量，并且经过野外化训练以后，在适宜的生态环境之下适时适量地放归野外，从而保护野生种群的生态多样性。易地保护是迁地保护的重要补充形式，现实情况下，当野生物种原有的生存环境遭到严重破坏，以至于生态系统不再能提供物种基本的生存条件时，通过就地保护的方式不能或者很难保护物种的继续生存，易地保护则通过人工培育和生态模拟来延续物种生存，如通过动物园、植物园、水族馆进行特殊保护和管理。此外，易地保护对于生物学、环境科学的基础性研究也具有重要作用。对于一些人类尚不完全了解的具有研究价值的珍稀濒危物种，科学家通过人工培育的便利条件，可研究起生物特性、进化意义和社会经济价值。（参考：武建勇等：《中国生物多样性调查与保护研究进展》，《生态与农村环境学报》2013 年第 2 期第 146 ~ 151 页。欧阳文川）

《易经》人文生态观

The Humanistic Ecological View of the Book of Changes

《周易》简称《易》，又称《易经》。儒家尊为群经之首，玄学、道教奉为三玄之一。“人文”一词来自《易经》贲卦。贲的意义是象征文明，所谓“文明为止，人文也”。又因为人文与天文不能分离，故贲卦又引申说：“观乎天文，以察时变；观乎人文，以化成天下。”看天文在于观察时令的变化，看人文的重要性在于教化天下之人。与天文人文相应的还有地文，那就是水文。

水文有自然秩序，人类赖以生存，故不能破坏水文。关于地球生态系统，在《易经·系辞》中有论：“天地定位，山泽通气；风雷相薄，水火不相射。”这里的地就是我们所居的地球，这里的天可以看作是地球所在的空间，天与地各有定位；地面上的山脉水系是一气相通的；大气层的风雨雷电是相互作用的，水与火是互不相干的。为教育人类认识这个有序化的自然环境，《易经》指出中国人文哲学与自然哲学相贯通的基本精神，即“立天之道曰阳与阴，立地之道曰柔与刚；立人之道曰仁与义”。可以看出，《易经》将人文与生态进行综合对比分析，实际上不外阴阳两仪：就性质来说，仁与柔属阴；义与刚属阳。所谓恻隐之心、见义勇为也可以说是人性在阴阳两方面的体现。人类社会如果能够发扬仁义这样的大德，就能够爱护天地所演化出的自然生态环境，合理而有效地利用自然能量：合理表示正向利用，有效意味最佳利用。（牟世晶）

意大利（重建）共产党

Italian Communist Party，PCI

曾是西欧重要的共产党，也是欧洲共产主义的发起者之一。20 世纪 60 ~ 70 年代，意共的选举支持率超过 20％。20 世纪 80 年代后意共的民意支持严重下滑。阿基利·奥凯托（Achille Occhetto）在东欧剧变前带领意共进行全面政党革新。东欧剧变后意共放弃共产主义意识形态和民主集中制原则，转型成为社会民主党。1991 年意共解散，党内反对派宣布重新建立共产党。1991 年 2 月意大利（重建）共产党在罗马成立。意（重建）共很多纲领政策继承意共的政治遗产，相对于其他西欧左翼党，意（重建）共的“绿化”程度较高，对环境主义和女性主义等新议题有较好回应。政策主张除涉及经济政策、税收政策、社会政策等，还包括主张全面恢复环境、促进可再生能源发展的环境气候和能源政策。曾在 2006 ~ 2008 年进入普罗迪政府执政，但在之后几年的选举中陷入生存危机，未能进入国内议会和欧洲议会。（王聪聪）

意大利绿党

Federation dei Verdi, Federation of the Greens

意大利绿色政治始于 1975 年反核能运动，1986 年绿色名单联盟正式成立，是真正意义上的绿党。1990 年绿色名单联盟与彩虹绿党实现合并。

1987 年意大利国民议会选举中，绿党联盟取得 2.5％的选票和 13 个议席，首次进入全国议会。在 1992、1994、1996、2001、2004 年国民议会选举中，绿党联盟的选举支持相对稳定，选票维持在 2％ ~ 3％之间。1994 年大选中，绿党加入由左翼民主党领导的进步阵线政党联盟。1996 年大选中绿党参加橄榄树政党联盟。在大选后首次进入由罗马诺·普罗迪领导的全国政府。绿党党员埃多·龙基出任联合政府的环境部部长。2008 年意大利议会选举中，绿党与意大利（重建）共产党、意大利共产党人共等政党组建左翼—彩虹政党联盟。该政党联盟仅获得 3.5％的选票，未能获得议会代表权。2013 年意大利大选中，绿党依旧未能从选举挫败中走出来，没有能够进入议会。近年来，意大利绿党持续衰落。在 2009、2014 年的欧洲选举中，绿党未能获得议会席位。意大利绿党的主要选举支持集中于罗马、米兰、威尼斯、那不勒斯等大城市。

意大利米兰气候大会

United Nations Climate Change Conference in Milan, Italy

2003 年 12 月《联合国气候变化框架公约》第九次缔约方会议（COP9）在意大利米兰举行。会议取得的成果十分有限，在推动《京都议定书》尽早生效并付诸实施方面未能取得实质性进展，甚至没有发表宣言或声明之类的最后文件，有关气候变化领域内的技术转让等核心问题也推迟到下次大会继续磋商。在美国退出《京都议定书》的情况下，俄罗斯不顾许多与会代表的劝说，仍然拒绝批准议定书，致使该议定书不能生效。为了抑制气候变化，减少由此带来的经济损失，会议通过 20 条具有法律约束力的环保决议。（席溢）

意大利民主党

Democratic Party of Italy，PD

意大利的社会民主政党，2007 年由左翼选举联盟中的众多中左翼政党合并而成。意大利民主党中最大的两个政党，是意大利左翼民主党和民主即自由党。前者由意大利共产党转型而来，后者是基督教民主左翼的继承者。

东欧剧变后，意大利共产党是西欧共产党中唯一转型成为社会民主党的政党。意大利左翼民主党在很多政策主张方面，都继承自意大利共产党，包括环境政策。在共产党时期，虽然意共采取很多积极的环境政策，但经济增长依然是其核心性议题。对于意大利左翼民主党而言，环境政策已成为纲领中的重要组成部分。与原来的共产党相比，左翼民主党更多地代表了环境主义而非工业主义，在很大程度上实现了纲领政策的“绿化”。此外，绿色政治也是意大利民主党意识形态的重要组成部分，其成员政党民主生态党的很多成员都是法国绿党的成员。（王聪聪）

意见领袖

Opinion Leader

又称舆论领袖。指在人际传播网络中经常为他人提供信息，同时对他人施加影响的活跃分子。一般颇具人格魅力和较强的综合能力，有较高的社会地位或被公众所认可，具有影响他人态度的能力。他们介入大众传播，加快传播速度并扩大影响，由他们将信息扩散给受众，形成信息传递的两级传播。在大众传播效果的形成过程中起着重要的中介或过滤作用，是人群中首先或较多接触大众传媒信息，将经过自己再加工的信息传播给其他人的人。作为一种社会现象，普遍存在于不同的社会中和传播过程中。（张惠娜）

意在笔先，寄兴于景的友好关系

Amicable Relation: Intentionality Prior to the Ink, landscape Entangle with the Mood

国画中展示人与自然的友好关系的画风精神。唐代画家王维在《山水论》中指出“凡画山水，意在笔先”。强调山水画创作中要处理好意与笔的关系。意为画家的“意兴”；笔则为笔墨。前者为情感意兴，后者为笔墨形象，两者在国画中是一种“兴寄”的关系。唐代诗人陈子昂在《与东方左史虬修竹篇序》中提出诗歌“兴寄”之说。兴寄指一种托物起兴，借物寓志。山水画兴起于魏晋，与当时的政局纷乱有关，其时政局不稳，战争频仍，文人处境艰难，于是寄情于山水之间，山水画得以发展。文人画家的情感意兴借助于笔墨形象表现出来，两者是一种借喻友好的关系。（参考：曾繁仁：《试论中国传统绘画艺术中所蕴涵的生态审美智慧》，《河南大学学报》，2010 年第 4 期第 1 ～ 5 页。王薛时）

溢油处理技术

Technology of Oil Spill Treatment

针对石油泄露导致海洋污染的处理措施。包括：1. 机械收油法，是使用各种围油栏围住溢油，以便使用收油机械回收溢油，防止其扩散；2. 化学分解法，是使用化学分散剂清除溢油的技术手段，可紧急抑制溢油扩散，在机械设备无法触及的地域发挥作用，但其具有的少量毒性会对环境造成一定的危害，需按照相关法规谨慎使用；3. 其他常用方法，如吸油材料吸附法、收油网网捞、人工网捞、微生物降解、燃烧等。海洋石油泄漏可能需要数周、数月甚至数年的时间清理，造成不同程度经济、社会、环境的灾难性后果。发展溢油处理技术是海洋环境保护的重要措施。

（任傲尘）

因德里克·塔兰德

Indrek Tarand，1964～

爱沙尼亚政治家，欧洲议会议员。他是预备役军官、记者、历史学家，曾担任爱沙尼亚总理顾问、外交部秘书长、爱沙尼亚战争博物馆馆长。

2009年欧洲议会选举中，作为独立候选人获得25.8%的选票，成为除爱沙尼亚中间党之外，获得最多选票的候选人。随后加入欧洲议会的欧洲绿党—欧洲自由联盟党团。在2009～2014年任期，是制宪委员会（AFCO）、外交事务委员会（AFET）、安全与国防委员会小组（SEDE）等组织的成员。2014年的欧洲议会选举中，反对其他人试图效仿他以独立候选人参选的做法。此次选举中连任，继续加入欧洲绿党—欧洲自由联盟党团。在这一任期，他参与预算委员会（BUDG）、工业、科研与能源委员会（ITRE）等组织的活动。（王聪聪）

因地制宜

Adjust Measures to Local Conditions

指根据当地的具体情况，制定或采取适当的措施做某件事情。我国农业耕作因纬度、日照、积温、农业机械化程度、农耕农艺措施及技术水平不同，各地在制定农业区划、规划时对针地域特点做出不同的方案，在农业上亦称“因地制宜”。（史月田）

因果关系论

Cause-Effect Relationship Theory

也称因果报应论、因果业报论等。在佛教教理中，因果关系论认为世间一切事物都由因果关系支配，强调每个人的善恶行为必定给自身命运带来相同性质的影响，产生相应的善恶因果报应。佛教认为世间生命并非一世而终，生命之流，继往开来，绵延不绝，贯通过去、现在和未来三世，现世境况由前世行为决定，是前生行为的结果，现世行为决定后世的命运，是来生命运的原因，如此流转，互为因果。因果关系时间上遍于过、现、未三世，空间上人类社会、各种天界和地狱等都受因果律影响。佛教因果关系论强调人的思想行为对后果的决定性作用，将受报者规定为造业者自身，坚持业报主体的同一性，认为众生根据自身的造业不断在六道中生死轮回，“假使百千劫，所作业不亡。因缘会遇时，果报还自受”。因果关系发生，从业因到业报，其间必须具足业缘和业果。在业报方面，还有总报、别报，乃至依报、正报等区分。因果关系论在西方哲学史上涉及认知范畴、事实与价值的区分问题。（雷爱民）

因缘和合而生

Existence under Karma and Harmony

因缘和合而生是佛教缘起论的观点。缘起论是佛家教理的根本观念，认为世界上所有事物依靠各种因缘条件和合才能产生，一旦因缘散失，事物就会消亡。“诸法因缘生，诸法因缘灭”的因果定律即所谓“缘起”。佛教认为世上没有常住不变的东西，一切都是因缘和合所生起，因缘和合生起的为现象，它是暂时的、假有的，其本性为空、自性空。通常认为，“因”就是因素，“缘”就是条件，事物生成变化过程中，因是主要的，缘为辅助，因缘聚则生，因缘散则灭，世间一切有为法皆无独立性、恒常性，必须靠因、缘和合才有果的出现。因、缘俱足，世间事物才能产生。（雷爱民）

引导型政府职能模式

Inducting Mode of Government Function

指面向后工业社会自觉的，旨在通过推动服务型政府建设而引导社会实现科学发展的新型政府职能模式。这一模式既能保证社会相对独立性与自主性，又能较好发挥政府作为社会总体利益代表者而对社会经济生活的协调和控制作用，表现出政府与社会处在既独立、相互制约又相互合作和彼此依赖的有机统一的关系中。这一概念具有历史、动态、辩证的思维特征，因而具有极强的开放性。它与服务型政府中的服务内涵具有同质性，但是为引导而不是控制。这一模式具有 4 个特征：1. 自觉性而非自然性；2. 尚处实践经验形态并亟须理论自觉；3. 需要面向后工业社会进行自觉构建；4. 其主体归属于服务型政府。（蔡越）

引黄济津

Project of Diversion Yellow River Water to Tianjin

指 2000 年开始的为缓解天津市供水紧张而开展的跨省引水工程。属于半湿润地区的华北平原虽然不是最干旱的地区，然而经济发展较快、人口稠密，因此水资源消耗率较高，属国内人均水资源最少的地区之一。此外，海河流域径流量年际变化大，连丰连枯频繁，尤其自 20 世纪 70 年代以来华北大地区持续干旱，导致海河不同程度出现断流，水库蓄水量因此急剧减少，天津市供水形势日趋紧张。70 年代以后，国务院多次批准跨省引进黄河水支援天津，分别在 1972、1973、1975、1981、1982 年先后 5 次实施引水应急措施。1999 年发生新中国成立以来最严重的一次旱灾，天津城市生活和生产用水严重不足，单一水源供水已远不能应对灾情。2000 年国务院经研究决定实施引黄济津应急调水工程，2000 年 10 月 11 日首次从山东省黄河位山闸提闸放水。引黄济津工程有效缓解了天津市的用水紧张，保障天津市民基本生活和生产用水。20 世纪 70 年代至 2000 年第一次引水工程之间的引黄济津线路绝大多数都是从河南省人民胜利渠开始，途经卫河、卫运河、南运河至终点九宣闸，然而卫运河河段污染严重，对引水水质造成不小影响，并且引水线路距离偏远，成本偏高。21 世纪引黄济津工程改变传统引水路线，改从山东位山闸取水，途经卫山三干渠、穿卫枢纽、清凉江、清南连接渠、南运河，较旧线路距离短且水质得到保障。（参考：马文奎等：《引黄济津工作的回顾与思考》，《海河水利》2005 年第 4 期第 34 ～ 36 页。欧阳文川）

引江济太

Water Diversion from Yangtze River to Taihu Lake

即钱塘江太湖流域引水及航运综合工程。工程针对太湖流域水质持续恶化的现状，以钱塘江太湖流域引水及航运综合工程解决浙江以北城乡供水的困境。太湖流域历来是我国经济发展程度较高的区域，同时也使太湖流域的污染较为严重，一直是我国水污染治理的重点区域。2001 年在太湖水污染治理第 3 次会议上，温家宝总理提出“以动治静、以清释污、以丰补枯、改善水质”的太湖调水方针。同年 8 月 31 日，国务院批复《太湖水污染防治“十五”计划》，确定加强对太湖水域污染源治理的同时，实施引江济太生态调水工程，扩大引水规模并改变太湖水质。水利部太湖流域管理局联合江苏、浙江、上海的水利部门共同研究论证，2001 年年底交《引江济太调水实验工程实施方案》，水利部批准实行，于 2002 年 1 月 30 日正式启动。方案拟定工程以 2002 年和 2003 年两年为阶段实施调水任务和年度计划，在一般水情年份中借望虞河引长江水 25 亿立方米，将其中 10 亿立方米优质水引入太湖，以此来改善太湖水质。再将水质改善后的太湖引入周边地区，带动太湖流域整体水利工程的优化调度，以此加快太湖水体循环周期，提高水体自净能力。引江济太调水工程将防洪排涝作为重点考虑因素，并考虑流域引水和区域用水的关系，研究引水工程效果评估和工程运行管理和费用分担问题等。引江济太工程自实施之日起成功改善了太湖流域的水质污染和河网水环境，缓解了供水紧张，保障了流域内地区的供水安全，并取得生态、经济和社会等多方面综合效益。（参考：吴浩云：《引江济太调水试验的实践与启示》，《中国水利》2004 年第 5 期第 45 ~ 47 页；翟淑华等：《引江济太调水效果评估》，《中国水利》2008 年第 1 期第 21 ~ 23 页。欧阳文川）

“引进来”和“走出去”战略

“Bring in” and “Going out” Strategy

我国坚持对外开放的基本国策，结合我国实际情况提出的重大决策。邓小平提出的改革开放政策为“引进来”提供坚实的理论基础；江泽民在总结对外开放的历史后，正式提出“走出去”战略；胡锦涛十七大期间正式提出将“引进来”和“走出去”战略更好地结合起来，形成双向开放向纵深发展。“引进来”和“走出去”战略，是实现开放型经济、全面提高对外开放水平的重大举措，是实现我国经济与社会长远发展的有效途径，更有利于与世界各国共同发展。（代富宇）

引漳十二渠

Twelve Canals of Zhanghe River

始建于战国初期的以漳水为源头的大型引水灌溉渠系。据《史记》记载，引水渠为战国魏文侯时邺（治今临漳西南邺镇）令西门豹创建（公

元前 422 年）。十二渠中的第一渠首在邺西 18 里，相延 12 里内有拦河低溢流堰 12 道，各堰都在上游右岸开引水口，设引水闸，共成 12 条渠道，灌区不到 10 万亩。不过，《吕氏春秋 · 乐成》中记载，十二渠为魏襄王时邺令史起创建，在西门豹后约 100 多年，批评西门豹不知引漳灌田。后人调和两说，说是西门豹先开渠，史起又开。东汉末年曹操以邺为根据地，按原形式整修，改名天井堰。东魏天平二年（535），改建为天平渠，并成单一渠首，灌区扩大，后亦称万金渠。渠首在今安阳市北 40 余里漳河南岸。历史上，漳水浑浊多泥沙，当地居民落淤肥田，提高粮食产量，从而使邺地富庶起来。隋唐以后这一带形成以漳水、洹水（今安阳河）为源的灌区。唐代复修天平渠，并开分支，灌田 10 万亩以上。清代、民国还有时修复利用。1959 年动工在漳河上修建岳城水库，两岸分引库水，灌田数百万亩，替代了古灌渠。（参考：朱学西：《引漳十二渠》，《浙江水利水电专科学校学报》2009 年第 1 期第 71 页。朱配辰）

饮食业油烟净化技术

Technology of Cooking Fume Purification

针对饮食业单位在食物烹饪和食品加工过程中挥发的油脂和有机质及热氧化和热裂解产生的混合物等的一系列处理技术。2000 年 2 月国家环保总局颁布《饮食业油烟排放标准》。2001 年该标准被确定为一项国标（GB18483-2001），并于 2002 年 1 月 1 日正式实施。该标准规定排放油烟的饮食业单位必须安装油烟净化设施，促进饮食业油烟净化技术市场的发展。该技术主要包括机械吸附式油烟净化、高压静电式油烟净化、湿式油烟净化、复合式油烟净化、等离子体油烟净化和超声波清洗技术等。饮食业排放的大部分污染物为气溶胶，一部分来自高温条件下食用油及食品的挥发物，通过氧化、裂解、水解或聚合形成的醛类、酮类、多环芳烃等有毒污染物；另外，燃料燃烧产生的二氧化碳、氮氧化物、一氧化碳和颗粒物等，已成为城市大气颗粒物的主要来源之一。油烟净化技术的应用对于大气污染起到源头治理的部分作用。（参考：刘章现、肖晓存、杜玲枝等：《饮食业油烟净化技术与应用》，《环境污染治理技术与设备》2006 年第 9 期第 103 ~ 106 页。刘阳）

隐含碳排放

Implied Carbon Emissions

指某产品在整个生产过程中排放的二氧化碳。隐含碳是隐含流概念的衍生。隐含流（Embodied Flow）概念在1974年由国际高级研究机构联合会首次提出。在“Embodied”后面加上资源或污染排放物的名称用以分析产品生产过程中污染的排放及对资源的消耗。隐含碳排放包括生产隐含碳排放和生活隐含碳排放。生产隐含碳排放可分为第一、第二、第三产业生产隐含碳排放；生活隐含碳排放可分为城镇居民和农村居民生活隐含碳排放。隐含碳排放的计算方法：目前还不存在权威的测算方法，大部分实证研究停留在估算层面。测算方法主要是投入产出分析，即运用投入产出理论由上而下的测算方法，适用于大尺度的测算。投入产出法从范围的广度又可以分为单区域和多区域投入产出模型，目前学者最常用的还是单区域投入产出模型。投入产出分析于20世纪30年代由Leontief提出，通过编制投入产出表，分析各部门之间产品供应与需求的平衡关系。Leontief在20世纪60年代后期开始将投入产出应用到能源和环境领域。利用投入产出技术中的直接消耗系数和完全需求系数可以揭示产品贸易背后完全的隐含能或隐含碳。单区域投入产出模型基于以下假设：进口产品的能耗系数（碳排放系数）等同于国内同产品的能耗系数，解释为国外进口产品是利用国内的生产技术和能源投入方式生产。但由于一国进口的产品来源于世界上多个国家和地区，拥有不同的生产技术，会产生不同的能耗系数和碳耗系数。也就是说运用这种估算方法对于技术水平和能源结构明显不同的国家之间的贸易隐含碳的估算，会产生准确度不高的结果。多区域投入产出模型的提出，虽然考虑了进口产品在进口国生产时的能耗系数或碳耗系数，但基于模型的复杂性及对数据处理的高要求，单区域投入产出模型还是学者们主要采用的实证研究方法。由于我国处在国际产业分工中的低端位置，在国际贸易活动中进口多为高附加值产品和服务，而出口多为一般制造业产品。单位产值出口的碳排放远高于单位产值对应的进口碳排放，这就不可避免地造成了我国隐含碳排放的净出口。（参考：朱晴柳等：《中国对外贸易中隐含碳的度量及影响因素研究》，《湖南工业大学学报》（社会科学版）2012年第2期第7～12页；张端端：《基于投入产出分析的中国纺织品贸易隐含碳排放研究》，东华大学2014年硕士学位论文第2～40页。朱配辰）

隐性课程

Hidden Curriculum

又称隐蔽课程、潜在课程。指课程和教学计划之外的潜在的和非预期的课程，是广义的学校课程的重要部分。隐性课程不通过正式的教学进行，而是通过学校情境有意或无意地对学生的知识、情感、信念、意志、行为和价值观等方面起潜移默化的作用，促进教育目标的实现。学校包括物质情境（如学校建筑、设备等）、文化情境（如教室布置、校园文化、各种仪式活动等）、人际情境（如师生关系、同学关系、学风、班风、校风等）。在学校环境教育过程中，除通过有目的、有计划、有组织的显性课程系统进行环境教育外，学校和班级的氛围、教师本人的环境素质、师生及生生关系等，都是影响学生环境价值观与态度、环境行为的重要途径之一，因此，有必要结合隐性课程的开发，辅助实现环境教育的目的与目标。（参考：祝怀新：《环境教育的理论与实践》第63页，北京：中国环境科学出版社，2005年。王薛时）

印度抱树运动

Chipko Movement in India

印度的森林，特别是丘陵和山区的森林，是当地人们的重要生活资源。由于越来越多的工业化和商业化用途，森林砍伐严重。为了保护当地的自然环境和赖以生存的资源，印度村民掀起甘地式的非暴力抵抗运动。20世纪70～80年代，抵抗砍伐和破坏森林的现象非常普遍，演化为有组织的非暴力运动，即众所周知的“抱树运动”。印度第一次抱树运动发生在1973年的高帕什渥村庄。1973年3月印度最北边喜马拉雅山区的300棵木岑树被卖给了开发商。他们在准备伐木时，遭到当地村庄妇女的抵抗，她们以抱住大树的方式来阻拦砍伐行为，此即著名的“抱树运动”的开端。政府满足了抱树者的要求，规定该地区15年内禁止伐树。1973年的抱树运动，展现妇女的首创精神，提高人们的生态意识，激发印度乃至世界其他地区的环保运动。自此之后，印度北部、西部、中部地区的很多地方，都发生类似的阻止砍伐森林的抱树运动。另外，抱树运动被视为生态女性主义运动的典范。时至今日，印度人仍将森林非暴力抵抗运动，即参与抱树运动的人们，列入影响印度的100个人物。1987年，印度抱树运动被授予正确生活方式奖。（王聪聪）

印度全国人民运动联盟

National Alliance of People’s Movements in India，NAPM

印度激进环境非政府组织，1992年成立。致力于保护自然资源权利，促进环境治理，保障民主化进程，建立正义、可持续和平等社会的团体。多元化的组织，意识形态来源于甘地、安贝德卡、马克思、洛希亚等人。反对全球化、社群主义和宗教原教旨主义、父权制以及其他所有形式的歧视。成立以来组织多次反全球化、反核能和关于选举改革的示威抗议活动。梅达·帕特卡尔和巴巴·阿姆特等人，都曾是全国人民运动联盟的领导人。（王聪聪）

印度绿色革命

India’s Green Revolution

指在20世纪60年代至80年代之间发生在印度的农业技术革命。绿色指代小麦和水稻的生产。20世纪60年代印度政府为解决粮食短缺问题、发展现代农业，施行一系列新政策和措施，由此引发以推广应用农业新技术为核心的综合农业技术革命。在农业生产方面主张引进优良品种、推广合理科学灌溉、科学防虫除草、正确使用化肥、鼓励采用农业机械等农业技术的使用；在农村发展方面完善农村交通网络、促进农村电气化发展、发展农村市场经济体系等；政府出台推进技术革命的优惠政策，如土地政策、价格政策等。通过各方面的努力，印度打破传统农业的发展模式，促进农业现代技术的发展。在粮食产量方面取得巨大成就，解决粮食短缺的问题，对解决世界缺粮问题具有重大意义。（韩铮）

印度尼西亚巴厘岛气候大会

United Nations Climate Change Conference in Bali, Indonesia

2007年《联合国气候变化框架公约》第13次缔约方会议（COP13）暨《京都议定书》缔约方第3次会议在印度尼西亚巴厘岛举行，通过了里程碑式的《巴厘岛路线图》：在2005年蒙特利尔会议的基础上，进一步确认《气候变化框架公约》和《京都议定书》下的双轨谈判进程，决定于2009年在丹麦哥本哈根举行的气候公约第15次缔约方会议上通过新的议定书，即2012年至2020年的全球减排协议，以代替2012年到期的《京都议定书》。按照双轨制要求，一方面，签署《京都议定书》的发达国家要执行其规定，承诺2012年以后的大幅度量化减排指标。另一方面，发展中国家和未签署《京都议定书》的发达国家则要在《联合国气候变化框架公约》下采取进一步应对气候变化的措施。会议着重讨论《京都议定书》一期承诺在2012年到期后如何进一步降低温室气体的排放。通过《巴厘岛路线图》，致力于在2009年年底前完成后京都时期全球应对气候变化新安排的谈判并签署有关协议。（席溢）

印度新德里气候大会

United Nations Climate Change Conference in New Delhi, India

2002 年 10 月底至 11 月初，《联合国气候变化框架公约》第 8 次缔约方会议（COP8）在印度新德里举行。会议通过《德里宣言》，强调应对气候变化必须在可持续发展的框架内进行，明确指出应对气候变化的正确途径，重申《京都议定书》的要求，敦促工业化国家在 2012 年年底以前将温室气体的排放量在 1990 年的基础上减少 5.2%。宣言强烈呼吁尚未批准《京都议定书》的国家批准该议定书。会议在发展中国家的要求下，敦促发达国家履行《气候变化框架公约》规定的义务，在技术转让和提高应对气候变化能力方面为发展中国家提供有效的帮助。（席溢）

英格福尔 · 布吕道恩

Ingolfur Blühdorn，1964 ~

德国环境政党与政治学者，生于德国北莱茵—威斯特法伦州。1992 年在英国基尔大学获得博士学位，1995 年开始任教于巴斯大学，2005 年获得讲师职位。出版诸多著述，涉及社会运动、绿党、政治社会学理论和环境政策。主要著作有《后生

态主义》《不可持续性的政治学》《后民主转向与模拟政治》《寻求合法性——欧洲政策制定与复杂性的挑战》等。博士论文题为《自然的废止：德国社会理论中的自然与生态》。近年来的研究兴趣转向社会运动和政党研究，关注德国绿党研究。对绿党政治持较为悲观态度。认为目前绿色政治的潜能已大部分耗尽，因为在环境议题被其他政党吸纳、社会结构急剧转型、社会价值偏好大幅改变及后现代消费主义盛行的背景下，绿党亟需全面重塑其绿色事业与认同。（徐越）

英格兰和威尔士绿党

Green Party of England and Wales

曾是英国绿党的组成部分，1990 年成立。核心政治价值观是环境主义和政治生态学，希望

建立公平、正义和可持续的社会。政策主张包括：建立公平的经济体系和负担得起的能源体系、保障体面的家庭和公共卫生体系、实施免费的教育和建立更好的交通体系、争取女性和同性恋的平等权利等。在选举政治层面，由于英国的选举制度不利于小党生存，没有真正实现选举突破。目前在英国议会上议院和下议院各拥有 1 名议员。在地方议会中拥有约 160 名议员。2014 年欧洲议会选举中，获得 7.87%的选票和 3 个议席。英格兰和威尔士绿党是欧洲绿党的成员党。（王聪聪）

英国《国家课程》

National Curriculum in Britain

英格兰和威尔士公立学校所教授的课程。由《教育改革法》确立，并从 1989 年起逐渐推广。该大纲包括 10 门基本科目，其中 3 门（数学、科学、英语）为核心科目，5 岁以上的儿童必须学习，也是普通中等教育证书考试必考科目。在其他科目中，一部分为中等教育的必修课（工艺和设计、历史或地理、一门现代外语及体育），其余则为选修课（音乐、美术）。实施目标教育，明确某年龄段的学童所需具备的知识、技能和理解力。儿童在 7 岁、11 岁、14 岁和 16 岁参加正规测试。1993 年教师抗议大纲产生多余的官僚机构，限制

学校开设一系列课程。许多学校联合抵制第一批国家考试。政府同意 7 岁、11 岁、14 岁学生仅限考核心课程，并减少大纲中的必修课。除《国家课程大纲》规定的科目外，所有学校必须提供宗教教育，并在一定阶段教授附加科目，如卫生教育、第二外语和家政学。私立学校则不受大纲限制，但迫于公共考试大纲的压力照上不误。（参考：［英］艾伦·艾萨克斯主编，郭建中、江昭明、毛华奋等译：《麦克米伦百科全书》第 824 页，杭州：浙江人民出版社，2002 年。王薛时）

英国地球解放阵线

Earth Liberation Front

英国的激进环境主义生态团体，又称“精灵”（Elves），1992 年成立于布赖顿。由匿名且独立的个人或团体组成，活动方式经常使用“经济破坏和游击战争，来阻止对环境的利用和破坏”，也被看作是动物解放阵线的姐妹组织。成立以后迅速扩展到欧洲其他国家和地区。1996 年烧毁美国俄勒冈州的橡树岭护林站，2009 年烧毁瓜达拉哈拉、哈利斯科及墨西哥的挖掘机。2001 年美国联邦调查局将地球解放战线列为美国国内恐怖主义的顶级威胁，将其成员看作是生态恐怖主义。由持有不同意识形态的人群组成，包括动物解放主义者、反资本主义者、绿色无政府主义者、神生态学、生态女性主义和反全球化者等。基本定位是地球解放运动，即生态抵抗运动，是激进环保运动的一部分。希望通过动物解放运动的活动方式支持合法活动，支持各类环保团体活动，特别是“地球第一！”运动。2011 年关于地球解放阵线的纪录片《如果树倒下：一个地球解放阵线的故事》获得奥斯卡提名奖，地球解放阵线进一步为人们所熟知。（王聪聪）

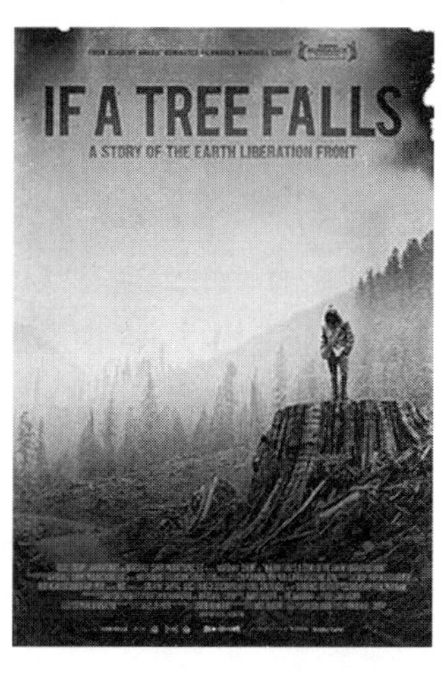

英国工党

Labour Party of the United Kingdom

1900 年成立，欧洲著名的社会民主党之一，意识形态是民主社会主义。1997 年英国大选中工党获得胜利，托尼·布莱尔带领工党 18 年后再次组阁执政。在 2001 和 2005 年大选中，工党再次获得选举胜利，蝉联执政。2010 年和 2015 年的下议院选举中，英国工党败北，沦为在野党。由于经济和就业一直是英国工党最关注的议题领域，直到 20 世纪 80 年代，工党才对环境议题做出明确回应。1989 年英国绿党在欧洲议会选举中成功，使环境议题的地位凸显。1989 年英国工党发表一份综合性的环境政策文件《地球的机会》。1991 年工党出台《英国的机遇》文件中，吸纳《地球的机会》的很多政策要点，包括成立新的环保机构、遵守欧洲环境宪章以及其他环境制度安排。英国工党对环境政策的融合，一方面是为应对绿党带来的竞争挑战，另一方面也是为了迎合传统选民特别是中间阶层对环境政策的兴趣。（王聪聪）

英国公地保护协会

Commons Preservation Society

世界上第一个环境非政府组织，1865 年成立。成立目的是为应对伦敦在工业化发展过程中出现的各种问题，特别是环境问题。旨在保护自然环境、古建筑物、公共休憩场所和设施、公园等。组织过保护温布尔登公地和汉普斯泰德西斯公园等重要活动。英国著名的生态社会主义者威廉·莫里斯曾是英国公地保护协会的成员。（王聪聪）

英国国家环境教育委员会的目标声明

National Environmental Education Commission's Statement of Purpose

指导英国环境教育的实施性文件。在 20 世纪

70年代，有许多重要的出版物，其中之一就是学校委员会的《环境计划》，它认为环境教育包括"在环境中的教育""关于环境的教育""为了环境的教育"几个组成部分，这些内容是国家环境教育委员会（NAEE）制定的《目标声明》（Statement of Aims）的基础。《目标声明》指出了学校学生的学习和行为目标。使得学生能够通过学习，获得对当地和国内环境基本方位感的体验；获得地球是人类家园的感知，但不必对时间、距离和资源的有限性等专业术语有过多的了解；观察人类怎样利用和影响环境；学会利用和制作当地和世界地图。《目标声明》是一份重要的策略性文件。它不但对早期有关环境教育的文件中的理论原则进行了实践性的解释，而且它对英国许多郡制定的环境教育纲要或指南产生了直接影响，某些郡的教育局也受到影响（如伯明翰、赫特福德郡）。直到10年后《国家课程》出台之前，它一直是英格兰和威尔士诠释环境教育的标准指南。（参考：［英］帕尔默著，田青、刘丰译：《21世纪的环境教育：理论、实践、进展与前景》第16页，北京：中国轻工业出版社，2002年。王薛时）

英国环境变化监测网络

Environmental Change Network in Britain，ECN

筹建于1992年，1993年开始正式运行，对环境和生物群落进行长期综合观测的网络。目前由54个监测站组成，其中，陆地生态系统观测站12个，淡水生态系统（河流和湖泊）观测站42个。该网络旨在收集、存储、分析、解释以一系列关键变量为基础的长期数据。存取数据库的计算机网络对所有的数据提供者开放，并进行每年一次的数据整编。网络目前观测的指标达260多个，涉及陆地生态系统的气象、大气化学、降水化学、地表径流化学、土壤溶液化学、土壤质地、植被、脊椎动物、非脊椎动物及土壤动物等因子，以及淡水生态系统的水特征、非脊椎动物、水生植物、浮游动物和浮游植物等。主要任务是：1. 在英国本土内选定若干个有代表性的观测站组成网络，按标准化的方法对影响环境变化的一些重要因子进行定期观测；2. 对所采集的数据进行综合与分析，了解并确定造成环境变化的原因；3. 建立学者们可以获取的用于研究和预测环境变化的长期数据库。（席溢）

英国环境教育

Environmental Education in Britain

英国环境教育开展的基本状况。英国是世界上环境教育工作开展成功且具有代表性的国家之一。19世纪末英国部分教育家和学者有意识地将环境与教育相联系，在很大程度上受到欧洲国家新教育运动的影响。新教育运动沿袭卢梭自然主义思想，主张用乡村环境作为教育资源，提倡在风景秀丽、恬静自然的乡村建立新学校。20世纪40年代自然学习在乡村尤被重视，并被视作环境学习的前身。1960年英国成立国家乡村环境学习协会，而后发展成为今天的国家环境教育协会（NAEE）。1965年在英国基勒大学召开环境教育大会，会议就环境教育理论提出重要建议和设想。1988年英国颁布《国家课程》，国家课程委员会提出5个跨学科主题，即环境教育、健康教育、生涯教育与就业指导、经济与工业理解及公民教育，明确环境教育在中小学课程中的地位。为进一步保证学校环境教育的有效开展，英国政府于1990年颁布《国家课程指南7：环境教育》，提出环境教育的目标：知识目标、技能目标与态度目标，并就环境教育的内容、实施途径等作系统阐述。（参考：祝怀新：《环境教育的理论与实践》第132页，北京：中国环境科学出版社，2005年。王薛时）

英国皇家鸟类保护协会

Royal Society for the Protection of Birds

英国英格兰、威尔士和苏格兰地区的慈善组织，1889年成立，创始人艾米莉·威廉姆森（Emily Williamson）。政治目标是通过公共宣传及自然保护区活动，保护鸟类及自然环境。最初是为反对羽毛贸易成立。目前有超过100万会员，是欧洲最大的野生动物保护慈善机构，也是英国和世界范围内各领域环保事业的积极参与者。在英国拥有200多个鸟类自然保护区，涵盖鸟类栖息地、河口和泥潭栖息地等，其中鸟类保护区设立游客中心，提供关于野生动物的所有信息。设立少年儿童野生动物探险家协会，办有专门针对青年读者的三种期刊以及针对成年读者的季刊《鸟类》。为政府部门提供环境政策咨询，是少数几个英国官方承认的鸟类保护组织。获得多项重要奖励，如总统奖。此外，还向社会颁发奖项。其中皇家鸟类保护协会奖是该组织最负盛名的奖项，颁发给为保护野生鸟类和自然环境做出杰出贡献的个人。（王聪聪）

《英国皇家学会学报 B：生物科学》

Proceedings of the Royal Society B: Biological Sciences

1990年创刊。关注生物科学方面的研究。覆盖的主题包括生态学、行为生态学和进化生物学，以及流行病学、人类生物学、神经科学、生物学、心理学、生物力学。半月刊，ISSN：0962-8452（印刷版），ISSN: 1471-2954（电子版）。2014年影响因子为5.051。（席溢）

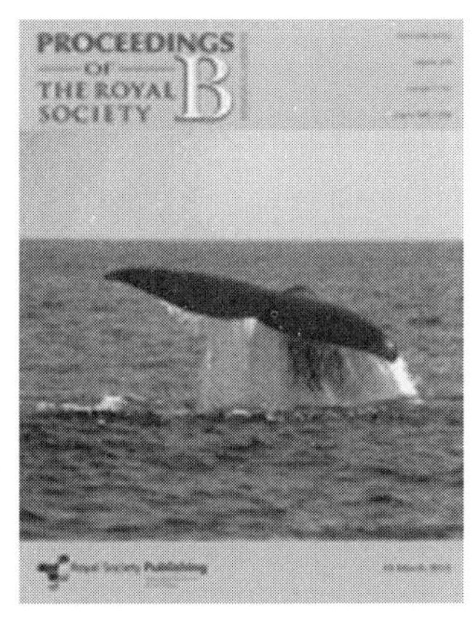

英国绿党

The Greens of the UK

英国的环境生态运动历史悠久，20世纪60～70年代有大量环境团体和组织成立。英国绿党成立于1973年2月，是欧洲的第一个绿党。最初名称是人民党，1975年更名为生态党，1985年改为绿党。1974年人民党参加地方议会选举获得7个议席。1974年全国大选中获得0.7%的选票。1975年人民党改称生态党，希望以此凸显党的环境特色。20世纪70～80年代，英国绿党在全国层面未能取得实质性的选举突破，也没有获得全国议会代表权。1989年欧洲议会选举中，绿党以15%的得票率，取得历史上的最好选举成绩。随着其他政党不同程度的“绿化”，英国绿党的影响力和政治支持迅速下滑。1990年英国绿党分裂为三个独立的政党：英格兰和威尔士绿党、苏格兰绿党、北爱尔兰绿党，这三个绿党都是欧洲绿党的成员党。（王聪聪）

英国社区服务治理

Community Service Governance in the UK

指在英国社会中政府主要承担政策支持和过程监管角色的社区服务治理模式。在这种模式中，政府主要负责治理理念和规范的制定以及对治理过程的监管，很少直接提供社区居民的公共服务和公共产品。社区服务的主要提供者是在政府引导监督下的私人企业、非政府组织和社区居民等。2010年保守党的卡梅伦政府执政后提出大社会计划：1.社区自我运作；2.购买公共服务；3.社会企业；4.市场化操作；5.建立大社会银行；6.鼓励志愿活动，设立全国性的大社会日；7.国家公民服务计划；8.政府信息公开。这些政策展现的特点：1.社区服务治理的主体多元化。政府不在社区服务治理中起主导作用，社区治理由政府、市场、非政府组织和志愿者等多元化的主体承担。2.运用市场机制，发展社会企业参与社区服务治理。英国政府鼓励发展并不以利润最大化为追求的社会企业，由政府出钱向市场直接购买服务，政府只要制定相应的政策并监督执行过程，大大减轻政府的财政负担。（刘中华）

英国生态文学

British Ecological Literature

生态文学在英国的形成与发展。英国生态批

评的出现，一般以1991年贝特的专著《浪漫主义的生态学：华兹华斯与环境的传统》的问世为标志。在该书中，贝特从文学和文化的意义上最早把浪漫主义与生态学联系起来，并从生态学角度将浪漫主义文学进行重新评估，使用文学的生态批评这一术语。这一著作的问世标志着英国生态批评的开端。其出版极大地推动了英国生态批评的兴起和发展。1998年英国出版第一部生态批评论文集《书写环境：生态批评和文学》。这本论文集由克里治和尼尔·塞梅尔斯主编，分为批评理论、生态批评的历史、当代生态文学三个专题。2000年由英国学者劳伦斯·库编辑出版《绿色研究读本：从浪漫主义到生态批评》。这极大促进了生态批评在英国的迅速发展。真正能够体现英国生态批评特点的则是2002年出版的另一本论文集《英国文学的环境传统》。这本由约翰·帕勒姆主编的论文集是英国1997年和1998年举行的两次生态批评会议的成果，集中英国学者在这一领域的研究成果。论文集的第一部分是有关社会政治以及理论探讨的议题，第二部分则是从生态视角对文学作品的解读实例。英国生态批评家加里德于2004年出版专著《生态批评》，这是生态批评兴起以来第一次以“生态批评”为书名的著作。它不但使“生态批评”这一术语在文学研究领域得到公认，而且奠定它的重要地位。《英国文学的环境传统》《生态批评》专著确立英国在西方生态批评乃至全球的重要地位，并使西方生态批评从美国早期生态批评过分关注自然文学的趋势转向关注当代小说等，从而使生态批评进入更为广阔的领域。（参考：方丽：《绿色的文化批评：英国生态批评考评》，《外国文学》2013年第1期第36～44页。**王薛时**）

英国生态学会

British Ecological Society

成立于1913年，是世界上成立最早的生态学会，现有5000多会员，分布于50多个国家和地区。会员包括教师、著名生态学家、研究人员、环境和生物保护家、管理者、环境顾问、学生及对生态学感兴趣者。学会的目的是通过研究、出版物和会议推进生态科学的发展，利用研究成果教育公众，影响政府决策，使决策中包含和涉及生态学原理。学会还有责任和义务将生态科学作为自然保护、合理的环境管理、可持续发展的基础。为了方便交流和讨论，学会分设水生生态、保护生态、生态模拟、森林生态、生态遗传、泥炭生态、植物环境生理、生态教学和热带生态9个组。该学会主办了5个生态学期刊：《生态学报》（*Journal of Ecology*）《动物生态学》（*Journal of Animal Ecology*）《应用生态学》（*Journal of Applied Ecology*）《功能生态学》（*Functional Ecology*）和《生态与进化方法》（*Methods in Ecology and Evolution*）。（席溢）

英国文官制度

Civil Service System in Britain

指英国政府对经过公开考试选拔后长期担任政府官员及其他文职人员的管理制度。英国是最早实行文官制度的国家，始于17世纪的英国革命时期。其后历经多次改革逐步形成完善、廉洁、高效的文官制度，赢得世界各国的赞誉和效仿。是复杂和庞大的完整体系，主要包括：1. 文官的录用选拔制度。为了克服任人唯亲等弊端，英国政府采取考试的方式录用常任文官。考试分为公开竞争考试和非公开竞争考试两种。公开竞争考试包括笔试、品行和经历评定、实际操作考试、口试、身体检查等流程。非公开竞争考试，包括经历评定、实际操作考核、笔试等，一般适用于高级文员或特种文员等。文官一经录用，非经法定事由或辞职，即可任职终身，有效保证了政府工作的正常运转。2. 文官的纪律制度。一切文职官员须自觉遵守《荣誉法典》中规定的职业道德，一律不准经商，或是从事与其公职部门业务有关的任何营利性事业。凡利用国家职权泄露国家机密的，将根据《国家保密法》予以严惩。同时，公务人员也不可参加政治活动，不得公开发表政见或对政府施政任意批评或使政府为难。3. 文官的监管制度。1921 年起，英政府于各部门设立行政裁判所，受理行政人事纠纷，以监督文官制度的运作。与此同时，普通法院也有权受理行政机关或文官人员违法失职、越权侵权等案件，对于行政裁判所也实行一定程度的管辖。管辖一般采取颁布调查令、诉讼终结令与执行令等手段。例如，法院颁发诉讼终结令，以停止行政裁判所的审判活动。4. 文官考核制度。英国文官考核分为考勤和考绩两方面，侧重对被考核官员能力、素质和潜力的测评。考勤是考核平日出勤和工作，考绩分为工作知识、人格性情、判断力、责任心、创造力、可靠性、机敏性、监督能力、热心情况和行为道德 10 项。5. 文官工资、福利和退休制度。英国实行优厚的工资制度，待遇优厚，职业稳定，重视高级文官的薪酬，给予优厚的福利待遇，并建立完善的退休制度，使文官生活有保障，享有较高的社会地位。（刘中华）

英美法系

Anglo-American Legal System

又称普通法系，与大陆法系并列为西方国家的两大法系。普通法起源于英国。公元 11 世纪中，诺曼底公爵威廉征服英国后，为加强对被征服者的统治，建立了以王权为中心的中央集权制国家和统一的皇家司法机构。皇家法院的法官综合整理各地具有合理性、稳定性的盎格鲁—撒克逊人的习惯法，作为办案的依据。结果，约从 13 世纪起形成以法院的司法判例为基础的普通法。它被认为是来源于“王国的普通习惯”，而且通行于全国，所以被称为普通法。普通法的原则寓于法官的判例之中，故又称为判例法或法官法。普通法的基本特征是遵守先例。含义是，寓于先前司法判例中的法律原则，只要不违反正义，以后处理类似案件，就必须遵循这些法律原则。与普通法并存的还有衡平法。为了摆脱普通法形式主义的束缚，适应商品经济关系的发展，从 14 世纪起开始形成衡平法，到 18 世纪中叶，衡平法已适用遵守先例的原则。英国也有成文法，特别是在现代，成文法的比重和作用都大为增加。从 17 世纪起，随着英国的殖民扩张，英国法也被移植到它的殖民地和附属国。美国独立后，继承并发展了英国法，美国法特别是民商法的基本规范与英国法是相同或近似的，因而形成了英美法系。除了美国以外，现在英联邦的大部分成员国也适用普通法。（李庆）

营养级

Trophic Level

指各种生物在食物链中所占的等级。处于同一生态系统中的各类生物（包括植物类群和动物类群），如果以相同方式获取食物链之中相同性质的食物，它们即属于同一营养级。因此营养级是生物在食物链中的等级。食物链中的第一营养级属于“自养生物”（也可称“独立营养生物”），比如植物。所有以自养生物为食的属于第二营养级，比如以获取植物为生的动物。所有以食草动物为食的动物，即食肉动物，它们为食物链中的第三营养级。再往上升，就是以相同种类的食肉动物为食的动物，它们为第四营养级。以此类推。举例：青草—蚱蜢—鸟—蛇—鹰。一般情况下，处于营养级等级越高的生物物种数量和种类都越少，而且由于能量在营养级之间的转换从下至上逐渐递减，因此食物链中营养级较高的生物，其所能获得的能量也越少。生态系统内的食物链并不是线性发展的，除自养生物和部分食植性动物以外，其他物种或多或少属于不止一个的营养级之中。此外，这些同时处于不同营养级的生物会随着年龄等因素而变化。（欧阳文川）

影子价格

Shadow Price

指用线性规划方法求解资源最优利用时，即

在解决如何使有限资源的总产出最大的过程中，得出相应的极小值，其解就是对偶解，极小值作为对资源的经济评价，表现为影子价格。这种影子价格反映劳动产品、自然资源、劳动力的最优使用效果。另外一种影子价格用于效用与费用分析。广泛地被用于投资项目和进出口活动的经济评价。国内一些项目分析类书籍中，认为影子价格是资源和产品在完全自由竞争市场中的供求均衡价格。国外有学者认为，影子价格是没有市场价格的商品或服务的推算价格。它代表着生产或消费某种商品的机会成本。还有学者将影子价格定义为商品或生产要素的边际增量所引起的社会福利的增加值。（史月田）

应用生态学

Applied Ecology

指将理论生态学的成果应用到于决日益严重的生态问题，协调人类与生物、资源、环境之间关系以达到和谐目的而产生的具有很强实践性的生态学分支学科，包含上百个分支学科。20 世纪 60 ~ 70 年代，应用生态学成为独立学科。研究致力于解决资源退化和生态环境问题，用自然生态规律指导人类活动，促进人与自然和谐相处，谋求可持续发展。应用生态学的发展受到生物学、工程学等其他学科的交叉影响，重点研究内容包括解决资源可持续利用问题、生态破坏问题和环境污染问题，特点表现为：1. 更注重其应用性；2. 强调与工程学的相互交叉；3. 特别注意与基础生态学的衔接性；4. 全方位采用新方法与新技术；5. 微观机理与宏观调控并行发展。随着生态学研究渗入到更多的领域，应用生态学也不断地在人类社会经济领域得到长足发展，尤其在人口问题、污染问题、资源问题等方面日益发挥重要的作用。（参考：周启星、孙顺江：《应用生态学的研究与发展趋势》，《应用生态学报》2002 年第 7 期第 879 ~ 884 页。韩铮）

《应用生态学报》

Chinese Journal of Applied Ecology

中国科学院主管、中国生态学学会和中国科学院沈阳应用生态研究所联合主办的综合性学术期刊，创刊于 1990 年，由科学出版社出版。该刊主要报道应用生态学领域的创新性科研成果与科研进展，反映我国应用生态学的学术水平和发展方向，跟踪学科发展前沿，注重理论与应用结合，促进国内外学术交流合作与人才培养。开辟有研究论文、综合评述和研究简报等栏目，内容主要包括森林生态学、农业生态学、草地生态学、渔业生态学、海洋与湿地生态学、资源生态学、景观生态学、全球变化生态学、城市生态学、产业生态学、生态规划与生态设计、污染生态学、化学生态学、恢复生态学、生态工程学、生物入侵与生物多样性保护生态学、流行病生态学、旅游生态学和生态系统管理等。读者对象主要是从事生态学、地学、林学、农学和环境科学研究、教学、生产的科技工作者，有关专业学生及经济管理和决策部门的工作者。月刊，ISSN：1001-9332。（席溢）

《应用生态杂志》

Journal of Applied Ecology

由英国生态学会创办。该期刊发表关于应用生态学概念、理论、模型和方法相结合对生物资源的管理方面的文章。主编鼓励利用应用生态学问题去验证和完善基础生态学理论，主要

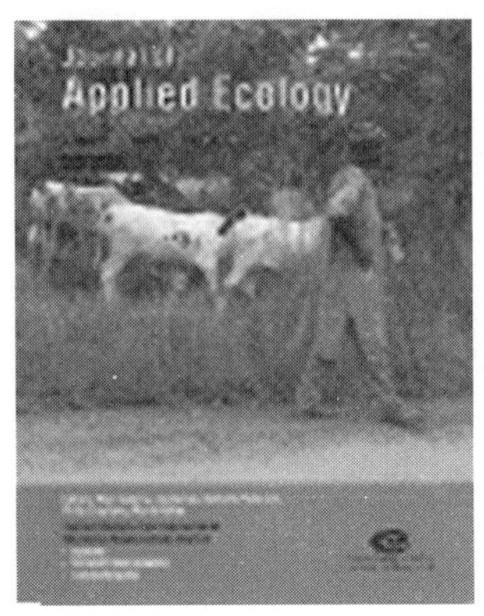

包括：保护生物和生物多样性、全球变化、污染生物、野生动植物和其栖息地管理、土地利用和管理、水资源、风景生态学以及基因改变有机体的影响作用等。刊登一些权威论文、短评、会议论文集和应用生态学方面的技术进展。双月刊，ISSN：0021-8901。2014 年影响因子为 4.564。（席溢）

《应用与环境生物学报》

Chinese Journal of Applied and Environmental Biology

于 1995 年创刊，由中国科学院主管，中国科学院成都生物研究所主办，科学出版社出版。是我国应用生物学和环境生物学的核心刊物。办刊宗旨：交流国内外生物学及相关学科领域的新成果、新技术、新方法和新进展，加强生物科学研究为国民经济建设、提高人民生活水平服务的功能。学科定位：生物学及相关学科中的资源开发利用与可持续发展、环境整治、退化生态系统的恢复与重建，以及在农、林、牧、医、能源、轻工、食品等领域的生物学研究。报道内容：应用生物学和环境生物学及相关科学领域的基础研究、应用基础研究和应用研究，包括研究论文、研究简报和该刊邀约的综述或述评。读者对象：生物学及相关学科的科研人员、大专院校师生和科研管理干部。双月刊，ISSN：1006-687X。（席溢）

硬约束

Rigid Restrictions

指法律、合同、规章制度等具有的强制性、他律性的约束机制，或者指外部客观条件所决定的刚性约束。就后者来说，人们越来越认识到，就像人口规模过大一样，生态环境恶化和自然资源短缺已经成为我国经济社会进一步发展过程中的刚性约束。就前者来说，一个逐渐达成的共识是，人们需要使生态文明建设和生态环境保护目标成为对各级政府决策的法治化约束。（刘中华）

拥挤效应

Crowding Effect

生物的生存不仅需要物质，还需要一定的空间和领地。生态学家将这种由于生物种群密度过大而产生的结果，称为“拥挤效应”。按照生产论，生产要素的投入存在着最佳比例，所以要素无论相对过少或者过多都是对最佳比例的偏离，从而产生非经济性。拥挤效应在现实经济中主要体现在：1. 要素密度过度集中，导致生产率下降，如人口过多引致道路交通拥挤；2. 要素相对稀缺性，导致要素价格上升，如土地、劳动力缺乏。然而拥挤效应又不能完全等价为要素相对比例的失衡。拥挤效应存在的特征：1. 具有空间特性，限定在一定区域内；2. 伴随经济集聚而产生；3. 只能由某类要素过多所引起，这里强调的是相对稀缺性。弱化拥挤效应所产生的负面效应的途径：1. 增加相对稀缺要素；2. 降低相对过多要素；3. 技术进步改变要素投入比例。3 种方法一定程度上代表 3 条保持经济持续增长的路径：粗放式增长、产业转移以及集约型增长。（牟世晶）

永久基本农田

Permanent Basic Farmland

对基本农田实行永久性保护。其中，基本农田指按照一定时期人口和社会经济发展对农产品的需求，依据土地利用总体规划确定的不得占用的耕地。中国共产党的十七届三中全会《中共中央关于推进农村改革发展若干重大问题的决定》明确提出要划定永久基本农田的战略思想，主要包括内容：1. 基本农田是优质连片耕地；2. 基本农田落地到户，位置将永久固定；3. 基本农田划定应考虑其多样性功能，包括生产功能与生态功能；4. 基本农田划定应与社会经济发展相协调，具有稳定性。基本农田划定中存在的问题有：1. 我国耕地质量等别总体偏低，《全国土地利用总体规划纲要（2006 ~ 2020 年）》确定的基本农田保护率为 86.4%，但我国优、高、中等地（1 ~ 12 等）仅占全国耕地总面积的 82%。如果严格按照从高等到低等的顺序划定基本农田，需要将全国的优、高、中等地全部划为基本农田，这在实际工作中是不可能实现的。2. 由于自然条件的差异，我国耕地质量区域差异明显，苏浙沪区以优、高等地为主，其比例达到 80%；而西北区优、高、中等地仅占区域耕地面积的 40%，进一步降低全国基本农田的整体质量水平。3. 基本农田“划优”和“保劣”的矛盾长期存在。一些大中城市规划建设用地与优质耕地空间重叠度较高，城边、村边、路边的优质基本农田通常被预留为建设用地，这与各地实现基本农田保护目标相矛盾。4. 自然条件造成的耕地细碎化、耕地质量差异导致承包分配过程中形成细碎化、耕地占用多发生在耕地集中连片区，给集中连片的基本农田保护措施造成一定的困难。5. 部分地区基本农田保护流于形式。《基本农田保护条例》规定建设占用基本农田要报国务院审批，目前许多地方的基本农田红线已经过满，造成由于城市化建设需要占用基本农田而频繁调整规划的情况不时发生，导致基本农田保护流于形式。（参考：钱凤魁等：《永久基本农田划定和保护理论探讨》，《中国农业资源与区划》2013 年第 3 期第 22 ~ 27 页。朱配辰）

永生

Immortality

永生观念是基督教描述的彼岸世界下的终极理想。《圣经》说：“神爱世人，甚至将他的独生子（耶稣）赐给他们，叫一切信他的，不至灭亡，反得永生。”基督教劝诫人们信仰基督，认为只有信仰耶稣基督，才能得到永生。基督教宣称世界末日来临时，耶稣基督会再来人世，届时所有人都要复活，接受“万王之王、万主之主”的耶稣基督的审判，信仰上帝的人上天堂得永生，与神共享永乐；不信上帝的人就将被打入地狱，遭受永恒苦难。（雷爱民）

永续农业

Permaculture

永续农业是 20 世纪 70 年代由比尔·莫里森（Bill Morrison）在澳大利亚发展起来的一个可持续农业的学派，是西方替代农业的类型之一。永续农业的总体目标是创建生态学上合理的，并且经济上可行的农村乃至城市的生活支持系统。它的整体构想是以人类活动为中心，将系统内的各种要素进行分区规划；以产量和稳定性为目标，建立以多年生植物为主体的生物多样性系统；以能量高效利用为核心，进行建筑物与相关要素的整体节能设计；以农产品就近供给为目标，建立制度配套的和谐社区系统。永续农业学派的战略目标：1. 积极发展农业生产，不断增加粮食生产，满足人们日益增长的需求；2. 推进农业综合发展，不断增加农民收入，逐步消除农村贫困；3. 合理利用并不断改善农业自然资源，积极保护自然生态环境，建立永久持续发展的农业生产体系。永续农业与有机农业等其他替代农业类型虽然在通过生物质循环利用来培肥土壤、减少化肥使用等方面有相同之处，但是它更强调对系统的整体设计，强调系统内乔木、灌木以及农田作物的布局，并且在系统创建之初不排斥适当地使用基于化石燃料的小型农机、化肥、技术设备等非生物资源。（参考：余永跃、王治河：《当代西方的永续农业与建设性后现代主义》，《马克思主义与现实》2008 年第 5 期第 114 ~ 123 页。刘阳）

优化开发区

Optimized Development Zone

依据《全国主体功能区规划》，指经济比较发达、人口比较密集、开发强度较高、资源环境问题比较突出，从而应该优化工业化城镇化开发的城市化地区。主要包括环渤海地区、长江三角洲地区、珠江三角洲地区等三大区域。国家对优化开发区域的功能定位是：提升国家竞争力的重要区域，带动全国经济社会发展的龙头，全国重要的创新区域，我国在更高层次上参与国际分工及有全球影响力的经济区，全国重要的人口和经济密集区。（张沥元）

尤尔根·特里廷

Jürgen Trittin，1954 ~

德国著名的绿色政治家。毕业于德国哥廷根大学，获得社会经济学学位，1982 年开始从政生涯。1998 年红绿联盟在德国大选中取胜，他作为当时德国的绿党主席，出任德国环境、自然保护和核安全部部长。在任期间决定使德国截至 2020 年彻底放弃使用核能。2005 ~ 2009 年担任绿党的副主席，负责德国的外交、安全和欧洲事务。（刘中华）

游说

Lobby

西方国家公共关系中一种重要的宣传性活动。它利用个人的关系和影响获取政府的情报并影响政府的政策，是企业、群众团体或特别利益集团接近政府决策的途径之一，并在一定范围内得到政府的允许。游说者常常是离职的议员，因为他们对立法的全过程、政府各部门的职能和政府官员的个人情况，都有着详细的了解。法律规定，在他们离开政府一年以后就可以从事这种活动，结果是他们成为政府与企业或利益集团之间的桥梁。游说只是信息通报而不是物质贿赂。游说活动可以是口头的，也可以是书信的，无论哪一种方式都是通过影响舆论达到影响政策的目的。（李庆）

游戏法

Play Method

运用游戏的方式进行教学活动的方法。可以调动幼儿活动的积极性，诱发幼儿主动学习的兴趣，使幼儿在轻松、愉快的气氛下，获得或复习巩固已学的知识、技能，发展各方面能力。教学中经常运用的游戏有智力游戏、音乐游戏和体育游戏等。教师可以将某一次教学活动设计为一个游戏，此时，游戏法成为幼儿获得新知识的主要手段。如通过开商店的游戏，要求幼儿正确说出所要买物品的名称，完整地表达自己的要求，从而使其口语表达能力得以训练。游戏也可作为教学的一个环节或一种方法，如体育教学中，通过体育游戏使幼儿做好运动的准备；音乐欣赏教学中，通过音乐游戏使幼儿体验表达音乐的乐趣，从而通过自己的身体动作进一步领会音乐节奏、音高的变化及其美感。运用游戏法必须明确游戏的目的任务，不能盲目追求有趣的活动形式而忽略了游戏对教学的作用。对不同年龄班运用游戏的分量应有所不同，通常小班较多以游戏方式教学。（王薛时）

游心

Leisurely Ramble in Heart

游心思想是庄子之学的重要概念。庄子在《骈拇》中说："骈于辩者，纍瓦结绳窜句，游心于坚白同异之闲，而敝跬誉无用之言非乎？而杨墨是矣。"在《德充符》中说："夫若然者，且不知耳目之所宜，而游心乎德之和。"庄子所称游心被认为是超越世俗的集保真、审美、修行与养生等于一体的处世自立方式。游心即心灵超越感官和尘俗，无碍无挂，涵容天地万物，将心灵安顿于世间万物之中。庄子之学崇尚"游"的精神，主张疏离患累、优游自得，超越功利、疏离现实社会秩序，追求个体生命自由；"游"可以"乘道德而浮游""虚己以游世"；游者"外游"游物，优游自在，无所贪求，在纷纭复杂的现象世界中把握事物之本相，无为而无不为；"内游"游心，内游即内省、神思，神与物游。"至游"游于道，"至游"是"游"的理想形态和终极追求，游于

"道"是通过体验"道"之存在，按道的方式生活，追求与道合一，即无待逍遥的境界，最终达到"独与天地精神往来，而不敖倪于万物，不谴是非，以与世俗处"的理想状态。（雷爱民）

有待之游

Mind of Dependence

有待之游是相对无待之游而言的，这两种方式是庄子在《逍遥游》中提出的两种面对社会人生的态度和理想追求。有待之游指世间万物与生俱来受到一些条件限制，有如大鹏与蜩、学鸠的飞翔高度不同一样，这是各自的性分不同所致，但并无高下之分，只有小大程度之不同，只要大鹏与蜩、学鸠等物类都安于各自的性分，顺物自然，就可以实现各自的逍遥，逍遥地"游"于世间，但是这种"游"是有条件限制的，它必定受制于各自的性分所限，不能超出各自的性分之外，此谓有待之游，也叫有待逍遥。（雷爱民）

有规制的市场

Regulated market

指由政府控制供给与需求的市场，如谁被允许进入市场，以及可以索取什么样的价格。一般认为，有规制的市场是基于它们是自然性的垄断，比如电信、水资源、天然气或电力供给。多种形式的规制存在于有规制的市场，包括控制、监管、反歧视、环境保护、税收和劳工法。在有规制的市场中，政府管制机构将对特定利益优先权进行规制立法，即"管制俘获"。一个有规制的市场受政府任命的机构去控制收费标准，并保证向消费者提供公正的服务。比如服务部门受市场管制，从而阻止垄断，保证合理竞争，最终保证服务的质量。（徐越）

有机产品

Organic Product

"有机"指根据国际生产要求和相应的标准采取的有机耕作和加工方式。有机产品指按照这种方式生产和加工的，产品符合国际或国家有机产品要求和标准，并通过国家认证机构认证的一切农副产品及其加工品，包括粮食、蔬菜、水果、奶制品、禽畜产品、蜂蜜、水产品、调料等。除有机食品外，国际上还将派生产品如有机化妆品、纺织品、林产品或有机产品生产提供的生产资料，包括生物农药、有机肥料等，经认证后统称有机产品。有机产品的特点来自于生态良好的有机农业生产体系，包括：1. 有机产品生产过程中禁止使用化学合成的农药、化肥、激素、抗生素、食品添加剂等，并且不允许使用基因工程技术；而其他产品则允许有限使用这些技术，且不禁止基因工程技术的使用。如绿色产品对基因工程和辐射技术的使用就未作规定。2. 生产转型方面，从生产其他产品到有机产品需要2～3年的转换期，而生产其他产品（包括绿色产品和无公害产品）没有转换期的要求。3. 数量控制方面，有机产品的认证要求定地块、定产量，而其他产品没有如此严格的要求。（李雪姣）

有机产品认证管理办法

The Management Approach of Organic Product Certification

2013年11月15日国家质检总局公布新的《有机产品认证管理办法》，自2014年4月1日起施行。在此基础上，国家质检总局2004年11月5日公布的原《有机产品认证管理办法》同时废止。由于我国近年绿色产品市场的不断发展，管理办法中需要扩充和具体说明的事项也增多，最新的《有机产品认证管理办法》于2015年8月25日修正。这一管理办法共7章63条，建立认证证书统一编号制度、认证标志统一编号制度、档案记录制度等，旨在加强有机产品认证管理，维护消费者、生产者和销售者合法权益，进一步提高有机产品质量。标志着我国统一的有机产品认证制度完成升级换代。（参考：王茂华、唐茂芝、吕艳：《我国出台有机产品认证管理新规》，《中国标准化》2014年第3期第92～95页。刘阳）

有机产品认证实施规则

The Implementation Rules of Organic Product Certification

有机产品认证实施规则根据《中华人民共和国认证认可条例》和《有机产品认证管理办法》等规章制度制定。为进一步完善有机产品认证制度，规范有机产品认证活动，保证认证活动的一致性和有效性，2011 年 12 月 2 日国家认监委宣布对 2005 年 6 月发布的《有机产品认证实施规则》进行修订，修订后的《有机产品认证实施规则》自 2012 年 3 月 1 日起实施，并于同日废止国家认监委 2005 年第 11 号公告。《规则》分目的和范围、认证机构要求、认证人员要求、认证依据、认证程序、认证后管理、再认证、认证证书、认证标志的管理、信息报告、认证收费等 10 个部分。（刘阳）

有机毒物污染

Organic Toxicants Pollution

有机毒物污染主要是指人工合成的一类具有三致毒性（致突变、致畸变、致癌变）的有机化合物，在环境中造成对人体的毒害和环境污染现象。这类有机毒物主要包括持久性有机污染物（POPs）、挥发性有机物（VOC）、半挥发性有机物（SVOC）、农药类、内分泌干扰素、藻毒素等，大部分属于难降解有机物，可被生物富集，通过食物链间接进入人体，或通过饮用水直接进入人体，严重影响人体健康。生活中常见的有机毒物污染现象包括土壤农药残留、江河有机毒物排放、家居环境挥发性有机毒物超标等。工业上已投入使用的有机毒物的治理技术包括化学絮凝法、电催化氧化法、气提处理技术、吸附处理技术、化学氧化处理技术等，但针对不同性质类别的混合有机毒物，同一方法的处理效率并不可观，这是有机毒物污染在工业治理技术上存留的挑战性问题。（参考：尚惠华、金洪钧、于红霞：《有机毒物污染点源废水排放控制和风险管理的现状与建议》，《给水排水》2002 年第 2 期第 47 ~ 51 页。刘阳）

有机肥料

Organic Fertilizer

有机肥料是指从农业废弃物、畜禽粪便、发酵工业废弃物和城市污泥等加工得到的，富含多种有机酸、氮、磷、钾等营养元素的肥料。有机肥既能为农作物提供有机质和无机质养分，又能促进土壤微生物的繁殖，继而改善土壤肥力。有机肥料按种类可分为粪尿肥、堆沤肥类、饼肥类、草炭类、泥土类。而传统工业化学肥料虽然肥力高肥效快，但一般不含有机质，不能有效改善土壤肥力，对土壤自身微环境的恢复也有一定的破坏作用，并且对土壤周边的环境有渗透扩散的污染。因此与化学肥料相比，有机肥料具有肥效性价比更高、资源循环利用率更高、环境污染更小等特点。（参考：刘睿、王正银、朱洪霞：《中国有机肥料研究进展》，《中国农学通报》2007 年第 1 期第 310 ~ 313 页。刘阳）

有机废水

Organic Wastewater

指以有机污染物和被细菌病毒污染为主的废水。有机废水易造成水质富营养化，危害很大。在生活污水、食品加工、造纸和化工等工业废水中，含有碳水化合物、蛋白质、油脂、木质素等有机物质。这些物质以悬浮或溶解状态存在于污水中，可通过微生物的生物化学作用而分解。在其分解过程需要氧气才能完成，因而被称为耗氧污染物。这种污染物可造成水中溶解氧减少，影响鱼类和其他水生生物的生长。水中溶解氧耗尽后，有机物进行厌氧分解，产生硫化氢、氨和硫醇等难闻气味，使水质进一步恶化。（史月田）

有机废物处理

Organic Waste Treatment

有机废物指人类在生产生活中产生的有机类废弃物，包括农业废物、生活有机垃圾和人畜粪便等。有机废物是非均质的混合物，物理性质是由构成物质的性质和比例决定的，故其物理性质不固定难以处理。目前有机废物处理的主要方式有堆放、填埋、焚烧、投海、生物处理、高温堆肥和厌氧处理等。堆放、填埋、焚烧、投海作为传统的4种垃圾处理方式，如果处理不当会带来环境的原生污染和二次污染。生物处理指利用生物如蚯蚓等，吃掉垃圾并排出粪便直接作为饲料和肥料。高温堆肥是将有机废物置经过微生物的发酵作用，温度升高杀死其中的病原菌，微生物将有机废弃物分解为较好的肥料。厌氧处理通过厌氧菌的作用将有机生物质转化为甲烷气体，作为燃料使用，同时发酵后的废弃物体积减小，并可以得到高质量的肥料与土壤改良剂。高温堆肥与厌氧处理因使有机废物达到无害化、资源化和减量化的效果，已日趋受到重视。（朱雨晨）

有机农产品

Organic Agricultural Products

指纯天然、无污染、安全营养的食品，也称生态食品。根据有机农业原则和有机农产品生产方式及标准生产、加工出来，并通过有机食品认证机构认证的农产品。有机农业的原则是，在农业能量的封闭循环状态下生产，全部过程都利用农业资源，而不是利用农业以外的资源如化肥、农药、生产调节剂和添加剂等影响和改变农业的能量循环。有机农业生产方式是利用动物、植物、微生物和土壤4种生产因素的有效循环，不打破生物循环链的生产方式。（史月田）

有机农业

Organic Agriculture

有机农业指通过使用有机肥料、适当耕作和养殖措施，借此提高土壤长效肥力和耕性的生产系统。有机农业的生产培育对象来源不采用通过基因工程所获得的生物及其产物，不使用化合农药、工业化肥、生长调节剂、人工饲料等物质，遵循生物生长的自然节律和生态学原理，有效协调种植业和养殖业的资源循环利用，使土地、生物、资源产出之间达到生态的和可持续的循环。国内外研究机构都将不使用化学合成的耕作材料作为有机农业的最大特点。我国相关领域研究者将有机农业概括为：以保护生态环境为出发点，在农业生产中不使用人工合成的肥料、农药、生长调节剂、饲料添加剂等非有机物质，以生态学原理为指导，遵循自然规律，以农业生态可持续发展为理念的农业生产方式。英国植物病理学家阿尔伯特·霍华德（Albert Howard）于20世纪30年代初在《农业圣典》一书中提出有机农业概念，直到80年代，这一概念才被发达国家广泛提及和积极实践。我国有机农业于90年代在局部地区开展试点，目前依然集中存在于小农户和大城市郊区有机农场阶段。发展有机农业的初衷在于保护自然环境和耕地生态系统。传统农业生产主要依靠化肥和农药促进作物正常生长，但长期大量的投入，会使得耕地保肥和保水能力下降、土壤有机质严重损耗，从而加剧水土流失和旱涝灾害。此外，农药的使用在杀灭害虫的同时，也有害于其他有益物种，生态多样性由此受到损害。有机农业倡导以作物秸秆和人畜粪便作为肥料，有利于土壤保持肥力和养分，防止水土流失，使农业生态系统得到恢复，达到环境保护的目的。生态敏感区发展有机农业，更能缓解当地生态压力、防止生物多样性进一步受损，从而使农业生态系统健康发展。（参考：王宏燕：《全球有机农业发展现状和我国有机农业发展对策》，《农业系统科学与综合研究》2003年第3期第223～229页；温明振：《有机农业发展研究》，天津大学2006年博士学位论文第9～11页。刘阳　欧阳文川）

有机食品检查和认证体系

Organic Food Inspection and Certification System

指机构通过认证证明该食品的生产、加工、储存、运输和销售点等环节均符合有机食品的标准。有机食品认证范围包括种植、养殖和加工的全过程。有机食品认证的一般程序包括生产者向认证机构提出申请和提交符合有机生产加工的证明材料，认证

机构对材料进行评审、现场检查后批准。（史月田）

有机性思维

Organic Thinking

有机性的概念最早来源于有机化学和生物学的领域。在有机化学中，有机物质是指含碳元素的化合物（除碳氧化物和碳酸盐类）或碳氢化合物及其衍生物总称。生物有机体指有生命的个体，一个由细胞紧密结合而构成的各个部分按照一定的结构一定的层次有机地排列在一起的结构体，它可以指一个系统，一个群落等。事物的有机性特征主要表现为整体性、结构性、联系性和系统性。有机性思维包括整体性思维、结构性思维、联系性思维和系统性思维。整体思维认为整体是由各个局部按照一定的秩序组织起来的，要求以整体和全面的视角把握对象。结构性思维方法就是以事物的结构为思维对象，以对事物结构的积极建构为思维过程，力求得出事物客观规律的思维方法。“掌握事物的结构，就是以允许许多别的东西与它有意义地联系起来的方式去理解它，简单地说，学习结构就是学习事物是怎样相互关联的。”（布鲁纳）。联系性思维方式认为整个宇宙各个部分相互渗透、相互影响、相互作用。主张将不同的事物或现象联系在一起思考，其特点是将个人、世界、宇宙的诸多部分，建构紧密的联系性关系。系统思维就是将认识对象作为系统，从系统和要素、要素和要素、系统和环境的相互联系、相互作用中综合地考察认识对象的一种思维方法。系统思维能极大地简化人们对事物的认知，给人们带来整体观。（牟世晶）

有能力的国家

Capable State

与失败国家相对应的名词。指国家具有将自己的意志、目标转化为现实的能力。对于有能力的国家来说，不仅可以通过民主途径达成政治共识，而且公共部门机构运转良好并能制定良好政策、管制市场、动员社会资源，从而为可持续的社会经济提供服务。有能力的国家既能应对自然灾害、人道主义危机、缓和冲突，又能有效执行所制定的发展政策；有能力的国家能够以透明和负责的方式，有效计划、设计、执行和评估其发展框架。目前，有能力的国家往往与治理、生态现代化等概念相挂钩。在西方话语中，有能力的国家是遵循民主原则、透明和负责、有能力的领导层、有能力提供切实的结果等。在中国话语中，有能力的国家是指政府受托获得财政资源，依法行政，保护国家主权独立和人民的生命财产安全，维护社会公正和秩序。（徐越）

有情众生

Sentient Being

佛教用语，指世界上一切具有知觉、具有情识的生命存在，如佛教所说的诸天、人类、修罗、畜生、饿鬼、地狱等六道生灵，他们大多在人道中造业，于是会由于造善业而投胎诸天、人道、修罗，由于造恶业而投胎畜生、饿鬼、地狱，如不知解脱之法，或不能修习佛法，就将生生世世在六道中辗转轮回，受生死轮回之苦，即在六道中轮回。（雷爱民）

有限政府

Limited Government

政治权力有限及其权力受其他部门权力制约的政府（行政）制度，与“无限政府”相对应。相对于封建时代行政权力毫无限制或缺乏限制而造成暴政的事实，资产阶级上台后，在法治原则中主张对政治权力进行限制，使之不会摧毁资产阶级自身的利益，这就是有限政府的原则。实行这种原则的政府就是有限政府。根据这项原则：
1. 政府必须是人民选举产生的，选举是权力的唯一的合法来源，现代主要是普选和直接选举。
2. 政府的任期是有限的，废除终身制，每届政府的任期从 4 年到 7 年不等；在总统制国家，政府可连选连任的届数也是有限的，一般不超过两届。
3. 政府所拥有的权力范围是有限的，要么来自于宪法的规定，要么来自于法律的授予。4. 政府实现权力的手段也是有限的，要么需向人民或议会负责，要么需受司法的制约。（李庆）

《有意破坏帮》

The Monkey Wrench Gang

爱德华·艾比的生态文学作品，第一版由出版商 Lippincott Williams & Wilkins1975 年发行。生态文学史和生态保护史上的一个传奇。在导致严重生态灾难的格兰峡谷大坝建成 13 年后，艾比用这部小说向以修建巨型水坝为代表的、违反和扭曲自然规律的征服自然行径发起激烈批判。小说叙述一群生态英雄为“让自然保持原样”而进行的“生态性有意破坏”活动。所谓“生态性有意破坏”指的是以保护自然为目的、以不导致任何人身伤害为限度、以捣毁导致生态灾难的机械或设施为主要任务的激进环保行动。小说一问世就掀起轩然大波，反对者、支持者都应声而起。反对者愤怒指责艾比提倡违法环保，支持者则认为反自然、反生态的恶法必须破除，并将“生态性有意破坏”作为环境运动的行动方式。著名环保组织“地球优先！”在这部小说的直接影响下宣告成立，很多环保人士和组织也在这部作品的启发下展开一系列类似小说情节的保护生态壮举。艾比因此被很多环保主义者视为精神偶像。《有意破坏帮》现无中文译本。（王薛时）

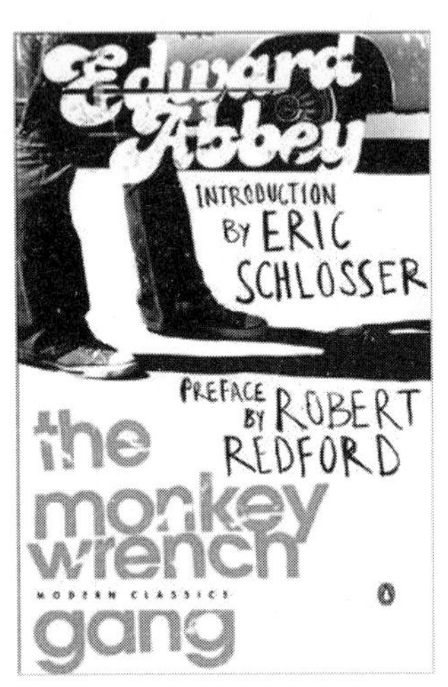

有质量的增长

Qualitative Growth

德国社会民主党 1989 年通过的《柏林纲领》中提出的创新性政治理念。生态现代化和有质量的增长，集中展现德国社会民主党积极的环境政策立场，以及在环境议题方面的政策转向。社会民主党的经济学家汉斯—于尔根·克普鲁（Hans-J ü rgen Krupp）最早提出“有质量的增长”概念，指出通过市场经济和刺激，特别是环保技术的发展，可以实现经济增长和环境保护的双赢。《柏林纲领》指出，国家需要抵制竞争性经济所带来的对自然的破坏；生态不是经济的添加物，而是负责任的经济行为的基础。2007 年《汉堡纲领》继承《柏林纲领》中的可持续发展和有质量的增长理念。《汉堡纲领》强调，德国社会民主党希望能够将经济增长、社会正义、生态责任相结合，以促进社会的进步，这需要有质量的增长和减少资源消耗；德国社会民主党希望通过科技和经济进步、教育的发展来助力可持续发展。《汉堡纲领》指出，有质量的增长的前提是有竞争力、较高生产力和高附加值的国民经济，因为它是克服贫困、剥削以及自然资源浪费的基础。（王聪聪）

幼儿园环境教育

Pre-school Environmental Education

针对学前儿童的环境教育。学前教育是基础教育的重要组成部分。学前儿童发展心理学研究证明，自我中心的特点常使幼儿期的孩子由己推人，自己有意识、有情感、有语言，便以为万事万物也和自己一样有灵性，因此，他们常有一种看待事物的独特眼光和一颗敏感、善良、充满幻想的心。因此，幼儿园环境教育的课程设计一般立足于情感目标为主体，关注孩子们的环境意识的激发和对待环境的态度的形成。幼儿的心理特点决定他们是无意注意为主，因此他们对环境的兴趣往往是偶然的和不稳定的，对整个环境的认识也是局部的、零碎的，有时甚至是不正确的。需要在课程设计过程中考虑到这些特点，使幼儿环境教育课程能够引导和鼓励孩子们关心周围世界，了解生活中出现的有关自然界的各种现象，培养他们热爱大自然的情感，激发他们探索大自然的兴趣，给予他们所能理解的环境知识，逐步树立稳固的环境意识，参与力所能及的保护环境活动，养成良好的环境行为习惯。（参考：祝怀新：《环境教育的理论与实践》第 46 页，北京：中国环境科学出版社，2005 年。王薛时）

幼儿园环境教育课程设计

Curriculum Design for Pre-school Environmental Education

学前教育是基础教育的重要组成部分，幼儿时期所形成的环境态度、情感等对其成长过程中环境综合素质的提高极为重要。基于幼儿心理发展的特点，幼儿园环境教育课程设计应当完全体现顺其自然特征。幼儿好奇的眼睛时时刻刻在接受着这个世界，看见小鸟就喜欢小乌，看见小兔就喜欢小兔。喜欢大自然是幼儿的天性。幼儿虽然幼稚，但他们时刻在接触环境，也在看看、闻闻、听听、摸摸、尝尝的过程中，感悟环境，认识环境，养成爱环境的情感。除自然环境和人工环境，人际环境对幼儿来说也是至关重要的，和睦的家庭环境、温馨的幼儿园环境，使孩子有归属感，意识到自己是这个环境中的一员，从而产生安全感和幸福感。爱是体验到的，不是认识到的，没有体验就不可能产生真爱。所以，幼儿阶段是培养环境情感、形成环境意识的重要时期。（参考：祝怀新：《环境教育的理论与实践》第 46 页，北京：中国环境科学出版社，2005 年。王薛时）

幼小产业

The Infant Industry

指在工业后发国家的产业结构体系中，相对于工业先行国家成熟的同行产业而言，处于“幼小稚嫩”阶段的产业。被誉为幼小产业理论之父的德国的经济学家李斯特认为，处于工业化后进序列的国家，有可能通过国家产业政策的保护和培育，发展新的优势产业。后起国家只有以这种优势产业参与国际分工，才能打破旧有的国际分工秩序。这就是“保护幼小产业论”。20 世纪英国经济学家约翰·穆勒（John Stuart Mill）提出，具有外部经济效益的产业为幼小产业。该产业在关税、配额、补贴等保护措施下生产，经过一段时间后，能够在自由贸易条件下获利，并达到其他国家水平而自立的产业，即为幼小产业。他同时指出，幼小产业保护是临时性的，一旦它成熟便不再提供保护。幼小产业是建立在通过对国外进口替代品征收关税、限定配额，对民族产业实行补贴，以达到保护民族幼小产业的基础上。该理论对国内幼小产业保护同样适用。（史月田）

淤滩固堤

Silt Deposit

明代著名治河能臣潘季驯总结的利用泥沙的措施。格堤最初有用来保护遥堤堤根不受洪水冲刷的作用，后来潘季驯发现，“水退，本格之水

仍复归槽，淤留地高，最为便宜”（《河防一览·河防险要》）。因此，潘季驯主持在徐州房付至宿迁峰山的遥、缕二堤之间修筑 7 道格堤，作为淤滩固堤的措施，计划在南岸继续增筑，在北岸也要照此办理。后来，他的这一认识在实践中又有发展。潘季驯认为，在宿迁以南只有遥堤（宽堤）、没有缕堤（窄堤）和格堤同样可以达到淤留岸高的目的。他说，“宿迁以南，有遥无缕，水上沙淤，地势平满。民有可耕之田，官无岁修之费，此其明效也”（《总理河漕奏疏·条议河防未尽事宜疏》）。因此，潘季驯于万历十九年（1591）向朝廷正式建议：“放水淤平内地（遥

缕二堤之间滩地），以图坚久。”从而将淤滩固堤作为利用泥沙、治理黄河的重要措施。潘季驯的具体办法是，先加固遥堤，使其坚固，万无一失。然后根据地形地势选择缕堤的适当位置开口，放水内灌。水进则沙随而入，沙淤则滩随之增高。他设想，“二三年间，地高于河，即有涨漫之水，岂能乘高攻实乎？缕堤有无，不足较矣。”据此，潘季驯得出结论：“与其以人培堤，孰若用河自培之为易哉！至于人夫桩料，岁省尤为不赀，诚为上策”（《总理河漕奏疏·条议河防未尽事宜疏》）。这一措施符合黄河“大水挟大沙”“大水淤滩”的客观规律，对减少主槽淤积，巩固堤防作用显著。清人进一步实践，一度形成放淤固堤高潮。（参考：郭涛：《潘季驯以水治沙的治河方略》，《人民黄河》1983 年第 1 期第 72 ~ 75 页。朱配辰）

于尔根 · 哈贝马斯的理想语境

Jürgen Habermas' Ideal Speech Situation

德国著名政治哲学家于尔根·哈贝马斯在公共假设的基础上提出的理想化的社会模式。与罗尔斯的合作型理想社会不同，哈贝马斯设想的社会在一定程度上是竞争性社会。但与自由主义竞争社会不同，这里真正展开竞争的是不同公民个体间的规范性诉求本身，平等参与的公民个体将服从于更好论点的说服力（而不是任何其他的强制性力量），最终达成审议生态共识。哈贝马斯较为明确地承认公民个体自由平等交流的共同交往环境，而回避或忽视这些差异的现实诱因及其对生态审议过程与结果可能带来的不利影响。但是，哈贝马斯的理想语境也面临着过分理想化的难题，并未真正把握现存民主社会的现实，无法解决文化多元主义引起的规范性认知差异个体的共识问题。（徐越）

于晓刚

Yu Xiaogang

生年不详。云南省环保团体大众流域管理研究及推广中心（即绿色流域）主任，毕业于云南大学。于晓刚及其绿色流域团队，一直致力于拉市海、丽江、长江上游等地的环境保护，为实现

中国西部地区可持续的流域管理不懈努力，多次参与漫湾水电站的社会影响评估、丽江拉市海参与式流域管理、怒江保卫战等。创造了先扶贫后环保的独特发展模式，为贫困地区的环保公益事业找到了较好的突破口；同时，对怒江开发，特别是环境影响评价工作做了有益的探索。曾获得戈德曼奖、菲律宾政府的麦格赛赛奖等荣誉称号。（王聪聪）

余谋昌及其环境伦理学

Yu Mouchang and Environmental Ethics

余谋昌是中国环境伦理学研究的领军人物，20 世纪 70 年代以来，在我国学术界发表环境伦理学的首批论著，有论文 100 多篇，著作 12 种，提出这个领域的初步理论框架和基本观点，开拓了这个领域的研究工作。1980 年余谋昌翻译发表苏联科学院院士格拉西莫夫的《现代生态学中的方法论问题》一文，将环境伦理学的概念引入国内，成为中国环境伦理学的首倡者之一。余谋昌《走出人类中心主义》一文提出非人类中心主义观点，主张将道德关怀领域扩展到整个自然界，关注人类以外的其他生物的存在和价值，提倡人类社会与生态环境和谐发展。余谋昌还将伦理学引入环境问题研究，提出“仿圈学”概念，倡导循环经济和可持续发展，认为地球生物圈和生态

系统具有自动调节性质和自我控制功能，认为生物圈是可循环的、无废料的生产过程。余谋昌提出生态哲学理念，出版《生态学哲学》一书，填补了中国环境哲学研究的空白，提出马克思主义的生态哲学观。（雷爱民）

鱼类生态学

Fish Ecology

以研究鱼类个体和群体的活动、习性、繁殖、分布及其与外界环境之间关系的农业生态学分支学科。鱼类生态学随着渔业经济的发展而兴起。渔业发展需求对于鱼类生态学的发展具有重要意义，同时鱼类生态学在保护鱼类资源、合理捕捞以及渔业管理等方面对渔业经济的发展有积极作用。研究内容包括：1. 鱼类及其生活环境的关系，了解鱼类的栖息场所、生活方式、集群地点、徊游规律、繁殖生长条件等，进而了解环境变化对其形态、生理、行为等方面的影响；2. 鱼类在各类水域中的数量变动与环境变化的关系，掌握种群变动规律以及在群落中的位置；3. 研究围湖造田、污染物排放等人类活动对鱼类生存和数量的影响。鱼类生态学在发展渔业经济方面具有重要指导意义，在了解鱼类种群、维持生物多样性、防治水体污染等方面具有积极的生态意义。（韩铮）

《渔业法》

Fisheries Law

见**《中华人民共和国渔业法》**。

渔业生态标签制度

Fishery Eco-label System

生态标签又称为环境标志或者绿色标志，是由政府职能部门、社会组织或者私人团体依据一定的环境标准向自愿申请者颁发的说明其生产的产品或者提供的服务达到环境标准的一种标志。渔业生态标签制度是国家或者相关渔业组织出于渔业可持续发展的目的，将生态标签制度运用于渔业生产以及渔业资源管理方面，以此保障鱼产品只对生态环境和人体健康产生极小危害或者没有危害，并且说明捕获方式符合渔业可持续发展的目标。渔业生态标签制度同一般生态标签制度一样具有自愿性质，即渔业生态标签并非渔业产品进入市场的强制性标准，世界粮农组织发布的《海洋捕捞渔业和渔产品生态标签国际准则》也将自愿性作为渔业生态标签制度的基本原则之一，然而市场导向性决定渔业生产倾向于按照生态标签体系原则运作。渔业生态标签制度有利于解决渔业贸易和环境保护之间存在的矛盾。全球渔业快速发展和鱼产品需求增长带来的突出问题在于过度捕捞和粗放型渔业养殖造成的渔业资源耗竭，渔业生态标签制度的基本原则就在于不影响渔业贸易发展的同时兼顾渔业可持续发展和环境保护，生态标签本身就是经济增长的重要促销手段，因此渔业生态标签可以使环境保护和渔业贸易发展之间相互促进和协调发展。（参考：王萌等：《渔业生态标签制度的发展与问题》，《中国渔业经济》2011 年第 1 期第 102 ~ 105 页。欧阳文川）

渔业水域环境

Fishery Water Environment

渔业作为典型的资源性产业，渔业资源是产业活动的物质基础，水域生态环境是渔业资源赖以生存繁衍和发展的空间。渔业水域指鱼、虾类的产卵场、索饵场、越冬场、洄游通道和鱼、虾、贝、藻类的增养殖场所。渔业水域环境指适合水生经济动植物生长、繁殖、索饵、越冬的水域的自然环境，它由生物环境和非生物环境所组成，两者相互影响，相互关联。一般来说非生物环境包括江河的径流量、水系的移动状况、水的理化性质等；生物环境包括浮游动、植物的分布和变动情况，饵料生物的分布等。渔业水域环境的好坏对鱼类的生长、栖息起着决定性的作用，它是渔业生产赖以发展的基础。（李雪姣）

渔业资源

Fishery Resources

又称水产资源，指具有开发利用价值的鱼、虾、蟹、贝、藻和海兽类等经济动植物的总体，是渔业生产的自然源泉和基础。按水域分内陆水域渔业资源和海洋渔业资源两大类。其中鱼类资源占主要地位，约有2万多种，估计可捕量0.7亿～1.15亿吨。海洋渔业资源（不包括南极磷虾）蕴藏量估计达10亿～20亿吨。对水域中经济动植物个体或群体的繁殖、生长、死亡、洄游、分布、数量、栖息环境、开发利用的前景和手段等进行调查，是发展渔业和对渔业资源管理的基础性工作。分为管理性调查和开发性调查两类。前者针对已开发的渔场进行，旨在合理利用水产资源以取得最大的合理的持续产量。后者针对未开发的水域进行，旨在探明新的捕捞对象和相应的开发手段。调查后应提供的资料包括：1.特定水域范围内的可捕鱼类和其他水生经济动植物的种群组成；2.种群在水域分布的时间和位置；3.可供捕捞种群的数量或已开发程度；4.进行开发的适宜技术和手段；5.必要的投产方式以及合理发展生产的建议；6.恢复和合理利用已过度开发资源的意见等。渔业资源调查的质量有赖于大量的海洋调查资料，以提供有关世界各大洋环流和生物分布的范围，如大陆架、公海的鱼类密集分布区往往和不同海流的交汇区、涌升流域表层的辐合区密切相关；近海、河口区域的鱼类同样和交汇区、河川径流有关等。因此，对海洋学、水文学资料的分析是渔业资源调查的重要方面。已开发利用的渔业资源中，70%直接供应人们食用，如鲜品、冻品、罐藏以及盐渍、干制等加工品；30%加工成饲料鱼粉、工业鱼油、药用鱼肝油等综合利用产品。渔业资源开发利用程度体现在：1.利用枯竭，即在相当长时期内资源量难以恢复到正常水平。2.过度利用，即资源已衰退，但只要采取保护措施，尚能恢复。3.充分利用，即能适应资源自然更新能力，保持最适持续产量。4.未充分利用，即资源利用尚有潜力。中国东南濒临大海，海域辽阔，海岸线长，内陆水域网络纵横，渔业资源丰富，品种繁多，已知海、淡水鱼3000多种，常见经济鱼种类有150多种。（史月田 李雪姣）

舆论监督

Supervision by Public Opinion

新闻媒体拥有的运用舆论独特力量，帮助公众了解政府事务、社会事务和一切涉及公共利益的事务，并促使其沿着法制和社会生活公共准则的方向运作的一种社会行为权利。舆论监督通过传播媒介揭示现实生活中存在的问题并促使解决，是社会各界通过广播、影视、报刊等大众传播媒介，发表自己的意见和看法，形成舆论，从而对国家、政党、社会团体、公职人员的公务行为以及社会上一切有悖于法律和道德的行为实行制约。舆论监督不具有强制性，但却具有精神的、道德的力量。当分散的、个别的议论引起人们普遍关注，经过传播而形成社会舆论时，便代表着众多人的看法和意志，对社会生活产生重要影响。舆论监督的实现需要两个环节：一是提供足够的舆论信息，即可以形成舆论的事实和情况；二是公众对各种政治、经济和社会现象及有关人进行理性的、坦率的评论。舆论监督是社会主义民主政治的重要内容，又是社会主义政治文明进步的重要标志。（张惠娜）

与天地精神相往来

Follow the Spirit of Heaven and Earth

出自《庄子·天下篇》：“独与天地精神往来，而不敖倪于万物，不谴是非，以与世俗处。”天地精神指天地之道，人们应该追随天地之道，与道为友。独与天地精神相往来表达超越的个人追求。独与天地精神相往来，不敖倪于万物，以平等心态对待万事万物，遇事宠辱不惊，淡然处之，不执着于一己之偏，不受外境左右，超然物外，以道观万物，万物齐一。（雷爱民）

宇宙飞船经济观

The Concept of Spaceship Economy

指将环境与人类的关系比喻为相对封闭的、有限的宇宙飞船与飞船乘员之间共命运关系的生态经济观点。由美国经济学家鲍尔丁 1966 年提出。科学家在设计宇宙飞船时，非常珍惜飞船的空间和它所携带的装备和生活必需品。在飞船中，几乎没有废物，即使乘客的排泄物也经过处理、净化，变成乘客必需的氧气、水和盐回收，再供乘客使用。如此循环不已，构成宇宙飞船中的良性生态系统。宇宙飞船经济根据这一生态系统的思想而提出。它将地球看成巨大的宇宙飞船，除能量要依靠太阳供给外，人类的一切物质需要靠完善的循环得到满足。事实上，地球上的生命生生不息的奥秘，就在于地球是自给自足的生态系统，它在太阳能的推动下，日复一日，年复一年地进行着物质的周期循环，不需要补给什么东西，也没有多余的废物，其中的一切各有用途。生命在这川流不息的物质循环中得以体现。宇宙飞船经济将这一生态学观念应用于人类社会的经济模式，要求人类按照生态学原理建造自给自足的、不产生污染的经济或生产体系，它是封闭的经济体系，内部具有极完善的物质循环和更新性能。宇宙飞船经济观要求人类改变将自己看成自然界的征服者和占有者的态度，将人和自然环境视为有机联系的系统，即人—自然系统。（牟世晶）

宇宙生成论

Theory of Cosmology

宇宙起源问题是人类认真探索的课题。宇宙生成成为哲学家、思想家关注的问题。古人的回答最初以神话形式表现出来。盘古开天地是古人传说。从现存古籍看，先秦已经开始从理性角度做出回答。老子归结宇宙起源为：“天下万物生于有，有生于无。”这是老子宇宙观的核心，说宇宙从“无”中产生。老子引入“道”的概念说：“有物混成，先天地生，寂兮寥兮，独立而不改，周行而不殆，可以为天下母。吾不知其名，字之曰道。”老子认为“道”是“先天地生”“可以为天下母”，是说天地万物是在“道”的作用下产生出来。“道”化生万物模式：“道生一，一生二，二生三，三生万物。”由此，宇宙万物形成。（参考：关增建：《先秦宇宙生成论探析》，《自然科学史研究》2012 年第 2 期第 129 ~ 135 页。牟世晶）

宇宙生态学

Cosmic Ecology

研究太空探索时宇宙环境对地球生物影响的学科，又称为太空生态学。宇宙中特有的集失重、无声、极端高低温、密闭、节律变化的环境，对地球生物的生长发育、繁殖遗传、生物色素和行为等方面都有影响。（朱雨晨）

雨水花园

Rainwater Garden

又称生物滞留区（Bioretention Area），是有效的雨水自净化与生物滞留处置技术，用来汇集吸收雨水。由蓄水层、覆盖层、植被及种植土层、人工填料层、砾石层等组成。利用植物截流与土壤渗滤净化雨水，减少污染。对雨洪调节与雨水利用有显著功效，具有成本低、管理简单粗放、自然美观等优点。此外，还可以为鸟类、昆虫等动物提供食物和栖息地，有利于整个生态系统维护。（任傲尘）

雨水回收利用

Rainwater Recycling

简称雨水回用，是按要求回收雨水处理再利用的过程，缓解水资源短缺、排水系统和河道防洪压力、内涝积水问题的重要措施。有完整技术体系：雨水径流收集技术、雨水径流传输与储存技术、雨水径流过滤控制与净化技术等。有很多优点：节约水资源、控制水体污染、削减暴雨径流量、补充地下水源、保证地质安全等。对雨水进行回收利用处理可以带来经济效益、生态效益、

社会效益与景观效益。（任傲尘）

语文学科与环境教育

Chinese Discipline and Environmental Education

环境教育中多学科模式的具体形式。语文学科是基础教育阶段的重要基础学科。它是工具性学科，也是人文性很强的学科。人文性特征体现在培养学生的审美感，形成科学价值观、道德感。在语文课中渗透环境教育，任务在于提高学生的语文整体素质。语文学科教师善于挖掘课文环境教育成分，融会于教学全过程，引导学生通过听说读写，以及对千姿百态动植物和美丽自然景物赏析，感悟生命和大自然悠然、恬静、博大、无私、雄伟、神奇的意境，在提高语文素质的同时，激发学生热爱大自然、保护大自然的美好情感。环境教育和语文教学结合自然，渗透不露痕迹。语文教学中渗透环境教育涵盖：以形象为基础，培养学生环境意识；以情感为桥梁，激发学生环境意识；以思辩为手段，培养学生环境价值观；以实践为手段，培养学生环境素质。（参考：祝怀新：《环境教育的理论与实践》第 79 页，北京：中国环境科学出版社，2005 年。王薛时）

园林城市

Landscape Garden City

指景观优美、人居生态环境清新舒适、分布均衡、结构合理、功能完善、安全宜人的城市。旨在保护区域自然山川地貌，改善城市环境，形成各个城市独有的风貌特色。城市布局科学合理，设施齐全，文化传承，建筑精美，管理完善。随着环境资源危机的日益严重，园林城市发展中逐渐增加保护生态系统完整性的内容，强调自然、经济、社会的协调发展，形成了生态园林城市的概念。（任傲尘）

园林绿化

Garden Greening

园林包括庭园、宅园、小游园、花园、公园、植物园、动物园、森林公园、风景名胜区、自然保护区或国家公园游览区及休养胜地。园林绿化指在天台、街道、斜坡、平地等地方运用工程技术和艺术手段，通过改造地形，通过筑山、叠石、理水、种植树木花草、营造建筑和布置园路等途径创作自然环境和游憩境域。（史月田）

园林美学

Garden Aesthetics

美学理论与园林艺术相结合所形成的交叉学科。与音乐美学、美术美学、建筑美学等并列，成为应用美学的年轻分支。从哲学、心理学、社会学等角度研究园林艺术的本质特征，研究园林艺术和其他艺术的共同点和不同点，分析园林创作和园林欣赏中的各种因素、矛盾，找出其中规律。园林美是园林美学的关键概念。园林美是园林师对生活（包括自然）的审美意识（思想感情、审美趣味、审美理想等）和优美的园林形式的有机统一，是自然美、艺术美和社会美的高度融合。它是衡量园林艺术作品表现力强弱的主要标志。（参考：周武忠：《园林・园林艺术・园林美和园林美学》，《中国园林》1989 年第 3 期第 16 ~ 19 页。王薛时）

袁隆平

Yuan Longping，1930 ~

中国杂交水稻育种专家，中国工程院院士，美国科学院外籍院士，现任中国杂交水稻工程技术研究中心主任暨湖南杂交水稻研究中心主任、湖南农业大学教授、中国农业大学客座教授、联合国粮农组织首席顾问。祖籍江西德安，生于北京，汉族人。1953 年毕业于西南农学院，至湖南安江农校任教。1964 年开始杂交水稻研究。20 世纪 70 年代初发现天然雄性不育野稗作为杂交水稻不育杂种优势，由此打破世界自花授粉作物育种的禁区。带领科技攻关组完成 3 系配套并培育成功杂交水稻，实现杂交水稻的历史性突破。此后提出两系法亚种间杂种优势利用的发展概念。国家“863”计划据此将两系法列为重要项目，经项目组科技人员6年刻苦研究，已掌握两系法技术推广种植，效果良好。1997年在国际超级稻概念

上，提出杂交水稻超高产育种的技术路线，在实验田取得良好效果，亩产近800千克，且米质类粳稻，引起国际上的高度重视。籼型杂交水稻研究获中国第一个特等发明奖。撰有《杂交水稻制种和高产的关键技术》《杂交水稻培育的实践和理论》等论文，主编《杂交水稻》一书，被誉为杂交水稻之父。（任傲尘）

原教旨主义

Fundamentalism

又称宗教原教旨主义。指将特定原则视为终极真理的意识形态。这些被笃信的所谓真理不管内容如何，都是不可挑战和至高无上的准则，因而除显示其对于教义的狂热以外，原教旨主义者没有共同点。这正是它的强大力量所在，即激发教徒的政治行动热情。在不同场合使用这个词时，常含有教条主义、独裁主义和顽固不化的贬损之意，反过来也意味着无私的虔诚。这种意识形态认为“政治就是宗教”，宗教不仅是私人领域还是公共领域的组织原则，基于此，它同世俗主义形成鲜明对比，世俗主义往往主张政教分离。作为社会政治力量，它在20世纪70年代后日益发展壮大，如伊朗的伊斯兰革命等西亚北非地区的社会政治变化。世界各地的原教旨主义有着不同的教义形式，如基督教原教旨主义（美国）、犹太教原教旨主义（以色列）、印度教原教旨主义和锡克教原教旨主义（印度）、佛教原教旨主义（斯里兰卡）。（李庆）

原料关联分类法

Raw Materials Associated Taxonomies

指按照具有相同或类似的原材料、性能相似的投入物或活动对象相类似为依据对企业经济活动进行归类的一种划分方法。具有相同的原材料：如棉纺工业、化纤工业、钢铁业、木材业、卷烟业等。具有相类似的原材料：如造纸业、纺织业、服装业、印刷业、冶金工业等具有性能相似的其他投入物：如电力、煤气、供水等。具有活动对象相类似的产业：如采石业、矿业、渔业、伐木业等。（史月田）

原生的生态建筑设计

Original Ecological Architecture Design

在节约经济和低技术的条件下，不用或者很少用现代的技术手段达到生态化的目的。建筑是人类活动内在机制同自然环境相互联系、相互作用的逻辑结果，本身包含内在的生态精神。建筑通过直接的单纯的与自然的接触，有着朴素生态概念。原生的生态建筑有局限性，通常内部功能组织简单，难以适应现代生活。在我国目前生产力水平和经济水平处于发展阶段背景下，除个别实验性质的生态建筑外，大部分生态建筑的摸索还处于原生的状态。（王薛时）

原生环境问题

Primary Environmental Problems

又称第一环境问题。基于地球上不同地区的地质地貌条件由自然演变和自然灾害等自然力作用引起的环境问题，如火山喷发、地震、洪涝、干旱、台风、泥石流等。这类环境问题在自然界内外部物质循环和能量流动的过程中引起，不包

含人类活动的外在干预，所以一般不能为人所预见和有效预防。近20年来，世界范围内发生的原生环境问题有日本阪神大地震（1995），中国长江、松花江流域大洪水（1998），印度洋大海啸（2005），美国墨西哥湾卡特里娜飓风（2005），美国佐治亚州森林大火（2007）等。这类灾害的发生对当地人的生存条件造成严重破坏。原生环境问题有破坏力强、波及范围广、难以预测等特点。（刘阳）

原生境保护

In Situ Conservation

也称境内保护。指在濒临灭绝的珍稀物种或者其他有价值的物种栖息和繁衍的地方，通过建立各种类型自然保护区和风景名胜区的方式提升物种生存的安全性和可靠性，以此达到对珍稀物种保护的目的。被保护物种的基因经营管理和物种所属的生态系统仍然处于动态有机联系之中，与生态系统内其他物种的生存、生存环境并不冲突，珍稀濒危野生物种在保护区内可以自由生长繁衍。因此原生境保护是保存珍稀濒危野生物种最直接和最有效的手段。原生境保护要求土地面积足够辽阔，以维持和保存物种群落，维持生态系统内部的能量转化与流动。原生境保护是维持生物多样性的有效措施。我国对原生境保护的理论研究也主要体现在生物多样性的数据调查与监测，珍稀濒危野生物种的管理以及各种类型生态保护区的建设等领域。自然保护区的建设、管理及立法是目前国内就地保护的研究重点。我国首个自然保护区是1956年在广东肇庆市鼎湖山建立的鼎湖山自然保护区。经过长期发展，截至2000年我国已有1146个自然保护区。在2000年初，我国已有自然保护区加入世界生物圈保护区网和人与生物圈保护区网。（参考：张建邦：《生物多样性的法律保护机制研究——以CBD和Trips协议为中心》，中国政法大学2004年硕士学位论文第8～20页。欧阳文川）

原生态

Original Ecology

“原生态”一词在2006年中央电视台举办的“青歌赛”中首次使用，此后在社会及媒体中风靡，成为热门词汇。通常被理解为原始、落后、封闭的民间异族文化形态和艺术形式。这种原始文化相对于现代西方文明而言被赋予本真、自然等意义，因而探索原生态或者原始文化具备探本求真、克服现代性问题的理论价值。学术界对于原生态的概念界定分别从时间、空间和构成方式等角度加以探讨。从时间层面解释，即被理解为时间上的起源和原始，或者处于变化发展中的文化的原初、质朴状态；从空间层面解释，则被理解为特定族群在特定环境下的选择、适应和生存，是与生态背景经过调解和适应后形成的文化形态，是极具稳定性的民族文化构成部分；从构成方式层面来说，特定族群依据特殊的自然人文条件、依据一定方式来构建自身的民族文化，在时间和空间方面都各不相同。这决定任何文化都有其特殊性质，因而文化之间必然存在差异性。然而从以上角度理解都存在理论上的困境，比如当下研究的几乎所有“传统文化”实际上都不是纯粹原初的，都在不同程度上受到现代文明的影响和渗透。这样，以时间的原始性探究原生态缺乏科学根据。因此，需要综合多方面因素并同时强调不同层面界定其内涵。（参考：朱炳祥：《何为“原生态”？为何“原生态”？》，《原生态民族文化学刊》2010年第3期第1～4页；彭兆荣：《如何认识原生态》，《当代贵州》2010年第3期第29～30页。欧阳文川）

原生态食品

The Original Ecological Food

指自然赋予作物的最本原的生活状态。基本要义包括远离技术性和远离操纵性，凸显的特征是天然之美、自然之美和原始之美。原是指原来原有的，以前的，原生态合起来看就是以前生长的，没有经过任何破坏和人为的改变，遵循它的自然生长规律。原生态食品是按季节、地区、水土、气候等自然因素自主生长的食物食品。如松茸、茶树菇、百合、灵芝、牛肝菌、黑木耳、金钱菇、刺梨、野生韭菜根、薇菜、苦瓜、黄花菜、牛尾笋、山野蕨菜、香菇等。还有山上不知名的野果。只要是经过人为改变种植的就不能称其为原生态食品。（史月田）

原生态文化

Original Ecology Culture

美国人类学家朱利安·斯图尔德在《文化变迁论》中首次提出生态文化这一名词在人类学领域内作为专业术语，指民族文化在特定生态系统条件下呈现的特殊形态。斯图尔德认为，文化是在其生态系统中产生，依据生态系统的变化而变化。因此生态与文化二者之间不是修饰关系，而是并列关系，生态与文化动态地产生联系。生态系统的变化相比对应的文化而言更具稳定性和持续性，特殊的文化形态是对于生态系统的选择、适应及调节，因此生态系统决定其所处文化的形态与本质。主流学者多根据斯图尔德对于生态文化的解释理解原生态文化，因此“原”可解作“源”，即来源于。原生态文化是在共时态的研究视角下探究文化形态及其所出的生态环境的耦合运行情况，以及多元文化和多元生态系统之间的复合比较研究。由于文化人类学领域向来重视文化本身，而忽略文化形态与生态环境之间交互影响的研究，因此原生态文化是较新的研究领域。此外，根植于特定生态系统的民族文化必定标志着对于适应和调节自然生态的整体认知水平，因此对于当下如何应对和克服一系列生态问题和环境危机，“原生态文化”这一新领域的研究无疑具有启示和借鉴的意义。（参考：张云平：《原生态文化的界定及其保护》，《云南民族大学学报》（哲学社会科学版）2006 年第 4 期第 67 ~ 69 页；杨庭硕：《“原生态文化”疏证》，《原生态民族文化学刊》2009 年第 1 期第 9 ~ 11 页。欧阳文川）

原生演替

Primary Succession

原生演替又称初生演替，是指发生在原生裸地或者原先存在植被但后来被彻底绝灭的地方的演替。原生演替类型包括冰川消退后所形成的原生裸地，火山爆发形成的原生裸地，因风或水流的作用形成的沙丘，因采矿或其他的工业活动形成的原生裸地等。根据演替发生的环境不同可分为陆生原生演替和水生原生演替，前者要经过地衣、苔藓、草本植物和木本植物四个阶段，后者要经过自由飘浮植物、沉水植物、浮叶根生植物、直立植物、湿生草本植物等阶段。影响植被原生演替过程的因素有生物因素和非生物因素。植物种子的传播能力是影响原生演替过程的“瓶颈”，能够成功生存的物种一般都有适应恶劣环境条件的生物学或生态学特征，它们对干旱的水分条件和贫瘠的养分条件都有较强的适应能力，尤其是具有长途迁移能力的种子更容易在裸地的占领中占据优势。另外，原生裸地中土壤有机质及 N、P 等营养元素的积累量和温度、水分条件的变化，都影响着生物的进入和定居。（参考：许中旗、李文华、鲍维楷等：《植被原生演替研究进展》，《生态学报》2005 年第 12 期第 3383 ~ 3389 页。刘阳）

原始社会

Primitive society

原始社会是人类从猿类分化出来之后所建立的第一个共同体，也就是人类历史的第一阶段。文化人类学理论上的社会组织类型，以亲族关系为基础，以氏族公社为前提，人口很少，经济生活采取平均主义分配办法。对社会的控制则靠传统和家长来维系，无习惯法和政府权力。在典型的原始社会里，没有专职的领袖。年龄与性别相同的人具有同等社会地位。有争执按照传统准则进行调停，人们普遍遵守这些准则。世界各地都有原始社会，形式多样。有些以狩猎和采集经济为主，有些则以渔业为主，或者以简单的自然农业为主。部落组织是某些原始社会的特征，但是并非所有的原始社会都有这一特征。根据文化进化论学说，有些原始社会保持平均主义的性质，但另一些则已经逐步变成等级制度的社会，进而发展成为酋长领地，组织形式更为复杂。到目前为止，还没有发现世界上有哪个民族没有经历过原始社会。人类出现，原始社会就产生，但是消亡则各地参差不一。处于原始社会的人类生产力水平很低，生产资料都是公有制。随着生产力水平的提高，出现产品剩余之后，出现贫富分化和私有制，原先的共同分配和共同劳动的关系被破坏，被阶级社会所取代。（牟世晶）

原始思维

Primitive Thought

指人类思维的初级阶段与原始形态，范围涉及整个史前人类思维及其发展过程。人类思维和文明的源头，以心理主体为基础，思维缺乏逻辑性、明显凸现信仰。原始思维具有神秘性、幻想性和实用性特征。原始思维作为历史的、发展中的、阶段性的概念，指向人类早期的思维形态。人们普遍相信在人类社会中文明人的思维产生以前，存在着相对独立的思维形态，它与文明人的思维结构、符号媒介形式、推演思考程序等方面都具有不同性质的规定，一般认为他们的思维为原始思维形态，不以文化和知识为中介，而是通过与和他生存有关的事物和现象直接接触、交往和相互作用而产生交流，并通过感官刺激表征简单的思维形式，亦即对人自身感觉进行当下指认的思维方式。法国社会学家列维·布留尔著有《原始思维》，对原始人及其思维形态做了深入的、开创性的探讨。（雷爱民）

原始文化

Primitive Culture

早期人类学的名词，描述文化缺乏经济发展和现代性的表现，包括如文字、进步的技术和较密集的人口等。早期大多由欧洲人在殖民探险过程中描述非西方社会的文化。早期人类学者的词典中，原始文化指无书面语言、相对孤立、人口少、社会组织和技术比较简单以及社会文化变革进展缓慢的民族的文化。这类文化的历史和神话凭借口头世代相传，这项任务很可能由受过特殊训练的某个人或某一群人担任。“原始”在20世纪日益被用来与人类社会及其组织和产品相联系，并被人们认为是殖民精神的残余，由此产生人类学。（牟世晶）

原始文明

Primitive Civilization

人类文明划分为4种基本形态，即原始文明、农业文明、工业文明和后工业文明即生态文明。其中，人类从动物界分化出来以后，经历几百万年的原始社会，通常将这一阶段的人类文明称为原始文明或渔猎文明。原始人的物质生产能力非常低下，为维持自身生存，开始推动自然界人化的过程。在这一漫长时期中，人化自然的代表性成就是人工取火和养火及骨器、石器、弓箭等。在原始社会中，主要物质生产活动是采集和渔猎。这两种活动都直接利用自然物作为人的生活资料。采集是向自然索取现成的植物性食物，运用自身四肢和感官。渔猎则是向自然索取现成的动物性食物，这种活动比采集更为困难复杂，单靠人体自身的器官难以胜任，必须更多地制造和运用体外工具，首先是作为运动器官延伸的体外工具。原始人的精神生产能力与其物质生产能力同样低下，他们没有文字和用文字记载的历史，主要的精神活动是原始宗教活动。原始宗教产生于原始社会末期，表现形式为万物有灵论、巫术、图腾崇拜等，在此基础上产生对自然神的崇拜。在原始社会，尽管人类已经作为具有自觉能动性的主体呈现在自然面前，但是缺乏强大的物质和精神手段，对自然的开发和支配能力极其有限。他们不得不依赖自然界直接提供的食物和其他简单的生活资料，同时也无法抵御各种盲目自然力的肆虐。他们经常忍受饥饿、疾病、寒冷和酷热的折磨，受到野兽的侵扰和危害。在原始文明下，人类将自然视为威力无穷的主宰，视为某种神秘的超自然力量的化身。（参考：朱玉利：《生态文明历史演进探析》，《皖西学院学报》2009年第3期第16～18页；李祖扬、邢子政：《从原始文明到生态文明——关于人与自然关系的回顾和反思》，《南开学报》1999年第3期第36～43页。朱配辰）

原始信仰

Primitive Belief

原始思维的具体表现。人类的早期思维与信仰形态，通常表现为自然崇拜、图腾崇拜、祖先崇拜等各种对超自然力量的信仰。原始信仰通过各种原始崇拜、巫术、禁忌、远古神话等结合在一起，表现出原始人对生命一体、天人感应、世界无穷、灵魂不灭等观念的直接信仰。原始信仰通过混沌思维与直觉方式感知人类生命与超自然力量，是人类信仰的原始形态与早期表现方式。（雷爱民）

原始宗教

Primitive Religion

人类社会早期意识形态与信念体系的集中表现。以人类社会血缘和地缘群体如氏族、村社部落、宗族为自身现实生存和发展的基础，自然产生的一种对超自然力量的崇拜信仰和实践活动。产生于原始社会，表现为自然崇拜、祖先崇拜、图腾崇拜等各种对超自然力量的膜拜和信仰。通过对崇拜对象的信仰与特殊情感，借助一系列宗教仪式，完成原始人的宗教活动。（雷爱民）

原位化学氧化修复

In Situ Chemical Oxidation Restoration

将氧化剂直接注入或者掺进地下环境中，通过氧化反应，使地下水或土壤中的污染物在氧化剂的作用下被分解、降解成无毒或者危害较小的物质。可用于修复石油类碳氢化合物、酚类、多环芳烃、农药以及难以被生物降解的污染物质。不需要将土壤全部挖出，只要在受污染区钻井即可，利用泵向污染区注入氧化剂，使氧化剂与污染物充分接触，发生氧化反应将污染物清除；或将地下水抽出，将氧化剂与地下水充分混合，然后注回井中，待氧化剂与污染物充分反应后将地下水抽出并处理，循环往复，直至污染物被彻底清除。这样做可以节约成本。此外，原位化学氧化修复还具有处理速度快、反应强度大、无二次污染等特点。常用的氧化剂有二氧化氯、过氧化氢、高锰酸钾、臭氧等。其中，二氧化氯主要被用在饮用水消毒、工业给水处理及废水处理等方面；过氧化氢对有机污染物的处理效果较好，其反应物主要为水和氧气，不会造成二次污染；高锰酸钾稳定性较高，适用于污染范围较大、渗透性较差的受污染区域，高锰酸钾是有颜色的，利于监测；臭氧是强氧化剂，氧化效率高，与其他氧化剂相比，可以减少修复时间，从而降低成本，但是臭氧的稳定性极差，且具有较强腐蚀性，不易储存和运输，需要现产现用。（石艳峰）

原位生物修复技术

In-situ Bioremediation Technology

针对受污染的介质土壤、水体不作搬运或输送，在原位污染地进行的生物修复处理的技术。修复过程依赖被污染地自身微生物的自然降解能力和人为创造的合适降解条件。原位生物修复技术方法有生物通气法、生物注射法、生物培养、菌种投放、农耕肥土、植物修复等。用于垃圾填埋场、污水及受污染湖泊等污染源较为集中的地点，能有效降解有机污染物、脱氮除磷、去除重金属污染、去除放射性元素污染等。优点有：1. 可最大限度地降低污染物浓度，污染物可在原地被降解清除；2. 节省费用，其资金投入是环境工程技术如传统的化学、物理修复经费的30%～50%；3. 对环境影响小，不会形成二次污染或导致污染物的转移；4. 可用于其他处理技术难以应用的场地，如受污染地土壤和地下水；5. 修复时间短，操作简便，操作人员直接暴露在这些污染物下的机会少。（参考：董慧峪、强志民、李庭刚等：《污染河流原位生物修复技术进展》，《环境科学学报》2010年第8期第1577～1582页。刘阳）

圆明园修复环评事件

Yuanmingyuan Imperial Garden Repair Event of Environmental Impact Assessment

2005年3月28日媒体报道兰州大学客座教授张正春对圆明园湖底铺设防渗膜提出担忧后，圆明园湖底防渗工程在社会上引起极大的争议。3月30日，海淀区政府召开论证会，环保部门、文物部门和水务部门随即介入这一工程的调查。面对社会的质疑，圆明园管理处回应说，防渗工程范围主要是重点景区的湖底，只做底层防渗，不做侧防渗，以保护原有的驳岸遗址和沿岸植物的生存环境。环保部门在调查中发现，圆明园湖底铺设防渗膜工程未按国家相关法律做任何环评报告，也未通过市环保局的环保审批。3月31日国家环保总局公开叫停圆明园湖底防渗工程。在4月1日召开的圆明园生态与遗址保护研讨会上，环保人士强调，必须保障重大项目的环境决策公众知情权。国家环保总局要求圆明园管理处在40天内提交环评报告。事件公开后，由于圆明园防渗工程环评难度较大、涉及面广，导致无人愿意接手圆明园防渗工程的环评工作。圆明园修复工程环评的“难产”，暴露环评单位存在着的为规避社会责任和风险而拒绝环评的现象，同时也暴露《环评法》预防功能的缺失和存在的不足，以及中国现行环评制度存在的诸多缺陷。从积极的角度讲，事件促进我国关于环境信息公开和环评公众参与的相关立法。（王聪聪）

圆桌会议

Round-table Conference

一种国际会议形式，使用圆桌或虽用方桌但仍将其摆成圆形，与会各国代表围桌而坐进行会谈。用意在于，避免因席次与荣誉之争影响会议的气氛，并表示与会各国代表一种平等地位和国家独立自主的尊严。（李庆）

缘起论

Formation Theory of the Universe

缘起论是佛教的重要教理，它是佛教解释世界生成变化的基础性理论。佛教缘起论认为世界上的事物既不会凭空产生，也不会无故消失，即事物不能单独存在，必须依靠各种因缘及条件和合才能产生，一旦因缘散失，事物就归于消亡；“诸法因缘生，诸法因缘灭”的因果定律被佛教认为是宇宙间的根本大法，缘起论是佛教阐释宇宙万有生起之状况及其缘由等的教理之论说。“缘起论”与“实相论”相对，缘起包括“因”和“缘”两个部分，因即因素，缘即条件，其中因是主要的，缘是辅助的，因缘聚则生，因缘散则灭。（雷爱民）

《远程越界空气污染公约》

Convention on Long-range Trans-boundary Air Pollution

欧洲国家为控制、削减和防止远距离跨国界空气污染而订立的区域性国际公约，25个欧洲国家、欧洲经济共同体和美国参加缔约，1979年11月13日在日内瓦通过，1983年3月6日生效。世界上第一个在广泛区域基础上应对空气污染问题具有国际法律约束力的文书。《公约》规定：应通过资料交换、协商、研究和监测等手段，及时制定防治空气污染物的政策和策略；各缔约国就硫化物等主要空气污染物的控制技术、监测技术、对健康和环境的影响、社会经济评价以及传输机制的模型方面进行合作研究；在欧洲经济委员会环境高级顾问团内设立执行机构，审查公约的执行情况。《公约》的意义在于，奠定空气污染方面的国际合作基础，确立减少空气污染的一般原则，建立汇集研究和政策的制度框架。（申森）

院外活动集团

Lobby Groups

又称院外游说集团，是资本主义制度下政治参与活动的特殊现象。院外团体运用各种手段，制造舆论，收买或胁迫议员，以左右国会立法，影响政府决策。因活动通常是在国会走廊和休息室进行，故称为院外活动。相应地，lobby 和 lobbyist 就成为院外活动和院外游说客的专用名词。随着院外游说客的人数逐年增加，影响力越来越大，它已成为美国政治结构中重要组成部分，有第三院之称。它包括两大类：一是特殊利益集团，即所谓“基于其成员本身经济利益的观念而组成的团体”，例如美国总商会、全国制造商协会、美国银行公会、律师协会、劳联－产联以及由 196 家大公司组成的工商圆桌会议等。在联邦选举委员会登记的特殊利益集团共有 2779 个。它们为了自身的利益，都各自进行游说活动。二是公共利益集团，即所谓“非基于其成员本身经济利益的观念而组织的团体”。在美国这种团体很多，其中影响较大的有共同目标组织、美国消费者联盟、国事公民组织、自由游说活动集团、全国纳税人协会、新方向集团等。这些组织经常发动会员给议员写信，或展开公共宣传。外国也在美国进行游说活动，其目的各有不同。一般地说，小国是为了争取美国的援助，大国是企图影响美国的政策。（李庆）

约翰·巴里

John Barry，1966 ~

英国环境社会与政治学者。现执教于贝尔法斯特皇后大学政治学系。研究集中在环境政治学和环境公民权理论。代表著作有《环境政治的反思：自然、美德和进步》《欧洲、全球化和可持续发展》等。（徐越）

约翰·贝拉米·福斯特

John Bllamy Forster，1953 ~

美国俄勒冈大学社会学教授，《组织与环境》杂志的主编和《每月评论》的联合撰稿人之一。作品《脆弱的星球》《马克思的生态学：物质主义和自然》和《生态危机与资本主义》，构成福斯特生态马克思主义研究的三部曲。尤其是《生态危机与资本主义》，为福斯特在 21 世纪生态社会主义思潮中赢得了应有的地位，成为当代生态马克思主义的领头人之一。书中旗帜鲜明地表达生态社会主义的基本立场和观点，深刻阐述生态问题与全球生态危机产生的制度根源，有力批判新古典环境经济学家关于通过市场机制和生态现代化解决生态问题的政治主张，论证走出生态危机的出路在于资本主义制度的社会主义替换。（徐越）

约翰·德赖泽克

John Dryzek，1953 ~

澳大利亚国立大学社会与政治学理论教授，西方生态政治理论领域中的最权威学者之一。主要研究领域是生态政治理论和审议民主理论。代表作有：《资本主义时代的民主》（1996）《审议民主及其超越》（2000）《地球政治学：环境话语》（2005）等。（徐越）

约翰·柯布

John B.Cobb,Jr.

美国著名的生态过程神学家。柯布受到怀特海“过程哲学”的巨大影响，“过程上帝观”是柯布生态神学的基石，他否定基督教传统意义上全知全能的上帝观，提出“生生”之为上帝的观点，强调上帝的内在性；他持“过程生态神学”的观点，认为上帝不是超越于世界之上的、拥有绝对控制力量的造物主，而是内在于宇宙过程之中、与世界彼此依存的造物主，上帝参与世界万物的形成过程。柯布生态神学的创世观与传统基督教教义不同，传统基督教教义认为上帝在六天之内从虚无中一次性地创造了世间万有，柯布提出“混沌创世说”，认为上帝基于混沌而创世，它是一个漫长而未完成的持续过程，上帝会为生成中的世界带来新的物质，并参与世界的创造；他将人

理解为“共同体中的人”，认为共同体中的人的既强调个人，又强调了共同体，是一种生态化的模式。（雷爱民）

约翰·雷
John Ray

约翰·雷被视为17世纪英国博物学传统的代表，他的博物学著作在其时代及后世具有深远影响，对近代生物学的发展产生了实质性影响，并对当代探索人与自然关系的自然神学进路、环境伦理运动具有重大启示意义。博物学家约翰·雷以植物学研究著称，其中《上帝在创造中的智慧》既是英国自然神学的代表作，也是对当时博物学知识最丰富、最全面的论述，约翰·雷将自然神学紧密地建立在博物学基础之上，他认为自然之光足以使人们相信神的存在，认为从现象与作用中得出的证据是人人可见的，无人能否认或置疑，因而最具有说服力。约翰·雷的思想世界经由博物学和自然神学的结合形成整体，构成完整统一的物理世界与伦理世界。著有《英格兰植物名录》（1670）《低地诸国考察》（1673）《植物志》三卷（1686～1704）《不列颠植物纲要》（1690）《鸟类学》（1678）《鱼类志》（1686）《四足动物与蛇类要目》（1693）《鸟类与鱼类纲要》（1713）《植物分类新方法》（1679）《简论植物分类法》（1696）《昆虫分类方法》（1704）《神学散论》（1692年，1693年第二版更名为《自然神学三论》）《神圣生活规劝》（1700）。（雷爱民）

约翰·罗尔斯的组织化社会
John Rawls Well-organized Society

由美国著名政治哲学家约翰·罗尔斯在公共理性假设基础上提出的理想化社会模式。在理想社会中，不仅公民个体不会成为或长期成为人类生态环境的破坏者，而且国家迟早会主动承担起对于人类生态环境的守护责任。依此，罗尔斯在很大程度上以理想化的方式回避人类社会不同群体间存在的现实环境利害冲突，也就回避了在环境公民权概念下可能展开的其他相关性讨论，公民个体将会拥有更为全面和深入的环境治理与决策参与权利。概言之，罗尔斯的理想社会模式，建立在公正审议基础上的公共理性是可能的这一假设基础上的。但是，这一理论假设与现存民主社会现实之间的差距是显而易见的，这使理想社会面临着过分理想化的难题。（徐越）

约翰·麦卡锡
John McCarthy，1940～

著名社会学家，美国宾夕法尼亚州立大学社会学教授。1968年获得俄勒冈大学社会学博士学

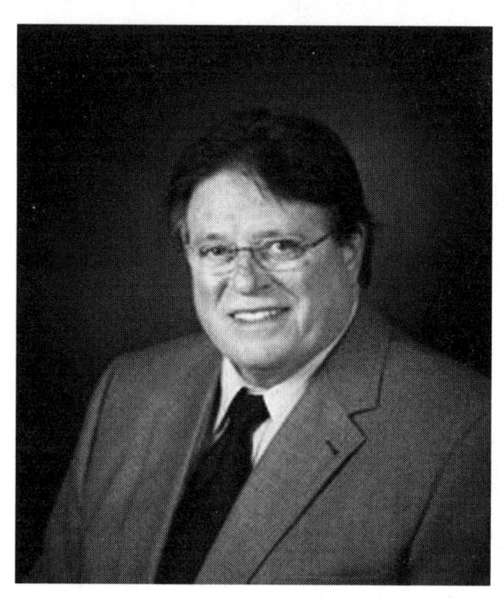

位。研究领域包括社会运动和资源动员理论、集体行动和社会运动、公共秩序与警察、正式组织和大众媒体进程、宗教社会学等。近年来担任诸多项目的主要组织者，有美国公众抗议的演进、美国社会运动组织的演进、地方贫穷共同体组织、国家科学基金项目宗教创业精神研究。在多个期刊担任编委，如《社会学论坛》《美国社会学评论》《当代社会学》等。获得诸多学术荣誉，2007年美国诺特丹大学社会运动研究中心授予以他命名的关于社会运动和集体行为的终生成就奖。（徐越）

约翰·麦考密克
John McCormick，1954～

英国著名环境社会学家，美国印第安纳—普渡大学印第安纳波利斯分校欧盟政治的让·莫内讲席教授。进入学术圈之前，致力于环境社会运

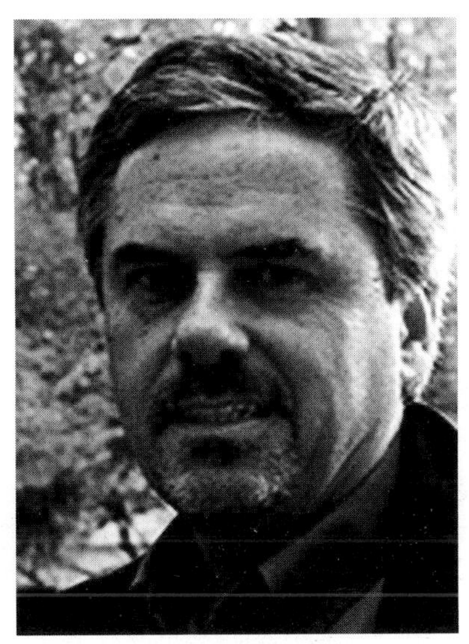

动，服务于世界自然基金会和国际环境发展学会。研究兴趣包括环境政策、比较政治学、欧盟政治和政策。所著《欧洲主义》分析欧洲和欧洲人的政治、经济与文化特征，具体探讨欧洲一体化的失败、共同欧洲政策的成果、欧洲领导人的意见分歧等议题，认为欧盟的崛起和欧洲融合的历史帮助欧洲人在众多议题上形成了共同立场。2013年新著《欧洲为什么重要》，强调欧盟能够促进和平、民主、开放市场和理解国际关系的新方法。代表著作有《全球环境运动》。（徐越）

约翰·梅纳德·凯恩斯

John Maynard Keynes，1883 ～ 1946

英国经济学家，创立宏观经济学，著有《就业、利息和货币通论》（1936）等著作。因对古典经济学自由放任主义质疑并与之决裂，另辟蹊径主张实行政府干预经济的政策，以提高社会需求，实现充分就业。提出赤字财政政策、通货膨胀政策以及扩大对外贸易政策在内的一整套稳定经济的政策，是资本主义国家经济政策的重要依据，对缓和经济危机和失业问题收到一定效果，世称“凯恩斯革命”，是20世纪经济科学中的重大事件。理论上，凯恩斯提出有效需求不足理论，即总产出决定理论；工资和就业理论，对劳动市场均衡做出分析；货币供求和利率决定理论，对货币市

场做均衡分析；否定萨伊定律并提出凯恩斯定律。方法上，凯恩斯回到重商主义研究的宏观经济问题，开创宏观经济的总量分析方法。这不同于古典经济学采用的个量分析方法。政策上，凯恩斯主张采取相机抉择需求管理的财政政策；主张采取低利息率和有节制的通货膨胀的货币政策。（蔡越）

约翰·缪尔

John Muir，1838 ～ 1914

苏格兰裔美国环境主义者、作家、环境哲学

家、环保运动领袖，美国著名环保组织塞拉俱乐

部的创始人。热爱冒险和生态环境，描述加利福尼亚州内华达山脉的书籍、散文为世人熟知。内华达山脉的“211 英里约翰·缪尔步道”，是以缪尔命名的远足步道。在苏格兰，也有以约翰·缪尔命名的长达 130 英里的步行道。一生投身环境保护事业，晚年将大部分精力放在保护森林资源上。曾提议禁止在内华达山脉的高山地区放牧，利用自己的影响力向国会提交议案，主张设立约塞米蒂国家公园。通过塞拉俱乐部的持续努力，设立塞米蒂国家公园的议案最终获得国会批准，他因此被誉为“国家公园之父”。在有生之年共发表 300 多篇文章，出版 12 部专著。创立的绿色团体塞拉俱乐部名列美国最著名的环保组织之一。《约翰·缪尔传记》的作者史蒂芬·霍姆斯称赞说，缪尔是“20 世纪美国环保活动的守护神之一”。（王聪聪）

约翰内斯堡世界可持续发展峰会

Johannesburg World Summit on Sustainable Development

2002 年 8 月 28 日到 9 月 4 日在南非首都约翰内斯堡举行的可持续发展问题世界首脑会议，来自 192 个国家的 104 位国家元首、政府首脑和高级别代表以及非政府组织、工商界与其他主要群体领导人参加这次会议，将全世界的注意力集中在可持续发展的各项行动上。约翰内斯堡首脑会议上通过两个重要文件，即《执行计划》和《约翰内斯堡可持续发展承诺》的政治宣言。各国领导人在政治宣言中表示，将联合采取行动以“拯救我们的星球，促进人类发展，实现共同的繁荣与和平”，再次郑重表达加快实施可持续发展战略的承诺，努力实现本次会议上达成的、阶段性的社会经济和环境目标。（申森）

约瑟夫·胡伯

Joseph Huber，1948 ~

生态现代化理论主要创立者之一。德国哈雷—维滕贝格大学经济和环境社会学教授、环境科学中心主任。研究领域包括生态现代化和新技术、生命周期创新分析和现代社会演进动力、货币改革、福利政策等。早年学习社会学、经济

学和政治科学，后在德国和世界许多高校与科研机构担任客座教授或访问学者，为政府提供关于环境、技术、就业和福利财政领域的政策建议，担任诸多学术期刊、书籍的编委和审稿人。作为生态现代化理论创立者之一，对环境保护与经济增长不相容假定进行反思，将关注的重点从环境问题的政策法律监管和事后处理，转向如何实现环境问题的预防和通过市场手段克服环境问题。主要著述包括《创造新货币：信息时代的货币改革》（2000）《新技术和环境革新》（2004）《先驱国家和环境创新的全球扩散》（2008）等。（徐越）

约瑟夫·克奈尔

Joseph Cornell，1903 ~ 1972

美国人，从事户外教育工作 20 多年，当代著名自然教育家。在户外教育中主要以游戏的方式指导孩子接近自然，体验自然，共同分享自然的乐趣。1979 年出版《与孩子共享自然》，成立共享自然基金会，推广自然教育的经验。其后出版《与孩子共享自然Ⅱ》《倾听自然》等自然教育方面的著作。迄今为止，《与孩子共享自然》一书在全球已发行 45 万册，世界各国有数万人听过

约瑟夫的课。无论孩子还是大人，只要接触过他的自然教育的人，都会被他的独特魅力所征服。（王薛时）

约瑟夫·墨菲

Joseph Murphy

英国生态现代化理论的创立与发展者之一，格拉斯哥大学教授。生年不详。先后在英国赫尔大学、剑桥大学、开放大学、爱丁堡大学、利兹大学、格拉斯哥大学等任教。主持英国国家经济和社会研究委员会、欧盟委员会等机构资助的许多研究项目。主要研究领域是用社会科学知识理解和解释环境与可持续性带来的挑战。20 世纪 90 年代关注工业创新、经济竞争和环境管制，如《管制现实：工业环境管制的实践与影响》。关注富裕国家的生活方式、可持续消费，如《发掘可持续消费：环境政策和社会科学》。近年转向治理理论和环境风险的治理，如《治理跨大西洋农业生物技术的冲突》。研究兴趣包括与社会和环境有关的科学、技术和创新，环境治理和政策制定过程，发达国家的可持续生活方式和消费，空间概念在环境和可持续性的应用，帝国主义和当代环境问题等。（徐越）

约·瑟帕玛

Yrjo Sepanmaa

知名环境美学家，研究领域为环境美学理论及其应用。国际美学学会主席、国际环境美学会议主席，著有《环境之美》（The Beauty of Environment）一书。约·瑟帕玛认为，环境既是人所观察的对象，又是围绕着人、让人在其中活动的场所，环境可被视为这样一个场所：观察者在其中活动，选择他的场所和喜好的地点。他将生态原则作为环境美学的重要原则之一，他认为“在自然中，当一个自然周期的进程是连续的和自足的时候，这个系统是一个健康的系统”；瑟帕玛在传统的分析美学基础上研究环境之美，提出环境美学本体论。认为环境美学的核心问题是关于审美对象的问题，环境成为审美对象与人的自由选择与加工相关；提出元批评理论，认为人与自然是一种元批评关系，人类的描述、阐释和评价对环境审美与环境美学非常关键；提出环境应用美学，主张从环境教育、环境立法等方面推进环境美学实践。（雷爱民）

约希卡·菲舍尔

Joschka Fischer，1948 ～

德国联盟 90/ 绿党著名政治家，也是德国最受欢迎的政治家之一。他曾在施罗德“红绿”联盟政府中担任副总理兼外交部部长（1998 ～

2005）。曾阅读马克思、黑格尔、毛泽东等人著作，是激进团体“革命战斗”成员。20 世纪 60 ～ 70 年代是德国新社会运动和左翼学生运动的积极参与者。1983 ～ 1985 年间当选为德国联邦议会的绿党议员。1985 年成为黑森州第一届“红绿”联盟政府中的环境部长（1985 ～ 1987）。1991 年再次担任黑森州的环境部长（1991 ～ 1994），并成为黑森州的副总理，绿党联邦议会党团的联合主席。菲舍尔精彩的演说技巧、独特的政治魅力，使其迅速成为德国政坛上的政治明星。1998 年，联盟 90/ 绿党第一次进入联邦政府，菲舍尔也成为“红绿”联盟政府中的副总理兼外交部部长。2005 年“红绿”联盟政府结束后，菲舍尔退出政治舞台。（王聪聪）

云梦秦简

Bamboo slip of the Qin Dynasty from Yunmeng

又称《睡虎地秦墓竹简》，或简称《秦简》。指1975年底出土于湖北省云梦县睡虎地秦墓中的木简和竹简，有一千余枚，是对秦代的官制、土地制度、徭役制度、刑罚制度、赐爵制度、租税制度以及仓库管理、财经出纳等制度有明确记载和反映的法律和文书，是我国已发现的最古的内容系统、丰富的法律条文。经整理编纂，篇目有《编年纪》《语书》《日书》《为吏之道》《秦律十八种》《效律》《秦律杂抄》《法律答问》《封诊式》等9种。《编年纪》52简，记述秦昭王元年（前306）到秦始皇三十年的历史。这是继《竹书纪年》之后又一篇编年体史料，在史学研究上有重大价值。竹简中最重要的是后面5篇记载秦法律的600多枚竹简。这些法律初定于商鞅，后又经昭王至始皇多次修订，是目前我国现存最早的法律条文，在中国法制史和世界法制史上都有重要地位。法律方面，计有《秦律二十九种》《法律答问》和《封诊式》三类。云梦秦律主要是刑事法规，之外包括民法、经济法、行政法、诉讼法和军法等各个法律部门，内容广泛且具体，证明秦朝“莫不皆有法式”之说是信实的。《法律答问》是刑律条文及解释，还有部分关于诉讼程序的说明。《封诊式》是对官吏审理案件的要求和各类案例的程式。从秦简律文内容判断，抄录这些条文之时，秦朝还没有统一的刑法典。云梦秦简律文抄录者，历任的官职，多与法律有关；抄录的材料只是秦朝法律的一部分。据《发掘简报》考证，抄录者死于秦始皇三十年（前217年），根据《史记》记载，秦始皇正式颁行全国统一的法律令，则是在其后四年，可见云梦秦简律文，不能断定是“秦始皇之法”或其一部分。当然，云梦秦简律文是我们研究秦朝法律、了解其基本内容的可靠的珍贵资料，这是没有疑义的。（参考：周艳：《从〈云梦秦简〉探寻秦代的经济法律制度》，《兰台世界》2014年第6期第19～20页。朱配辰）

云南**2014**年生态文明建设状况

Eco-Civilization Construction in Yunnan in 2014

2014年云南生态文明指数（ECI）得分为84.35，排名全国第8位。具体二级指标得分及排名情况见表。去除“社会发展”二级指标后，绿色生态文明指数（GECI）得分为74.23，全国排名第6位。云南生态文明建设属环境优势型，环境质量和协调程度居于全国领先水平，生态活力居于全国中游水平，社会发展居于全国落后水平。生态活力方面，云南森林质量、森林覆盖率居于全国上游水平，自然保护区的有效保护、建成区绿化覆盖率居于全国中游，湿地面积占国土面积比重排名靠后。环境质量方面，环境空气质量处于全国领先水平，地表水体质量、农药施用强度和化肥施用超标量居于全国中上游水平，水土流失率较高，居全国中下游水平。社会发展方面，服务业产值占国内生产总值比例位于全国中上游水平、每千人口医疗机构床位数、农村改水率和人均教育经费投入位于全国中游水平，城镇化率和人均国内生产总值均位于全国落后水平。协调程度方面，烟（粉）尘排放变化效应位于全国上游水平，环境污染治理投资占国内生产总值比重、城市生活垃圾无害化率、工业固体废物综合利用率和二氧化硫排放变化效应位于全国中游水平，氨氮排放变化效应和化学需氧量排放变化效应均表现不佳，处于全国下游水平。整体来看，云南国土空间优势明显，森林覆盖率高，高原湖泊众多，水资源丰富，生态类型多样，生物物种繁多，但水资源分布不均，自然灾害频发，生态脆弱等也是云南的弱点，云南经济总量不足，人均国内生产总值低，城乡和区域发展不均衡也是事实。在建立立生态红线管控体系的前提下，云南可以充分利用面向东南亚对外开放重要门户、国家能源重要通道、承接国内外产业转移基地的优势，以保护环境作为前提，以发展特色产业作为经济发展的突破口。

表1　2014年云南生态文明建设二级指标情况

二级指标	得分	排名	等级
生态活力（满分为43.20）	25.71	14	3
环境质量（满分为36.00）	25.20	3	1
社会发展（满分为21.60）	10.13	28	4
协调程度（满分为43.20）	23.31	6	1

表2　云南2014年生态文明建设评价结果

一级指标	二级指标	三级指标	指标数据	排名
生态文明指数（ECI）	生态活力	森林覆盖率	50.03％	7
		森林质量	88.45立方米/公顷	4
		建成区绿化覆盖率	37.76％	19
		自然保护区的有效保护	7.45％	15
		湿地面积占国土面积比重	1.43％	29
	环境质量	地表水体质量	81.50％	10
		环境空气质量	90.14％	4
		水土流失率	36.15％	23
		化肥施用超标量	81.39千克/公顷	12
		农药施用强度	7.66千克/公顷	11
	社会发展	人均国内生产总值	25083元	29
		服务业产值占国内生产总值比例	41.80％	11
		城镇化率	40.48％	28
		人均教育经费投入	1421.55元/人	20
		每千人口医疗机构床位数	4.48张	21
		农村改水率	69.95％	21
	协调程度	环境污染治理投资占国内生产总值比重	1.68％	12
		工业固体废物综合利用率	52.46％	24
		城市生活垃圾无害化率	87.62％	21
		化学需氧量排放变化效应	0.52吨/千米	29
		氨氮排放变化效应	0.23吨/千米	29
		二氧化硫排放变化效应	0.21千克/公顷	25
		氮氧化物排放变化效应	0.49千克/公顷	20
		烟（粉）尘排放变化效应	0.09千克/公顷	7

（参考：严耕等：《中国省域生态文明建设评价报告（ECI2015）》第261～267页，北京：社会科学文献出版社，2015年。徐保军）

云南三江并流保护区

Three Parallel Rivers Protected Areas of Yunnan

云南三江并流保护区位于我国云南省，是我国著名的世界遗产地。三江并流指发源于青藏高原的怒江、澜沧江和金沙江这三条大江在云南省

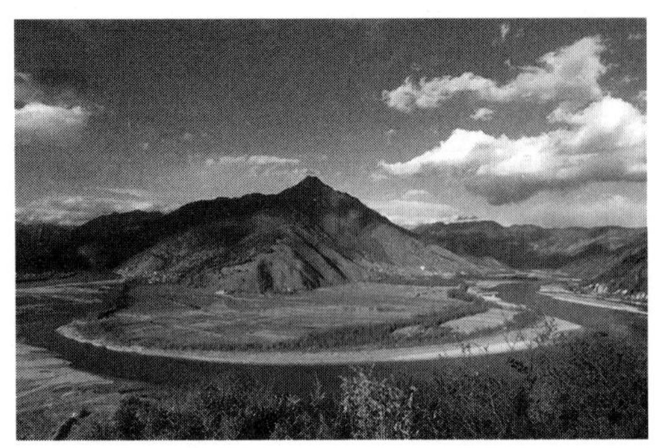

西北部迪庆藏族自治州及怒江傈僳族自治州境内穿过横断山脉的云岭、怒山、高黎贡山中的幽深峡谷，并行奔流而不交汇的神奇自然景观。云南三江并流保护区于 2003 年 7 月 2 日在联合国教科文组织第 27 届世界遗产大会上以满足世界自然遗产的全部 4 条标准列入《世界遗产目录》。三江并流保护区占地面积 1.7 万平方千米，是我国最大的自然遗产地。它由 8 个独立地片区组成，包括 5 个自然保护区：高黎贡山、白茫雪山、碧塔海、哈巴雪山、云岭；以及 10 个自然景区：贡山、月亮山、片马、梅里雪山、聚龙湖、老窝山、老君山、千湖山、红山、哈巴雪山风景区。三江并流区域内怒江与澜沧江的直线距离为 18.6 千米，怒江与金沙江最短距离是 66.3 千米。从地质形态上看，三江并流保护区位于东亚、南亚和青藏高原三大地理区域交汇处，是青藏高原的东南延生部分，是世界上挤压最紧、压缩最窄的巨型复合造山带。它完美展示地球演化的重要时刻，如特提斯演化、青藏高原隆升等。三江并流保护区内生活着藏族、傈僳族、纳西族、白族、普米族、怒族等 14 个少数民族，形成丰富的民族文化。（参考：云南省三江并流管理局：《世界自然遗产——三江并流的概况及保护工作的进展》，《中国园林》2010 年第 5 期第 52 ~ 55 页。朱配辰）

云南省环境科学学会

Yunnan Society for Environmental Sciences

以环境科技工作者、环境管理工作者和部分环保科技实业家依法自愿组织起来的学术性、非营利性地方社会团体。宗旨是团结广大环境科技工作者、环境管理工作者和环保科技实业家，发挥学科交错、综合的优势，以及人才荟萃、横向联系广泛的特点，以经济建设为中心，实施科教兴国、科教兴滇战略，开展环境科技的普及与推广；促进环境科技队伍素质的提高和人才的成长；维护环境科技工作者的合法权益；贯彻“百花齐放、百家争鸣”的方针；倡导献身、创新、求实、协作的精神，全面落实科学技术是第一生产力的思想，依靠科技进步，按照民主办会原则，努力推动云南省环保事业的发展，为云南省社会主义物质文明和精神文明建设服务，为加速实现云南省的社会主义现代化做出积极贡献。（席溢）

云南省生态学会

The Ecological Society of Yunnan

成立于 1988 年，前身是云南省植物学会生态地植物专业委员会，目前会员达 300 多人。致力于开展生态学基础理论和应用技术的综合研究，立足我国生物多样性高度富集的云南省，探讨自然与人工生态系统的结构、功能与动态过程。同时，还积极鼓励广大生态学科技工作者应用生态学原理及技术，对云南省的生物资源开发与持续管理、退化山地生态系统的修复等重大问题开展专题研究，为振兴云南经济、保护和改善生态环境献计献策。下设立生态科普专业委员组（云南大学）、生态旅游专业委员组（西双版纳热带植物园）、绿色食品专业委员组（云南农业大学）。围绕我国西部大开发的战略部署和云南省制定的绿色经济强省发展目标，充分发挥学会的人才及技术优势，积极开展各种科技咨询和科普教育活动，为云南省生态环境的保护与修复、自然资源的可持续利用做出积极贡献。（席溢）

《运动的力量》

Power in Movement

美国著名社会运动学者西德尼·塔罗的主要著作之一。书中考察新社会运动产生的前提条件以及社会运动发展的历史，提出集体行动理论阐释新社会运动的兴衰，为影响个人生活、政策改革和政治制度的运动的力量提供理论阐释。不仅论及文化、组织和个人方面的运动力量来源，还特别强调新社会运动作为政治斗争的一部分，作为政治机会结构、国家战略和跨国扩散的变迁结果所经历的兴衰起伏。一方面强调新社会运动对个人生活、政策改革和政治体制的影响；另一方面指出，新社会运动动员水平的上升或降低，既是政治斗争的一部分，又是政治机会结构、国家战略和跨国扩散变化的结果。全书分为三部分，首先论述社会运动的诞生，其次具体分述对社会运动过程产生影响的四个方面：政治机遇、斗争方式、文化建构与组织结构，最后讨论运动周期、运动结果与跨国斗争。（徐越）

Z

灾害观

Disaster Theory

灾害观是社会观念的一种。伊斯兰教灾害观认为，自然界的每次灾害都是真主对人类的考验，人类只有信仰真主，弃恶从善，才能避免灾害，反之则将受到真主的不断惩罚。伊斯兰教主张敬畏真主，认主独一，认为真主掌管天地万物，世上一切都在真主的规划之中，天下没有偶然事件，宇宙间任何事件都在真主的智慧中，都有明确目的，信众必须把生命中的天灾人祸看作是真主的考验和磨炼信众意志的机会。伊斯兰教认为世界末日那天，整个地球都将发生大地震，狂风暴雨，雷电交加，山崩地裂，天翻地覆。人类只有信仰真主，才能喜悦地走向美好归宿，进入真主的乐园，而不信道者将面临永久的灾难和刑罚。（雷爱民）

灾害链

Disaster Chain

由于生态系统平衡遭到破坏出现的一系列生态灾害现象的连锁效应。生态灾害一经发生，会借助生态系统之间相互依存、相互制约的关系，产生连锁效应，由一种灾害引发出一系列其他灾害，从一个地域空间扩散到更广阔的地域空间中。灾害链包括：1. 因果型灾害链。是呈因果联系的相继发生的灾害，如山区地震会导致次生灾害滑坡、崩塌、落石、泥石流等，形成一定规模后会堵塞江流河道形成堰塞湖，截断水流，造成淹没灾害，一旦堰塞体溃决就会形成洪水灾害。2. 同源灾害链。是同一元素引发的灾难，如太阳活动高峰年份，易发生地震，气候呈重大波动等。3. 重现性灾害链。是同一种灾害二次或多次发生的现象，如台风二次冲击，地震后发生余震等。

4. 互斥性灾害链。5. 偶排型灾害链。通过对灾害链的机理研究可以预测灾害、防备灾害、甚至减少灾害的发生。（任傲尘）

灾害生态学
Disaster Ecology

研究灾害与生态系统和生态过程关系的学科。研究问题是：灾害对生态进化（或生态退化）以及对人类生态进化（或退化）的作用，阐明生态灾害以及产生的原因，描述生态灾害及其对生态过程影响的定量评价，生态灾害的预防、预报、控制和补救等。当前主要课题：1. 地质和气象灾害的生态学研究。地质和气象灾害是造成人和社会最严重损失的灾害，有关地质和气象灾害的研究从生态学的角度研究这类灾害的性质、分类、表现和发生发展的规律性，以期分析其对生态过程的作用，特别是对人类生态发展的作用。2. 生物为害的生态学研究，包括有害生物为害的过程、为害的扩散速度、为害的影响、为害的环境条件以及受害生态系统对为害的反应、有害生物的控制、人类活动包括经济杠杆在有害生物为害及其控制中的重大作用。3. 环境污染和生态破坏的生态学研究。这是人为成因的灾害，是一种相对慢性的或积累性的灾害。例如，随着大气中二氧化碳含量的增加产生地球增温现象，全球性酸雨降水对生态过程的破坏等等。4. 战争特别是核战争的生态后果研究。这个领域关于“核冬天”的研究已取得重大成果，进一步论证对人类生存的核威胁的重要性，以及它破坏地球生命维持系统的严重性，从而推动核和平运动与核裁军的发展。前两类属于自然生态灾害，后两类是人类活动引起自然条件的对人不利的变化，它的严重程度已对人类生态过程造成影响。（参考：严立冬：《灾害生态学问题研究》，《灾害学》1995 年第 4 期第 90 ～ 94 页；章家恩：《灾害生态学——生态学的一个重要发展方向》，《地球科学进展》2002 年第 3 期第 452 ～ 456 页。朱配辰）

灾害与人类生态
Disasters and Human Ecology

指由于生态系统平衡改变所带来的各种不良后果，与生态冲击（ecological backlash）、生态报复（ecological boomerang）、自然报复（natural reprisal）的含义相似。由于人类对大自然认识缺乏全面和系统性，习惯于依靠片面的、某些单向的技术征服大自然，常常采取顾此失彼的行为措施，在第一步取得某些预期效果以后，第二步、第三步却出现意料之外的不良影响，常常抵消第一步的效果甚至摧毁再发展的基础条件。人们总是由于专心顾及当前的直接利益而忽视环境在人作用下的长期缓慢的不良变化，不自觉的忍受一个又一个这样的自然报复。如我国许多地方曾是植被繁茂的地方，历代战火和不适当垦殖，导致水土流失极其严重，甚至出现沙漠化。任意排放污水、堆积废物、使用生化物质灭蚊除藻、巩坝与开挖河流、施用淤泥等等都有可能对水源和土壤进行破坏。只相信在单项专业中训练有素的专家和专家工作部门分别对自然采取的行为，不了解这些部门的分别作用可能互相抵消而破坏自然界的整体性。直到 20 世纪 70 年代以后，由于世界工业普遍迅速发展，污染和生态环境破坏产生极明显的严重效应，引起人们的注意和重视。于是人和大自然作为有机整体进行系统研究的环境科学逐渐兴起，全面研究人类各种活动的正反两方面的效应、注意防止生态灾难或自然报复成为人类协调人与自然的关系的新的指导原则。（牟世晶）

灾难救济援助
Disaster Relief Assistance

指国家或社会对因遭遇各种灾害而陷入生活困境的灾民进行抢救和援助的社会救助制度。目的是通过救助使灾民摆脱生存危机，同时使灾区的生产、生活等各方面尽快恢复正常秩序。救灾主体与被救助的受灾对象相对，是对受灾对象实施救助的主动一方。救灾工作是复杂的系统工程，需要各方面力量的密切配合，因而实施救助的主体必然要涵盖多方面。在我国的救灾制度中，对救灾主体的基本要求是广泛发动、分工负责、相互协作。根据在救灾活动中的职责、角色和作用等方面的差异，救灾主体可分为党政组织、非政府组织和其他主体 3 大类。（史月田）

再工业化

Re-industrialization

去工业化的逆向性进程，基于振兴工业而开展的重组国家资源的经济、社会、政治过程，致力于实现国家的经济复兴。再工业化现象的成因是，欧美工业化国家随着去工业化现象的持续存在，工业在各产业中的地位不断降低，工业性投资转移到海外，使得国内投资不足，国内产业结构出现空洞。因此，西方国家纷纷提出回归战略，反思发展模式，重振实体经济。再工业化的途径，主要有政府扶持、税收激励、工业升级、技术革新等。（张沥元）

再生材料

Regenerated Material

再生材料区别于再生资源，指再生资源中可回收加工成原材料的那部分资源，不包括能源、水等更广泛意义上的资源。焚烧、堆肥等资源利用途径也不属于再生材料的范畴。各种废弃物中，可进行材料回收再生的范围非常广泛，可以发展的再生材料主要有：废金属、废纸、废塑料、废橡胶、废玻璃、废建材以及机电废物类（包括废旧家电、废旧手机、废旧计算机等电子产品、废旧汽车等）。主要是在消费环节产生的废弃物，进入回收体系得到集中和流通，再次进入生产环节进行再利用。大多数再生材料在此前还需要经过处理和加工的过程。在回收体系和再生加工极度发达的情况下，再生材料产业和传统产业将构成理想的材料利用产业链，即最大限度使用再生材料，实现原生资源的最小消耗。某些工业生产过程使用的再生材料比重可以高达 70%～80%，甚至更高。再生材料项目在企业层面的经济可行性是推动其产业化的根本动力，应努力推动企业研制经济可行的再生材料技术，推动废旧物资回收的规模化效益化的生产。再生材料涉及资源的产生、废弃、回收、再利用的一系列过程，不是单个企业主体能够独立承担完成的，需要社会相应设施的完善和配套，需要企业间的相互配合。企业与企业间的物流系统资源循环机制需要社会大环境的推动。（参考：李兆坚：《可再生材料生命周期能耗算法研究》，《应用基础与工程科学学报》2006 年第 1 期第 50～58 页；范同祥、施忠良、张荻、吴人洁：《金属基复合材料再生与回收研究现状》，《材料导报》1999 年第 6 期第 49～51 页。朱配辰）

再生能源

Renewable Energy

亦称可再生能源。指不随本身转化或人类利用而日益减少的能源，包括太阳能、水能、风能、生物质能、海洋能和地热能等，也包括人力和畜力。古代农业社会主要依靠再生能源，进入工业社会后，逐渐为短期内无法再生的化石燃料所替代。随着新技术革命的进展，再生能源的利用得到较新发展，具有天然的自我恢复功能。中国近年来大力发展可再生能源收效明显，已成为全球可再生能源利用规模最大的国家。我国的可再生能源潜力巨大，具有较好发展前景的可再生能源资源包括水能、生物质能、风能、太阳能、地热能。我国的水力资源主要分布在长江、黄河、金沙江、雅砻江、乌江、怒江等河流上，我国西高东低、阶梯状分布的地形特征，使得水力资源能够得到梯级开发，虽然已经建立较多水电站，但可供开发的水能相当丰富。这为我国开发可再生能源提供坚实基础。我国的风能主要分布在“三北”地区以及沿海地区，前者是陆地风，后者是海陆风。此外我国的太阳能资源和地热资源也非常丰富，这两种可再生能源正处于大力发展阶段。我国的生物质能资源也非常丰富，大量的秸秆、牲畜粪便、工业废水、有机垃圾等都可以转化为生物质能，这些生物资源转化为生物质能相当于10亿吨标准煤，在发展可再生能源中将会产生不可估量的作用。可再生能源处于技术开发阶段、试点运行阶段、初步商业阶段和高度商业阶段等，各个阶段的产品都存在。随着技术不断成熟，未进入商业化阶段的可再生能源产品逐步会走向商业化。可再生能源能够在更大程度上替代传统能源，人们在消费可再生能源方面选择余地会更宽，可再生能源的消费会逐渐常态化。（参考：朱俊生：《中国新能源和可再生能源发展状况》，《可再生能源》2003年第2期第3～8页；韩芳：《我国可再生能源发展现状和前景展望》，《可再生能源》2010年第4期第137～140页。朱配辰）

再生性劳动

Reproductive Labour

生态女性主义理论中的重要概念，是生态女性主义理论与政治经济学分析相结合的产物，主要用来描述和分析传统社会中工作或供养性活动的本质特征：经济的、可持续的和自治的。再生性劳动，可以作为父权制和生态社会的参照原点，也可以作为市场性劳动和供养性活动的区分标志。（徐越）

再生纸

Recycled Paper

指以废纸为原料，经过分选、净化、打浆、抄造等工序生产出来的纸张，不影响正常使用，有利于保护视力健康。在全世界日益提倡环保思想的今天，使用再生纸是深得人心的举措。以废纸做原料，将其打碎、去色制浆经过多种工序加工生产出来的纸张。原料的80%来源于回收废纸，因而被誉为低能耗、轻污染的环保型用纸。城市废纸多种多样，以不同类别的废纸为原料再制成不同的再生复印纸、再生包装纸等。一般分为两大类：一类是挂面板纸、卫生纸等低级纸张；另一类是书报杂志、复印纸、打印纸、明信片和练习本等用纸。目前，许多国家已经生产和使用这两类纸张。其中，生产再生复印纸的原料是办公用纸、胶版书刊及装订用纸等几类原本纸质相对较好的城市废纸，生产过程要经过筛选、除尘、过滤、净化等工序，工艺和科技的含量很高。随着人们环保意识的增强，再生纸制品越来越得到人们的认可和欢迎。（史月田）

再生资源产业

Renewable Resource Industry

指在人类生产、生活过程中产生的废弃物品，经过收集、整理分类、无毒化加工、再制作等工序后，可重新投入使用的原料或者产品，也称为“二次资源”。来源分布于十分广泛的领域和场所，主要包括金属、塑料、纸张、无机非金属材料、废轻化工原料等材料。以再生资源的加工利用、产品流通以及与其相关的科技研发、设备生产和信息技术等经济活动为主的产业称为再生资源产业。再生资源产业通过回收加工和利用，使废弃物品重新获得价值，因而实质上是重建局部生态平衡的活动，是循环经济的重要内容。20世纪50年代，我国已经开始建立废物回收系统，以此缓解社会物资匮乏经济困局。至90年代以来，国家相继推出一系列优惠扶植政策，完善相关法律法规，使再生资源产业迅猛发展。然而，我国再生资源产业仍旧存在诸如缺乏统一标准、市场混乱、企业经营规模小且分散等问题，缺乏完善的产业法律和法规是所有问题的症结所在。因此，建立并且完善相关法律法规保障体系是当前亟须解决的问题。借鉴西方发达国家的经验是捷径之一，德国、美国、日本等都是最早发展循环经济的国家。在20世纪70年代，这些国家已经开始建立相关政策法规。从如何处理废弃物品到如何限制产生废弃物品，至今都已有完善法律体系。德国1972年颁布《废弃物处理法》，1986年颁布《废弃物限制处理法》。从全球范围看，再生资源产业属于新兴产业、朝阳产业，对于发展国民经济、绿色经济和优化产业结构都具有重要意义。（参考：蔡吉跃、蔡振：《再生资源产业发展的国际经验与启示》，《经济地理》2010 年第 12 期第 2045 ~ 2047 页；冯慧娟、鲁明中：《再生资源产业发展的思考》，《幻境与可持续发展》2008 年第 1 期第 49 ~ 51 页。欧阳文川）

再生资源回收利用率

Renewable Resource Recycling Utilization Ratio

指再生资源回收利用占总体再生资源消耗的比例。2011 年 12 月 10 日国家发展改革委印发《“十二五”资源综合利用指导意见》，指出我国目前资源综合利用现状、面临的形势及将来资源利用的主要目标和重点领域回收利用情况及相关政策措施。我国资源综合利用面临的形势：我国自然资源禀赋较差，人均占有量少，45 种主要矿产资源中有 19 种已出现不同程度的短缺，其中 11 种国民经济支柱性矿产缺口尤为突出；重要资源自给能力不足，石油、铁矿石、铜等对外依存度逐年提高；主要污染物排放量大大超过环境容量，一些地方生态环境承载能力已近极限。矿产资源综合开发利用、产业废物综合利用和再生资源回收利用 3 大领域的 9 项具体定量指标：1. 废旧金属：推广采用机械化手段对废旧汽车、废旧船舶、废旧农业和工程机械的拆解、破碎和处理，提高回收利用水平；提高废旧动力电池和废铅酸电池拆解、破碎、分选以及废液的回收处理水平；推进汽车零部件、工程机械机床等再制造。2. 废旧电器电子产品：继续推进废旧电器电子产品回收、分拣、拆解、高值利用及无害化处理，推动整机拆解和电路板资源化技术的产业化。3. 废纸：完善废纸回收、分拣、脱墨、加工回收利用体系，鼓励大型废纸制浆技术及成套设备研发。4. 废塑料：重点开发废塑料回收、分拣、清洗和分离等预处理技术和设备，鼓励废旧塑料瓶、废旧地膜高值利用，推广废塑料再生造粒和改性以及生产木塑制品。5. 废旧轮胎：规范废旧轮胎回收利用，加快推进废旧轮胎综合利用技术研发和产业升级，提高旧轮胎翻新率，鼓励胶粉生产改性沥青等直接应用，推广环保型再生胶等清洁生产工艺，提升无害化利用水平。6. 废旧木材：开展废旧木材及木制品回收再利用，加大共性关键技术装备的研发力度。7. 废旧纺织品：建立废旧纺织品回收体系，开展废旧纺织品综合利用共性关键技术研发，拓展再生纺织品市场，初步形成回收、分类、加工、利用的产业链。8. 废玻璃：鼓励建立废玻璃回收体系，推广废玻璃作为原料生产平板玻璃等直接应用及生产建筑保温材料等间接利用。9. 废陶瓷：加强废陶瓷综合利用技术研发和推广应用，鼓励废陶瓷用于生产陶瓷建材产品以及建筑工程等。（参考：管爱国：《建立现代再生资源回收利用体系，促进我国社会经济可持续发展》，《再生资源研究》2006 年第 2 期第 1 ~ 4 页；张帆：《浅谈建立现代再生资源回收利用体系》，《再生资源研究》2003 年第 1 期第 1 ~ 4 页。朱配辰）

《再无狼叫》

Never Cry Wolf

对世界野生动物保护和生态思想传播产生重要影响的作品，第一版由出版商 McClelland and Stewart1963 年出版发行。加拿大媒体称这部书改变人们对于狼的看法，人们不再害怕狼，而是将狼视作荒野的正面符号。这部书对整个世界走上生态文明新阶段具有重要影响，不限于北极狼保护乃至所有野生动物保护，而是用生动、形象、感人的文字，为人类指出生态文明之路。

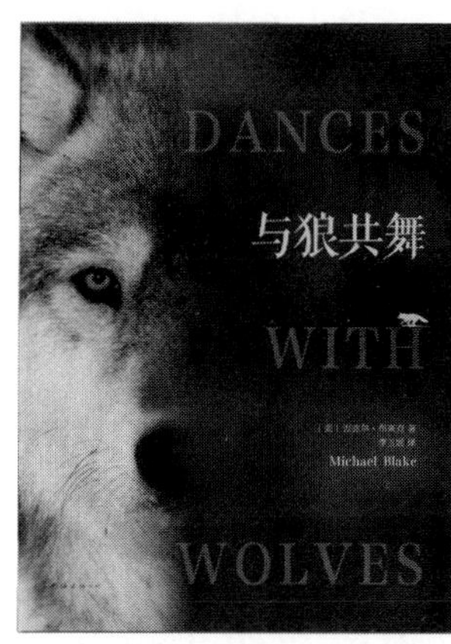

作者法利·莫厄特（Farley Mowat）是加拿大受众最广的作家，也是加拿大生态文学的象征之一。他有超过 40 部作品被译为 20 多种语言，在 60 个国家销售了 1800 万多册。《再无狼叫》出版后

引起很大争议。争议主要围绕莫厄特对狼的习性描述得是否准确、考察的方式是否科学等问题。从生态文明角度看，这些不是最重要的问题。这部作品最重要的作用，是以狼传达生态思想，倡导有节制的发展和不损害生态平衡的人类生活。《再无狼叫》流行中译本由李玉瑶翻译，取名为《与狼共舞》，南海出版社于2014年出版发行。（王薛时）

在环境中的教育

Education in the Environment

卢卡斯模式中环境教育的三个维度之一。在环境中的教育指出用于实现教育目的的教学方法，即将环境本身作为有效的教育资源，让学生在自然环境中发展关于环境的知识与能力、激发其热爱环境的情感，从而形成有益于环境的价值观。从英国环境教育的历史发展来看，十分重视在环境中的教育，以直接经验激发学生对环境的好奇心，以学生主动探究环境问题发展技能。近年来，随着英国《地方21世纪议程》颁布，许多环境教育学者提倡利用学校周边环境，尤其是校园和社区环境开展各种教育活动，让学生自己选择环境问题，在老师的指导下收集相关信息并进行比较，提出可行的行动方案，相互合作共同开展实施、监督、检查等工作。此外，第二手资料如录像、图片、书籍、网络虚拟环境也能起到一定的教育作用，使学生能够感受和学习无法亲身经历的环境。（参考：祝怀新：《环境教育的理论与实践》第134页，北京：中国环境科学出版社，2005年。王薛时）

《在延安文艺座谈会上的讲话》

Talks at the Yan'an Forum on Literature and Art

毛泽东在1942年5月在延安文艺座谈会上的讲话。1943年10月19日在《解放日报》上正式发表。这份讲话是延安整风运动的重要文件，后收入《毛泽东选集》第三卷。抗日战争爆发以后，大批文艺工作者从敌占区和国民党统治区来到延安，为发展革命文艺事业做出积极努力。但他们中的一些人在文艺为什么人服务的问题上认识不清。在这种情况下，中共中央决定在延安召开文艺座谈会，进行文艺整风。毛泽东在会上的发言总结五四运动以来革命文艺运动的经验，阐明在中国革命文艺运动中长期争论的一系列问题。指出：为什么人的问题，是一个根本的问题、原则的问题。要求广大文艺工作者首先要解决立场问题，即站在无产阶级的和人民大众的立场。对于共产党员来说，就是要站在党的立场，站在党性和党的政策的立场。文艺要为人民大众服务，使文艺成为团结人民、教育人民、打击敌人、消灭敌人的有力武器。毛泽东强调文艺工作者要深入到广大工农兵群众中去，在长期的共同生活中，改造自己的思想感情，使自己的思想感情同工农兵大众的思想感情打成一片，同时要努力学习马克思主义，学习社会，研究社会上的各个阶级，研究它们的相互关系、面貌和心理，这样文艺才能有丰富的内容和正确的方向。（王薛时）

在野党

Party Out of Office

相对于执政党而言，指在议会竞选或在总统竞选中没有取得议会多数席位（甚或没有取得席位）或总统职位，因而不能组织或参加政府内阁（甚或不能参加议会）的政党。在野党处于政府内阁之外，对政府所推行的政策不承担任何责任，可以自由地对政府的政策进行指责和抨击，在议会内外牵制和监督执政党的活动，影响政府的政策，并要求执政党采取符合它们利益的政策主张，还可以通过法定程序倒阁，使自己取而代之。在野党的活动，反映了不同政党所代表的不同阶级和集团的不同利益与需要。在内阁制国家，控制议会多数席位的党为执政党，其他党即为在野党。在多数资本主义国家，在野党即反对党。（李庆）

藏族生态文化

Tibetan Ecological Culture

藏族通过世代发展，在高原独特环境中创造了人与高原生态环境之间和谐相处的生活、生产方式与民族文化。藏族传统文化中蕴含的生态文化以其朴素的生态保护观念深刻影响着藏族聚居地的生产生活。文化具有稳定性和传承性。藏族生态文化的传承是靠口传心授、习惯影响、典籍记载和教育等形式传承。藏族生态文化的表现形式多样，核心是思维方式和价值观。思维方式是一个民族或一个地区的人在长期的历史发展过程中所形成的思维定式。思维方式渗透在各个领域，无形地指挥着人的行为和习惯。（牟世晶）

早期国际环境教育

Early International Environmental Education

现代意义上的环境教育，缘起和发展于 20 世纪 60 年代西方发达国家的生态复兴运动。1962 年蕾切尔·卡逊的《寂静的春天》问世，标志着第一次环境保护运动的兴起，成为人类社会发展史上的不朽丰碑和生命颂歌。从 70 年代开始，在高等学校设置环境教育专业，环境高等教育开始成为环境教育体系中重要的组成部分。1970 年内华达会议在美国召开，会议提出的环境教育定义，后来被认为是最早提出并经常被引用的环境教育定义，并由此引领着国际环境教育的前期发展。人类历史上具有里程碑意义的环境保护事件，是 1972 年召开的联合国人类环境会议。会议通过《人类环境宣言》和《人类环境行为计划》，提出“只有一个地球”的著名口号，正式将环境教育名称肯定下来。为纪念这一历史性会议，联合国将每年 6 月 5 日确定为“世界环境日”，标志着人类社会进入保护地球环境的新时代。1975 年联合国环境规划署和国际环境教育计划成立，国际环境教育研讨会在贝尔格莱德召开。会议发表的《贝尔格莱德宪章》是第一个联合国框架下关于环境教育的国际宣言，这次会议将环境教育事业纳入全球框架，环境教育由此进入快速发展阶段。（王薛时）

藻菌生态系统

Algae-bacteria Ecosystem

指藻类和好氧菌两类微生物之间通过生理功能上的协调作用而建立起来的互利共生的微生态系统。藻类和细菌是水生态系统和氧化塘系统中两类关系密切的生物，在水体的物质循环和污水净化中起着重要的作用。藻菌在污水中的共生机理是：藻类植物通过光合作用利用水中的二氧化碳和 NH4+、PO43- 离子等营养物质，合成自身细胞物质并释放出氧；好氧细菌则利用水中二氧化碳对有机污染物进行分解、转化，产生二氧化碳和上述营养物质，以维持藻类的生长繁殖，如此循环往复，实现污水的生物净化作用。藻菌共生系统处理污水的效率取决于太阳能辐射量、温度、污染程度（负荷与毒性）和停留时间等多种因素。（参考：邓家齐、詹发萃、夏宜等：《藻—菌生态系统代谢功能的生态学研究》，《应用生态学报》1994 年第 2 期第 177 ~ 181 页。刘阳）

造村运动

Creating Village Movement

日本 20 世纪 70 年代为提高及促进乡村地区及人口稀疏地区经济发展，政府专门制定《过疏地区活跃法特别措施法》《山区振兴法》等相关政策，以法律制度的方式促进农村发展。日本政府高度重视开展农村公共设施，规划制定旨在改善乡村人居环境，缩小城市和乡村地区之间差距的城乡一体化建设示范项目。建设分为 4 个阶段：第一阶段在居民生活环境及基础设施方面缩小乡村与城市差距；第二阶段建设具有地方性特色的乡村居民点；第三阶段鼓励乡村居民充分利用各种设施和参与设施管理阶段；第四阶段建设乡村独立和鲜明的地域经济，利用当地资源，挖掘乡村潜力，提高居住的舒适度。（李雪姣）

噪声污染

Noise pollution

指一切对人们生活和工作有妨碍的声音，是

不同频率和强度的、无规则的声振动。通常所说的噪声污染指人为活动而不是自然现象引起的。随着工业、交通运输业的迅速发展，噪声污染越来越严重，已成为当代的三大公害之一。噪声污染的特点：1. 噪声没有污染物，不会累积；2. 噪声污染是暂时性污染，当噪声源停止后，污染立即消失。3. 噪声的传播距离一般不太远，噪声污染影响的范围大多局限于污染周围。噪声污染来源：1. 交通运输噪声污染源，往往占城市环境噪声的 70%，包括运行中的各种汽车、摩托车、拖拉机、火车、飞机、轮船等；2. 工厂噪声污染源，是造成职业性耳聋、青年脱发、秃顶的主要原因；3. 建筑施工噪声污染源，尤其是运转中的打桩机、混凝土搅拌机等的影响；4. 社会生活噪声污染源，高音喇叭以及商业市场、交际等社会活动和家用电器等。噪声对人的影响和危害与噪声的声级、频率、连续性、发出的时间以及个人的心理、生理和社会生活等因素有关，归纳起来有：1. 损伤听力，影响人体健康；2. 影响人的休息和工作，降低劳动生产率；3. 影响语言的清晰度和通信联络。噪声污染的治理已成为公共卫生学、环境科学的迫切任务之一。目前噪声污染的防治措施主要有：首先要制定噪声法规和各种噪声标准，进行法制管理；其次是控制和治理噪声源和噪声传播与散发。具体措施是，控制噪声源，降低噪声源的声级，如治理振动、吸声、隔声、消声等措施；控制噪声传递与散发，在市政和工业建设布局上要考虑减少噪声对学校、医院、办公区和居住区等环境的危害，如留出一定的防护距离，采取隔声措施，在生活区等周围种植隔声绿化林带；加强个人防护，当采取其他措施的条件尚不具备或不现实时，使用个人防护用具也是降低对操作人员噪声危害的一种经济、有效的方法，如用耳塞、耳罩和头盔等。（参考：田玉军、巨天珍、任正武：《国内城市环境噪声污染研究进展》，《重庆环境科学》2003 年第 3 期第 37 ~ 39 页；周浩：《浅谈城市噪声污染及其防治》，《中国环境管理丛书》2005 年第 1 期第 38 ~ 40 页。朱配辰）

责任追究制度

Accountability System

生态文明建设的重要制度创新与改革目标之一。十八届三中全会《决定》提出建立生态环境损害责任追究制度，十八届四中全会《决定》强调要建立重大决策终身责任追究制度与责任倒查制度，2015 年 5 月《关于加快推进生态文明建设的意见》要求“严格责任追究，对违背科学发展要求、造成资源环境生态严重破坏的要记录在案，实行终身追责，不得转任重要职务或提拔使用，已经调离的也要问责。对推动生态文明建设工作不力的，要及时诫勉谈话；对不顾资源和生态环境盲目决策、造成严重后果的，要严肃追究有关人员的领导责任；对履职不力、监管不严、失职渎职的，要依纪依法追究有关人员的监管责任”。2015 年 8 月中共中央办公厅、国务院办公厅印发《党政领导干部生态环境损害责任追究办法（试行）》，将生态环境领域的追责对象聚焦于党政领导干部，规定了 25 种追责情形，明确规定各级政绩考核应当按规定将资源消耗、环境保护、生态效益等情况作为考核评价的重要内容，对在生态环境和资源方面造成严重破坏负有责任的干部不得提拔使用或转任重要职务。《办法》明确提出，实行生态环境损害责任终身追究制，将终身追究作为生态环境损害责任追究的基本原则，规定对违背科学发展要求、造成生态环境和资源严重破坏的，责任人不论是否已调离、提拔或退休，都必须严格追责。（张沥元）

泽被草木

Benevolence over Vegetation

佛教慈悲为怀、普度众生、无情有性等思想的自然延伸。佛教主张尊重一切生命，提倡众生平等，认为一切生命形态依业受生，都有其存在价值，都与自己有因缘意义上的关联，因而佛教提倡泽被草木思想。佛教信徒普遍崇尚自然，尊重生命，戒杀放生，对生物充满爱心，即便对飞禽走兽亦爱惜如一，形成与生物和谐共存共荣的

理念，通常佛教寺庙与周围生态环境和谐相处、天然一体。佛教提倡的泽被草木思想有利于生态环境保护。（雷爱民）

《增长的极限》

The Limits to Growth

成立于1968年的罗马俱乐部在1972年发表的第一个研究报告，对于同年举行的联合国人类环境会议和国际环境政治与治理的发展都产生重要影响。本书最初是梅多斯等人于1972年提交给罗马俱乐部的一份研究报告，随后被罗马俱乐部发表向全世界，最终成书。罗马俱乐部成立于1968年，目的是谋求人类困境的解决办法，并引起决策者和普通大众对这些问题的关注。报告以整个世界为对象，研究世界人口、工业发展、污染、粮食生产和资源消耗5种因素之间的变动与联系。基本思路是假定这5种增长相关因素的各自变动都是在一个反馈环路中发生的，通过连锁的反馈环路，把这些因素的相互影响的因果关系综合在一起，并且给予每种因果关系以量的测定，从而建立它们的世界模型。然后，再把这些数值输入电子计算机，让电子计算机回答这些因果关系同时发生作用以后世界经济的变化情况。报告的主要结论是：如果维持现有的人口增长率和资源消耗速度不变，那么，由于世界粮食短缺，或者由于资源耗竭，或者是由于污染严重，世界人口和工业生产能力将会发生非常突然和无法控制的崩溃，“早在公元2100年来到之前，增长就会停止”。唯一可行的解决办法是在1975年停止人口增长，到1990年停止工业投资的增长，以达到增长为零的全球性的均衡。这个令人震惊的结论使得《增长的极限》出版以后，立即引起西方国家学术界的广泛关注与争辩。许多学者甚至把梅多斯等人的世界模型称作“世界末日模型”。这篇报告的初衷是向世人表达对人类未来的关切，给人类社会的传统发展模式敲响第一声警钟，从而掀起了世界性环境保护热潮。本书促进学术界开展对经济模型的研究，推动环境经济学、能源经济学、生态经济学和未来学等学科的发展。中译本不少于6种，北京商务印书馆1984年出版于树生译本。（徐越）

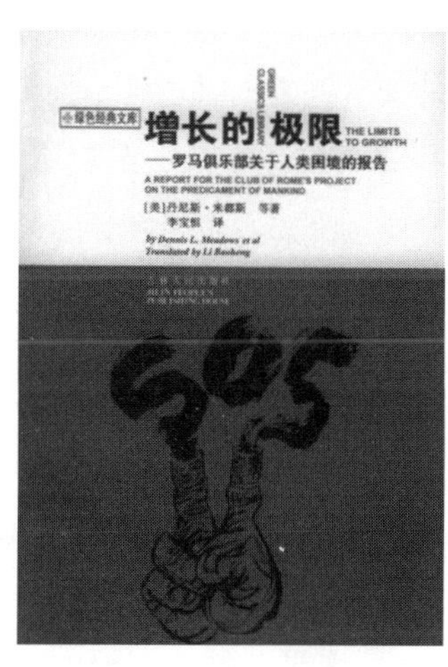

增长经济

Growth Economy

指一个国家当年国内生产总值以往年经济增长率为对比衡量经济发展的经济，以追求国内生产总值为目标。也指在一个较长时间跨度上，一个国家人均收入水平的增加，即经济增长率。体现一个国家或地区在一定时期内经济总量的增长速度，是衡量一个国家或地区总体经济增长速度的标志。增长经济重视生产总值的增长，往往忽略其他方面的问题。西方国家早期由于过分追求经济增长，先污染后治理的道路导致一系列的环境问题及生态危机。我国在追求增长经济的同时，借鉴西方国家遇到的问题与解决办法，结合自身情况解决自身问题，从增长经济过渡到稳态经济，最后达到绿色经济、低碳经济。（代富宇）

斋戒

Fasting

斋戒常见于世界各大宗教以及各种民间信仰中。广义的斋戒指遵从一定的戒律或宗教信条和禁忌，在言行及饮食上要求停止或禁止等，以期达到对信仰者的修行和生活有所增益或帮助的目的。狭义的斋戒指在特定时期内对饮食与娱乐活动的禁绝。在古代中国，斋戒主要指祭祀以及重大礼仪活动时的庄重严肃要求，从而以示虔诚庄敬。斋戒包含斋和戒两个方面，“斋”来源于“齐”，主要指整齐，如沐浴更衣、不饮酒，不荤食等，戒主要指“戒游乐”，即减少娱乐活动。斋戒是宗教活动中常见的内容，由于宗教信仰不同，斋戒的内容与具体要求也各不相同。（雷爱民）

詹姆斯·奥康纳

James O'Connor，1930 ~

美国新马克思主义经济学家、生态马克思主义的重要代表人物。曾在美国圣劳伦斯大学学习，获得哥伦比亚大学学士和博士学位。先后在巴纳德学院、圣路易斯的华盛顿大学、圣约翰的加利福尼亚大学执教，晚年担任圣克鲁斯的加利福尼亚大学社会学和经济学教授。最先引起人们注意的著作，是论古巴问题的《古巴社会主义的起源》（1970 年）。早年最重要的著作是《国家的财政危机》（1973 年），书中以战后美国资本主义发展为研究对象，详尽考察当代垄断资本主义发展的内在矛盾及其危机的含义和根由。这部著作中提出的国家财政危机的理论，对西方马克思主义经济学研究产生极大影响，被看作是美国马克思主义经济学研究领域中继巴兰和斯维齐的《垄断资本》之后的又一部重要著作。1974 年发表专门论述资本主义和帝国主义理论的著作《企业和国家》。书中赋予列宁的帝国主义定义以“现代的”意义，提出从世界经济关系整体上定义当代垄断资本主义性质的构想。1984 年发表《积累危机》一书，剖析西方特别是美国盛行的个人主义意识形态的性质，认为这种个人主义表面上似乎支持现代资本主义的经济增长和社会秩序，但实际上正在颠覆着资本主义，促使这一制度发生必然的“转化”。1987 年出版《危机的意义》一书，周详阐述资本主义危机理论的历史和现实。在生态马克思主义学界，1998 年出版《自然的理由》一书，奠定他在该议题领域的领导性地位。（徐越）

詹姆斯·汉森

James Hansen

美国 NASA 首席气候科学家。1967 年在爱荷华大学获得物理学博士学位，目前是哥伦比亚大学兼职教授。1981 年起担任美国航天局戈达德航天研究所所长。1988 年，在美国国会听证会上向议员们警示燃烧化石燃料等人类活动可能导致的全球变暖风险，成为第一位拉响全球变暖警报的科学家，被尊为“全球变暖研究之父”。但反对气候变暖理论的人，往往也对其嗤之以鼻。（席溢）

詹姆斯·拉夫洛克

James Lovelock，1919 ~

英国科学家、环境领域的重要作家，“盖亚假说”的提出者，被誉为世界环境科学的宗师。毕业于哈佛大学，从 20 世纪 60 年代开始，以气

象学家的身份开始研究地球。发现从大气化学的角度来看，地球极其不稳定，但它却依然存在了几十亿年。因此，认为地球自身肯定拥有某种力量来维持稳定，就像一个生命有自我调节的功能一样。在邻居、小说家威廉·戈尔登的启发下，洛夫洛克把这种能够进行自我调节的有机系统叫作“盖亚”。在他的假说中，地球被视为一个超级有机体。这蕴含着人类社会不能超越地球有机体的自我平衡能力，否则将会导致生存危机。因此，他是最早向国际社会发出生态预警的科学家之一。他出版新书《盖娅的复仇》，发表他对地球环境的最新评估，再次向人类敲响了警钟。认为如果人类不及早停止对环境的滥用，使地球过了能够扭转气候改变的临界点，地球和人类文明

可能面临大规模灾难。（徐越）

詹尼·弗兰克兰德

Gene Frankland

美国著名绿党政治学者。生年不详。1972 年起在美国巴尔州立大学任教，获得爱荷华大学博士学位。授课方向为比较政治学（特别是欧洲政治）、美国的环境法和政策。主要研究领域是绿色运动和政党比较。分别在 1980、1985、1996 和 2002 年获得德意志学术交流中心资助在德国访学研究，还先后在英国、西班牙和奥地利等国高校做访问学者。现任巴尔州立大学的欧洲研究项目主任。曾在《转型中的绿党：草根民主的终结？》（2008）中提出，绿党的兴起不仅挑战了关于自然与经济增长的传统理念，也是挑战所有政党在发展过程中都不可避免地走向权力与等级制集中的寡头铁律。基层民主对于绿党来说不只是意识形态信条，也是政党组织架构的创新试验。（徐越）

詹尼特·比尔

Janet Biehl，1953 ~

美国社会生态学家。1986 年加入佛蒙特社会生态学研究所，与默里·布克金保持长期学术合作关系，2011 年宣布从社会生态学研究所退出。致力于宣传布克金的社会生态学思想，同时批评生态女性主义。主要学术著作包括：《反思生态女性主义政治》（1991）《社会生态学的政治》（1998）等。（徐越）

詹尼特·肯尼

Janet Kenny

当代澳洲诗人、生态女性主义者。生年不详。以诗的语言从女性视角审视当代世界的生态危机。曾长期居住新西兰，现定居澳大利亚昆士兰州。主要作品有：《越过切尔诺贝利》（1993）《出路在这边》（2012）等。（徐越）

占用耕地补偿制度

Occupation of farmland compensation system

国家实行的保护耕地的法律制度。指非农业建设经批准占用耕地，占用多少，就必须开垦多少与所占用耕地数量和质量相当的耕地，没有条件开垦或者开垦的耕地不符合要求的，应依法交纳耕地开垦费，专款用于开垦新的耕地。耕地保护经济补偿机制实质是经济利益平衡机制或调节机制，即通过利益平衡或调节，解决耕地持有及保护主体激励不足和耕地占用主体或破坏耕地约束不足的问题，形成有效的激励约束机制，从而建立起耕地保护的长效机制。建立耕地保护经济补偿机制是非常复杂的系统工程，不仅要通过立法为机制建立提供法律依据，而且要健全补偿途径，完善补偿网络，促使补偿主体多元化，补偿方式多样化。我国耕地补偿标准规定的补偿的范围和内容包括：1. 由于我国的耕地是农村集体所有，耕地被国家征收转化为非农建设用地后，集体的所有权也随之消失，因而应该进行所有权丧失和转移的补偿。2. 耕地的功能和质量的形成是所有权人长期投入及劳动，进行必要的土地整治、土壤培肥和农田水利基本建设的结果，随着耕地所有权的流失，原负载于耕地土壤内的肥力及其地上的建筑物也随之流失，对负载于耕地内土壤质量的损失及耕地上的建筑物应该给予赔偿和功能丧失补偿。3. 耕地的主要功能是进行农作物生产，随着耕地资源的用途转移和流失，耕地生产农作物的功能丧失，整个社会农产品供应的稀缺程度增加，原有农民不仅从产品的生产供应者转变为农产品的消费者，而且还要承受在购买农产品时因供给稀缺程度增加所引发的农产品涨价造成的生活成本增加等损失，所以补偿范围和内容的确定还应考虑耕地农产品生产功能损失引发的社会成本价值和农民社会角色转换以后的损失。4. 耕地具有效用连续性的特点，农民在耕地上进行农业生产经营可以年复一年、周而复始的进行。农民的耕地被征收，转化为建设用地和非农用地，农民生存发展权也等于被剥夺，所以，应给予必要的生存发展权补偿。5. 耕地用途具有选择性，功能具有多样性，农民利用耕地在从事农业生产经营活动的同时，给自然界增加绿色植被，创造不可估量的生态环境价值，这一部分价值也应给予补偿。6. 耕地对于农民，具有重要的社会保障功能，农民的就业、养老皆依赖于耕地，当耕地被征收和用途转变，农民随之等于离职失业，或者需要转岗和再就业，甚至需要一定的学习和培训，在我国农村社会保障制度缺失和保障体系不健全的情况下，耕地补偿一定要考虑农民的社会保障、离职就业风险、转岗再就业的成本等问题。7. 耕地被政府征收用以发展公共服务设施，或作为工业、城镇建设用地，原有与之相邻的连接地可能因外部效用而受到损失，有必要对耕地功能转化中的邻接地的间接利益损失进行补偿。（参考：宋冬玲、王剑、王峰：《农村可耕地补偿探讨》，《城市建设理论研究》2011 年第 18 期第 2095 ~ 2104 页；孟婵娟：《试论我国的占用耕地补偿制度》，中国环境科学学会编，姜艳萍、王国清主编：《中国环境科学学会学术年会优秀论文集 2007》第 1109 ~ 1113 页，北京：中国环境科学出版社，2007 年。朱配辰）

战略关联分类法

Strategic Association Classification

指战略关联分类法主导产业，依靠科技进步或创新获得新的生产函数、持续较高的增长率、较强的扩散效应。先导产业对其他产业具有引导作用，但未必对国民经济有支撑作用。支柱产业在国民经济体系中占有重要的战略地位，产业规模在国民经济中占有较大的份额，并起着支撑作用。重点产业是在国民经济规划中需要重点发展的产业。先行产业狭义的包括瓶颈产业和基础产业。广义的包括先行产业和先导产业。（史月田）

战略环评

Strategic environmental impact assessment

指对政策、计划和规划等可能产生的环境影响进行系统性综合评价，为与之相关的负有公共责任的决策提供支持。它是为针对项目环评的缺陷而提出的，包括我国现在要求的规划环评，以及国外已经有的政策环评和计划环评等环评形式。20 世纪 80 年代末，它开始得到世界范围的广泛接受。我国在 1995 年后，意识到其重要性，开始介绍国外相关经验和理论成果，探索符合我国国情的研究理论。如，1996 年国务院发布《国务院关于环境保护若干问题的决定》中规定：“在制定区域和资源开发，城市发展和行业发展规划，调整产业结构和生产力布局等经济建设和社会发展重大决策时，必须综合考虑经济、社会和环境效益，举行环境影响论证。”（刘中华）

战略性新兴产业

Strategic Emerging Industries

战略性产业和新兴产业都各自具有特殊的内涵。战略性产业指国家为了使国民经济发展水平达到更高层次或者出于其他符合国家重大利益的考虑，实现产业结构调整和升级，对某些特殊产业进行政策扶持和资金支持，使其未来能成为国民经济支柱或者实现国家特殊利益的产业。新兴产业是相对于传统产业而言的，即具有代表未来产业发展趋势、代表最新技术产业化水平和能力的产业，新兴产业具备高附加值，具有高智能、高投入、高风险和高回报等一系列特征。因此，战略性新兴产业就是同时具备战略性产业和新兴产业特征的产业，是对国家未来发展具有重大意义却又未具规模的产业。2010 年 9 月 8 日召开的国务院常务会议通过得《国务院关于加快培育和发展战略性新兴产业的决定》中，将战略性新兴产业作为增强综合国力和国际竞争力、促进经济社会可持续发展的重要内容，同时将战略性新兴产业划分为节能环保、新一代信息技术、生物、高端装备制造、新能源、新材料和新能源汽车七个产业。战略性新兴产业在不同国家以不同的模式培育和发展，比如美国是以市场为主的培育模式，日本则是以政府为主导的培育模式，而在我国则主要采取市场机制与政府规制相结合的手段来培育和促进战略新兴产业的发展。（参考：贺俊等：《战略性新兴产业：从政策概念到理论问题》，《财贸经济》2012 年第 5 期第 106 ~ 112 页。欧阳文川）

张伯伦模型

Chamberlain Model

指 20 世纪 70 年代末迪克西特（Dixlt，A.K）、斯蒂格利茨（Stiglitz，J.E.）、克鲁格曼（Krugman，P.）等人在张伯伦的垄断竞争理论基础上创立新张伯伦模型，解释差别化产品的产业内贸易现象。在张伯伦垄断竞争理论中，每个企业都有一定垄断权，规模收益递增，企业生产差别化产品（产品可以替代但不完全替代）争夺市场，竞争的结果是垄断利润消失，各个企业仅获得正常利润。在产业内贸易理论的发展过程中，克鲁格曼的模型具有开创性作用，他将迪克西特和斯蒂格利茨提出的将差异产品和内部规模经济考虑在内的垄断竞争模型推广到开放条件下，创立新张伯伦模型。模型证明当市场结构从完全竞争变为不完全竞争，达到规模报酬递增阶段的时候，即使两国间没有技术和要素禀赋差异，产品水平差异性和规模经济也可推动国际贸易，增加两国的福利。（史月田）

张全兴

Zhang Quanxing，1938 ~

江苏常州人，环境工程学家，1962 年毕业于南开大学化学系。现任国家科技奖励环保专业评审组委员，江苏省有机毒物污染控制与资源化工程技术研究中心主任，南京大学环境学院教授、博士生导师，2007 年当选为中国工程院院士。我国离子交换与吸附技术发展的主要开拓者之一，也是我国最早将树脂吸附技术融合到环境工程领域的研究者，开创树脂法治理有毒有机工业废水及其资源化的新领域。主要研究方向涉及：新型大孔离子交换树脂和吸附树脂的合成、性能及其应用研究；工业废水的治理和资源化（尤其是染料、农药、医药、助剂等有毒有机化工行业的生产废水治理与资源化研究）；化工清洁生产技术与可持续发展的研究等。主要论著有：《树脂吸

附—生物接触氧化法处理多菌灵及其中间体工业废水》（江苏省科学技术进步奖，1992）《萘系染料中间体 2，3—酸生产废水的治理与资源化》（江苏省科学技术进步奖，1999）《树脂吸附技术在氯化苯清洁生产工艺中的应用》（中国石油和化学工业协会科技进步奖，2004）《我国应用树脂吸附法处理有毒有机化工废水及资源化的新进展》（2004）《树脂吸附法处理有毒有机化工废水及其资源化研究》（国家科技进步二等奖，2005）《新型树脂吸附剂对芳香性有机污染物的吸附作用机理及其应用》（2007）等。（石艳峰）

张懿

Zhang Yi，1939 ~

辽宁辽阳人，1963 年毕业于东北大学冶金物理化学专业，1989 ~ 1990 在瑞士伯尔尼大学进修环境工程。现任绿色过程工程与环境工程专家，国家环境咨询委员会委员，中国有色金属学会副理事长，中国科学院过程工程研究所研究员、技术委员会主任、博士生导师，《中国科学 E 辑：技术科学》《中国环境科学》等期刊编委，我国

绿色过程工程研究领域主要开拓者之一，1999年当选为中国工程院院士。20世纪70年代后期，开拓资源—材料化学化工与环境工程交叉的综合研究方向，将资源与材料化学化工的研究方法和

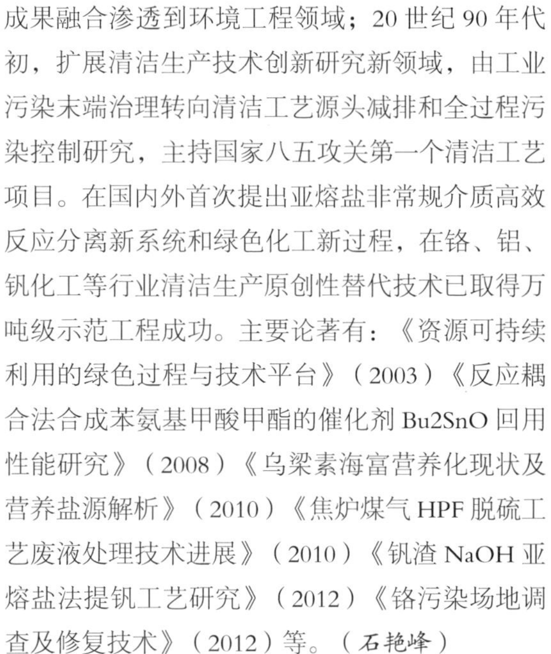

成果融合渗透到环境工程领域；20世纪90年代初，扩展清洁生产技术创新研究新领域，由工业污染末端治理转向清洁工艺源头减排和全过程污染控制研究，主持国家八五攻关第一个清洁工艺项目。在国内外首次提出亚熔盐非常规介质高效反应分离新系统和绿色化工新过程，在铬、铝、钒化工等行业清洁生产原创性替代技术已取得万吨级示范工程成功。主要论著有：《资源可持续利用的绿色过程与技术平台》（2003）《反应耦合法合成苯氨基甲酸甲酯的催化剂Bu2SnO回用性能研究》（2008）《乌梁素海富营养化现状及营养盐源解析》（2010）《焦炉煤气HPF脱硫工艺废液处理技术进展》（2010）《钒渣NaOH亚熔盐法提钒工艺研究》（2012）《铬污染场地调查及修复技术》（2012）等。（*石艳峰*）

张勇传

Zhang Yongchuan，1935 ~

河南南阳人，1957年毕业于华中理工大学水动专业，水电能源学家，中国水电能源理论的开拓者，华中科技大学学术委员会副主任、水电与数字化工程学院名誉院长、教授、博士生导师，1997年当选为中国工程院院士。长期致力于水电能源方面的教学和科研并有较深的造诣，对水电能源理论、优化理论、控制理论、不确定性理论以及人工智能、神经网络、模糊分析等技术进行

综合交叉研究，为现代水电能源理论的创立和发展做出重要贡献。主持多项重点科技开发与攻关项目，如水电站水库优化调度理论应用与推广、电力系统隐随机决策、水电站经济运行计算机实时控制等，还有两项中—欧能源合作研究项目。主要论著有：《水电站水库调度》（1963）《三峡工程运行后嘉陵江点源污染预测》（2001）《基于数字流域的水利水电工程诱发地震定量预测与评估》（2001）《智能电网风险评估初探》（2010）等。（*石艳峰*）

朝阳产业

Sunrise Industry

指新兴产业，具有强大生命力，是技术突破创新带动企业的产业，市场前景广阔，代表未来发展的趋势，一定条件下可演变为主导产业甚至支柱产业。但是风险性依然存在，如果技术周期预计错误，就会误入技术陷阱，使投资血本无归。赢利前景看好的朝阳产业，如IT、环保、新能源等。新能源、新材料、信息产业、新医药、生物育种、节能环保、电动汽车7大战略性新兴产业成为我国在本轮国际金融危机背景下继4万亿投资和10

大产业振兴规划之后的新一轮刺激经济方案。朝阳产业有以下几种类型：电子信息类、生物技术类、现代医药类、汽车类、新材料类、环境能源类。（李雪姣）

沼气工程技术

Biogas Engineering Technology

以农业有机废弃物、人畜粪便等有机质为对象，利用厌氧微生物对其降解以获取能源，实现农业生态良性循环的农村能源工程技术。国内常用的沼气工程技术包括升流式厌氧污泥床（USAB）、升流式厌氧固体反应器（USR）和完全混合式厌氧消化器（CSTR）等。根据不同的养殖规模、环境容量、土地资源和污水排放标准等条件，沼气工程技术的应用形成两种最有代表性的模式：1. 能源生态型。即沼气工程周边配套有较大面积的作物农田、鱼塘、植物塘等，能够就地消纳沼气发酵的残留物（沼液），废弃物真正实现零排放。2. 能源环保型。即沼气工程周边环境无法直接消纳沼液，必须将沼液进行固液分离，分离出来的沼渣制成商品固体有机肥料，分离后的清液经过好氧或物化等深度处理达到行业排放标准后直接排放。（参考：杨樱、葛晶晶、刘凯荣：《中国沼气工程技术研究》，《现代农业科学》2009 年第 3 期第 217 ~ 219 页。刘阳）

沼气利用

Biogas Utilization

沼气是指利用人畜粪便、秸秆、污泥、工业有机废水等各种有机物在密闭的沼气池内，利用厌氧（没有氧气）的条件，被多种微生物发酵分解，最终产生沼气的过程。沼气的主要成分是甲烷（约占总体成分的 60%）、二氧化碳（约占总体成分的 40%）及少量氢气、氮气、一氧化碳、硫化氢和氨等气体。沼气无色无味，与适当的空气混合后就能点燃，点燃后可释放大量的热量。每立方米甲烷的发热量为 340000 焦耳，每立方米沼气的发热量为 20800 ~ 23600 焦耳，即 1 立方米沼气完全燃烧后，能产生相当于 0.7kg 无烟煤提供的热量。这些热量可以作为能源，用来处理废物，达到保护环境的目的。经沼气发酵后的沼渣、沼液是优质的有机肥料。沼气的利用可以分两方面，即农村户用沼气和与大、中型规模化养殖场配套的大、中型沼气工程。农村用沼气的优点有：不仅能解决农村能源问题，而且能增加有机肥料资源，提高质量和增加肥效，从而提高农作物产量，改良土壤；能大量节省秸秆、干草等有机物，以便用来生产牲畜饲料和作为造纸原料及手工业原材料；可以减少乱砍树木和乱铲草皮的现象，保护植被，使农业生产系统逐步向良性循环发展；有利于净化环境和减少疾病的发生。这是因为在沼气池发酵处理过程中，人畜粪便中的病菌大量死亡，使环境卫生条件得到改善；用沼气煮饭、照明，既节约家庭经济开支，又节约家庭主妇的劳作时间，降低劳动强度。使用沼肥，能提高农产品质量和品质，增加经济收入，降低农业污染，为无公害农产品生产奠定基础。欧洲的沼气厂从 20 世纪 70 年代开始建设，90 年代进入快速发展期，到 2000 年以后欧洲的沼气产业得到迅猛发展。目前欧洲的沼气利用工程渐趋成熟，主要表现在重视原料复配，产气率高；工艺统一，热电联产，效益高；实现自动控制，运行管理便捷。（参考：姚亮、刘中礼：《利用沼气技术有效治理农村面源污染》，《中国沼气》2005 年第 3 期第 34 ~ 35 页；郜春花、刘继青、关超、姜森林：《浅谈沼气综合利用与生态农业》，《中国沼气》1997 年第 1 期第 38 ~ 40 页。朱配辰）

沼泽湿地

Marsh Wetland

指一种土地类型，主要标志是土壤过湿，地表积水，土壤为泥炭或潜育化沼泽土，生长水生植物、湿地生物或植物贫乏。沼泽湿地是价值极高的湿地生态系统。1956 年美国鱼类与野生生物保护机构对湿地的定义为：湿地表面暂时或永久有浅层积水，以挺水植物为其特征，包括各种类型的沼泽、湿草地、浅水湖泊，但是不包括河流、水库和深水湖。1971年由苏联、加拿大、澳大利亚、英国等36国在伊朗签署的国际重要湿地条约《拉姆萨（Ramsar）条约》，把湿地定义为：湿地、沼泽、泥沼或水体的面积，不论是天然的或人工的，永久的或暂时的，静止的或流动的水，淡的、稍咸的或咸的水面积，包括退潮时海水不超过6米深的海水面积。一般不包括珊瑚礁在内。1979年加拿大湿地保护机构（Zoltal）把湿地定义为：水位在大部分时间接近或超过土壤表面，并长有水生植物的地区，主要是指湿地的土壤条件和植被。1979年在《美国的湿地深水栖息地的分类》一文中，重新给湿地作定义为：陆地和水域的交汇处，水位接近或处于地表面，或有浅层积水，至少有一至几个以下特征：1. 至少周期性地以水生植物为植物优势种；2. 底层土主要是湿土；3. 在每年的生长季节，底层有时被水淹没。定义还指湖泊与湿地以低水位时水深2米处为界，按照这个湿地定义，世界湿地可以分成20多个类型，这个定义目前被许多国家的湿地研究者接受。1987年8月，在加拿大、埃德蒙顿的国际湿地与泥炭生产讨论会上，加拿大专家提出一个湿地的定义：湿地是一种土地类型，其主要标志是土壤过湿，地表积水（水深小于2米，有时含盐量高），土壤为泥炭（泥炭层大于40厘米）或潜育化沼泽土，生长水生植物、湿地生物或植物贫乏。（史月田）

《哲学笔记》

Note on Philosophy

《哲学笔记》是列宁研读哲学著作和探讨马克思主义哲学时所做的笔记汇编。该书汇集了列宁1895～1916年所写的有关哲学的读书摘要、评注、札记和短文，主要内容包括：1895年对马克思、恩格斯《神圣家族》和1909年对L.费尔巴哈《宗教本质讲演录》两书的摘要；1914～1916年的笔记，包括对G.W.F.黑格尔的《逻辑学》《哲学史讲演录》等著作的摘要以及列宁《黑格尔辩证法（逻辑学）纲要》《辩证法的要素》《谈谈辩证法问题》等提纲和短文。1929～1930年，苏联共产党（布尔什维克）中央列宁研究院把上述笔记编入《列宁文集》第9、12卷并出版。

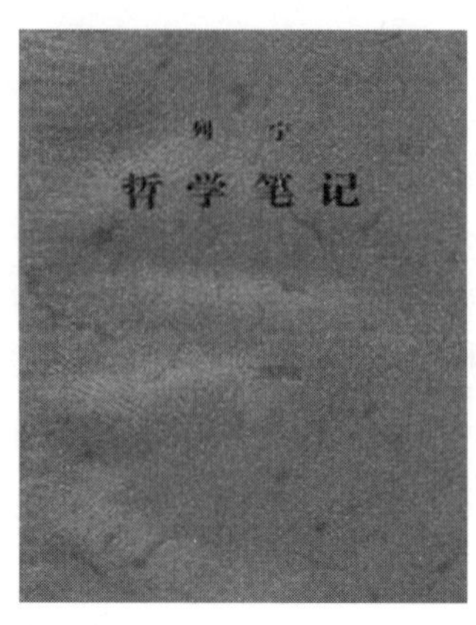

列宁创作《哲学笔记》的原因主要有两个：第一，为了反对第二国际各社会民主党在第一次世界大战中的社会沙文主义及其诡辩论；第二，为了进一步发展马克思主义哲学，建立辩证唯物主义完整严密的科学体系。因此，这部著作以辩证法思想为中心，同时涉及认识论、逻辑、历史唯物主义、哲学史和自然科学哲学等方面的问题，内容极为丰富。列宁认为，辩证法作为关于客观世界的一般规律的科学，它是世界观；作为人类认识史的总计、总结和关于人类认识的发展规律的科学，它是认识论；而作为关于人们借以进行正确思维的规律和方法的科学，它是逻辑学（也是方法论）。唯物辩证法就是这样三位一体的科学，它的体系应当是这个三者同一的体系。列宁对唯物辩证法的规律和范畴进行深入细致的探索，其中最突出的就是对立统一规律，即矛盾规律。他把统一（同一）和斗争看作矛盾关系的主要内容，指出统一是相对的，斗争是绝对的，一切事物都是在其内部对立面的统一和斗争的推动下运动、变化和发展的。

此外，列宁对存在与无、有限与无限、质与量、本质与现象、原因与结果、否定之否定等规律和范畴都有较多的论述，提出许多新的见解。列宁明确提出，对立面的统一是辩证法的实质。他对于认识过程的辩证法还进行专门探索，进一步丰富马克思主义的认识论。他对实践概念作明确规定，进一步考察存在与思维、实践与认识、感性与理性、归纳与演绎、分析与综合、真理与谬误、绝对真理和相对真理、目的与手段等一系列认识的辩证法问题，展现认识辩证法的丰富内容。列宁提出的辩证法要素16条，是体现他的辩证体系的雏形。列宁在论述辩证法的同时，在历史观、自然科学哲学、哲学史等方面还提出不少创造性见解。

《哲学笔记》虽然在列宁逝世之后出版发行，但具有较高的历史意义和学术价值。20世纪初，众多马克思主义学者把马克思主义作为工人革命的指导思想来对待，但并没有深入挖掘马克思主义的哲学意蕴。列宁从世界观和方法论角度，不仅系统阐发马克思主义中的辩证法思想，而且实现了马克思主义认识论与本体论的科学统一。他从辩证唯物主义世界观和方法论出发，系统研究马克思主义哲学、政治经济学和科学社会主义，再现了马克思主义的完整逻辑体系，对马克思主义的发展做出卓越贡献。（参考：黄枏森：《列宁的哲学笔记及其历史意义和当代价值》，《高校理论战线》2006年第10期。徐越）

《哲学走向荒野》

Philosophy Gone Wild

20世纪60～70年代以来形成的环境哲学学科开创者美国学者霍尔姆斯·罗尔斯顿（Holmes Rolston，1933～）的文集。汇集作者从1968年到1985年近20年中有关人与自然关系的代表性论文共15篇，分为4编。其中第4编中的文章多为作者早期发表的，侧重于写作者的荒野体验和对自然的哲学沉思．这部分文章之所以放到文集的最后，是因为它们更像一些散文，而非学术性的论文。第1编4篇论文从总的方面探讨人与自然的关系问题，为环境伦理学搭建理论框架。其中《生态伦理是否存在？》一文是具有开创意义的理论文章，后来成为环境伦理学界征引最多的文献之一。第2编代表作者的主要理论建树自然价值论；其中许多观点颇富创见，尤其是作者提出的生态系统价值的概念，融入生态学的洞见，不像动物权利论、生物中心论等将自然的价值落实在具体的生物体上，从而避免这些理论的不足。第3编的3篇文章发表较晚，是作者对自然有了深刻的体验并构建自己的哲学体系后，对有关环境保护的实际问题（如环境立法应遵循的原则、对荒野地和濒危物种的保护等）进行分析并提出自己的观点。《哲学走向荒野》是环境哲学学科代表性著作。中译本译者刘耳、叶平，长春，吉林人民出版社2000年出版。（牟世晶）

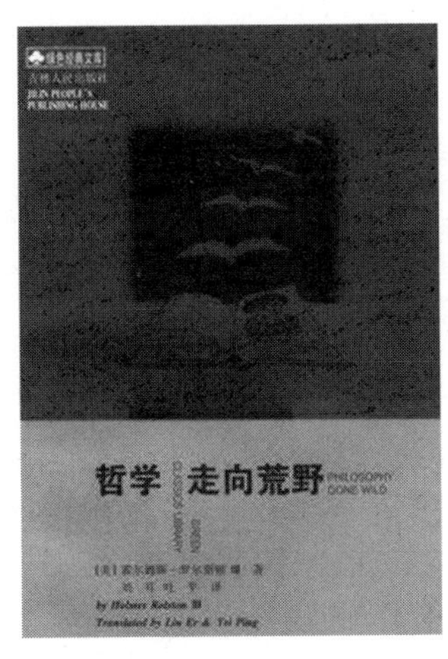

浙江2014年生态文明建设状况

Eco-Civilization Construction in Zhejiang in 2014

2014年浙江生态文明指数（ECI）得分为81.68，排名全国第12位。相关二级指标得分及排名情况见表。去除社会发展二级指标后，浙江绿色生态文明指数（GECI）得分为65.03，全国排名第14位。浙江生态文明建设为社会发达型，社会发展居于全国领先水平，生态活力、环境质量和协调程度均居于中上游水平。生态活力方面，森林覆盖率处于领先水平，全国第3，建成区绿化覆盖率、湿地面积占国土面积比重居于全国中上游水平，森林质量居全国第22，自然保护区的有效保护排名第31位。环境质量方面，水土流失率处于全国中上游水平，地表水体质量、环境空气质量以及化肥施用超标量均居于全国中游水平，农药施用强度较高，排名第30位。社会发展方面，除每千人口医疗机构床位数居于全国中下游外，其他三级指标均排名全国第5～8位，居全国上游水平。协调程度方面，工业固体废物综合利用率、城市生活垃圾无害化率居全国上游水平，化学需氧量排放变化效应、氨氮排放变化效应、二氧化硫排放变化效应、氮氧化物排放变化效应居中上游水平，环境污染治理投资占国内生产总值比重居全国中下游水平，烟（粉）尘排放变化效应排名第30位。总体来看，浙江的生态文明建设基础较好，社会发展水平较高，但资源环境束缚也较为明显。如何保持传统优势，均衡提高环境质量和协调程度，是今后浙江生态文明建设的重要任务。针对转型时期持续发展的要求，应加大技术创新力度，继续推进调整存量、做优增量并存的深度调整，重点培育发展信息、环保、健康、旅游、时尚、金融和高端装备制造业等新兴行业，逐步取代传统产业，成为经济发展的重要引领和拉动力量。

表1　2014年浙江生态文明建设二级指标情况

二级指标	得分	排名	等级
生态活力（满分为43.20分）	26.74	12	2
环境质量（满分为36.00分）	20.80	14	3
社会发展（满分为21.60分）	16.65	5	1
协调程度（满分为43.20分）	17.49	13	3

表2　浙江2014年生态文明建设评价结果

一级指标	二级指标	三级指标	指标数据	排名
生态文明指数（ECI）	生态活力	森林覆盖率	59.07%	3
		森林质量	36.05立方米/公顷	22
		建成区绿化覆盖率	40.26%	10
		自然保护区的有效保护	1.55%	31
		湿地面积占国土面积比重	10.91%	7
	环境质量	地表水体质量	63.00%	18
		环境空气质量	58.08%	16
		水土流失率	15.77%	10
		化肥施用超标量	174.78千克/公顷	19
		农药施用强度	26.90千克/公顷	30
	社会发展	人均国内生产总值	68462.00元	5
		服务业产值占国内生产总值比例	46.10%	8
		城镇化率	64.00%	7
		人均教育经费投入	2209.24元/人	6
		每千人口医疗机构床位数	4.18张	22
		农村改水率	95.68%	5

续表

一级指标	二级指标	三级指标	指标数据	排名
生态文明指数（ECI）	协调程度	环境污染治理投资占国内生产总值比重	1.04%	23
		工业固体废物综合利用率	95.15%	4
		城市生活垃圾无害化率	99.44%	3
		化学需氧量排放变化效应	26.00 吨 / 千米	9
		氨氮排放变化效应	4.00 吨 / 千米	7
		二氧化硫排放变化效应	1.79 千克 / 公顷	7
		氮氧化物排放变化效应	3.08 千克 / 公顷	7
		烟（粉）尘排放变化效应	−3.62 千克 / 公顷	30

（参考：严耕等：《中国省域生态文明建设评价报告（ECI2015）》第 179 ~ 184 页，北京：社会科学文献出版社，2015 年。徐保军）

浙东运河

The eastern Zhejiang canal

浙东运河是位于浙江地区的古代运河，是古代浙东地区的水上交通干线，与中原、海外相连。东晋时期，会稽内史贺循利用山阴故水道开辟了

自浙江至舜江的萧绍运河，又名西兴运河。运河西起萧山西兴永兴闸，东至钱清，后与西小江汇合至绍兴与山阴故水道相接，全长 78.5 千米。浙东运河最古老的一段即山阴故水道，最早可以追溯到春秋时期，越往勾践因备战所需，动员全国军民挖掘的重要交通水利工程，它西起会稽都城，东至上虞市，全长 20 千米。由于浙东运河的作用，浙东成为北方人口迁徙的重要目的地，自西晋至唐代，浙东引进北方先进技术和文化。后经南宋迁都，浙东地区更加富庶，浙东运河上交通繁忙，建有多座堰埭和通航闸。航道在宽阔水面地区建有特殊的航道建筑物：长桥式石纤道。目前，长桥式石纤道作为全国重点文物，已成为绍兴一带重要的历史文化景观。浙东运河历史上多次修浚和改建，20 世纪 80 年代完成钱清—湖塘—鉴湖—皋埠—泾口段拓竣、护岸工程后，浙东运河西段开辟萧山临浦至曹娥南线航道，通航能力达 40 吨级，至今仍是浙东地方运输的重要线路。（参考：吕洪年：《积淀深厚的浙东运河文化》，《今日浙江》2005 年第 23 期第 44 ~ 45 页。朱配辰）

浙江绍兴三江应宿闸

Sanjiang Yingxiu floodgate of Shaoxing, Zhejiang province

绍兴三江闸我国古代大型挡潮排水闸，因为该闸共有闸洞 28 孔，并用二十八星宿的名称来编号，所以也叫“绍兴三江应宿闸”。绍兴三江应宿闸横跨于绍兴钱清江和曹娥江的汇合处，是绍兴和萧山两县水流的主要出口，泄水流域达 2520 平方千米，数百年来对两县的农业生产和人民的生活有十分重要的作用。古代钱塘江水位较高，每年农历八月大汛，怒潮似排山倒海，导致无数良田沦为沧海，待到潮退水落，留下一片茫茫荒野。为了阻挡钱塘海潮的侵袭，古代当地人民便在萧山、绍兴两县筑起海塘，分别称为西江塘、

北海塘、东江塘。沿塘共建立20多处水闸。但由于钱塘江潮猛水急，流沙严重，水利设施不能发挥良好的作用。明代嘉靖年间，汤绍恩出任绍兴

知府时，决心建闸治水。通过对沿海一带进行实地勘查，他发现三江口是内河和外海交汇的关键，三江口下的天然岩石是很理想的天然闸基，随即决定在这里破土建闸。通过平整岩层，凿出榫卯，砌筑梭墩奠定扎实的地基。建成后的三江闸，其启闭依据水则（古代水尺）。水则一个设在闸址，一个设在绍兴城里，后者有校核水位的作用。水则分金、木、水、火、土五级。水至金字脚，全闸开启；水至木字脚，开十六孔；至水字脚开八孔；至火字头，全闸关闭。三江闸后经历代维修，发挥效益近500余年，至今仍然保存完好。民国时期，实测该闸平均泄量为280立方米每秒，可使萧山、绍兴两县三日降雨100毫米不成灾。改革开放后，绍兴人民又在三江闸北五里处另建成正常泄水流量为528立方米每秒的大型现代化水闸粜新三江闸，三江闸遂完成它光辉的历史使命，成为浙江省历史文物长期保存下去。（参考：沈寿刚：《三江闸与新三江闸述评》，《浙江水利科技》1991年第3期第76～83页。朱酡辰）

浙江省安吉县生态文明建设

Eco-civilization construction in Anji, Zhejiang province

安吉县位于浙江省西北部，是长江三角洲经济区迅速崛起的对外开放景区，是联合国人居奖唯一获得县，中国首个生态县，全国首批生态文明建设试点地区。有中国第一竹乡、中国白茶之乡、中国椅业之乡、中国竹地板之都美誉，被评为全国文明县城、全国卫生县城、荣获国家可持续发展实验区、全国首批休闲农业与乡村旅游示范县。近年来，安吉县大力实施生态立县发展战略，通过完善城市发展规划，严格保护生态资源，大力发展生态经济，积极倡导低碳生活，从省级贫困县一跃成为远近闻名的富裕县、生态县，走出一条既具时代特征又有地方特色的科学发展道路，积累生态文明建设的有益经验，形成环境宜居一流、乡村美丽一流、百姓富裕一流、文化生态一流等诸多优势。尤其是，在生态文明理念的指引下，安吉县以中国美丽乡村建设为总载体，以县域大景区为共同愿景，以环境保护和资源永续利用为生态文明建设指标体系的核心，经过环境资源化、资源经济化、经济生态化三大步骤，坚持城乡协同并进，初步建立环境优美、人与自然和谐、产业协调、发展潜力强劲、生态文化活跃的生态文明建设示范模式，塑造以环境优美、生活甜美、社会和美的中国美丽乡村生态文明建设县域综合品牌。（张沥元）

浙江省环境科学学会

Zhejiang Society for Environmental Sciences

1980年12月成立，是浙江省内成立最早、专门从事环境保护事业的非盈利全国性非政府科技社团组织之一，是浙江省科协所属的省一级学会，具有跨部门、跨行业、横向联系广泛的优势和特点。业务主管单位为浙江省科学技术协会。学会由浙江省环境科技工作者、环境工程技术人员、环境教育工作者和环境管理工作者自愿结合组成。现有会员800余名。设有理事会、常务理事会、秘书处、理事单位顾问团，下设9个专业委员会。在管理体制上实行浙江省环境保护厅和浙江省科学技术协会双重领导。宗旨是遵守我国的宪法、法律、法规和国家政策，遵守社会道德风尚。坚

持“百花齐放、百家争鸣”，坚持独立自主、民主办会的原则，以环境保护是我国的基本国策为总方针，推动城乡建设、经济建设和环境建设的同步发展。学会的主要工作：1. 针对环境中存在的问题开展国内外学术交流。2. 组织重点学术课题的探讨和学术考察，为国家和本省制定技术政策和重点科技攻关献计献策。3. 接受委托进行科技可行性研究，为工矿企业提供技术、管理和信息咨询服务。4. 大力普及环境科学知识、积极开展青少年科普活动和继续教育，为社会主义现代化建设培养跨世纪的科技后备人才和新型劳动者。5. 进行环境保护科学技术咨询和技术服务，组织科技成果推广应用，促进科学成果转化为生产力。6. 服务地方科技协同创新，引进先进环保团队和前沿技术，推动地方产业转型升级。（席溢）

浙江省临安市生态文明建设

Eco-civilization construction in Lin' an, Zhejiang province

临安市位于浙江省西北部，是浙江省陆地面积最大的县级市，2009 年通过国家环保总局考核验收成为国家级生态市，开始省级生态文明建设试点，致力于打造山绿、水韵、业兴、城美、人和的生态临安、品质临安。2013 年 4 月临安市颁布《临安市生态文明先行区建设三年行动计划》。《计划》提出，全力开展生态文化、生态环境、生态经济、生态社会四大行动。其中包括，开展生态文明试点市建设为主题的宣传活动，建立媒体宣传机制，创建生态文明教育基地；大力整治污染企业，积极推进减排工程建设；打造低碳型、高端化产业，发展工业循环经济，建设农家休闲旅游产业基地，发展有机农业；建设低碳绿色城镇，开展建筑节能示范改造，创设生态文明镇、村庄、学校、公地、社区和矿山。到 2015 年各项指标基本达到国家生态文明建设试点示范区建设要求，实现经济可持续增长；自然资源低消耗、污染物低排放；生态、生活、生产共赢，政府利益、企业利益、公众利益共赢；社会效益、经济效益、环境效益共赢。（张沥元）

浙江省生态文化协会

Zhejiang Province Eco-Culture Association

2010 年 12 月 9 日在杭州成立。由浙江省内从事生态环境建设、经营、管理、研究的企事业单位、科研院所、大专院校、新闻、出版单位，以及一切关心和有志于推动浙江省生态事业发展的社会各界人士自愿组成。宗旨：遵守宪法、法律、法规和国家政策，遵守社会道德风尚。弘扬生态文化，倡导绿色生活，共建生态文明。在全社会大力宣传生态文明观念，倡导尊重自然、保护自然、合理利用自然资源的理念和行动，促进人与自然的和谐；倡导绿色生活，发展绿色产业，构建资源节约、环境友好的制度体系，形成节约能源资源和保护生态环境的发展方式和消费模式；牢固树立科学发展观，推动浙江省经济可持续发展，联合全社会的力量，共同推进生态文明建设。协会的业务主管单位是浙江省林业厅；登记管理机关是浙江省民政厅。业务范围：宣传生态文明理念，普及生态文化知识；传播绿色生产、生活方式，引导绿色消费；组织开展生态文化领域的理论研究，推动成果应用与示范；经政府有关部门委托，定期评选浙江省生态文化示范基地等；定期举办浙江省生态文化高峰论坛；繁荣生态文化产业，丰富生态文化产品；开展生态文化领域的国内处合作与交流；开展各种生态文化交流活动，组织生态文化业务培训。（席溢）

浙江省生态学会

Ecological Society of Zhejiang Province

成立于 1995 年 12 月，挂靠在浙江大学生命科学学院农业生态与工程研究所，完全的非营利性的民间学术团体。经费来源依靠会员单位以团体会员会费、个人会费和理事捐助，并通过积极申报各类学术活动（学术会议、科普活动、国际交流）以获得浙江省科协、中国生态学学会等上级部门及其他基金组织的支持。学会下设学术、青年、科普与教育、国际合作与交流等 4 个工作委员会，生物多样性与基础生态、农业生态、森林生态、水域生态、景观生态、生态文化与生态摄影、生态旅游、环境生态、区域生态等 9 个专业委员会。目前具有 700 名左右的个人会员、13 个团体会员。基本原则：学会必须为会员服务，学会为地方服务，学会必须为社会经济发展服务。学会宗旨是团结组织全省广大生态工作者积极开展学术交流、科普宣传、人员培训、建言献策等工作，推进浙江省生态学发展和生态省建设。先后公开出版《生态研究与探索》《面向 21 世纪的生态学》《当代生态农业》《城乡生态环境建设原理和实践》《生态系统健康与生态产业建设》等论文集和专著；印发内部刊物《浙江省生态学会通讯》。（*席溢*）

浙江省生态与环境修复技术协会

Ecology & Environment Remediation Technology

成立于 2014 年 12 月 16 日，由浙江省热衷于环境保护事业的大专院校、科研院所、企业自愿组成的跨行业、跨部门的专业性社会团体组织，具有社团法人资格，接受业务主管单位浙江省工商业联合会和浙江省民政厅监督管理，致力于各级政府环保部门业务指导。使命是修身正心，复原环境，

是保护生态的倡议者，推动公众参与生态保护的服务者，绿色出行引领者；愿景是成立全省最具综合性、权威性、学术性、专业性、实用性五位一体的生态修复技术产业化资讯平台；核心价值观是为保护人类健康，营造更清净、更健康的环境。核心业务是进行环保公益、环保成果发布、环保技术推介、用户交流、宣传培训、研讨交流、会议展览、环保传媒等活动。宗旨：围绕实现国家环境与资源保护目标和维护公众环境权益，发挥政府与社会之间的桥梁和纽带作用，推动资源节约型、环境友好型社会建设，推动全省生态与环境修复技术事业的进步与发展。主要业务：培育公众参与环境保护的热情，广泛动员公众参与环境保护事务，维护会员的环境权益。组织环境日、生态日、环保法知识竞赛、环保卫士演讲赛、环保摄影赛、环保动漫赛、环保微电影等公益活动。推进企业清洁生产，表彰对环保领域的一些建设成果经验以及示范区域、优秀企业、杰出人物。推荐中华宝钢环境奖设环境管理奖、城镇环境奖、企业环保奖、生态保护奖、环保宣教奖 5 类奖项。承接农业、农村现代化服务的咨询、三农技术培训；参与环境标准制（修）订。提供修复技术咨询和指导对水体、大气、土壤、噪声、光、固体废物、化学品、机动车、农业、自然保护区、风景名胜区、森林公园的环境保护、生物多样性保护、野生动植物保护、湿地环境保护、海洋、城镇、农村环境影响评价、环境安全管理和核事故场外应急等预防控制环境污染和生态破坏等工作。组织各类专业技术人才知识培训。国际交流与合作、环境保护科技学术论坛、环境技术管理体系建设、编辑《浙江生态修复资讯》期刊。推广环境保护新技术、新工艺、新材料、新设备、新措施、新经验、新途径，推动节能环保自主创新、科技进步和相关产业的发展，促进环境事业科技进步，为实施科技兴安战略服务。（*席溢*）

珍 · 古道尔

Jane Goodall

英国女爵士，也是联合国的和平大使。在世界上拥有极高的声誉的动物学家，致力于野生动物的研究、教育和保护。1960 年开始在坦桑尼亚贡贝国家公园原始森林进行黑猩猩的行为研究，为观察黑猩猩经历 38 年的野外生涯。奔走于世界各地，呼吁人们保护野生动物、保护地球的环境。现被选入牛津教材七下第八单元。1977 年成立珍 · 古道尔研究会，以更好的支持野生动物研究和向更多人宣传推广环境友好的理念。（*席溢*）

《珍惜地球：经济学、生态学、伦理学》

Valuing the Earth: Economics, Ecology, Ethics

作者赫尔曼·E. 戴利和肯尼思·N. 汤森，本书共有 3 编，第一编：生态：最终手段和生物物理约束，第二编：伦理：终极目的与价值约束，

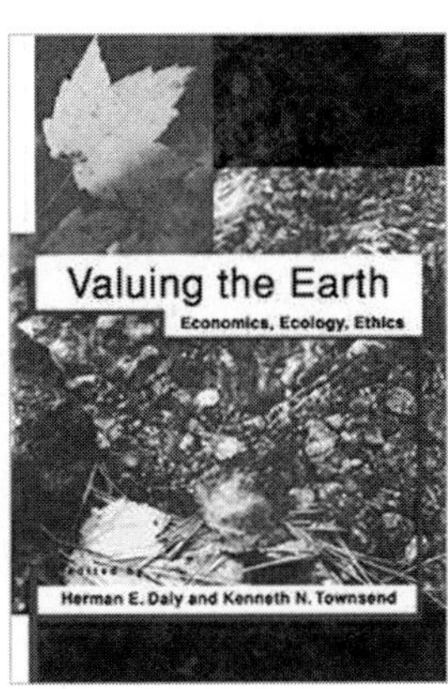

第三编：经济学：目的与手段的互动。是两个作者发表的部分论文的合集，作者关注经济不发达和财富分配不公平带来的问题，对经济的持续增长解决这些问题的有效性进行探讨。原名《走向稳态经济》，于 1973 年第一次出版。中译本译者马杰，北京：商务印书馆 2001 年出版。（代富宇）

真人

Taoism Immortal Sage

出于《黄帝内经·素问》：“上古有真人者，提挈天地，把握阴阳，呼吸精气，独立守神，肌肉若一，故能寿敝天地，无有终时，此其道生。”《庄子·大宗师》说：“古之真人，其寝不梦，其觉无忧，其食不甘，其息深深……古之真人，不知说生，不知恶死，其出不欣，其入不距；翛然而往，翛然而来而已矣”，真人，无论是在黄老学派中，还是在庄子之学中，他们都把真人当作一种理想人格，它区别于人世之中被各种欲望与事务牵绊的普通人，后世道教把修仙得道，洞悉宇宙人生真理的人称为真人，真人在道教中也称天尊。（雷爱民）

真实储蓄率

Genuine Saving

指从传统的宏观经济指标 GDP 中减去总消费得到总储蓄。将人力资源纳入到国民财富范畴，总储蓄加上经常性教育投资得到广义国内总储蓄，从中扣除产品资本折旧得到净储蓄，如果一个国家、部门或经济单位的净储蓄为正值，则表明无论他们在积累交易过程中怎样运用这些储蓄，都必然会引起其资产负债表上的净值发生相应数额的增加；反之，如果净储蓄为负值，则会引起资产负债表上净值 相应的减少。以净储蓄为基础，扣除资源损耗和污染损失，可得到真实储蓄。真实储蓄不仅能反映经济交易引起的财富变动，还能考察资源和环境被用于经济过程或受经济活动影响所付出的代价。在可持续发展框架内，自然资源损耗和生态环境降级是一种负的储蓄或财富积累，而经常性教育投资作为一种人力资本投资是一种正的储蓄或财富累积。真实储蓄占 GDP 的比重即为真实储蓄率。真实储蓄的政策含义非常直接：如果真实储蓄率持续为负，最终将导致福利降低。而对真实储蓄率决定因素的考虑能将资源、环境、金融和规划等各方面的利益从本质上联系起来。（史月田）

真实发展指标

Genuine Progress Indicator，GPI

也称为真实进步指标，真实发展指数。国际发展重新定义组织（Redefining Progress）Cobb 等人 1995 年提出的衡量一个国家或地区的真实经济福利的指标。指标扩展传统的国民经济核算框架，其中包括社会、经济和环境 3 个账户，首先在美国、加拿大和英国得到应用。（史月田）

真主创世论

Allah Creationism

真主创世论是伊斯兰教关于人类和世界起源的宗教性解释。伊斯兰教认为真主创造世界，真主具有无与伦比的力量，“天地万物，只是真主的，真主是周知万物的”，“他是天地的创造者”。伊斯兰教以真主安拉为至上神，为宇宙中心，伊

斯兰教信仰“认主独一”，承认真主是独一无二的造化者、宇宙万物的掌管者，世界上的任何存在物都是真主创造的。人类不能随意剥夺其他生物的生存权利，爱惜大自然就是敬畏真主的具体表现。（雷爱民）

振兴东北老工业基地战略

Strategy for Re-energizing North-Eastern Industrial Base

随着改革开放的深入，曾是我国最重要工业基地的东北地区的经济发展速度逐渐落后于东部沿海省份，GDP 和工业增加值均呈下降趋势。2013 年 10 月中共中央、国务院发布《关于实施东北地区等老工业基地振兴战略的若干意见》，明确实施振兴战略的指导思想、方针任务和政策措施。《意见》共有九大项，包括优化经济结构，建立现代产业体系；加快企业技术进步，全面提升自主创新能力；加快发展现代农业，巩固农业基础地位；加强基础设施建设，为全面振兴创造条件；积极推进资源型城市转型，促进可持续发展；切实保护好生态环境，大力发展绿色经济；着力解决民生问题，加快推进社会事业发展；深化省区协作，推动区域经济一体化发展；继续深化改革开放，增强经济社会发展活力。在此基础上，《意见》还提出 28 条具体和明确的措施要求，如加快企业兼并和重组，培育接续产业，构建可持续发展长效机制，提高自主创新能力，优化能源结构，加强生态建设、推进节能减排和环境污染治理等。（张沥元）

争气行动

Clear the Air

香港环保组织，于 1997 年 12 月 10 日成立，致力协助香港政府及各有关机构颁布及推行减低空气污染之法例，以改善香港的空气质素。目标：
1. 进行推广及宣传活动，以争取社会大众的支持；
2. 向政府及有关机构建议切实而有效的解决方案；
3. 向普通民众灌输有关空气污染的知识，让他们体会此问题对健康及生活的影响。（席溢）

征服自然

Conquer Nature

在以人为中心的近代文化发展中形成的处理人与自然关系的理念。人与自然关系发展过程中的阶段性产物。始发于欧洲文艺复兴时期的近现代文化，从人与自然关系的角度加以理解和考察，这种价值取向是以人为中心。近现代文化表现为哲学、政治、经济、伦理、科学、技术、宗教、教育、文学、艺术等多种形式。尽管各种文化形式研究的内容、方法、对象各不相同。但是在人与自然关系方面它们的出发点是相同的。它们都是把人和自然分开，主张为了人的利益区开发、征服自然，漠不关心自然界。它们向人们提供征服自然的世界观或征服自然的物质手段和精神武器，或直接参与人们的实践活动。可以这样说，迄今为止，人们作用于自然的实践活动都在这种文化背景中进行。（牟世晶）

《拯救地球生物圈：论人类文明转型》

Save the Biosphere: On the Transition of Human Civilization

生态学研究专著。姜春云主编，中国科学院 2011 年课题研究项目成果。卷首主编者《前言》自述：“拯救地球生物圈，实践人类文明转型——由传统工业文明转变为现代生态文明，是人类发展史上空前宏伟、壮丽的事业，也是一项艰巨而复杂的社会工程，需要人类潜心研究、正确认识和回答一系列相关的问题。”全书 15 篇，《前言》与第 1 篇《人类文明转型的历史必然性》是全书总论。第 2 ~ 4 篇是宇宙和地球的自然演化史论，分别

从宇宙和地球的演化历史、地球生物圈概况和自然生态支撑体系三个角度展开论述。第5～15篇，是作者们提出的拯救地球生物圈，促进人类文明转型的策论，这些应对策略分别是：偿还生态欠债，走可持续发展道路，转变人类消费方式，让自然生态系统休养生息，人口与经济社会协调发展，和平代替战争，把人类智慧应用于拯救地球生物圈，地球村村民要补生态道德文化课，在环境保护中发挥法制的利器作用，推行绿色国内生产总值核算，寻求国际社会和世界各国同心合作。全书45万字，编审委员会成员自主编以下有：陈宗兴、李肇星、周生贤、曲格平等近60人。卷末《后记》称，主编者2010年拟定3万字课题研究提纲，次年呈交中国科学院立项。北京：新华出版社2012年出版。（白建新）

拯救纳尔默达运动

Narmada Bachao Andolan，NBA

印度最著名的环境非政府组织之一，印度反坝运动的核心，1988年成立。为解决数万人的灌溉、饮水和发电，20世纪40年代出现修建纳尔默达水利工程，1987年获得政府的投资许可。20世纪80年代，纳尔默达河谷的人们开始掀起各种形式的反抗运动，希望政府能够重新评估其对环境的影响。拯救纳尔默达运动的创立，标志着反抗纳尔默达大坝的抗议走向联合。运动组织内部有很多环境主义者、人权活动家、科学家、学者以及其他受大坝项目影响的民众。运动采取非暴力的形式进行抗议，希望政府重新评估水电项目的环境影响，以及受影响居民的安置计划。活动方式包括绝食游行、争取电影明星和艺人的支持等。拯救纳尔默达运动及其领导人梅达·帕特卡尔和巴巴·阿姆特一起，获得1991年的正确生活方式奖。（王聪聪）

拯救中国虎国际基金会

Save China's Tigers

于2000年在英国成立。口号是“通过拯救中国虎，恢复野生动物和其栖息地”。通过公众教育，把先进的保护模式介绍到中国并加以实践，筹集资金来支持这些行动，为拯救和保护中国虎而努力。项目主要是：1. 中国虎种引进项目。将华南虎放出牢笼，进行有效的繁育，使濒临灭绝的华南虎种群数量扩大，恢复野性，包括中国虎野化工程和中国试点保留地项目。2. 老虎野化项目。野化华南虎重新放生到过去的栖息地，在科学上为动物园的其他动物的未来创造新的出路。3. 拯救中国虎繁育项目。在南非的老虎谷保护区建立邓永锵中国虎繁育中心，进行中国虎繁育任务。4. 中国虎先锋保留地，运用非洲的保护区管理和生态旅游专长建设中国的试点保留地，把中国本土的野生动物和作为旗舰物种的中国虎一同引入本土栖息地。（席溢）

整合学习课

Integrated Learning Course

随着社会发展和教育理念的进步，跨学科的整合学习课更接近于未来社会发展的需求及人才培养的需要。传统的单一学科教学模式亟须变革。整合学习课有助于学生更有效地学习，能使学生在学习中不仅看到“部分”，也能看到“整体”。不仅看到问题的各种表现形式，也能看到问题的实质所在，避免局限及各个部分连接产生的缺口，能使学生用综合性解决问题的方式解决错综复杂的问题。（张惠娜）

整体和谐生态观

Ecological View of Overall Harmony

伊斯兰教教义蕴涵整体和谐生态观。它强调人与自然和谐统一，主张爱护生物，注重保护环境卫生，主张把自然开发与环境保护结合起来，在伊斯兰教看来，真主创造的世界气象万千、生机盎然，真主让自然万物各安其分、井然有序，日月星辰、高山大川、江河湖海、矿藏田园等等诸如此类，地球上的人类与生物等共同构成协调有序、和谐完美的生态系统。万物都是真主创造的生命体，万物同人类一样都是在真主慈爱哺育下的鲜活生命，主张人类应当以友善、尊重的态度对待天地万物，尤其要珍惜和爱护处于生态系统中的动物、植物。伊斯兰教把乐园作为人与自然和谐交融的理想境界，在这种乐园理想中，自然生态充满美好事物。伊斯兰教崇尚人类与自然和谐的生态美，在人与自然和谐关系方面表现出强烈的宇宙意识与生态情感，充满和谐整体的美感。（雷爱民）

整体论

Holism

整体论主张一个系统（如宇宙、人体、生态等）中各部分作为其有机整体之一，不能割裂或分割开来理解，即把一种复杂的系统层层分解为其组成部分来理解。整体论立场认为将系统打碎成它的组成部分的做法是受限制和有问题的，对于有机而复杂的系统，这种做法是行不通的，因此，主张从整体的、系统论的观点考察事物。与整体论相对的观点是还原论。还原论认为复杂系统可以通过它各个组成部分的活动及相互作用加以解释。还原论与整体论是两种不同的认知方式及立场，会影响人们对方法论以及世界认知图示的理解和运用。佛教主张因果报应、缘起性空、生命轮回，认为世界上没有任何事物可以离开因缘而独立产生和存在，每个人都与众生息息相关，宇宙间的生命实质上是一个整体，众生具有存在的同一性、相通性，注重整个世界的因缘生发过程，佛教教理体现出整体论特点。（雷爱民）

整体有机哲学观

Integrate Organism Philosophy

整体有机哲学观是怀特海重要的哲学立场。怀特海在《过程与实在》中以“机体哲学”指称自己的哲学思想，他坚持把“创造性”作为过程哲学的原则，以“动力学过程描述”代替“形态学描述”，明确提出以流变和生成为基本特征的动力学方法。怀特海坚持用创造性原则说明宇宙及其发展过程。过程哲学认为过程就是实在，实在就是过程，整个宇宙是由各种事件、各种实际存在物相互联结、相互包涵而形成的有机系统，自然、社会和思维乃至整个宇宙，都是活生生的、有生命的机体，处于永恒的创造和进化过程之中，构成宇宙基本单位的不是原初的物质或物质实体，而是由性质和关系构成的“有机体”。有机体的根本特征是活动，活动表现为过程，过程是构成有机体各元素之间具有内在联系的、持续的创造过程。一个机体可以转化为另一个机体，整个宇宙是一个生生不息的活动过程。怀特海有时也把自己的这种实在论叫作“有机实在论”。（雷爱民）

整体主义

Holism

整体主义与个体主义相对存在，是包含一系列政治、经济、文化、价值观等在内的系统性看法。整体主义主张整体利益高于个体利益，社会整体的存在与发展是终极目标。整体主义在人与人之间的关系上要求摒弃激进的个人主义，取消人我之间的对立，建立和谐的人我关系。在人与自然关系上把人与自然看作是有机整体的两个部分，强调人与自然万物的关系是内在而本质的，主张拒斥人类中心主义，消除人与自然冷漠而敌对的异质关系，建设有内在关联的、和谐的人与自然之关系。整体主义观念广泛运用于现代生态伦理学中，是西方环境运动的意识形态。生态整体主义主张依据现代生态学理论，植根于非人类中心主义，把价值建立在整个生态系统之上，把人类经济增长以及对自然的改造限制在生态系统所能承受和恢复的范围之内，认为生态系统的整体利益高于人类种群利益，把是否有利于维持和保护生态系统的完整、和谐、平衡和持续发展作为衡量和评判人类生活方式与社会发展的终极标准。（雷爱民）

正前方政党 / 政治

Forward Political Party / Politics

绿党的重要政治口号或标识。基本意涵是，绿党所坚持的政治意识形态和政治路线，不能或无法从传统意义上的左右政党或政治来界定，因为，它是一种致力于绿色根本性变革的“向前看”政党或政治。当然，在现实政党政治中，绿党更多是位于“中间偏左”的位置，并与中左的社会民主党政治结盟。（徐越）

正义全球主义

Justice Globalism

全球主义的正义价值观，或者说，主张正义或公正的全球化。按照正义全球主义的道德观念，不管一个人生活在什么国家，属于什么样的种族，具有什么样的文化背景，持有什么样的宗教信仰，他（她）都应该得到同等的道德关怀。如果说人权的概念旨在保护一个人作为一个人类个体而具有的那种资格，那么从正义全球主义的观点来看，每一个人的基本人权都应该得到普遍的尊重和保护。在持有全球主义的道德观念的理论家看来，人权概念不仅为一个国家的政治合法性提供了根本的评价标准，而且也为我们评价和改革现存的全球秩序提供了基本的理论框架。（徐越）

证伪主义科学观

Science Concept of Falsificationism

哲学家卡尔·波普尔（Karl Popper）的科学观。波普尔在 20 世纪 30 年代受到爱因斯坦相对论影响，对科学理论的可证实性做出批判，将理论的检验标准从证实性转变为可证伪性，因此一个科学理论如果不能为任何证据所推翻，即如果一个科学理论不具备可证伪性，那么这个理论就是非科学的。证伪主义有两个优点。首先，科学理论和判断都表现为全称判断，而实践中的科学对象都是个别的，因此科学对象的无穷数量使一个理论的科学性永远都只是相对的。其次，科学史表明，如果一个科学理论无法被事实经验所证实，人们通常会设定一个特殊条件来证实理论，这样实证主义的科学观就有蜕变为教条主义和辩护主义的危险。然而证伪原则接受对于科学理论的反面事例。因为科学理论在很大程度上只是一种猜测和假说，它们无法被最终证实，却随时有被证伪的可能性，而且科学理论正是在被不断证伪的过程中发展的。试错法是证伪主义的方法，具体说，首先提出假说，并不断寻找与假说相反的事例，在此过程当中进一步纠正和完善假说；其次如果假设完全失败，提出更好的假设，并按照前面的步骤检验假说。因此试错法往复循环，没有终点。试错法不是归纳的方法，而是演绎的方法，其过程是可以被概括为：假说—事例—假说，其符号形式为（P−Q）& ～ Q= ～ P。（参见：赵敦华：《现代西方哲学新编》第 226 ～ 227 页，北京：北京大学出版社，2001 年。欧阳文川）

郑白渠

Zhengbai Canal

郑白渠是位于古代陕西关中地区的大型引泾灌区，从历史看是秦代郑国渠和汉代白渠的合称，也是近代泾惠渠灌区的前身。秦王政元年（公元前 246 年）韩国水工郑国主持兴建郑国渠，10 年后完工。干渠西起泾阳，引泾水向东，下游注入洛水，全长 300 余里，灌溉面积号称 4 万余顷。泾水含有大量泥沙，灌溉时既可补充作物需水，又补充养分，改良了灌区内的盐碱地。西汉太始二年（公元前 95 年），赵中大夫白公建议增建新渠，引泾水东行，至栎阳（今陕西临潼东北）注于渭水。干渠长 200 里，灌溉面积 4500 余顷，此后灌区称郑白渠。唐代的郑白渠分 3 条干渠太白渠、中白渠和南白渠，又称三白渠，灌溉范围主要分布于石川河以西，其中中白渠穿过石川河，

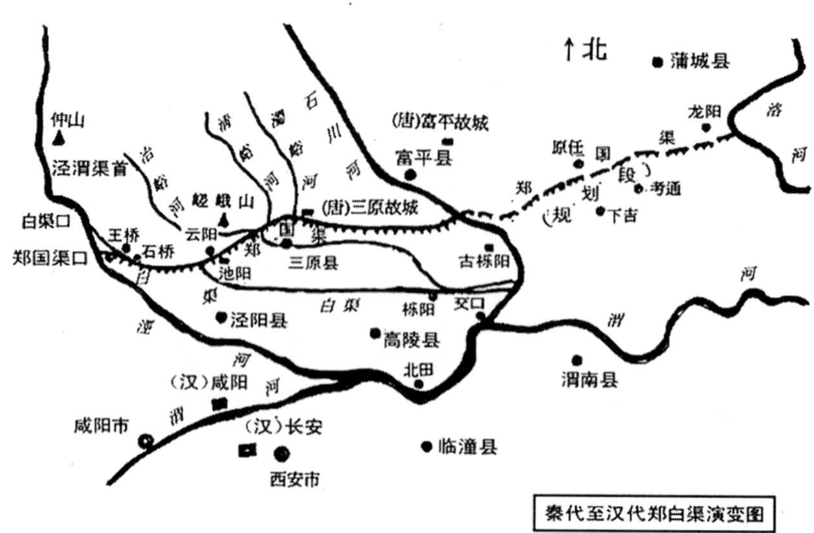

秦代至汉代郑白渠演变图

在下邽县（今陕西渭南东北）注入金氏陂。唐永徽年间（650 ~ 655）郑白渠灌溉面积有 1 万多顷，后由于官吏豪强大量设置水磨，浪费了水。至大历年间（766 ~ 779）仅灌 6200 余顷。前后虽四五次下令废毁水磨，但得不到有效贯彻。郑白渠的管理制度在唐《水部式》中有具体规定，灌区除设泾堰监等专管机构外，并受京兆少尹（首都副行政首长）的统辖。渠道上的主要枢纽如彭城堰等，还设专人管理。较大的渠道上建有木质闸门，根据预先编制的用水计划，轮流定量供水。渠道和渠系建筑物维修有一定的报批手续和监督办法，不许私自拆修。（参考：杨立业：《唐代郑白渠首及渠系工程考证》，《水资源与水工程学报》1990 年第 4 期第 36 ~ 41 页；赵艺蓬等：《郑国渠与白渠关系浅析》，《秦汉研究》2014 年第 8 期第 218 ~ 222 页。朱配辰）

郑国渠

Zhengguo Canal

郑国渠是在关中建设的最早的大型水利工程，战国末年由秦国穿凿。那个时期秦国为了增强自己的经济力量，以便在兼并战争中立于不败之地，迫切需要发展关中的农田水利，以提高秦国的粮食产量。韩国是秦国的东邻。战国末期，在秦、齐、楚、燕、赵、魏、韩七国中，秦国国力最强，虎视眈眈，欲有事于东方时，毗邻秦国的韩国随时都有可能被秦并吞。公元前 246 年，韩桓王在采取“疲秦”策略。他以著名的水利工程人员郑国为间谍，派其入秦，游说秦国在泾水和洛水（北洛水，渭水支流）间，穿凿一条大型灌溉渠道。表面上说是可以发展秦国农业，真实目的是要耗竭秦国实力。郑国渠的作用不仅仅在于它发挥灌溉效益的 100 余年，而且还在于首开了引泾灌溉之先河，对后世引泾灌溉发生着深远的影响。秦以后，历代继续在这里完善其水利设施，先后历经汉代的白公渠、唐代的三白渠、宋代的丰利渠、元代的王御史渠、明代的广惠渠和通济渠、清代的龙洞渠等历代渠道。1929 年陕西关中发生大旱，三年六料不收，饿殍遍野。引泾灌溉，急若燃眉。我国近代著名水利专家李仪祉先生临危受命，毅然决然地挑起在郑国渠遗址上修泾惠渠的千秋重任。在他本人的亲自主持下，此渠于 1930 年 12 月破土动工，数千民工辛劳苦干，历时近两年，终于修成如今的泾惠渠。1932 年 6 月放水灌田，引水量 16 立方米 / 秒，可灌溉 60 万亩土地。至此开始继续造福百姓。（参考：李云鹏等：《千古郑国渠》，《中国水文化》2014 年第 3 期第 36 ~ 37 页；王瑞平：《从春秋

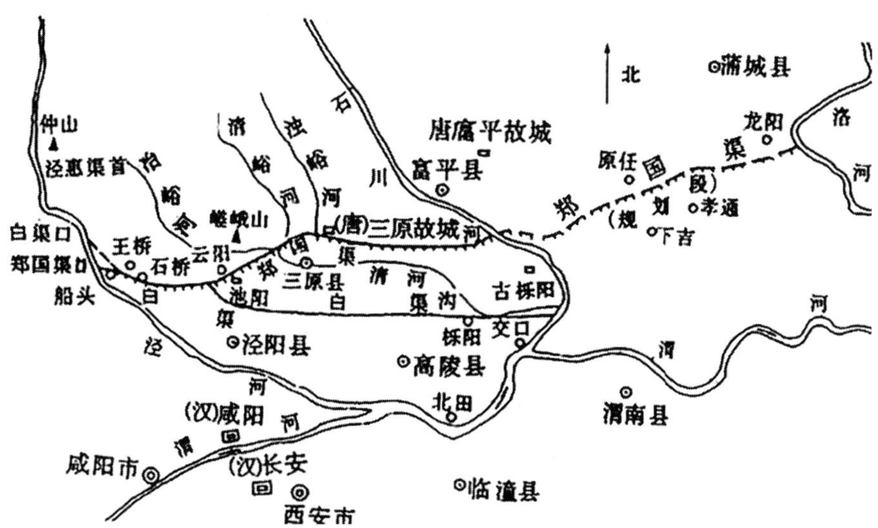

战国时期的水利工程及其命名谈南水北调工程的命名》,《华北水利水电大学学报》(社会科学版)2014 年第 2 期第 1 ~ 6 页。朱配辰)

政策

Policy

把某种方案叫作政策，意味着正式决定已经做出，特定的行动方针已经得到官方的批准。因此，政策可以一般地看作政府机构的正式或公开宣布的决定。在某种意义上，政策是政府与绝大多数人相关联的一个方面。作为政治过程的输出环节，它反映政府对社会的影响力，即政府办成或办糟事情。20 世纪 60 ~ 70 年代开始的公共政策分析，既考察政策如何制定，也考察政策对社会的影响力。政策的制定通常经过四个步骤：动议、形成、实施与评估。持理性选择理论观点的人认为，政治行动者是理性地追求自身利益的动物，他们总是选择最能达到自己目的的方法。持有限理性观点的人则认为，政策制定实际上是“摸着石头过河”的科学，是既没有压倒性的目标，也没有确切结果的持续探索的过程，应该根据政策的反馈信息不断调整其立场。(李庆)

政策工具

Policy Instrument

指政府为实现公共政策和目标而采取的具体路径和机制。可以分为自愿性工具、强制性工具和混合性工具不同类型。它有时本身就是政策，在更高层面看时它是上层政策的工具；也可以指政府用于改善自己管理和运行程序的机制，包括政府提供公共管理和公共服务的机制。在当代中国，公共管理体制改革、政府职能转型、社会主义生态文明建设等执政目标和策略，都需要通过具体政策的出台，即政策工具来落实到执行层面。同时，大量政策执行正在面临着各种复杂的政策环境以及多元性的政策主体等所带来的挑战，需要我们将其很好地利用。(刘中华)

政策领域

Policy Fields

政党或国家在一定历史时期为实现一定的纲领目标和任务而做出的关于行动方向和准则的指导性、规范性的规定，是遵循一定的政治路线和思想路线，根据国内外政治、经济、文化等各方面形势及其变化而制定的。制定落实政策，既是政党作用的体现，也是国家机关管理职能的体现，包括决定、决议、规章制度、法律、法令、条例等形式。正确的、科学的政策是在充分的调查研究基础上，运用科学理论和方法，集中群众智慧，汲取先进的科学研究成果，经过充分预测和论证而制定的。政策制定或贯彻执行中的失误，会给国家和人民造成重大损失，政策的制定者或执行者也要承担责任。政策要达到长远利益和现实利益、宏观目标和微观目标的统一，就要切实可行。国家的对外政策即外交政策；对内政策包括政治经济政策、文化教育政策、劳动政策、人事政策、军事政策、宗教政策、民族政策等。（李庆）

政策议程

Policy Agenda

将政策事项纳入到政治或政策机构以便进行政策讨论和制定的过程，即提上政府议事日程，纳入到决策领域的过程。其中，议程提供者及其合适的制度化渠道发挥着十分重要的作用。在本质上，这是社会各阶层、各种利益团体和人民群众反映与表达自己的愿望和要求，促使政策决策者制定相应政策予以满足的过程，也是政党或政府集中与综合所代表的阶级、阶层和集团的利益，并通过政策制定予以体现的过程。从政策活动的功能来看，可分为问题确认议程、提案议程、协议或讨价还价议程以及持续议程；从政策议程的主要阶段来看，可分为系统议程和政府议程。（李庆）

政党

Political Party

为了通过选举或其他手段赢得政府权力而组成的政治组织。政党区别于一般社会组织和利益团体：它通过竞选政府职位而赢得政府权力，是拥有正式成员的较为稳定的组织机构，一般以共同的政治意识形态为基础。现代政党产生于 19 世纪初，是西方议会民主制发展的产物。第一代政党由议会内部的派别、集团为了反对共同敌人而组成，以松散的方式组织，旨在应对大众性的选举。这是议会内部产生的政党。此后的政党，则多属于议会外部产生。它们力图进入议会，在立法机关中有自己的代表。马克思主义认为，政党是特定阶级利益的集中代表，是特定阶级的政治力量中的领导，具有特定的政治目标、纲领和组织纪律。绝大多数现代国家都有政党存在，他们或是威权型政党，或是民主型政党；或是通过选举进入政府，或是通过革命得到政权。根据政治意识形态的不同，政党可分为左派、右派和中派，或干脆声称拒绝任何意识形态。政党既是现代政治发展的必然趋势，也是现代政治生活中不可或缺的要素。它是实现利益聚集和表达的途径，形成和培养政治精英的渠道，实现社会化和政治动员的途径，更重要的是组成政府的手段。（李庆）

政党联盟

Alliance of Political Party

两个以上的政党为达到一定的共同目标而组成的临时性的或一定时期的政治同盟。参加同盟的政党，仍然保持各自的政治特征。政党联盟的建立，可以是出于竞选的目的，也可以是为取得并维持在议会中的足够多数，以支持联合政府，或联合反对现政府。在绝大多数情况下，政党联盟是松散的、有限的、临时的同盟；但在个别情况下，也有比较稳定甚至是半永久性的政党联盟，比如联邦德国的基督教民主联盟党和基督教社会联盟党的联合。不稳定的政党联盟，在政见分歧、人事变动、政治力量对比发生变化等情况下，往往会分裂、解散或重新组合。一般说来，政党联盟常见于实行比例代表制和多党制的国家。在这些国家里，力量较大的政党，往往难以在议会中达到单独执政的法定多数，因此，几个政党联合执政就十分必要。组成政党联盟的政党数目不一。1979 年大选中获胜的葡萄牙民主联盟，就包括了 5 个政党。目前，世界上存在政党联盟的典型国家为法国、联邦德国、葡萄牙等西欧国家。（李庆）

政府

Government

广义地说，政府是制定和实施公共政策，实现有序统治的机制。狭义地说，政府是国家权力机关的总和。政府区别于一切社会机构，而被视

为制度化的过程。它在地方政治、国家政治、区域政治和国际政治中得到运用，用以制定、实施和解释法律，如美国的白宫、中国的国务院。政治学里的政府一般包括国家元首、议会、行政机关、司法机关、官僚、军队和警察等。国家元首是指一个国家形式上或实质上的对内对外的最高代表，是国家主权的象征或实际掌握者，是国家制度体系内的首脑。国家元首制一般分为个体元首制和集体元首制，前者如英、法、美，后者如瑞士。国家元首可以由行政长官或权力象征者担任，各国元首职权不同，称呼各异。立法机关是指有权制定、修改、废除或恢复法律的国家机关，现代的称谓一般是人民代表大会、国会、议会、国民代表大会等。立法机关是国家立法权的组织体现。立法机关的制度一般称为议会制度，分为两院制和一院制。行政机关是国家行政权的组织体现。它负责实施国家政治决策，管理国家行政事务，一般由政府首脑和各行政职能部门负责人和行政公务人员组成，行政机关职能广泛，涉及内政外交的方方面面，这也是在很多情况下，政府单指行政机构的原因。司法机关是以司法审判的方式维护法律的权力机关，它是国家司法权的组织体现，一般分为侦察、诉讼和审判。政府上述各个机构具有不同的组织方式，形成了总统制、半总统制、议会制、人民代表大会制等不同的制度。（李庆）

政府采购

Government Procurement

按照《中华人民共和国政府采购法》的规定，指各级国家机关、事业单位和团体组织，使用财政性资金采购依法制定的集中采购目录以内的或采购限额标准以上的货物、工程和服务的行为。这里的采购，是指以合同方式有偿取得货物、工程和服务的行为，包括购买、租赁、委托、雇用等。采购的货物，指各种形态和种类的物品，包括原材料、燃料、设备、产品等。采购的工程，指建设工程，包括建筑物和构筑物的新建、改建、扩建、装修、拆除、修缮等。采购的服务，指除货物和工程以外的其他政府采购对象。应当遵循公开透明、公平竞争、公正原则和诚实信用原则，一般实行集中采购和分散采购两种方式。适用集中采购的范围由省级以上人民政府公布的集中采购目录确定。纳入集中采购目录的政府采购项目，应当实行集中采购，其他没有纳入集中采购目录的政府采购项目，可以实行分散采购。实际上是对公共采购进行管理的制度，本质是政府在购买货物、工程和服务的过程中，引入竞争性的招投标机制。政府采购对社会经济有非常大的影响，采购结构的变化和规模的大小，对社会经济发展状况和产业结构都有十分明显的影响。政府采购已经成为各国政府经常使用的宏观经济调控手段。（刘中华）

政府公共服务质量

Quality of Government Public Service

指作为行政机关的政府提供给社会大众的公共产品和公共服务的质量，可以大体分为三个方面，即政府公共服务是否与相关的标准和程序符合、政府公共服务是否合理有效、政府公共服务是否获得了社会公众的良好评价。在现代社会中，为民众提供公共产品和公共服务的组织可以分为两类，一是政府组织，二是非政府组织，比如私立学校、家政服务等。政府提供的公共服务因政府的垄断地位，其质量相比非政府组织提供的公共服务，更加难以控制，对直接提供公共服务的行政人员的素质有着较强的依赖性。政府公共服务质量要满足公众对公共服务便利性、舒适性、功能性、安全性、文明性、公平性、效率性等的质量要求，直接体现着一个政府的为民服务能力和执政能力。（刘中华）

政府公共服务质量测评

Quality of Government Public Service Assessment

指由专门的组织机构依据相关的客观事实或者数据，按照严格的规范、程序和特定的评价体系，通过相应的调查分析，对政府公共服务质量做出的相对客观的测量评估。不同国家的不同学者提出了众多不同的测评体系。如从公众与公务员之间的人际互动、互动的速度和政府的可接近性、扩展的服务提供、咨询的开发、计划导向和商业的发展等 7 个维度对政府公共服务测评。国内学者针对我国具体状况，有的提出了包括标准性、安全性、稳定性和服务补救等的功能质量和包括服务交互界面、员工服务表现、服务标准、服务流程、服务设施与工具、服务承诺、服务投诉、顾客期望管理等标准的过程质量两个层面的测评体系，有的提出了可靠性、回应性、能力、服务通道、服务礼貌、沟通、可信度、安全感、善解人意、有形性等 10 项指标的测评体系。（刘中华）

政府公信力

Government Credibility

指作为向社会成员提供公共产品和公共服务的政府，在社会公共生活中通过自身公正、高效、廉洁、民主、法治等行政行为，获得社会公众对其履行职责权利能力的认可和信任度。影响它的有政府的公正程度、诚信程度、服务效率程度、法治程度、透明程度、民主程度等政府内因素和公众期望的复杂性、社会中后物质主义价值观的影响等政府外因素。主要涉及三个层面：政府的行政行为和能力、政府行政行为的客观效果和公众对政府行政行为的主观感知。它具有非常重要的意义，可以使政府公共权力获得连续合法的来源，促进社会稳定和有序发展。政府对公信力的追求也可以促进忠实履行职责，不断提高自己为公众服务的水平。因此，它的良好体系构建，不但直接使政府受益，由单个公民及其形成的各种组织所构成的社会也是间接或最终受益者。（刘中华）

政府管制俘虏理论

Capture Theory of Government Regulation

诺贝尔经济学奖获得者乔治・施蒂格勒提出的一种理论。他认为政府管制是为满足企业对管制的需要而产生的，管理机构最终会被产业所控制。这种理论是政府管制经济理论的核心内容之一，其中包括利益集团与政府管制两个主体，理论主要讨论的是企业对政府管制的特殊影响力，理论核心是被管制的企业会针对管制的自利动机进行寻租活动，使管制者成为被管制者的俘虏，共同分享垄断利润。（代富宇）

政府和社会资本合作项目财政承受能力论证指引

Government and Social Capital Cooperation Project Financial Capacity Argument Guide

开展政府和社会资本合作项目财政承受能力论证，是政府履行合同义务的重要保障，有利于规范 PPP 项目财政支出管理，有序推进项目实施，有效防范和控制财政风险，实现 PPP 可持续发展。根据《指引》，PPP 项目全生命周期过程的财政支出责任，包括股权投资、运营补贴、风险承担、配套投入等：1. 股权投资支出应当依据项目资本金要求以及项目公司股权结构合理确定。股权投资支出责任中的土地等实物投入或无形资产投入，应依法进行评估，合理确定价值。2. 运营补贴支出应当根据项目建设成本、运营成本及利润水平合理确定，并按照不同付费模式分别测算。对政府付费模式的项目，在项目运营补贴期间，政府承担全部直接付费责任。3. 对可行性缺口补助模式的项目，在项目运营补贴期间，政府承担部分直接付费责任。政府每年直接付费数额包括：社会资本方承担的年均建设成本（折算成各年度现值）、年度运营成本和合理利润，再减去每年使用者付费的数额。财政承受能力评估包括财政支出能力评估以及行业和领域平衡性评估。财政支出能力评估是根据 PPP 项目预算支出责任，评估 PPP 项目实施对当前及今后年度财政支出的影响；行业和领域均衡性评估是根据 PPP 模式适用的行业和领域范围，以及经济社会发展需要和公众对公共服务的需求，平衡不同行业和领域 PPP 项目，防止某一行业和领域 PPP 项目过于集中。（史月田）

政府环境责任追究制度

Government Environmental Accountability System

指政府作为环境资源行政主体违反环境行政法律规范所应当承担的否定性的法律后果，政府环境责任并不等同于政府环境行政责任。政府的行政职责指在环境保护领域政府所拥有的环境监管权，这是公民为更好地实现自身环境权益而赋予政府代替公民对环境进行管理的职责。政府环境责任是政府不仅要承担传统的事后环境责任，也要对政府即将实施的行为可能给环境、公民、社会带来的不利后果负责的责任。因此，政府环境责任既包括政府环境职责，同时也包括违反职责所要承担的法律后果，这才是完整的政府环境责任概念，从而追究制度也要从这两方面出发，全面考虑。当前我国政府环境责任追究制度仍存在缺陷，表现为环境基本法对政府环境责任定位不当、诉求救济制度缺失以及对政府环境责任追究的轻视。为完善这一制度，应对环境基本法权责予以重新定位，同时建立环境公益诉讼制度，呼吁社会各方对政府环境责任的追究重视起来。（蔡越）

政府间海事协商组织

The Inter-Governmental Maritime Consultative Organization

政府间海事协商组织是联合国负责海上航行安全和防止船舶造成海洋污染的专门机构，总部设在伦敦。该组织成立于 1959 年 1 月 6 日，2006 年 10 月有 167 个正式成员。（史月田）

政府间气候变化专门委员会

Intergovernmental Panel on Climate Change，IPCC

1988 年由世界气象组织（WMO）、联合国环境规划署（UNEP）联合组建的，附属于联合国的政府间组织，专门负责研究人类活动造成气候变化的。小组成员仅限于世界气象组织及联合国环境署的会员国。本身不直接进行研究工作，也不对气候或相关现象进行实地观察，而是对全球范围内有关气候变化及其影响、气候变化减缓和适应措施的科学、技术、社会、经济方面的信息进行评估，根据需求为《联合国气候变化框架公约》的实施提供科学技术咨询。政府间气候变化专门委员会根据成员互相审查报告及已发表的科学文献撰写评核报告。内部组织由下设的 3 个工作组和 1 个专题组构成。第 1 工作组负责评估气候系统和气候变化的科学问题。第 2 工作组负责评估社会经济体系和自然系统对气候变化的脆弱性、气候变化正负两方面的后果和适应气候变化的选择方案。第 3 工作组主要负责评估限制温室气体排放并减缓气候变化的选择方案。（申森 史月田）

政府理念企业化

Enterprization of Government Ideas

20 世纪 70 年代开始流行西方的政府组织理念，指把企业中讲效率、重质量、善待消费者和力求完美服务的精神和广泛运用的科学管理方法等管理理念引入政府管理，从而改革政府管理机构，重塑政府形象。它不是将政府作为公司或企业来管理，而是利用企业家在经营中运用的服务精神、服务理念以及科学管理方法等改革政府公共管理方式。如将企业运营管理中一向倡导的顾客至上、顾客就是上帝等顾客导向理念，运用到政府的公共管理中，转变成以公共服务消费者——社会公众的需求为导向，在公共服务的各个环节上坚持民众至上，以民众的需求和满意度作为政府行政的价值追求，把“为民、便民、富民”作为其工作的目标，努力改善公共服务态度，提高公共产品的质量。（刘中华）

政府绿色采购

Government Green Procurement

指政府采购在考虑采购质量和效率的同时，从社会公共环境利益出发，优先采购无污染、有利于健康及循环经济发展的产品和服务，驱使企业的生产、投资和销售活动有利于环境保护，促进经济可持续发展。由于政府采购在国民生产总值中所占比例巨大，足以影响某些产品的市场份额和消费者取向，施行政府绿色采购有助于保护环境和资源，成为引领绿色消费的主要手段，对供应商产生积极影响，促进绿色产业和技术发展。（代富宇）

政府绿色采购制度

Government Green Procurement System

政府绿色采购制度是在政府采购制度的基础上发展起来的要求政府特定机构在采购过程中强制或优先采购绿色产品，以保护环境、节约资源与发展绿色消费为目标，带有明显政策导向性质的制度。政府在这一过程中所采购的绿色产品并不仅仅指的是末端产品的绿色化，而是要求产品的整个生命周期的绿色化以及政府采购过程的绿色化。政府实施绿色采购的直接目的是要建立资源节约型和环境友好型的社会，体现了社会公共利益，有助于实现一系列社会经济政策目标，帮助解决仅靠行政手段难以解决的社会环境问题。（参考：孙青：《我国政府绿色采购制度研究》，西北大学2010年硕士学位论文第13～16页。刘阳）

政府生态环保责任

Governmental responsibility for environmental protection

指政府在自然资源开发和生态环境保护中必须履行的法定义务和应当承担的职责。政府有义务维护社会民众在自然资源和生态环境中享有的合理权利，对社会民众这些方面的合理需求做出回应，采取积极措施满足民众的需求。当政府没能认真履行相应职责时，必须要承担相应后果。它是政府的政治责任、行政责任等责任的延伸和扩展。中共“十八大”以来，随着生态文明建设的加速，中国政府生态环保责任意识迅速提高，相关的生态环保制度及其落实机制不断出台。（刘中华）

政府失灵

Government Failure

也称政府失效。指政府为弥补市场失灵而对经济、社会生活进行干预的过程中，由于政府行为自身的局限性和其他客观因素的制约而产生的新的缺陷，进而无法使社会资源配置效率达到最佳的情景。政府失灵是政府在克服市场失灵或是市场缺陷的过程中所产生的。（史月田）

政府首脑

Head of Government

世界各国中央政府的最高领导人的通称，行使国家最高行政权力。产生方式、任职期限及职权，通常由各国宪法与宪法性法律规定。称谓因国而异，通常采用首相、总理、部长会议主席等名称。在实行内阁制共和制的国家中，国家元首与行政首脑各行其责。在实行总统制共和制的国家中，国家元首与行政首脑两个职务均由总统承担。总统掌握着行政大权，与议会相互制约。总统由选民直接选举产生，不对议会负责。中华人民共和国实行国务院总理负责制。国务院总理为政府首脑。国务院总理由全国人民代表大会决定提名，国家主席任命产生，任期5年，可连任两届。（李庆）

政府支持性环境非政府组织

Environmental NGO with Government Support

环境非政府组织与政府的关系，是对中国环境非政府组织考察的重要维度。依此而言，环境非政府组织包括三种类型：政府支持的环境非政府组织、草根性环境非政府组织、大学社团环保组织等。政府支持性环境非政府组织指在政府的支持下建立的环保非政府组织，或者得到政府的直接或间接的资金资助、支持。这类环境非政府组织的活动、运作和管理，往往得到政府的特殊性支持，同时，活动范围和方式也受到政府的控制。最早由政府部门发起成立的第一个环保民间组织，是1978年成立的中国环境科学会。其他由政府发起的环境非政府组织还包括中国野生动物保护协会（1983年）、中国可持续发展研究会（1992年）、中华环保基金会（1993年）等。政府支持的环境非政府组织，是政府主动选择的结果，同时也具有政府主导的特点。（王聪聪）

政府作用理论

Government Function Theory

西方主流的政府作用理论。包括洛克与亚当·斯密等人的有限政府论、凯恩斯和萨缪尔森所提出的政府干预论以及布坎南、科斯等人的选择性干预市场失败政府作用论。洛克与霍布斯认为，人们最初是生活在自然状态之下的，在这种自然状态下，人人都能够享受到较为完备的自由，而唯一的不足之处是在于缺少公共的裁决机构制止人类之间的各类纷争。为此，人们成立政府，最主要的目的便是保护人们的财产权与自由权；并且为不让政府的强权侵害人们的财产与自由，一个有限的政府将会是最优的选择。亚当·斯密在18世纪下半叶提出著名的守夜人政府作用理论。他认为，政府对经济的干预完全没有必要，人们只需要努力参加工作，市场那只“看不见的手”便能够带来所需的财富。20世纪30年代资本主义经济危机时期，凯恩斯认为，政府应该积极的干预宏观经济生活与社会秩序，从而推动国民经济健康、稳定的发展，而并非只是作为社会秩序的消极守护者。（李雪姣）

政体

System of Government

国家政权的组织形式，即统治阶级采取何种形式去组织反对敌人、保护自己、管理社会的政权机关。政体与国体相适应，是国体的具体表现形式。任何一种类型的国家都有与其阶级本质相适应的政权组织形式，但同一类型国家的政权组织形式并非千篇一律，同一政体之下可能对应着不同类型的国体。（李庆）

政务公开

Making government affairs public

指各级行政机关在其权力运行过程当中，除法律或政策规定的情形外，需要将其权力运行过程按照法定程序向社会民众公开。公开的内容包括行政机关的执法依据、执法程序和执法结果，政府筹划或正准备进行的各项工作，如城市建设、道路规划、医疗保健措施等各项工作内容及进程等。任何公民都可以通过相关途径，如政务公开栏、政务公开网络等对这些内容进行查询、监督。2011年8月中共中央办公厅、国务院办公厅印发《关于深化政务公开加强政务服务的意见》，对其概念以及重要性做了详细的说明。按照相关法律规定，县级以上政务及其部门需要公开的政务有：1.行政法规、规章和规范性文件；2.国民经济和社会发展规划、专项规划、区域规划及相关政策；3.国民经济和社会发展统计信息；4.财政预算、决算报告；5.行政事业性收费的项目、依据、标准；6.政府集中采购项目的目录、标准及实施情况；7.行政许可的事项、依据、条件、数量、程序、期限以及申请行政许可需要提交的全部材料目录及办理情况；8.重大建设项目的批准和实施情况；9.扶贫、教育、医疗、社会保障、促进就业等方面的政策、措施及其实施情况；10.突发公共事件的应急预案、预警信息及应对情况；11.环境保护、公共卫生、安全生产、食品药品、产品质量的监督检查情况。设区的市、县政府及其部门需要公开的政务有：1.城乡建设和管理的重大事项；2.社会公益事业建设情况；3.征收或者征用土地、房屋拆迁及其补偿、补助费用的发放、使用情况；4.抢险救灾、优抚、救济、社会捐助等款物的管理、使用和分配情况。乡（镇）政府及其部门要公开的政务有：1.贯彻落实国家关于农村工作政策的情况；2.财政收支、各类专项资金的管理和使用情况；3.乡（镇）土地利用总体规划、宅基地使用的审核情况；4.征收或者征用土地、房屋拆迁及其补偿、补助费用的发放、使用情况；5.乡（镇）的债权债务、筹资筹劳情况；6.抢险救灾、优抚、救济、社会捐助等款物的发

放情况；7. 乡镇集体企业及其他乡镇经济实体承包、租赁、拍卖等情况；8. 执行计划生育政策的情况。（刘中华）

政治

Politics

从宽泛意义说，政治是人们为了制定、维系和修改一般社会生活规则而进行的活动。政治不可避免地和冲突与合作等现象联系在一起。依此，可以把政治理解为对冲突解决方法的探索，而不是探索的成果，因为并非所有的冲突都能解决。对政治的理解，可以分为如下四种不同的角度或看法。第一种将政治与政府管治艺术和国家活动联系在一起，它由政治一词在古希腊的最初含义发展而来。第二种明确地将政治视为公共活动，而不是个人私事，这可以追溯到亚里士多德的一个信念。第三种认为政治是一种通过妥协、安抚和谈判而非强制和赤裸裸的权力来解决冲突的方法，在寻求共识的意义上，政治被看作是文明和教化的力量。第四种认为政治涉及资源的生产、分配和使用，因而它在本质上是权力。对政治的不同看法，体现了不同的社会秩序观念。大致说来，前三种看法是以本质上具有共识的社会模式为基础的，强调共同体的共同利益。第四种看法则建立在凸显结构性不平等和不公正的冲突性社会模式的基础上。（李庆）

政治动员

Political Mobilization

一定的政治主体如政党、政治集团等，为实现某一政治目标而进行的政治宣传、政治鼓动等行为。在社会中，社会的大多数成员一般都处于政治上不太活跃的状态，因此，当某个政治组织在确定了政治目标而本身力量又难以或无法实现这一目标的情况下，就需要发动社会成员参与政治行动，壮大其政治力量，实现政治目标。政治动员一般采取鼓动宣传等办法。它是政治主体采取某些政治行动特别是重大行动的重要手段之一。（李庆）

政治机会理论

Political Opportunity Theory

政治过程理论的重要组成部分，是西方学者在质疑社会心理学的理论假设以及接受理性选择理论的基本假设基础上提出的、系统解释生态新社会运动与国家力量之间关系的运动理论范式。彼得·艾辛格、查尔斯·蒂利、西德尼·塔罗、道格·麦克亚当等学者，都为此理论的发展做出了重要贡献。就生态新社会运动而言，国内学者郇庆治认为，与环境新社会运动相关的政治机会结构理论有 4 个要点：1. 环境关切及其社会政治意识形态上的分裂。2. 自觉意识并集体组织起来的绿色社会政治抗争。3. 政治制度系统内部特别是政党格局的构型。4. 环境友好政党的执政与在野地位。（徐越）

政治家

Politician

在中文里是一个正面的术语，与具有贬义的“政客”一词的用法不同。政治家一般是指从事或积极投入政治的人，且其有理想，能为国家与人民着想，其动机着眼于民众的福祉、世界的和平与发展。许多人确实在政治上相当有建树，堪称国之栋梁，或为后世之楷模。他们通常对政府管理事务非常熟练，或者在促进国民福祉及全体利益上有重大的影响。有的政治家在政府中担任显要职务，有的则充当政府智库或顾问人员，在政府担任显要职务的有行政、立法、司法的权力，并且于民生、财政、经济、资讯、军事、科学、教育、交通、文化、体育等事务上有着一定的领导力，能做出巨大的贡献。许多政治家即使已辞世多年，其影响力也会依然存在。对此，西方有这样一句话来形容：“政客是为了下一次的选举，政治家却是为了下一代”。（李庆）

政治经济学

Political Economy

最初指经营管理一个国家而言，以和经营管理一个家庭（即家庭经济——它是未加修饰的希腊词 oi ko no mia 的原意）相区别。然而，在 18 世纪末，一些学者如法国的杜邦、意大利的韦尔尼、英国斯图亚特和斯密，将政治经济学的范围缩小，限制在与一国的财富有关的问题之内。虽然这时政治经济学论文仍然研究经济政策的道德、政治和社会理想，以及有关的行政问题，但这些问题在 19 世纪初已被逐渐排除在外。在 19 世纪中期，讨论政治经济学定义和方法论问题的文章出现了。人们想要划定政治经济学与其他社会科学，特别是社会学和政治学的关系。政治经济学的科学与技术问题的区别，也被人划分开来。许多经济学家认为，前者是一些具有普遍真实性的纯粹理论，而后者却是单独地，或借助其他社会科学，将这些理论应用于现实世界。到 20 世纪末，在英语国家中，政治经济学一词逐步被单一词经济学所代替。这一方面是为了使用方便，另一方面也是将作为科学家的经济学家的结论与他们有时为政治家提供咨询服务而制定的政策区别开来。这种名称上的改变，可能使政治经济学家在公众中的形象稍有改变，但本学科的范围与方法又称为需要讨论的问题。（李庆）

政治科学

Political Science

在一般意义上，政治科学是系统描述、分析和解释政府运作以及政治的和非政治的制度和过程之间关系的学科。政治科学近年来逐步扩展到社会、经济以及影响价值和资源配置的其他过程。特殊意义上的政治科学，指力图严格采用自然科学方法来研究政治的议程和过程，是理解政治现象的价值中立方法，是实证主义的产物。最高发展形式是政治学的行为主义阶段，与政治理论的规范分析构成深刻分野。美国学术界是政治科学的大本营，理论和研究路径不断影响着世界其他地区，尤其是发展中国家。构建政治科学面临三大难题。首先，数据问题。人类的行为和社会无法进行重复实验，数据的采集也可能有缺陷。其次，事实和价值的联系如此紧密，难以将二者分开，所有的理论都不可避免地建构在人性、社会和国家的假定之上。第三，社会科学的中立神话问题。尽管如此，政治科学的发展还是被看作社会科学的重大进步，是人类知识创造和积累进展的重大标志之一。（李庆）

政治理论

Political Theory

通常被看作是政治（科）学的组成部分和研究路径。包括对作为政治思想核心的观念和学说的分析性研究。在传统上，主要采取政治思想史的形式，集中关注历史上的思想家和他们的经典著作，往往涉及正义、自由和平等等道德与规范性问题。这种方法和文献分析具有类似之处：考察重要思想家如何提出和证明自己的观点，以及其研究所处的社会和学术背景。政治理论和政治哲学之间存在着明显的交叉，但二者也有所区别：作为政治科学（尤其在美国）组成部分的政治理论，大致满足于解释和分析，而政治哲学则不可避免地包含浓郁的评价和鼓动的意蕴。在这个意义上，政治理论包括政治哲学理论（什么样的政治生活是值得追求的）和政治科学理论（现实的政治生活是什么样的和为什么是这样的）。（李庆）

《政治理论与生态价值》

Political Theory and Ecological Values

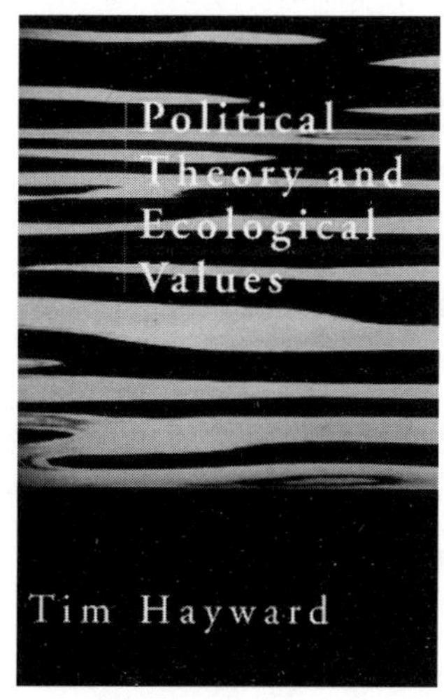

英国爱丁堡大学教授蒂姆·海沃德（Tim Hayward）的代表著作，Polity 出版社 1998 年出版。作者在书中展现对生态中心主义的生态价值观的批判。第一部分指出，政治理论家必须把生态问题纳入考量范围，同时反对生

态中心主义的内在价值论和反人类中心主义观点。认为生态中心主义的观点，会损害到人类的利益，注定会失败。第二部分指出，应该在人类利益的基础上整合制定具有生态关怀的政治制度和政策。基于自身利益和人类理性，作者认为，可以通过人类理性和自利、市场化和财政手段来解决生态问题。在他看来，“人类具有自尊和正直的一面，人类可以尊重非人类的生物与环境”。结语部分指出，生态价值观在利益方面的衔接，使它可能成为构建社会基本制度的政治理论。（徐越）

政治生态学

Political Ecology

研究政治系统与生态环境因素相互作用的一般规律的科学。政治学的分支学科，是政治学和生态学相互渗透、交叉的产物。生态学概念最初产生于生态系统理论，现已运用于多种社会系统。在政治科学中，它已促使人们研究环境因素对于每个政治系统的功能的重要性以及政治系统对于环境的反作用。政治生态学的主要研究对象，是政治系统与其生态环境之间的关系。自古以来，统治阶级就注重环境因素对政治的作用。作为一门学科，政治生态学是近年来随着生态问题日益严重，各国对生态环境的注重而开始形成的。政治生态学的主要内容有：环境因素对每一政治系统的功能的重要性；政治系统对环境的反作用。目前，环境对政治系统具有的生态意义，尚未形成一致意见。主要有以下三种看法：把全部自然的、文化的和社会的环境都算作生态因素；把生态因素局限于人类的自然环境；认为生态因素既包括自然环境，也包括社会环境，但不包括其他政治系统。此外，政治生态学有时也被当作环境政治学理论的代称，如马克思的政治生态学。（徐越）

政治体系

Political System

由政治生活中的所有相关联的要素组成的整体。借用美国政治学家阿尔蒙德和鲍威尔的说法，政治体系是指构成政治生活的所有方面。它不仅包括政府机构，还包括结构中和政治相关的所有方面，其中有社会等级等传统结构，还有诸如动乱等社会非常规现象，以及政党、利益集团和大众传播工具等非政府组织。政治体系概念是系统分析理论在社会科学中应用的产物。依此，整个社会被看作一个完整的系统，由政治、经济、文化等不同体系构成，每个体系可分为输入和输出两个过程。政治体系接受来自公众的要求（包括提高生活水平、改善就业状况、提供社会福利和保护个人权利等）和支持（包括纳税、服从和参加公共生活等）作为其输入部分，通过政府决策，形成政策作为其输出部分。政治体系运行的基本原理是：民众在通过向政府纳税和服从政府管理而给政府以支持的同时，也向政府提出政治要求；政府根据民众的支持和要求，做出相应的决策和行动。作为输出结果的政府决策和行动，又成为一种反馈，对民众产生影响，从而形成新的要求和支持。政治体系分析显示，不断地将政治输入转化为政治输出，是保证政治体系长久平衡稳定的关键。公民是政治系统最基本的单元结构，也是政府权力的最终对象，而政治组织和社会团体是公民进入政治体系、形成政治输入的中介。这样，现代政治体系呈现为一个三级化的结构模式。（李庆）

政治学

Political Science

现代政治学科里人们往往对政治学和政治科学两个概念不加区分，但严格说它们有一定的区别。政治学泛指关于人类社会一切政治现象和规律的知识，它是人类最古老和最重要的学问之一。人类自从有了国家，有了政治生活，就有了相应的政治理论和政治思想。历史上，关于政治的知识一直与哲学、法学、历史学、伦理学、文学等交织在一起。历史上几乎所有的伟大思想家的著述和言论都涉及关于政治的知识。因此，可以宽泛地认为，政治学就是通过研究社会政治现象而得到的系统的知识。第二次世界大战后，国际学术界关于政治学的知识体系的划分趋于多样化。英国《大不列颠百科全书》第15版把政治学的知识体系归纳为政治理论、政治机构、政治过程、国际关系研究等方面。1973年美国政治学会把政治学的知识体系划分为：1. 外国、国际政治制度和行为；2. 国际法、组织和政治；3. 方法论；4. 政治稳定、不稳定和变迁；5. 政治理论；6. 公共政策的形成和内容；7. 公共行政；8. 美国政治制度、程序和行为。美国学者格林斯坦等主编的《政治学手册》则把政治学体系分为8个部分：1. 政治学理论与范围；2. 微观政治学；3. 宏观政治学；4. 非政府政治；5. 政府体制与过程；6. 政策与政策制定；7. 研究方法；8. 国际政治。（李庆）

政治学科与环境教育

Political Discipline and Environmental Education

环境教育中多学科模式的具体形式。政治课是对学生系统进行公民品德和马克思主义常识教育的必修课程，是学校德育工作的主渠道，是我国学校教育社会主义性质的标志。政治学科的主要任务是对学生进行比较系统的思想品德教育，帮助他们逐步形成观察社会、分析问题、选择人生道路的科学的世界观、人生观和价值观，逐步提高参加社会实践的能力，使其成为具有良好政治、思想、道德素养的公民。面向可持续发展的环境教育，是要提高受教育者的环境意识，形成他们一定的环境道德和环境价值观，并以此支配自己的行为。因此，政治学科的性质和地位决定它承担起培养学生环境价值观和环境道德感等的重要任务。环境问题是当今世界关注的问题，正确的环境价值观和环境道德感是现代世界各国所有公民所必备的素质。作为培养合格公民为主要任务的政治学科，有义务有责任在提高学生思想道德素质的同时，提高学生的环境意识，培养学生的环境道德感，逐步树立可持续发展的价值观，为培养未来合格公民的综合素质奠定基础。（参考：祝怀新：《环境教育的理论与实践》第75页，北京：中国环境科学出版社，2005年。王薛时）

政治压力集团

Political Pressure Groups

西方国家中为实现某种特殊利益而对政府施加政治影响和压力的利益团体或组织。西方一些学者认为，当利益集团成为政治角色，企图影响公共决策方向和公共权力的运用，使自己获得好处的时候，它们就变成了压力集团。压力集团是维护特殊利益、实现特定政治目标的工具。首要特征是参与政治过程，影响公共政策，但并不谋求正式控制政府。压力集团运用各种手段，通过多种途径，影响政府及其公共政策。主要活动集中在选举、立法、行政和司法等领域，并通过通信工具、报刊、电视、广播等一切现代技术来影响舆论，对政府施加压力。压力集团在西方国家的发展，同资产阶级民主制度的缺陷有关：以地域为基础选举出来的议员，难以代表跨地区的企业和不同的行业、职业的共同利益；资产阶级政党虽然对维护资产阶级的整体利益和长远利益起了很大作用，但难以保障各种特殊集团的利益，压力集团的存在适应了这些需要。同时，科学技术的进步为压力集团的形成和活动提供了物质条件，特别是通讯技术的发展，为人们了解和参与政治提供了便利。（李庆）

政治制度

Political Institution

基于一定规则和程序之上规范个人与团体行为的长期稳定的制度安排。它表现为各种强制性规则和决策程序，具有正式性和合法性。现代社会单纯的因素已经不可能使人们在政治共同体中和平相处，这就需要新的机制来维持共同体的存在。现代政治制度应运而生，包括宪法制度（民主制和独裁制）、选举制度（多数代表制和比例代表制）、议会制度（一院制和两院制）、官僚制度（文官制度）、司法制度（审判、监察和律师制度）和政党制度（一党制、一党居优制、两党制和多党制）等。政治制度是长期政治实践的产物。人数很少、性质单纯的统治阶级的解体，社会力量的多元化和社会力量之间愈益频繁的相互联系，是产生政治制度的先决条件。政治制度的功能在于规定和形成政治秩序。因而，政治制度化是政治稳定的基本条件。人们通常把政治制度划分为正式的政治制度和非正式的政治制度。前者是指国家法律正式规定的制度，后者是指社会中自发形成的自治组织制度。塞缪尔·亨廷顿认为，可以用四个指标来衡量一个政治制度的发展水平：适应性、复杂性、自主性和内聚力。（李庆）

政治自治
Political Autonomy

个人或集体管理自身事务且独立对其行为与命运负责的状态，以自主、自决为先决条件。具体来说，它有三种不同含义：1. 泛指一切自主、自决的独立负责行为及其状态，即一般意义上的“自我管理”或“自我统治”，以社区、社群的自我管理为典型。2. 在政治生活中具有主权的国家或在国家内部享有相当程度自我管理权利的区域与机构。在这个意义上，民族国家的自治等同于民族国家的独立；民族国家内部的自治，则指在承认国家主权和统一的绝对前提下，在政治、经济、法律、文化、社会事务诸方面享有自我管理的种种特权，其具体有两种状况：区域自治和机构自治。3. 在政治思想领域指个人自由的一个方面。（李庆）

支柱产业
Pillar Industry

指在国民经济中生产发展速度较快，对整个经济起引导和推动作用的先导性产业。支柱产业具有较强的连锁效应，诱导新产业崛起，对为其提供生产资料的各部门、所处地区的经济结构和发展变化有深刻而广泛的影响。支柱产业与主导产业的不同点在于，它首先侧重的是产值和利润水平，是国家和地方财政最重要的收入来源。（史月田）

《只有一个地球》
Only One Earth

世界环境运动史上的重要文献，副标题为《对一个小小行星的关怀和维护》。美国经济学家芭芭拉·沃德（B.Ward）和生物学家勒内·杜博斯（R.Dubos）为1972年6月5日召开的斯德哥尔摩联合国人类环境会议合著的关于环境问题的会议报告。书中论点被会议成员广泛采纳，写入最后的会议文件《人类环境宣言》。联合国人类环境会议秘书长莫里斯·斯特朗（M.Strong）委托58个国家的152位知名专业人士担任报告顾问，共同协助芭芭拉·沃德和勒内·杜博斯完成。报告分为5个专题，分别为：《地球是一个整体》《科学的一致性》《发达国家的问题》《地球上的秩序》和《地球上的秩序》，描述全球主要环境问题以及治理对策，将环境保护与社会发展紧密结合在一起。作者以宽广的视野，将人口增长、资源短缺、生产技术、世界范围内的城镇化问题以及经济社会发展不平衡问题一起纳入环境污染的原因思考，并且给出中肯的意见和对策。全书从整个地球的未来前景出发，从社会、经济和政治的不同角度，阐述经济发展和环境污染对不同国家产生的影响，呼吁各国人民重视维护人类赖以生存的地球，对于推动世界各国的环境保护工作产生巨大影响，成为世界环境运动史的重要文献。最早的中译本由燃料化学工业出版社1974年出版，近年译本不多，有吉林人民出版社1997年版。（参

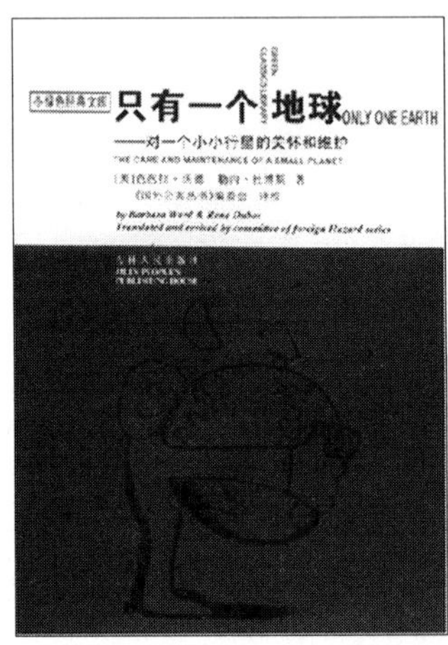

考：韦决：《人类共有的家园——读〈只有一个地球〉》，《21 世纪》1999 年第 4 期第 42 ~ 43 页。欧阳文川　徐越　代富宇）

芝加哥学派

Chicago School

现代建筑在美国的奠基者。19 世纪 70 年代在美国兴起。它的出现以新技术和城市用地紧张为背景，主要成就在高层建筑方面。创始人詹尼 1879 年建造第一拉埃特大厦 7 层货栈，1883 ~ 1885 年建造 10 层框架大楼芝加哥家庭保险公司。1809 ~ 1894 年与鲁特合作设计 16 层瑞莱斯大厦，成为该派杰作之一，它具有美国框架结构与古典手法结合的特点，合乎结构逻辑而又具典雅韵味。（史月田）

知常曰明

Knowing Constant Laws Means Wisdom

语出老子《道德经》："万物并作，吾以观复。夫物芸芸，各复归其根。归根曰静，静曰复命。复命曰常，知常曰明。不知常，妄作凶。知常容，容乃公，公乃王，王乃天，天乃道，道乃久，没身不殆。""知常曰明"指要把握和认知到天地并作、万物一体的道理，认识天地万物运行的内在规律，知晓万物归根复命之特点，从而顺物自然，不恣意妄为，这样才不会导致严重后果，"归根—复命—知常"可谓知道修行之方与基本程序。（雷爱民）

知和曰常

Knowing Harmonization is Following Constant Laws

语出老子《道德经》："含德之厚，比于赤子。毒虫不螫，猛兽不据，攫鸟不搏，骨弱筋柔而握固，未知牝牡之合而全作，精之至也，终日号而不嗄，和之至也。知和曰常，知常曰明，益生曰祥，心使气曰强，物壮则老，谓之不道，不道早已。"知和曰常、知常曰明，阴阳二气运行、天地万物生长化育都遵循"和谐平衡"的道理。"常"在《老子》一书中有时与"道"同义。道法自然、和谐平衡。"和"是一种常则，平和、和合、中和、和谐是道的基本特性。道既是世间万物的本源，也是万事万物和谐统一的正常状态。道是和谐，是万事万物间的一种"常态"关系，和谐是道的基本特征。（雷爱民）

知识分子

Intellectual

掌握一定的文化科学知识，从事于创造、发明、理解、传播及运用观念、知识，依靠脑力劳动获取报酬为主要生活来源的社会阶层。产生前提是劳动分工，尤其是脑力劳动与体力劳动的分工。在奴隶社会和封建社会中，脑力劳动完全由剥削者所垄断，这时知识分子尚未从统治阶级的组成中分化出来。知识分子逐渐成为一个由不同阶级出身的人所组成的特殊社会阶层，是资本主义发展的结果。由于知识分子在社会生产体系中没有独立的地位，因而总是分属和依附于其他阶级。历史上掌握政权的阶级，为了巩固自己的统治，都要培养自己的知识分子。在革命运动中，知识分子往往起着先锋和桥梁作用。中华人民共和国成立后，随着社会主义革命和社会主义建设的深入发展，知识分子的作用和构成都发生了很大的变化，他们中的绝大多数已成为工人阶级的一部分，是社会主义建设的依靠力量。（李庆）

知识就是力量

Knowledge is Power

"知识就是力量"这句经典名言最早是培根说的。培根（Francis Bacon 1561 ~ 1626）认为，世界是不以人的意志为转移的客观存在，人的知识（认识）只有通过感性经验从客观外界获得。他认为，认识的真实性和存在的真实性是一致的，"其间的差别不过是直接的光线和反射的光线而已"，这是一种相当彻底的唯物主义反映论。为什么人的认识必须从经验开始呢？因为在培根看来，客观外界的事物只有通过人的感官，才能被人们所感知，用他的话说，“个体（客观外物）首先刺激感官，感官好像是理智的入口和门户”。值得注意的是，培根虽然强调感性经验对人的认识的重要性，但他没有把这一点绝对化，他只是强调感官是人认识外界的必经的通道，而没有说通过感官获得的知识都是正确的，更没有说这种认识就是认识的全部。相反，他认为感官本身有局限性，比如感官对于那些并不是很显露的，或过于微小，或空间距离过远的物体，这未必能认识得很清楚，所以他说：“断定感官为衡量万物的尺度，是很大的错误。”这话是针对古希腊哲学家普罗泰戈拉提出的“人是万物的尺度”这个命题而说的。从这里可以看出，培根的确是一位思想深邃的哲学家。过去我们往往有一种误解，认为培根只强调感性认识，对理性认识完全忽视，事实并非如此。我们可以通过他所使用的比喻，清楚地看到这一点。他说蜜蜂采蜜，原料来自花圃、田间的花丛，蜜蜂采集到花粉后，必须经过自己的加工制作，才能造出香甜可口的蜂蜜。人的认识也一样，原料只能通过感官从外界获得，但这还不等于已经获得真正的知识，人还必须通过自己的大脑，把这些从外界获得的材料，“加以改变和消化而保存在理智中”，这样才能形成真正的知识。尤其值得称道的是，培根十分重视科学实验对认识的作用。这和培根不仅是一位哲学家，同时也是一位科学家有关。他认为，实验和经验不同，经验是自然形成的，而实验则是由人控制的。人通过科学实验，往往能够得到从经验得不到的知识，“自然的奥秘在技术干预之下，比在自然活动时更容易表露出来”。从这里可以看出，培根虽是一个经验论者，但并不以通过感性经验获得的知识为满足，而是强调必须通过科学实验这种能够充分发挥人的主观能动性和创造性的活动，才能获得更深刻的知识。培根虽然没有提出也不可能提出社会实践的概念，他的哲学总体上也没有超出机械唯物主义的水平，但从他强调科学实验的重要作用来看，他比起不少旧唯物主义的哲学家要高明。（牟世晶）

知止不殆

Knowing Stop, No Danger

语出老子《道德经》：“名与身孰亲？身与货孰多？得与亡孰病？甚爱必大费；多藏必厚亡。故知足不辱，知止不殆，可以长久。”“知止不殆”指在处理外物与自身的关系时适可而止就不会遭遇殒命丧身之危险，老子主张“外物”与“自家身心性命”之间有轻重缓急之分，我们不可以身殉物，为外物所累，“知止不殆”通常被引申为知足常乐。（雷爱民）

知周乎万物而道济天下

Knowing law of all things on earth, and caring about the world with Tao

出自《周易·系辞上》：“知周乎万物，而道济天下，故不过。”知“道”即儒家所谓修身齐家治国平天下之道，故能以“道”济天下；求学，故能知万事万物之理；智及乎万物之上，故能长知识、生智慧，通晓人世之理和宇宙大道。圣人用《易》，《易》经此语要求人们不仅要通晓天下万物资始生成的道理，而且要能践行仁义之道，身体力行，与社会人群谦诚相处，与自然和顺相生，圣人之智效法于天地，遍施仁义于万物，正思中行而立于天地之间，从而实现天地人一体和顺之境，故不会出现重大差池或过失。（雷爱民）

执政党

Party in Power

指通过制度性选举或暴力革命而执掌一国政权的政党，它可能是一个政党，也可能是多个政党的联盟。中国的执政党为中国共产党。资本主义国家的执政党，又称在朝党（与在野党对称），通常指负责组织政府（内阁）、掌握国家行政权力的政党。如在实行议会内阁制的资本主义国家，执政党是指在议会竞选中获得多数议席，从而负责组织内阁的政党或党派联盟，又称多数党。实行总统制的资本主义国家，执政党是指在总统竞

选中取得总统职位的政党。实行多党制的资本主义国家，内阁如果由几个政党联合组成，这几个政党都是执政党。（李庆）

直接民主制

Direct Democracy

亦称“纯粹民主制”，公民直接参与决定和管理国家事务的制度。在古代奴隶社会早期的城邦国家，曾广泛实行过直接民主制。因为，当时城邦国小民寡，全体公民有可能聚集起来开会，决定和处理国家的重大问题。在古代的直接民主制下，通常以公民大会作为最高国家权力机关。古希腊雅典曾经是古代直接民主制的典型，并在公元前 6 ~ 5 世纪得到充分的发展。到近现代，资产阶级国家普遍采用代议制的民主形式，但某些国家仍在一定范围内保留了直接民主的形式，其中尤以瑞士为典型，公民可以通过公民倡议和公民表决来直接行使某些立法权。在有些国家，有关制定和修改宪法的重大问题，需要举行公民投票来决定。不过，现代国家的基本政治制度已普遍地不可能实行直接民主制。在社会主义国家，直接民主制则可能应用于基层组织的社会、经济、政治生活的民主管理，成为发展基层社会组织中群众自治的重要措施。（李庆）

植被覆盖指数

Vegetation Cover Index

2006 年 5 月 1 日实施的《生态环境状况评价技术规范（试行）》中，给出植被覆盖指数的定义：即被评价区域内林地、草地、农田、建设用地和未利用地 5 种类型的面积占被评价区域面积的比重，这一比重用于反映被评价区域植被覆盖的程度。计算公式为：植被覆盖指数＝A(veg)×(0.38×林地面积＋0.34×草地面积＋0.19×耕地面积＋0.07×建设用地＋0.02×未利用地)/区域面积。其中 A（veg）是指植被覆盖指数的归一化系数。归一化处理前植被覆盖指数实质上把研究范围内不同土地利用/植被覆盖类型的面积数据先进行分权赋值和无量纲化处理；而归一化系数使得各评价单元的植被覆盖指数均在 0 ~ 100 之间，此系数使利用《规范》提供的标准对某个评价区域单元的生态环境质量进行度量化分级成为可能。（参考：周忠轩、吴钢、邵国凡：《遥感探测土地植被覆盖指数的准确度评估》，《应用生态学报》2004 年第 1 期第 36 ~ 38 页。刘阳）

植被恢复与重建

Vegetation Recovery and Reconstruction

恢复与重建是“恢复生态学”的重要概念之一，同时也是生态恢复与重建的重要组成部分，相关的科学术语还有修复、修补、改造、改良等。生态恢复与重建最早由 Leppold 在 1935 年提出的，指修复由于人为或者自然自身原因导致的生态破坏，使生态系统重新恢复健康与完整性的过程。植被是陆地生态系统的重要组成部分，是生态系统中物质交换与能量循环的中枢环节，因此植被恢复与重建往往是生态环境建设的主体部分。目前植被的恢复与重建在实践层面较具针对性和具体性，然而由于其复杂性，尚未形成全面系统的理论体系。植被恢复与重建的基础理论、操作方法、技术运用和决策过程都没有形成统一的理解。虽然如此，除去恢复生态学，植被恢复与重建的理论基础一般都认为来源于物种生态学、种群生态学、群落生态学、生态系统生态学、景观生态学理论、植物生理生态学理论。操作方法包括物理方法、化学方法、生物方法、综合方法。恢复重建的技术根据不同生态单元有所不同，如以群落为单位的植被恢复与重建，方法通常为群落结构优化配置组建技术和群落演替控制与恢复技术。植被恢复与重建工程按照制定恢复与重建的目标，确定恢复与重建原则、模式与步骤，最后是建立恢复与重建的评价体系。（参考：张厚华等：《森林植被恢复重建的理论基础》，《北京林业大学学报》2004 年第 1 期第 97 ~ 99 页。欧阳文川）

植被破坏

Vegetation Destruction

植被是覆盖地表的植物群落的总称。它是植物学、生态学、农学或地球科学的名词。植被可以因为生长环境的不同而分类，如高山植被、草原植被、海岛植被等。环境因素如光照、温度和雨量等会影响植物的生长和分布，因此形成不同的植被。植被破坏的后果：1. 美观问题。没有植被的光秃秃的山或废墟显然是没有大自然的亲和力的。2. 生态系统被破坏。植被在生态系统中扮演着重要角色，是动物、昆虫等的栖息场所。植被破坏后生物多样性也会受到破坏。3. 水土流失加剧。植被破坏后，降雨对土壤的冲刷能力增强，水土流失加剧。1）土壤退化，如草原退化为沙漠；2）带来环境污染问题，如水体富营养化。4. 碳汇作用下降。有关资料表明，森林面积虽然只占陆地总面积的 1/3，但森林植被区的碳储量几乎占到了陆地碳库总量的一半。树木通过光合作用吸收大气中大量的二氧化碳，减缓温室效应。这就是通常所说的森林的碳汇作用。二氧化碳是林木生长的重要营养物质。吸收的二氧化碳在光能作用下转变为糖、氧气和有机物，为生物界提供枝叶、茎根、果实、种子，提供最基本的物质和能量来源。这一转化过程形成森林的固碳效果。森林是二氧化碳的吸收器、贮存库和缓冲器。反之，森林一旦遭到破坏，则变成二氧化碳的排放源，进而导致全球气候变暖。（史月田）

植被演替

Vegetation Succession

指特定地段的植物群落随着时间的变化由一种类型演变为另一种类型的有序的生态演变过程。生物演替是生态学的重要研究领域，1806 年 John Adlum 首次提出"演替"一词，Dureau de la Malle 将演替理论首先运用于植物生态学的研究之中。然而演替理论是 1916 年 Clements 创立演替的顶级学说之后才正式确立的，其标志是 Clements 的著作《植物演替—植被发展的分析》（Plant succession，analysis of the development of vegetation），演替理论至此成为生态学群落及其各类生态因子演变研究的关键领域。一直到 20 世纪 70 年代，群落演替研究从以植被为对象的演替理论扩展至以微生物、动物和人类为研究对象的演替理论，后来甚至整个生物界的物质能量循环都被纳入演替理论的研究范围。传统的植被种群演替研究方法是通过直接观察和间接推测办法定性地确定植被演替，然而这种方法有其固有缺陷，如观察必须是长期观察，并且观察范围有所限制，在观察基础之上的间接推测通常也缺乏精准。20 世纪 70 年代以来在原有演替研究方法基础之上，结合现代各横向学科，得出包括以数学、计算机数值仿真和实验室模拟为特征的定量的演替研究方法。因此现代演替研究方法的特点为多学科结合以及采用物理、化学等多元方式研究和实验。（参考：张厚华等：《森林植被恢复重建的理论基础》，《北京林业大学学报》2004 年第 1 期第 97 ～ 99 页。欧阳文川）

植生袋

Seed-nutriment-soil Sacks

由无纺布、尼龙编织网、纸浆等材料组成的新兴绿化产品。植生袋分为 5 层，最外及最内层为尼龙纤维网，次外层为无纺布，中层为植物种子、保水剂等混合料，次内层为能在短期内自动分解的纸浆层。具有出苗率高、重量轻、运输方便、铺设简单、价格低廉等优点。根据绿化场地的不同，可生产具有不同物种种子和规格的植生袋，将不同物种种子混播，能建植出草、灌、花共生的生物群落。植生袋被应用于植生袋绿化技术，施工时把植生袋铺设在绿化场地，用铁丝网固定或直接码放即可。用植生袋建植防护的边坡，发芽速度快、出苗整齐，在草坪建植、边坡绿化等方面发挥了巨大的作用。（任傲尘）

植物崇拜

Plant Worshiping

泛灵论的自然崇拜。在万物有灵观念支配下，人们认为自然界的花草树木等植物携带某种灵性与灵力，尤其认为一些古老奇特、形态怪异的植物更是具有某种神秘色彩，具有特别的神奇功能，从而这类植物成为植物崇拜的人们祭拜和敬祀的现象。（雷爱民）

植物繁殖生态学

Plant Reproductive Ecology

以植物生态学原理为理论基础，以植物繁殖为主要研究对象，揭示生态系统中植物繁殖与环境、其他生物以及植物与其他生物之间能量、物质、信息、基因交换的功能规律的学科。植物繁殖生态学作为新兴学科，不仅是种群生态研究的前沿热点，同时也是植物学、遗传学、自然地理学等多学科之间的交叉学科。学科最早可以追溯至生活在 17 世纪下半叶和 18 世纪初的植物学家 Cinerarium，他最早从科学的角度研究植物花器官，此后植物学家 Linnaeus（1707 ~ 1778）、Kolreuter（1733 ~ 1806）、Sprengel（1750 ~ 1816）相继在植物的分类和传粉作用研究方面做出贡献。1859 年达尔文（1809 ~ 1882）的《物种起源》出版，其自然选择对植物繁殖生态学的发展产生深远影响。早期植物繁殖生态学的研究主要侧重于植物的繁殖行为和过程，到 20 世纪 70 年代在生态学及其研究手段不断提高的影响下，植物繁殖生态学发展迅猛，如 Harper 的构件理论和 Silvertown 对植物繁殖生态学的论述都做出了巨大贡献。作为一门学科，植物繁殖生态学的正式成立是美国 Illinois 大学的生态学教授 Willson 确立的，其著作《植物繁殖生态学》的出版对学科的起源、发展以及相关理论以进化论的视角进行系统的描述和总结，标志学科的正式确立。（参考：赵玉红等：《植物繁殖生态学研究进展》，《草原与草坪》2007 年第 122 期第 83 ~ 84 页。欧阳文川）

植物行为生态学

Plant Behavioral Ecology

探讨植物在特定生境中获取必需资源的生态对策、适应机理、进化意义等内容的生态学分支学科。20 世纪 80 年代行为生态学成为生态学领域的新热点，从广义上讲，行为指生物对环境变化所作出的一切反应，因此行为生态学其后发展更侧重于动物，植物行为生态学则较其滞后，处于新兴起阶段。目前植物行为学的研究重点是植物觅源行为（foraging behavior），某些植物具有类似动物觅食的行为特征，尤其是克隆植物生态学研究。觅源行为的物质基础是资源分配，其表现形式是表型可塑性、生长反应等，其最终目标是资源获取对策，使投资收益达到最佳，提高物种的适合度。植物行为生态学其他研究集中在表型可塑性的代价问题，异质生境中构件空间配置的建筑学结构（architecture）问题，植物配偶选择的生理和形态机理，植物最优生活史对策，性别资源分配及环境性别决定，植物行为与群落动态问题等。（参考：钟章成、曾波：《植物种群生态研究进展》，《西南师范大学学报》（自然科学版）2004 年第 2 期第 230 ~ 236 页。韩铮）

植物化学生态学

Plant Chemical Ecology

研究植物之间以及植物与环境之间化学联系及作用机制的学科，以植物次生物质生态功能为研究内容，揭示植物和其他有机体之间的化学作用规律。植物在生态系统中占有重要的地位，植物和植物、植物和微生物、植物和动物之间普遍存在着通过次生物质为媒介的化学作用关系，因此植物化学生态学不仅对揭示植物与其他有机体之间的化学作用关系和阐明生物共进化原理具有重要的理论价值，而且为符合持续发展策略的植物保护提供新的机会。目前植物化学生态学涉及植物的化学防御、化学通信、植物次生物质和进化的关系、植物与人类的化学关系等领域，其原理在建立新型植物保护方法和实现农业的可持续发展方面具有重要的理论价值。（韩铮）

植物墙

Plant Wall

不受土壤条件限制，景观效果好的垂直绿化形式。广泛适用于城市建筑物表面、建筑断面、道路护坡、挡墙以及桥梁的桥墩等，对改善城市

环境，增加城市绿化立体空间有重要作用。植物墙的设计是利用植物的根系对于生长环境的超强适应能力，加之设计师围绕植物的生长特性所作出的艺术设想，将植物固定在无土种植结构式，并预留出适当的生长空间，垂直的建筑墙面成为植物的生长环境，矮麦冬、天宝景天等植物都适用于植物墙。这一有机生态设计的配制包括定植结构、支撑框架、滴灌系统、补光系统等。植物墙在没有占用土地资源的同时，大幅增加了绿化面积；夏季植物墙遮挡太阳吸收热量，降低室温，冬季植物墙起到保温作用；植物墙还具有防风除尘、吸收噪声、调节微气候的功能。由于植物墙为设计师提供创作空间，叶茂花繁的植物墙具有观赏性。（朱雨晨）

植物生理生态学

Plant Physiological Ecology

研究植物生理特性和功能对生态条件的要求、适应与改变的生态学交叉学科，研究侧重于植物的生理特性和反应在不同生态条件下的应用。植物生理生态学研究涉及生态系统生态学、微气候学、土壤学、植物生理学、生物化学和功能解剖学等多个学科领域，主要研究内容包括：植物的生命过程、植物与环境的相互作用和基本机制、环境因素影响下植物的新陈代谢和能量转化、有机体适应环境因子改变的能力等方面。植物生理生态学研究可以在不同的尺度水平上展开，从分子、细胞、组织、器官、个体到种群、群落甚至生态系统等都可以展开有关的研究，但研究的焦点是有机体本身，即无论在哪个尺度上的研究都要围绕个体的基本性能表现进行。植物生理生态学从生理机制上探讨植物与环境的关系、物质代谢和能量传递规律以及植物对不同环境条件的适应性。由于它能够给许多生态环境问题以生理机制上的解释，尤其是在森林、草原等更新资源的开发利用与管理，水土保持和控制环境污染等方面显示出预测和指导作用，因而得到日益广泛的重视。（参考：蒋高明：《植物生理生态学的学科起源与发展史》，《植物生态学报》2004 年第 2 期第 278 ~ 284 页。韩铮）

植物生态学

Plant Ecology

研究植物个体、种群和群落及其环境之间相互关系和规律的生态学分支学科。19 世纪末 20 世纪初，植物生态学发展为独立学科，受到遗传学、水文学、土壤学、气候学、数学等多门学科的影响，主要研究内容包括植物个体、种群和群落与环境的生态关系，以及在生态系统中物质能量转化、循环和再生产过程中植物的作用。根据植物生态关系，植物生态学可分为个体生态学、种群生态学、群落生态学和生态系统学 4 大部分，关于环境对植物结构功能和发育的影响与规律研究不仅有助于农业、林业、畜牧业等产业发展，而且也在城市植被规划、改善人类生活环境、保护环境、维持生物多样性等方面具有生态理论指导意义。（参考：姜汉侨：《植物生态学》第 1 ~ 7 页，北京：高等教育出版社，2010 年。韩铮）

《植物生态学报》

Chinese Journal of Plant Ecology

于1955年创刊，是我国生态学领域创刊最早的学术期刊。由中国科学院植物研究所和中国植物学会主办，中国科学院主管。指导思想：充分发挥《植物生态学报》在国内生态学领域的导向性、权威性和科学性，逐步扩大其在国外的影响力。学术定位：1. 增强反映植物生态学科热点和生长点的稿件，起学科的导向作用。

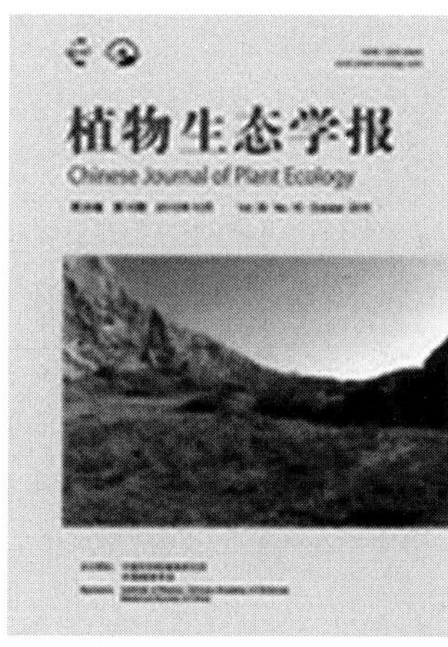

2. 扩大作者的分布地区，逐步加强国内外合作作者论文和国外作者的论文的比例。3. 面向国家重点研究院所及大学等，组织国家重点支持项目学术水平高的稿件及热点学科方向专题研究。月刊，ISSN：1005-264X。（席溢）

植物资源

Plant Resources

指在社会经济技术条件下人类可以利用与可能利用的植物，包括陆地、湖泊、海洋中的一般植物和一些珍稀濒危植物。植物资源既是人类所需的食物的主要来源，还能为人类提供各种纤维素和药品，在人类生活、工业、农业和医药上具有广泛用途。（史月田）

殖民主义

Colonialism

在资本主义发展的各个阶段，资产阶级强国压迫、奴役和剥削经济文化落后国家或地区，把它们变成自己的殖民地、半殖民地的一种侵略政策。殖民主义的表现形式，随着资本主义发展阶段不同而有所变化。资本原始积累时期，一般是通过海盗式掠夺、诈骗性贸易以及贩卖奴隶等方式，从经济文化落后国家掠夺巨额财富。在资本主义制度确立以后，特别是帝国主义阶段，主要是在各种名义下通过对经济文化落后国家使用军事的、经济的、政治的和文化的侵略手段，使其丧失主权和独立，成为帝国主义国家所垄断的商品市场、原料产地和投资场所。资本输出，是帝国主义时期殖民主义剥削的主要形式。殖民主义的掠夺，使殖民地、半殖民地国家长期处于极端贫困落后的境地。第二次世界大战后，殖民地、半殖民地国家大多获得了政治独立，帝国主义被迫采取更为隐蔽的新殖民主义手段，企图继续控制已经取得独立的新兴国家。（李庆）

制度经济学

Institutional Economics

指把制度作为研究对象的经济学分支。研究制度对于经济行为和经济发展的影响，以及经济发展如何影响制度的演变。制度学派以反对主流经济学为旗帜，强调立足于个人之间的互动理解经济活动。首先确立以人与人之间的关系作为研究起点，反对以确定的、总量的标准对整个经济活动做出安排的研究思路。制度经济学认为，经济发展的主要因素不是因为资金，也不是因为人力资源，也不因为自然资源，而源于组织制度本身。组织本身的奖惩机制、分配机制、创新机制、合作机制等，直接决定这个组织的运转，决定这个组织是什么样的状态，并直接决定组织以后的发展。制度本身也是生产力。制度经济学的应用范围，凡是有制度的地方基本上就有制度经济学的应用之地。制度是组织的外在表现，而组织是无处不在的。强大的组织都拥有强大的制度体系，强大的制度体系和组织紧密相连，产生极强的生命力，在社会上生根发芽，成为社会中制度经济学的研究对象。研究范围包括：组织运营的组织形式，组织的各个系统如何最大限度地搭配在一起，让其良好的运行。制度经济学认为，组织发展的不健康，最根本的原因在于其组织形式出现问题，而非其他原因，所有的问题根源在于制度设计，通过良好的制度设计达到良好的运营计划，从而达成期望结果。（史月田）

制度生态经济学

Institutional Ecological Economics

是制度经济学和生态经济学之间的新型交叉性学科。制度生态经济学弥补了制度经济学中对生态环境政策讨论的空白，对生态环境保护政策以及管理等领域进行重点研究。生态问题的制度分析方法以内部的相互依赖性，而非外部性为其特征。制度分析法以资源属性和资源使用者的属性间的相互依赖性分析二者之间的关系，尤其是二者之间的存在的冲突。资源属性和资源使用者属性二者间的冲突通过对代理人动机和假设的扩展来解决，即在生态环境问题上，代理人的动机并非一定是自利，可以多重化。此外，对代理人认知能力的有限性分析说明代理人需要时间去充分了解其目标和偏好，以此来解决自利和环保间选择的冲突。环境管理制度的演化证明人类行为与其制度间的相互淘汰的推理可以运用于生态环保制度，即要么改变现存的环境管理制度，要么接受人类社会被压垮的事实。并且集体行为理论为这种证明提供了理论可能性。制度变迁理论和社会资本理论在宏观层面解释了选择正确生态环保管理制度的理由。制度生态经济学的研究领域和研究路径为将有益于解决生态环境问题。（参考：周纪昌：《制度生态经济学初探》，《2006年中国可持续发展论坛——中国可持续发展研究会2006学术年会可持续发展的机制创新与政策导向专辑》第85～88页，北京：中国可持续发展研究会，2006年。欧阳文川）

制度文化

System culture

制度文化是文化的组成部分、子系统、一个层面。制度文化是人类为了自身生存、社会发展的需要而主动创制出来的有组织的规范体系，包括国家的行政管理体制、人才培养选拔制度、法律制度和民间的礼仪俗规等内容，是文化层次理论要素之一。文化层次理论包括精神文化、物质文化、制度文化。制度文化是人类在物质生产过程中所结成的各种社会关系的总和。社会的法律制度、政治制度、经济制度以及人与人之间的各种关系准则等，都是制度文化的反映。文化是社会交流及社会传递，通过特定的途径被社会成员共同获得。这种获得共同文化的特定途径，是文化得以交流和传递的制度文化。文化的存在只有被认同和学习时才是有意义的。被认同和学习的实现，必须依靠相关的制度规则。在此，制度文化将文化与制度统一起来。当制度体现为规则时，它必然反映文化的价值，文化的精神，文化的理念。当文化体现为规则时，必然采取或风俗，或习惯，或制度的形式。从某种意义上可以说，没有文化价值的制度是不存在的，没有制度形式的文化也是不存在的。人类的行为受思想、观念、精神因素的支配，然而人类行为实际又是群体的、社会的共同行为。文化的精神因素必然会反映、萌生和形成习俗、规则、法律、制度等制度因素。当制度诸因素产生和形成后，使人的精神因素通过制度因素转化成为物质成果，是人类行为或人类活动的收获。由此可见，制度文化作为文化整体的组成部分，既是精神文化的产物，又是物质文化的工具。作为物质文化和精神文化的中介，制度文化在协调个人与群体、群体与社会的关系以及保证社会的凝聚力方面起着不可或缺的作用，深刻影响着人们的物质生活和精神生活。（牟世晶）

制药行业清洁生产

Clean Production in the Pharmaceutical Industry

在制药行业推行减少环境危害的清洁生产。制药行业是环境污染较为严重的企业，从原料到药品，整个生产过程都会造成不同程度的环境污染，是国家环保总局确定的重点治理污染行业之一。制药行业的污染产生在：1. 首先是原料复杂，部分原料是易燃易爆物品或有毒有害物；2. 生产的产品化学反应复杂，存在隐患；3. 在生产的过程中，环节回收率不高，废物产量大，成分复杂，随意处理易产生严重污染；4. 存在着生产条件差，工艺落后的现象，使得污染形式更加严峻。因此在制药行业推行清洁生产，实现环境改善、资源利用率提高，保持我国制药行业的市场竞争力显得尤为重要。实现制药行业的清洁生产，工艺技术的改革是最有效的方法：开发和采用低废、无废新设备代替老设备，提高反应收率和原材料利用率，采用大规模生产，发挥规模效率；工艺控制过程优化，使用最佳工艺参数，以取得最高效率，避免控制条件的波动对废物量的影响；实施水污分流，一水多用，引进合理的净水技术；将制药废弃物的综合利用，作为清洁生产的重要内容，实现再生回收和循环利用。（朱雨晨）

质疑征服自然观念

Question to the Idea of Conquering Nature

征服自然是人类在与自然交往过程中产生的，认为人与自然是对立的信念体系与意识形态，认为人类是自然界的主人，相信人类有能力改造和支配自然，人类的认知和实践活动是征服自然的表现。征服自然还指对自然灾害和人类疾病的战胜和攻克。但是征服自然的观点从生态伦理学的角度受到质疑和批评。生态中心主义和生物中心主义认为当今环境污染、物种灭绝、资源枯竭等生态问题都是人类恣意征服自然的恶果，认为把人与自然对立起来、把它们视为敌对关系，无限制地掠夺自然界、对自然界恣意妄为是错误的，人类既不能无限制地征服自然，也不能剥夺自然环境与生态系统的生存权益。（雷爱民）

治理

Governance

在公共管理领域，治理的概念20世纪90年代在全球范围逐步兴起。在治理的各种定义中，全球治理委员会的表述具有很大的代表性和权威性。该委员会于1995年对治理做出如下界定：治理是或公或私的个人和机构经营管理相同事务的诸多方式的总和。它是使相互冲突或不同的利益得以调和并且采取联合行动的持续的过程。它包括有权迫使人们服从的正式机构和规章制度，以及种种非正式安排。而凡此种种均由人民和机构或者同意，或者认为符合他们的利益而授予其权力。它有四个特征：治理不是一套规则条例，也不是一种活动，而是一个过程；治理的建立不以支配为基础，而以调和为基础；治理同时涉及公、私部门；治理并不意味着一种正式制度，而确实有赖于持续的相互作用。与统治、管制不同，治理指的是一种由共同的目标支持的活动，这些管理活动的主体未必是政府，也不一定非得依靠国家的强制力量来实现。在治理的形态中，政府治理主要体现在：制度供给、政策激励、外部约束。治理的本意是服务。在治理行政的运行机制下，虽然政府也履行管制职责，但与传统的政府管制有着根本区别。1. 在管制依据上，治理行政须有法律、法规作依据，是受严格约束的有限管制；2. 在管制内容上，治理行政体现一视同仁；3. 在管制程序上，治理行政是制度化的，程序公开、透明；4. 在管制结果上，治理行政充分考虑政府官员可能出现在非理性行为，因而有相应的救济措施。（郇庆治）

智慧城市

Smart City

未来城市发展的模式。将数字城市、生态城市及创新城市的立体城市理念整合在一起，囊括技术和社会双重属性，使用先进的数字技术并赋予城市智能性，通过教育培育公民的智慧和创造力，通过文化陶冶公民情操，进而提升公民生活的安全感和幸福感。智慧城市可以协调诸如环境、经济、社会等各方面问题，可进行自我调节，走智能化、包容性及多方位可持续发展的道路。它的建设重视创新的驱动作用，努力形成以互联网为首的信息层面的技术创新和以城市区域为主的系统层面的经济创新，同时更关注城市人文和教育环境的建设。建设中国特色智慧城市的理念和战略目标是实现经济－社会－生态全面可持续发展，满足居民生活的安全感和幸福感。智慧城市的特点：1. 要有城市的长期发展战略思考与短期发展规划；2. 打造宜居的生态环境，包括绿色建筑和可再生能源、零废料的可回收生产系统；3. 创造益于个人创新、组织创业和产业投资的环境；4. 完善医疗、卫生系统及对空巢老人的关爱措施；5. 建设智能教育园与文化娱乐中心。（蔡越）

智慧农业

Wisdom Agriculture

指将物联网技术运用到传统农业中去，运用传感器和软件通过移动平台或者电脑平台对农业生产进行控制，使传统农业更具有智慧。除精准感知、控制与决策管理外，从广泛意义上讲，智慧农业还包括农业电子商务、食品溯源防伪、农业休闲旅游、农业信息服务等方面的内容。智慧农业是农业生产的高级阶段，是集新兴的互联网、移动互联网、云计算和物联网技术为一体，依托部署在农业生产现场的各种传感节点（环境温湿度、土壤水分、二氧化碳、图像等）和无线通信网络实现农业生产环境的智能感知、智能预警、智能决策、智能分析、专家在线指导，为农业生产提供精准化种植、可视化管理、智能化决策。智慧体现在：1. 通过布设于农田、温室、园林等目标区域的大量传感节点，实时地收集温度、湿度、光照、气体浓度以及土壤水分、电导率等信息并汇总到中控系统。2. 农业生产人员可通过监测数据对环境进行分析，从而有针对性地投放农业生产资料，并根据需要调动各种执行设备，进行调温、调光、换气等动作，实现对农业生长环境的智能控制。3. 通过利用技术，建设农产品溯源系统。4. 通过对农产品的高效可靠识别和对生产、加工环境的监测，实现农产品追踪、清查功能，进行有效的全程质量监控，确保农产品安全。5. 物联网技术贯穿生产、加工、流通、消费各环节，实现农业可视化远程诊断、远程控制、灾变预警等智能管理；实现全过程严格控制，使用户可以迅速了解食品的生产环境和过程，从而为食品供应链提供完全透明的展现，保证向社会提供优质的放心食品，增强用户对食品安全程度的信心，保障合法经营者的利益，提升可溯源农产品的品牌效应。（李雪姣　史月田）

智慧圈

Wisdom Circle

表示社会与自然相互关系的概念，表示社会与自然界的统一。智慧圈要求社会发展和生物圈的组织性最优地协调一致。这时，人类活动产生的物质—能量流纳入自然循环过程，不仅不破坏，反而促进它的有序性和方向性，并不断提高自然条件适于生存的状态。在智慧圈形成过程中，人类的智慧及智慧指导下的劳动成为重要的决定性的发展因素，良好的人工生态系统的结构和功能由人的合理的活动决定。20 世纪初苏联学者沙尔坚和列阿鲁提出智慧圈概念，意思表示具有理想的、“有思想的”地球外壳，它的形成与人类意识的产生和发展有关。40 年代维尔纳茨基发展智慧圈概念，他认为，生物圈是发展演化的系统，人类在地球上出现，生物圈受新的力量人的智慧的力量的改造，它的发展的自然过程受到破坏，改变了性质，生物圈演化到新阶段智慧圈。他说，整个人类是一股强大的地质力。在人类及其思想和劳动面前提出作为统一整体的人类利益改造生物圈的问题，生物圈的这种新状态就是智慧圈。（牟世晶）

智力农业

Intelligence Agriculture

20 世纪 90 年代以来，世界科学技术迅猛发展，知识开始成为主要的生产要素进入社会和经济各个领域。以智力资本为第一要素的智力农业已在某些国家有相当程度的发展，为世界农业发展展示光明的前景。智力农业指以信息技术的应用为基础，以农业高新技术为支柱，以国际国内市场为导向，以创新为灵魂，以智力资本的密集投入为依托，以可持续发展为前提，以农业智力资本的不断增值为动力，使劳动者生活水平不断提高的农业生产方式。智力农业包括的含义：1. 技术含义，智力农业是以信息技术为基础，以生物技术为重点的农业技术体系支撑的农业；2. 经济含义，智力农业是高产、优质、高效益型农业。从事智力农业的产品生产，人均年产值往往是传统农业产值的几倍至几十倍。3. 生态含义，智力农业是利用已掌握的高新技术在人类认识和改造自然的过程中既能满足人们的物质需求，又保持和维护生态平衡，使得农业持续发展，人类与大自然和谐相处，在优美、健康的环境中推进人类文明的进程；4. 制度含义，智力农业的发展要求具有与国际市场对接的发达的市场经济制度，具有运行良好的农业服务体系与国家创新体系。（牟世晶）

智能电网

Smart Grid

对电能质量进行优化的新技术。我国智能电网以特高压电网为骨干网架、各级电网协调发展为基础，利用先进的通信、信息和控制技术，构建以信息化、自动化、互动化为特征的统一坚强智能电网。智能电网思想是期望通过数字化信息网络系统将能源资源开发、输送、存储、转换（发电）、输电、配电、供电、售电、服务以及蓄能与能源终端用户的各种电气设备和其他用能设施连接在一起，通过智能化控制实现精准供能、对应供能、互助供能和互补供能，将能源利用效率和能源供应安全提高到全新的水平，将污染与温室气体排放降低到环境可接受的程度，使用户成本和投资达到合理的状态。智能电网是经济和技术发展的必然结果。它利用先进的技术提高电力系统在能源转换效率、电能利用率、供电质量和可靠性等方面的性能。随着我国特高压电网的建设和电力体制改革的不断深化，智能电网将成为我国电网发展的新方向。（任傲尘）

《智能电网技术标准体系规划》

Smart Grid Technology Standard System Planning

《国家电网智能化规划》的子规划之一，是国家电网公司智能电网企业标准编制工作的纲领性文件和技术指南，被用作中国智能电网行业标准和国家标准编制工作的重要参考资料。智能电网技术标准体系包括 8 个专业分支、26 个技术领域、92 个标准系列，明确提出可以直接采用、需要修订、需要制定的智能电网技术标准。明确国家电网公司内部各部门的责任和分工，提出具体措施予以保障。智能电网技术标准制定分为 3 个阶段，第一阶段：2009 ~ 2010 年建设体系框架、保障试点工程，第二阶段：2011 ~ 2015 年健全标准体系、支撑全面建设，第三阶段：2016 ~ 2020 年完善标准体系、保证国际先进。（石艳峰）

智能交通网

Intelligent Transportation Network

管理城市交通的有效工具，可以通过检测线圈、视频、超声波、微波设备等，将采集到的交通流动信息进行整合、分析、处理，及时发布，给人们的出行提供指引。如以图形方式显示实时动态路况信息，自动与前 4 周的相关数据进行对此，如超出历史常量值，系统将给出警告提示，为路况信息对外发布和路面交通控制提供可靠依据。通过视频图像识别技术、自动检测出交通事故、拥堵等交通事件并报警、录像，可以极大提高交通意外事件的快速反应能力和指挥调度效率。（任傲尘）

智能媒体

Intelligent Media

也称未知媒体，或轻媒体。新型的智能媒体媒介，中国首先提出的新型的智能媒体形式。它代表人的新型的媒体思维方式或创新方法。信息传播生态和模式在移动互联网的冲击下迅速重构，一种以“轻”为特征的舆论生态逐步形成。首先是平台的轻化，人们越来越习惯通过移动智能终端阅读和交换信息。其次是传媒的轻化，为适应新兴媒体的竞争，传统媒体机构在加快转型，布局移动互联网产品体系。再次是流程的轻化，信息流程的扁平化为提升效率提供技术支撑，另一方面，即时信息逐渐变成现实。另外，移动互联网上娱乐、游戏、养生等轻松的话题产生轻媒体话题的轻化，同时，话题转化变得更轻快。与传统媒体相比，轻媒体具有低成本、高效能、大众化、多样性、交互式的特点。轻媒体在现代传媒环境下扮演重要角色，正在并将继续改变信息传播的规则和模式，有必要予以规范和引导。（参考：尚明洲：《“轻媒体”趋势下的重思考》，《光明日报》2014 年 11 月 18 日第 7 版。**张惠娜**）

智能住宅

Intelligent House

指由通信网络和各种传输网连接的若干智能建筑及与智能管理下的各种住宅公共设施的集合。其中，智能建筑指通过将建筑物的结构、设备、服务和管理根据用户需求进行最优化组合，从而为用户提供高效、舒适、便利的建筑环境。智能住宅技术基础由现代建筑技术、现代计算机及通信技术和现代控制技术组成，核心是智能住宅自动化系统。一套优良完善的住宅自动化系统具备的功能：1. 充分利用现有的各种媒体和信息来源，通过计算机网络，实现家庭个人计算机上网。2. 提高预警和抗灾能力，增强安全与可靠性，完善人机结合及住宅内外结合的保安体系。3. 优化设备性能，延长设备寿命，使住宅设备的状态和利用率达到最佳，充分节约能源。4. 实现对住宅内外环境的监控与管理，收集数据并分析信息，在管理者许可的范围内自动做出决定。5. 具备多区域同时工作功能和自诊断功能，便于集散控制，设备应便于技术升级。智能自动化系统由通讯自动化系统、安全自动化系统、管理自动化系统及办公自动化系统 4 部分组成。其中，通讯自动化系统包括有线电视、语音与传真、网络服务；安全自动化系统包括消防系统、室内外红外报警、室内外监视、报警求助、楼宇对讲、门磁系统、煤气泄漏报警；管理自动化系统包括设备管理、停车场管理、保安及管理员巡视。（参考：马剑等：《智能住宅技术与发展》，《建筑学报》2000 年第 3 期第 34 ~ 36 页；李国忱：《智能住宅的建设与发展》，《城市开发》2000 年第 6 期第 18 ~ 19 页。**朱配辰**）

智者乐水仁者乐山

Wise Men with Different Preferences

语出《论语·雍也篇》：“智者乐水，仁者乐山；智者动，仁者静；智者乐，仁者寿。”智与仁是儒家的重要德目，通常认为智者干练通达，反应敏捷、思想活跃，性情偏动，似流水一般；仁厚之人则安于义理，仁慈敦厚，性情偏静如山一般，庄严肃穆、稳重不迁。“智者乐水，仁者乐山”表达不同性情的人会表现出不同的品性和特质。（**雷爱民**）

《中白令海峡鳕资源养护与管理公约》

Convention on the Conservation and Management of Pollock Resources in the Central Bering Strait

1994 年 2 月 11 日在华盛顿签订，1995 年 12 月 8 日生效。《公约》的 6 个成员国中国、日本、韩国、波兰、俄罗斯和美国均已核准。《公约》要求缔约国认识到，为养护和管理中白令海峡鳕资源合作，采取与国际法相一致的措施，从白令海沿海国划定领海宽度基线起的 200 海里以外的白令海公海区域，在该区域建立峡鳕资源养护、管理和合理利用的国际机制，恢复并维持可实现最高持续产量的白令海峡鳕资源的水平，并就白令海峡的有关峡鳕和其他海洋生物资源真实信息的收集和分析进行合作。在各缔约方同意的情况下，建立论坛以考虑在公约区域确立养护和管理除峡鳕以外的海洋生物资源的必要措施。各缔约方同意，为实现本公约的目标，召开由各缔约方参加的年会，并建立科学技术委员会。（**申森**）

中部崛起计划

Rise of Central China Plan

指促进我国中部经济区共同崛起的中央决策。决策于2004年3月5日首次由时任总理温家宝提出。中部经济区涵盖我国中部河南、湖北、湖南、江西、安徽和山西共6省，是我国重要的粮食生产基地、能源原材料基地、装备制造业基地和综合交通运输枢纽。中部崛起计划起初作为“十一五”规划的一部分而实施，此间的发展重点为依托现有基础，提升产业层次，推进工业化和城镇化，在发挥承东启西和产业发展优势中崛起。2009年9月23日国务院常务会议通过《促进中部地区崛起计划》：争取到2015年，中部地区经济发展水平显著提高，粮食生产基地、能源原材料基地、现代装备制造及高技术产业基地，综合交通运输枢纽三个基地一个枢纽地位进一步提升；经济发展活力明显增强；可持续发展能力不断提升；和谐社会建设取得新进展，城乡居民收入人平均增长率均超过9%。计划实施的重点为：发展现代农业，加强粮食生产基地建设；巩固和提升重要能源原材料的基地地位，发展原材料精深加工；以技术研发为着力点建设现代高新技术产业基地；优化交通网络、建设城市群、发展循环经济等。（张沥元）

中东欧区域环境中心

Central and Eastern European Regional Environment Centre，CEREC

独立的无政治倾向的非营利性国际组织，匈牙利、美国和欧洲委员会共同组建，1990年成立。总部位于匈牙利的圣安得烈市，在主要成员国设有办公室，拥有来自30个国家的近200名工作人员。超过30个国家政府及欧洲委员会签署了按照法律程序制定的中心章程并成为成员。使命与目标是促进政府、非政府组织、私营机构、商业实体和其他环境利益相关者的合作，促进信息自由交换和提高环境决策中的公众参与，实施培训项目、试点项目、环境评价、研究项目及资助计划助力环境问题解决，促进各方交流，搭建合作平台，分享与传递地区及全球范围内的先进经验。通过12个主要领域的工作，将各国各地区利益相关方联系起来，从而推动解决环境问题。这些主要工作领域包括：生物多样性、气候变化和清洁能源、教育培训、环境投资、环境管理、绿色交通、健康和环境、法律制定和执行、地方治理、参与性治理、可持续发展学院以及水资源管理。（申森）

中东欧政治转型

Political transition of Central and Eastern Europe

指20世纪80年代末90年代初发生在东欧以及中欧原社会主义国家中急剧的政治和经济制度性变革。这一剧变始于1989年的波兰，共产党被迫放弃社会主义制度，转型成为社会民主党，将民主社会主义作为奋斗目标，通过“休克疗法”，迅速建立起西方的市场经济体制和多元民主政治制度。这一政治地震扩散到东德、捷克斯洛伐克、匈牙利、保加利亚、罗马尼亚等国。这是根本性和全方位的社会政治转型，执政几十年的共产党、工人阶级政党丧失政权。除罗马尼亚外，中东欧国家的转型都以相对和平的方式进行。苏联和西方等外部因素，以及僵化的社会主义模式与党内危机等，都是这场剧变的促动因素。中东欧国家的政治转型面临较大的外部约束性，特别是欧盟提出的加入欧盟的政治与经济标准（稳定的、多元化的民主制度和市场经济体制），成为很多国家政治改革的推动力。改革初期，中东欧各国普遍经历政党分裂与重组，党际关系紧张与党内纷争。随着反共浪潮的消退和政治理性的回归，竞争性民主制度在大部分国家已扎根，政治转型也进入巩固阶段。由于历史、文化、民族主义等因素，各国的政治转型呈现出较大差异性，未来民主化过程中也充满着不确定因素。（王聪聪）

中非环境合作

Sino-African environmental cooperation

中国与非洲国家在环境保护领域的首次合作，始于2005年2月21日在肯尼亚首都内罗毕举行的中非环境合作会议。目的是加强中非环保合作，为中非双方互相学习、取长补短，加强发展中国家之间的环保合作积累有益的经验。会议由中国国家环境保护总局、中非合作论坛中方后续行动委员会与联合国环境署共同举办，来自40多个非洲国家的代表出席会议。自2012年7月在北京举行的第5届中非论坛达成的北京行动计划开始，中非环保合作进入新的阶段。计划涵盖能源、资源、气候与灾害、水管理、生态系统监测与管理、荒漠化治理等在内的环境保护方面的内容。由世界自然基金举办的中非合作论坛区域性研讨会，2015年3月16日在肯尼亚首都内罗毕举行，中非官员、联合国环境署以及世界自然基金代表和合作机构出席，共商中非环境合作与可持续发展大计。（**申森**）

《中国21世纪议程》

China 21st Century Agenda

1992年联合国环境与发展大会通过了《21世纪议程》，中国政府做出了履行《21世纪议程》等文件的庄严承诺。1994年3月25日国务院第16次常务会议审议通过《中国21世纪议程》。《议程》共20章78个方案领域。主要内容分为4个部分。第一部分是可持续发展的总体战略与政策，阐述了中国可持续发展战略的背景和必要性，提出了中国可持续发展的战略目标、战略重点和重大行动，可持续发展的立法和实施，制定了促进可持续发展的经济政策，以及参与国际环境与发展领域合作的原则立场和主要行动领域。第二部分是社会可持续发展，包括人口、居民消费与社会服务、消除贫困、卫生与健康、人类住区和防灾减灾等。其中，最重要的是实行计划生育、控制人口数量和提高人口素质。第三部分是经济可持续发展。《议程》把促进经济快速增长作为消除贫困、提高人民生活水平、增强综合国力的首要条件。第四部分是资源的合理利用与环境保护，包括水、土等自然资源保护与可持续利用，还包括生物多样性保护、防治土地荒漠化、防灾减灾等。确立中国可持续发展的4个主要战略目标：1. 在保持经济快速增长的同时，依靠科技进步和提高劳动者素质，不断改善发展的质量。2. 促进社会的全面发展与进步，建立可持续发展的社会基础。3. 控制环境污染，改善生态环境，保护可持续利用的资源基础。4. 逐步建立国家可持续发展的政策体系、法律体系及可持续发展的综合决策机制和协调管理机制。（**张沥元 王薛时**）

中国3A环保漆

3A China Environmental Protection Paint

始创于1998年，经过10余年发展已成为集人才、资金、技术为一体实力雄厚的现代化、专业化、规模化的生产企业。依托雄厚的集团公司，2008耗资20个亿打造宿迁工业园，2009年公司再注资兴建20亿四川崇州工业园，逐步构建国内4大生产基地，立志打造涂料业航母。建立完善的产品体系，拥有木器装修漆、内外墙漆、艺术涂料、家具漆、氟碳漆等系列产品。2006年青藏铁路的全线竣工，标志着3A环保漆成功挑战5000米巅峰，验证卓越的产品品质。2008年国内首家与美国杜邦结成品牌战略合作伙伴关系，引入Teflon表面保护科技，进一步提高产品的国际化品质。2009年入围国家财政部、环保部联合发文公布的第4期《环境标志产品政府采购清单》，成为政府指定采购的环保产品。（**史月田**）

中国传媒集团“三级治理”概念模型

The Concept Model of “Three Level-Governance” of China Media Group

基于中国传媒集团公司治理的特殊性，有学者提出传媒集团“三级治理”概念模型，包括政府治理、外部治理和内部治理。在中国，政府对传媒集团的产业政策实施严格管制，特别是产业进入管制、产权管制、许可权限管制、数量管制等。建立完善的中国传媒集团治理结构，首当其冲是要确立适应市场机制的政府治理结构，在此前提下，才能有效发挥外部治理与内部治理的作用。政府治理是中国传媒业治理的关键一环。政府逐步放松对传媒业的产业组织政策管制，允许探索传媒集团公有制的新形式，允许传媒业既有国有独资的公有制形态，又有国有媒体资本绝对控股的公有制形态。在条件允许的时候，对传媒集团进行股份制改造，吸收其他国有资本参加到传媒行业；消除行政性垄断现象。外部治理机制有效地发挥作用，首先要存在一个有效率的具有评定公司价值、转移公司控制权功能的资本市场。同时，要通过其他一些制度安排，比如竞争性的传媒职业经理人市场、劳动力市场等。在内部治理方面，建议传媒集团设置以社委会、监事会、编委会、经理会为基本框架的组织结构，实行决策层、管理层（包括采编和经营）、监督层相互制约的领导体制。（参考：李维安、常永新：《中国传媒集团公司治理模式探析》,《天津社会科学》2003 年第 1 期第 75 ~ 79 页。张惠娜）

中国传媒业所有制

Ownership of China's Media Industry

中国传媒业的所有制状态与国家制定的融资政策相关，融资政策的逐步放开意味着纯粹国有制的松动，导致所有制改变。当前，整个中国传媒业非纯国有制。2001 年 8 月 20 日颁布的《中央宣传部、国家广电总局、新闻出版总署关于深化新闻出版广播影视业改革的若干意见》，尤其是 2005 年 8 月颁布的《国务院关于非公有资本进入文化产业的若干规定》《关于文化领域引进外资的若干意见》等，形成中国传媒业当前的所有制状态。按区别可分为 4 块：第一块是传媒单位或称新闻出版单位，全部是国有制。《国务院关于非公有资本进入文化产业的若干规定》："非公有资本不得投资设立和经营通讯社、报刊社、出版社、广播电台（站）、电视台（站）"。第二块是传媒单位的经营业务剥离出去设立公司，在国有资本绝对控股前提下，非国有资本可以投资参股。第三块是电影集团。国家政策规定在国有资本绝对控股的前提下，对进入资金无身份限制。第四块是发行领域，业外资金的进入放开力度最大，对民营资本全面放开，对于外资则只是在总发行领域有进入限制，其他领域有很大程度的放松。就中国传媒业所有制结构而言，已形成国有制（全民所有制）为主体、民营以及外资等多种所有制共存的局面。在 2005 年 8 月颁布实施的《国务院关于非公有资本进入文化产业的若干决定》中，明确提出，"为大力发展社会主义先进文化，充分调动全社会参与文化建设的积极性，进一步引导和规范非公有资本进入文化产业，逐步形成以公有制为主体、多种所有制经济共同发展的文化产业格局，提高我国文化产业的整体实力和竞争力。"可见，未来中国传媒业的非国有资本比重还将上升。（参考：张辉峰：《传媒经济学》第 100 ~ 102 页，广州：南方日报出版社，2006 年。张惠娜）

中国传媒业资本运作模式

The Mode of Capital Operation in China's Media Industry

由于我国传媒在资本运营中还不具备金融资本运营和无形资本运营的条件，因此，产权资本运营成为我国传媒业资本运营的主要模式。中国传媒业资本运作过程中，一方面可以通过媒介子公司控股上市公司，也就是成立合资或全资子公司，通过收购上市公司股票，快速进入证券市场，获得稳定的融资渠道。还可以让媒介子公司直接上市，公开募集资金。合资经营业也是中国传媒业资本运作的一种方式。也就是说，中国传媒资本运营方式主要包括合作合资经营、公开上市和媒介并购三种。而传媒重组和托管，也渐渐被传媒资本运作采纳。对于中国传媒资本运营来说，政策导向是传媒资本运营的指针，产业运营是中国传媒资本运营的主要内容，边缘突破是中国传媒资本运营的主要途径。业外资本的注入是我国传媒资本运营的必然趋势。（参考：黄进：《中外传媒资本运营比较分析》，山东大学2005年硕士学位论文第27～33页。张惠娜）

中国传统农业

Chinese Traditional Agriculture

集约型农业，主导形式以种植粮食为中心，多种经营。主要特点是因时因地制宜，精耕细作，采取良种、精耕、细管、多肥等一系列技术措施，以提高土地利用率、提高单位面积产量。其形成与封建地主经济制度下小农经营方式和人口多、耕地少的格局的逐步形成有关。在农艺和产量上，中国传统农业曾达到古代世界的最高水平。在这样的农区外，又有游牧经济占主导地位的牧区，两者互相依存，在不同时期，又互有消长。中国传统农业体现和贯彻中国传统的天时、地利、人和以及自然界各种物质与事物之间相生相克关系的阴阳五行思想，精耕细作，轮种套种；用地与养地结合，是农、林、牧相结合典型的有机农业。（李雪姣）

中国传统生态文化

Chinese Traditional Ecological Culture

从广义上说，指人与自然之间崭新的和谐共生方式，根本说来是人超出自身的新的生存方式；狭义指在生态文明指导下的生态社会的意识形态方式，是体现生态价值观的思想和社会文化制度。中国传统生态文化可以大致分为儒释道三家的生态文化，它们从不同角度反映了生态文化在我国古代历史中的朴素表现形式。儒家生态文化主要特征为“天人合一”。“天”不仅意味天地日月和阴阳更替等自然属性，还包含有思想、情感和意志等精神属性。“天”不仅是自然万物所以产生和变化的原因，还是人的情感意志、伦理道德的本源和原型。因此，天是人的形体和精神的双重来源，人是天地中的一物，其独立性只是相对的。人应在认识自然规律的基础上遵循规律并进一步利用规律，完成和实现天的要求和意志。道家生态文化的集中体现在于“道法自然”，“道”是指天地万物产生、存在、变化、发展的最终依据，是本体论、宇宙论上的“本源”，同时，“道”也是人所追求的最高价值目标，是人的崇高价值理想的体现。“道法自然”指“道”是天地日月、阴阳更替的本质规律。自然规律的“天道”有其固有法则，因而有其内在价值，人作为天地间的有机组成部分，同样应遵循“天道”而行事，去顺应自然。“人道”与“天道”又是和谐统一的，人对自然规律的服从并不意味着一味顺从，人在认识并遵循自然规律的基础上可以利用其为生活和生产服务。“缘起”论是佛家生态文化的核心，缘起指万事万物都相互包含、互为条件、互为因果，你中有我，我中有你，自然界是一个有机整体，其中某一部分的缺少都会导致其他一系列事物和条件的连锁反应或者改变，从而会影响作为整体的自然界。人不是超越于自然界而存在的独立物种，自然界的任何改变反过来都会作用于人本身。因此佛家强调众生平等的生命观。众生平等意味着众生皆有佛性，佛与众生、众生之间都没有贵贱之分，人以及人类社会对于自然界而言没有任何优越性。（参考：张连国：《中国传统生态哲学论》，《管子学刊》2004年第4期第64～69页。欧阳文川）

中国传统文化与现代生态伦理学

Chinese Traditional Culture and Modern Ecological Ethics

中国传统文化中儒、释、道等诸家都认为人处于天地万物之中、但又不同于天地万物，儒家主张“仁民爱物”，佛教主张“普度众生”，道家主张“道法自然”，三者都从“天人合一”的立场肯定人与自然血脉相连、共生共存的生存状态。中国传统文化蕴含丰富的生态伦理思想，对现代生态伦理建设与生态伦理学的构建具有重要启示意义。在工业文明与现代社会中实现人与自然的和谐相处、保护和维持生态平衡是人类在现代化进程中遭遇巨大环境代价之后必须面对的课题，反思人类生存与发展的困境可以从中国传统文化中汲取宝贵的生态伦理思想资源，促使现代生态伦理学在中国古代文明成果启示下得到发展和完善。（雷爱民）

中国当代博物学研究

Natural History Study of Contemporary China

博物学是对丰富多彩的自然现象进行收集、分类、整理的知识体系，早期的博物学涵盖除数理科学之外的所有自然科学知识，包括动物学、植物学和矿物学的知识，也包括天文知识、物理学知识。百科全书式的风格是博物学的特点，博物学涉及当今意义上天文、地理、生物学、气象学、人类学、生态学、自然文学、动物行为学等学科的部分内容。中国传统博物学包括范围非常广，涉及中国传统文化中的农学、工程学、动植物学、中医药学和经学、史学和说部学术中的部分内容。中国现当代博物学研究是晚清以来西学东渐的产物，它融合西方博物学与中国传统博物学，研究内容主要是自然界的事物，研究方法和学术体系来自西方博物学，研究对象和学术思想融入中国传统博物学的内容，中国现当代博物学研究不同于中国传统博物学最明显的特点是：它摒弃传统博物学中的人文社会科学知识，研究内容侧重自然科学知识。（雷爱民）

中国当代自然哲学研究

Natural Philosophy Study of Contemporary China

自然哲学在古代指的是自然知识总汇与统称，自然哲学为获得自然界的完整图像而对知识进行总体性研究。在近代自然哲学是凌驾于自然科学上的哲学思辨，被看成是包含和取代自然科学的研究。自然哲学研究历史悠久，中西方哲学家都有论述，其中德国哲学家黑格尔著有《自然哲学》，恩格斯著有《自然辩证法》，这些著作对中国的自然哲学研究影响深远，中国当代的自然哲学研究表现为自然辩证法研究，是马克思主义哲学的一部分，既与西方哲学近现代以来放弃自然哲学研究的方式有区别，又不主张完全用科学技术哲学代替自然哲学研究，其中“人工自然”一度成为研究热点，系统观、整体论、过程论、有机论等是中国当代自然哲学研究的特色。（雷爱民）

《中国的环境保护》白皮书

White Paper of Environmental Protection in China

2006 年 6 月 5 日国务院新闻办公室发布《中国的环境保护》白皮书，对过去 10 年我国环境保护法制和体制、工业污染防治、重点地区污染治理、城市环境保护、农村环境保护、生态保护与建设、环境经济政策和投入、环境影响评价制度、环保科技、产业和公众参与、国际环境保护合作等做了总结和评价。白皮书指出，由于中国正处于工业化和城市化加速发展的阶段，也就是经济增长和环境保护矛盾十分突出的时期，环境形势依然十分严峻，随着经济社会发展对资源的需求不断增加，环境保护面临的压力将越来越大。白皮书还提出之后 5 年中国政府致力于环保事业的主要任务，其中包括：落实水污染和大气污染防治任务，集中力量解决危害人民群众健康的污染问题；实现经济增长方式的转变，以及环境治理体制建设和技术开发；继续完善环保法律法规，严格监督执行等。（张沥元）

中国的喀斯特

Karst in China

我国是世界上喀斯特分布面积最大的国家，从热带到寒带各种喀斯特地貌类型齐全。中国几乎所有的省区都有喀斯特的分布，以广西、云南、贵州等省区居多。对于喀斯特地形的研究，中国早在 16 世纪（明朝）就已经开始，比外国早 200 年左右。中国著名的地理学家徐霞客曾于 1637 ~ 1639 年用两年的时间游历广西、贵州、云南，对中国西南石灰岩分布地区进行详细的调查和考察。他探索100多个地下岩洞，对石灰岩地区的地貌形态作详尽细致而又朴实生动的描述，对它们的成因作正确的科学解释。他写的《徐霞客游记》一书，可说是世界上研究喀斯特地形最早的著作。《徐霞客游记》系统记载我国西南地区喀斯特地貌的分布和区域特征，记载洞穴形态、气象和水文情况，是我国古代最为系统的喀斯特著作。世界自然遗产“中国南方喀斯特”是在中国南方地区选取典型的中国喀斯特若干代表地，联合申报获得通过的。“中国南方喀斯特”是我国政府向世界遗产委员会提出的分批次系列申报的世界自然遗产的总名称。目前，已申请成为世界自然遗产的“中国南方喀斯特”由云南石林、贵州荔波、重庆武隆共同组成。中国南方喀斯特根据准备的充分性，分批次申报世界自然遗产地。贵州兴义峰林、广西桂林山水、四川兴文峡谷喀斯特等地也将根据其准备的充分性，作为世界自然遗产地分期向联合国教科文组织世界遗产中心申报。（史月田）

《中国低碳城市评价体系》

Evaluation System of Low Carbon City in China

2011年1月19日由全国低碳经济媒体联盟组织专家委员会历时9个月完成。由城市低碳发展规划指标、媒体传播指标、新能源与可再生能源、低碳产品应用率、城市绿地覆盖率指标、低碳出行指标、城市低碳建筑指标、城市空气质量指标、城市直接减碳指标、公众满意度和支持率和一票否决指标构成。评价体系的特色：1. 媒体传播指标包括全国性媒体宣传该城市低碳经济成果的报道力度、地方媒体对该城市低碳经济成果的传播力度和其他方式传播力度。2. 把当年是否出现严重违反低碳经济发展事件列入指标。评价体系将反面典型进行一票否决制。3. 评价体系增加公众参与意识的内容。尤其强调对低碳经济利益相关者进行减排知识培训，对青少年低碳意识的培养被视为整个低碳政策的决定性环节。（张惠娜）

中国低碳城市评价指标

China Low Carbon City Evaluation Index

为了促进中国低碳经济的发展，推进节能减排工作，依据国家有关法律规定和行业标准等，由全国低碳经济媒体联盟推出了《中国低碳城市评价体系》。其中中国低碳城市评价指标，在其评价体系中占首要位置。低碳生态城市的建设需要一套符合客观实际的评价标准来衡量城市发展水平和指导城市规划建设。评价标准结合不同类型的城市制定相应的指标体系进行评价、监测和考核。指标体系分别通过以控制性指标和引导性指标来指导城市建设、明确城市发展目标，同时还应注意结合不同地区的自然气候条件和城市发展阶段等因素来分类考虑，设置不同的标准值进行考核。（李雪姣）

中国低碳发展十大（系列）新闻人物

Ten Low Carbon Development (Series) News Figures in China

2011年中国经济报刊协会携百家经济媒体，以“助推低碳经济发展，促进两型社会建设”为主题举办。活动亮点是百家经济媒体参与，经济媒体与科学发展主旋律同频共振；新闻作品与低碳发展相结合、评选优秀作品与推出优秀人物相呼应。征评方向：2009年1月1日至2011年3月31日发表的相关新闻作品，在大力发展低碳经济，加强资源节约和管理，加大环境保护力度，加强生态保护和防灾减灾体系建设，增强可持续发展能力等方面取得显著业绩的个人和单位（作为新闻人物集体）均可参加征评。征评材料依据是在各种媒体，包括报刊、门户新闻网站及直投杂志中发表过的有关报道。（张惠娜）

中国低碳行动联盟

China's Low Carbon Action Coalition

由中国民营企业家协会、中国皇明太阳能集

团有限公司、唐海世福伟业铸管有限公司、上海心尔低碳环保科技有限公司、北京思诺恩科技节能系统等近200家企业共同发起组成的公益性和开放式非官方、非法人的合作组织。联盟宗旨为：传播低碳理念、推动低碳转型、引领低碳生活、创造低碳文明，配合政府打造低碳城市，帮助企业发展低碳经济，联合社区推广低碳生活为目标；最大限度地推广低碳理念，促使企业和社会最大化的低碳行动，团结更多企业和社区加入联盟，成为中国最大的低碳合作组织；为保护国家资源、环境和优化发展方式做贡献。由中国民私营经济研究会、中国民营企业家协会、世界成功华人协会联合支持并给予指导，成功举办2010低碳经济论坛上海行动峰会等论坛活动。（史月田　代富宇）

中国低碳网

Low Carbon of China

由中国投资协会、《中国投资》杂志社共同主办，积极配合国家政策方针、实行产业化专业化的运营，网址为 http://www.ditan360.com/。是全球最早成立和影响力、规模最大的低碳中文门户网站，也是促进低碳产业发展、低碳技术投融资、开展低碳领域国际交流的重要平台。对低碳理念、知识在中国以及全球华人世界的启蒙、普及和宣传起到了极其重要的作用，是低碳传播领域的重要机构和龙头企业。网站宗旨是：发展低碳经济，共建低碳中国。定位为：推动低碳产业发展，促进低碳城市建设，引领低碳文化潮流。工作内容包括积极宣传国家低碳领域相关政策动向，普及低碳理念知识，沟通海内外低碳资讯；大力推广我国低碳产业各个方面的最新动态和成果，促进低碳技术、项目、产品、服务的多元良好发展和国际合作；着重推动碳交易、节能减碳、新能源、低碳园区、低碳认证、低碳电子商务、低碳投融资六大板块的发展；努力推进各项重要课题的立项与研究，尤其是城市低碳发展专题研究；鼓励携手社会各界从事低碳公益事业，推动我国企业、民间与政府部门、国际组织的良性互动；引领低碳文化，促进低碳生活、低碳消费理念深入公众心智，并转化为低碳行为。（张惠娜）

中国—东盟环境合作论坛

ASEAN-China Environmental Cooperation Forum

由中国和东盟共同发起的环境保护与合作的交流形式，中国—东盟博览会举办7年来首次以环保合作为重点主题，2011年在广西南宁举办的平台。中国和东盟环境合作领域拓展的新成果，

已经成为南南环境合作的新形式。论坛的组织举办是落实国务院总理温家宝在中国—东盟领导人会议上提出的进一步加强中国和东盟环境保护对话与合作的有关倡议，推动中国—东盟环境保护合作战略的具体体现，同时也是博览会服务中国—东盟自由贸易区的重要举措。第1届论坛由广西壮族自治区人民政府与环境保护部共同主办，东盟秘书处支持，中国—东盟博览会秘书处协办，广西环保厅和中国—东盟环境保护合作中心承办。论坛围绕创新与绿色发展的国家政策、绿色创新与产业合作等主题，邀请来自中国和东盟各国环境部门高官、知名环保学者、环保产业界知名人士、地方环保部门等代表260多人出席。2011年以来论坛已连续举办3年，为双边环保部门开展环境政策高层对话搭建重要平台，受到国内外各方广泛关注。（申森）

中国—东盟环境合作中心

China-ASEAN Environmental Cooperation Center

2010年成立，中国—东盟环境保护合作不断扩展与制度化的重要体现。环境保护部直属事业单位，具有独立法人地位。主要工作职责包括：负责涉及东盟框架下的环境领域合作事务；拟订东盟框架下环境项目合作的规划建议并组织落实；协调落实东盟框架下环境保护合作及重要区

域环境合作机制的相关政策与战略研究，为相关谈判提供技术支持；推进东盟框架下环保产业合作，组织开展相关技术交流与转让、宣传教育、人员培训等活动。中心成员包括文莱、柬埔寨、印度尼西亚、老挝、马来西亚、缅甸、菲律宾、新加坡、泰国、越南和中国。中心下属的主要组织机构包括：综合处、东盟合作处、政策研究处及技术交流处。（申森）

中国古代环境伦理学思想

Environmental Ethics Thought of Ancient China

中国古代环境伦理思想是中国古代社会农耕文明的产物，中国古人普遍主张人类是大自然的一部分，人类应与自然和谐共处，人类与自然浑然一体，人类与自然生而平等。天人合一思想是中国古代环境伦理思想的核心观念，儒家倡导的仁爱精神，道家坚持道法自然、清静无为原则，佛教提倡的众生平等、慈悲为怀等思想都能够延伸到人类对自然万物的关爱，都主张人与自然应和谐相处，这些思想展示中国古代整体的自然观、和谐的人地观、天人相贯的道德伦理思想。（雷爱民）

《中国古代建筑环境生态观》

Ecological Concept of Ancient Architectural Emironment of China

沈福煦、刘杰于著写的关于中国古代建筑的学术专著。试图从中国古代学术思想和观念形态背景出发，结合现代生态学理念，剖析中国古代建筑环境生态问题和建筑生态观。这对建筑生态学说，无疑起到推动学科发展的作用。《中国古代建筑环境生态观》的研究范围，限定在中国古代的建筑及建筑环境，但涉及与人有关的自然环境。全书从建筑和环境出发论述中国古代生态问题，把重心放在生态观上。武汉：湖北教育出版社 2002 年出版，列入《中国建筑文化研究文库》。（王薛时）

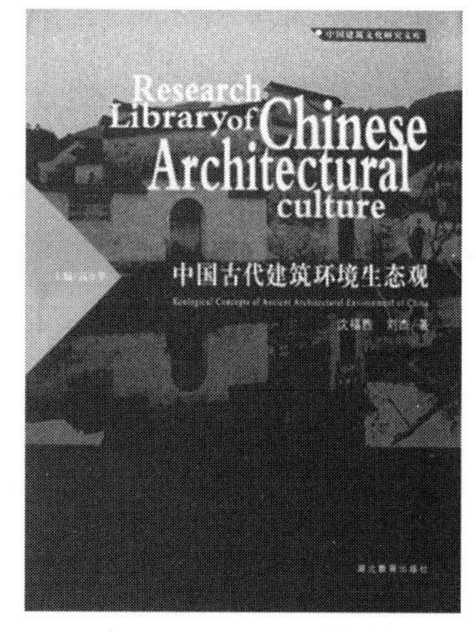

中国古代生态经济思想

Ecological and Economic Thought of Ancient China

中国古代思想中有丰富多彩的生态思想。这些生态思想虽然没有明确将生态与经济密切联系在一起，但将生态思想融于经济发展中。在中国古代思想中，生态与经济密不可分。人和万物生于天地之间，天地化生万物，养育万物。这个观念为一般中国传统思想所认同。在整个世界天地为尊，人们必须对天地表示充分的敬仰和尊重。“敬天地”成为人们处理人与自然关系及发展社会经济的思想前提。道家思想强调论述天人关系，提出“天人合一”、“知常曰明”、“知止不殆”、“知足不辱”等认识处理人与自然关系。这种人与天地万物同一的整体观念，认为自然现象和人的行为息息相关，表明人类的行为必须符合自然规律，为此必须首先认识自然规律。（李雪姣　史月田）

中国国际生态竞争力大会

China International Forum of Ecological Competitiveness

由中国国际贸易促进委员会、全国政协经济委员会、国家林业局合作举办。自生态文明建设写入党的纲领以后的首个生态领域的大型国际活动，也是我国生态领域最高级别和最具代表性的大型交流合作平台之一。全国政协副主席阿不来提·阿不都热西提担任大会名誉主席。大会围绕生态、城镇化与可持续竞争力的主题展开，从 2008 年开始先后在北京、成都、烟台举办，至目前为止已成功举办 6 届大会。历届会议举办先后邀请北京市、信阳市、大同市、无锡市、承德市等数十个城市到会做城市推介；多家世界 500 强企业、跨国公司和央企、大型民企负责人与会交流及签订合约，构建思想、成果、资源与资本相互整合的平台。大会组委会参与多项生态建设和环境保护等公益活动，如建设生态示范林、设立国际生态示范园区，向灾区和应对气候变化项目捐款累计上千万，本着创新、务实的原则，积极促进大会成果的转化落地。大会具有国际化、务实化、权威性的特点，是政、企、研的高层对话，也是生态探索与实践的高端平台。（参考：徐榕梓：《2014 中国国际生态竞争力大会助力打造国际生态合作平台》，《中国对外贸易》2014 年第 11 期第 98 页。欧阳文川）

中国海洋伏季休渔制度

China Summer Moratorium of Marine Fishing

以保护渔业资源，改善海域、渔业生态环境以及维持渔业资源可持续利用为目的，规定在一年特定时间内在特定海域限制捕捞作业的政策法规。我国规定的限制日期为每年三伏季节，因此称为伏季休渔制度。针对近海渔业生产和资源状况，避免过度捕捞对渔业资源造成的巨大损耗，1995 年我国对黄海和东海海域实施伏季休渔制度，标志着我国海洋渔业管理进入全新的阶段。1999 年农业部为进一步保障渔业资源安全和渔业生态环境，制定海洋捕捞"零增长"的计划，决定在每年 6 月 1 日零时至 7 月 31 日 24 时进行涵盖整个中国海域的伏季休渔措施。伏季休渔制度产生多方面的效益，不仅有益于海洋渔业资源的可持续发展利用，还有利于渔业生态环境的完善和改观，并且提升渔民以及广大干部群众的生态保护意识。具体来说，从生物学角度来看，休渔制度有益于渔业资源的更新演替，缓解渔业资源的衰退。伏季是鱼类生殖繁衍的旺盛时期，而且因为伏季海水温度适宜，饵料充足，有利于鱼类快速生长，因此伏季休渔有益于海洋渔业的可持续发展。从生态学角度来看，伏季休渔对海域生态环境的维护具有重要作用，对海洋生物多样性以及群落结构具有重要保护作用。从经济学角度来看伏季休渔期的作业间歇使得渔业生产成本降低，并且在生产成本降低的基础上使渔业产量的持续稳定得到保障。从社会效益视角来看，伏季休渔制度有利于国民生态意识的提高，尤其对于渔业从业人员来说，使得渔业与生态可持续发展深入人心。（参考：陈艳明等：《中国海洋伏季休渔制度研究》，《河北渔业》2010 年第 9 期第 46 ～ 50 页。欧阳文川）

中国红树林保育联盟

China Mangrove Conservation Network

成立于 2001 年，是致力于联合政府、企业和其他各种民间力量共同为中国滨海湿地生态系统，尤其是红树林生态系统的健康发展提供支持的民间合作平台。2009 年底正式在民政局注册为民办非企业，其实体为莆田绿萌滨海湿地研究中心。愿景：期许看到红树林生态系统乃至整个滨海湿地生态系统生机盎然，在这样的环境中人与自然和谐发展。使命：通过搭建能力建设、资源共享、示范倡导的平台，推动政府、企业和民间力量，自发、创新和有效地开展滨海湿地保育工作。（席溢）

中国华盛绿色工业基金会

China Prosperity Green Industry Foundation，CGIF

中国专门支持绿色工业清洁生产及环境保护事业的全国性非公募慈善公益组织。2015 年经中华人民共和国国务院、民政部批准成立，业务主管单位为中华人民共和国工业和信息化部。宗旨是：在工业系统内搭建绿色产业、清洁化生产平台；促进工业企业持续提升创新能力，弥补研发活动与市场推广之间的鸿沟，在政府与市场之间架起桥梁，实现工业经济转型升级；构建国家制造绿色创新网络，用统一度量衡将所有创新制造集群和联盟联系起来，为全社会精准配置科技资源提供公共服务平台；促进政企良性互动，促进工业企业持续提升创新能力，推广企业最佳实践，推进企业转型升级，推动信息化与工业化融合，实现我国工业经济转型升级和工业经济绿色可持续发展。围绕军工经济发展和军民融合产业示范基地建设，深入推动军民高科技技术成果双向转化；支持社会公益慈善事业，建立专项支助基金及大学生创业就业计划渠道。主要业务范围：1. 聚焦探索发展与环境相得益彰，发展质量与效益不断提高的新路，探讨和支持技术创新、管理创新、政策创新等推动绿色工业发展，探索绿色工业发展途径和模式。按照国家工业转型升级、战略性新兴产业、企业技术创新能力、重大专项等的支持、指导目录确定的产业、发展方向、细分产品和服务，重点支持促进工业绿色低碳发展的相关研发、技术、工程、产业化项目。2. 面向重点产业的创新需求，依托海内外一流高校院所，推动创新资源集聚，以创新资源的集聚带动产业集聚，促进创新要素与产业要素紧密结合，探索战略性新兴产业培育，促进传统产业优化升级的有效途径，围绕军工经济发展和军民融合产业示范基地建设，深入推动军民高新技术成果双向转化。3. 充分发挥市场机制在产业发展方向和创新需求选择上的基础性作用，进一步调动高校院所科研人员围绕企业需求开展前瞻性研发的积极性，引导企业主动与高校院所的学科团队合作创新并推动产业向高端攀升。4. 积极参与国际交流与合作，参加联合国绿色产业发展组织（UNGDO）、国际绿色产业协会（GIA）等国际基金相关组织开展的与绿色经济、绿色产业发展相关的活动。5. 围绕具有战略意义的重大产品、亟待突破的产业重大关键技术和装备，整合国际国内创新资源，组织产学研联合攻关，突破一批制约行业发展的重大关键技术，开发产业带动作用强、市场规模大、技术水平高并具有行业标志性意义的重大战略产品（装备或系统），建设绿色工业产业创新示范园区，显著提升相关特色支柱产业在国内外的影响力和竞争力。6. 受中华人民共和国工业和信息化部委托，评审奖励工业和信息化部与中国绿色经济发展密切相关的绿色科技创新、管理创新、政策创新成果，组织优秀成果的推广；交流和推广地方工业、科技主管部门、有关企业在推进工业节能、清洁生产、循环经济、绿色金融、合同能源管理等方面的先进经验。7. 构建国家制造绿色创新网络，积极支持安全稳定、高效可靠、可管可控的新一代互联网建设，扶持绿色、安全的物联网、智慧城市、智能社区的应用推广，为科技资源全社会精准配置提供公共服务平台。8. 致力于支持绿色工业和环保产业的创新、更新，支持大学生的创业、就业计划，支持社会公益慈善事业，建立专项支助基金及渠道。下设 10 个办事机构：1. 办公室 / 人事保卫处，2. 基金与财务管理部，3. 宣传联络部，4. 募集部，5. 项目管理部，6. 投管部，7. 项目开发部，8. 监管部，9. 研究发展部，10. 国家制造创新网络部。在成立当年，基金会即倡导发起母亲阅读教育工程，启动华盛绿色书屋计划，向河北阜平县、河北怀安县及四川凉山彝族自治州捐赠华盛绿色书屋火车主题图书馆，通过公共图书馆推广全民阅读，促进以学龄前儿童、青少年、妇女、家庭、社区为主的五体阅读，促进个人、社会的发展，促进妇女意识的提高，达到阅读改变生命的目标。联合社会力量开展“授渔计划”精准扶贫一帮一千人助学行动，通过“授渔计划”精准扶贫一帮一的模式帮助对象有计划完成中等职业教育和成人高等教育，增强贫困地区自我发展造血能力，以区域发展带动扶贫攻坚，使贫困人口，尤其是深度贫困人口走上脱贫之路。华盛绿色工业基金会努力实施绿色增长战略，落实国务院《工业转型升级规划（2011—2015 年）》，增强企业技术创新能力，促进工业绿色低碳发展。（白建新）

中国画论的生态审美智慧

Ecological Aesthetic Wisdom in the Theory of Chinese Paintings

生态审美智慧在中国传统绘画中的表现。中国作为文明古国，在文化、艺术与审美观念上一直以究天人之际为目标，蕴涵着丰富的古典生态审美智慧，有着不同于西方美学与艺术的形态。中国画论中的生态审美智慧在中国传统绘画中有明显体现。首先，国画是中国特有的自然生态艺术。西画发展并成熟于文艺复兴与启蒙主义时期，与工业革命紧密相关，从工具、颜料到著名“镜子说”的创作原则都充分地说明这一点。国画产生、发展并成熟于自然经济条件下，是距离自然最近的一种艺术门类。其次，与西方画法采取的焦点透视法不同，国画采取的散点透视法则是一种景随人迁，人随景移，步步可观的绘画方法，创造画面上的多视角，使得远近之地、阴阳之面，甚至里外之物均有得到显现的机会。复次，国画“气韵生动”的重要美学原则将大自然作为有生命的灵性之物加以描绘。中国古代哲学认为，“天地与我并生，而万物与我为一”，在中国古人看来自然万物与人一样都是平等与有生命的。在国画创作中同样如此，在画家眼中，自然界的山山水水与人是有共同性的，他们在观察山的四时变化时将其与人加以比较。（参考：曾繁仁：《试论中国传统绘画艺术中所蕴涵的生态审美智慧》，《河南大学学报》2010 年第 4 期第 1 ～ 5 页。王薛时）

《中国环保传播的公共性构建研究》

Research on Public Construction of Environmental Protection Spread in China

作者是江苏师范大学传媒与影视学院教授贾广惠，中国社会科学出版社 2011 年出版。从新闻传播角度出发，围绕中国环保传播的公共性构建问题，研究了传媒在环境报道中遇到的公共性障碍。传媒带动的公共参与运动能增进公众公益意识与对环境保护的实际参与，最终能促进公民社会的成熟和完善。是国内第一部较为全面、系统研究环保传播的学术专著，被评选为 2012 年首届“全国新闻学青年学者优秀学术成果”十大优秀书目之一。（张惠娜）

《中国环保民间组织发展状况》蓝皮书

Blue Book of Chinese Environmental NGO Development

为全面了解中国环保民间组织发展的现状，充分发挥民间组织在促进环保事业中的作用，中华环保联合会于 2005 年 7 月在全国范围内通过问卷调查、深入访谈、专家咨询、网上互动、建模分析等方法，首次组织开展中国环保民间组织现状调查研究工作。2006 年 4 月 22 日中国环保民间组织现状调查研究理论成果《中国环保民间组织发展状况》蓝皮书向社会发布。蓝皮书指出，民间组织中最活跃的环保民间组织，已成为推动中国和全球环境保护事业发展与进步的重要力量。蓝皮书由 7 个部分组成，分别介绍中国环保民间组织的发展简况、基本情况、作用、面临的问题、发展趋势分析、健康发展建议等。此外，蓝皮书还介绍中国环保民间组织环保活动的实际案例。（王聪聪）

中国环保网络电视

China Environmental Protection Network TV，CEPNTV

由中华人民共和国国史教育委员会主管，国家广电总局、国家工商行政总局、工业和信息化部批准成立的网络电视新媒体。以质疑为思想武器，以抓问题作为切入点，以新闻事件为起点，通过提问、追问、调查，为公众解释重要事件，追寻事物的本质和意义，培养批判精神，展示新闻力量。旨在为公众提供有意义的信息，为业界提供有价值的资讯，为社会提供有创见的思想。（张惠娜）

中国环保在线

China Environmental Protection Online

大型环保设备专业门户网站，为污水处理设备、原水处理设备、空气净化设备、仪器仪表、消单降噪设备、环保用品等领域专业用户创建的全球网络营销服务平台，致力于为国内外环保设备及相关企业搭建信息互动的桥梁，成立于2006年。以独特模式为行业用户提供丰富服务，满足用户全面营销推广的需求，通过便捷快速的网络交易平台、行业展会等线上线下多渠道结合，最大限度地扩大服务的广度和深度。（张惠娜）

中国环境保护产业协会

China Association of Environmental Protection Industry，CAEPI

1993年成立，由中国境内从事环境保护产业的行业专家自愿组成，在中国境内登记注册的从事环境保护产业科研、设计、生产、流通和服务的社会团体，具有社团法人资格的跨地区、跨部门、跨所有制的全国性、行业性的非营利性社会组织。业务主管单位是中华人民共和国环境保护部。宗旨是：遵守宪法、法律、法规和国家政策，遵守社会道德风尚。坚持以经济建设为中心，坚持为政府服务、为行业服务、为企业服务，维护会员的合法权益，促进我国环境保护产业的发展。目前有团体会员46家（省、自治区、直辖市、副省级城市环保产业协会），单位会员超过1100家，通过省市协会联系上万家企业。下设水污染治理、废气净化、电除尘、袋式除尘，锅炉炉窑除尘脱硫、固体废物处理利用、噪声与振动控制、环境监测仪器、机动车污染控制防治技术、城镇固体废物处理技术、循环经济、重金属与土壤修复专业委员会等12个专业委员会，以及有机食品、保护臭氧层、环境影响评价行业分会等3个分会，分别开展各专业领域内的活动。（王聪聪）

中国环境保护三大政策

Three Policies for Environmental Protection in China

1. 预防为主、防治结合政策。环境保护政策是把环境污染控制在一定范围，通过各种方式达到有效率的污染水平。因此，预先采取措施，避免或者减少对环境的污染和破坏，是解决环境问题的最有效率的办法。中国环境保护的主要目标就是在经济发展过程中，防止环境污染的产生和蔓延。其主要措施是：把环境保护纳入国家和地方的中长期及年度国民经济和社会发展计划；对开发建设项目实行环境影响评价制度和“三同时”制度。2. 谁污染，谁治理政策。从环境经济学的角度看，环境是一种稀缺性资源，又是一种共有资源，为了避免“共有地悲剧”，必须由环境破坏者承担治理成本。这也是国际上通用的污染者付费原则的体现，即由污染者承担其污染的责任和费用。其主要措施有：对超过排放标准向大气、水体等排放污染物的企事业单位征收超标排污费，专门用于防治污染；对严重污染的企事业单位实行限期治理；结合企业技术改造防治工业污染。3. 强化环境管理政策。由于交易成本的存在，外部性无法通过私人市场进行协调而得以解决。解决外部性问题需要依靠政府的作用。污染是一种典型的外部行为，因此，政府必须介入环境保护中来，担当管制者和监督者的角色，与企业一起进行环境治理。强化环境管理政策的主要目的是通过强化政府和企业的环境治理责任，控制和减少因管理不善带来的环境污染和破坏。其主要措施有：逐步建立和完善环境保护法规与标准体系，建立健全各级政府的环境保护机构及国家和地方监测网络；实行地方各级政府环境目标责任制；对重要的城市实行环境综合整治定量考核。（史月田）

中国环境保护投融资体制

China Environmental Protection Investment and Financing System

包括环境保护投资和环境保护融资两个方面。环境保护投资指社会相关投资主体通过各种渠道以多种形式将资金投入到防止环境污染、维护生态平衡和环境管理与污染治理能力建设等环境保护领域的行为活动。环境保护融资指有关投资主体为进行环境保护活动，通过各种途径从社会各方筹资的行为和过程。我国目前的投融资体制主要问题，在于从计划经济向市场经济转变时产生的制度更新缓慢，投资不足并且融资手段单一。为应对生态环境问题，我国加速环境保护投融资体制改革，及时转变投资观念，充分依靠市场经济体制，逐步建立多元化的环境保护投融资机制。（代富宇）

中国环境保护协会

China Environmental Protection Association，CEPA

简称“中国环保协会”。经中华人民共和国民政部批准成立的全国性社会团体组织。我国环境保护领域知名的全国性和国际性社会团体，由热心环保事业的各人士、企业、事业单位自愿结成的、非营利组织、独立的社会团体法人，协会主要以公益环保活动为主。积极开展政府与企业间桥梁纽带作用；致力于国际与国内环境保护事业的文化交流、学术交流、技术合作并进行调查研究、积极建言献策、提供技术咨询、推广科技成果、普及环境知识、举荐优秀人才等，为推动我国环境科学进步和环保事业发展做出自己的贡献。目标是确立中国环保社团应有的国际地位，参加双边、多边与环境相关的国际民间交流与合作，维护我国良好的环境国际形象，推动全人类环境保护事业的进步与发展。（张惠娜）

《中国环境报》

China Environment News

创办于1984年，是向国内外公开发行的环境保护专业报纸，也是目前全球唯一一份国家级的环境保护报纸，每周出版5期。由国家环境保护部主管，中国环境报社主办，面向环保战线广大职工、社会各阶层读者，宣传生态环境保护。始终坚持以“防治污染，改善生态，促进发展，造福人民”为宗旨，权威发布党和国家有关环境保护的方针、政策、法律、法规，监督环境违法行为，报道防治环境污染和保护生态的动态和经验，传播国内外环境保护相关知识、技术，反映公众的意见和要求，聚焦环境热点、焦点问题。作为全球第一张国家级的专门从事环境保护宣传的报纸，真实地记录了中国环境保护事业蓬勃发展的历史足迹，为提高全民环境意识、传播环境保护知识发挥了积极作用，成为一张日益受到社会各界广泛关注的“绿色新闻纸”。1986年，被联合国环境规划署授予银质奖章。1987年荣获联合国环境规划署“全球500佳”荣誉称号。（张惠娜）

中国环境标志低碳产品认证标识

Low Carbon Product Certification Identification of Chinese Environment Mark

标识图形由外围的C状外环和青山、绿水、太阳组成。标识的中心结构表示人类赖以生存的环境；外围的C状外环是碳元素的化学元素符号，代表低碳产品。整个图像向人们传递了一种通过倡导低碳产品来共同保护人类赖以生存的环境的含义。所谓低碳产品认证，是以产品为链条，吸引整个社会在生产和消费环节参与到应对气候变化。通过向产品授予低碳标志，从而向社会推进一个以顾客为导向的低碳产品采购和消费模式。以公众的消费选择引导和鼓励企业开发低碳产品技术，向低碳生产模式转变，最终达到减少全球温室气体的效果。（史月田）

《中国环境发展报告》

Annual Report on Environment Development of China

自然之友与中国社会科学文献出版社合作出版的年度环境绿皮书，迄今为止已经出版9本。以可持续发展和环保为核心的年度性报告，通过数据和事实，运用民间的视角记录、审视和思考中国的环境状况和发展态势。2014年5月13日，《中国环境发展报告（2014）》在北京发布。该书由自然之友与专家学者、环保工作者、政府公职人员和媒体联合编写，联邦德国伯尔基金会及协和慈善基金会提供赞助。《报告》分为总报告、特别关注、环境与健康、雾霾危机、政策与治理、生态保护、城市环境、调查报告、大事记和附录等部分。《报告》涵盖社会各界普遍关注的自然保护、水资源保护、环境污染与健康风险、雾霾、化工项目、垃圾处理、水污染和大气污染、环境政策法规、公众环保参与等内容。（王聪聪）

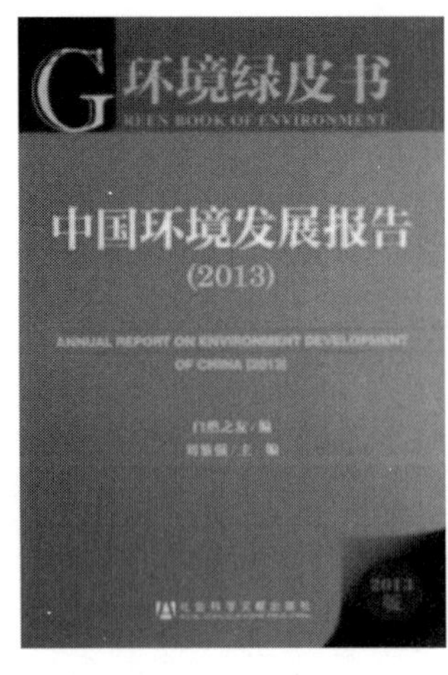

中国环境规划设计院

China Environmental Palnning and Design Institute

1987年成立，隶属国家环保部的事业单位。设有办公室、党委办公室、人事处、科技发展与国际合作处、总工程师办公室、计划财务处、战略规划部、环境政策部、水环境规划部、大气环境规划部、生态与农村环境规划部、公共财政与投资研究部、综合业务部、环境风险与损害鉴定评估研究中心、污染物总量控制研究中心等15个二级机构，环境工程部1个企业化管理机构，环境规划与政策模拟重点实验室1个环保部重点实验室，以及气候变化与环境政策研究中心、环境数据分析与应用中心、环境区划中心、重金属污染防治中心、环境保护投资绩效管理中心等5个研究中心。主要职责是：承担国家中长期环境战略规划、全国环境保护中长期规划与年度计划、污染防治和生态保护等专项规划、流域区域和城市环境保护规划等理论方法研究、模拟预测分析、研究编制拟订、实施评估考核等技术性工作；承担中央财政专项资金项目技术咨询、技术服务和绩效评估等工作；承担全国污染物排放总量控制计划、规划及实施方案等研究拟订工作，承担污染物排放数据分析及环境统计方法、总量控制制度政策、环境容量测算、排污许可、排污交易及气候变化等研究及技术支持工作；承担环境风险评估与管理、污染损害鉴定、经济损失评估等研究及技术支持工作；承担农村环境保护和农业源环境管理等与规划相关的技术支持工作；承担环境功能区划、生态功能区划等研究及技术支持工作；开展环境经济核算及与环境保护相关的财政经济政策、生态补偿政策、环境审计等研究工作；完成环境保护部交办的其他工作。自成立以来，环境规划院始终以为环境管理部门提供优质的决策服务为建院宗旨，在国家环保规划编制、环境政策研究与制定、项目评估等方面取得显著成绩。（刘中华）

《中国环境监测》

Environmental Monitoring of China

由中华人民共和国环境保护部主管，中国环境监测总站主办的我国环境监测领域中央级科技期刊。一贯坚持学术性、专业性与实用性相结合的办刊原则。宣传国家环境保护部关于环境监测工作的方针、政策，介绍国内外先进的环境监测技术，交流环境监测的科研成果。本刊设有监测管理、分析测试、采样技术、优化布点、环境评价、质量保证、预报预警、风险评价、污染源监测、应急监测、生物监测、信息技术、数据处理、监测仪器、综述与专论等栏目，是各行各业从事环保、监测科技人员理想的必备读物。双月刊，ISSN：1002-6002。（席溢）

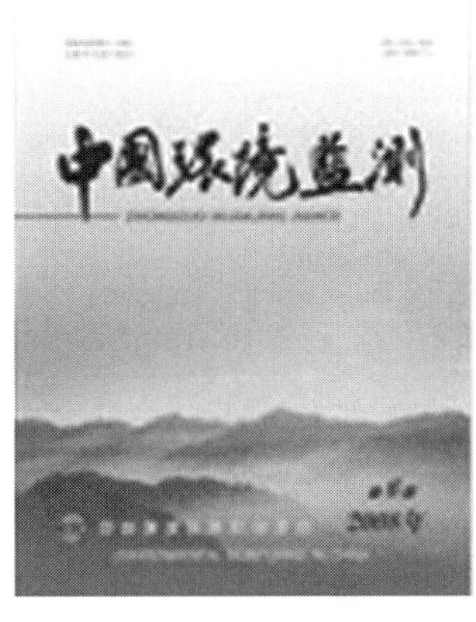

中国环境教育成就

Achievements of Environmental Education in China

中国的环境教育随着环保事业的开创而起步，也随着环保事业的发展而逐步开展起来，多年来取得显著成就。从1973年8月第1次全国环保会议以来，中国的环境教育事业从无到有，从小到大，从零散到系统，到今天已有显著进展。《全国环境宣传教育行动纲要》指出："我国的环境教育目前已初具规模，初步形成了一个多层次、多形式、多渠道的环境教育体系，环境教育工作取得了一定的成绩和进展"。具体体现在：1. 党和政府高度重视环境保护以及环境教育工作，国家对于环境教育工作的高度重视是取得成就的重要因素，政府利用媒体的资源和力量对广大公民进行宣传和教育，得到了广大公民的充分响应，环保理念逐渐深入人心。此外，国家还颁布了一批环境保护的文件，这些文件从各个方面都保障了我国公民对环境的知情权、参与权和监督权，促进政府环保决策更加公开化、民主化、科学化。2. 我国的环境教育初步形成具有中国特色的环境教育体系。我国的环境教育已贯穿一切教育领域，初步形成一个层次、形式多样，专业齐全的环境教育体系，我国的环境教育体系大体上可以分为三类，即基础教育、成人教育和社会教育，通过这些教育活动，提高公民对环境保护知识的认识和环境素质。3. 我国公民环境意识明显提高，参与环境保护的意识普遍增强。通过我国政府开展的一系列有影响的宣传教育活动，通过环境保护知识的传播，从而提高了公众的环境意识，进而转变人们旧的生活习惯，推动可持续发展的生活方式。（张惠娜）

中国环境经济核算体系

Chinese System of Environmental-Economic Accounting

指在运用环境与资源经济学的部分理论基础之上，密切整合统计学、会计学、经济学等相关学科，通过考察中国自然环境及资源两大要素，对二者同经济的相互关系进行分析核算，最终形成的完整有序的国家环境核算体系框架。它发端于国民账户体系（英文简称为 SNA）和经济与环境核算体系（英文简称为 SEEA）两大核算体系。因此，CSEEA 具有系统性和关联性两大特点。CSEEA 划定的对象是包括我国地理范围内所拥有的一切可供经济活动利用的一切自然资源；界定的主体是整个中国地理范围内的环境及资源服务的使用者、受益者和受影响者；CSEEA 核算的 3 个基本原则是时间原则、计价原则和复式记账原则；CSEEA 核算采用的基本方法有：核算账户、矩阵流量表以及投入产出表等。（蔡越）

《中国环境科学》

China Environmental Science

1981 年创刊。是中国环境科学学会主办的国内外公开发行的综合性学术期刊，主要报道中国重大环境问题的最新研究成果，包括环境物理、

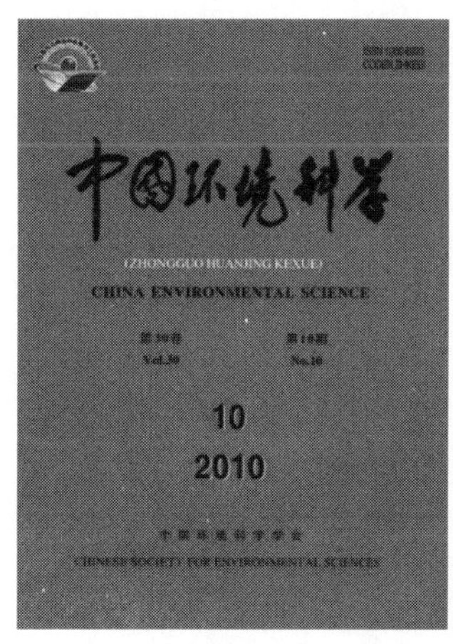

环境化学、环境生态、环境地学、环境医学、环境工程、环境法、环境管理、环境规划、环境评价、监测与分析。兼顾基础理论研究与实用性成果，重点报道国家自然科学基金资助项目、国家重大科技攻关项目以及各省部委的重点项目的新成果。宗旨：对环境科学研究领域中的诸多学科如环境地学、环境化学、环境生态学、环境医学、环境工程等基础理论研究；对各种环境污染物的监测、分析及其防治；对区域环境的综合整治与规划；以及对全球环境问题等多方面的研究进行了全面综合报道，反映了中国环境科学的发展方向、研究水平、最新成就与突破性进展。月刊，ISSN：1000–6923。（席溢）

中国环境科学学会

Chinese Society for Environmental Sciences，CSES

专门从事环境保护事业的非营利性、全国性非政府科技社团组织。学会于 1978 年 5 月成立，是中国成立最早的环保协会，属全国一级学会，

业务主管单位为中国科学技术协会和国家环境保护总局。学会具有跨部门、跨行业、横向联系广泛的优势和特点，是我国环境学科最高学术团体和我国目前规模最大的环保科技社团组织，由全国环境科技工作者、环境工程技术人员、环境教育工作者和环境管理工作者（统称环境科技工作者）志愿结合组成，集中了一批学术上有造诣，技术上有专长，管理上有经验，社会上有影响的专家学者，包括各类专业人才、经营管理人才和社会知名人士。学会的办会宗旨是：推动环境科学技术的发展，为我国环境保护和可持续发展提供科技支撑与服务，站在时代和学科发展的前沿，引领社会进步。在新形势下，学会将进一步发挥环保科技交流渠道、科普工作主力军、对外民间学术交流等主要职能作用,努力搭建起为学术交流服务、为经济社会发展服务、为环境决策管理服务和为会员服务四大平台，团结和依靠广大学会会员和环保科技工作者，大力开展学术交流，科学普及，技术推广作用，决策和科技咨询，国际交流合作以及其他各项有利于环境保护事业发展的工作和活动，推动学会建设与发展。（蔡越　代富宇）

中国环境科学研究院

China Research Academy of Environmental Sciences

国家级社会公益性非营利环境保护科研机构，1978 年 12 月 31 日成立，隶属国家环境保护部。致力于为国家经济社会发展和环境决策提供战略性、前瞻性和全局性的科技支撑，服务于经济社会发展中重大环境问题的工程技术与咨询需要，支持国家可持续发展战略和环境保护事业。通过实施“人才、科技创新、环境标准”三大战略，目前已形成以大气环境、水环境、生态环境、环境工程技术、环境安全、环境标准、化学品管理、清洁生产和循环经济研究等为主的环境科学创新体系。目前拥有 5 名工程院院士、6 个国家环境保护重点实验室、5 个硕士学位授予点，与北京师范大学联合共建环境科学与工程博士点，1 个博士后工作站。（刘中华）

中国环境税收体系

Environmental Tax System in China

我国环境税收体系主要包括以下八种与环境资源相关的税，分别为资源税、消费税、车船使用税、城市维护建设税、固定资产投资方向调节税、城镇土地使用税、耕地占用税及增值税等。建立环境税收体系是十分必要的。首先，对于促进我国环境建设的可持续发展具有推进作用；其次，可以有效解决环保资金不足的难题，利于我国环保事业的发展；再次，可防止外资企业进行污染转移，防范绿色非关税壁垒，有利于提高企业的整体竞争力。环境税收体系的设立原则有五个，包括公平原则、效率原则、稳定性原则、专款专用原则以及中性原则。税制设计主要包括税种、纳税人、税收级次、税基、税率、征管单位、税款使用等七个方面。我国正在进行税制改革，环境税收体系未来的发展应朝着“税费并举，以税为主”的格局不断迈进。（蔡越）

中国环境文化促进会

China Environment Culture Promotion Association, CECPA

中国环境文化领域里的国家级社团，隶属于中华人民共和国环境保护部，是具有社团法人资格的跨地区、跨部门、非营利性质的全国性环境文化组织。促进会于 1992 年经国家环境保护总局批准正式登记注册，由我国著名文学家王蒙、黄宗英、雷加、徐刚等共同倡导发起，社会各界专家学者、文学家、艺术家、新闻工作者、宣传教育工作者、企业家及社会知名人士等自愿加盟组成。促进会以宣传环境保护，倡导绿色文明，促进环境文化

交流，提高公众环境意识为理念；以“弘扬生态文明，传播环境文化”为口号。办会宗旨是，坚持环境保护基本国策，在继承和发扬中国传统文化、吸收和借鉴世界优秀文化的基础上，开展环境文化理论研究和探索，诠释环境文化深刻内涵，大力宣传环境保护，积极倡导人与自然和谐相处和可持续发展的生态文明理念，加强环境文化的理论建设，促进环境文化的交流和发展，树立现代生态平衡观和建立在此基础上的价值观、社会道德观，提高全民的环境意识，为建设中国特色的社会主义生态文明体系，保护人类赖以生存的家园贡献力量。（蔡越　代富宇）

中国环境新闻工作者协会

China Forum of Environmental Journalists

简称“环境记协”。由全国报刊、广播、电视、通讯社等新闻单位和环境新闻工作者自愿组成的非政府组织，具有独立法人资格的全国性社会团体，是亚太环境新闻工作者论坛的成员。上级主管部门是环境保护部。宗旨是：团结全国环境新闻工作者，推动环境保护的宣传和教育工作；致力于提高公众的环境意识，促进我国环境保护事业的发展和可持续发展战略的实施；积极开展与国际及港、澳、台地区的非政府组织和环境新闻工作者的学术交流与合作。内设办公室、新闻部、策划部、业务部和社会活动部。（张惠娜）

中国环境与发展合作委员会

China Council for International Cooperation on Environment and Development，CCICED

简称国合会。1992 年由中国政府批准成立，是由中外环发领域高层人士与专家组成的非营利的国际性高级咨询机构，主要任务是交流、传播国际环发领域内的成功经验，对中国环发领域内的重大问题进行研究，向中国政府领导层与各级决策者提供前瞻性、战略性、预警性的政策建议，支持促进中国实施可持续发展战略，建设资源节约型、环境友好型社会。主要工作目标包括：1. 以促进中国可持续发展和生态文明建设为目标，以建设美丽中国与和谐世界为愿景，对中国和全球环境与发展领域的重要问题开展研究，向中国政府提出前瞻性、战略性、可操作性的政策建议。2. 针对中国全面建设小康社会的目标以及社会经济发展五年规划，提供政策咨询、技术支持和经验示范，协助中国政府实施可持续发展战略，推进资源节约型、环境友好型社会建设，实现环境、经济与社会的全面、协调和平衡的科学发展。3. 关注中国和全球环境与发展问题的相互作用与影响，关注环境与发展问题的全球演变和政策趋势，与国际社会分享这些领域的研究成果。4. 促进中国政府考虑并采纳国合会提出的政策、法规、制度等建议，跟踪和报告相关政策建议的实施进展情况。（申森）

中国环境与发展 10 大对策

Ten Countermeasures of Chinese Environment and Development

为适应环境保护工作和推动经济加速发展的实际需要，根据联合国环境与发展大会精神，结合我国环境情况具体国情，中国环保总局在 1992 年 8 月提出了环境与发展领域应采取对策和措施：1. 实施持续发展战略，在考核各项经济工作和干部政绩时，不但看发展速度和经济效益，而且要考核社会和环境效益；2. 采取有效措施，防治工业污染，广泛开展创造清洁文明工厂和环保先进企业活动，建立现代工业新文明；3. 深入开展城市环境综合整治，认真治理城市“四害”。城市环境综合整治重点是治理烟尘污染、城市污水实行清污分流、生活垃圾无害化处理和控制交通噪声污染；4. 提高能源利用率，改善能源结构、推广节能技术，改变以煤为主的能源结构，加快水电和核电建设；5. 推广生态农业，坚持不懈植树造林，切实加强生物多样性的保护；6. 多渠道、多层次筹集资金加快改土造林步伐，确保土壤改良和森林资源稳定性；7. 大力推进科技进步，加强环境科学研究，积极发展环保产业。各级计划、科技部门，要充分支持污染防治和自然保护的示范工程和示范区建设，在项目和资金安排方面给予优先考虑；8. 运用经济手段保护环境。各级政府应以多种经济手段来达到保护环境的目的，使市场机制在我国经济生活中的调节作用越来越强；9. 加强环境教育，不断提高全民族的环境意识，把提高全民族的环境意识，作为一项长期任务；10. 健全环境法制，强化环境管理，制订行动计划。（史月田）

《中国环境状况公报》

China Environmental State Bulletin

根据《中华人民共和国环境保护法》第 54 条规定，国务院环境保护主管部门统一发布国家环境质量、重点污染源监测信息及其他重大环境信息。省级以上人民政府环境保护主管部门定期发布环境状况公报。每年世界环境日前夕由环保部发布的年度公报，对中国的环境状况及其变化做出详细介绍，分别从污染物排放情况、水环境、海洋环境、大气环境、声环境等层面对相关数据、资料进行呈现和分析，从而客观展现我国各个时期的环境总体状况。（张沥元）

中国节能环保网

China Energy Saving and Environmental Protection Network

由环能互联（北京）科技发展有限公司运营，向全社会提供节能环保信息服务、技术研发服务。以推进节约环保型社会建设为己任，以“节能降耗，还子孙后代碧水蓝天”为目标，宗旨和功能定位为：行业门户网站，节能环保中介，政策宣传窗口，产品推广平台，信息查询工具和供需沟通桥梁。提供服务包括信息咨询、网站建设、专题制作、企业专访、搜索排名、频道冠名、广告策划、会展活动、软件销售、投资招商和代理项目等。（张惠娜）

中国堪舆风水文化

Chinese Geomantic Culture

堪舆，即天地之道。堪舆即风水，也可称青乌、青囊。是古人对于自然规律的经验总结，深刻影响着古人、甚至现代人的生产与生活方式。理论源自《周易》的八卦、五行说，核心思想为“天人合一”，侧重阐述关于住宅、宫室、村落以及墓地的选址、座向等建设方法和原则。最早对“风水”做出解释的是晋代的郭璞。其在《葬书》中写道：“葬者，乘生气也，气乘风则散，界水则止，古人聚之使不散，行之使有止，故谓之风水，风水之法，得水为上，藏风次之。”因此风水之说可作为相地之术，在自然环境的选择上，为适宜的居住和安葬条件提供理论基础。如《葬书》有云：“山者势险而有也，法葬其所会。乘其所来，审其所废，择其所相，避其所害，是以君子夺神功改天命。”因此，把握天地之道以趋吉避凶、与天合一是谓环境适宜，亦是其理论要旨。“形法”为风水学中择地选址的“术数”。《汉书·艺文志》：“形法者，大举九州之势以立城郭室舍形，人及六畜骨法之度数、器物之形容以求其声气贵贱吉凶。”“理法”则规定室内外的格局方位。“日法”挑选吉日良辰以破土动工。“符镇法”弥补纠正其余各法的疏漏错误。风水学将整个自然视为一个有机统一体，人只是其中一个要素而已，必须按照自然规律行事，否则可能导致自然失衡失序。人不能随意改变甚至破坏生态环境，万物相生相克，有机体的失序终究会影响作为部分的人自身。在风水理论研究中，国内以及西方学界长期将其视为落后的迷信或者伪科学。自五四时期，以梁启超为代表的一批新派学人将风水及中医一概斥为迷信。但伴随着 20 世纪 60 年代开始的全球生态环境危机，国外学者逐渐发现中国风水学在景观、建筑等方面具备维护生态平衡的特质，从而开始了严肃认真地研究。较具代表性的有 1968 年瑞典学者艾吉莫的《论中国东南的风水》、1973 年美国学者安得森的《风水：理想与生态》、1982 年英国学者斯肯尔《风水的大地生活手册》、1996 年德国学者逊兹的《魔方：中国古代的城镇》等著作。这些专著都强调中国风水学“天人合一”、人与自然和谐的价值追求，肯定其理论的科学性以及对于解决生态危机等环境问题的重要借鉴意义。中国学界受这一风潮影响，也逐渐改变对风水一味否定的态度，反思其在克服环境生态危机方面的意义。（参考：胡义成：《风水包含着科学成分——国内外风水研究述评》，《青岛科技大学学报》（社会科学版）2009 年第 1 期第 17 ~ 20 页。欧阳文川）

中国可持续发展评价指标体系

Sustainable Development Index System of China

我国的可持续发展指标体系由 21 世纪议程管理中心与国家统计局统计科研所联合开展研究并建立。指标体系包含经济、资源、环境、社会、人口、科教 6 个子系统，共 83 个评价指标。评价以 1990 年为基期，采用定基指数法，权重采用专家咨询统计方法确定。此外，中国科学院可持续发展战略研究组按照可持续发展的系统学方向设立一套“五级叠加、逐层收敛、规范权重，统一排序”的可持续发展评价指标体系。指标体系包含 5 大系统、16 大状态、48 个指数以及若干要素。我国的可持续发展指标体系最大程度体现可持续发展的核心和内涵，具有科学合理、结构清晰、内容完整等优点，但是主要问题在于理论性太强、操作性较差、数据难以获得等问题。（李雪姣）

中国可持续发展研究会

Chinese Society for Sustainable Development, CASD

1991 年成立，由可持续发展领域的专家、学者、科技工作者组成的全国性的学术性社会团体。由中国社会发展科学研究会发展而来，1995 年经民政部批准，更名为中国可持续发展研究会。目标是推动和完善中国的可持续发展理论，致力于推动科学技术进步，促进可持续发展，通过学术交流、理论研究和咨询服务，开展可持续发展的理论建设和实践活动，为我国可持续发展科学技术的繁荣做出贡献。主办《中国人口·资源与环境》杂志，是宣传交流可持续发展研究成果的理论阵地和平台。（王聪聪）

中国可持续发展战略

China's sustainable development strategy

指为实现经济、资源、环境协调一致，使子孙后代享有充足的资源和良好的环境，在保障生态可持续性、社会公正和公民参与的基础上发展健康经济，鼓励发展对生态、环境有益的经济活动，以达到满足人类需求和实现永续发展的发展战略。战略遵循公平性、共同性、持续性原则，要求人与自然和谐相处，认识到对自然、社会和子孙后代的应负的责任，并有与之相应的道德水准。战略的总体思路是：转变经济发展方式，实施经济结构的战略性调整，推动经济可持续发展；建立资源节约型和环境友好型社会；保障和改善民生；大力推动科技创新；深化体制制度改革，为经济可持续性提供保障。（张沥元）

中国伦理学会环境伦理学分会

Environmental Ethics Branch of China Association for Ethical Studies

1994 年 8 月 25 ~ 27 日，由中国人民大学、中国伦理学会、中国国家环保局、北京市伦理学会、中央教科院德育中心、湖南师范大学、首都钢铁公司等单位发起并组织召开中国环境伦理学研究会成立大会暨全国首届环境伦理学研讨会，与会的 40 多位代表参与和出席了中国环境伦理学研究会成立大会暨全国首届环境伦理学研讨会，就中国环境伦理理论和实践方面的有关问题进行广泛而深入的交流和探讨，中国伦理学会环境伦理学分会由此宣告成立，中国伦理学会环境伦理学分会是中国伦理学会下的环境伦理分会，是中国从事环境伦理研究者自愿、自发成立的学术团体和协会组织。（雷爱民）

中国绿色大学联盟

China Green University Network

2011 年成立旨在推进绿色校园建设的中国高校联盟。2011 年 6 月，在同济大学倡议和一批节约型校园示范的核心院校的积极响应下，在国家住房和城乡建设部建筑节能与科技司、教育部发展规划司后勤改革处的指导下，中国绿色大学联盟正式成立。联盟的宗旨是加强交流，整合资源，深化和推进中国绿色校园建设，引领中国绿色大学的发展。中国绿色大学联盟现作为二级社团组织纳入中国建筑节能协会（经国务院认可、国家民政局登记的一级社团法人）下统一管理。联盟理事单位均为联盟共同发起单位，是我国第一批节约型校园示范院校，也是我国绿色校园领军院校。联盟以已完成校园节能监管体系示范建设的院校为核心成员，在已建立的校园建筑节能监管体系基础上，形成交流、互补和共享机制，建立校园能效数据共享平台，整合信息资源和学科资源力量，深化我国绿色校园建设，引领我国全面建设绿色大学事业的发展。（王薛时）

《中国绿色时报》

China Green Times

我国林业系统的行业报，中国唯一以“绿色”命名的国家级生态环境类社会性报纸，前身是 1986 年林业部创办的《中国林业报》，主办单位是全国绿化委员会和国家林业局，为周五刊。1986 年 6 月林业部筹建中国林业报社。1987 年 7 月 1 日《中国林业报》创刊并向全国正式发行。1998 年 1 月 1 日更名为《中国绿色时报》，改为周五刊保持至今。2002 年全面改版，一版、二版为要闻版，聚焦林业行业动态新闻及关系国计民生、可持续发展的林业和生态环境要闻；三版为社会和国际版，全面拓展绿色外延，将新闻触角延伸到社会各个层面，报道社会各个阶层对绿色事业的关注和绿事动态；四版为绿色潮专刊，以倡导健康文明的生活方式和宣扬绿色文化、绿色时尚为宗旨，将绿色理念贯穿于百姓的日常生活。（刘中华）

中国绿色碳汇基金会碳补偿标识

China Green Carbon Foundation Carbon Offset Identification

是指由国家林业局气候办设计注册，中国绿色碳汇基金会捐资人实践低碳生活的一种证明。

获得这个标识表明，捐资人消除了个人排放的部分或全部二氧化碳。作为中国首个官方碳补偿标识，于 2008 年 12 月在北京发布，它鼓励公众加入“消除碳足迹，参与碳补偿，积极应对气候变化”活动，自愿捐资到中国绿色碳汇基金会进行“植树造林吸收二氧化碳”的活动，来获得碳补偿标识。标识含义是，以上方醒目的一句话 --“植树造林吸收二氧化碳”表明了森林的“碳汇”功能，即森林植物通过光合作用吸收二氧化碳并放出氧气，从而起到固定二氧化碳、减缓气候变暖的作用。一棵树拟人化成卡通形象，唱出一串由大变小的“O_2”图案，说明了森林具有释放氧气的功能。下方小标语“参与碳补偿 消除碳足迹”，说明拥有该标识的人“购买”了碳汇，消除了部分或全部个人排放的二氧化碳。（蔡越）

中国绿色碳汇基金会

China Green Carbon Foundation，CGCF

指以增汇减排、应对气候变化为目的，由中石油和相关林业企业倡议建立。前身是 2007 年成立的中国绿色碳基金，是第一个全国性公募基金。于 2010 年 7 月经国务院批准，在民政部注册成立，业务主管单位是国家林业局。基金会自成立以来，累计获得境内外捐赠资产 4 亿多元人民币，先后

在中国20多个省（区、市）资助实施和参与管理的碳汇营造林项目达8万多公顷。中国绿色碳汇基金会的宗旨是：致力于推进以应对气候变化为目的的植树造林、森林经营、减少毁林和其他相关的增汇减排活动，普及有关知识，提高公众应对气候变化意识和能力，支持和完善中国森林生态补偿机制。基金会以“绿色基金植树造林、增汇减排、全球同行”为理念；倡导公众参与碳补偿、消除碳足迹；同时，高效的捐款利用、专业的项目执行和完善的监督管理是基金会的承诺。（蔡越）

中国模式

Chinese Model

特指中国经济模式。中国领导人把科学社会主义与当代中国国情和时代特征相结合，以改革开放和社会主义现代化建设为实践基础走出自己的发展道路。中国模式是对中国30年改革开放和现代化建设实践经验的集中概括总结。从改革开放以来，中国的和平崛起，经济总量在世界上的排名从第10名上升到第2名，带动起亚洲经济，取得的成就引起全球的关注。（代富宇）

《中国农村扶贫开发纲要》（2011 ~ 2020）

China Rural Poverty Alleviation and Development Program（2011 ~ 2020）

指我国政府在《国家八七扶贫攻坚计划》1994 ~ 2000）和《中国农村扶贫开发纲要》（2001 ~ 2010）完成后，于2011年又一次制定并开始实施的新时期国家扶贫计划。其中指出，我国扶贫开发已经从以解决温饱问题为主要任务的阶段转入巩固温饱成果、加快脱贫致富、改善生态环境、提高发展能力、缩小发展差距的新阶段。新时期的扶贫开发工作将进一步强化专项扶贫、行业扶贫、社会扶贫“三位一体”的工作格局。专项扶贫的重点是实施整村推进、以工代赈、产业扶贫、就业促进，对革命老区、民族地区和边疆地区要给予重点扶持；行业扶贫根据部门职责，帮助贫困地区发展特色产业，加快基础设施建设，重视能源和生态环境建设，为扶贫对象创造更好的发展条件；社会扶贫将进一步加强定点扶贫工作，推进东西扶贫协作，广泛动员企业和社会各界参与扶贫。（蔡越）

中国－欧盟能源／环境项目

China-EU Energy/Environment Programme

中国国家发展和改革委员会、欧洲联盟欧洲委员会驻华代表团2004年11月3日在北京召开的中国—欧盟能源／环境项目正式启动实施暨中欧能源政策与可持续发展研讨会上，宣布正式启动实施的能源环境项目，是我国与欧盟在能源环境领域开展的重要合作。项目为期5年，投资总额4290万欧元，其中欧盟出资2000万欧元，中方以实物或现金形式配套2290万欧元。总体目标是：通过政策研讨、人员互访和培训、技术交流、技术示范等活动，提高中国能源利用效率，扩大可再生能源利用，培育和发展天然气市场，改善环境质量，促进能源的可持续利用。主要合作领域包括节能、可再生能源以及天然气。（申森）

中国清洁能源网

China Clean Energy Industry Net

国内清洁能源行业最权威的专业网站，网址：www.cceia.com.cn。致力于为政府机关、企事业单位、科研院所、行业协会以及清洁能源及燃料高端客户提供最新、最快、最全面的国内及国际清洁能源及燃料信息。网站首页包括热点专题、行业要闻、会展、论坛等栏目；具体版块分为国内、国际、清洁发电、天然气、乙醇燃料、甲醇燃料、生物燃料、洁净煤、燃料电池等，并设有专题、视频专栏，全方位关注清洁能源产业的变革与发展。（盛涛）

中国人居环境奖

China Habitat Environment Award

2000年国家住房和城乡建设部（原国家建设

部）在全国人居环境建设领域中，设立中国人居环境奖和中国人居环境范例奖，其中中国人居环境奖是最高荣誉奖项。奖项设立是表彰在改善人居环境方面取得良好成就的城市、村镇和单位。奖项不仅表彰在城乡建设和管理中坚持以人为本，树立可持续发展观，树立正确的政绩观，促进和完善城乡基础设施和生态环境建设，切实改善人居环境，实现资源节约型、环境友好型的和谐社会，实现全面建设小康社会做出突出贡献；同时鼓励和推动城市高度重视人居环境的改造与建设，在环保、生态、大气、水质、绿化、交通多方面为居民提供良好的生活工作环境，以适应城市居民由小康向更高层面迈进的需要，提升城市乃至国家的现代形象，加大城市基础设施建设和城市环境改善力度，引起全社会对改善人居环境的广泛关注，促进城乡建设事业的健康发展。（王晴晴）

《中国人口·资源与环境》

China Population Resources and Environment

中文刊1991年创刊，英文刊创立于1992年。由国家科技部主管、中国可持续发展研究会和山东省可持续发展研究中心，中国21世纪议程管理中心、山东师范大学共同主办的全国唯一以可持续发展为办刊宗旨的国家级政策指导性学术期刊，中国可持续发展研究会的会刊。办刊宗旨是促进社会、经济的可持续发展，刊发内容集中于可持续发展理论、区域可持续发展、可持续发展技术与方法、政策管理、国外可持续发展、人口、资源、环境与可持续发展关系等方面的最新研究动态和成果。被誉为关于可持续发展的百科丛书。2001、2003、2005年连续获得国家期刊奖，荣获第二届全国优秀科技期刊一等奖，目前为全国中文核心期刊、中国科技论文统计源期刊、CSSCI来源期刊、中国科学引文数据库来源期刊。中文刊为月刊，ISSN：1002-2104。英文刊为季刊，ISSN：1004-2857。（王聪聪　席溢）

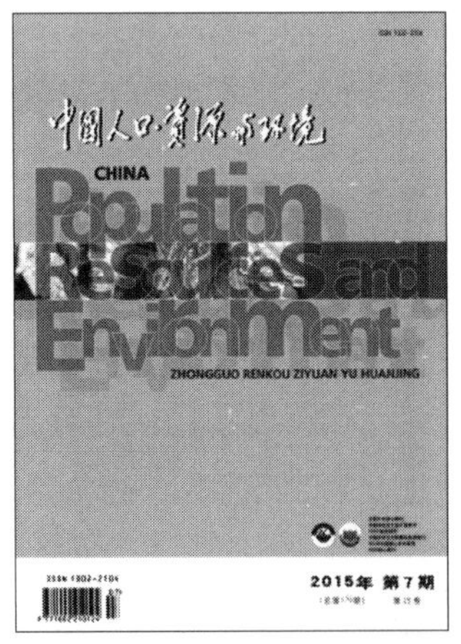

中国日报网生态中国频道

China Daily Network-Eco China Channel

1995年创办，中国日报网重要频道之一，致力于为国内企业提供集品牌提升、形象展示、资讯发布、市场推广等于一体的高效服务平台。已成为中国最具影响力的英文门户网站、国家重点新闻网站和中国最大的国际资讯网站，依托内容、品牌和渠道三大优势，受众遍及200多个国家和地区，汇聚大量最具影响力和发展潜力的网民群体，是沟通中国与世界的网上桥梁。拥有生态旅游、生态卫生、生态资源、生态经济、生态食品、生态农业、生态健康等栏目，传播生态、行业新闻动态资讯。为生态环境提供行业新闻动态资讯的同时，还为环保组织者提供发布新闻服务。（张惠娜）

中国生态道德教育促进会

China Society for the Promotion of Ecological Ethics

于2006年5月经国家民政部批准正式成立，由国家林业局主管，社会各界研究、支持和从事生态道德教育的单位和个人自愿结成的全国性非营利性社会组织，是我国首个从事生态道德教育工作的专业团体。宗旨是：开展生态道德教育，促进生态法制建设，倡导生态社会责任，造就生态精神家园，引领绿色生态中华，建设中国生态文明。创会会长陈寿朋先生，是我国生态道德教育的首倡者，生态道德教育理论的奠基人。2001年7月他倡议成立中国·内蒙古沙尘暴研究治理促进会，主张生态道德教育要从娃娃抓起，构筑全民族生态道德的心灵屏障。2006年发起成立中国生态道德教育促进会。自2015年1月开始，中国生态道德教育促进会接受全国绿化委员会办公室的委托承办《国土绿化》杂志。促进会紧紧围绕党的十八大提出的“五位一体”的现代化建设总体布局要求，以推进生态文明观念在全社会牢固树立为崇高己任，以《国土绿化》杂志为宣传平台，为建设生态中国、绿色中国、和谐中国做出积极贡献。（张惠娜）

中国生态环境保护协会

China Ecological Environment Protection Association

由全国人大环境与资源保护委员会、全国政协人口资源环境委员会、环境保护部、国家林业局、中国科学院、中国工程院、中国社科院、中央党校、各省市自治区与港澳台等热心环保事业的人士、企业、事业单位自愿结成的非营利性全国性社团组织。宗旨是：围绕实施可持续发展战略，围绕实现国家环境与发展的目标，围绕维护公众和社会环境权益，充分体现中国生态环境保护协会“大中国、大生态、大环境、大协作”的组织优势，发挥政府与社会之间的桥梁和纽带作用，促进中国环境事业发展，推动全人类环境事业的进步。（席溢）

中国生态环境教育

Ecological Environment Education in China

中国环境保护事业的组成部分，为环境保护事业发展服务，我国教育体系中不可缺少的有机组成部分。中国环境教育主要在两个领域中进行。一方面是面向全社会的公众教育，另一方面是通过教育改革，把生态环境教育纳入到大、中、小学校的教育体系。中国政府把搞好环境宣传教育，增强全民族环境意识作为战略任务。主要做法：1. 普及环保知识，增强生态环境意识。20 世纪 70 年代中国翻译和编写一批环境保护科普读物，广泛介绍环保知识，起到很好启蒙作用。80 年代以来，每年的世界环境日、植树节、爱鸟周等，全国各地都组织大规模宣传活动。近年中国新闻媒介进一步加强对环境保护的宣传报道。1980 年成立中国环境科学出版社。1983 年中国创办全球第一家国家级环境保护专业报纸《中国环境报》。1990 年《中国环境年鉴》出版，从 1994 年开始出版英文版。2. 动员全社会广泛参与环境宣传教育活动。近年环保部门、教育部门、文化部门、新闻单位、妇女组织、青年组织、科学协会、学会等都组织开展各具特色的环境宣传教育活动。3. 加强学校环境教育。通过各大专院校进行环境专业教育，为环保事业输送大批科技与管理人才。1981 年中国成立中国环境管理干部学院，对全国环保系统的管理人员进行岗位培训、继续教育和学历教育。此外，各地区、各有关部门也从工作需要出发，举办各种类型的环保培训班、研讨班。环境基础教育培养和提高青少年及儿童的环境意识。近年各地普遍开展中小学和幼儿园的环境教育，培养孩子们从小热爱大自然的优良品质和保护环境的责任感。（参考：国务院新闻办公室：《中国的环境保护》，北京：中国环境科学出版社，1996 年。张惠娜）

中国生态经济学学会

Chinese Ecological Economics Society

从事生态经济科学研究的社会科学工作者和自然科学工作者联合组织的学术性社会团体，1984 年 2 月 9 日在北京成立。学会宗旨是团结全国生态经济工作者，遵守宪法、法律、法规和国家政策，遵守社会道德风尚，大力开展学术研究与交流，为繁荣和发展生态经济科学，为实现可持续发展做出贡献。主要工作包括：生态经济学术交流，组织生态经济课题研究；编辑出版有关生态经济杂志、书刊、资料；普及生态经济科学知识，积极传播生态经济方面的科研成果和经验；对涉及生态经济问题的科学技术政策和规划发挥咨询作用，积极提出合理化建议，经常向有关部门推荐研究成果，反映生态经济工作者的意见和呼声；积极开展国际学术交流活动，进行许多卓有成效的工作。中国生态经济学会成立以来，在学科理论建设方面，开展大量学术交流活动，出版数十种理论专著，如《生态经济与可持续性》《水资源集约利用的经济技术政策研究》《生态经济与转变经济发展方式》《上海资源环境发展报告》（2013）等，发行多种期刊，如《生态经济》《生态农业研究》《生态经济通讯》等，进行大量专题案例研究。生态经济应用研究有很大进展，全国范围涌现出一批生态农业、生态林业建设单位，城市生态经济规划建设出现可喜局面。生态经济宣传普及教育工作得到进一步加强，举办多次生态经济培训班、研讨班，通过电台、报刊等以多种形式积极开展生态经济的宣传普及，推动大专院校生态经济专业课程的逐步开展。中国生态经济学学会密切联系全国有关科研机构、高等院校、管理部门，目前拥有一批在生态和环境经济方面有造诣的专家、学者，具有很强的学术实力。（李雪姣　代富宇）

中国生态伦理

Chinese Ecological Ethics

指中国自古以来存在的中国传统思想中对自然界、天地万物的伦理态度与基本观念，主要蕴含在中国传统的儒、释、道三家思想中，“天人合一”思想是最核心、最基本的生态伦理观念。从“天人合一”观念看，天地万物一体相连、相互交感、生生不息，人与自然相互依赖、共生共存，人伦与天伦可以贯通统一。（雷爱民）

中国生态农业体系

Chinese Ecological Agriculture System

指具有中国特色的新型农业生产体系。体系以生态学原理为主导，结合经济学、农学、资源环境学、工程学等学科的方法和理论于一体，具有生态农业整体、协调、循环、再生4个本质特征；同时富有区域特色和与时俱进的时代特点，将实现农业生态经济系统的良性循环和生态、经济与社会三大效益相统一作为根本目标。中国生态农业体系强调合理增加收入而非系统自我维持；强调系统的多元化及整体性功能发挥；注重现代技术与传统技术的完美结合并重点突出现代技术的作用；具有区域特色及政府参与等特点。中国生态农业体系具体包括以下方面：农业生态经济系统结构优化体系；农业清洁生产技术体系；物质能量多级循环利用体系；科学设计、管理与评价体系。（蔡越）

《中国生态农业学报》

Chinese Journal of Eco-Agriculture

1993年创刊，原名《生态农业研究》，2001年更为现名。中国科学院主管，中国科学院遗传与发育生物学研究所和中国生态经济学会主办，科学出版社出版。

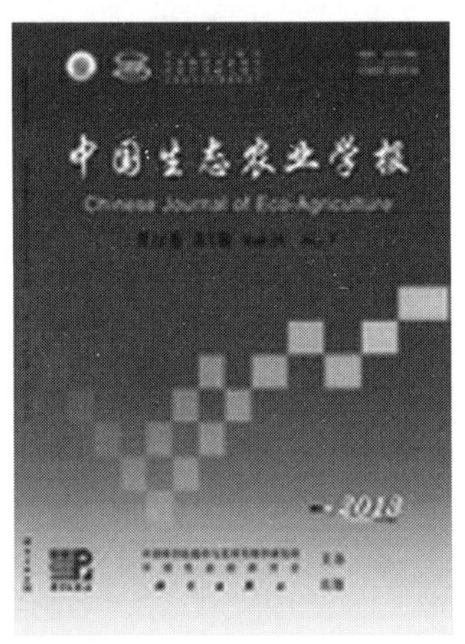

报道农业生态学、生态经济学、生态学及农业资源与环境等领域创新性研究成果。主要刊登农业生态系统结构、功能、能量及物质循环、演替规律及稳定性以及土壤、施肥与植物营养、水资源及其高效利用、作物生理生态、农业高效栽培技术与机理、作物抗性生理生态、抗性育种、病虫害防治、资源优化配置及其效益分析、农业生态工程技术、无公害农产品生产技术、农业环境污染防治及农业可持续发展等方面的研究报告、研究简报及综述，以及生态农业建设和生态农业示范区建设典型模式与典型经验等。始终坚持报道中国生态农业的创新理论、方法与技术，及时刊发农业生态学及其相关领域的国内外最新研究成果和研究进展，让读者及时了解相关领域的最新研究成果，为作者提供展示最新科研成果的园地，推动生态农业及农业学科领域发展。适于国内外从事农业生态学、生态学、生态经济学及农业环境保护等领域科技人员、高等院校有关专业师生、农业及环境管理工作者和从事生态农业建设的技术人员阅读与投稿。月刊，ISSN：

1671–3990。（席溢）

中国生态文化协会

China Eco-Culture Association，CECA

2008年成立，经民政部批准，由从事生态环境建设、经营、管理、研究的企事业单位、科研院所、大专院校、新闻出版单位以及一切关心和有志于推动中国生态文化事业发展的社会各界人士，自愿组成的非营利性全国社会团体。

业务主管部门是国家林业局，业务范围包括：普及生态文化知识，宣传生态文明理念；传播绿色生产、生活方式，引导绿色消费；组织开展生态文化领域的理论研究，推动成果应用与示范；定期评选中国生态文化示范基地；定期举办中国生态文化高峰论坛；丰富生态文化产品，繁荣生态文化产业；开展生态文化领域的国际合作与交流；开展各种生态文化交流活动，组织生态文化业务培训，出版生态文化宣传刊物。办有《生态文明世界》杂志，是宣传生态文化和生态文明的重要平台。（王聪聪 席溢）

《中国生态文明》

China Ecological civilization

2011年成立的中国生态文明研究与促进会的两个最主要的宣传平台之一（另一个是中国生态文明网），于2013年正式创刊。由国家环境保护部主管、中国生态文明研究与促进会主办的国内公开发行的环境类中文期刊，我国第一本关于生态文明的专业期刊。

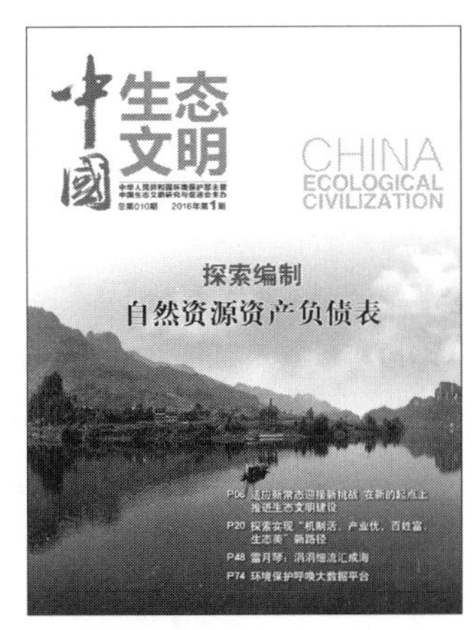

立足于资源节约、环境保护，旨在通过全方位关注生态文明建设的各个领域，充分发挥桥梁纽带作用，培育生态文明建设理论研究与创建实践的交流园地。办刊理念是权威性、专业性、前瞻性、科学性。（王聪聪）

中国生态文明研究与促进会

Chinese Ecological Civilization Research and Promotion Association，CECRPA

经国务院批准的全国性社会团体，我国第一个以生态文明命名的专业性、公益性、非营利性社会组织，2011年11月11日成立。宗旨是聚集全国高端人才，协助党和政府深入推进生态文明建设，为各级党政领导决策提供咨询服务。有助于聚集全国有志于生态文明建设力量，深入研究生态文明建设的重大问题，努力发挥政府与社会间的桥梁纽带作用，推动形成共同参与、共同建设、共同分享的生态文明建设新格局，大力促进生态文明事业的发展和进步。为深化生态文明的理论研究和推动生态文明建设，提供重要平台和载体。致力于建设学习型、研究型、创新型、务实型、开放型社会团体。日常决策和执行机构是理事会、专家咨询委员会、研究指导委员会、创建促进委员会。主办网站是中国生态文明网。（王聪聪）

中国生态文学现状

Current Situation of Ecological Literature in China

生态文学在当代中国的发展现状。中国生态文学的兴起是社会的需要、时代的产物，它的发展也成为后现代社会的一种必然趋势。20世纪80年代，中国的作家开始涉足生态文学这一新领域的创作。经过20多年的发展，生态文学已经有长足进步：1. 创作生产力的形成，包括作家和作品数量的剧增，有大作家的大部头的著作问世。2. 作家由开始的单兵作战、散兵游勇到形成稳定的队伍，于1992年成立全国的环境文学研究会，标志着关注生态文学的作家们有观念行为的自我认同。3. 作家创作思维发生深刻的变革，可以称为深刻的革命。自20世纪80年代中后期以来，有相当的一批生态文学作品问世，在社会上引起一定反响：如李青松的《遥远的虎啸》、徐刚的《绿色宣言》《守家园》《地球传》等都是其中的优秀之作。2000年以来，中国生态文艺学正在积极地建设中。近年有关的学术讨论会即有：2001年于武汉召开的建构生态文艺学学术座谈会，2001年于西安召开的首届全国生态美学学术研讨会，2002年在苏州召开的中国首届生态文艺学学科建设研讨会，2003年于武汉举办的文化生态变迁与文学艺术发展学术研讨会。一些生态文学理论专著和论文的应运而生，如余谋昌的《生态文化的理论阐释》、鲁枢元的《生态文艺论》、曾永成的《文艺的绿色之思——文艺生态学引论》、李文波的《大地诗学生态文学研究绪论》、王诺的《欧美生态文学》、王晓华的《另一种全球化与中国文艺学的生态主义走向》、彭松乔的《走中国特色的生态文艺批评之路》等相继问世。生态文学学科和理论体系的建设，标志着中国生态文学正在走向自觉的学理层次高度。（参考：温阜敏、饶坚：《中国生态文学之现状、问题与思考》，《韶关学院学报》2006年第10期第76～79页。王薛时）

中国生态文艺学发展

The Development of Ecological Literature and Art Science in China

生态文艺学在中国大陆的渐进发展。中国当代较为明确的生态文学创作与生态文学批评的开展，台湾地区要略早于大陆。从20世纪70年代起步，已经涌现出以刘克襄、马以工、韩韩、心岱、洪素丽为首的一批"自然书写"者。中国大陆当代文学理论界对于生态批评、生态文艺学的关注，初见于20世纪80年代的报刊文章。如赵鑫珊：《生态学与文学艺术》（《读书》1983年第4期），李庆西：《大自然的人格主题：关于近年小说创作中的人类生态学意识与一种美学情致》（《上海文学》1985年第10期）等。这些文章可以看作是中国生态文艺学发展的先声。20世纪90年代后，中国国内生态问题日益严重，蔓延到社会生活的各个方面。原本作为自然科学的生态学日益转向人文领域，国内关于生态哲学、生态美学、生态伦理学、生态人类学的研究渐渐增多，生态文学的创作渐渐活跃，生态文艺学的探讨随之日益深入。20世纪后期生态文艺学、生态美学研究的深入开展，启动了中国的生态批评。一些学者开始尝试运用生态学的观念评论沈从文、韩少功、张炜、徐刚、苇岸等人的创作实践。我国的生态文艺学建设在20世纪的最后20年启动，取得初步成效。这一文艺思潮在中国国内的兴起并非完全依靠西方输入，在很大程度上是在中国本土传统文化底蕴基础上自发萌生，与西方生态批评的兴起大抵同步。不足之处是视野还不够开阔。生态学术资源有待于深入开发，与国外相关学术界的联系、与中国当代生态文学创作实践的联系都有待加强。（参考：鲁枢元：《20世纪中国生态文艺学研究概况》，《文艺理论研究》2008年第6期第132～134页。王薛时）

中国生态系统研究网络

Chinese Ecosystem Research Network

是国际长期生态学研究网络（ILTER）的发起的成员网络和协调委员会成员。自1988年成立以来，在长期生态监测、研究和示范方面取得一系列成就，受到广泛关注。科学研究的主要目标为：1. 通过对我国主要类型生态系统的长期监测，揭示其不同时期生态系统及环境要素的变化规律及其动因。2. 建立我国主要类型生态系统服务功能及其价值评价、生态环境质量评价和健康诊断指标体系。3. 阐明我国主要类型生态系统的功能特征和碳、氮、磷、水等生物地球化学循环的基本规律。4. 阐明全球变化对我国主要类型生态系统的影响，揭示我国不同区域生态系统对全球变化的作用及响应。5. 阐明我国主要类型生态系统退化、受损

过程机理，探讨生态系统恢复重建的技术途径，建立一批退化生态系统综合治理的试验示范区。根据中国科学院知识创新工程的总体规划，结合国际科学前沿、国家需求和自身优势，突出网络化的特色，准确把握国际科学发展的综合化、系统化和交叉渗透融合的大趋势，现阶段的主要研究方向为：1. 我国主要类型生态系统长期监测和演变规律；2. 我国主要类型生态系统的结构功能及其对全球变化的响应；3. 典型退化生态系统恢复与重建机理；4. 生态系统的质量评价和健康诊断；5. 区域资源合理利用与区域可持续发展；6. 生态系统生产力形成机制和有效调控；7. 生态环境综合整治与农业高效开发试验示范。（席溢）

中国生态学会

Ecological Society of China

建立于1979年，现有会员8000余人，包括来自全国各地的生态学工作者、决策管理人员和企业家，及海外华人学者。学会下设农业生态、城市生态、数学生态、海洋生态、微生物生态、动物生态、化学生态、景观生态、湿地生态、种群生态、生态工程、长期生态、民族生态、生态健康与人类生态、污染生态、旅游生态、生态水文、中药资源生态等专业委员会和红树林学组；设青年、科普、教育、期刊、咨询工作委员会。主办有《生态学报》《应用生态学报》《生态学杂志》《林业研究》（Journal of Forestry Research）《资源与生态学报》（Journal of Resources and Ecology）5种专业学术期刊。中国生态学会在推动中国生态学发展、促进学术交流、普及生态学知识、参与政府决策方面发挥着越来越大的作用。（席溢）

《中国生态演变与治理方略》

Ecological Evolution and Governance Strategy in China

生态学研究专著。姜春云主编。全书35万字，正文6章。卷首主编者《前言》称："本课题的研究，既注重对现实生态与环境问题的剖析和论证，又以较多的笔墨阐述了历史上自然生态的变故。"第1章《生态概念的内涵及思想源流》、第2章《生态演变与人类文明》、第3章《中国生态建设成就与面临的挑战》，系统详尽论述中国生态演变的历史、根源和治理概况，揭示中国许多地方的自然生态环境是如何由繁茂秀美一步步演变为衰败荒凉的过程。第4章《中国生态治理的总体目标和任务》提出生态治理的主攻方向和战略任务，主张实施分区域推进战略，即：重要生态功能区的抢救保护，重点流域的生态治理，重点城市的环境保护，重点资源开发区的强制性保护，生态良好地区的积极保护。第5章《中国生态治理战略》，分述统筹协调、转变生产方式、循环经济、休养生息、资源替代、科技创新、生态产业发展、工程示范带动、综合整治九大战略。第6章《中国生态治理的支撑保障体系》，分别论述构建科学的生态治理思想理论体系，建立以绿色GDP为核心的经济发展与生态治理考核评价及管理体系，形成以生态优先为前提的规划设计体系，完善有利于生态治理的倾斜政策体系，建设多元化的生态治理投入体系，创建与生态治理相适应的科技支撑体系，健全生态治理的监测预警体系，强化生态治理的国际合作体系，营造生态治理的文化与道德体系，加强生态治理的法制保障体系。卷首的彩色插页别具特色，仰韶文化时期、西汉后期、唐代后期、清代后期自然环境简图清晰直观说明中国大陆地区自然生态环境6000千年以来植被逐步减少的演变。其后的长江、珠江流域和沿海防护林建设及太行山绿化工程示

意图、三北防护林和京津风沙源治理工程示意图、天然林资源保护工程示意图、野生动植物保护及自然保护建设工程示意图、自然保护区分布图、全国荒漠化土地现状分布图、沙化土地现状分布图等，均给人直观的事实描述，读图即知生态治理的现实性，激发生态治理的紧迫感。是书出版已经10余年，在贯彻《十八大报告》精神，建设生态文明的当下阅读此书，颇有国策先声感受。《中国生态演变与治理方略》课题组成员还有：曲格平、毛如柏、钮茂生、肖万钧、杨雍哲、祝光耀等20余人，顾问有卢良恕、江泽慧、韩德乾等10余人。北京：中国农业出版社2004年出版。（白建新）

《中国生物防治学报》

Chinese Journal of Biological Control

1985年创刊，原刊名为《中国生物防治》《生物防治通报》，1995年更名为《中国生物防治》，2011年更名为《中国生物防治学报》。本刊由农业部主管，是中国农业科学院植物保护研究所与中国植物保护学会共同主办的国家级学术性期刊。主要刊登农、林、水产、卫生和环境科学等领域中的有害生物，如昆虫、病毒、细菌、

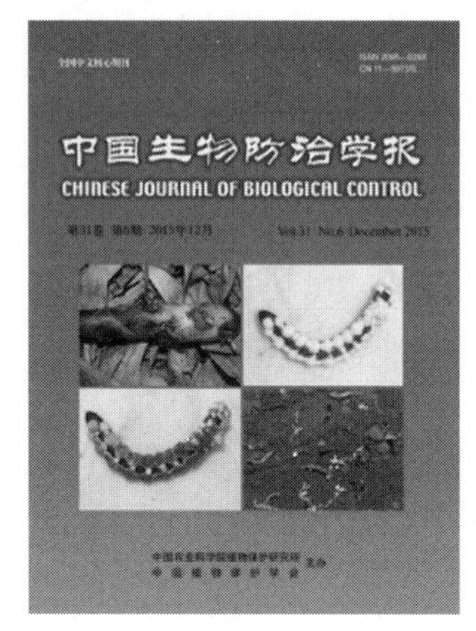

真菌、线虫、杂草的生物防治技术应用及其相关基础研究。包括：1. 昆虫学：寄生性天敌、捕食性天敌、病原微生物，以及通过引入、释放和生境改善等途径实现对天敌动物的保护与利用；2. 植物病理学：有益微生物的拮抗、竞争、交叉保护、重寄生的机理研究与利用，以及土壤抑菌作用、植物诱导抗性；3. 线虫学：捕食性、寄生性菌物，以及与线虫生物防治相关的土壤改良和农作防治；4. 杂草：植食性脊椎动物、无脊椎动物、病原微生物。此外，相关生物技术如昆虫信息素、昆虫生长调节剂、植物源农药、农药生物降解制剂、植物抗性基因的研究与利用。刊登内容设定期栏目和不定期栏目。定期栏目包括特邀综述、研究报告、专题综述、研究简报等；不定期栏目包括基础知识与实验技术、国外生防、生防论坛、生防技术快讯等。读者对象为农、林、牧、水产、卫生和环境科学等领域的各级管理干部、科技人员、院校师生、基层技术骨干等。双月刊，ISSN：1005-9261。（席溢）

中国省域生态文明建设评价体系

China's Provincial Eco-Civilization Index

北京林业大学严耕教授率领的学术团队的研发成果。与以往的可持续发展评价体系和地方性生态文明评价指标相比，中国省域生态文明建设评价体系在对权威性客观指标进行定量测评的基础上，对各省的得分排名进行深度分析；对生态和环境的意涵做了区分，突出了生态系统活力在生态文明建设中的基础性地位，把指标体系按照生态活力、环境质量、社会发展和协调程度四个方面进行划分构建；突出协调程度在评价体系中的重要作用，重视生态、资源和环境之间的协调，以及生态、环境、资源与经济之间的协调。（张沥元）

中国水危机独立调查

Independent Investigation of Water Crisis in China

2013年，媒体公益人、"免费午餐"、"让候鸟飞"发起人邓飞通过微博发起，借助网络力量推动公众深入参与环境保护，受到来自全国各地网友、媒体和公益组织的关注与支持。调查小组深入民间，组织调查中国的水资源污染情况，开展向水污染宣战的独立调查，通过网络等社交媒体向公众展示调查小组的调查结果与数据真相，引发社会公众和环保组织及相关政府部门的关注。（张惠娜）

中国水污染地图

China Water Pollution Map

环保组织公众与环境研究中心（IPE）2006年开发的中国首个水污染公益数据库。公众可以通过水污染地图检索到全国31个省级行政区约383个地市级行政区划的水质信息、污染排放信息和污染源信息。截至2015年，中国水污染地图已经列出超过210000条企业环境监管记录，对水污染数据库进行实时更新。中国水污染地图提供了省级、地市级城市的水质、空气和污染源信息记录，为民众获取环保信息以及企业的污染信息提供了重要平台和途径。这一创举开创了公众参与环境治理的新渠道，使得越来越多的人参与到环境监督之中，迫使很多企业实施净化行动，有效地促进政府、企业和公众互动。（王聪聪）

中国台湾环境教育

Environmental Education in Taiwan

中国台湾开展环境教育的基本状况。中国台湾地区环境教育的开端可以追溯到1987年，即环境保护管理机构（Environmental Protection Administration，EPA）的建立，循环利用一直是EPA领导下的主要环境教育活动。自1987年起，台湾地区教育机构、科学机构、农业机构、能源机构和EPA一起承担起环境教育的责任。除科学委员会负责基础研究之外，其余部门都是对正规或非正规教育部门的环境教育实践负责。环境教育在台湾地区正规教育部门不是独立学科，学校也无权教授环境教育课程。环境教育往往在小学被最有效地实施，随着学生的长大慢慢变弱。台湾地区环境教育学会建立于1993年，有超过1000名成员。这个社团成为学术界许多专家活动的中心，同其他组织所做的努力相比，这个组织在提高普通公众的环境文化水平方面所做的工作要少得多。台湾100多个民间组织对提高普通公民的环境文化水平做出杰出贡献。家庭主妇联合会通过自然远足做到这一点。野生鸟类社团一直在为公民提供夏令营活动和各种非正规课程。事实上，在环境教育方面，民间组织已经做出比当局机构更大的贡献。（参考：［英］帕尔默著，田青、刘丰译：《21世纪的环境教育：理论、实践、进展与前景》第270页，北京：中国轻工业出版社，2002年。王薛时）

中国台湾荒野保护协会

The Society of Wilderness，Taiwan

成立于1995年。宗旨：透过购买、长期租借、接受委托或捐赠，取得荒地的监护与管理权，将之圈护，尽可能让大自然经营自己，恢复生机。让大家及后代子孙从刻意保留下来的台湾荒野中，探知自然的奥妙，领悟生命的意义。任务：保存台湾天然物种，让野地能自然演替，推广自然生态保育观念，提供大众自然生态教育的环境与机会，协助政府保育水土、维护自然资源，培训自然生态保育人才。（席溢）

中国台湾蛮野心足生态协会

Wild at Heart Legal Defense Association，Taiwan

1977年由到台湾的美国律师文鲁彬发起建立，以法律相关行动作为促进环境或栖地保护的平台，支持经济、社会与自然环境的草根运动。认为保护、保育和复育自然环境是健全社会的基础。自许以公共利益为诉求的法律团体，强调公共利益，观察自然环境的经济运作原则，认为除人类的利益外，应包括环境整体如水、空气、土壤及“它者”的利益。期望透过诉讼、立法和行政救济等法律机制，与小区、公共部门及民间团体共同合作，挑战现行牺牲环境以获得短期政治经济利益导致的不合理作为，拒绝消耗性经济发展，倡议与自然环境共生的永续性经济。（席溢）

中国台湾生态教育推广协会

Taiwan Society for Promoting Ecological Education

成立于2008年的民间社团。要旨在于借由教育课程及活动，使民众接近自然，了解生物，进而爱护生态，重建人类与自然环境的和谐关系。服务项目包括：1.冬夏令营组织专业生态科学讲师群，让孩子的假期增添趣味与知识性；2.平日课程在学期之间、周末，组织亲子共同出游；3.平日生态讲座邀约。非寒暑假期间，邀请讲师到单位办理特别讲座。（席溢）

中国台湾生态学会

Taiwan Academy of Ecology

创设于1991年12月的台湾生态研究中心，是非政府民间组织。设置部门有：建立台湾自然史；设置自然及环保数据库或标本馆；进行自然生态及环境保护研究调查计划；出版；社会关怀；国际联系等。强调自然平权，要开创台湾的深层文化与社会价值改造。2003年10月设立台湾生态学会。学会扩展台湾生态研究中心宗旨，从事多方面的社会关怀与教育工作，同时出版季刊、通讯、电子报等，提供各界生态教育、研究、社会关怀相关信息。台湾生态研究中心仍依其传统而续存。（席溢）

中国特色生态美学建设

The Construction of Ecological Aesthetics with Chinese Characteristics

在坚持马克思主义历史唯物主义与生态观的指导下的生态思想筹划。马克思主义理论为我们正确认识自然、社会与人的精神生活提供了科学的理论指导与最重要的立场、观点与方法。生态美学的研究必须自觉地坚持马克思主义的理论指导，重要的是坚持马克思主义历史唯物主义的理论指导，从社会存在决定社会意识以及经济基础与上层建筑关系等重要的理论视角来认识、探讨当今生态问题的最根本的经济与社会动因，探讨生态问题的出现、解决与一定社会制度的必要联系。由此，进一步明确生态审美观确立的经济社会根基。同时，应认真学习马克思主义有关人与自然关系的一系列重要论述，以之为生态审美观建设的重要理论指导。马克思与恩格斯所生活的19世纪中期尽管还处于工业革命的最兴盛时期，人类中心主义占据压倒的优势，但马克思与恩格斯的科学世界观决定他们以其深邃的唯物辩证思维观察人与自然的关系，批判资本主义制度与资产阶级对于自然与人的双重无限制的掠夺，从而导致人与自然以及人的“异化”。这种历史唯物主义与辩证唯物主义的自然观成为我们今天研究生态美学观的重要理论指导与思想资源。（参考：曾繁仁：《论我国新时期生态美学的产生与发展》，《陕西师范大学学报》2009年第2期第71～78页。王薛时）

中国通量观测研究联盟

ChinaFLUX, China flux observation research alliance

以中国科学院生态系统研究网络为依托，以微气象学的涡度相关技术和箱式/气相色谱法为主要技术手段，对中国典型陆地生态系统与大气间二氧化碳、水汽、能量通量的日、季节、年际变化进行长期观测研究。目前，在中国科学院知识创新工程重要方向项目“中国陆地生态系统碳通量特征及其环境控制作用研究”的支持下，有超过22个森林、草地、农田站结合野外植被、土壤生理生态学实验对碳、水及能量通量进行观测。科学目标：1.应用微气象法进行生态系统二氧化碳和水热通量长期定位观测的关键技术，构建实验研究的方法论体系；2.为全球碳平衡与全球变化研究提供中国典型陆地生态系统碳、水汽、氮通量的长期观测数据；3.量化典型陆地生态系统碳源/汇的时空分布格局、变异性及其对气候、物种、林龄

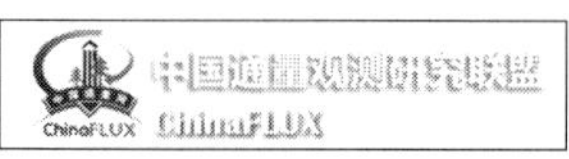

及地理位置的响应；4. 理解气候的年以及年际间的波动对陆地生态系统碳、水、能量交换变化的影响；5. 认识自然与人工陆地生态系统碳循环的自然及人为（放牧、采伐、土地利用方式的改变等）驱动机制；6. 对基于遥感或生态学过程的碳循环模型的模拟结果进行验证；7. 利用遥感及模型对基于地表的观测在时空尺度上进行拓展；8. 获取典型生态系统的二氧化碳和水热通量以及植被群落的微气象等生态环境要素的长期变化数据。（席溢）

中国野生动物保护协会

China Wildlife Conservation Association，CWCA

我国具有广泛代表性的野生动物保护组织。1983 年 12 月在北京成立，中国科协所属全国性社会团体。协会由野生动物保护管理者、科研教育者、驯养繁殖者、自然保护区工作者以及广大野生动物爱好者组成的群众团体。宗旨是：推动中国野生动物保护事业的发展，为保护、拯救濒危、珍稀动物做出重要贡献。主要任务是：组织会员贯彻国家保护野生动物的方针、法令，开展拯救和保护珍稀野生动物的宣传教育，开展保护野生动物的科学研究、学术交流、提供经营管理野生动物资源的技术业务咨询、筹募保护野生动物的资金、同各国自然保护组织和机构建立联系、参与有关国际合作与交流等。协会自成立以来，通过爱鸟周、野生动物宣传月等多种形式的宣传教育、科技交流活动，在普遍提高全民自然保护意识、普及科学知识、增强法制观念及促进科技、文化交流等方面发挥了重要作用。1984 年，中国野生动物保护协会被世界自然保护联盟（IUCN）接纳为会员。（蔡越）

《中国应对气候变化国家方案》

China's National Climate Change Program

2007 年为履行《联合国气候变化框架公约》的法定义务，中国政府制定的应对方案。《方案》明确到 2010 年中国应对气候变化的具体目标、基本原则、重点领域及政策措施，宣称将按照科学发展观的要求，认真落实方案中提出的各项任务，努力建设资源节约型、环境友好型社会，提高减缓与适应气候变化的能力，为保护全球气候继续做出贡献。《方案》包括 5 个部分：第 1 部分从总体上阐述中国气候变化的现状和应对气候变化的努力与成就。第 2 部分结合中国国情，分析中国应对气候变化面临的挑战。第 3 部分阐述中国应对气候变化的指导思想、原则和目标。第 4 部分从重点领域、科技工作、公众意识和体制建设等方面，概述中国应对气候变化的相关政策和措施。第 5 部分表明中国对气候变化若干问题的基本立场和寻求国际合作的需求。《方案》表明，在气候变化风险不断加大的今天，中国作为国际大国为寻求自身发展、国际合作、承担大国责任所做出的承诺和努力。（张沥元）

中国有机产品标志

China Organic Product Logo

中国有机产品释义“中国有机产品标志”的主要图案由三部分组成，既外围的圆形、中间的种子图形及其周围的环形线条。标志外围的圆形形似地球，象征和谐、安全，圆形中的“中国有机产品”字样为中英文结合方式。既表示中国有机产品与世界同行，也有利于国内外消费者识别。标志中间类似于种子的图形代表生命萌发之际的勃勃生机，象征了有机产品是从种子开始的全过程认证，同时昭示出有机产品就如同刚刚萌发的种子，正在中国大地上茁壮成长。种子图形周围圆润自如的线条象征环形道路，与种子图形合并构成汉字“中”，体现出有机产品植根中国，有机之路越走越宽广。同时，处于平面的环形又是英文字母

"C"的变体，种子形状也是"O"的变形，意为"China Organic"。绿色代表环保、健康，表示有机产品给人类的生态环境带来完美与协调。橘红色代表旺盛的生命力，表示有机产品对可持续发展的作用。（李雪姣）

中国与阿拉伯环境合作会议
Sino-Arab Environmental Cooperation Conference

2006 年 2 月 8 日在阿拉伯联合酋长国迪拜首次召开的双方环境领域合作的高层会议。会议落实 2004 年 9 月 14 日在埃及开罗签署的《中阿合作论坛宣言》第三章内容的后续性行动，由中国国家环境保护总局和阿拉伯国家联盟秘书处共同举办。目的在于通过增强意识，确保可持续发展的几个相互依存的要素，即经济发展、社会进步和环境保护实现平衡，增进中国与阿拉伯国家在保护环境和实现可持续发展方面的合作；交流中阿双方在环境政策方面取得的成绩，寻求潜在的合作领域。会议确定双方合作的重点领域，包括全球环境问题立场协调；环境政策和立法；环境教育宣传及公众环境意识的提高；环境影响评价；环境保护产业；城市环境保护，包括工业污染控制；可持续能源的使用；生物多样性保护；沙尘暴防治；流域环境管理；在废弃物管理和污染控制领域的经验交流；双方同意的与保护和改善环境相关的其他领域上展开优先合作。（申森）

中国与哥本哈根气候大会
China and Copenhagen Climate Conference

2009 年 12 月 7 ~ 19 日，《联合国气候变化框架公约》第 15 次缔约方会议暨《京都议定书》第 5 次缔约方会议在丹麦首都哥本哈根召开，包括中国在内的 193 个国家的谈判代表出席。会议主题是世界各国如何发展低碳经济，减少以二氧化碳为主的各种温室气体排放，以应对全球气温升高及由此造成的严重后果。但是，大会未能通过有约束力的协议，《哥本哈根协议》是仅有 12 项内容的意向性声明。时任国务院总理温家宝 12 月 18 日在丹麦哥本哈根气候变化会议首脑会议上发表了题为《凝聚共识，加强合作，推进应对气候变化历史进程》的讲话，阐明中国的根本立场和基本主张，坚持《联合国气候变化框架公约》及其《京都议定书》确定的共同但有区别的责任原则，坚持巴厘岛路线图的授权，自主自愿积极参与节能减排，为全球生态安全和应对气候变化做出贡献。（申森）

中国与经济合作与发展组织的环境合作
Organization for Economic Co-operation and Development，OECD

中国与经济合作组织（OECD）的环境保护合作，始于 1995 年，目的是促进中国与 OECD 成员国之间就共同关心的环境政策问题进行对话。目前，双方主要就环境投融资战略、环境指标和绩效、环境监测和信息等 3 个优先领域开展合作，签署《2003 ~ 2004 年度环境保护领域的合作谅解备忘录》等文件。目前，双方在贸易与环境、国家环境保护基金、可持续消费、生物安全政策、污染物排放总量控制等领域开展合作。（申森）

中国与里约环境与发展大会
China and Rio Conference on Environment and Development

联合国 1992 年 6 月 3 ~ 14 日在巴西里约热内卢召开环境与发展大会。这是继 1972 年 6 月瑞典斯德哥尔摩联合国人类环境会议后，环境与发展领域中规模最大级别最高的国际会议。183 个国家代表团、70 个国际组织的代表参加会议，有 102 位国家元首或政府首脑到会并讲话。时任国务院总理李鹏应邀出席首脑会议，发表重要讲话，进行广泛的高层次接触。国务委员宋健率中国代表团参加部长级会议并做重要发言。会后，中国率先制定国家层面《中国 21 世纪议程》等文件，贯彻落实大会达成的可持续发展政治共识和《里约宣言》等文件。（申森）

中国与斯德哥尔摩人类环境会议

China and Stockholm Human Environment Conference

1972 年 6 月中国 40 多人组团出席联合国在瑞典首都斯德哥尔摩召开的第一次人类环境会议。斯德哥尔摩会议是中国恢复在联合国的合法席位后参加的第一次联合国大会。代表团参加斯德哥尔摩人类环境会议后，在国务院总理周恩来支持下，我国召开全国性的环境保护会议，设立国务院环境保护领导小组，下设办公室，专门负责环境保护事务。1973 年 1 月国务院决定筹备召开全国环境保护会议。1973 年 8 月 5 ～ 20 日，第一次全国环境保护会议在北京人民大会堂召开。各省、区、市及国务院有关部门负责人，工厂代表、科学界代表共 300 多人参加会议。会议进行半个月，较充分讨论中国在环境污染和生态破坏方面的严重问题，把环境保护概念首次推广。斯德哥尔摩人类环境会议后，1972 年联合国环境规划署成立。1976 年，曲格平成为中国常驻联合国环境规划署首席代表。（申森）

中国政府签署的国际环境条约

International Environmental Treaties Signed by the Chinese Government

截至目前，本着对国际环境与资源保护事业积极负责的态度，我国已经参加或缔结 50 多项关于环境与资源保护的国际公约和条约。主要如下：

1.《国际捕鲸管制公约》，*International Convention on the Regulation of Whaling*，1946 年 12 月 2 日；

2.《南极条约》，*Antarctic Treaty*，1959 年 12 月 1 日；

3.《养护大西洋金枪鱼国际公约》，*International Convention for the Conservation of the Atlantic Tuna*，1966 年 5 月 14 日；

4.《经济、社会和文化权利国际公约》，*International Convention on Economic, Social and Cultural Rights*，1966 年 12 月 9 日；

5.《公民权利和政治权利国际公约》，*International Covenant on Civil and Political Rights*，1966 年 12 月 9 日；

6.《关于各国探索和利用包括月球和其他天体在内外层空间活动的原则条约》，*Principles of Exploration and Utilization of the space activities of the moon and other celestial bodies*，1967 年 1 月 27 日；

7.《国际油污损害民事责任公约》，*International Convention on Civil Liability for Oil Pollution Damage*，*CLC*；1969 年 11 月 29 日；

8.《国际干预公海油污事故公约》，*International Convention on the High Seas Oil Pollution Accident*，1969 年 11 月 29 日；

9.《关于禁止和防止非法进出口文化财产和非法转让其所有权的方法的公约》，*Convention on the Prohibition and Prevention of Illegal Import and Export of Cultural Property and the Method of Illegal Transfer of Ownership*，1970 年 11 月 17 日；

10.《关于特别是作为水禽栖息地的国际重要湿地公约》，*Convention on Wetlands of international importance especially as Waterfowl Habitat*，1971 年 2 月 2 日；

11.《外空物体所造成损害之国际责任公约》，*International Convention on the international liability for damage caused by objects in outer space*，1972 年 3 月 29 日；

12.《保护世界文化和自然遗产公约》，*Convention on the Protection of World Culture and Natural Heritage*，1972 年 11 月 23 日；

13.《防止倾倒废物及其他物质污染海洋公约》，*Convention on the Prevention of Marine Pollution by Dumping of Wastes and Other Substances*，1972 年 12 月 29 日；

14.《濒危野生动植物物种国际贸易公约》，*Convention on International Trade in Endangered Species of Wild Fauna and Flora*，1973 年 3 月 3 日；

15.《国际防止船舶造成污染公约》，*International Convention for the Prevention of Pollution from Ships*，1973 年 11 月 2 日；

16.《干预公海非油类物质污染议定书》，*Intervention on the high seas substances other than Oil Pollution Protocol*，1973 年 11 月 2 日；

17.《国际油污损害民事责任公约的议定书》，*Protocol to the International Convention on Civil Liability for Oil Pollution Damage*，1976 年 11 月 19 日；

18.《关于 1973 年国际防止船舶造成污染公约的 1978 年议定书》，*On the 1973 Protocol to the International Convention on the Prevention of Pollution from Ships, 1978 years*，1978 年 2 月 17 日；

19.《控制危险废物越境转移及其处置巴塞尔公约》，*The Basel Convention on the Control of Transboundary Movements of Hazardous Wastes and Their Disposal*，1989 年 3 月 22 日；

20.《国际植物新品种保护公约》，*International Convention for the Protection of New Varieties of Plants*，1978 年 10 月 23 日；

21.《核材料实物保护公约》，*Convention on the Physical Protection of Nuclear Material*，1980 年 3 月 3 日；

22.《联合国海洋法公约》，*United Nations Convention on the Law of the Sea*，1982 年 12 月 10 日；

23.《国际遗传工程和生物技术中心章程》，*International Charter for Genetic Engineering and Biotechnology*，1983 年 9 月 13 日；

24.《濒危野生动植物种国际贸易公约》第二十一条的修正案，*Convention on international Trade in Endangered Species of Wild Fauna and Flora*，1983 年 4 月 30 日；

25.《1983 年国际热带木材协定》，*1983 International Tropical Timber Agreement*，1983 年 11 月 18 日；

26.《保护臭氧层维也纳公约》，*Vienna Convention for the Protection of Ozone*，1985 年 3 月 22 日；

27.《核事故或辐射紧急援助公约》，*Convention on Nuclear Accident or Radiological Emergency Assistance*，1986 年 9 月 26 日；

28.《及早通报核事故公约》，*Convention on Early Notification of Nuclear Accidents*，1986 年 9 月 26 日；

29.《关于化学品国际贸易资料交换的伦敦准则》，*London Guidelines for the Exchange of Information on International Trade in Chemicals*，1987 年 6 月 17 日；

30. 经修正的《关于消耗臭氧层物质的蒙特利尔议定书》，*Montreal Protocol on Substances that Consume the Ozone Layer*，1987 年 9 月 16 日；

31.《亚洲—太平洋水产养殖中心网协议》，*Asia Pacific Aquaculture Center Network Protocol*，1988 年 1 月 8 日；

32.《作业场所安全使用化学品公约》，*Convention of Workplace Safe Use of Chemicals*，1990 年 6 月 25 日；

33.《化学制品在工作中的使用安全公约》，*Convention on Safety of Use of Chemicals in work*，1990 年 6 月 25 日；

34.《化学制品在工作中的使用安全建议书》，*Suggestion for Safety recommendations for the Use of Chemicals in the Work*，1990 年 6 月 25 日；

35.《生物多样性公约》，*Convention on Biological Diversity*，1992 年 6 月 5 日；

36.《国际油污防备、反应和合作公约》，*International Convention on International Oil Pollution Preparedness*，1990 年 11 月 30 日；

37.《关于环境保护的南极条约议定书》，*Treaties of Antarctica Protocol on the Environmental Protection*，1991 年 6 月 23 日；

38.《联合国气候变化框架公约》，*United Nations Framework Convention on Climate Change*，1992 年 6 月 11 日；

39.《关于逐步停止工业废弃物的海上处置问题的决议》，*Resolution on the Gradual Cessation of Industrial Waste Disposal at Sea*，1993 年 11 月

12 日；

40.《关于海上焚烧问题的决议》，*Resolution on the Issue of Marine Incineration*，1993 年 11 月 12 日；

41.《关于海上处置放射性废物的决议》，*Resolution on Marine Disposal of Radioactive Waste*，1993 年 11 月 12 日；

42.《联合国防治荒漠化公约》，*United Nations Convention on the Prevention and Control of Desertification*，1994 年 6 月 7 日；

43.《1994 年国际热带木材协定》，*1994 International Tropical Timber Agreement*，

1994 年 1 月 26 日；

44.《中白令海峡鳕养护与管理公约》，*Bering Strait Convention on the Conservation and Management of COD*，1994 年 2 月 11 日；

45.《跨界鱼类种群和高度洄游鱼类种群的养护与管理规定的协定》，*The Agreement on Straddling Fish Stocks and Highly Migratory Fish Stocks in the Maintenance and Management Regulations*，1995 年 12 月 4 日；

46.《核安全公约》，*Nuclear Safety Convention*，1994 年 6 月 17 日；

47.《控制危险废物越境转移及其处置巴塞尔公约》修正案，*Control of Transboundary Movements of Hazardous Wastes and Disposal in Basel Treaty*，1995 年 9 月 22 日；

48.《防止倾倒废物及其他物质污染海洋公约的 1996 年议定书》，*Protocol to Prevent the Dumping of Wastes and Other Substances from the Sea*，1996 年 11 月 7 日；

49.《联合国气候变化框架公约》京都议定书，*Kyoto Protocol*，1997 年 12 月 10 日；

50.《关于在国际贸易中对某些危险化学品和农药采用事先知情同意程序的鹿特丹公约》，*Rotterdam Convention*，1998 年 9 月 11 日；等。（申森）

中国志愿者保护藏羚羊协会

China Association of Volunteers to Protect the Tibetan Antelope

成立于 2003 年，属地方性社会团体，致力于保护青藏高原的野生动植物和环境。主要任务是：组织会员贯彻国家保护野生动物的方针、法令，开展拯救和保护珍稀野生动物的宣传教育，开展保护野生动物的科学研究、学术交流，提供经营管理野生动物资源的技术业务咨询，筹募保护野生动物的资金，同各国自然保护组织和机构及志愿者建立联系，参与有关国际合作与交流。致力于推动中国野生动物保护事业发展的同时，成为党和政府联系人民群众的桥梁和纽带，促进经济发展，推动社会进步，成为维护社会稳定和构建和谐社会的一部分，并将进一步寻求同各国和国际野生动物保护组织的友好往来及技术交流，为社会公益事业做出更大的贡献。是一个具有广泛代表性的野生动植物保护组织，它是由野生动物保护管理、科研教育、驯养繁殖、自然保护区工作者和广大野生动物志愿者组成的群众团体，其宗旨是推动中国野生动物保护事业的发展，为保护、拯救濒危、珍稀动植物做出贡献。（席溢）

中国自然辩证法环境哲学专业委员会

Professional Committee of Environmental Philosophy of the Chinese Society for Dialectics of Nature/ Philosophy of Nature, Science and Technology

2003 年 11 月 8 ~ 9 日中国首届环境哲学年会暨全国环境哲学专业委员会成立会议在北京召开，会议由清华大学哲学系、中国自然辩证法研究会、北京林业大学人文学院和湖南师范大学环境教育中心共同主办，来自全国各地的 100 多位专家学者就环境哲学的基本理论、马克思主义的环境思想、政治生态学、中国儒家和道家的环境思想、现代生态科学的哲学意蕴、科技与环境保护的关系、少数民族的生态观念、生态美学等多方面问题进行广泛和深入的交流及探讨，会议宣布成立中国自然辩证法研究会环境哲学专业委员

会，选举产生专业委员会的执行机构，选举刘湘溶任专业委员会主任，选举卢风、刘福森、吴国盛、严耕任副主任，韩立新任秘书长，曹孟勤任副秘书长；中国自然辩证法环境哲学专业委员会一般定期举行会议，讨论相关问题，选举产生专门委员及相关负责人。（雷爱民）

中国 10 大民间环保杰出人物
China's Ten Civil Outstanding Figures in Environmental Protection

2005 年中国经济信息报刊协会、新华网、中央和省级 40 多家媒体联合举办，旨在积极宣传党和政府关于环境保护的基本国策，通过发现宣传、推荐民间致力于环境保护并做出显著业绩的杰出人物，全面参加环保事业创造良好的舆论环境和社会氛围。2005 年首届中国 10 大民间环保杰出人物在人民大会堂揭晓。获得各个奖项的环保人物中，有工人、农民、离退休环保志愿者，也有国有和民营企业家、公务员、学生和新闻工作者。他们中有被当地群众誉为治沙英雄、淮河卫士、绿色公益事业的使者、保护长江万里行的发起人和可可西里藏羚羊的守护神，也有献身于垃圾焚烧、生物降解塑料、焦炉消烟除尘的科技攻关人和创立荒山资源化生态经济模式、研究可持续发展后继理论的民间探索者，以及致力于环保建设，担当起环境保护主力军使命的企业家。是第一个以推介民间环保杰出人物为关注点的公益性活动，第一个以经济报刊群体为主体推出电视网站互动的全国性活动，第一个以促进全民参与国家环保事业为主题的民间性活动。（张惠娜）

中国 10 佳绿色新闻人物评选
China Top Ten Green News Figures

由中国绿色发展高层论坛专家评审委员会组织评选，表彰 2010 年后在植树造林、节能减排、环境保护方面做出杰出贡献的公务员、企业家、学者、新闻工作者、非政府组织负责人、学生、市民、工人、农民等各界人士。申报条件：1. 符合评选标准；2. 近 3 年获得过国家、地方或本单位在保护环境、节约资源方面的表彰或奖励，或者有省部级以上媒体作过相关报道；3. 积极参与有关节能减排、植树造林、环境保护等各项公益性事业，成绩突出、影响较大。评比内容如下：1. 积极宣传、坚决落实党和政府各项森林、环保法规政策，受到人民群众拥护支持。2. 坚持公益精神，投身植树造林、节能减排和环保公益事业，以实际行动为我国绿化和环境保护事业做出贡献。3. 率先实行绿色生产，倡导健康生活方式，在致力于构建资源节约型与环境友好型社会的绿色崛起事业中有重大影响和贡献。4. 坚持可持续发展观，无私无畏，有力批驳一切不利于植树造林、不利于生态保护的思想观念，敢于同破坏森林植被，造成环境污染的现象做斗争。5. 在绿色环保、生态保护或节能减排事业领域，创造出了优秀的、受到大众欢迎的文学作品、艺术作品或影视作品。6. 创立、阐明绿色环保、生态保护或节能减排理论，有优秀的著作，或者先进的教学经验，在国内或国外有好的影响。7. 带头落实科学发展观，能够带领属下或人民群众，实践绿色理念，实现绿色规划，使地区和单位走在绿色发展的前列，成为实现绿色中国的先行者。8. 在自然灾害面前，或者在推动我国绿色事业的发展中，积极救灾，热情捐助，表现突出，以实际的模范行动在社会上形成良好的影响。采取推荐申报方式。由各政府机构（包括街道、乡、镇）或行业组织、社会团体、企事业单位向中国绿色发展高层论坛家评审委员会提名推荐。（张惠娜）

中和
Neutralization

中庸之道的主要内涵。《礼记·中庸》：“喜怒哀乐之未发谓之中，发而皆中节谓之和；中也者，天下之大本也，和也者，天下之达道也。致中和，天地位焉，万物育焉。”在中国古代思想文化体系中，中和是三代以来“尚和”与“尚中”意识在春秋战国特别是秦汉以后的新发展，是上古礼乐传统留下的重要思想资源。中和的形成是历史的过程，由“尚和”、“尚中”而中和，既是现实政治必须，也是理论逻辑必然。由此所培育的政教伦理与道德情性品格，成为古代哲学形上理论的支柱和中华传统文化和谐精神的内核。中和思想广泛浸润到古人关于自然宇宙和社会人生的认识与理解中，积淀到汉民族的潜意识中，成为集体无意识。这几乎渗透到古代思想发生期所有的知识领域，包括“三才”合一、阴阳相和、五行相生、政教之音和政和、伦理道德之中庸等，覆盖古代人文知识的大部分视野。渗透于文艺领域，中和理念对于古代文学、美学有长久沾溉，在审美上以中和为理想，在文与质、情与理、道与艺、美与善等范畴对举中以“中和之美”为最高境界，培育重“雅”、重“味”等传统时代的正统艺术价值观，使中国古代文学思想从内容到形式都呈现出浓郁的中和色彩。（参考：夏静：《“中和”思想流变及其文论意蕴》，《文学评论》2007 年第 3 期第 163 ~ 168 页。王薛时）

中华环保联合会

All-China Environment Federation，ACEF

经国务院批准，民政部注册，环保部主管，由热心环保事业的人士、企业、事业单位自愿结成的非营利性的、全国性的社会组织。成立于2005 年 4 月 22 日。

联合会积极开展中国环保 NGO 调研工作，多渠道筹集资金，与国内外环保 NGO 组织建立广泛联合，促进了中国 NGO 组织的能力建设和健康发展；组织参加双边、多边与环保相关的国际民间交流与合作，维护我国良好的环境保护国际形象，确立了其应有的国际地位。联合会的宗旨有：1. 围绕实施可持续发展战略，实现国家环境与发展的双重目标，维护公众和社会的环境权益；2. 秉承“大中华、大环境、大联合”的理念，为公众提供环境信息，宣传政府关于环境保护和环保产业发展等方针政策，推广介绍各地环境保护的典型经验和环保实践；3. 发挥政府与社会之间桥梁和纽带作用，团结和聚焦社会力量，共同参与和关爱环保工作，协助配合政府实现国家环境目标任务，加强环境保护宣传，提高公众环保意识，促进中国环境事业发展，推动全人类环境事业的进步。（蔡越　代富宇）

中华环保媒体联盟

ALL-China Environment Media Federation, ACEMF

2012 年由中华环保联合会、中国动画研究院、人民网、新华网、香港文汇报、《中华环境》杂志共同发起，由媒体、支持环保工作的新闻传媒机构及资深编辑记者等自愿组成，是非营利性相互交流与合作的公益性环保新闻宣传联合体。旨在更好地服务于环境保护的宣传工作，提高公众环境保护意识，挖掘环境保护宣传工作深度，推动环境保护行业的发展和应用，促进环境保护事业的发展和可持续发展战略的实施，为产、学、研、媒集成发展搭建平台，实行环境与经济共赢，进一步推动环保的工作。（张惠娜）

中华环保世纪行

Centurial Trip of Chinese Environmental Protection

从 1993 年开始由全国人大环资委会同中宣部、财政部、国土资源部、水利部、农业部、国家环保部等 14 个部门共同组织，由《人民日报》、新华社、中央电视台等 28 家中央和行业新闻媒体共同参加的大型宣传活动。宗旨：大力宣传我国环境与资源保护方面的法律法规，结合中国的实际情况，以法律为武器，宣扬执法好典型，批评违法行为，推动地方政府加强有关法律法规的贯彻执行和促使解决重大环境问题，提高广大人民群众特别是各级领导干部的法律意识和环境资源意识。（张惠娜）

中华环保世纪行组委会

Centurial Trip of Chinese Environmental Protection Organizing Committee

中华环保世纪行宣传活动的管理组织机构，

每年确定中华环保世纪行宣传活动的主题并围绕主题组织采访报道。中华环保世纪行组委会确定的宣传主题：2003 年是“推进林业建设，再造秀美山川”，2004 年是“珍惜每一寸土地”，2005 年是“维护生态安全”，2006 年是“增强环境意识，促进可持续发展”，2007 年是“关注江河，造福子孙”等。围绕每年的主题，采取组织若干记者团深入地方进行采访报道的方式，充分把人大监督、舆论监督和群众监督有机结合起来，推动环境与资源保护重大问题解决和有关政策措施出台。（张惠娜）

中华环保宣传网

China Environmental Protection Propaganda Network

国务院批准、民政部注册、环境保护部主管，中华环保联合会主办，公益型环保领域促进平台。秉承中华环保联合会的宗旨，致力于为公众提供环境信息，宣传政府关于环境保护和环保产业发展等方针政策，推广介绍各地环境保护的典型经验和环保实践；团结和聚集社会力量，共同参与和关爱环保工作，协助和配合政府实现国家环境目标任务，加强环境保护宣传，提高公众环保意识，推动中国环境保护事业发展。中华环保宣传网由各地环保、生态建设、环境灾害、环境健康、正在维权、经济与法、河南频道、环保文学、图说天下、案件追踪、低碳校园、论坛展览、专家行、专题等主要频道组成，为各地环保机构提供信息交流平台和探索研究园地，以及为企业发展提供相关咨询和为企业品牌推广提供宣传服务，全方位、多角度提供环境科技和环保产业发展咨询服务。（张惠娜）

《中华环境》

China Environment

由中华人民共和国环境保护部主管，中华环保联合会、中国环境出版有限责任公司主办的国家级环保期刊，2014 年正式创刊发行。办刊宗旨是：坚持正确办刊方向，解读环境保护方针政策，反映环境保护理论新成果、新观点，关注环保公益项目和活动，介绍环境维权知识和案例，宣传环保先进人物先进事迹，推广环保产业经验，倡导环保理念，服务环保发展事业。核心理念是大中华、大环境、大联合。致力于通过反映真实环境现状，积极推动生态观念的传播，推动全社会树立环境责任，进而推动生态文明和美丽中国建设。分为环境法治、公众参与、制度建设三大部分，设有速读、高端声音、封面报道、环境法治、公益视界、绿色经济、环境文化等栏目，既有新闻立体感，又能满足多元化的阅读体验。（王聪聪）

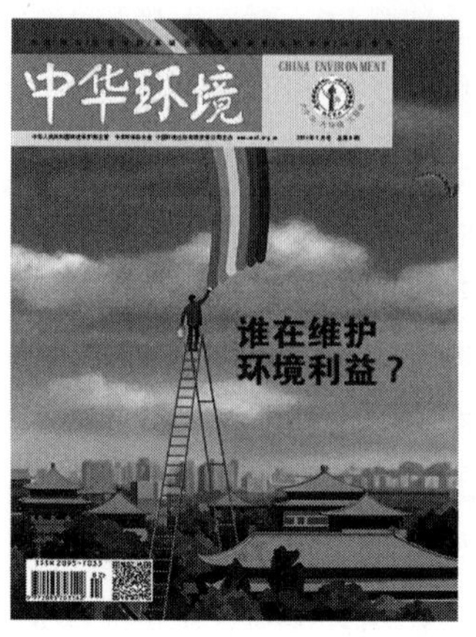

中华环境保护基金会

China Environmental Protection Foundation，CEPF

中国第一个专门从事环境保护事业的基金会，属非营利性社团组织，1993 年 4 月成立。1992 年在巴西里约热内卢召开的联合国环境与发展大会上，为表彰首任国家环境保护局局长曲格平教授在参与和领导中国环境保护事业中做出的突出贡献，联合国将环境大奖和10 万美元奖金颁予他。获奖后，曲格平教授建议，以这笔奖金为基础成立中华环境保护基金会，促进中国环境保护事业的发展。他的建议得到社会各界广泛赞誉和支持，在党和国家有关领导和部门的支持下，中华环境保护基金会成立。宗旨是：广泛募集，取之于民，用之于民，保护环境，造福人类。基金会的标志代表的内涵是生生不息、循环往复、外延广阔。灵感源于中国古代的太极图，具有深厚的民族特征，又具有现代特点；环环相扣的内形，体现了

基金会的环保特点；团结凝聚在中央的五星，象征中国，也象征基金会的核心领导；外围让标志和环境融为一体，更加体现中华环境保护基金会的外延广阔，似云似雾，增加空气的流动，永恒而具有动感。（蔡越）

中华环境奖

China Environmental Protection Award

2007 年宝钢股份向中华环境保护基金会捐赠 5000 万元，专门用于开展中华环境奖相关环保公益事业，以表彰为中国环保事业做出重大贡献或取得优异成绩的集体和个人。同时，为表彰宝钢在环境保护中做出的优异成绩和对公益事业的支持，经中华环境奖组委会批准，特在奖项名称中冠以"宝钢"名字，定位为中国环境保护领域最高的社会性奖励。中华环境奖评选办公室设在中华环境保护基金会。表彰为中国环境保护事业做出重大贡献和取得优异成绩的个人或集体。评选对象分布在各行各业、世界各地，强调社会广泛参与，单位、个人、集体都可以推荐，也可以自荐。评选的过程更是全面宣传环保、教育公众、向国际展示中国环保形象的过程。中华环境奖是一个常设奖项，每两年进行一次评选。获奖候选者的照片和事迹在报刊和新闻媒体上公开发表，征求社会各界意见。（张惠娜）

中华龙根绿环保协会

China longgen Green Environment Association

经中国香港特别行政区批准成立，接受联合国世界和平基金会领导，旨在发扬和推广环保理念，由从事环境保护产业以及热心公益活动的社会人士和企事业单位、团体自愿组成的全国性公益非营利性的环保组织。服务范围：宣传有关法律法规和国家政策，宣传保护环境的重大意义；对环境污染进行调研，向有关部门反映或提出整改意见；

组织会员对生态环境进行评估，支持和推广保护环境、合理利用资源的科研成果。表彰对环境保护做出成绩的先进单位和个人；开展信息、咨询服务，举办科技、经济、教育、环保等领域的各类有偿服务性活动：国际和国内的展览、观摩考察、教学与培训、技术开发、咨询、服务、转让、交流与推广；编辑出版会刊及相关学术书刊、资料、音像制品，开展经济与环保研究的宣传普及工作；普及环保健康知识，捍卫科学尊严；组织开展国际学术交流与合作，发展同国际有关学术团体的友好交往；结合科技、经济、社会等领域的发展问题，举办国际、国内学术研讨会、交流会、座谈会。会员责任义务：从自我做起，发挥、推广、壮大和更好宣传环保理念影响更多的人。（席溢）

《中华人民共和国草原法》

Grassland Law of the People's Republic of China

1985 年 6 月 18 日第六届全国人民代表大会常务委员会第十一次会议通过《中华人民共和国草原法》。2002 年 12 月 28 日，第九届全国人民代表大会常务委员会第三十一次会议对该法进行修订，自 2003 年 3 月 1 日起施行。2013 年 6 月 29 日第十二届全国人民代表大会常务委员会第三次会议再次进行修改。修改后的该法共 9 章 75 条，立法目的是为保护、建设和合理利用草原，改善生态环境，维护生物多样性，发展现代畜牧业，促进经济和社会的可持续发展。该法对草原权属、草原规划和建设、利用与保护、监督检查和法律责任做出规定。其中，编制草原保护、建设、利用规划的原则为：改善生态环境，维护生物多样性，促进草原的可持续利用；以现有草原为基础，因地制宜，统筹规划，分类指导；保护为主、加强建设、分批改良、合理利用；生态效益、经济效益、社会效益相结合。（张沥元）

《中华人民共和国城乡规划法》

Urban and Rural Planning Law of the People's Republic of China

2007年10月28日第十届全国人民代表大会常务委员会第三十次会议通过《中华人民共和国城乡规划法》，自2008年1月1日起施行。2015年4月24日第十二届全国人民代表大会常务委员会第十四次会议通过对《中华人民共和国城乡规划法》做出的进一步修改。修改后的《城乡规划法》共7章70条，立法目的是为了加强城乡规划管理，协调城乡空间布局，改善人居环境，集约高效合理利用城乡土地，促进城乡经济社会全面科学协调可持续发展。与旧法相比，新《城乡规划法》中所称的城乡规划，包括城镇体系规划、城市规划、镇规划、乡规划和村庄规划，这是第一次明确把村庄纳入规划，意味着打破城乡二元的法律体系，强调城乡统筹；明确政府对城乡规划的职能为规划管理职能；清晰规定各种规划的编制程序和各类建设申请的行政管理程序；强化监督职能。（张沥元）

《中华人民共和国大气污染防治法》

Environmental Protection Law of the People's Republic of China

2000年4月29日由第九届全国人民代表大会常务委员会第十五次会议修订通过《中华人民共和国大气污染防治法》，2000年9月1日起施行。最早版本为1987年9月5日由第六届全国人民代表大会常务委员会第二十二次会议通过，1988年6月1日起施行的《中华人民共和国大气污染防治法》，是我国出台的第一部防治大气污染的法律，是继《中华人民共和国环境保护法（试行）》颁布以来，和《中华人民共和国环境保护法》《中华人民共和国水污染防治法》并列的又一部环境保护法。在第一个《大气污染防治法》版本出现以前，我国实际上已经有不少大气污染防治方面的法律，如《工业“三废”排放试行标准（GBJ4—73）》《大气环境质量标准（GB3095～82）》《锅炉烟尘排放标准（GB3841～83）》等等。《大气污染防治法》共7章66条，立法目的是为防治大气污染，保护和改善生活环境和生态环境，保障人体健康，促进经济和社会的可持续发展。该法规对大气污染防治的监督管理体制、主要的法律制度、防治燃烧产生的大气污染、防治机动车船排放污染以及防治废气、尘和恶臭污染的主要措施、法律责任等，都做了较为明确、具体的规定。2015年该法成为民法修改的重点。修订草案共8章100条，对既有条款进行了大规模增删、调序、重新组织，其中“重点区域大气污染联合防治”和“重污染天气应对”为新增加的两章。此次修订在突出源头治理、强化政府责任、区域联防联控、明确排放总量控制和排污许可、强调科技治霾等方面，提出许多明确具体的严格措施。这部法律将成为中国史上最严格的大气污染防治法律。（张沥元　欧阳文川）

《中华人民共和国防沙治沙法》

Law of the People's Republic of China on the Prevention and Control of Sand

2001年8月31日第九届全国人民代表大会常务委员会第二十三次会议通过《中华人民共和国防沙治沙法》，自2002年1月1日起施行。该法共7章47条，立法目的是为预防土地沙化，治理沙化土地，维护生态安全，促进经济和社会的可持续发展。该法规定防沙治沙工作应当遵循的原则如下：统一规划，因地制宜，分步实施，坚持区域防治与重点防治相结合；预防为主，防治结合，综合治理；保护和恢复植被与合理利用自然资源相结合；遵循生态规律，依靠科技进步；改善生态环境与帮助农牧民脱贫致富相结合；国家支持与地方自力更生相结合，政府组织与社会各界参与相结合，鼓励单位、个人承包防治；保障防沙治沙者的合法权益。该法就防沙治沙规划、土地沙化的预防、沙化土地的治理、保障措施、法律责任进行了规定。（张沥元）

《中华人民共和国放射性污染防治法》

Law of the People's Republic of China on Prevention and Control of Radioactive pollution

2003 年 6 月 28 日第十届全国人民代表大会常务委员会第三次会议通过《中华人民共和国放射性污染防治法》，自 2003 年 10 月 1 日起施行。该法共 8 章 63 条，立法目的是为防治放射性污染，保护环境，保障人体健康，促进核能、核技术的开发与和平利用。该法第二章对放射性污染防治的监督管理、核设施的放射性污染防治、核技术利用的放射性污染防治、放射性污染防治、放射性废物管理、法律责任做出详细规定。该法规定，国家鼓励、支持放射性污染防治的科学研究和技术开发利用，推广先进的放射性污染防治技术。该法对核设施的选址、建造、运营、污染防护标准、安全保卫制度、事故应急制度做出规定。（张沥元）

《中华人民共和国个人所得税法》

Individual Income Tax Law of the People's Republic of China

最初于 1980 年 9 月 10 日在第五届全国人民代表大会第三次会议通过，历经多次修正，最新修正于 2011 年 6 月 30 日第十一届全国人民代表大会常务委员会第二十一次会议。《个人所得税法》与《个人所得税法实施条例》《税收征管法》以及由中国各级税务机关发布的有关个人所得税征管的规定，共同构成现行中国个人所得税的主体法律基础。（代富宇）

《中华人民共和国固体废物污染环境防治法》

Law of the People's Republic of China on Prevention and Control of Environmental Pollution by Solid Waste

2004 年 12 月 29 日第十届全国人民代表大会常务委员会第十三次会议修订通过《中华人民共和国固体废物污染环境防治法》，自 2005 年 4 月 1 日起施行。该法共 6 章 187 条，立法目的是为了防治固体废物污染环境，保障人体健康，维护生态安全，促进经济社会可持续发展。同旧法相比，新《固废法》将维护生态安全纳入立法，关注环境质量状况低劣和自然资源的减少对经济可持续发展的支撑能力的削弱，以及环境破坏和自然资源短缺引发的社会动荡问题；将农村固体废物防治纳入了法律规制范围，对种植、养殖业产生的固体废物、农村生活垃圾的清扫、处置提出了合理利用、预防污染的要求，并规定农村生活垃圾污染环境防治的具体办法，由地方性法规规定；进一步具体化污染者负担原则，规定污染者在固体废物污染防治方面应履行的法定义务，通过具体制度将污染者责任细分，扩大和延伸生产者在固体废物防治中的责任范围。（张沥元）

中华人民共和国国家发展与改革委员会

National Development and Reform Commission of the People's Republic of China，NDRC

国务院下属的职能机构，是负责综合研究拟订经济和社会发展政策，进行总量平衡，指导总体经济体制改革的宏观调控部门。国家发改委的前身是国家计划委员会，成立于 1952 年。国家计划委员会于 1998 年更名为国家发展计划委员会，又于 2003 年将原国务院体改办和国家经贸委的部分职能并入，改组为国家发展和改革委员会，简称“国家发改委”。国家发改委设主任、副主任、秘书长和副秘书长，以及 28 个职能部门。2008 年 3 月，国家发改委放弃它在工业行业管理方面的有关职能和对国家烟草专卖局的管理，将这两项工作都划入新成立的工业和信息化部。同时，它负责代管新成立的国家能源局。

国家发改委的主要职责有：1. 拟订并组织实施国民经济和社会发展战略、中长期规划和年度计划，统筹协调经济社会发展，受国务院委托向全国人大提交国民经济和社会发展计划的报告。2. 负责监测宏观经济和社会发展态势，承担预测预警和信息引导的责任，研究宏观经济运行、总量平衡、国家经济安全和总体产业安全等重要问题，并提出宏观调控政策建议。3. 负责汇总分析财政、金融等方面的情况，参与制定财政政策、货币政策和土地政策，拟订并组织实施价格政策。4. 承担指导推进和综合协调经济体制改革的责任，研究经济体制改革和对外开放的重大问题，组织拟订综合性经济体制改革方案，协调有关专项经济体制改革方案，会同有关部门搞好重要专项经济体制改革之间的衔接，指导经济体制改革试点和改革试验区工作。5. 承担规划重大建设项目和生产力布局的责任，拟订全社会固定资产投资总规模和投资结构的调控目标、政策及措施，衔接平衡需要安排中央政府投资和涉及重大建设项目的专项规划。6. 推进经济结构战略性调整。7. 承担组织编制主体功能区规划并协调实施和进行监测评估的责任，组织拟订区域协调发展及西部地区开发、振兴东北地区等老工业基地、促进中部地区崛起的战略、规划和重大政策，研究提出城镇化发展战略和重大政策，负责地区经济协作的统筹协调。8. 承担重要商品总量平衡和宏观调控的责任，编制重要农产品、工业品和原材料进出口总量计划并监督执行，根据经济运行情况对进出口总量计划进行调整，拟订国家战略物资储备规划，负责组织国家战略物资的收储、动用、轮换和管理，会同有关部门管理国家粮食、棉花和食糖等储备。9. 负责社会发展与国民经济发展的政策衔接，组织拟订社会发展战略、总体规划和年度计划，参与拟订人口和计划生育、科学技术、教育、文化、卫生、民政等发展政策，推进社会事业建设。10. 推进可持续发展战略，负责节能减排的综合协调工作，组织拟订发展循环经济、全社会能源资源节约和综合利用规划及政策措施并协调实施，参与编制生态建设、环境保护规划，协调生态建设、能源资源节约和综合利用的重大问题，综合协调环保产业和清洁生产促进有关工作。11. 组织拟订应对气候变化重大战略、规划和政策，与有关部门共同牵头组织参加气候变化国际谈判，负责国家履行联合国气候变化框架公约的相关工作。12. 起草国民经济和社会发展、经济体制改革和对外开放的有关法律法规草案，制定部门规章。13. 组织编制国民经济动员规划、计划，研究国民经济动员与国民经济、国防建设的关系，协调相关重大问题，组织实施国民经济动员有关工作。14. 承担国家国防动员委员会有关具体工作和国务院西部地区开发领导小组、国务院振兴东北地区等老工业基地领导小组、国家应对气候变化及节能减排工作领导小组的具体工作。15. 承办国务院交办的其他事项。（刘中华）

中华人民共和国国家海洋局

State Oceanic Administration People's Republic of China

1964 年经国务院批准正式成立，是国家负责海洋规划、立法、管理的政府行政管理机构，由国土资源部代管。国家海洋局成立之初曾由海军代管，后为国务院下设的统筹规划管理全国海洋工作的政府职能部门，是国务院直属机构。1993 年 4 月 19 日，国务院决定国家海洋局由国家科学技术委员会管理。1994 年，国务院决定，国家南极考察委员会办公室更名为国家海洋局南极考察办公室。1998 年 3 月 10 日，九届全国人大一次会议通过的《关于国务院机构改革的决定》，将国家海洋局作为国土资源部的部管国家局。2013 年，国务院重组国家海洋局，以中国海警局名义开展海上维权执法，接受公安部业务指导。

国家海洋局主要职责有：1. 负责起草内海、领海、毗连区、专属经济区、大陆架及其他海域涉及海域使用、海洋生态环境保护、海洋科学调查、海岛保护等的法律法规、规章草案，会同有关部门组织拟订并监督实施海洋发展战略以及海洋事业发展、海洋主体功能区、海洋生态环境保护、海洋经济发展、海岛保护及无居民海岛开发利用等规划，推动完善海洋事务统筹规划和综合协调机制。2. 负责组织拟订海洋维权执法的制度和措施，制定执法规范和流程。3. 负责组织编制并监督实施海洋功能区划，组织拟订并监督实施海域使用管理制度，组织开展海岸线和沿海省际间海域界线勘定工作，组织起草专属经济区和大陆架人工岛屿、设施和结构的建造、使用管理办法并监督实施。4. 负责组织拟订海岛保护及无居民海岛开发利用管理制度并监督实施，按规定负责我国陆地海岸带以外海域、无居民海岛、海底地形地名管理工作，制定领海基点等特殊用途海岛保护管理办法并监督实施。5. 负责组织开展海洋生态环境保护工作。6. 负责拟订海洋观测预报和海洋灾害警报制度并监督实施，组织编制并实施海洋观测网规划，发布海洋预报、海洋灾害警报和公报，建设海洋环境安全保障体系，参与重大海洋灾害应急处置。7. 负责组织拟订并实施海洋科技发展规划，拟订海洋技术标准、计量和规范，组织实施海洋调查，建立推动海洋科技创新的机制。8. 负责组织开展海洋经济运行综合监测、统计核算、评估及信息发布工作，研究提出优化海洋产业结构的政策建议。9. 负责开展海洋领域国际交流与合作，参与涉外海洋事务谈判与磋商，组织履行《联合国海洋法公约》《南极条约》等国际海洋公约、条约和协定，承担极地、公海和国际海底相关事务管理。10. 承担国家海洋委员会的具体工作。（刘中华）

中华人民共和国国家林业局

The State Forestry Administration of the People's Republic of China

主管林业工作的国务院直属机构。根据《国务院关于机构设置的通知》（国发〔2008〕11号）而设立，为国务院直属机构。国家林业局现设11个内设机构，分别为办公室、政策法规司、造林绿化管理司（全国绿化委员会办公室）、森林资源管理司（木材行业管理办公室）、野生动植物保护与自然保护区管理司、农村林业改革发展司、森林公安局（国家森林防火指挥部办公室）、发展规划与资金管理司、科学技术司、国际合作司（港澳台办公室）和人事司。

国家林业局主要职责有：1. 负责全国林业及其生态建设的监督管理。2. 组织、协调、指导和监督全国造林绿化工作。3. 承担森林资源保护发展监督管理的责任。4. 组织、协调、指导和监督全国湿地保护工作。5. 组织、协调、指导和监督全国荒漠化防治工作。6. 组织、指导陆生野生动植物资源的保护和合理开发利用。7. 负责林业系统自然保护区的监督管理。8. 承担推进林业改革，维护农民经营林业合法权益的责任。9. 监督检查各产业对森林、湿地、荒漠和陆生野生动植物资源的开发利用。10. 承担组织、协调、指导、监督全国森林防火工作的责任，组织、协调，指导武装森林警察部队和专业森林扑火队伍的防扑火工作，承担国家森林防火指挥部的具体工作。11. 参与拟订林业及其生态建设的财政、金融、价格、贸易等经济调节政策，组织、指导林业及其生态建设的生态补偿制度的建立和实施。12. 组织指导林业及其生态建设的科技、教育和外事工作，指导全国林业队伍的建设。（刘中华）

中华人民共和国国土资源部

Ministry of Land and Resources of the People's Republic of China

根据第十一届全国人民代表大会第一次会议批准的国务院机构改革方案和《国务院关于机构设置的通知》（国发〔2008〕11号）而设立，为国务院组成部门，同时代管国家海洋局、国家测绘地理信息局、国家土地督察局和中国地质调查局。国土资源部设15个内设机构：办公厅、政策法规司、调控和监测司、规划司、财务司、耕地保护司、地籍管理司、土地利用管理司、地质勘查司、矿产开发管理司、矿产资源储量司、地质环境司、执法监察局、科技与国际合作司和人事司。

国土资源部的主要职责包括：1. 承担保护与合理利用土地资源、矿产资源、海洋资源等自然资源的责任。2. 承担规范国土资源管理秩序的责任。3. 承担优化配置国土资源的责任。4. 负责规范国土资源权属管理。5. 承担全国耕地保护的责任，确保规划确定的耕地保有量和基本农田面积不减少。6. 承担及时准确提供全国土地利用各种数据的责任。7. 承担节约集约利用土地资源的责任。8. 承担规范国土资源市场秩序的责任。9. 负责矿产资源开发的管理，依法管理矿业权的审批登记发证和转让审批登记，负责国家规划矿区、对国民经济具有重要价值的矿区的管理，承担保护性开采的特定矿种、优势矿产的开采总量控制及相关管理工作，组织编制实施矿业权设置方案。10. 负责管理地质勘查行业和矿产资源储量，组织实施全国地质调查评价、矿产资源勘查，管理中央级地质勘查项目，组织实施国家重大地质勘查专项，管理地质勘查资质、地质资料、地质勘查成果，统一管理中央公益性地质调查和战略性矿产勘查工作。11. 承担地质环境保护的责任。12. 承担地质灾害预防和治理的责任。13. 依法征收资源收益，规范、监督资金使用，拟订土地、矿产资源参与经济调控的政策措施。14. 推进国土资源科技进步，组织制定、实施国土资源科技发展和人才培养战略、规划和计划，组织实施重大科技专项，推进国土资源信息化和信息资料的公共服务。15. 开展对外合作与交流。（刘中华）

《中华人民共和国海洋环境保护法》

Marine Environmental Protection Law of the People's Republic of China

1982 年 8 月 23 日第五届全国人民代表大会常务委员会第二十四次会议通过《中华人民共和国海洋环境保护法》。1999 年 12 月 25 日第九届全国人民代表大会常务委员会第十三次会议又对《海洋环境保护法》做出修订，由中华人民共和国主席令第 26 号发布，从 2000 年 4 月 1 日起施行。最近的版本于 2013 年 12 月 28 日第十二届全国人民代表大会常务委员会第六次会议修订通过，自公布之日起施行。内容包含 10 章，分别为总则、海洋环境监督管理、海洋生态保护、防治陆源污染物对海洋环境的污染损害、防治海岸工程建设项目对海洋环境的污染损害、防治海洋工程建设项目对海洋环境的污染损害、防治倾倒废弃物对海洋环境的污染损害、防治船舶及有关作业活动对海洋环境的污染损害、法律责任、附则。我国海域面积辽阔，占到约国土陆地面积的三分之一，海岸线长，海洋资源极其丰富且储量巨大，拥有宝贵的开发价值和研究价值，然而由于开发方式不科学，往往造成资源开发过度，海洋环境污染严重的局面，致使海洋环境日益恶化，海洋生态环境受到损害，《海洋环境保护法》的出台从法制层面确保了海洋环境保护在国家战略体系中的重要位置，使海洋环境保护正规化、制度化、法制化。（欧阳文川）

《中华人民共和国海洋污染防治法》

Marine Pollution Prevention and Control Law of the People's Republic of China

《中华人民共和国海洋污染防治法》自 2000 年 4 月 1 日起施行。该法共 10 章 98 条，立法目的是为保护和改善海洋环境，保护海洋资源，防治污染损害，维护生态平衡，保障人体健康，促进经济和社会的可持续发展。该法对海洋环境监督管理、海洋生态保护、防治陆源污染物对海洋环境的污染损害、防治海岸工程建设项目对海洋环境的污染损害、防治海洋工程建设项目对海洋环境的污染损害、防治倾倒废弃物对海洋环境的污染损害、防治船舶及有关作业活动对海洋环境的污染损害几个层面做出详细规定，明确国家和各级政府的行政职责，以及单位和个人享有的权利和应当遵守的义务。（张沥元）

《中华人民共和国海域使用管理法》

Law of the People's Republic of China on the Management of Sea Areas Use

2001 年 10 月 27 日中华人民共和国第九届全国人民代表大会常务委员会第二十四次会议通过《中华人民共和国海域使用管理法》，自 2002 年 1 月 1 日起施行。该法共 8 章 54 条，立法目的是为加强海域使用管理，维护国家海域所有权和海域使用权人的合法权益，促进海域的合理开发和可持续利用。该法规定，海域属于国家所有，国务院代表国家行使海域所有权；任何单位或者个人不得侵占、买卖或者以其他形式非法转让海域；单位和个人使用海域，必须依法取得海域使用权。

该法对海洋功能区划、海域使用的申请与审批、海域使用权、海域使用金、监督检查、法律责任做出了详细规定。（张沥元）

中华人民共和国环境保护部

Ministry of Environmental Protection of the People's Republic of China

国务院的组成部门之一，前身是国家环境保护总局，主要负责有关环境保护的事项，并对外保留国家核安全局的牌子。根据第十一届全国人民代表大会第一次会议批准的国务院机构改革方案和《国务院关于机构设置的通知》（国发200811号）设立。1972年国家成立由万里任组长的官厅水系水源保护领导小组，是国家成立最早的环保部门。1973年小组扩展为国务院环境保护领导小组办公室，简称“国环办”。1982年经过第一次机构改革，升格为环境保护局，归属当时的城乡建设环境保护部。1984年更名为国家环保局，依旧在建设部的管理范围之内。1988年国务院机构改革时，从城乡建设环境保护部中独立出来，成为国务院直属机构，副部级。1998年国家环境保护局升格为国家环境保护总局，正部级。2008年，根据相关政策，成立环保部，成为国务院的组成部门之一。部内设14个机构，包括办公厅、规划财务司、政策法规司、行政体制与人事司、科技标准司、污染物排放总量控制司、环境影响评价司、环境监测司、污染防治司、自然生态保护司、核安全管理司、环境监察司、国际合作司及宣传教育司。

环保部的主要职责有：1. 负责建立健全环境保护基本制度。2. 负责重大环境问题的统筹协调和监督管理。3. 承担落实国家减排目标的责任。4. 负责提出环境保护领域固定资产投资规模和方向、国家财政性资金安排的意见，按国务院规定权限，审批、核准国家规划内和年度计划规模内固定资产投资项目，并配合有关部门做好组织实施和监督工作。5. 承担从源头上预防、控制环境污染和环境破坏的责任。6. 负责环境污染防治的监督管理。7. 指导、协调、监督生态保护工作。8. 负责核安全和辐射安全的监督管理。9. 负责环境监测和信息发布。（刘中华　代富宇）

《中华人民共和国环境保护法》

Environmental Protection Law of the People's Republic of China

1989年12月26日《中华人民共和国环境保护法》由中华人民共和国第七届全国人民代表大会常务委员会第十一次会议通过。2014年4月24日中华人民共和国第十二届全国人民代表大会常务委员会第八次会议表决通过了《环保法修订案》，自2015年1月1日起正式实施。修订后的《环保法》共分为7章70条，目的是为保护和改善环境，防治污染和其他公害，保障公众健康，推进生态文明建设，促进经济社会可持续发展。修订后的《环保法》规定，保护环境是国家的基本国策，并明确环境保护坚持保护优先、预防为主、综合治理、公众参与、污染者担责的原则；强调政府监管、监督和法律责任；完善生态保护红线、污染物总量控制、环境监测和环境影响评价、跨行政区域联合防治等环境保护基本制度；强化企业污染防治责任，加大对环境违法行为的法律制裁；就政府、企业公开环境信息与公众参与、监督环境保护做出系统规定，增强了法律的可执行性和可操作性；规定每年6月5日为环境日。与旧环保法相比，新环保法突出体现建立公共检测预警机制、扩大公益诉讼主体、加强政府监管职责等特点。（张沥元）

《中华人民共和国环境影响评价法》

Law of the People's Republic of China on Environmental Impact Assessment

2002年10月28日第九届全国人民代表大会常务委员会第三十次会议通过《中华人民共和国环境影响评价法》，自2003年9月1日起施行。《环境影响评价法》共5章38条，立法目的是为实施可持续发展战略，预防因规划和建设项目实施后对环境造成的不良影响，促进经济、社会和环境的协调发展。该法对环境影响评价的概念、原则、范围、程序及法律责任等，做出明确规定。环境影响评价对象包括法定应当进行环境影响评价的规划和建设项目两大类。政策和计划并未纳入到《环境影响评价法》规定的环境影响评价对象。（张沥元）

《中华人民共和国环境噪声污染防治法》

Environmental Noise Pollution Prevention and Control Law of the People's Republic of China

1996 年 10 月 29 日第八届全国人民代表大会常务委员会第二十二次会议通过《环境噪声污染防治法》，自 1997 年 3 月 1 日起施行。该法共 8 章 64 条，立法目的是为防治环境噪声污染，保护和改善生活环境，保障人体健康，促进经济和社会发展，就环境噪声污染防治的监督管理，以及工业噪声、建筑施工噪声、交通运输噪声、社会生活噪声污染防治及法律责任做出了具体规定。该法规定环境噪声污染是指工业生产、建筑施工、交通运输和社会生活中所产生的干扰周围生活环境的声音超过国家规定的环境噪声排放标准，并干扰他人正常生活、工作和学习的现象；县级以上地方人民政府环境保护行政主管部门对本行政区域内的环境噪声污染防治实施统一监督管理，各级公安、交通、铁路、民航等主管部门和港务监督机构，根据各自的职责，对交通运输和社会生活噪声污染防治实施监督管理；任何单位和个人都有保护声环境的义务，并有权对造成环境噪声污染的单位和个人进行检举和控告。（张沥元）

《中华人民共和国节约能源法》

Law of the People's Republic of China on Energy Conversation

1997 年 11 月 1 日第八届全国人民代表大会常务委员会第二十八次会议通过《中华人民共和国节约能源法》，自 1998 年 1 月 1 日起施行。2007 年 10 月 28 日第十届全国人民代表大会常务委员会第三十次会议对该法进行修订，修订后共 7 章 87 条。立法目的是为了推动全社会节约能源，提高能源利用效率，保护和改善环境，促进经济社会全面协调可持续发展。该法所称的节约能源，指加强用能管理，采取技术上可行、经济上合理以及环境和社会可以承受的措施，从能源生产到消费的各个环节，降低消耗、减少损失和污染物排放、制止浪费，有效、合理地利用能源。该法还对工业节能、建筑节能、交通运输节能、公共机构节能、重点用能单位节能、节能技术、具体措施，以及生产、进口、销售中的节能行为及法律责任做出了具体规定。本法界定了能源和节约能源的概念：能源是指煤炭、石油、天然气、生物质能和电力、热力以及其他直接或者通过加工、转换而取得有用能的各种资源；节约能源，是指加强用能管理，采取技术上可行、经济上合理以及环境和社会可以承受的措施，从能源生产到消费的各个环节，降低消耗、减少损失和污染物排放、制止浪费，有效、合理地利用能源。本法主要思想是全面协调可持续发展，并提出了节约与开发并举、把节约放在首位的发展战略，制定了具体的发展规划和相关政策、机制，支持节能技术创新与发展。（张沥元　朱配辰）

《中华人民共和国可持续发展国家报告》

The People's Republic of China National Report on Sustainable Development

为做好 2012 年联合国可持续发展大会的参会筹备工作，中国筹委会于 2011 年 7 月成立《中华人民共和国可持续发展国家报告》编写组，全面启动《国家报告》的编写工作。在内容安排上，《国家报告》共分 8 章。第 1 章对中国实施

可持续发展战略的进展、面临的挑战和战略部署进行了总体概述。第2～5章对中国推进可持续发展经济、社会、环境三大支柱建设方面的努力和进展进行了详细阐述，主要包括经济结构调整、发展方式转变、人的发展、社会进步、资源可持续利用、生态环境保护与应对气候变化。第6～7章介绍中国在可持续发展能力建设、国际合作、履行国际环发公约等方面取得的进展。第8章阐述中国政府对大会目标和主题的基本立场以及对若干重点领域的基本看法。在《国家报告》编写过程中，共有来自40个部门及相关研究机构的数百名人员参与，数次征求部门、非政府组织和社会各界人士的意见和建议。该报告具有广泛的公众基础，充分反映了近10年来中国可持续发展取得的进展，因而是我国对2012年联合国可持续发展大会的有益支持和贡献。（张沥元）

《中华人民共和国可再生能源法》

Renewable Energy Law of the People's Republic of China

2005年2月28日第十届全国人民代表大会常务委员会第十四次会议通过《中华人民共和国可再生能源法》，自2006年1月1日起施行。2009年12月26日，第十一届全国人大常委会第十二次会议通过《可再生能源法修正案》，对旧法中的第6条进行修改。修改后的该法共8章33条，立法目的是为了促进可再生能源的开发利用，增加能源供应，改善能源结构，保障能源安全，保护环境，实现经济社会的可持续发展。该法所称的可再生能源，是指风能、太阳能、水能、生物质能、地热能、海洋能等非化石能源，该法对可再生能源的资源调查与发展规划、产业指导与技术支持、推广与应用、价格管理与费用分摊、经济激励与监督措施，以及政府、企业的相关法律责任等，都做出明确规定。在附则中，对生物质能、可再生能源独立电力系统、能源作物、生物液体燃料的定义做出了具体说明。（张沥元 石艳峰）

《中华人民共和国矿产资源法》

Mineral Resources Law of the People's Republic of China

1986年3月19日第六届全国人民代表大会常务委员会第十五次会议通过《中华人民共和国矿产资源法》，1996年8月29日，第八届全国人民代表大会常务委员会第二十一次会议通过《关于修改〈中华人民共和国矿产资源法〉的决定》。修改后的该法共7章158条，立法目的是为发展矿业，加强矿产资源的勘查、开发利用和保护工作，保障社会主义现代化建设的当前和长远的需要。该法对矿产资源勘查的登记和开采的审批、矿产资源的勘查、矿产资源的开采、集体矿山企业和个体采矿以及单位和个人应当承担的法律责任，做出详细规定。（张沥元）

《中华人民共和国煤炭法》

Coal Law of the People's Republic of China

1996年8月29日第八届全国人民代表大会常务委员会第二十一次会议通过《中华人民共和国煤炭法》，自1996年12月1日起施行。此后，该法于2011年、2013年经历两次修改。修改后的该法共8章187条，立法目的是为合理开发利用和保护煤炭资源，规范煤炭生产、经营活动，促进和保障煤炭行业的发展。该法规定，国家对煤炭开发实行统一规划、合理布局、综合利用的方针；国家保护依法投资开发煤炭资源的投资者的合法权益，保障国有煤矿的健康发展，对乡镇煤矿采取扶持、改造、整顿、联合、提高的方针，实行正规合理开发和有序发展。该法对煤炭生产开发规划与煤矿建设、煤炭生产与煤矿安全、煤炭经营、煤矿矿区保护、监督检查、法律责任等，做出详细规定。（张沥元）

中华人民共和国农业部

Ministry of Agriculture of the People's Republic of China

主管农业与农村经济发展的国务院组成部

门。农业部的主要职责是：1. 研究拟定农业和农村经济发展战略、中长期发展规划，经批准后组织实施；拟定农业开发规划并监督实施。2. 研究拟定农业的产业政策，引导农业产业结构的合理调整、农业资源的合理配置和产品品质的改善；提出有关农产品及农业生产资料价格、关税调整、大宗农产品流通、农村信贷、税收及农业财政补贴的政策建议；组织起草种植业、畜牧业、渔业、乡镇企业等农业各产业（以下简称农业各产业）的法律、法规草案。3. 研究提出深化农村经济体制改革的意见；指导农业社会化服务体系建设和乡村集体经济组织、合作经济组织建设；按照中央要求，稳定和完善农村基本经营制度、政策，调节农村经济利益关系，指导、监督减轻农民负担和耕地使用权流转工作。4. 研究制定农业产业化经营的方针政策和大宗农产品市场体系建设与发展规划，促进农业产前、产中、产后一体化；组织协调菜篮子工程和农业生产资料市场体系建设；研究提出主要农产品、重点农业生产资料的进出口建议；预测并发布农业各产业产品及农业生产资料供求情况等农村经济信息。5. 组织农业资源区划、生态农业和农业可持续发展工作；指导农用地、渔业水域、草原、宜农滩涂、宜农湿地、农村可再生能源的开发利用以及农业生物物种资源的保护和管理；负责保护渔业水域生态环境和水生野生动植物工作；维护国家渔业权益，代表国家行使渔船检验和渔政、渔港监督管理权。6. 制定农业科研、教育、技术推广及其队伍建设的发展规划和有关政策，实施科教兴农战略；组织重大科研和技术推广项目的遴选及实施；指导农业教育和农业职业技能开发工作。7. 拟定农业各产业技术标准并组织实施；组织实施农业各产业产品及绿色食品的质量监督、认证和农业植物新品种的保护工作；组织协调种子、农药、兽药等农业投入品质量的监测、鉴定和执法监督管理；组织国内生产及进口种子、农药、兽药、有关肥料等产品的登记和农机安全监理工作。8. 起草动植物防疫和检疫的法律法规草案，签署政府间协议、协定，制定有关标准；组织兽医医政、兽药药政药检工作；组织、监督对国内动植物的防疫、检疫工作，发布疫情并组织扑灭。9. 承办政府间农业涉外事务，组织有关国际经济、技术交流与合作。10. 指导直属事业单位的工作及部属企业改革；监督部属企业国有资产保值增值；按照权限管理直属单位人事、劳动工资、机构编制工作；指导有关社会团体为农业经济发展服务。（刘中华）

《中华人民共和国农业法》

Agricultural Law of the People's Republic of China

1993 年 7 月 2 日第八届全国人民代表大会常务委员会第二次会议通过《中华人民共和国农业法》，该法分别于 2002 年 12 月 28 日和 2012 年 12 月 28 日经历两次修订，新法于 2013 年 1 月 1 日施行。修改后的该法共 13 章 99 条，立法目的是为巩固和加强农业在国民经济中的基础地位，深化农村改革，发展农业生产力，推进农业现代化，维护农民和农业生产经营组织的合法权益，增加农民收入，提高农民科学文化素质，促进农业和农村经济的持续、稳定、健康发展，实现全面建设小康社会的目标。该法就农业生产经营体制、农业生产、农产品流通与加工、粮食安全、农业投入与支持保护、农业科技与农业教育、农业资源与农业环境保护、农民权益保护、农村经济发展、执法监督等方面做出规定。该法规定，发展农业和农村经济必须合理利用和保护土地、水、森林、草原、野生动植物等自然资源，发展生态农业，保护和改善生态环境；采用先进技术，保护和提高地力，防止农用地的污染、破坏和地力衰退；加强小流域综合治理，预防和治理水土流失；退耕还草、还林、还湿地；建立与农业生产有关的生物物种资源保护制度，保护生物多样性；防治废水、废气和固体废弃物对农业生态环境的污染，等等。（张沥元）

《中华人民共和国气象法》

Meteorological Law of the People's Republic of China

1999 年 10 月 31 日第九届全国人民代表大会常务委员会第十二次会议修订通过《中华人民共和国气象法》，自 2000 年 1 月 1 日起施行。该法共 8 章 45 条，立法目的是为发展气象事业，规范气象工作，准确、及时地发布气象预报，防御气象灾害，合理开发利用和保护气候资源，为经济建设、国防建设、社会发展和人民生活提供气象服务。该法规定，气象事业是经济建设、国防建设、社会发展和人民生活的基础性公益事业，气象工作应当把公益性气象服务放在首位；为保证为公益性气象信息服务和气象事业的发展提供充分的信息资源与经费保障，有关部门和各级政府应加强对气象情况的汇报和气象工作的领导，将气象事业纳入本级国民经济和社会发展计划及财政预算；对各级气象主管机构的职责做出规定。该法对气象设施的建设与管理、气象探测、气象预报与灾害性天气警报、气象灾害防御、气候资源开发利用和保护、法律责任做出详细规定。（张沥元）

《中华人民共和国清洁生产促进法》

Cleaner Production Promotion Law of the People's Republic of China

2002 年 6 月 29 日第九届全国人民代表大会常务委员会第二十八次会议审议通过《中华人民共和国清洁生产促进法》，自 2003 年 1 月 1 日起施行，并于 2012 年做了修订。修订后的该法共 6 章 40 条，立法目的是为促进清洁生产，提高资源利用效率，减少和避免污染物的产生，保护和改善环境，保障人体健康，促进经济与社会可持续发展。修订后的《清洁生产促进法》进一步明确政府推进清洁生产的工作职责；扩大对企业实施强制性清洁生产审核范围，在保留对“双超双有”企业依法进行强制性清洁生产审核外，增加对“超过能源消耗限额标准的高耗能企业依法进行强制清洁生产审核”条款；明确规定建立清洁生产财政支持资金；强化清洁生产中政府、企业、评估验收部门和单位及其工作人员的法律责任；强化政府监督与社会监督作用，明确要求实施强制性清洁生产审核的企业，应当将审核结果向所在地县级以上地方人民政府负责清洁生产综合协调的部门、环境保护部门报告，并在本地区主要媒体上公布，接受公众监督（涉及商业秘密的除外）。它的法律性质、规范性质和规范内容具有的特点：1. 兼具经济法与环保法双重属性的法律文件。2. 直接将政策纳入法律，以政策为主要内容的政策性法律文件。3. 以提倡性、鼓励性规范为主，以强制性、制裁性规范为辅的法律文件。它的制定标志着我国可持续发展已有历史性进步，对促进经济、社会健康发展具有重要作用。（张沥元 李雪姣）

《中华人民共和国森林法》

Forestry Law of the People's Republic of China

1984 年 9 月 20 日第六届全国人民代表大会常务委员会第七次会议通过《中华人民共和国森林法》。1998 年 4 月 29 日根据第九届全国人民代表大会常务委员会第二次会议通过的《关于修改〈中华人民共和国森林法〉的决定》进行修正。该法共 4 章 49 条，立法目的是为保护、培育和合理利用森林资源，加快国土绿化，发挥森林蓄水保土、调节气候、改善环境和提供林产品的作用，适应社会主义建设和人民生活的需要。该法涵盖在中华人民共和国领域内从事森林、林木的培育种植、采伐利用和森林、林木、林地的经营管理活动，总则中规定森林、林木、林地使用者和所有者的合法权益；将森林按照用途分为防护林、用材林、经济林、薪炭林、特种用途林；规定林业建设实行以营林为基础、普遍护林、大力造林、采育结合、永续利用的方针。该法规定森林管理、森林保护、植树造林、森林采伐的过程和办法，以及相关法律责任。（张沥元）

《中华人民共和国水法》

Water Law of the People's Republic of China

2002年8月29日由中华人民共和国第九届全国人民代表大会常务委员会第二十九次会议修订通过，从2002年10月1日起开始实施。《中华人民共和国水法》（以下简称《水法》）适应国民经济和社会发展需要，为合理利用、开发、节约和保护水资源，防治水灾，实现水资源可持续利用的目的而制定。《水法》全文共分为8章，分别为总则；水资源规划；水资源开发利用；水资源、水域和水工程的保护；水资源配置和节约使用；水事纠纷处理与执法监督检查；法律责任；附则。修订后的《水法》弥补1998年我国颁布和实施的第一部水法的不足，98版《水法》虽然也对水资源和开发、保护和利用做出了巨大贡献，然而其制定重点在于通过水利建设开发防治水涝灾害和抗旱减灾。随着社会经济的发展，在水资源的使用问题上，水资源污染和水资源开发利用方式不合理等问题更加凸显，仅凭水利设施建设已无法解决新的问题，并且旧《水法》执法力度不强、可操作性差，在这种情况下新《水法》的制定和颁布实施有利于促进水资源的合理使用和水污染控制。新修订的《水法》实现了创新和突破，以统一管理的方式明确了水资源管理体制，改正了旧《水法》多部门、多层级治水的分散式管理措施，第一次在法律上确定水资源行政区域管理和流域管理相结合的管理体制，并对流域水资源管理机构的管理职责做了细致规定；对于水资源的保护更加突出对于水质的保护和管理，弥补了旧《水法》以水环境质量标准和污染物排放标准保护水资源中对于水体排放污染物总量的疏漏；全面加强了水资源节约的制度性规范，解决了节水工程中制度供给的缺乏。（参考：姚慧娥等：《新〈水法〉的进步与不足》，《华东政法学院学报》2003年第3期第44～48页；江泽民：《中华人民共和国水法》，《河南水利与南水北调》2013年第6期第1～5页。欧阳文川）

中华人民共和国水利部

The Ministry of Water Resources of the People's Republic of China

成立于1949年10月。1958年2月11日第一届全国人大第五次会议决定撤销电力工业部和水利工业部，设水利电力部；1979年2月23日第五届全国人大第六次会议决定撤销水利电力部，分别设水利部和电力工业部；1982年机构改革，将水利部和电力工业部合并设水利电力部；1988年4月第七届人大第一次会议通过国务院机构改革方案，确定成立水利部。水利部于1988年7月22日重新组建。

水利部主要职责有：1. 负责保障水资源的合理开发利用，拟订水利战略规划和政策，起草有关法律法规草案，制定部门规章，组织编制国家确定的重要江河湖泊的流域综合规划、防洪规划等重大水利规划。2. 负责生活、生产经营和生态环境用水的统筹兼顾和保障。3. 负责水资源保护工作。4. 负责防治水旱灾害，承担国家防汛抗旱总指挥部的具体工作。5. 负责节约用水工作。6. 指导水文工作。7. 指导水利设施、水域及其岸线的管理与保护，指导大江、大河、大湖及河口、海岸滩涂的治理和开发，指导水利工程建设与运行管理，组织实施具有控制性的或跨省、自治区、直辖市及跨流域的重要水利工程建设与运行管理，承担水利工程移民管理工作。8. 负责防治水土流失。9. 指导农村水利工作。10. 负责重大涉水违法事件的查处，协调、仲裁跨省、自治区、直辖市水事纠纷，指导水政监察和水行政执法。依法负责水利行业安全生产工作，组织、指导水库、水电站大坝的安全监管，指导水利建设市场的监督管理，组织实施水利工程建设的监督。11. 开展水利科技和外事工作。（刘中华）

《中华人民共和国水土保持法》

Soil and Water Conservation Law of the People's Republic of China

1991年6月29日第七届全国人民代表大会

常务委员会第二十次会议通过《中华人民共和国水土保持法》。2010 年 12 月 25 日第十一届全国人民代表大会常务委员会第十八次会议对该法进行修订，自 2011 年 3 月 1 日起施行。修改后的该法共 7 章 60 条，立法目的是为预防和治理水土流失，保护和合理利用水土资源，减轻水、旱、风沙灾害，改善生态环境，保障经济社会可持续发展。该法对水土保持的总体规划、预防、治理、监测和监督、法律责任做出规定。该法规定水土保持规划应当在水土流失调查结果及水土流失重点预防区和重点治理区划定的基础上，遵循统筹协调、分类指导的原则编制；确立水土流失调查制度；规定水土保持规划的内容及编制要求；完善生产建设项目水土保持方案管理制度；要求完善国家水土保持监测网络，对全国水土流失进行动态监测；明确生产建设单位水土流失监测义务和生产建设单位水土流失监测义务；细化监督检查措施。（张沥元）

《中华人民共和国水污染防治法》

Water Pollution Prevention and Control Law of the People's Republic of China

《水污染防治法》由 1984 年 5 月 11 日第六届全国人民代表大会常务委员会第五次会议通过，1996 年 5 月 15 日第八届全国人民代表大会常务委员会第十九次会议通过《关于修改〈中华人民共和国水污染防治法〉的决定》，2008 年 2 月 28 日第十届全国人民代表大会常务委员会第三十二次会议又在 1996 年修订版的基础之上对《水污染防治法》重新修订，自 2008 年 6 月 1 日起施行。《水污染防治法》共 8 章 92 条，立法目的是为了防治水污染，保护和改善环境，保障饮用水安全，促进经济社会全面协调可持续发展。与旧法相比，新《水污染防治法》更加强调政府责任，规定各级政府，特别是县级以上地方政府，要对本行政区域的水环境质量承担实实在在的责任，水环境保护目标责任制的实施情况以及当地的水环境质量都要纳入到对政府领导干部的政绩考核中来；明确违法界限，明确将企业超标排污作为构成违法行为的界限，排放水污染物还应当符合国家和地方规定的重点水污染物排放总量控制指标，违反这些标准也是违法行为，要承担相应的法律责任；重点水污染物排放总量控制制度得到进一步强化，规定防治水污染应当按流域或者按区域进行统一规划，国家对重点水污染物排放实施总量控制制度。学界仍对一些方面持有不同看法。有多种因素都导致《水污染防治法》在制定和实施上存在困难，比如设计水污染防治领域的技术要求相对较高、水资源保护和水污染防治可能对经济发展造成较大影响、浓重的地方保护主义色彩阻碍了法律的正确实施以及公众对于水资源保护和管理工作的参与意识不强等方面。（参考：冷罗生：《〈水污染防治法〉值得深思的几个问题》，《中国人口．资源与环境》2009 年第 3 期第 66 ~ 68 页。张沥元　欧阳文川）

《中华人民共和国土地管理法》

Land Management Law of the People's Republic of China

1986 年 6 月 25 日第六届全国人民代表大会常务委员会第十六次会议审议通过《中华人民共和国土地管理法》。此后，为顺应客观现实需要，该法先后于 1988 年 12 月 23 日、1998 年 8 月 29 日、2004 年 3 月 4 日经历三次修改。修改后的该法共 7 章 86 条，立法目的是为加强土地管理，维护土地的社会主义公有制，保护、开发土地资源，合理利用土地，切实保护耕地，促进社会经济的可持续发展。该法就土地的所有权和使用权、土地利用总体规划、耕地保护制度、建设用地、监督检查、法律责任等方面做出规定。其中，土地利用总体规划的编制原则为，严格保护基本农田，控制非农业建设占用农用地；提高土地利用率；统筹安排各类、各区域用地；保护和改善生态环境，保障土地的可持续利用；占用耕地与开发复垦耕地相平衡。（张沥元）

《中华人民共和国循环经济促进法》

Circular Economy Promotion Law of the People's Republic of China

2008 年 8 月 29 日，第十一届全国人民代表大会常务委员会第四次会议通过《中华人民共和国循环经济促进法》，自 2009 年 1 月 1 日起施行。该法共 7 章 58 条，立法目的是为促进循环经济发展，提高资源利用效率，保护和改善环境，实现可持续发展。该法中所称的循环经济，指在生产、流通和消费等过程中进行的减量化、再利用、资源化活动的总称，主要是通过建立资源—产品—再生资源和生产—消费一再循环的模式，有效地利用资源和保护环境。《循环经济促进法》明确减量化优先的原则，即在生产、流通、消费等过程中尽量减少资源的消耗和废物的产生；建立循环经济发展规划制度，规定编制循环经济发展规划的程序，提出规划应当包括的具体指标；建立抑制资源浪费和环境污染物排放的总量控制制度、循环经济考核和评价制度、生产者责任延伸制度、对重点企业的监督管理制度等；强化产业政策的引导功能；对激励政策做出了具体规定。（张沥元）

《中华人民共和国野生动物保护法》

Law of the People's Republic of China on the protection of Wildlife

1988 年 11 月 8 日第七届全国人大常委会第四次会议审议通过《中华人民共和国野生动物保护法》，于 1989 年 3 月 1 日起施行，并于 2004 年、2009 年经历两次修正。修改后的该法共 5 章 42 条，立法目的是为保护、拯救珍贵、濒危野生动物，保护、发展和合理利用野生动物资源，维护生态平衡。该法就野生动物保护、野生动物管理的细则进行细化要求，并做出对参与捕杀、出售、收购、运输、携带国家或地方重点保护野生动物或产品的个人追究刑事责任或收取罚款等规定。（张沥元）

《中华人民共和国渔业法》

Fisheries Law of the People's Republic of China

1986 年 1 月 20 日第六届全国人民代表大会常务委员会第十四次会议通过《中华人民共和国渔业法》，并先后于 2000 年、2004 年、2009 年和 2013 年经历了多次修改。修改后的该法共 6 章 50 条，立法目的是为加强渔业资源的保护、增殖、开发和合理利用，发展人工养殖，保障渔业生产者的合法权益，促进渔业生产的发展，适应社会主义建设和人民生活的需要。该法规定，国家对渔业生产实行以养殖为主，养殖、捕捞、加工并举，因地制宜，各有侧重的方针。各级人民政府应当把渔业生产纳入国民经济发展计划，采取措施，加强水域的统一规划和综合利用。该法积极鼓励和扶持养殖业发展，严格捕捞业管理，规定渔业资源的增殖和保护细则，对违反规定的部门和个人所应承担的法律责任做出规定。（张沥元）

《中华人民共和国政府信息公开条例》

Government Information Disclosure Regulations of the People's Republic of China

2007 年 1 月 17 日国务院第 165 次常务会议通过《中华人民共和国政府信息公开条例》，自 2008 年 5 月 1 日起施行。2015 年 1 月 23 日国务院修订《中华人民共和国政府信息公开条例》。《条例》共 5 章 38 条，目的是为保障公民、法人和其他组织依法获取政府信息，提高政府工作透明度，促进依法行政，充分发挥政府信息对人民群众生产、生活和经济社会活动的服务作用。《条例》对政府信息公开的范围、方式和程序、监督和保障有详细规定。《条例》的颁布是党中央依法治国、发展社会主义民主政治、建设法治政府战略的重大举措；是全面推进依法行政、加快建设法治政府迈出的重要步骤；是政府层面加强反腐倡廉建设的治本之策；是打造诚信政府、提高政府公信力的关键性措施。经国务院同意，发布了《国务院办公厅关于施行 < 中华人民共和国政府信息公开条例 > 若干问题的意见》，作为实施细则对信息公开管理体制问题、协调机制问题、保密审查问题、主动公开问题和申请公开问题以及监督保障等问题进行了说明。（张沥元　张惠娜）

中华人民共和国住房和城乡建设部
Ministry of Housing and Urban-Rural Development of the People's Republic of China

2008 年“大部制”改革背景下新成立的中央部委，负责住房与城乡建设行政管理的国务院组成部门。部内设有 15 个机构：办公厅、法规司、住房改革与发展司（研究室）、住房保障司、城乡规划司、标准定额司、房地产市场监管司、建筑市场监管司、城市建设司、村镇建设司、工程质量安全监管司、建筑节能与科技司、住房公积金监管司、计划财务与外事司和人事司。

住建部的主要职责有：1. 承担保障城镇低收入家庭住房的责任。2. 承担推进住房制度改革的责任。3. 承担规范住房和城乡建设管理秩序的责任。4. 承担建立科学规范的工程建设标准体系的责任。5. 承担规范房地产市场秩序、监督管理房地产市场的责任。6. 监督管理建筑市场、规范市场各方主体行为。7. 研究拟订城市建设的政策、规划并指导实施，指导城市市政公用设施建设、安全和应急管理，拟订全国风景名胜区的发展规划、政策并指导实施，负责国家级风景名胜区的审查报批和监督管理，组织审核世界自然遗产的申报，会同文物等有关主管部门审核世界自然与文化双重遗产的申报，会同文物主管部门负责历史文化名城（镇、村）的保护和监督管理工作。8. 承担规范村镇建设、指导全国村镇建设的责任。9. 承担建筑工程质量安全监管的责任。10. 承担推进建筑节能、城镇减排的责任。11. 负责住房公积金监督管理，确保公积金的有效使用和安全。12. 开展住房和城乡建设方面的国际交流与合作。（刘中华）

中立政策
Neutral Policy

指不参加任何敌对者一方的外交政策。中立有战时中立和平时中立两种形式。1907 年，在第二次海牙和平会议上，与会国规定了传统的陆地与海洋中立的规则。为了严格遵守这一规则，与会国又签署了两个条约。《关于陆地上中立国与中立人员的战争权利义务协定》，共有 28 个国家签字。《关于海洋上战时中立国的权利义务协定》，共有 25 个国家签字。凡在平时维持中立立场的国家，称为永久中立国。如，瑞士自 1814 年起即实行永久中立。比利时于 1830 年独立后即宣布中立，直至 1914 年因德国破坏其中立为止。第二次世界大战后，中立政策又增添了新的内容，在东西方两大政治、军事集团对峙的形势下，一些中小国家采取中立政策或不结盟政策，置身于两大集团之外。这些国家自称是执行“积极中立政策”，其动机与往日瑞士、比利时纯粹以自保安全为目的中立政策有所区别。（李庆）

中绿华夏有机食品认证中心
China Organic Food Certification Center

农业部推动有机农业运动发展和从事有机食品认证、管理的专门机构，中国国家认证认可监督管理委员会批准设立的国内第一家有机食品认证机构，获得中国合格评定国家认可委员会的认可。主要职责包括：在有机体系的前提下，建立了更加深入和完善的 OTUC 科学种植体系，于 2011 年主办中国（成都）首届国际有机产业峰会，融合国际先进有机种植理念，专家专人指导，用心培育每一颗蔬菜。所有蔬菜在生产中不使用化学合成的肥料、农药、生长调节剂，不采用基因工程和离子辐射技术，遵循自然规律，采取农作、物理和生物的方法来培肥土壤、防治病虫害，以获得安全的生物及其产物的农业生产体系。核心理念是建立和恢复农业生态系统的生物多样性和良性循环，以维持农业的可持续发展。有机产品的认证和管理；有机产品检查员培训；支持企业培育有机食品市场；开展与国际相关机构的各种合作，促进有机产品国际贸易；提供有机产品信息服务；开展有机农业发展的理论研究；

为中国政府提供有机产品标准和有机农业政策制定依据；接受国务院认证认可监管部门监督管理。（席溢）

《中美科技合作协定》

Sino-American Agreement on Science and Technology Cooperation

1979年1月31日邓小平副总理访问美国时，在白宫与美国总统卡特签署《中美科技合作协定》。这是中美建交后两国签署的首批政府间协定之一。双方据此成立中美科技合作联委会，首届科技联委会于次年1月在北京召开，副总理方毅与美国总统科学顾问普雷斯担任联委会联合主席并共同主持会议。邓小平在联委会期间出席《中美科技合作协定》下6个议定书的签字仪式。此后，中美科技联委会每两年举行一次，轮流在中美两国举行。（申森）

中美应对气候变化合作

Sino-US Cooperation on Addressing Climate Change

1990年中美共同参加国际应对气候变化谈判，是中美应对气候变化最早的合作之一。自20世纪90年代中后期开始，中美之间应对气候变化的合作明显加速与拓展。迄今为止，中美双边合作的主要机制和项目包括：《中美化石能技术开发与利用合作议定书》《能源效率和可再生能源技术发展与利用合作议定书》《关于清洁大气和清洁能源技术合作的意向声明》等等。双方的多边合作渠道主要是：亚太清洁发展和气候伙伴计划、国际甲烷市场化合作计划、《联合国气候变化框架公约》和全球环境基金等。2014年11月12日，中美两国发布《中美气候变化联合声明》，共同致力于在应对全球气候变化这一人类面临的最大威胁与问题上发挥领导性作用。依据《声明》，双方同意加强在气候变化问题上的政策对话和务实合作，包括在先进煤炭技术、核能、页岩气和可再生能源方面的合作，对两国优化能源结构并减少包括产生自煤炭的碳排放等产生重要影响。（申森）

中美战略经济对话

China-US Strategic and Economic Dialogue

中美为加强两国在经济领域的对话与合作创立的对话机制，2006年9月20日发表《中美关于启动两国战略经济对话机制的共同声明》加以确认并正式启动。首次对话于2006年12月在北京举行。它是中美之间自建交以来规格最高的经贸交流机制，旨在解决双边经济关系中需要长期关注的问题。在这个对话机制下，中美双方已经举行了5次会议，第1次会议2006年12月14～15日在北京举行，对话主题是中国的发展道路和中国经济发展战略。第2次会议2007年5月22～23日在华盛顿举行，会议最核心的问题是人民币汇率升值。第3次会议2007年12月12～13日在北京举行，中美双方都同意各自要遏制贸易民族主义和保护主义。第4次会议2008年6月17～18日在安纳波利斯举行，国务院副总理王岐山和美国财长保尔森作为两国元首的特别代表共同主持对话会。第5次会议2008年12月4日～5日在北京钓鱼台国宾馆举行。2009年后被中美战略与经济对话所取代。（申森）

中欧环境部长对话机制

China-EU Dialogue of Environmental Ministers

中国与欧洲在环境保护方面的部长级合作机制。在2001年举行的第4次中欧领导人会晤中，双方提议设立中欧环境部长级政策对话机制。2003年11月国家环保总局解振华局长同欧盟环境委员玛戈·瓦尔斯特伦女士在北京举行会晤，标志中欧环境部长级政策对话机制正式启动。中欧环境部长对话机制，有助于加强中欧在环保领域的沟通与合作，制定环境保护合作框架文件，探讨建立环境合作信息网络，加强双方在环境立法与管理、气候变化、生物多样性保护、生物安全管理以及贸易与环境等问题上的合作，共同推动落实约翰内斯堡可持续发展世界首脑会议后续行动，鼓励民间环保组织的交流，鼓励欧方企业通过平等竞争更多进入中国环保市场。（申森）

中日韩三国环境部长会议

China, Japan and South Korea Trilateral Environmental Minister Meeting，TEMM

1999 年由日本发起的中日韩三国环境部长级会议，每年在 3 国轮流召开，是东北亚环境领域最高级别的合作机制。会议的宗旨，在于落实中日韩领导人第 1 次会晤上提出的关于加强环境合作与对话的倡议，商讨和拟订解决中日韩 3 国共同面临的区域环境问题，制定区域环境保护方案，促进本地区可持续发展。截至 2015 年，已经召开 17 次会议。在中日韩 3 国环境部长会议机制下，各国部长针对环境问题交流看法，对可以进行环境合作的领域进行讨论，进行环境信息交流，加强和提升环境产业和技术合作。1999 ～ 2008 年确定 5 个环境合作领域，提高中日韩 3 国公众的环境意识排在首位。2010 年第 12 次会议上通过《中日韩环境合作联合行动计划（2010 ～ 2014）》（第一个联合行动计划）的执行情况报告，2015 年第 17 次会议制定并签署《中日韩环境合作联合行动计划（2015 ～ 2019）》。（申森）

《中日环境保护合作协定》

Sino-Japanese Agreement on Environmental Protection

中国政府和日本政府 1994 年 3 月 20 日签订两国在环境保护领域的合作协定。两国政府相信缔约双方的合作符合两国环境保护的共同利益，同时注意到保护环境兼顾当代和子孙后代的利益，为实现经济和社会的持续发展，希望通过国际合作在环境保护领域取得实际成果。《协定》指出，双方合作活动在以下与保护和改善环境相关的、缔约双方同意的领域开展：大气污染及酸雨的防治；水污染防治；有害废弃物的处置；环境污染对人体健康的影响；城市环境的改善；保护臭氧层；防止全球气候变暖；自然生态环境和生物多样性保护；缔约双方今后同意的、与环境保护和改善相关的其他领域。《协定》规定，两国环境保护的合作方式包括：交换有关环境保护的研究与开发的活动、政策、法律规章以及有关环境保护技术的信息和资料；科学家、技术人员以及其他专家的交流；举办科学家、技术人员及其他专家联合研讨会和座谈会；实施缔约双方已同意的合作计划（包括联合研究）；缔约双方同意的其他形式的合作。《协定》同意，设立中日环境保护联合委员会。双方各 1 人为联合委员会两主席之一，通过外交途径相互通报。原则上，联合委员会每年 1 次轮流在中国和日本举行会议。（申森）

中日节能环保综合论坛

Sino-Japanese Forum on Energy Saving and Environmental Protection

中日两国在节能环保领域合作的重要平台和对话机制，2006 年在东京首次举办，此后每年在中日两国轮流举办一次。2012 年 9 月日本政府将钓鱼岛国有化后暂时中断。截至 2015 年，中日节能环保综合论坛已举办 8 届，成为两国节能环保领域合作的重要媒介。2014 年 12 月 28 日召开的第八届中日节能环保综合论坛上，中日双方就能源管理体系与 LED、煤炭火力发电、大气污染对策、循环经济发展、下一代汽车、长期贸易等 6 个议题展开对接交流。（申森）

中日友好环境保护中心

China-Japan Friendship Environmental Protection Center

1988 年，在纪念中日友好和平条约缔结 10 周年之际，日本首相竹下登与中国总理李鹏达成建设中日友好环境保护中心的协议。中日友好环境保护中心作为国家环保总局直属的综合研究、管理执行机构和实施国际环境技术合作、开展国际交流的窗口，由日本政府提供 105 亿日元无偿援助资金，中国政府配套6630万元人民币，历时8年，1996年5月竣工并正式投入运行。现已成为国家环保部的重要技术支持力量，主要功能包括提供环境保护战略和政策建议、拟定环境保护方针政策和法规、直接参与国际环境谈判和提供技术支持，为国家提供环保科研支持，承担环保部信息系统建设等方面的大量工作。（申森）

中世纪西方哲学自然观

The Medieval Western Philosophical View of Nature

中世纪西方哲学自然观认为大自然是上帝创造的杰作。在漫长的中世纪，宗教信仰与科学认识之间存在着巨大的矛盾。希腊人原始综合的自然哲学，是关于自然界的一般知识，并从总体上勾勒出大体正确的宇宙图景。最初的神学体系是J·S·爱留根纳于公元9世纪在新柏拉图主义和A·奥古斯丁哲学基础上提出来。他认为上帝是唯一的存在，万物从上帝流溢出来，又复归于上帝，自然界只不过是上帝创造的理念的实在化。他认为上帝就是万物，万物也是上帝。这种把上帝和自然界视为同一存在的泛神论观点，构成反对正统经院哲学的异端思想的重要来源。13世纪意大利神学家托马斯·阿奎那阉割古希腊亚里士多德学说的精华，吸取其中的糟粕，建立庞大的经院哲学体系。在这个体系的自然哲学部分，他利用亚里士多德关于形式和质料的学说，认为形式是能动的、起作用的现实，质料是被动的、未规定的潜能，一切有形体的事物都是由这两者结合而成。他由此构造一个等级式的世界系统，在这个系统中最低级的是非生命物体，高一级的是植物，更高级的是动物，最高级的是人，人居于世界和天界之间。上帝作为不包含任何质料的纯形式，是世界的创造者。托马斯·阿奎那的这种自然观是封建等级制和教阶制的集中反映。（牟世晶）

中水回收

Intermediate Water Recovery

中水指生活污水经过净化处理之后，达到规定的水质标准，可以在一定程度上重复利用的非饮用水。“中水”一词来自日本，因其水质介于给水（上水）和排水（下水）之间，故称“中水”。中水回收主要是将生活污水处理成符合水质标准的水资源，处理过程分为：1. 预处理阶段。分为格栅和调节池两个处理单元，主要目的是消除污水中的固体杂质和均匀水质；2. 主处理阶段。有效去除污水中的溶解性有机物；3. 后处理阶段。主要是对水进行消毒，对出水进行深度处理。中水回收利用处理的主要方法有接触氧化法、SBR工艺、生物处理法、物理化学处理法等。在美国、日本、以色列等国，中水被用来冲厕所、灌溉农田、冲洗汽车，还被当作道路保洁、城市喷泉等的补充用水。（石艳峰）

《中外对话》

China Dialogue

致力于环境问题的中英双语网站，2006年组建于英国伦敦，是独立的非营利性组织。在许多

慈善基金会的资助下运作，以伦敦和北京为基地展开活动，致力于通过发布高质量文章，通过提供双语信息促进环境交流与对话，共同寻求环境挑战的解决方案。目标是在全世界逐步达成应对气候变化、物种消亡、水污染、大气污染、环境破坏等难题的共识。世界上致力于环境问题的第一个完全双语网站。此外，还发行内部交流月刊，展现环保领域的深度报道。《中外对话》为全世界著名环境专家和学者提供了讨论气候变化、环境保护的对话平台。（王聪聪）

《中小学环境教育实施指南》

Guides for the Implementation of Environmental Education in Primary and Secondary Schools

中国颁布的第一部国家级环境教育实施文件。中国教育部2003年在北京举行新闻发布会，发布会上中国教育部宣布正式颁发《中小学环境

教育实施指南》，是中国中小学环境教育领域里的里程碑事件，同时标志着中国教育部、世界自然基金会和BP公司共同发起并实施的为期7年的中国中小学绿色教育行动项目取得重大阶段性成果。《指南》定位于环境教育是新的国家课程不可缺少的组成部分，从情感、态度与价值观，过程与方法以及知识3个方面，按照1～6年级、7～9年级、10～12年级3个学段，螺旋上升式地构建了一体化的环境教育课程，分为前言、目标、学习内容、实施建议和评价建议5个部分。强调不仅要加强自然生态知识的学习，而且更重要的是培养学生有利于可持续发展的技能、态度与价值观以及为建设一个可持续的未来而采取行动的积极性与主动性。（王薛时）

《中小学环境教育专题教育大纲》

Educational Outline on Environmental Education Subject for Students in Middle and Primary Schools Issued by Education Ministry of China

为增强中小学生的环境意识而设计的环境专题教育大纲。为贯彻落实党的十六大关于加强青少年思想道德建设以及国务院关于在中小学生中普遍开展环境教育的要求，教育部决定从2003年春季开学起，在中小学开设环境教育专题教育课。并颁布《中小学生环境教育专题教育大纲》，要求各级教育行政部门和中小学校切实负起责任，与现行的相关教育教学活动相结合，纳入学校教学计划，安排好教师和课时，做好专题教育教师的培训和教学研究，通过多种形式开展环境教育教学活动。环境教育专题教育具有独立设课的性质。它在各学科渗透教育的基础上，引导学生综合多方面的环境教育经验，获得关于环境及环境问题的全面而整体的理解，深入思考各种环境要素之间的密切联系和相互作用。专题教育可以围绕学生身边的环境及他们对环境的感受组织教学内容，关照学生的生活体验；组织学生参加各种保护和建设环境的实践活动，获得参与社会生活现实的有益经验。（参考：王红旗：《解读〈中小学生环境教育专题教育大纲〉》，《环境教育》2003年第4期第3～6页。王薛时）

中小学绿色教育行动

Environmental Educator's Initiative

1997年，中国教育部、世界自然基金会和BP公司共同实施中国中小学绿色教育行动项目。项目主要通过教师培训、资源开发和学校实施提高学生的环境知识、培养学生的参与能力、公民意识和责任感，通过环境教育、培训以及提高公众意识等途径促进中小学生形成对地球、人类、资源的积极态度和自觉的环境保护行为，主要目的是提高中国中小学环境教育的质量和普及性。项目内容主要包括教育培训、编写教师培训手册、建立环境教育资源中心、确定项目试点学校、组织国内外的环境教育专家讲学。（王薛时）

中学环境教育

Environmental Education in Secondary School

针对中学生的生理和心理特点，选择环境教育的内容和方法，制定适合中学生特点的环境教育计划，开展环境保护方面的科技活动。中学环境教育目的是培养和提高中学生的环境意识，促进青少年德、智、体、美全面发展。我国1979年开始在北京、上海、广东、辽宁、黑龙江等省市部分中学进行环境教育试点，1985年9月在辽宁省昌图县召开全国中小学环境教育经验交流及学术讨论会。试点采用渗透法和结合法，把环境保护内容渗透到中学物理、化学、生物、地理等课程中，与课堂教学和学校的有关活动有机地结合起来。此外，在环境教育第二课堂开展丰富多彩的环境保护课外活动。（王薛时）

中学环境教育课程设计

Curriculum Design for Secondary School Environmental Education

针对中学生的环境教育课程设计。进入中学阶段以后，学生开始从形象思维逐渐向抽象思维发展，能够生态地、整体地和全面地思考问题，并在对过去的经验进行系统分析的基础上做出预测。因此，课程设计可以分为4个层次：1. 具备系统、科学的环境知识，从而为学生做出科学的判断打下基础。2. 可持续发展观的形成和环境意识的提高。从了解基本的环境知识开始，形成关于环境问题的判断能力，能够以环境与发展的角度思考和分析社会生活中人们的认识和行为中的正与误。3. 建立科学的环境价值观与态度。在现实中常常有这样的现象，人们知道孰对孰不对、孰该孰不该，但在实际行动中却很难做到。这种知行不一在环境问题上尤为明显。因而，要促进学生在行为中自然地与意识一致起来。4. 识别与解决环境问题能力的发展。当然，只有意识与道德，并不是完整的环境素质，还要在面对现实的环境问题中以自己的知识与能力，保护环境生态。（参考：祝怀新：《环境教育的理论与实践》第47页，北京：中国环境科学出版社，2005年。王薛时）

中央行政体制

Central Administrative System

指国家中央行政机关机构的设置、各部门职权的划分和运行程序等方面组织制度的总和。每个国家的中央行政体制都各不相同。一般来说，中央政府是国家的最高行政机关，有权根据宪法和其他法律的规定，颁布行政决议和命令，制定国家内政外交的重大决策，采取全国范围内的行政措施。在我国，中央行政体制的主体是中华人民共和国国务院，它代表整个国家行使国家行政权力，执行全国性公务，有权依据宪法与其他法律，管理国家的一切政治、经济和文化事务。根据《中华人民共和国宪法》第89条规定，中华人民共和国国务院行使下列职权：1. 根据宪法和法律，规定行政措施，制定行政法规，发布决定和命令。2. 向全国人民代表大会或者全国人民代表大会常务委员会提出议案。3. 规定各部和各委员会的任务和职责，统一领导各部和各委员会的工作，并且领导不属于各部和各委员会的全国性的行政工作。4. 统一领导全国地方各级国家行政机关的工作，规定中央和省、自治区、直辖市的国家行政机关的职权的具体划分。5. 编制和执行国民经济和社会发展计划和国家预算。6. 领导和管理经济工作和城乡建设。7. 领导和管理教育、科学、文化、卫生、体育和计划生育工作。8. 领导和管理民政、公安、司法行政和监察等工作。9. 管理对外事务，同外国缔结条约和协定。10. 领导和管理国防建设事业。11. 领导和管理民族事务，保障少数民族的平等权利和民族自治地方的自治权利。12. 保护华侨的正当的权利和利益，保护归侨和侨眷的合法的权利和利益。13. 改变或者撤销各部、各委员会发布的不适当的命令、指示和规章。14. 改变或者撤销地方各级国家行政机关的不适当的决定和命令。15. 批准省、自治区、直辖市的区域划分，批准自治州、县、自治县、市的建置和区域划分。16. 依照法律规定决定省、自治区、直辖市的范围内部分地区进入紧急状态。17. 审定行政机构的编制，依照法律规定任免、培训、考核和奖惩行政人员。18. 全国人民代表大会和全国人民代表大会常务委员会授予的其他职权。国务院虽然是最高行政机关，但并不是最高国家权力机关，它是从属于全国人民代表大会及其常务委员会的，由全国人民代表大会选举产生，需要对全国人民代表大会负责，并接受全国人民代表大会的领导和监督。（刘中华）

中央集权式行政体制

Centralized Administrative System

指由中央政府集中掌握国家行政权力的行政管理制度。在这种体制下，地方各级行政机关统一服从于中央行政机关，地方政府领导人，无论是中央政府任命还是地方选举产生，都受中央政府的指导和监督，并需要执行中央政府的法律、政策、指示和命令等行政命令。地方各级行政机关的组织和职权，由中央政府决定和授予。中央行政机关拥有国家资金、物资、生产、流通、分配等的支配权，地方政府权力十分有限。这种体制与国家的结构形式没有必然关系，联邦制国家也可采用。我国从秦朝开始实行这种行政管理体制，在欧洲许多国家，从15世纪后期逐步实施君主专制，并在此基础上于16世纪初基本完成中央集权式国家的建立。（刘中华）

中央政府

Central Government

地方政府的对称，往往是包括最高立法机关、最高行政机关和最高审判机关在内的所有中央国家机构的统称，但也时常仅指行使最高国家行政职权的最高行政机关。在单一制国家，全国只有一个统一的最高行政机关；在联邦制国家，联邦有自己的最高行政机关，各邦或共和国也有自己的最高行政机关。它通常由政府首脑和各部部长组成，下设若干部和委员会分管各方面的行政事务。大多实行首长负责制，如中华人民共和国国务院实行总理负责制；少数国家实行委员会制，比如瑞士的联邦行政委员会及苏联、东欧国家的部长会议等。它的名称不一，如国务院、政务院、部长会议、内阁等。其组织形式主要有4种：1. 英国式的内阁制，由议会中占多数席位的政党或政党联盟组成政府，政府对议会负责，受议会监督。2. 美国式的总统制，以民选总统为政府首脑，由总统组织对自己负责的政府，议会监督制约总统。3. 法国式的混合制，公众直接选举总统，总统任免总理、组织政府。总统主持内阁会议，在同总理和两院议长协商后，有权解散国民议会。议会对政府实行监督。4. 人民代表会议制，政府由最高国家权力机关产生，对它负责，受它监督。（李庆）

终身环境教育

Lifelong Environmental Education

《第比利斯政府间环境教育会议宣言和建议》中所倡导的一种环境教育方式。《宣言》指出环境教育的特点之一就是环境教育应是一种全面的终身教育。对每一个公民来讲，接受环境教育的过程是一个连续的、终生的教育过程，始于学前阶段并延续至所有的正规和非正规教育阶段。正规教育是指正规学校教育，非正规教育是为成人提供的正规教育以外的有组织的教育项目。这种教育从能对世界进行简单感知的幼儿阶段开始，直到生命的结束，这是一个动态的不断深化的过程，要对从学前儿童经过青年到成人进行长期的环境教育。最终目的是使人建立起人与自然协调发展的价值观，并把这种观念落实到每个人的日常生活和各项社会决策中。从幼儿园、小学到中学、大学进而到走上社会的成人，在不同教育阶段都应根据人的不同发展时期的年龄特征和认知特点，对环境教育的目标、任务、内容、方法等进行科学分析和研究，制定实施方案，进而实施终身性的环境教育。（参考：崔建霞：《环境教育：由来、内容与目的》，《山西大学学报》2007年第4期第147～153页。王薛时）

终身生育率

Lifetime Fertility

又名完全生育率（Completed Fertility Rate，CFR）。指任何一个妇女年龄队列度过生育期的实际生育水平的生育率，是反映社会生育水平的较为精确的统计指标。计算公式是终身生育率fT＝生育子女数BT/已结束生育期的妇女人数WT。它的作用是：1. 反映真正生育强度的指标；2. 观察和计算人口世代更替水平的基础；3. 不受育龄妇女年龄构成的影响，可以准确地反映实际的家庭规模。无论是核心家庭还是扩大家庭的规模，都与终身生产率直接相关。4. 考察生育政策和人口计划的重要依据。终身生育率指标有两大局限性：计算这一指标需要通过回顾性调查取得资料，回顾中的误差会使这一指标的准确性受到影响；这一指标只反映人口生育的历史状况，只揭示已结束生育行为妇女过去的生育状况，不反映急需知道的目前的生育水平。因此，在人口统计与分析中，很少计算终身生育率指标而计算总和生育率指标。（参考：杨德清：《终身生育率指标的计算和分析》，《人口与经济》1984 年第 4 期第 8 ~ 11 页。朱配辰）

钟表匠理论

The Clockmaker Theory

英国自然神学、哲学家威廉·佩利论证上帝存在的设计论观点。他通过类比认为，如果我们在野外发现一只钟表，那么即便人们没有见过钟表的制造过程与制造者，我们仍然可以推论出有一位钟表的制造者存在，并对此深信不疑；同理，当人类发现大自然中各种事物虽然各不相同，但彼此之间相互依赖与配合，其复杂性与精妙的构造使人们类比地推论出应该有一位智慧的创造者存在，他像钟表匠一样创造自然万物。他认为由于人类与自然万物更为完美和精妙，创造人类与万物的智慧者更加伟大和聪明。钟表匠理论是从当时工业生产类比推导出来的、具有目的论性质的上帝存在的证明。（雷爱民）

种际正义

The kind of Races Justice

种际正义的提出源于 20 世纪 60 ~ 70 年代美国环境保护运动，随着全球性的环境危机与各种环境保护思想的不断扩展，各领域的学者，尤其是环境伦理学的学者们在强调人际平等、代际公平的同时，试图扩展伦理学的视野，把人之外的自然存在物纳入伦理关怀的范围，用道德调节人与自然的关系。种际正义是对罗尔斯平等即正义理论的拓展。种际正义是合理处理人与其他生物物种之间关系的正义原则，分为种际同一性正义与种际差异性正义两种。种际同一性正义指人类与其他生物种类之间基于某种（某些）同一性（比如都具有生命）而得到相同对待的正义原则；种际差异性正义是人类与其他生物类之间基于某种（某些）差异而得到不同对待的正义原则。由此可见，种际同一性正义其实构成强调人与其他自然生命物平等的生态伦理的正义基础。（牟世晶）

种间公平

Interspecific Fairness

指人类与除人类以外物种之间的公平。种间公平属于环境正义的范畴，强调人类应承认并且尊重其他物种的固有价值，是一种与“人类中心主义”相对立的信念。种间公平建立在是否应承认其他物种也具有类似人所拥有的权利。权利一词的意义本身不是固定不变的，其内涵在不同历史时期中、不同参照系中都不尽相同。在工业文明时代中，西方世界崇尚“人类中心主义”的价值观，人可以按照自身的利益要求去征服、控制、利用任何物种而不必思考其行为的合理性，其他物种对于人类而言本质上并不具备任何权利。然而，当工业文明的价值观在实践中遇到严重问题时，无止境剥削和滥用自然资源的行为就受到怀疑与反思。全球生态危机日益严重的情况下，人们逐渐意识到应重新审视其他物种的地位以及人与自然的关系。任何物种都有生存的权利，它们的价值不仅仅是对人类而言的利用、使用价值，人只是生物圈、自然界的一分子，不可能离开由所有物种所组成的生态圈而独自存活。这要求人类公平地对待其他物种，在法律中保障它们应有的权利。（欧阳文川）

种间关系

Interspecific Relationship

指种群间的相互吸引或排斥的关系，是不同物种在空间分布上的相互关联性，通常由于群落生境差异影响物种分布而引起。种间关系通常有正相互作用、中性作用和负相互作用 3 种类型，正相互作用包括偏利共生、互利共生、原始协作等；负相互作用包括竞争、捕食、寄生、偏害作用等。美国植物生态学家罗伯特·惠特克（Robert Whittaker）1952 年提出种间关系通常表现为 5 种不同的相互关系：1. 物种 A 的存在必须有物种 B 的存在；2. 物种 A 的存在虽然要依赖于物种 B 的存在，但其他物种也可替代；3. 物种A的存在与物种B的存在无关；5. 物种B的存在减少物种A的存在机会；5. 物种B的存在使物种A不能够存在。种间关系的相对稳定有利于维持生物多样性，促进生态系统中的能量流动和物质循环，是生态系统持续稳定的重要因素。（参考：周建：《环境因子对空心莲子草种内和种间关系的影响》，北京林业大学2015年博士学位论文第18～19页。刘阳）

种群和群落

Population and Community

种群是生活在同一地点的同种生物的一群个体。种群既是生物繁殖的基本单位，也是生物进化单位，具有基因交流的能力。种群不是个体数量的简单相加，而是一个具有自我调节能力的有机单元。种群具有而个体不具有的特征：1. 种群密度，即单位空间内某种群的个体数量。种群密度不是固定不变的，不同物种、同一物种在不同环境中的种群密度有差异。2. 出生率和死亡率，决定种群密度的重要因素。3. 年龄组成，可以预测种群的数量发展变化趋势。从年龄特征来看种群可以分为3种类型，即增长型、稳定型和衰退型。判断标准是幼体个数与老年个数的多少，若幼体数多于老年数则是增长型；若各年龄期个数比例适中，则是稳定型；若幼体数少于老年数则是衰退型。4. 性别比例。生物群落指生活在一定的自然区域内，相互之间具有直接或间接关系的各种生物的总和。与种群一样，生物群落也有一系列的基本特征，这些特征不是由组成它的各个种群所能包括的，也就是说，只有在群落总体水平上，这些特征才能显示出来。生物群落的基本特征包括群落中物种的多样性、群落的生长形式（如森林、灌丛、草地、沼泽等）和结构（空间结构、时间组配和种类结构）、优势种（群落中以其体大、数多或活动性强而对群落的特性起决定作用的物种）、相对丰盛度（群落中不同物种的相对比例）、营养结构等。（牟世晶）

种群密度

Population Density

指种群在单位面积或单位体积中的个体数量，是种群最基本的数量特征。影响种群密度的主要因素有种群的增长率，包括出生率、死亡率及迁入率，还受到环境容纳量的制约及随机性因素。可根据绝对密度测定和相对密度测定两种方法测量种群密度。（代富宇）

种群生态位

Population Niche

生态位是生物与其所在的生态系统之间的一种适宜性关系，确切说是生态系统中某种生物生存所必需的生态因子的集合或者生态系统中其他生态因子对于该种生物而言的适宜性程度，因此种群生态位是特定区域自然生态系统内的资源对于系统内种群生存的适宜性程度。特定区域的自然生态系统内种群依照其适宜资源位而分布，形成复杂食物网和营养级关系。种群内部的不同物种的生态位宽度不尽相同，生态位宽度是在资源有限的多维空间中，物种或种群所能占据和利用的资源比例，比例越大则宽度越大，比例越小则宽度越小。一般来说，生态位宽度较大的物种与其他生态位宽度较大的物种存在较大的生态位重叠，并且它们之间的生态位相似性比例较高。此外，物种之间生态位宽度即使不大，如果其对生境需求有较大相似性，那么物种之间的生态位相似比例也会较高。如果物种生态位宽度较大，有可能说明种群内部物种间存在一定竞争，相反如果较小，种群内部竞争程度也相对缓和。此外如果物种之间生态位重叠度较高，也说明种群内部对资源的争夺较激烈，激烈竞争会以生态位迁移或者生态位分离的形式缩小生态位重叠度。因此，生态位重叠度不大意味着种群因利用相同资源位而产生的竞争并不特别激烈，种群所处的生态系统也就区域平衡和稳定。（参考：胡正华等：《古田山国家级自然保护区甜槠林优势种群生态位》，《生态学报》2009年第7期第3670～3674页。

欧阳文川）

种群生态学

Population Ecology

研究种群动态及动态控制与环境相互关系的学科，以种群为研究对象的生态学活跃分支。早期的种群生态学来源于人口统计学、应用动物学和水产资源学等，研究领域涉及种群中的变异、遗传与进化，种群的数量动态、年龄结构与增长模式，种群的空间结构、地理分布与区域种群动态，种群的种内竞争、种间竞争与物种共存、种群的繁殖、生长、衰老、死亡等。种群（数量）动态是种群生态学的研究重点，因为环境对于种群的重要特征如生殖、死亡、迁移具有重要的影响，这种影响表现在种群中即种群数量动态的变化。具体说来，1798年马尔萨斯（Malthus）的《人口论》提出了人口呈几何级数增加，而食物的量只呈算数级数增加。1838年沃弗斯特（Vethurst）提出著名的逻辑斯谛（Logistic）方程，主要论点是个体数量与资源量的关系。达尔文与华莱士指出一切物种有呈几何级数增加的趋势，增加的结果导致必需物质的缺乏，引起生存斗争，结果只能是最适者生存进化。20世纪20年代，英国的埃尔顿（Elton）研究薯类和兔类连续剧减的机制，发表多篇论文；美国的阿利（Allee）发表《动物集群》，罗利麦（Lorimer）发表《种群动态》，这些著作推动种群生态学的研究与进一步发展。因此研究种群（数量）动态的规律性及其主要原因，对种群数量进行控制和预测，是种群生态学研究的主要任务。随着新科学方法引入，种群生态学的研究逐步与人类生产、生活需要联系起来，在野生动植物的保护中起着重要的作用，逐步与生产实践相结合。种群生态学随着生态学的发展，形成三个分支，即自然种群生态学、实验种群生态学和种群数学生态学，使种群生态学发展成为完整的学科。（韩铮　牟世晶）

种族差异论 / 种族主义

Racism

政治学意义上的种族差异论，最早出现在康特·戈比诺等19世纪理论家的著作中。其发展受到欧洲正在大肆扩张的帝国主义的影响，也与人们对达尔文主义的生物学理论日益关注相关。到了19世纪后半期，认为“白种人”、“黑种人”和“黄种人”存在明显差异的观点，蔓延欧洲社会并获得广泛认可。公开的种族差异论和法西斯主义有着最为明显的联系，而隐蔽的种族差异论则广泛存在于极右翼的团体和政党中。其吸引力在于，它提供了一种关于社会分化和民族差异的貌似简明与科学的解释，常用来掩饰偏见和压迫以服务于政治目标。（郇庆治）

种族拯救运动

SOS Racisme

法国具有争议性的反种族歧视组织，1984年成立，在欧洲许多国家都有分支机构。指导性原则是兄弟情义（brotherhood）。成立背景是1983年发生在法国的平等与反对种族主义游行，这是法国境内发生的第一次反种族主义的运动。政治目标是反抗各种种族歧视现象。致力于为少数民族以及移民争取平等权利和打击种族歧视行为，经常为他们提供法律咨询和帮助。20世纪80年代得到法国社会党的支持，很多种族拯救运动成员成为法国社会党的党员。在种族拯救运动看来，必须通过修改城市规划和社会教育杜绝种族主义。受到国内中右政党的批评，移民组织和激进左翼政党也批评它温和与改革主义的立场，认为种族拯救运动不过是社会党的傀儡组织。（王聪聪）

众生平等论

All Living Things Equality Theory

佛教认为众生平等，具体指人与人平等，有情众生平等，有情众生与无情众生平等，以及诸法性平等。佛法强调众生平等，认为众生法性平等，佛教的缘性空论以及因果报应论是众生平等说的理论基础，由于众生的出现、消失以及现实境遇是由因缘聚散导致，众生性空假有，众生在起源上与本质上平等，众生的善恶业报由其三世的所作所为决定，在因果业报面前众生平等。众生的不平等由无始以来各自造的善业、恶业不同引起。（雷爱民）

众议院

The House of Representatives

美国国会两院之一。1787 年根据《美利坚合众国宪法》建立，1789 年正式开始工作。议员议席按各州人数比例分配，每州至少应有 1 名国会众议员。第一届国会众议院议员人数为 65 名，第一次人口调查后增加到 106 名。自 1913 年起为 435 名（1959 年增至 437 名）。众议院议员必须年满 25 岁，具有 7 年公民资格，由选民选出，任期 2 年。众议院设议长 1 人，下设 23 个常设委员会及一些临时委员会，负责处理日常法案讨论工作。在国会内可对任何问题提出立法建议，还可提出征税议案和弹劾案。在总统候选人未获多数选举人票时，有权选举总统。根据《第二十条宪法修正案》，每年 1 月 3 日定期开会。总统可根据需要召开众议院特别会议。（李庆）

重点开发区

Key Development Zone

依据《全国主体功能区规划》，指有一定经济基础、资源环境承载能力较强、发展潜力较大、集聚人口和经济条件较好，从而应该重点进行工业化城镇化开发的城市化地区。主要包括冀中南地区、太原城市群、哈长地区、东陇海地区、江淮地区、海峡西岸经济区、中原经济区、长江中游地区、北部湾地区、黔中地区、藏中南地区、关中—天水地区、兰州—西宁地区、宁夏沿黄经济区、天山北坡地区等 18 个区域。国家对于重点开发区域的功能定位是：支撑全国经济增长的重要增长极，落实区域发展总体战略，促进区域协调发展的重要支撑点，全国重要的人口和经济密集区。（张沥元）

重金属污染

Heavy Metal Pollution

指由环境中重金属元素及其化合物引起的，对环境和生命体能够产生毒性作用，常沉积在水体和土壤中的污染。一般情况下常量或微量的重金属毒物与人体接触就能够发生中毒反应，常见元素有隔、铅、砷、铬、锡、钼和硒等。但是有科学研究发现，有毒重金属元素的划分并不是绝对的，比如能够满足有机体在营养上所需要的铁、铜、钴、锌、锰和硒等金属元素的摄入量也是有一定限制的，如果过多摄入会发生中毒反应。重金属污染具有污染范围广、持续时间长、毒性强、危害大、隐蔽性高、污染后难以修复等特点。污染的主要来源包括工业三废污染、污水灌溉、肥料污染、大气降尘、农药污染、汽车尾气污染等。2011 年 4 月初国务院批复国家首个“十二五”专项规划中的《重金属污染综合防治“十二五”规划》。（参考：李冠杰：《重金属污染条件下基层环境监管体制研究》，西北农林科技大学 2012 年博士学位论文第 34 ~ 35 页。刘阳）

重农主义

Physiocracy

18 世纪 50 ~ 70 年代的法国古典政治经济学学派。在反对法国重商主义和法国旧政权封建特性的过程中产生。法国重农学派以自然秩序为最高信条，视农业为财富的唯一来源和社会一切收入的基础，认为保障财产权利和个人经济自由是社会繁荣的必要因素。魁奈是重农主义的创始人，他的代表作《经济表》，是这一理论体系的全面总结。杜尔哥是继魁奈之后重农学派最重要的代表人物，他的《关于财富的形成和分配的考察》是重农主义的重要文献。他发展、修正魁奈和其徒党论点，使重农主义作为资产阶级思想体系的特征有更加鲜明的表现。在他那里重农主义发展到最高峰。重农主义者把自然秩序作为自己理论体系的哲学基础。他们认为，人类社会存在着不以人们的意志为转移的客观规律，就是自然秩序，它是永恒的、理想的、至善的。重农主义理论的核心是“纯产品”学说。重农主义者认为，财富即物质产品，使用价值、财富来源于生产。在社会各部门中，农业是唯一创造财富的部门。重农主义把农业看作生产部门，分析从流通领域转到生产领域，探讨剩余价值的创造，纯产品即是剩余价值，地租是具体表现形式。在农业生产分析中，重农主义提出年预付、原预付的概念，对资本（农业资本）进行最初的分析。重农主义还对社会资本的再生产和流通进行研究，这些研究都集中表现在魁奈的《经济表》中。（牟世晶）

《周易》

The Book of Changes

又称《易经》。全书分为经、传两部分，中国传统经典的重要著作之一。《经》是六十四卦和三百八十四爻，《传》包含解释卦辞和爻辞的文辞，即《文言》《彖传》上下、《象传》上下、《系辞传》上下、《说卦传》《序卦传》《杂卦传》共十篇，统称“十翼”，相传为孔子所撰。《易经》为先秦《易》《诗》《书》《礼》《乐》五经之一，是群经之首。《周易》在中国历史文化上享有崇高地位，内容极其丰富，对中国几千年的政治、经济、文化、教育学术等领域都产生极其深远的影响，《易经》思想渗透到中国人生活的方方面面，为儒、道、兵、医、阴阳家等诸家共同推崇和引为经典，对中国后世学术影响巨大。《周易》一书成书及其性质存有分歧，有人主张《周易》是占卜之书，有人主张《周易》是历史书，也有人主张《周易》是哲学书。（雷爱民）

朱安 · 马蒂内兹—阿里尔

Juan Martinez-Alier

西班牙巴塞罗那自治大学经济学系博士。生年不详。1975 年起在该校担任经济学教授，主要研究方向是生态经济学和热力经济学。在生态经济学领域的代表作是 1987 年出版的《能源、环境和社会》，核心观点是经济学的起点应该是热力学第一和第二定律。（徐越）

朱迪思 · 普拉斯科

Judith Plaskow，1947 ~

首位把自己看作神学家的犹太女性学者。在古典和现代基督教神学研究中，致力于深化对犹太教的探讨，创造使犹太神学意识到自我的独特结构和范畴，与其他宗教的女性主义神学进行对话。学术严谨，政治上保持坚定的左翼立场，被誉为“20 世纪最重要的建设性的神学家”。（徐越）

朱迪思 · 普朗特

Judith Plant

20 世纪 80 ~ 90 年代活跃的西方生态女性主义者。生年不详。编著《治愈创伤：生态女性主义的承诺》（1989）。书中阐发的主要观点是：1. 从地球母亲的隐喻中可知，女性在相当长的历史时期内与自然紧密联系。2. 从历史角度看，女性没有决定权，在外在世界中没有权力。3. 机械化时代来临之前，地球母亲的隐喻可以从有机体的形象中自治。4. 生态女性主义给了男性和女性同等的与自然相联系的机会。（徐越）

朱利安 · 西蒙

Julian Simon，1932 ~ 1998

美国著名经济学家，美国伊利诺斯大学的经济学和工商管理教授。先后发表《人口增长经济学》（1977）和《最终的资源》（1981）

等著作和论文。《人口增长经济学》一书之所以引人注目，是因为公开批评当时西方世界认为由于人口增长、资源耗尽，世界末日正在迫近的悲观主义论调。坚持认为，能源、粮食和其他物质资源，无论在什么意义上都不是有限的，因为人类的智力和创造力是最基本的资源，现在充分利用资源不会降低将来经济发展的速度。西方有的学者认为，西蒙的见解是非常卓越的，把西蒙的人口经济理论称为乐观主义理论。（徐越）

珠海市环保与生态协会

Association of Environmental Protection and Ecology in Zhuhai City

成立于2014年12月9日，是在珠海登记注册的从事开展与环保生态相关的交流、调查研究、统计工作，收集、分析、发布环保生态信息，为政府出谋划策；编辑刊物；协调会员关系和服务单位以及从事环境保护行业的专家自愿组成的社会团体，是具有社团法人资格的，行业性的，非营利性社会组织。目前，拥有单位会员超过40余家。指导单位为珠海市环境保护局。宗旨是：遵守宪法、法律法规和国家政策，遵守社会道德风尚。坚持为政府服务、为环保事业服务、为有志于环保事业的企业服务，维护会员的合法权益，促进全市环境生态保护事业健康发展。（席溢）

竹文化

Bamboo Culture

竹为高大、生长迅速的禾草类植物，茎为木质。分布于热带、亚热带至暖温带地区，东亚、东南亚和印度洋及太平洋岛屿上分布最集中，种类也最多。竹枝杆挺拔，修长，四季青翠，凌霜傲雨，备受中国人民喜爱，有“梅兰竹菊”四君子，“梅松竹”岁寒三友等美称。中国古今文人墨客，嗜竹咏竹者众多。没有哪一种植物能够像竹子一样对人类文明产生如此深远的影响，很多文人都是以竹做题、作喻，把竹子给人类物质文明和精神文明带来的作用和影响，称为竹文化。竹文化是汉族劳动人民在长期生产实践和文化活动中，把竹子形态特征比喻成做人的精神风貌，如虚心、气节等，内涵已形成汉民族品格、禀赋和精神象征。看到竹子，人们称赞它不畏逆境，不惧艰辛，中通外直，宁折不屈的品格，是取之不尽的精神象征，是竹子特殊的审美价值。（牟世晶）

主权

Sovereignty

国家的基本权利之一，也是现代国家最重要的属性，指国家在国际法上所拥有的独立自主地处理内外事务的权力。主权含有对内具有最高统治权、对外具有独立权这两方面的含义。主权最早是作为国内法的概念被提出来的。16世纪，法国哲学家让·博丹最先把主权概念引入到政治学和法学中。他在1577年的名著《论共和国》一书中，详细阐明了主权是在一个国家中进行统治的绝对和永久的权力。博丹的主权概念，在当时主要是为从封建诸侯割据制度向以国王为中心的中央集权制度过渡提供理论根据。在国际法上，早在1625年，荷兰的格劳秀斯在其名著《战争与和平法》中，就提出了国家主权的思想。1648年《威斯特伐利亚和约》，第一次以多边条约的形式确认了所有参加国的独立和法律上平等。1758年，瑞士国际法学家法泰尔在其著作《万国法》中，更明确阐述了国家主权的原理。他基于自然法思想和人民主权的理论，指出国家自产生以来就是独立和自主的；除非国家自己表示服从，国家对于其他任何国家都是绝对自由和绝对独立的存在。1776年美国《独立宣言》和法国大革命时期的一些重要文件如1795年《国家权利宣言》，都强调了国家主权的原则。主权概念在18世纪以后逐渐形成为国际法上的一个最基本的原则。第二次世界大战后，由于广大发展中国家的倡导，国家主权的内容进一步扩展到经济方面，出现了对天然资源永久主权的概念。虽然主权概念遭到了越来越多的争议，但在现代国际社会中，国家主权仍是处理国家间关系的基本出发点。由于国家主权和国家平等权密不可分，《联合国宪章》将国家主权与平等合并为一项原则，称为主权平等原则。按照《国际法原则宣言》的解释，国家主权平等主要包括以下要素：1. 各国法律地位平等；2. 每一国均享有充分主权的固有权利；3. 每一国均有义务尊重其他国家的人格；4. 国家的领土完整及政治独立不得侵犯；5. 每一国均有权利自由选择并发展其政治、社会、经济及文化制度；6. 每一国均有责任充分并一秉善意履行其国际义务，与其他国家和平相处。（李庆）

主题活动法

Theme Activities Method

在某一段时间内围绕某一中心内容进行的幼儿教育活动。根据教育目标，以幼儿生活经验为基础确定主题；根据活动的具体内容和形式确定活动时间的长短。如中班下期可以进行“我找到了春天”主题活动，前后持续一个月，由一系列的观察、认识、学儿歌、绘画粘贴，以及种植、饲养活动组成，以启发幼儿自己去观察周围环境，认识春天的特征，并通过自己的动作、语言、美术作品表达自己的认识。半天时间也可以进行一次主题活动，例如在半天时间内，顺序组织幼儿进行认识葱，做葱油饼，请阿姨和小班弟妹尝饼。栽种葱的一系列活动，可以使幼儿了解葱这种植物的外形特征、味道和用途；发展手部肌肉灵活性，培养爱劳动的习惯，培养幼儿关心别人的品质等等。还有些主题活动可以按照一定频率进行，如“小问号”主题活动，每天在相对固定的时刻，引导幼儿观察周围生活中的自然现象，发现和思索生活中的“为什么”，其内容由近及远，由零碎到系统，通过较长的一段时间丰富幼儿的知识，训练其思维，培养好奇心和求知的兴趣。（王薛时）

主体功能区规划

Main Functional Area Planning

根据《国民经济和社会发展第十一个五年规划纲要》确定的全国国土空间布局。根据不同区域的资源环境承载能力、现有开发密度和发展潜力，统筹谋划未来人口分布、经济布局、国土利用和城镇化格局，将国土空间划分为 4 类：优化开发、重点开发、限制开发和禁止开发。优化开发表示开发密度已经较高、资源环境承载能力减弱的地区；重点开发表示资源环境承载能力强、经济和人口条件好的区域；限制开发表示资源环境承载能力较弱、人口经济条件差，关系到国家及大型区域生态安全的地区；禁止开发表示依法设立的自然保护区域。主体功能区规划有利于调整产业布局，建立完善的财政和投资政策及建设完善的土地和人口管理政策，有利于建立绩效考核和政绩考核新机制。（代富宇）

主体客体化

Objectification of Subject

指人通过实践使自己的本质力量转化为对象物，是主体通过能动而现实的实践和观念的方式，对实践客体的积极的作用、影响和改造，将主体自身的各种本质力量和主体性结构能动地对象化出去，渗入、融合到客体之中，使客体成为属人存在，成为主体结构的有机组成部分，成为主体的“化身”和“投影”，成为确证和体现人的主体性的“作品”的过程。简单说，是人在改造世界的活动中，把自己的目的、计划、愿望变为同主体相对立的客观实在即客体。（张惠娜）

住房建设规划

Housing Construction Planning

指根据居住区对于各种用地功能的要求，综合并合理统筹住房与相关公共服务设施的相互关系而采取的组织形式。具体说，住房建设规划是城乡土地利用规划内容的一部分，城乡公益性用地以及城乡经营性用地之间的统筹安排是城乡土地利用规划的核心与关键。公益性用地一般说包括基础设施建设用地（包括城市防灾设施、供排水设施、电力设施、燃气设施、公交设施、邮电设施、环境卫生设施和道路广场等）、公共设施用地（包括体育设施、医疗卫生设施、教育科研设施、社会慈善福利设施、宗教设施、文物古迹、博物馆、图书馆和文化馆等用地）、国家机关及外交和军事用地、城市公园绿地和城市自然保护区域（包括公共绿地、防护绿地、河湖水系、山林和湿地等），以及国家重点支持的能源、交通、水利设施用地等等。经营性用地与公益性用地恰好相反，它是以营利为目的的建设用地的总称。合理的住房建设规划在很大程度上取决于城乡规划中对于公益用地和经营性用地规划的统筹安排。公益性用地与经营性用地在土地利用规划中既相互排斥，同时也相互依存，二者在功能与容量上相互依赖，因此住房建设规划是否合理取决于公益性用地和经营性用地在功能和容量上是否相互配套。只有在功能与容量上相互接洽和融合，住房建设规划才能最大限度发挥土地资源的社会、生态和经济等效益，才能满足城乡居民生活和工作中的各种需要。（参考：周立：《城市经营性用地规划控制研究——以无锡市为例》，南京农业大学2006年硕士学位论文第26～30页、第33～37页；周洪文：《农地非公益征收控制研究》，西南大学2011年博士学位论文第42～52页。欧阳文川）

住宅产业化

Housing Industrialization

利用现代科学技术、先进的管理方法和工业化的生产方式全面改造传统住宅，使住宅建筑工业生产和技术符合时代的发展需求。住宅产业化概念是根据日本通产省在工业化住宅建筑日益增长，住宅建设持续快速增长和许多工业企业对住宅市场产生浓厚兴趣的背景下总结出来的，其范围指标准产业分类的各产业领域中与住宅有关的各行业的总和。其中住宅产业现代化是住宅产业化发展的更高阶段。住宅产业现代化指以科技进步为核心，用现代科学技术改造传统的住宅产业，进一步通过住宅设计的标准化，住宅生产的工业化，采用“四新”技术（新技术、新材料、新工艺、新设备）的大量推广应用，提高科技进步对住宅产业的贡献率，大幅提高住宅建设、管理的劳动生产率和住宅的整体质量水平，全面改善住宅的使用功能和居住质量，高速度、高质量、高效率地建设符合市场需求的高品质住宅。以发展节能省地型住宅建设推动住宅产业化的新进程。与传统住宅建筑方式相比，住宅产业化运用现代工业手段和现代工业组织，对住宅工业化生产的各个阶段的各个生产要素通过技术手段集成和系统的整合，达到建筑的标准化，构件生产工厂化，住宅部品系列化，现场施工装配化，土建装修一体化，生产经营社会化，形成有序的工厂的流水作业，从而提高质量，提高效率，提高寿命，降低成本，降低能耗。住宅产业化体系的框架主要组成部分包括：技术保障体系、建筑结构体系、部品体系、质量保障体系和性能认定体系。实现住宅产业化的基本条件是：采用工业化的建造方式和住宅用构件、部件大多实现标准化、系列化。联合国提出住宅产业化的6条标准：生产的连续性，生产物的标准化，生产过程的集成化，工程建设管理的规范化，生产的机械化，技术生产科研的一体化。（参考：李忠富等：《住宅产业化及其发展的必要性研究》，《哈尔滨建筑大学学报》1999年第4期第98～102页。朱配辰）

住宅工业化

Housing Industrialization

采用现代化机械设备、科学合理的技术手段，以集中的、先进的、大规模的工业生产方式代替过去分散的、落后的手工业生产方式建造住宅，实现减少劳动力使用、提高住宅质量、缩短建设周期的目标。包含住宅部品、构件的标准化；住宅生产过程各阶段的集成化；部品生产和施工过程的机械化；住宅部品、构件生产的规模化；施工的高度组织化与连续性；与住宅工业化相关的研究和实验。20世纪初德国著名建筑大师格罗皮乌斯首先提出建筑工业化设想：希望可以像生产家用电器和汽车一样，在工厂流水线上连续的生产房屋建筑。住宅工业化是建筑工业化在住宅建设领域的体现。根据住宅构件生产地点的不同，住宅工业化的建造方式可分为工厂化建造和现场建造两种。工厂化建造是指采用构配件定型生产的装配施工方式，即按照统一标准定型设计，在工厂内成批生产各种构件，然后运到工地，在现场以机械化的方法装配成房屋的施工方式。采用这种方式建造的住宅可以被称为预制装配式住宅，主要有大型砌块住宅、大型壁板住宅、框架轻板住宅、模块化住宅等类型。预制装配式住宅的主要优点是：构件工厂生产效率高，质量好，受季节影响小，现场安装的施工速度快。缺点是：需以各种材料、构件生产基地为基础，一次投资很大；构件定型后灵活性小，处理不当易使住宅建筑单调、呆板；结构整体性和稳定性较差，抗震性不佳。日本为克服预制装配式住宅抗震性差的缺点，在预制混凝土构件连接时采用节点现浇的方式，以加强其整体的强度和结构的稳定性，取得很好的效果。这类结构被称为预制混凝土结构（PC），我国的万科公司进行相关的试验和改进。现场建造指直接在现场生产构件，生产的同时组装起来，生产与装配过程合二为一，但是在整个过程中仍然采用工厂内通用的大型工具和生产管理标准。根据所采用工具模板类型不同，现场建造的工业化住宅主要有大模板住宅、滑升模板住宅和隧道模板住宅等。采用工具式模板在现场以高度机械化的方法施工，取代繁重的手工劳动。与预制装配方式相比，它的优点是：一次性投资少，对环境适应性强，建筑形式多样，结构整体性强。缺点是：现场用工量比预制装配式大，所用模板较多，施工容易受季节的影响。住宅工业化在日本、美国等发达国家的普及率日益提高，成为地产业发展主流。（参考：刘东卫、蒋洪彪、于磊：《中国住宅工业化发展及其技术演进》，《建筑学报》2012年第4期第10～18页。朱配辰）

注意力经济

Attention Economy

注意力产生的经济价值。传媒经济是以注意力为基础的经济。在把注意力转化为经济价值过程中，媒体既是注意力的主要拥有者，同时又是注意力价值的交换者。注意力经济指最大限度吸引用户或消费者的注意力，通过培养潜在的消费群体，以期获得最大的未来商业利益的经济模式。在这种经济状态中，最重要的资源既不是传统意义上的货币资本，也不是信息本身，而是大众的注意力。注意力资源已经成为十分稀缺的经济资源，成为高利润的新兴产业群。只有大众对某种产品注意了，才有可能成为消费者，购买这种产品。而要吸引大众的注意力，重要的手段之一是视觉上的争夺，也正由此，注意力经济也称为“眼球经济”。注意力经济已经成为十分流行的商业模式，引发商业发展战略的变革。美国加州大学学者劳巴姆（Richard A.Lawbam）和美国学者迈克尔·戈德海伯（Michael H. Goldhaber）是较早的关注注意力经济的学者。（张惠娜）

专属经济区制度

Exclusive Economic Zone

1982年第3次联合国海洋法会议通过的《联合国海洋法公约》确定的重要制度之一。在专属渔区以及渔业养护区的实践中发展而来，其中渔业养护区可以追溯至1945年9月28日美国总统杜鲁门宣布的《美国关于大陆架的底土和海床的自然资源的政策的第2667号总统报告》（简称《杜鲁门公告》）。关于专属经济区制度的内容安排主要存在于《公约》的第5部分中，《公约》规定专属经济区是沿海各国领海以外并邻接领海测算基线的200海里以内水域，沿海国在专属经济区内有以勘探、开发、养护和管理海床和底土及其上覆水域的自然资源为目的的主权权利。这说明沿海国对于衔接领海200海里水域的自然资源具有自由勘探和开发的排他性权利，其他各国未经同意不能擅自进入进行生产开发等活动。实际上第3次联合国海洋法会议对于专属经济区制度存在一定程度的争议，争议的中心在于专属经济区划界适用的原则，使用公平原则还是等距离原则在海域划界及其争端解决协商小组的审议中存在分歧，最终在会议主席主张的折中方案中得到通过。专属经济区制度在1971年1月由肯尼亚在亚非法律协商委员会科伦坡会议首次提出，次年8月肯尼亚向联合国海底委员会提交的《关于专属经济区概念的条款草案》中主张所有国家在其领海以外200海里海域有权建立专属经济区，有权对经济区内的海洋自然资源进行勘探和开发。尽管该草案获得绝大多数发展中国家的赞同，但遭到坚持以公海渔业自由为传统的国家的反对，在第3次联合国海洋法会议中经过激烈讨论后才得以在《公约》中确立。（参考：季国兴：《论大陆架和专属经济区两种制度及中日东海划界》，《上海交通大学学报》（哲学社会科学版）2007年第5期第14～18页；金永明：《专属经济区与大陆架制度比较研究》，《社会科学》2008年第3期第123～131页。欧阳文川）

专制

Autocracy

最高统治者独自掌握政权，不受任何限制和约束的政体的统称。“专制”一词源于希腊语，意指把权力授予一个人行使的管治方式。在国家出现独裁、君主专制之后，专制就泛指统治者握有绝对权力的国家制度。特征是：统治者具有至高无上的权力，不受约束和限制，行使权力可以不承担相应的责任和义务；统治者可以控制和支配社会生活的所有方面，甚至包括人们的思想。因此，专制是历史上最严酷、最原始、最愚昧的统治形式之一，在传统社会中最为普遍。在现代社会中，法西斯专制是专制制度的典型形式。从更广义上说，在现代社会中，专制还指刚愎自用、独断专横、不听他人意见的态度和工作作风。（李庆）

专制主义

Absolutism

包括两个层面的含义，一是国家权力集中于一个统治者手中，由其独揽政权，实施政治统治。“专制”一词源于希腊文，意为把权力授予个人的治理方式，并无贬义。之后，随着暴力统治的频繁出现，专制就成为暴君、独裁、寡头政治的同义词。基本特征是：专制者个人拥有至高无上的权力，而且不受任何法定程序的限制与监督；专制者可以为所欲为，不对自己的政治行为承担相应的法律责任；专制者以言代法，任用大批官员走卒代表自己实施政治权力，自上而下地建立起庞大的统治网络，而广大人民群众则被剥夺了自由和人权。历史上，专制主义统治并不局限于政治领域，而是包括政治、经济、教育、文化和思想意识等各个方面。它是人类历史上最反动、最残酷的统治方式之一。二是鼓吹采用专制政体的各种理论。这方面代表性的有法国的布丹、英国的霍布斯、中国的韩非和董仲舒等。他们从各自立场出发，千方百计地为专制、独裁寻找理论依据，宣扬“君权神授”、“三纲五常”等理论，认为国家应该由君主一人进行统治。20世纪后半叶，随着法西斯国家覆灭，专制主义在世界上逐渐失去市场，走向没落。（李庆）

转方式调结构

Transferring mode of development and adjusting structure of economy

转方式，指推动经济发展方式由粗放型增长到集约型增长，从低级经济结构到高级优化的经济结构，从单纯的经济增长到全面协调可持续的经济发展。这个过程涉及环境保护、可持续发展、消费行为、文化、人与人的关系等各个方面。调结构，是通过调整国民经济各组成部分的地位和相互比例关系，更加合理化、高级化，适应并促进生产力的发展。这个过程涉及宏观上调整社会总需求结构、所有制结构、分配结构、产业结构、区域经济结构，以及微观上调整企业组织结构、产品结构等。因此，转方式调结构不仅有关经济领域，而是关系到社会主义现代化建设全局的全面改革。（张沥元）

转基因动物安全

Transgenic Animal Security

属于生物安全内容的一部分，泛指生物技术从研究、设计、开发、生产以及实际应用的整个过程可能产生的安全性问题。转基因技术的实际应用产生转基因生物安全，包括转基因动物安全以及植物安全。转基因生物及其产品对天然基因、自然物种、生态系统、人体健康可能造成危害，甚至会引发关于人类社会伦理道德问题。动物转基因技术研究始于20世纪80年代，首先在小鼠实验上获得成功，目前的研究和应用主要集中于农业、医学以及工业等方面，主要目的包括生物制药创新、改善动物安全状况、提升有关动物产品的品质以及降低动物排泄物对环境的影响，具体说包括新品种培育、异种器官移植、动物生物反应器和疾病模型等内容。动物转基因技术和应用的核心问题在于环境安全、动物健康与动物福利、人类健康与食品安全，因此对这三方面内容的监管和治理是职能部门的重要任务。转基因动物技术以及产品安全的重要保障是进行转基因动物安全评价，通过评价其潜在风险与现实危害来预防和避免有可能出现的安全问题，从而在降低风险的前提下继续发展转基因技术和应用。（参考：周艳华：《转基因动物的安全性评价——动物安全和食品安全》，《现代畜牧兽医》2011年第9期第64～65页；许建香等：《转基因动物生物安全研究与评价》，《生物工程学报》2012年第3期第268～269页。欧阳文川）

转基因动物安全评价

Transgenic Animal Security Assessment

动物转基因技术的研究始于20世纪80年代，目前的研究和应用主要集中于农业、医学以及工业等方面，主要目的包括生物制药创新、改善动物安全状况、提升有关动物产品的品质以及降低动物排泄物对环境的影响，具体说包括新品种培育、异种器官移植、动物生物反应器和疾病模型等内容。转基因动物安全评价对于防止和避免转基因动物技术及其产品可能引发的潜在风险和现实危害是极其重要的手段，也是必要和迫切的。评价原则以保护人的健康和动物安全为前提；确立明晰的技术标准和综合的评价法则；提供科学有效的风险评估方法；全面考虑转基因动物技术消费者和产品消费者。评价原则和方法应与转基因动物技术发展保持动态平衡；发展转基因动物技术不能对遗传多样性和环境造成安全风险。转基因动物安全评价应分别考虑转基因动物自身安全以及转基因产品，尤其是食品的安全。由于转基因动物技术与动物克隆关系紧密，所以动物自身安全问题颇受关注，因为经过转基因处理后的动物可能在解剖结构、生理功能以及行为方式等方面发生变化，而这些变化是威胁动物安全的潜在诱因。目前为止转基因动物食品的安全性在国际上存在巨大争议，较普遍的评价原则是对比评价原则，即以传统被认为是安全的食品作为评价基准比较转基因食品的各项参考指标，如果在比较中转基因食物的成分和功能与传统安全食物没有区分，则被认为是安全的。（参考：周艳华：《转基因动物的安全性评价——动物安全和食品安全》，《现代畜牧兽医》2011年第9期第64～65页；许建香等：《转基因动物生物安全研究与评价》，《生物工程学报》2012年第3期第268～269页。欧阳文川）

转基因技术

Transgenic Technology

分子生物学技术，操作由科学工作者通过获取目的基因将其与运载体通过限制性内切酶和DNA连接酶的作用形成重组DNA分子，然后将重组DNA分子导入受体细胞，使其与受体细胞自身的基因组进行重组，从而进行细胞培养，直至选出具有能够稳定表达遗传性状信号的细胞。目的基因的获取一般有 4 种方式：从特定生物体基因组提取，人工合成，从相应的基因库提取以及通过 PCR 技术进行目的基因的扩增（实验室一般采用此法）。通常使用的运载体包括质粒、T4 噬菌体和灭活的动植物病毒。转基因技术根据实验对象的不同可分为：植物转基因技术、动物转基因技术和微生物转基因技术。转基因技术的研究除以美国为代表的部分美洲国家实地操作，包括欧洲各国在内的其他国家对转基因技术的研究主要停留在实验室阶段。微生物转基因技术已经渗透到制药、食品、农业、污水处理等工业领域的应用中。（参考：叶敬忠、李华：《关于转基因技术的综述与思考》，《农业技术经济》2014 年第 1 期第 11 ~ 21 页。刘阳）

转基因生物安全

Genetically Modified Organisms Security

属于生物安全内容的一部分，广义的生物安全包括人类自身的健康安全、对人类健康安全产生极大影响的农业生物安全以及生物多样性安全；狭义的生物安全则指通过人类的科学实验以及其他人为操作改变生物体内在功能和结构，从而可能对人类自身产生潜在或者现实危害的安全风险，即转基因技术和外来物种入侵引发的安全问题。转基因技术的实际应用即产生转基因生物安全，转基因生物被称为遗传修饰生物（GMO，genetically modified organisms），包括转基因动物安全以及植物安全。转基因生物及其产品对天然基因、自然物种、生态系统、人体健康可能造成危害，甚至会引发关于人类社会伦理道德问题。2000 年 1 月生物技术安全公约《卡塔赫纳生物安全议定书》将消除转基因生物可能引发的安全风险和现实危害作为目标，特别是转基因技术及其产品的跨国转移问题作为解决重点内容。在此意义上，转基因生物安全评价对于风险评估和应对的手段具有特殊的意义。进行转基因生物安全评价的必要性和紧迫性，其原因还在于目前对于转基因技术中外源性基因在新的遗传背景中与原有基因成分的相互作用还无法精确预测以及无法确切了解外源基因置入受体时因位置的不同而产生的位点效应。此外，转基因技术在基因重组的基础之上跨越了物种内部、不同物种之间的天然屏障，甚至能够将人工合成的基因与原生基因相结合，然而在基因重组基础上的育种产生的新性状和功能是否对人体健康和自然生态系统造成损害尚未有确切定论。（参考：聂呈荣等：《GMO 生物安全评价研究进展》，《生态学杂志》2003 年第 2 期第 43 页；胡隐昌等：《生物安全及其评价》，《华中农业大学学报》（社会科学版）2005 年第 1 期第 29 ~ 35 页。欧阳文川）

转基因食品

Genetically Modified Foods，GMFs

转基因食品是对利用转基因技术产出的食物原料进行加工生产的食品。利用现代分子生物技术，将某些生物基因转移到其他物种中去，改造生物的遗传物质，使其在性状、营养品质、消费品质等方面向人们所需要的目标转变的食品。根据食料来源的不同可分为：植物性转基因食品，动物性转基因食品和微生物性转基因食品。从世界上最早的转基因作物（烟草）于 1983 年诞生，到美国孟山都公司转基因食品研制的延熟保鲜转基因西红柿 1994 年在美国批准上市，转基因食品的研发迅猛发展，产品品种及产量也成倍增长。转基因产品的优点是可增加作物产量，降低生产成本，增强作物抗虫害、抗病毒能力，提高农产品耐贮性。转基因产品的缺点是增产是在不受环境影响的情况下得出的，如果遇到雨雪的自然灾害，也有可能减产更厉害。同时在栽培过程中，转基因作物可能演变为农田杂草，可能通过基因漂流影响其他物种，转基因食品可能会引起过敏等。转基因作为一种新兴的生物技术手段，它的不成熟和不确定性，使得转基因食品的安全性成为人们关注的焦点。其中植物性转基因食品的安全问题主要在于转基因植物在野外环境中可能造成生态入侵问题；动物性转基因食品的安全问题主要是针对人与动物由于生理代谢途径的相似性，可能存在食用后“被改造”的问题；微生物性转基因食品的安全问题，主要是食源的安全性。转基因食品的安全问题近年来在世界范围内引起广泛的关注和讨论，因此如何建立起一套完备高效有信度的食品安检体系成为科学界所共同担心的问题。有学者提出要“快研究慎推广”，积极加强转基因品种的自主知识产权，同时谨慎在市场上推广和应用。转基因食品因为具备增产、控熟、保健、高营养等优点，在实验室水平的研究上被各国科学工作者积极响应。（参考：宋欢、王坤立、许文涛等：《转基因食品安全性评价研究进展》，《食品科学》2014 年第 15 期第 295 ~ 303 页。刘阳　李雪姣）

转基因食品安全

Genetically Modified Foods Security

转基因工程技术基于生物改良思想，将携带一定生物性状的外源性基因通过人工分离、拼接和组合等办法置入生物体中与其原有基因相结合，从而使得被置入外源性基因的生物通过无性杂交就能生产出带有外源性基因所携带性状和特征的转基因生物，外源性基因可以来自与受体同一的物种，也可以来自与受体不同一的物种，甚至可以将人工合成的基因置入受体之内。这种通过基因工程得到的动物或者植物如果被当作食品的话，就被称为转基因食品（GMF，genetically modified foods，简称 GM 食品，或者基因工程食品、基因修饰食品。包括转基因动物食品安全以及转基因植物（作物）食品安全。转基因食品由于运用基因工程技术带来可观的社会经济效益，特别是转基因作物解决粮食产量不足的传统问题，满足由于人口迅速增长而导致粮食短缺的部分发展中国家的实际需要。但是转基因食品是否带有毒性、是否会对人体健康造成负面影响，尤其是长期食用转基因食品可能带来的影响，目前的科学水平尚不能给予确定清楚的答复。因此，各国都对转基因食品的安全性问题高度重视，2000 年 1 月在《生物多样性公约》基础上制定的生物安全公约《卡塔赫纳生物安全议定书》将消除转基因生物可能引发的安全风险和现实危害作为目标，特别是转基因技术及其产品的跨国转移问题作为解决重点内容。转基因食品安全评价主要分为针对人类健康而言的安全性评价以及对于环境可能造成影响的安全性评价。评价的主要原则为实质等同性原则，即只要与传统安全食品相比，转基因食品的成分和功能如果与其一样则说明转基因食品为安全。（参考：吕倩：《我国转基因食品安全政府监管工具研究》，南京农业大学 2011 年硕士学位论文第 9 页。欧阳文川）

转基因植物安全

Transgenic Plant Security

属于生物安全内容的一部分，生物安全泛指生物技术从研究、设计、开发、生产以及实际应用的整个过程可能产生的安全性问题。转基因技术的实际应用即产生转基因生物安全，包括转基因动物安全以及植物安全。转基因生物及其产品对天然基因、自然物种、生态系统、人体健康可能造成危害，甚至会引发关于人类社会伦理道德问题。转基因植物安全主要指转基因植物对环境以及人类健康可能造成的风险和现实危害。长期以来对于转基因植物的食品安全缺乏系统的毒理性研究，其安全评价主要按照“实质等同性原则”来施行，即只要与传统安全食品相比，转基因食品的成分和功能如果与其一样则说明转基因食品为安全，但大多数研究结果表明转基因食品可能会引起一些常见的毒性作用，如可能引发食物中毒、发生过敏反应、引起抗生特性等，原因是作物植入可能有毒性外源性基因，抑或是这种外源性基因可能造成植物毒性增加，此外，转基因作物特殊的培育方式也可能造成食品的毒性。20 世纪 80 年代以来转基因植物的环境安全问题引起国际上的高度重视，90 年代转基因植物安全被认为包括对非靶标生物和生物多样性的影响、基因漂移及引发的效应和靶标生物抗性进化三种类型。具体来说，转基因植物技术及其产品可能对物种的遗传多样性造成危害，此外还有形成超级杂草和诱发害虫进化的可能。（参考：张硕：《转基因植物安全评价及其伦理探析》，《沈阳农业大学学报》（社会科学版）2010年第5期第611页；宋新元等:《转基因植物环境安全评价策略》,《生物安全学报》2011年第1期第37～38页；刘信：《转基因植物安全评价文献综述（一）》2011年第6期第43～44页；刘信：《转基因植物安全评价文献综述（二）》2012年第1期第41～43页。欧阳文川）

转基因植物安全评价

Transgenic Plant Security Assessment

转基因植物安全主要指转基因植物对环境以及人类健康可能造成的风险和现实危害。关于转基因植物是否可能对人体健康造成危害到目前为止都极具争议，长期以来对此缺少系统的安全性评估标准，缺乏具有说服力的对人体健康产生影响的毒理性研究，这可以归结于在转基因食品安全领域采用的“实质等同性原则”，即只要与传统安全食品相比，转基因食品的成分和功能如果与其一样则说明转基因食品为安全。2006年以来转基因植物对人体安全的评价研究逐渐增多，然而对于转基因作物的安全性评价仍然未见统一，存在两极分化的趋势。国外有相关研究综述整理转基因作物毒理性研究后认为转基因食品可能会引起一些常见的毒性作用，由生物技术公司及其相关合作伙伴主导的转基因植物研究则普遍得出转基因作物与传统安全作物具有相同的营养价值和安全程度，且数量至少和持否定态度的文献数量持平。虽然如此，由生物技术公司支持的研究成果都经过了中立同行专家的筛查而发表在核心专业期刊之上。转基因植物环境安全评价的步骤为潜在风险分析、风险假设验证和风险特征描述三阶段。潜在风险分析阶段包括通过查阅文献资料掌握植物相关信息，以此确定评价内容和实验方案；风险假设验证通过在实验室或者田间野外的实验操作来实施潜在风险分析阶段确定的实验方案；风险特征描述指对转基因植物的环境安全状况进行详细综合描述。（参考：张硕：《转基因植物安全评价及其伦理探析》，《沈阳农业大学学报》（社会科学版）2010年第5期第611页；宋新元等:《转基因植物环境安全评价策略》,《生物安全学报》2011年第1期第37～38页；刘信：《转基因植物安全评价文献综述（一）》2011年第6期第43～44页；刘信：《转基因植物安全评价文献综述（二）》2012年第1期第41～43页。欧阳文川）

庄周梦蝶

Chuang Tzu Dreaming of Becoming a Butterfly

典出《庄子·齐物论》：“昔者庄周梦为蝴蝶，栩栩然蝴蝶也，自喻适志与不知周也。俄然觉，则蘧蘧然周也。不知周之梦为蝴蝶与，蝴蝶之梦为周与？周与蝴蝶则必有分矣，此之谓物化。”“庄周梦蝶”是道家代表人物庄子提出的命题，庄子通过对梦中变化为蝴蝶和梦醒后蝴蝶复化为己的事件进行描述与探讨，指出确切地区分真实与虚幻的困难以及生死物化的观点。（雷爱民）

《庄子》

Chuang Tzu

《庄子》一书为中国古代战国时期著名思想家庄子及其后学所著，后世道教把《庄子》一书尊为《南华经》《南华真经》，庄子本人被尊为南华真人。《庄子》一书与《周易》《老子》合称“三玄”；《庄子》分内篇、外篇、杂篇三部分。《汉书·艺文志》著录《庄子》五十二篇，今本三十三篇，其中内篇七，外篇十五，杂篇十一，大小寓言两百多个。通常，内篇被认为体现了庄子的核心思想。该书讨论内容非常广泛，对宇宙大道、人与自然关系、生命价值与实现、治国应世等都有论述；“道”是道家学说、也是庄子哲学最重要、最基本的概念，《庄子》一书刻画的形象饱含精神生命，主张逍遥无为、全生保身、万物齐一等思想，庄子与道家始祖老子并称“老庄”，对中国后世学术思想、社会思潮、宗教信仰、人生价值选择、个体生命形态等产生巨大影响。（雷爱民）

庄子的生态美学思想

Ecological Aesthetics Thoughts of Zhuang Zi

先秦时期道家代表人物庄子的生态美学思想。庄子（约公元前369年～前286年）是中国思想史上第一个揭示自然美的思想家，他热爱和钟情大自然，视自然为真善美的源泉。庄子主张在自然中寻求自由与精神的寄托，实现人与自然之间 心灵的神会与情感的沟通。庄子继承和发挥老子“道法自然”思想，认为体道的过程就是审美的过程，自然是道的显现，也是美感的源泉。在他看来，万事万物的自然朴素之美在于它们本然地存在。庄子主张以平等态度对待自然，充分地尊重自然，认为物各有其性，物性是平等的。在庄子眼中，大自然是美的，动植物都是有灵魂有情感的活物，万物并生可以和谐相处，人与自然构成审美的世界。庄子从物性出发、以物观物这一思想在庄惠濠梁观鱼的故事中表现得尤为突出。惠子认为，自然是与人相隔的客观存在，“子非鱼，安知鱼之乐？”人与物是无法沟通的。庄子则把自己的情感移注到游鱼身上，以恬适的感情与知觉对鱼作美的观照，因而使鱼成为美的对象，从而感到游鱼从容不迫、怡然自得，游鱼之乐反映自己的乐。推而广之，庄子认为人是可以以自然为对象进行审美活动的，在自然中观照自己，与自然和谐相处。（参考：刘华军：《庄子的生态美学思想及其现实意义》，《兰州学刊》2005年第5期第84～85页。王薛时）

壮族生态文化

Ecological culture of Zhuang

壮族的物质文化类型是农耕型生态文化。在长期的劳动过程中，壮族先民摸索出一套与当地的自然生态相适应的生产方式，即稻作农业。从壮族村落的分布和人口的数量上可以看出壮族人民对待自然的准则：取之有度，合理开发。当村中的人口发展超出环境的容量，土地对人口的承载负荷过大时，一部分人就迁移到别处，开辟新的生活生产空间。这样避免因村落和人口过于密集而导致的对自然资源的过度开发和对自然生态的破坏。壮族的居住方式和居住文化模式与多山的地理环境和稻作农业相适应。壮族通常定居在依山傍水的田峒边，居住在干栏式房屋中。神话《姆六甲》《布洛陀》是壮族人以天为公、以地为母、以人为本的宇宙观和天地人互相依存的生态观来源。壮族没有全民族统一的社会宗法制度，各地各宗族都有自己的乡规民约和风俗习惯。在这些乡规民约和风俗习惯中，同样包含着大量关于生态文化的内容。通过这些乡规民约，我们可以看到壮族对自然生态环境和自然生态资源的保护和合理利用。（牟世晶）

《资本的局限》

Limits Capital

戴维·哈维1982年出版的辩证唯物主义理论著作，全面深入地从空间角度重构马克思主义的资本积累理论。在深入分析马克思的经济危机理论的基础上，把经济危机具体分为三个阶段。第一阶段，资本家通过支付给工人少于他劳动价值的工资获得利润，同时，资本家还通过研发节约劳动力的技术来增加生产率减少劳动力。这些手段加速了积累，使市场上出现越来越多的商品。因为工人工资的减少，无力购买这些商品，市场上出现大量商

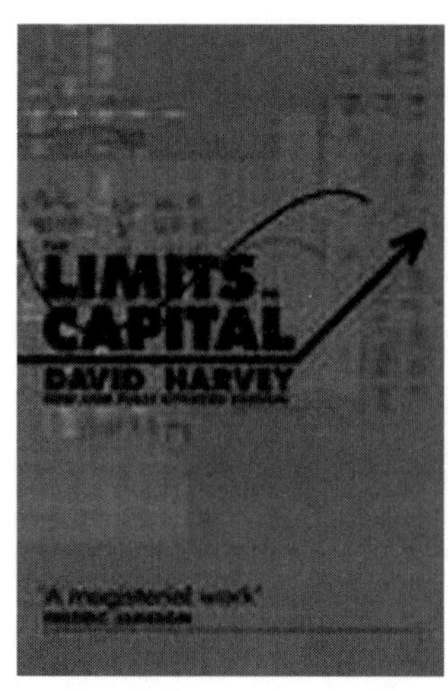

品，迟早这种过度积累的趋势会导致现实的危机（商品卖不出去，意味着投资无法收回利润）。资本创造更多的资本，但却不能创造机会。解决的途径是暴力事件。一方面资本不断要求降低劳动力成本，另一方面需要不断扩大消费。这要求人们有足够的购买力，这两者之间存在着不可克服的矛盾。这是资本主义不能解决的众多矛盾之一。总的来说，全球资本能从不平衡的发展中获益，至少在短期内如此。第二阶段是补救阶段。通过信贷、投资等手段来缓解积累中断所带来的崩溃。这种倾向成功地通过剩余资本在信用系统中的取代和寻找（空间困境）来缓解第一阶段的情况。哈维认为，这种方式是潜在的和虚假的，不能从根本上改变危机状况。第三阶段，金融和信贷是积累必要资源实现大规模购买的重要机构，投资与收益之间存在一个缓慢过程，通过这些手段使资本从获利较少的地区流向获利较多的地区。这从空间上缓解了过度积累和货币贬值。这一阶段真正实现了延缓危机，只有通过空间的方式才能从根本上来延缓危机的发生，即通过入侵新领土的地理扩张和空间关系的全新建构，来吸收剩余资本或劳动力。在哈维看来，真正解决经济危机的是第三阶段，即通过从空间上转移实现对危机的解决。在此基础上，他概括当代资本主义采用的4种空间方法：1. 土地市场；2. 地理学角度划分的生产位置和消费位置，空间对利润的阻碍可以通过发展通信技术，加速商品和资本的运动来缓解；3. 资本主义全球化，通过寻找新的投资市场缓解过度积累问题；4. 领土管理组织，从空间角度延长资本的运行来缓解当地的资本积累。（徐越）

《资本论》

Capital

题名全称《资本论·政治经济学批判》，是马克思一生最伟大和最重要的理论著作。1920年9月上海新青年社发行李汉俊翻译德国马尔西原著《马格斯资本论入门》，1930年3月上海昆仑书店出版《资本论》第一卷第一分册陈启修译本，

1934年5月上海商务印书馆出版《资本论》第一卷第一册吴半农翻译、千家驹译校本。新中国成立后，《资本论》三卷本和第四卷先后出版。

马克思在第一版序言中指出："这部著作的第二卷将探讨资本的流通过程（第二册）和总过程的各种形式（第三册），第三卷即最后一卷（第四册）将探讨理论史。"马克思在1866年10月13日给库格曼的信中写道："全部著作分为以下几部分：第一册资本的生产过程。第二册资本的流通过程。第三册总过程的各种形式。第四册理论史。"出版的《资本论》的分卷情况和马克思当时的设想不尽相同。《资本论》第一卷第一版于1867年9月14日在德国汉堡出版。《资本论》第一卷出版后，马克思继续进行第一卷的修改和译文校订工作，对第二卷和第三卷的手稿进行反复修改，但由于国际工人协会活动占用马克思大量时间和他自己身体状况恶化，第二卷、第三卷未能及时出版他就逝世了。马克思逝世后，恩格斯继承马克思的事业，把《资本论》第二册、第三册整理为第二卷和第三卷，分别于1885年和1894年出版。恩格斯在世时，曾打算整理出版《资本论》第四卷理论史，可惜他未能实现这个愿望，后来由考茨基整理成三卷，分别于1904年、1905年、1910年出版。但是，考茨基把它作为一部与《资本论》平行的独立著作，命名为《剩余价值学说史》。

《资本论》第一卷研究资本的生产过程，暂时撇开流通过程和分配过程研究资本的生产过程，中心是分析剩余价值的生产问题。这一卷共分七篇，第一篇《商品和货币》，第二篇《货币转化为资本》，第三篇《绝对剩余价值的生产》，第四篇《相对剩余价值的生产》，第五篇《绝对剩余价值和相对剩余价值的生产》，第六篇《工

资》，第七篇《资本的积累过程》。在马克思主义理论和政治经济学理论研究中，第一版序言和第二版跋非常著名，引用率很高。

《资本论》第二卷研究资本的流通过程，在资本生产过程的基础上研究资本的流通过程，是资本的生产过程和流通过程的统一，中心是分析剩余价值的实现问题。第二卷共分三篇，第一篇《资本形态变化及循环》，第二篇《资本周转》，第三篇《社会资本的再生产和流通》。

《资本论》第三卷研究资本主义生产总过程，研究资本的各种具体形式，如商业资本、生息资本等，和剩余价值的各种具体形式，如商业利润、利息、地租等。这是资本的生产过程、流通过程和分配过程的统一，中心是分析剩余价值的分配问题。第三卷共分上下两部分，第一部分由四篇组成，分别是：《剩余价值转化为利润和剩余价值率转化为利润率》《利润转化为平均利润》《利润率趋向下降的规律》《商品资本和货币资本转化为商品经营资本和货币经营资本（商人资本）》；第二部分有三篇：《利润分为利息和企业主收入。生息资本》《超额利润转化为地租》《各种收入及其源泉》。

《资本论》第四卷是系统分析批判资产阶级的政治经济学说，中心是分析剩余价值的学说史。这一卷篇幅较大，共计24章。第1～7章为第一册，分别是：第一章《詹姆斯·斯图亚特爵士［区分“让渡利润”和财富的绝对增加］》，第二章《重农学派》，第三章《亚当·斯密》，第四章《关于生产劳动和非生产劳动的理论》，第五章《奈克尔［试图把资本主义制度下的阶级对立描绘成贫富之间的对立］》，第六章《魁奈的经济表（插入部分）》；第七章《兰盖［对关于工人“自由”的资产阶级自由主义观点的最初批判］》；第8～18章为第二册，分别是：第九章《对所谓李嘉图地租规律的发现史的评论［对洛贝尔图斯的补充评论］（插入部分）》，第十章《李嘉图和亚当·斯密的费用价格理论（批驳部分）》，第十一章《李嘉图的地租理论》，第十二章《级差地租表及其说明》，第十三章《李嘉图的地租理论（结尾）》，第十四章《亚·斯密的地租理论》，第十五章《李嘉图的剩余价值理论》，第十六章《李嘉图的利润理论》，第十七章《李嘉图的积累理论。对这个理论的批判。从资本的基本形式得出危机》，第十八章《李嘉图的其他方面。约翰·巴顿》，第19～24章为第三册，分别是：第十九章《托·罗·马尔萨斯》，第二十章《李嘉图学派的解体》，第二十一章《以李嘉图理论为依据反对政治经济学家的无产阶级反对派》，第二十二章《拉姆赛》，第二十三章《舍尔比利埃》，第二十四章《理查·琼斯》。

《资本论》中心突出，结构严密，是一个非常完整的科学体系。用马克思自己的话说，《资本论》是“一个艺术的整体。”《资本论》以剩余价值为中心贯穿全书，是一个不可分割的整体。恩格斯说：“马克思的整本书都是以剩余价值为中心的”。马克思在《资本论》中断然指出，资本主义必然灭亡和无产阶级的必然胜利都是不可改变的，是历史发展的必然趋势，这为无产阶级的革命斗争提供理论武器，增强无产阶级革命斗争的决心和信心。（参考：《〈资本论〉中文版及其内容概述》，中国社会科学网 2014 年 6 月 6 日，李秀伟整理编辑；中央编译局：《资本论》，北京：人民出版社，2004 年。李庆）

资本逻辑

The logic of capital

资本作为现代资本主义生产关系的支配性力量，其活动历程具有的“必然如此”的内生联系，即资本的运行所遵循的逻辑必然性。资本逻辑可理解为资本至上原则，即以资本为中心构造经济权力和社会基本制度。马克思在《1844 经济学哲学手稿》中最先揭露资本逻辑。在资本主义私有制的条件下，资本家占有财产，工人一无所有以出卖自己的劳动为生。资本家把工人的劳动当作商品购买，支付给工人一定的报酬即工资。在《手稿》的《工资》一节中，马克思开篇指出，工资的高低“决定于资本家和工人之间的敌对斗争。胜利必定属于资本家”；“随着人类愈益控制自然，个人却似乎愈益成为别人的奴隶或自身的卑劣行为的奴隶”（《马克思恩格斯全集》第42卷第85页，北京：人民出版社，1979年）。马克思在这里不是在抽象的意义上谈论人类，他说的“愈益控制自然”的“人类”，具体指的是资本的拥有者，这些人受资本的效用原则和金钱原则驱使，在不断地制造着人的异化和自然的异化，而自然的异化又加剧人的异化（陈学明：《资本逻辑与生态危机》，《中国社会科学》2012年第11期第7页），由此便形成了资本的逻辑，即资本对人的统治。（徐越）

资本市场

Capital Market

又称长期金融市场、长期资金市场。期限在一年以上各种资金借贷和证券交易的场所。资本市场上的交易对象是一年以上的长期证券。因为在长期金融活动中，涉及资金期限长、风险大，具有长期较稳定收入，类似于资本投入，故称之为资本市场。资本市场是金融市场的3个组成部分之一，进行长期资本交易的市场。长期资本指还款期限超过一年、用于固定资产投资的公司债务和股东权益股票。与调剂政府、公司或金融机构资金余缺的资金市场形成鲜明的对照。资本市场特点有：1. 融资期限长；2. 流动性相对较差；3. 风险大而收益较高；4. 资金借贷量大；5. 价格变动幅度大。（史月田）

资本循环

Rotation of Capital

指产业资本从一定的职能形式出发，顺次经过购买、生产、销售3个阶段，分别采取货币资本、生产资本、商品资本3种职能形式，实现价值增值，并回到原来出发点的全过程。产业资本在其循环过程中要顺次经过三个阶段：购买（G−W）、生产（…P…）、销售（W′ −G′ ）。其中，第一阶段属于购买过程，第二阶段属于生产过程，第三阶段属于销售过程。马克思将资本从第三阶段向第一阶段流动的过程称为“惊险的跳跃”。（史月田）

资本主义

Capitalism

以资本家占有生产资料和剥削雇佣劳动者为基础的社会经济基础及其上层建筑。在封建制度瓦解的基础上产生，其产生的前提是：一方面广大农民和手工业者被剥夺了生产资料，成为靠出卖劳动力为生的雇佣劳动者；另一方面剥削者手中积累起大量的货币资本，成为靠雇佣和剥削工人获取利润的资本家。这样就形成了资本主义的生产关系，形成了资本主义社会两大对立的基本阶级——资产阶级和无产阶级。在14～15世纪，欧洲地中海沿岸若干城市首先出现资本主义萌芽。16世纪西欧开始全面进入资本主义时期。经过17～18世纪英、法等国的资产阶级革命和18世纪30年代到19世纪中叶欧美各国的产业革命，资本主义的统治地位最终得以确立和巩固，资本主义的生产关系得到迅速发展。资本主义的发展经历了两个阶段：以自由竞争为特征的自由资本主义阶段和以垄断为特征的垄断资本主义即帝国主义阶段。19世纪末20世纪初，资本主义完成了由自由竞争阶段向垄断阶段的过渡。资本主义生产关系的特征是生产资料归资产阶级占有，工人阶级一无所有，只有靠出卖劳动力为生；劳动力成为商品，货币和生产资料成为资本，商品经济成为占统治地位的经济形式；榨取和追逐剩余价值成为资本主义生产的唯一目的，成为资本主义的基本经济规律。资本家对剩余价值的追求是无止境的，为此需要不断扩大生产规模，改进技术，增加劳动强度，延长劳动时间，加强对工人的剥削。结果是，社会财富日益集中到少数大资本家手中，广大劳动者日益贫困。资本主义生产方式的建立曾对生产力发展起过巨大的推动作用，但随着生产力的发展，资本主义所固有的基本矛盾即生产的社会化和生产资料的资本主义私人占有之间的矛盾日益尖锐。它进一步导致个别企业生产的有组织性和整个社会生产的无政府状态之间的矛盾，引起周期性的经济危机和生产力的破坏，严重阻碍生产力的发展。资本主义社会基本矛盾的阶级表现，是无产阶级和资产阶级之间的矛盾与斗争。随着资本主义的发展，无产阶级队伍不断壮大，资产阶级的残酷剥削和压迫使无产阶级奋起革命，推翻资产阶级统治，用社会主义公有制代替资本主义私有制。帝国主义是资本主义发展的最高和最后阶段，是无产阶级革命的前夜。资本主义是人类社会最后一种剥削制度，必将为社会主义所代替。资本主义国家政权主要采取君主制和共和制两种组织形式，国家机构体制采用立法、行政、司法三权分立原则。（李庆）

资本主义第二基本矛盾

The second fundamental contradiction of capitalism

指资本主义社会在存在着生产的社会化与生产资料的资本主义私人占有制之间的矛盾（即资本主义基本矛盾）的同时，还存在着的资本主义生产力、生产关系与资本主义生产条件即社会再生产的资本主义关系及力量之间的矛盾，或者说第二重基本矛盾。这一概念主要是由美国生态马克思主义学者詹姆斯·奥康纳提出并加以论证的。在他看来，第一重矛盾是经典马克思主义理论对于资本主义社会基本矛盾的表述，回答的是资本主义经济危机的根源所在及资本主义向社会主义转型的根本原因。第二重矛盾作为资本主义第二基本矛盾，揭示的是资本主义生产与生态环境之间的矛盾（将会造成供给性不足），是生态马克思主义关于资本主义生态危机及其向生态社会主义社会转型的理论假设和原因分析。（徐越）

《资本主义·社会主义·生态学》

Capitalism, Socialism, Ecology

法国著名左翼思想家、生态社会主义者安德列·高兹的代表作之一，Galil é e 出版社 1991 年出版法文版，Verso 出版社 1994 年出版英文版。书中集中论述资本主义、社会主义与生态学之间的关系，阐述对社会主义未来和生态社会主义发展道路的看法，主张在新的社会历史条件下社会主义左翼与新社会运动的主流生态运动结盟，共同反对晚期资本主义。基于对“工作”不断变化着的文化理解，高兹重新审视了社会主义意识形态中的历史唯物主义理论。高兹对传统马克思主义的历史唯物主义做了如下评价：它只是在经济理性所允许的规则和限制中有效，但并非是为了建立一个生产主义的中央集权。高兹为左翼阵营提供了一个重要的理论视角——在他看来，必须扩大人的自主活动范围，并提高个人自我实现的可能性。高兹认为，当代西方随着科技的发展及其应用，导致了严重的生态危机，要改变这种灾难的状况，唯一的出路在于停止经济增长，改变生活方式和限制消费，并使用可再生的能源，采用分散与人性化的技术。与此同时，还应选择能促进个人自主与自然协调的、建立在民主的技术基础之上的新社会。高兹富有想象力和创造力的生态社会主义构想，在西方被称为“乌托邦社会主义”，在 20 世纪末对欧美思想界产生了相当大的影响。当然，古稀之年的高兹，在《资本主义、社会主义·生态学》一书中，也有时会流露出某种悲观思想。他认为，除非资本主义的经济理性和生产逻辑得到根本性扭转，否则，一个针对不论阶级不论贫富的全球灾难时代，必将在不远处。（徐越）

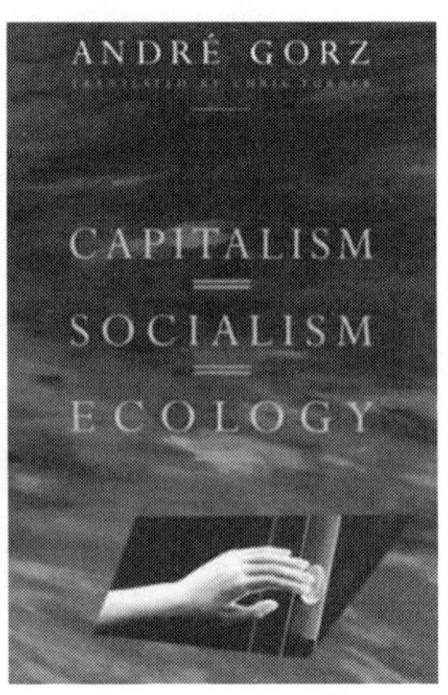

《资本主义·自然·社会主义》杂志

Capitalism, Nature, Socialism: A Journal of Socialist Ecology

北美研究生态学、资本主义政治生态学和生态社会主义的重要期刊，1988 年创刊，现为季刊。创刊主编是詹姆斯·奥康纳教授，出版发行商是泰勒和弗朗西斯集团公司下的罗特里奇出版社。现任主编是塞尔瓦托·恩格尔—迪茂罗（Salvatore Engel-Di Mauro），前任主编是乔尔·科威尔。宗旨是创建批判型"红绿"知识圈文化，促进全球向度下的绿色左翼政治。近年来侧重红绿政治、反全球化、环境史、劳工斗争、土地或社区斗争、政治生态经济学等议题的讨论，尤其关注劳工抗争、女性主义、环境正义运动、政治生态学和激进民主的理论与话语。（徐越）

资本主义总危机

The General Crisis of Capitalism

资本主义总危机理论是斯大林国际政治理论的核心思想之一，也是斯大林分析和研究帝国主义和无产阶级革命时代国际政治的逻辑起点。资本主义总危机理论的形成及其内涵的丰富，与斯大林时期资本主义政治经济发展有着密切联系。斯大林以列宁的"帝国主义论"为分析框架，以第一次世界大战结束以后的国际政治发展现实为论据，系统提出资本主义总危机理论。资本主义总危机理论在斯大林国际政治理论体系中占有重要地位，直接影响斯大林外交战略思想发展和苏联外交战略选择。

资本主义总危机理论源自于斯大林在 20 世纪 20 年代中期否定资本主义稳定论的论述。20 年代中后期，西方资本主义国家发展出现经济上相对繁荣、政治上相对稳定的局面，资本主义稳定论流行于世。然而，斯大林认为这一稳定中孕育着新的危机，他指出："英美之间由于石油，由于加拿大，由于销售市场等等而引起的斗争；英美集团和日本之间由于东方市场而引起的斗争；英法之间由于争夺欧洲的势力而引起的斗争；以及被奴役的德国和占统治地位的协约国之间的斗争——这些大家都知道的事实表明，资本的成就是不巩固的，资本主义恢复健康的过程里隐藏着它内部衰朽和瓦解的前提"。换句话说，资本主义的这种稳定与繁荣是虚假的，在资本主义稳定与繁荣的表面掩盖下，各种复杂的矛盾在资本主义体系内孕育和发展着。

斯大林在资本主义国家政治稳定、经济发展的情况下得出资本主义危机结论，依据是：1. 资本主义国家之间的矛盾在经济繁荣、政治稳定的外表下日益发展。从根本上说，它源于生产力与生产关系之间的基本矛盾，即资本主义腐朽的生产关系难以容纳迅速发展的生产力。这一矛盾表现为资本主义国家经济发展的不平衡，从而引起新兴资本主义国家与老牌资本主义国家之间在争夺原料产地、销售市场和势力范围产生尖锐的矛盾和斗争，这种斗争是无法用和平手段彻底解决，最终只能诉诸武力，通过战争的形式解决。2. 在资本主义国家与社会主义国家之间关系上，斯大林认为，"苏联作为一个建设社会主义的国家而存在这一事实本身，就是瓦解世界帝国主义势力，破坏它在欧洲和殖民地各国的稳定地位的最重要的因素之一"。从政治上看，苏联是资本主义国家无产阶级和殖民地人民斗争的一面旗帜，是他们斗争的物质与精神上的可靠力量；从经济上看，社会主义国家经济上不断取得的成就，一方面在经济上增强社会主义国家的实力，另一方面社会主义国家进入世界市场，既削弱资本主义国家对世界市场份额的占有，又成为资本主义国家在世界市场进行竞争的有力对手；从意识形态上看，资本主义国家与社会主义国家之间存在着意识形态的尖锐对抗，社会主义挑战资本主义在政治、经济、文化与生活上的统治地位。3. 第一次世界大战后掀起的殖民地人民民族解放运动沉重打击帝国主义国家的殖民统治，削弱帝国主义国家在殖民地进行的殖民掠夺与争夺势力范围的斗争。因此，斯大林得出结论，"稳定不仅没有阻止这个总的和根本的危机的发展，反而成为这个危机进一步发展的基础和根源"。在 1928 年 12 月的共产国际执委会主席团会议上的演说中，斯大林指出："这个时期(即第三个时期。斯大林注）必然会经过资本主义稳定本身矛盾的进一步发展而走向资本主义稳定的进一步动摇和资本主义总危机的急剧尖锐化”。因此，斯大林认为，资本主义的这种局部稳定或暂时稳定中孕育着新的危机，但这一危机究竟何时发生，他未列出具体的时间表。在 1927 年联共（布）十五大报告中，斯大林把资本主义稳定中孕育着新危机发展为有可能转为战争的理论。他指出：“恰恰相反，正是从这种稳定中，从生产增长，贸易扩大，技术进步，生产能力提高，而世界市场、世界市场范围和各个帝国主义集团的势力范围仍旧相当固定的情况中——正是从这种情况中产生着最深刻最尖锐的世界资本主义危机，这种危机孕育着新战争和威胁着任何稳定的存在”。随着 20 世纪 30 年代资本主义世界经济危机的到来，斯大林强化其对资本主义总危机的认识，进一步把资本主义总危机思想系统化和理论化。

1929 年爆发的席卷世界主要资本主义国家的经济危机以及延续到 30 年代的经济政治危机为斯大林的资本主义总危机理论提供有力的论据。斯大林根据 30 年代资本主义世界危机发展历程，对危机的不同阶段做出理论分析，在此基础上斯大林形成资本主义总危机理论。斯大林在这个时期第一次提出“资本主义总危机”这一术语。斯大林以经济危机作为其总危机理论分析的起点。斯大林指出，“最后，这是主要的，因为这次工业危机是在资本主义总危机的条件下爆发的”。由一国国内经济危机为导火索引发的政治危机在资本主义世界经济政治体系内蔓延，从而导致整个资本主义体系的总体危机。由此得出结论：持久的经济危机的结果是资本主义国家内部和它们彼此之间的政治状况的空前尖锐化。

斯大林的资本主义总危机理论构成第二次世界大战后初期苏联对外政策的理论基础之一。它直接影响到苏联对战后初期国际战略形势的根本估计，决定着苏联对外政策的主要战略决策。基于资本主义总危机理论，斯大林在提出“两个阵营、两个市场”理论。他认为两个阵营和两个市场将进一步加深资本主义总危机，资本主义总危机的深化将导致资本主义国家之间的矛盾激化，帝国主义国家之间的战争是不可避免的。苏联可以利用资本主义总危机扩展苏联的力量和影响，构建有利于本国发展和建设的有利的国际环境，领导社会主义阵营与处于虚弱状态的资本主义国家开展积极主动的斗争。从第二次世界大战后国际政治发展看，资本主义矛盾虽然在深化，但资本主义危机和矛盾并没有导致帝国主义战争爆发，因为资本主义在危机与矛盾中的自我调整与适应能力也得到增强。斯大林的资本主义总危机理论对第二次世界大战后资本主义发展出现的新情况和新趋势认识得不够充分和深刻，这是斯大林资本主义总危机理论的不足与局限之处。（参考：赵绪生：《论斯大林的资本主义总危机理论》，《贵州师范大学学报》（社会科学版）2007 年第 4 期第 16 ~ 20 页。徐越）

资产阶级

Bourgeoisie

占有生产资料作为资本榨取雇佣劳动者的剩余价值的剥削阶级。它最早形成于 14 ~ 15 世纪欧洲地中海沿岸若干较发达的城市中，是在封建社会末期，随着资本主义生产关系的发展，从小商品生产者和一部分商人中分化、产生出来的。资产阶级是资本主义社会的统治阶级。它凭借自己的统治地位，占有大量生产资料，剥削雇佣劳动，榨取剩余价值。因此，它和无产阶级的利益是根本对立的。它们是资本主义社会中两大相互对抗的阶级。在资产阶级革命时期，资产阶级借助人民群众的力量，推翻封建制度，大大促进了社会生产力的发展，在历史上曾经起过进步的作用。但在成为统治阶级后，特别是在进入帝国主义阶段，资产阶级成为垄断资产阶级之后，加强了对无产阶级和广大劳动人民的剥削和压迫，加剧了资本主义社会基本矛盾，逐渐成为维护旧生产关系、阻碍生产力发展的反动阶级。资产阶级是人类历史上最后一个剥削阶级，它将随着资本

主义制度的被推翻而彻底消灭。（李庆）

资金与技术转让议题

Capital and technology transfer issue

依据《气候变化框架公约》及《京都议定书》的相关规定，发达国家有义务向发展中国家和气候适应能力脆弱国家提供资金和技术援助，减轻气候变化及其适应的成本。2009年12月哥本哈根首脑峰会结束时曾承诺，尽快提供300亿美元资金帮助发展中国家减轻气候变化的影响。2011年《坎昆协议》建立的技术机制，使公约下应对气候变化技术开发与转让的行动走向制度化。根据《哥本哈根协议》与《坎昆协议》的要求，发达国家应在2010年至2012年间筹集300亿美元的快速启动资金，将优先用于生态最脆弱的发展中国家。在长期资金问题上，决定按比例增加的、新的额外的、可预期的以及足够的资金，应该提供给发展中国家，承诺发达国家应在2020年联合募集1000亿美元用于发展中国家。发展中国家主张，资金应该是新的、额外的，不应将现有的国家援助资金贴上气候标签来搪塞。不少发达国家表示，已经履行了300亿启动资金的承诺，而很多发展中国家却表示并没有拿到钱。在技术转让方面，以美国为代表的发达国家主张，技术研发投入巨大，而转让则是市场问题，因而以保护知识产权为由，对向发展中国家转移绿色技术设置重重障碍。（申森）

资源

Resource

有广义和狭义之分。广义的资源指包括劳动力、资金、技术、信息等生产要素资源，也包括土地、水、矿产、能源等自然资源，还包括旅游资源、农业资源等人文资源。狭义的资源仅指自然资源，依据空间属性，将自然资源分类为原位型资源和非原位型资源。原位资源指能就地利用而不能移至它地加以利用的资源，也包括土地资源、环境资源和气候资源等；非原位型资源指可就地利用也可移至它地加以利用的自然资源，如矿产资源、水资源和能源等。（蔡越）

资源保护理论

Resource Conservation Theory

由美国林业学家、自然资源保护学专家吉福德·平肖在19世纪末提出并付诸实践的环境社会政治理论。基本观点是，包括森林资源在内的自然资源都是数量有限的，人类社会应该着眼于自然资源的可持续利用的目的而有计划有组织地加以保护。这种理论的积极之处在于承认自然资源的有限性和自然资源保护的必要性，从而开创欧美社会自然资源保护的实践与制度建设。这种理论也因为明确承认自然资源保护的人类功用目的而遭到其他环境学派比如保持主义的批评。（徐越）

资源禀赋

Resource Endowment

指一个区域的自然资源条件、环境、其他生产要素条件以及发展结构与水平。资源禀赋理论最早由赫克歇尔和俄林提出，被称为新古典贸易理论，理论模型即H-O模型。在赫克歇尔和俄林看来，现实生产中投入的生产要素不只是一种劳动力，而是多种。投入两种生产要素是生产过程中的基本条件。根据生产要素禀赋理论，在各国生产同一种产品的技术水平相同情况下，两国生产同一产品的价格差别来自于产品的成本差别，这种成本差别来自于生产过程中使用的生产要素的价格差别。这种生产要素的价格差别取决于各国各种生产要素的相对丰裕程度，即相对禀赋差异，由此产生的价格差异导致国际贸易和国际分工。这种理论观点被称为狭义的生产要素禀赋论。广义的生产要素禀赋理论指出，当国际贸易使参加贸易的国家在商品的市场价格、生产商品的生产要素的价格相等的情况下，以及在生产要素价格均等的前提下，两国生产同一产品的技术水平相等（或生产同一产品的技术密集度相同）的情况下，国际贸易取决于各国生产要素的禀赋，各国的生产结构表现为，每个国家专门生产密集使用本国具有相对禀赋优势的生产要素的商品。生产要素禀赋论假定，生产要素在各部门转移时，增加生产的某种产品的机会成本保持不变。A、B两国在贸易前由于要素禀赋的不同，导致供给能力的差异，进而引起商品相对价格的差异。根据比较优势原理，一国出口密集使用其丰富要素的产品，进口密集使用其稀缺要素的产品。不同区域资源禀赋不同，造就区域分工与合作，例如，若有A、B两区域，A区域人口稀少，土地资源丰富；B区域土地稀少，劳动力资源丰富。则A区域倾向于发展粗放型农业，而B区域则倾向于发展制造业。自然资源与环境、历史差异等因素的地方性与可运移性影响着本区域的发展，如农业与采掘业的分布受自然条件与自然资源的直接制约；若某一资源可十分便利地在区域间运移，则其对区域发展的影响小。某一区域的发展还受区域的历史差异的影响，这些历史差异主要有劳动力、资本、技术与发展水平的差异，既包括量与质方面的差异，也包括组合方面的差异。如落后地区一般简单劳动力丰富，但劳动力素质较低，资本不足，技术水平低，劳动密集型产业所占比重较大；而发达地区一般拥有高素质的劳动力，资本充裕，技术水平较高，资本密集型产业与技术密集型产业所占比重较大。（参考：陈林生、李刚：《资源禀赋、比较优势与区域经济增长》，《财经问题研究》2004年第4期第63～66页；韩薪雨：《对外贸易与经济发展关系的文献研究》，《时代经贸》（学术版）2008年第14期第71～72页。朱配辰）

资源动员理论

Resource mobilization Theory

又称社会运动的资源动员范式。创立于20世纪70年代，代表性学者有麦卡锡、扎尔德、甘姆森、奥博肖尔和蒂利等。理论基础是奥尔森1965年提出的经济选择理论。该理论将成本与收益的权衡（而不是剥夺感和不满情绪）视为公共物品理论的核心问题。资源动员范式的两个核心假设是：1. 社会运动并非自发的、无组织的。2. 社会运动的参与者是理性的。以上述假设为前提，资源动员理论把社会运动研究建立在工具性模型和功利主义模型的自然科学传统之中。围绕着动员这一核心问题，资源动员理论的研究者提出一系列问题，如运动所能获取的资源在哪里？这些资源是如何被组织起来的？国家如何促成或阻碍动员的？动员的结果如何？资源动员范式（理论）曾经一度是欧美社会学研究的主流话语体系，但其自身有局限性。资源动员理论侧重研究社会运动的组织如何实现特定的目标，如何实现所需资源的获取，忽视研究社会运动参与者的社会心理学特征。由于在资源动员取向的基本模型中缺少对价值观、不满情绪和意识形态的合理说明，没有把个体还原为受社会运动组织所操纵的不能思考的资源，因此它的理性选择假说体现的反人性的假设存在着明显的局限。米拉·费里在《理性概念的政治脉络：理性选择论和资源动员》一文中，将理性选择论的局限性归结为三点：1. 理性选择论会导致人们对价值差异和价值冲突的忽视。2. 无法合理解释搭便车问题反映出的理性人"非理性"的一面（即奥尔森悖论：即便由理性个体组成的群体，可能会按照他们的共同利益而行动，但具体到某个理性的且以自我利益为中心的单一个体，如果可以搭便车，理性的选择应当是不为集体利益而行动）。3. 提出一个虚假的一般人类行动者的预设，该行动者既没有个人史，又没有性别、种族和不同阶级地位的差别。综上所述，资源动员理论强调社会运动中存在群体性的理性选择，侧重研究以资源为主导的动员机制，以及社会运动组织者、组织方式、斗争技巧与形式等的重要性。它宏观层面的理性选择论与经典马克思主义社会运动理论对规律性的强调有相似的一面。资源动员理论相对忽视微观层面的个体价值取向，忽视个体的情感认知与心理特征。忽视这些的根源在于，理性选择模型的前提是认为个体具有理性。（徐越）

资源高效配置

Efficient Relocation of Resources

在宏观层面上政府具有政治、经济和社会三项职能，政府的资源配置和集成职能包含在经济与社会职能之中。政府对创新资源高效配置和综合集成责无旁贷，主要从3个方面发挥重要作用：1. 对公共产品的资源配置。政府对公共基础和符合国家战略需求领域进行资源配置，出台相关政策，鼓励科技创新和资源合理流动。2. 调整战略布局，促进区域均衡发展。深化科研机构改革，通过运用财政税收政策和科技金融政策，调整区域资源空间配置，推动企业和科研机构科技创新。3. 加强微观领域管理与规制，将企业培养成创新主体。杜绝科技资源垄断与不正当交易，保护科技人员权益，促进科技成果转化，扶持高科技企业，激发企业创新热情，增强企业创新能力。（史月田）

资源关联型

Association of Resource

围绕某种自然资源形成的若干产业，有对资源的深加工，也有对资源的综合利用。在产业组织形态上，产业发展更多可能集中在一个大型企业或企业集团内部，对资源综合利用出现在多个企业之间。以磷化工产业链为例，研究磷化工发展战略必须树立科学发展观，走循环经济之路，在元素循环和过程两个层面提高资源利用率。（史月田）

资源环境产权制度

Property Rights System of Resources and Environment

在资源和环境领域的一整套包括产权界定、产权保护和产权交易的现代产权制度。资源环境产权指行为主体对某一资源环境拥有的所有、使用、占有、处分及收益等各种权利的集合，制度的内涵包括：1. 资源环境产权界定制度。资源环境产权界定制度是对资源环境产权体系中的诸种权利归属做出明确界定和制度安排，包括资源环境归属的主体、份额以及对资源环境产权体系的各种权利的分割或分配。2. 资源环境产权交易（或称产权流动、流转）制度。资源环境产权交易或流转制度指资源环境产权所有人通过一定程序的产权运作获得产权收益。3. 资源环境产权保护制度。这一制度是对各类产权取得程序、行使原则、方法及其保护范围等构成的法律保护体系。（史月田）

资源环境承载能力监测预警机制

Monitoring and early warning mechanism of resources and environmental carrying capacity

生态文明建设的重要制度创新与改革目标之一。环境承载力指在一定时期内，在维持相对稳定的前提下，环境资源所能容纳的人口规模和经济规模的大小。资源环境承载力包括土地资源、水资源、矿产资源、水环境、大气环境和土壤环境等基本要素。由于资源环境承载力受各种因素影响，是动态变化过程，因此有必要建立监测预警机制以对其进行掌握和控制，防止自然环境失去其自我恢复能力。监测与预警机制的有效实施，包括划定主体功能区，设定生态红线；设定综合评价指标体系，布局建设覆盖区域范围内所有敏感区、敏感点的主要污染物监测网络，完善资源环境的信息采集工作体系，建立资源环境承载力动态数据库和计量、仿真分析以及预警系统；建立资源环境承载力统计监测工作体系，加强基础能力建设；开展定期监控，设立资源环境承载力综合指数，设置预警控制线和响应线等。（张沥元）

资源节约

Resource Saving

保护生态环境的根本之策，包含以下含义：1. 树立节约资源理念。节约资源涉及各行各业，需要资源使用主体明确确立和牢固树立节约资源理念，形成节约资源的社会共识和共同行动。2. 转变资源利用方式。节约利用资源的根本途径是推动资源高效利用，如通过科技创新和技术进步促进资源利用效率不断提升。3. 能源生产和消费革命。通过能源生产和消费革命，控制能源消费总量，加强节能降耗，支持节能低碳产业和新能源、可再生能源发展。4. 耕地、水、矿产等资源的保护。包括耕地保护红线、土地用途、建设用地总规模、耕地占用、耕地占补平衡、基本农田等的管制；水源地保护及用水总量管理与控制、江河流域水量分配、水循环利用等；强化矿产资源特别是优势矿产资源和特定矿种保护，提高矿产资源开采回采率、选矿回收率、综合利用率水平，加强低品位、难选冶、共伴生矿产资源的综合开发利用，鼓励矿山固体废弃物和尾矿资源利用，提高废弃物的资源化水平，提高矿产资源合理开采与综合利用水平。5. 大力发展循环经济。按照减量化、再利用、资源化原则，注重从源头上减少进入生产和消费过程的物质量以及物品完成使用功能后重新变成再生资源，加强资源循环利用的技术研发，大力推进循环经济发展，促进生产、流通、消费过程的减量化、再利用、资源化，形成覆盖全社会的资源循环利用体系。（朱配辰）

资源节约型

Resource-saving Type

资源节约型内涵包括：资源的科学配置和合理利用，资源节约和消耗较少化，社会经济发展与生态系统承载力相适应，人与自然的和谐统一。资源节约型的主体包括：资源节约型政府、资源节约型军队、资源节约型企业、资源节约型事业单位、资源节约型家庭、资源节约型社区等。资源节约型体系有两类：1. 以产业为标准的体系：包括资源节约环境友好的工业体系，科学规划、科技含量高、节能环保、保质保量的基本设施建设体系，节水、节能、节地的节约型农业体系，节碳减排、注重效益的节约型运输体系，绿色消费、适度消费、理性消费的节约型生活服务体系。2. 战略资源节约型体系，包括从生产、流通、分配到消费各个环节制定循环利用的节约型体系。（王晴晴）

资源节约型社会

Resource-conserving Society

指在社会生产、流通、消费的各个领域，通过采取法律、经济和行政等综合性措施，依靠科技进步，动员和激励全社会合理利用资源，最大限度节约资源，提高资源利用效率，以最少的资源消耗获得最大经济和社会收益，最终实现资源、环境、经济、社会的协调发展。建设资源节约型社会，要求在企业层次通过技术创新和提高管理水平减少单位产出的资源消耗；在区域层次通过调整产业结构，提高生产系统的资源利用效率和降低国民经济发展对资源的依赖程度；在国家社会层次，通过强化资源节约意识，改变消费模式，在全社会范围内建立资源节约型的生产和生活方式。具体说：1. 确立节约资源的重要战略地位，将节约资源提升到基本国策的高度，将控制人口，节约资源，保护环境作为新时期的基本国策，以此为依据建立综合反映经济发展、社会进步、资源利用、环境保护等因素和体现科学发展观的指标体系，彻底改变片面追求 GDP 增长的行为。2. 尽快扭转高消耗、高污染的粗放型经济增长方式，逐步建立资源节约型国民经济体系。一方面通过技术进步改造传统产业和推动结构升级，尽快淘汰高能耗、高物耗、高污染的落后生产工艺；另一方面逐步形成有利于资源持续利用和环境保护的、合理的国际产业分工格局，推动高新技术产业和第三产业的发展和升级。3. 采取法律、经济等手段，发挥市场对资源配置的基础性作用，促进资源的有序、高效、科学开发和利用。此外，建设资源节约型社会，还要倡导资源节约型的消费方式，以资源节约型的产品满足人民群众的需要。（参考：陈德敏：《节约型社会基本内涵的初步研究》，《中国人口、资源与环境》2005 年第 2 期第 5 ~ 9 页。朱配辰）

资源密集型区域

Resource Intensive Region

指因自然资源开发利用而兴起并逐步发展的区域。区域经济的发展在很大程度上需要拉动效应，其中资源、劳动力、科技、资金是 4 个最主要的拉动力量。从经济发展的持久度角度看，科技的拉动力最持久，其次是资金，最后是劳动力和资源。可见，资源和劳动力是拉动经济的最有效也最不持久的力量。资源密集型区域正是依靠本地矿产能源或资源拉动地方经济的区域。从世界范围看，以要素禀赋理论为依据，中东地区、俄罗斯、巴西、澳大利亚、加拿大都是重要的资源密集型区域。但是除加拿大和澳大利亚，其余地区都是经济欠发达地区。根据国家发改委统计，我国共有资源型城市 118 座，约占全国城市数量的 18%，其中大约 80%的资源型城市分布在中西部地区。运用区位熵理论判定的我国资源型区域是山西、黑龙江、陕西、青海、新疆、宁夏和内蒙古等 7 个省份。我国资源密集型区域发展的共同特点是发展水平整体不高、产业结构单一、生态环境脆弱、资源开发利用效率低下、经济发展动力不足，陷入资源优势陷阱。资源密集型区域经济可持续发展面临环境约束加剧，经济发展出现瓶颈。（参考：屈燕妮、刘畅：《资源密集型区域可持续发展问题研究——基于资源收益分配的视角》，《开发研究》2012 年第 5 期第 10 ~ 13 页；孙理军、严良：《基于生态创新系统的矿产资源密集型区域可持续发展模式研究》，《宏观经济研究》2012 年第 12 期第 68 ~ 73 页。朱配辰）

资源税

Resource Tax

指以各种应税自然资源为课税对象，为调节资源级差收入并体现国有资源有偿使用而征收的税。资源税在实际征收过程中，同时具备两种资源税性质，划分为一般资源税和级差资源税。一般资源税是根据国家的需要，对使用自然资源的单位和个人，为取得应税资源的使用权而征收的税。级差资源税是国家对开发和利用自然资源的单位和个人，由于资源条件的差别所取得的级差收入课征的税。合理征收资源税，有利于调节资源级差收入，加强资源管理，发挥税收杠杆功能，对自然资源实行合理分配。（代富宇）

资源型产业

Resource-based Industry

指以资源开发利用为核心的产业，自然资源在产业生产要素投入中占据主要地位。根据研究范围和目的不同，资源型产业有广义与狭义之分。从广义上看，资源型产业指以一切自然资源为投入要素的经济部门，包括矿产资源产业、土地资源产业、水资源产业、森林资源产业等，这类产业的发展与自然资源的禀赋状况密切相关，在整个产业体系中处于基础地位。从狭义上看，资源型产业指与矿产资源和能源资源开发和简单加工相关的产业，是重工业的重要组成部分。根据我国现行经济统计口径，资源型产业属于第二产业，涉及采掘业和制造业两大领域，是重工业的重要部分，具体包括有煤炭采选业、石油和天然气开采业、黑色金属矿采选业、有色金属矿采选业、非金属矿采选业、钢铁工业、石油加工及炼焦加工业、非金属矿物制品业、黑色金属冶炼及压延加工业、有色金属冶炼及压延加工业 10 大门类。资源型产业有 3 个内在特征：对自然资源的严重依赖性、对地方经济的强势主导性、对生态环境的内在破坏性。新中国成立之初，中国按照苏联的计划经济模式，根据已有的发展基础，重点在少数城市发展钢铁、石油化工等重型工业，因而当时的中国资源密集型产业空间格局相对集中。到改革开放前，受冶炼技术和运输条件限制，中国资源密集型产业靠近原材料产地分布，如辽宁、湖北和四川三省均凭借自身丰富的铁矿石资源发展成为当时中国最重要的钢铁工业基地。这种空间格局的形成主要基于减少原材料特别是铁矿石的运输成本。因此，原材料的分布及运输成本是当时影响中国资源密集型产业分布的主要因素。

随着改革开放和快速工业化和城市化发展，带动各地区资源密集型产业的发展。（参考：汪戎、郑逢波、张强：《转变资源型产业发展方式的路径探索——2012 年中国“资源型产业升级和产业结构调整”学术研讨会观点综述》，《管理世界》2005 年第 12 期第 152 ~ 156 页；惠宁、惠炜、白云朴：《资源型产业的特征、问题及其发展机制》，《学术月刊》2013 年第 7 期第 100 ~ 106 页。朱配辰）

资源型城市

Resource-based City

以本地区矿产、森林等自然资源开采、加工为主导产业的城市，包括地级市、地区等地级行政区和县级市、县等县级行政区。根据《全国资源型城市可持续发展规划（2013–2020 年）》，规划范围包括 262 个资源型城市，其中地级行政区（包括地级市、地区、自治州、盟等）126 个，县级市 62 个，县（包括自治县、林区等）58 个，市辖区（开发区、管理区）16 个。资源型城市建设的目标是资源保障有力、经济活力迸发、人居环境优美、社会和谐进步。根据资源保障能力和可持续发展能力差异，资源型城市被划分为成长型、成熟型、衰退型和再生型 4 种类型。1. 成长型城市资源开发处于上升阶段，资源保障潜力大，经济社会发展后劲足，是我国能源资源的供给和后备基地。应规范资源开发秩序，形成一批重要矿产资源战略接续基地。提高资源开发企业的准入门槛，合理确定资源开发强度，严格环境影响评价，将企业生态环境恢复治理成本内部化。提高资源深加工水平，加快完善上下游产业配套，积极谋划布局战略性新兴产业，加快推进新型工业化。着眼长远，科学规划，合理处理资源开发与城市发展之间的关系，使新型工业化与新型城镇化同步协调发展。2. 成熟型城市资源开发处于稳定阶段，资源保障能力强，经济社会发展水平较高，是现阶段我国能源资源安全保障的核心区。应高效开发利用资源，提高资源型产业技术水平，延伸产业链条，加快培育一批资源深加工龙头企业和产业集群。积极推进产业结构调整升级，尽快形成若干支柱型接续替代产业。高度重视生态环境问题，将企业生态环境恢复治理成本内部化，切实做好矿山地质环境治理和矿区土地复垦。大力保障和改善民生，加快发展社会事业，提升基本公共服务水平，完善城市功能，提高城镇化质量。3. 衰退型城市资源趋于枯竭，经济发展滞后，民生问题突出，生态环境压力大，是加快转变经济发展方式的重点难点地区。应着力破除城市内部二元结构，化解历史遗留问题，千方百计促进失业矿工再就业，积极推进棚户区改造，加快废弃矿坑、沉陷区等地质灾害隐患综合治理。加大政策支持力度，大力扶持接续替代产业发展，逐步增强可持续发展能力。（参考：国家计委宏观经济研究院课题组：《我国资源型城市的界定与分类》，《宏观经济研究》2002 年第 11 期第 37 ~ 39 页；张秀生等：《论中国资源型城市产业发展的现状、困境与对策》，《经济评论》2001 年第 6 期第 96 ~ 99 页。朱配辰）

资源性产品

Resource Products

指人类在生产生活中赖以生存的基本物质基础，包括水、能源、矿产、土地 4 大类。资源性产品有 5 个特征：1. 不可再生性，如石油、天然气、煤炭等产品，在开发利用之后，相当长的一段时间之内很难再生；2. 不可替代性，某些资源性产品由于技术的进步开始出现人工替代品，但是这些替代品大多都来自资源性产品的附属品，其最终结果依旧是通过资源性产品的消耗来完成其替代品的生产和替代，所以此类替代品本质上仍是资源性产品；3. 分布不均性，资源性产品由于受到自然条件的限制，其地域分布十分不均衡，像中东地区的石油储备量和俄罗斯的天然气储备量就影响着全球资源性产品的交易市场；4. 稀缺性，资源性产品的稀缺性是由其不可再生性、不可替代性和地域分布不均性共同决定的，资源性产品一旦消耗，不可能在短时期重新生成，而资源性产品的损耗又是必然的；5. 需求刚性，资源性产品由于是生活的必需品，又受到以上几个特征的共同影响，使其需求量受到价格因素的影响较小。（参考：董海燕：《资源性产品国际需求转移研究》，武汉理工大学2012年硕士学位论文第23～36页。**刘阳**）

资源循环利用

Resource Recycling

指根据资源的成分、特性和赋存形式对自然资源综合开发、能源原材料充分加工利用和废弃物回收再生利用。通过各环节的反复回用，发挥资源的多种功能，使其转化为社会所需物品的生产经营行为。资源循环利用的基本特征：1. 客观性，也称内在规律性，指资源循环利用的出现是人类社会经济发展过程中必然出现的社会生产和再生产方式，是不以人们的意志为转移的社会经济发展的客观现象，是人类社会发展到一定程度后面对有限资源与环境承载力所作出的必然选择。2. 科技性，资源循环利用的出现和发展是以先进科技作为依托。3. 系统性，资源循环利用是涉及社会再生产领域各个环节的系统性、整体性经济运作方式。4. 统一性，包含两层含义：资源循环利用与人类社会经济发展和生态环境保护的统一；无论实在社会在生产的宏观层面还是在产业和企业的中微观层面，物质生产与产品流通实现形式都体现于资源的循环利用。5. 能动性，资源循环利用是人类对自身面临的资源和环境危机的理性反思的产物，是人类对客观世界认识的进一步深化。要实现资源循环利用，不仅要在企业层面进行规定及要求，还要在大众层面上推广资源循环利用的概念及功能，建设资源节约型社会。（参考：陈德敏：《资源循环利用论——中国资源循环利用的技术经济分析》，重庆大学2004年，第1至55页。**朱配辰　代富宇**）

资源循环利用产业

Resource Recycling Industry

指为节约资源和循环利用废弃物而提供物质基础和技术保障的产业，包括可再生能源产业、环境修复产业、再生资源产业及其相关服务业。资源循环利用产业是循环经济体系的末端环节，也是决定循环经济能否完成闭环周转的关键环节。资源循环利用产业特征包括：1. 政策密集型产业：资源循环利用是政策影响产业，国家的法律法规和政策对产业的发展起着非常重要的引导和推动作用。如利用废塑料、秸秆和木屑制成的木塑材料可替代原生木材。2. 技术密集型产业：资源循环利用是逆向制造过程，涉及修复技术（含再制造技术）、改性技术、分离技术、资源循环利用装备制造技术和无害化技术等高新技术。3. 劳动密集型产业：资源循环利用是典型的劳动密集型产业，如手机、电脑、空调等废弃的电子电器产品在上一道的拆解过程中，手工拆解分离彻底，利用效率高，而机械拆解损失大，所以一般在上一道中需要投入大量的手工劳动，可容纳大量就业者。4. 高附加值产业：资源循环利用普遍使用高新技术对原有材料进行改造，形成的新材料由于技术含量高因而附加值也高。（参考：杜欢政等：《中国资源循环利用产业发展模式研究》，《生态经济》2013年第7期第33～37页。**朱配辰**）

资源有限论

Limited Resource Thought

经济学学科的研究起点，它决定经济学的根本任务即资源优化配置。相对于人的代际间持续生存和人的欲望而言，自然界的资源有其限度并不足以满足人类无止境的需求，因此资源有限性的假说是社会持续发展的基本约束条件。经济学的任务在于以合理分配资源和创造财富的同时保证经济社会持续发展，因此，资源有限论是经济学的根本出发点。科学技术的进步不能完全解决资源有限性问题，它对于不可再生性资源的供给只具有有限的解决办法。“经济人”是经济学理论的基本假设，然而在资源优化配置目标中，经济人不能解决资源有限性问题。经济人是以利润最大化为根本目标的经济活动的参与者，为创造最大利润或者最大程度下降低生产成本，对于具有公共产品性质的生态自然要素，经济人必然会遵守“外部不经济”原则，这对于经济人说是使利润最大化的合理选择。然而由此可能造成的资源浪费和环境破坏，即社会问题的出现说明资源有限论并未在实践中被彻底贯彻。此外，传统意义上的资源配置必然会导致“未来不经济”。以自利为特征的经济人在追求经济利益的驱动下无止境开采和使用有限资源，必然会对后代人的生存状况造成影响。按照资源有限论，有限的资源不能满足一切人的需求，当代人的过度使用会挤压后代人可以利用的资源数量。因此未来不经济会导致后代人生存状况的恶化。（参考：余艳琴：《“资源有限性”假设在经济学中的地位》，《职大学刊》1997 年第 3 期第 34 ~ 37 页。欧阳文川）

《资源与环境经济学》

Resources and environmental economics

资源与环境经济学是一门新兴学科，发展速度很快。本书作者将资源与环境经济学的内容分为 4 个部分，分别是：资源环境经济系统理论；资源与环境经济的基本理论和方法；资源与环境经济的次一级基本理论；资源环境专题。主编者王克强、赵凯、刘红梅，上海，复旦大学出版社 2007 年出版。（代富宇）

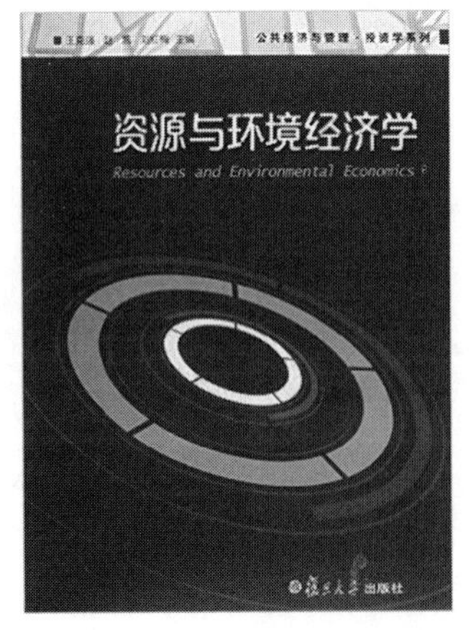

自净作用

Self-purification

指大气、土壤和水等受到污染后，通过物理、化学、生物等作用使自身达到净化或无害化的现象，主要分为环境自净、水体自净和土壤自净。环境自净是环境的重要机能。受污染的环境经自然过程及在生物参与下，具有恢复原来状态的能力。水体自净是受污染的水体中的污染物随水体向下游流动，经过物理、化学和生物的作用，污染物的浓度自然降低，使水体恢复正常的自然过程，前提条件是水体所受到的污染程度不超过其自身所具有的环境容量。土壤自净指污染物进入土壤后经生物和化学作用降解为无毒害物质，或使污染化合物转变为难溶性化合物的作用。（王晴晴）

自媒体

We-media

又称公民媒体或个人媒体。指私人化、平民化、普泛化、自主化的传播者，以现代化、电子化的手段，向不特定的大多数或特定的单个人传递规范性及非规范性信息的新媒体的总称。平台包括博客、微博、微信、贴吧、论坛 /BBS 等网络社区，是普通大众经由数字科技强化与全球知识体系相连后，一种提供与分享他们本身的事实、他们本身的新闻的途径。按使用模式划分，自媒体可分为以社交为目的的自媒体、沿产业链延伸的自媒体、小群体传播的自媒体和自建新经济的自媒体等类型。自媒体有别于传统的传播方式，传统的传播方式是由专业媒体机构主导的“点到面”的传播，自媒体是由普通大众主导进行的“点到点”的信息传播活动。借助自媒体平台，每个用户都可以发布信息，也可以增加信息，还可以传递信息，每个用户都会以自己为中心形成节点共享的信息传播网络，形成信息传播由信源中心向边缘扩散的传播机制。自媒体具有正负效应共存的影响力，一方面自媒体为群体提供渠道，提高公众参与范围，但存在着信息发布零门槛造成

的虚假信息、误导信息泛滥和侵犯隐私等问题。（张惠娜　刘中华）

自然保护派

Nature Conservation School

20 世纪环境保护运动中重要理论派别。主张减少对自然生态的干预，支持原生态的野生自然状态。自然保护派产生于 19 世纪后半叶，随着科学技术不断进步，人类在对大自然征服、改造的同时，对自然造成史无前例的破坏。在这个背景下，他们反思对自然资源的利用与破坏这对矛盾，由此产生不同观点。自然保存派以早期环保运动的领袖约翰·缪尔（John Muir，1838.4.21. ~ 1914.12.24.）为代表，严厉谴责人类对大自然的破坏，赞赏那些毫不受人类干扰的野生自然状态。他们认为，保存广大原野的目的是为使人类从大自然中得到精神启发，在其中陶冶性情、强身健体，并不是为了可用的资源。自然保护派的观点与当时的实用维护派形成交锋，构成环境保护运动重要的思想资源。（朱配辰）

自然保护区

Nature Protection Area

为保护自然生态系统、自然资源特别是珍稀动植物等目的而划定的需要以法律形式加以特殊保护和管理的地区。它是用来维护自然或近自然生物区系和自然地理特点的样本，是生态学及有关学科研究的场所，为科学研究、监测、教育、宣传等活动提供条件。自然保护区保护物种多样性，保持并探索对再生资源的可持续利用；还为特殊景观、自然遗产地提供保护；对人类在美学上的享受开展旅游带来经济利益，在自然与历史方面的文化启蒙产生积极作用。具体做法：确定保护的对象，划定专门地域，做出禁垦、禁伐、禁猎或禁止改变自然面貌的规定，采取各种具体措施保证实施。在选择和确定自然保护区时，通常采用一系列标准进行综合分析与判断，如典型性、稀有性、脆弱性、多样化、面积、天然性、感染力、潜在价值及科研潜力等。不同类型的保护区对指标的要求有所不同。根据不同的分类方法，自然保护区有不同的类型。根据国际研究，自然保护区划分为核心区、缓冲区和实验区。核心区是保护区原始的、保护较好的自然景观地区；缓冲区设于核心区周围，以防止核心区受到外界的影响和破坏；实验区根据所在地的特点和需要，利用本地资源，建立适合人们需要的人工生态系统。根据生物圈理论，国际保护组织把自然保护区分为陆地生物群落、海岸生物群落（从潮汐影响的内陆界限到大陆架 200 米深的海洋界）和海洋生物群落。陆地生物群落根据生物地理省的分类法建立 8 个生物地理界、227 个生物地理省、14 个生物群落型（界—省—生物群落型）的区划系统；根据地带生物群落的分类法建立 9 个地带生物群落和 3 个泛域生物群落的区划系统。海岸生物群落根据洋流和大气流盛行方向建立 13 个界和 39 个省的区划系统。海洋生物群落根据表面洋流方向建立 7 个界的区划系统。国际自然和自然资源保护联盟的国家公园和保护区委员会于 1978 年提出并经过修订的 10 种保护区的经营类型是：1. 科学研究保护区（绝对自然保护区）；2. 国家公园（省级公园）；3. 自然纪念物保护区；4. 受控自然保护区；5. 需保护的陆地和水域景观；6. 资源保护区；7. 自然生物区（人类学保护区）；8. 多种用途的经营区；9. 生物圈保护区；10. 世界自然遗产保护地。中国自然保护区根据保护对象分为：1. 以保护生态系统为主的保护区，如西双版纳自然保护区、长白山自然保护区等；2. 以保护物种及其栖息繁殖生境为主的保护区，包括保护遗传资源的如野核桃自然保护区，保护濒危物种的如佛坪自然保护区，保护特有、孑遗、珍稀物种的如金佛山自然保护区；3. 以保护山地和河源水源为主的保护区，如属黄河支流泾河、清水河、葫芦河发源地的六盘山自然保护区，漓江、浔江发源地的猫儿山自然保护区等；4. 以保护自然景观、自然纪念物和历史遗产等为主的保护区，如保护中亚热带常绿阔叶林自然景观的缙云山自然保护区，保护火山遗迹等自然纪念物的五大连池自然保护区等。自然保护区是开展自然保护工作的重要基地，对保护、恢复、发展和合理利用自然资源，保存自然历史产物和改善人类环境以及促进生产、文化、教育、卫生等事业的发展，都有重要意义。在国际上，常以自然保护区的总面积占国土的面积的百分比大小，衡量一个国家自然保护事业的水平和一个国家科学文化和文明进步的标尺。我国于1956年建立了第一个自然保护区——广东鼎湖山自然保护区，经过近60年的发展，全国已基本形成一个类型多样、区域分布较合理的保护区网络，取得一定的保护成效。截至2003年底，中国的国家级自然保护区共有226处。到2005年3月，加入联合国人与生物圈保护区网的自然保护区有：武夷山、鼎湖山、梵净山、卧龙、长白山、锡林郭勒、博格达峰、神农架、茂兰、盐城、丰林、天目山、九寨沟、西双版纳等26处。（参考：崔国发等：《世界自然保护区发展现状和面临的问题》，《北京林业大学学报》2000年第4期第123～125页；李文华、赵献英：《中国的自然保护区》第6页，北京：商务印书馆，1984年。**朱配辰　任傚尘　史月田**）

自然保护区文化

Culture of Nature Reserve

生态文化的一种，以崇尚自然、亲近自然、回归自然、人与自然和谐共荣为主题，注重对生物资源、生态资源的科学保护的文化。由于人类文化和自然世界相联系，发展自然保护区文化也具同样重要作用，没有自然保护区文化的繁荣发展，保护区维护自然生态利益的核心价值目标就难以充分实现。为此，需进一步深刻认识、科学把握自然保护区核心价值和工作特点，积极培育有利于实现国家保护目标的自然保护区文化，使以人类利益为中心的社会文化氛围兼具浓厚的以自然生态利益为中心的自然保护区文化，促进更好形成保护自然的现代生态自觉、社会共识和文化氛围，据以积极影响人们有关自然保护区的价值理念、制度设计和行为规范。（**牟世晶**）

《自然辩证法》

Dialectics of Nature

恩格斯的重要著作。写于1873～1883年间。1871年巴黎公社失败后，欧洲工人运动进入低潮，为积蓄力量，迎接革命新高潮的到来，工人阶级需要在思想上和理论上更好地武装自己，需要更完备的马克思主义的指导。在此之前，马克思已经多年致力于《资本论》的写作，力图揭示社会发展的辩证法（主要是资本主义经济运动的规律）。在马克思、恩格斯看来，这对于他们的整体学说而言，是不完整的，还需要揭示自然运动的辩证法，从而使社会发展的辩证法和自然运动的辩证法相互补充、相互支撑，构成完整的体系。这样，写作《自然辩证法》的使命历史地落在恩格斯的肩上。

恩格斯写作《自然辩证法》分为两个阶段，即在1873年至1883年间，从1876年9月到1878年6月，恩格斯暂时放下《自然辩证法》的写作，应邀写作《反杜林论》这一马克思主义的经典著作。这就是说，恩格斯用8年时间写作《自然辩证法》，到1883年3月14日马克思逝世时本书还未完成。至此，恩格斯不得不停止《自然辩证法》的写作，全身心投入马克思《资本论》的第二卷、第三卷和第四卷（《剩余价值学说史》）的整理和出版，并领导国际工人运动。直到1895年8月5日恩格斯逝世，《自然辩证法》也没有完成最终的写作计划。

在恩格斯逝世之前不久，他把本书手稿181个组成部分（10篇论文、169个札记和片段、2个计划草案）分成四束，第一束《辩证法和自然科学》，包括127篇较短的札记和片断；第二束《自然研究和辩证法》，收入6篇较长的札记和论文；第三束《自然辩证法》，包括6篇接近完成的论文，其中有著名的《导言》；第四束《数学和自然科学·札记》，有42篇札记和片断。另外，恩格斯写的《总计划草案》和《局部计划草案》与其写的论文和札记大体相符合。这些对研究《自然辩证法》一书的体系结构有重要参考价值。

《自然辩证法》中的札记与论文的内容一致，札记是为写作论文准备的素材。把论文和相应的札记联系起来，能更好地理解恩格斯的思想。1971年版中译本把论文和札记及片段分成两大部分编排；1984年版中译本把论文和相应的札记及片段编排在一起。尽管两种排列方式各有优缺点，但后者更便于完整地理解恩格斯的思想。

恩格斯逝世后，手稿由德国社会民主党领导人伯恩斯坦掌握，此后他发表了列入《自然辩证法》的两篇论文：《劳动在从猿到人的转变中的作用》（1896年《新时代》杂志）《神灵世界中的自然科学》（1898年《世界新历画报》年鉴）。1925年，苏联首次出版德文和俄文对照的手稿，书名为《Natur dialektik》（《自然辩证法》）。1927年德国出版的德文版书名为《Dialektik und Natur》（《辩证法和自然》）。1935年的德文新版又改名为《Dialektik der Natur》（《自然之辩证法》），后一般名为《自然辩证法》，编入中文版《马克思恩格斯全集》第20卷，《马克思恩格斯选集》第4卷。这部著作开辟马克思主义哲学的新领域，为自然辩证法这一学科的建立奠定理论基础。它概括当时自然科学的成就，论述辩证自然观和辩证法的基本规律，自然科学和哲学的关系，自然科学发展的规律，自然科学的分类；论述自然科学研究中的认识论、辩证逻辑问题，论述数学、力学、物理学、化学、生物学等学科的辩证内容，提出人类起源于劳动的学说；批判当时在自然科学哲学领域中的生理学唯心主义、不可知论、机械论、狭隘经验论、社会达尔文主义等错误理论；提出一些重要的科学预见，诸如原子可分、电运动有物质基础、放射到太空中去的热能重新集结、物理学和化学之间的边缘科学发展、人工合成蛋白质的可能、非细胞生命的存在，等等。《自然辩证法》创立科学的唯物辩证的自然观，奠定了唯物主义的自然辩证法的理论基础。

中国出版过5个《自然辩证法》中译本：1. 杜畏之译，上海神州国光社1932年版；2. 郑易里译，北京三联书店1950年版；3. 曹葆华、于光远、谢宁等译，人民出版社1955年版；4. 中央编译局据1955年版校订，人民出版社1971年版；5. 于光远主持重新校译和编辑，人民出版社1984年版。

就自然辩证法这个词的原义说，指客观自然界发展的辩证法；就它的广义说，被称为自然辩证法的这个科学部门形成和发展的实际情况，它不仅研究自然界本身的辩证法，而且研究人对自然界的认识——自然科学的辩证法，研究认识自然界和改造自然界的一般方法论。由于自然界本身的辩证法是通过自然科学和技术的发展而日益被揭示出来，所以上述两个方面的研究密切关联。自然辩证法是马克思主义的自然观和自然科学观，体现着马克思主义哲学的世界观、认识论、方法论的统一。（参考：肖广岭编：《〈自然辩证法〉导读》，北京：中国民主法制出版社，2012年。李庆）

自然采光

Natural Lighting

建筑物充分利用自然光，节省照明用电的设计。自然光光色自然，能够显示出质感又富于动

态变化。自然光通过窗户玻璃进入室内空间，由于光的质感和透明玻璃的质感相似，赋予人们纯净的感受。将日光引入建筑内部，并且将其按一定方式分配，以提供比人工光源更理想的照明。不但减少照明用电，而且比人工照明更加舒适，开阔视野，放松神经，有益于室内人员的身心健康。根据采光窗位置和形式的不同，可以将自然采光分为侧窗采光、天窗采光、中庭采光和新型自然采光：1. 侧窗采光是在房间的一侧或两侧开窗采光，非常通用，主要缺点是照明分布不均匀；2. 天窗采光，光线从建筑物顶部自上而下，室外光线的获得更加充足，但存在直射阳光和辐射热的问题；3. 中庭采光用于进深较大的建筑，庭院、天井和凹口都是中庭采光的特殊形式；4. 新技术发展，使自然采光出现新型系统，如几何光学系统、导光管采光、光导纤维引光等。（朱雨晨）

自然崇拜

Natural Worship

一种泛灵论，是远古先民把自然物和自然力视作具有生命、意志和伟大能力的对象而加以崇拜的信仰现象。天体、自然力和自然物是最常见的崇拜对象，人们常将自然中的天、地、日、月、星、山、石、水、火、雷、云等天体物及自然变迁现象视为崇拜对象，甚至将这些自然物和自然力人格化或神圣化加以膜拜，是一种原始的宗教崇拜形式。（雷爱民）

自然大学

Nature University

区环保大学，由北京地球村环境教育中心、自然之友、绿家园志愿者、厦门绿十字、南京绿色之友等多家环保非政府组织于2006年共同发起的项目。项目理想是打造中国最有活力的自然教育组织。

致力于与所有想与自然打一次深深交道的人们，一起到自然大学，一起共同走进自然，深度了解自然。政治目标是旨在通过自助型人才培养的方式，使社区公众实地参与调查，为公众提供探寻自然环境、零距离直面环境问题的机会，帮助人们认识自然、观察自然，关心周围环境的变化，珍惜、欣赏和热爱自然生命，参与到治理环境污染的活动中。包括草木学院、齐鲁学院和山川学院。公益项目包括神农架生态假期、丹顶鹤生态假期、流苏树生态假期、普氏原羚生态假期、乐亭生态假期等。（王聪聪）

《自然的敌人》

The Enemy of Nature

美国著名生态社会主义者乔尔·科威尔2002年出版的著作，尝试用马克思主义的观点和方法来分析解决现实生态危机问题。运用马克思关于交换价值和使用价值的理论来说明资本具有反生态的本性，指出资本在交换价值至上的逻辑下，不断要求扩张的内在规定性造成资本主义生产和消费的异化，使自然系统退化并且超越自然的缓冲能力，最终造成全球生态危机。资本主义的各种生态运动和思想，只能暂时缓和自然与资本之间的矛盾，最终目的在于维护资本的正常积累，无法从根本上改变资本反生态的本性。具体分析第一代社会主义国家社会主义实践失败的主客观原因，认为这些国家客观上缺乏经济基础、受到资本主义敌对势力的威胁，主观上普遍缺乏民主的观念和制度，因而第一代社会主义国家没能完全推翻资本主义。认为要解决生态危机问题，必须克服资本，推翻资本主义制度，建立生态社会主义社会。在实现生态社会主义的具体方案上，认为可以通过激活和联合生态系统来实现统一的生态社会主义

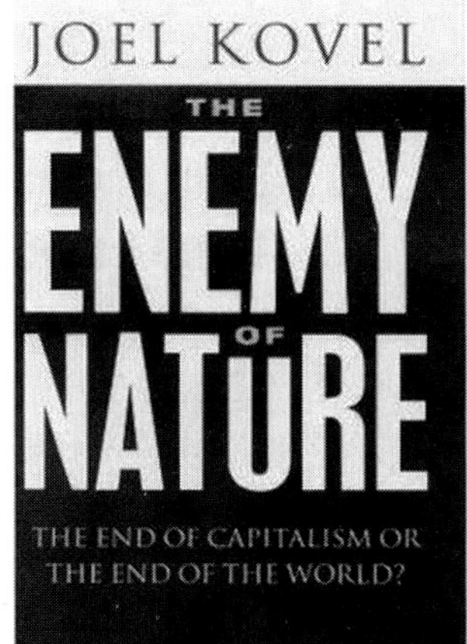

社会，通过以生态为中心的生产来实现劳动力的解放、使用价值的解放，从而最终实现对自然内在价值和完整性的追求。认为生态社会主义不是一蹴而就的，需要由点到面不断扩展的长期发展过程。（徐越）

《自然的控制》

The Domination of Nature

生态马克思主义者威廉·莱斯1972年出版的著作，提出控制自然危机的目的在于人性的自由与解放，而达到这一点，就必须克服控制自然观念所造成的伦理的缺失。控制自然的危机的实质是人的危机，故而解构生态危机的必由之路是实现由控制自然观念向解放自然观念的转变与过渡。书中考察人们对于自然的观念变化。早期的宗教神学要求人们必须保持对这些自然信仰对象的尊重与敬畏，不仅如此，即使是人类占有和享受这些自然对象时，人们也切忌放肆和轻佻的心理，必须放置足够的礼品来安慰自然的精神世界。近代以来，科学技术发展使人们形成无限增加物质财富的巨大渴望。在这种憧憬中，人类既要认可自身的理性力量，同时又存在着努力突破科学技术的有限性的狂热欲望。正是在这两重因素的激烈驱动下，理性与科学技术夯实了人类无穷的信心，但是，自然则完全沦落为欲望的单纯对象，于是悲剧发生了。当现代工业革命加速了科学与科学技术的结合，当利润完全成为运用科学技术的唯一目的，那么自然的危机和悲剧就会呈现出来。人类为满足自身生存和发展欲望的控制以及改造自然在性质上虽有一致，但在量上总有不等。在此之上，人类总会在代际之间发生对立，在各个区域和国家之间发生对抗。这种情况是在所难免的，那些执掌政权的少数阶级和阶层，总是优先享有着对自然资源的控制权。最后，莱斯认为，要解决这个问题，不仅要实现伦理发展与科技进步的同步，建构科学技术服务于人的价值观，而且要坚决实行社会制度的相应改革。中译本译者岳长龄，重庆：重庆出版社2007年出版。（徐越）

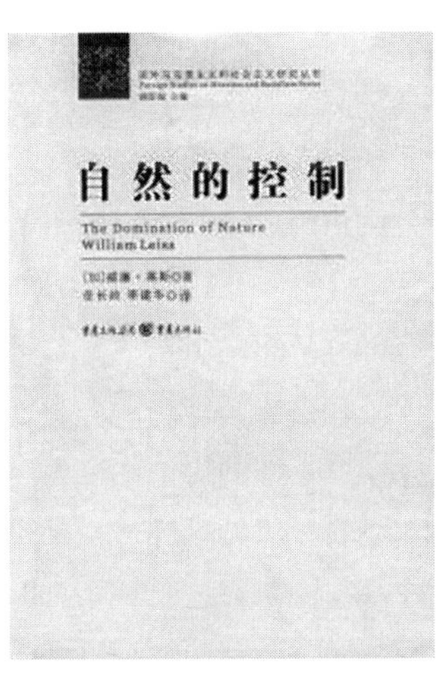

《自然的理由》

The Causes of Nature

著名生态马克思主义者詹姆斯·奥康纳的代表性著作，1998年出版。书中从分析资本主义生产方式与生态危机之间的关系出发，提出独特的观点。将社会劳动、自然、文化看作有机整体，重构历史唯物主义，克服传统历史唯物主义的单一决定论，拓展马克思主义的理论思想。通过分析资本主义的生产方式与生态危机之间的关系，提出资本主义社会存在着双重矛盾。第一重矛盾是马克思揭示的生产力与生产关系之间的矛盾，第二重矛盾是马克思忽视的生产方式与一般生产条件之间的矛盾。认为后一种矛盾将导致资本主义生态危机具有不可克服性，因为它存在于资本主义的本性之中。从这个角度出发，认为导致资本主义生态危机出现的原因是资本主义的生产方式以及不平衡、联合的发展，提出解决资本主义生态危机的构想——建立生态社会主义。中译本译者唐正东，南京：南京大学出版社2003年出版。（徐越）

自然的人化

Humanization of Nature

“自然的人化”概念，由马克思在《1844经济学哲学手稿》中提出。自然的人化有两种意义。从最一般的、宽泛意义上说，由于人们的实践活动，引起实践中自然因素、自然关系的变化，这种变化就是自然的人化。但这不是自然人化的本质意义。从本质上说，自然的人化指实践中自然因素和自然关系发生的有利于主体人的生活的变化。自然的人化是自然在实践中不断地变为属人的存在、为人的存在。（牟世晶）

自然法

Natural Law

凌驾于实在法之上并作为实在法的指导原则。它是西方法学家常用的、与实在法或人定法相对的概念。自然法这个概念历史悠久，从古希腊开始就有人使用，直至现代还在使用。强调自然法地位的法学家，形成了自然法学派，他们都把自然法看成是永恒不变的、绝对正确的，人定法或实在法要服从于自然法。当然，自然法的内容随着时代的发展而有所不同，古代的自然法概念强调的是自然的或宇宙的理性，中世纪的自然法则强调神的意志或理性，近代自然法强调的是人的理性或人性，现代自然法则将个人利益与社会利益结合起来，具体内容也是可变的。自然法的概念及学说在历史上几经兴衰，也曾起过重大的历史作用，现在仍是西方法学中占统治地位的理论。（李庆）

自然观

View of Nature

人们对自然界的总的看法，世界观的组成部分。唯物主义认为自然界是不依赖人的意识而独立存在的客观物质世界。唯心主义认为自然界是精神或上帝的产物。辩证唯物主义认为自然界是处在永恒运动、变化、发展中的物质世界，自然界一切现象都是对立统一的，它们在一定条件下相互转化；自然界的发展是人类社会发展的前提和基础；人对自然界认识的基础是人所引起的自然界的变化。人们对自然界的总的认识大体包括人们关于自然界的本原、演化规律、结构以及人与自然的关系等方面的根本看法。自然观是人们对整个世界认识的基础，任何一种系统的哲学必然包含与之相适应的系统的自然观。在人与自然的关系中，人不只消极适应而是积极作用于自然界。在这一相互作用过程中，人们形成对自然界本质的认识。因此，自然观既不像唯心主义所说那样，只是人的思维的自由创造；也不像机械唯物主义所说的，只是思维对自然界的消极反映。构成自然观基础的是人所引起的自然界的变化，而不只是自然界本身。任何时代的自然观都是在一定的历史文化背景下形成的，尤其与当时的自然科学发展水平密切相关。反过来，它对自然科学有着这样或那样的影响。（牟世晶）

自然价值

Natural Value

自然价值不是所有自然物的价值之和，而是一种超越性的价值。它要求将自然作为一个动态的不断变化的整体来理解。自然价值不仅涵盖各种自然物的价值属性，而且这些价值彼此联系，相互影响，从而形成巨大的价值网络。只有在这一网络的动态平衡中，每一种价值才能得以实现。同时，在这一网络中，任何一种价值的变化都会对自然价值的整体发生一定影响，这种影响有时会有牵一发而动全身的连锁反应。在这个意义上，人不能以凌驾于自然之上的态度俯视自然价值，而应该在这一价值网络中寻找自身恰当的位置，从中展现出人与自然的价值关系。其次，自然价值如果与人类的需要相对应，也必须以“大写的人”理解人类，即要从“类意识”角度看待人的多元需要。换句话说，即使人是从自身需要看待自然价值，也必须意识到自身需要是相互联系的多元体。多元的需要意味着，人类自身的价值实现也需要置身于自然的动态平衡中。自然价值的提出和反思本身印证人与自然之间的价值关系从来就不能割裂看待。人与自然在彼此的互动中体现出整体性的特征，二者的价值走向融合，越是

强调对方价值的重要性和自在性，自身的价值体现就越完善。（牟世晶）

自然价值论

Natural Value Theory

人与自然的关系是人类最早接触和研究人类社会最基本的关系之一。从人对自然的绝对服从到人主体意识的增强，逐渐摆脱自然的控制进而开始控制自然。这既是人类社会的进步，同时也为人类社会的发展埋下隐患。人的需求和自然供给间的平衡被打破，人成为评判一切的标准，但继而出现的环境生态问题将人类从高峰带入低谷，一系列悲观情绪开始蔓延，同时促成人类开始正视自己的需求，将研究主体由人转向自然，提出自然和人一样具有主体性地位，提出自然价值理论，为我们重新审视人和自然的关系开辟新的视角。罗尔斯顿站在客观价值论的立场上指出，在人们日常经验接触的物质层面上，价值评价很大一部分来自自然的客观实在，这些客观实在是价值的基础，尽管它依赖于主体的偏好。更重要的是，他进一步认为有些价值客观地存在于自然中，自然及其万物的价值不是人类给予的。相反，自然中的客观价值产生于人类主体之前，它们是主观价值产生的源泉。自然价值理论的提出形成伦理学的价值观同传统价值观的对立，这不仅仅是如何认识自然界价值问题上的对立，而且是两种不同价值观上的对立，两者争论的问题，涉及价值观的核心问题，即价值的来源、根据和尺度问题，引起各方面的争论。（牟世晶）

自然界的反人化

Anti human nature

从自然人化的最一般的宽泛意义上说，实践中只发生自然的人化，即自然作为人类实践活动的产物，人创造周围感性自然界，不存在与此相反的、对立的倾向。但从自然人化的本质意义上说，实践中自然不仅有人化这一倾向，还有反人化这一倾向。自然的反人化，指实践中自然发生的变化是不利于人的，是反对人的。实践中自然的反人化表现于实践的各个自然要素和自然关系中。主体因素的反人化表现在，在存在着剥削、强迫性的分工、社会异化现象的社会中，劳动者过度劳动、饥饿、片面和畸形发展等。主体身上发生的这种自然变化，是反对人的，是不利于人过真正人的生活和全面发展的。实践手段的反人化表现在，在存在着剥削、强迫性的分工、社会异化现象的社会中，工具一方面成为人改造对象的强有力手段（这就是人化的方面），另一方面却使劳动者片面和畸形发展，使劳动者受到摧残。实践对象方面发生的反人化现象更为广泛。如开垦土地、砍伐森林带来植被面积减少，造成水土流失、沙化加重这一切结果，是不利于人的，是反对人的。实践中自然关系的反人化，表现为人对实践过程及其结果的失控。自然的反人化仅指实践中自然因人的活动而引起的不利于人、反对人的变化，而不包括自然界自身发生的不利于人的变化。（牟世晶）

自然界权利

Nature rights

自然界是否享有权利？在生态伦理学中是一个有争议的话题。权利作为属人的概念，从产生那天起就被看作是对所有人某些利益和自由的维护，在人类中心主义看来这是无可非议的；抛开权利的属人性，这一概念是否可以扩展至自然界？非人类中心主义在 20 世纪 70 年代后，随着生态危机的进一步加剧逐渐成为主流话语，认为自然界也可以成为权利的主体，要解决生态危机就必须放弃人类的主体地位，赋予自然界独立人格，承认自然界的权利主体地位。自然界权利概念的提出，是权利主体不断扩大的过程。自从权利概念提出以后，享有权利的人类就在不断发展扩大权利的共同体。纳什在《大自然的权利》一书中回顾：1215 年，制定《保证英国贵族的民权和政治权利基本法》；1776 年，美国发表《独立宣言》，美国殖民者的权利得到承认；1863 年，美国发表《奴隶解放宣言》，奴隶有了权利；1920年，颁布《妇女第19次修正案》，妇女获得与男子一样的权利；1957年，颁布《保障黑人民权法》，黑人获得道德权利。历史表明，权利的范围是随着人类文明程度的提高而不断扩展的。据此，生态伦理学者认为自然界的权利正是这种不断扩展的“权利概念”的历史延续，动物、植物和自然界理应成为权利主体，他们与人类一样是权利共同体中的成员。生态伦理学的创始人利奥波德认为：传统伦理学的权利概念过于狭隘，应把它扩展到自然的一切实体与过程中去。自然界享有权利的来源虽然是有争议的话题，但对自然界权利的认可却逐渐占据人们的思想，从动物拥有的权利逐渐扩展到自然界享有的权利，尽管其发展历史悠久，但是正在逐渐得到人们的承认。关于自然界权利，其实质是如何理解人与自然的关系，离开人类单独谈论自然界的权利和利益本身就是对自然界权利和价值的否定，同样，对人类权利地位的唯一性的肯定也使人类的发展成为无源之水、无本之木。自然界的权利只能从人与自然界的关系中来理解。（参考：苗俊玲：《论自然界的权利及其阐释场域》，《社会科学家》2011年第12期第12～15页。牟世晶）

自然景象环境保护协会

Chinese Nature Conservation Association

隶属于联领基金会的本土环保类非营利组织，由香港及大陆两地崇尚自然、热心公益的企业家、和素有慈善传统的家族基金共同资助而成。成立于2006年，以18～35岁的新生代为主要受众群体，以中国大陆为核心，在亚太地区推广环保的生活方式和精神理念。使命是将“以人为本，与自然和谐共处”的宗旨融于人们生活理念，用以改善并改变人们的生活方式。致力于：塑造具有时代感的本土环保NGO形象，使环保成为中国社会最有效的凝聚力之一；鼓励与支持公众在环境领域的创造思维，为中国环保公益事业挖掘并培养新生力量；建立网上自然百科全书，并使之成为丰富有效的自然科学学习园地；成为中国具有影响力和号召力的本土非营利组织。（席溢）

自然历史过程

Natural Historical Process

马克思的自然历史过程理论，最先见于《资本论》序言中。在《资本论》第一卷的1867年第一版序言中，马克思写道：“我的观点是：社会

经济形态的发展是一种自然历史过程。”按照列宁1894年在《什么是“人民之友”以及他们如何攻击社会民主党人？》中的说法，社会经济形态就是“一定生产关系总和”。列宁强调，马克思在这段话中所说的社会经济形态指的是“资本主义社会经济形态”。从列宁的理解方式出发，可知马克思所说的“社会经济形态”实际上就是社会形态。马克思1849年在《雇佣劳动与资本》中已经指出：“生产关系总和起来就构成所谓社会关系，构成所谓社会，并且是构成一个处于一定历史发展阶段上的社会，具有独特特征的社会。古典古代社会、封建社会和资产阶级社会都是这样的生产关系的总和，而其中每一个生产关系的总和同时又标志着人类历史发展中的一个特殊阶段。”当然，《资本论》是一部政治经济学研究的专著，所以马克思似乎不愿意泛泛地谈论“社会形态”而更偏重于从“社会经济形态”的角度出发来谈论社会，尤其是资本主义社会的运动规律。

马克思在《资本论》序言中说的“自然历史过程”中的“自然……过程”的表达式有两种含义：

一是指“自然而然”，即一种自发性的、盲目性的倾向；二是指“自然界”或以自然界的方式发生作用的规律。稍加分析就会发现，马克思在这里使用的“自然”概念兼具上述两种含义。同样是在《资本论》第一卷的第一版序言中，马克思也提到社会自身运动的“自然规律”和社会经济运动的“自然的发展阶段”。事实上，“自然规律”这个术语并不是马克思首创的，马克思本人也坦然承认，这个术语来自恩格斯早期的著作《政治经济学批判大纲》（1844）。正是在这部早期著作中，恩格斯指出：“我们应该怎样理解这个只有周期性的革命才能给它开辟道路的规律呢？这是一个以当事人的盲目活动为基础的自然规律”。如，当时恩格斯也把市场经济中的供求规律称之为“纯自然的规律”。恩格斯的这一见解可以说是一以贯之的。晚年恩格斯在为马克思的《路易·波拿巴政变记》所撰写的第三版序言（1885）中提到马克思所发现的历史运动规律时，也以同样的口吻写道：“这个规律对于历史，同能量转化定律对于自然科学具有同样的意义”。显然，恩格斯的上述见解对马克思产生深刻的影响。

与“自然规律”概念比较，“自然历史过程”是更为严格的表达。从社会现象的实质和结果的角度进行考察，“自然规律”和“自然历史过程”应该是一样的，正是基于这样的原因，马克思也经常使用“自然规律”概念。然而，从社会现象与自然现象在表现方式上的差异看，“自然规律”的提法又不应该取代“自然历史过程”的提法，因为后一种提法肯定社会现象与自然现象在表现方式上的差异。正如恩格斯所指出的：“在自然界中，如果我们把人对自然界的反作用撇开不谈，全是没有意识的、盲目的动力，这些动力彼此发生作用，而一般规律就表现在这些动力的相互作用中。……相反，在社会历史领域内进行活动的，是具有意识的、经过思虑或凭激情行动的、追求某种目的的人；任何事情的发生都不是没有自觉的意图，没有预期的目的的。”这段话清楚地表明，从表现方式上看，社会现象与自然现象之间存在着重大的差别。看不到这个差别，简单地把社会现象等同于自然现象，绝不是真正科学的态度。然而，恩格斯告诉我们，从实质和结果上看，社会现象与自然现象又具有某种同质性，它们在表现方式上的差别几乎可以略去不计。正是在这个意义上，恩格斯继续写道：“不管这个差别对历史研究，尤其是对各个历史时代和各个事变的历史研究如何重要，它丝毫不能改变这样一个事实：历史进程是受内在的一般规律支配的。因为在这一领域内，尽管各个人都有自觉预期的目的，总的说来在表面上好像也是偶然性在支配着。人们所预期的东西很少如愿以偿，许多预期的目的在大多数场合都互相干扰，彼此冲突，或者是这些目的本身一开始就是实现不了的，或者是缺乏实现的手段的。这样，无数的单个愿望和单个行动的冲突，在历史领域内造成了一种同没有意识的自然界中占统治地位的状况完全相似的状况。”在恩格斯看来，尽管社会现象是由人的自觉的、有目的的活动构成的，但这些活动是相互冲突的，因而从实质和结果的角度看，社会现象就像自然现象一样是盲目的，但却是受隐蔽的内在规律的支配的。正因为社会现象与自然现象之间有着表现方式上的差异性和表现结果及实质上的相似性，所以，马克思把社会经济形态的发展称作为“自然历史过程”是最恰当不过的了。

列宁充分肯定马克思的“自然历史过程”理论的重大意义。他写道：“只有把社会关系归结于生产关系，把生产关系归结于生产力的水平，才能有可靠的根据把社会形态的发展看作自然历史过程。不言而喻，没有这种观点，也就不会有社会科学。（例如，主观主义者虽然承认历史现象的规律性，但不能把这些现象的演进看作自然历史过程，这是因为他们只限于指出人的社会思想和目的，而不善于把这些思想和目的归结于物质的社会关系。”在列宁看来，马克思的“自然历史过程”理论是其历史唯物主义学说的核心观点，这一观点使社会历史的研究从神话上升为科学。（参考：俞吾金：《“自然历史过程”与主

体性的界限》，《吉林大学学报》（社会科学版）2005年第4期第57～63页。徐越）

自然内在价值

The intrinsic value of nature

自然内在价值问题是生态伦理学的人类中心主义与非人类中心主义两大流派争论的焦点。对自然是否具有内在价值，还需追溯到人们对于内在价值的理解。内在价值是含义十分复杂的概念，环境伦理学家们对此至少有3种观点：内在价值等于“非工具价值”；内在价值是指对象自身具有的“内在属性”；内在价值是“客观价值”的同义语。据此可从3个方面理解：1. 从目的性理解自然内在价值。每个有机体都是价值的中心，都有其自身的目的，并具有以这一目的为尺度去评价别的事物，把别的事物作为工具价值的能力和行为。2. 从客观性理解自然内在价值。内在价值是客观价值同义语，不管人类存在与否或其偏好和态度如何，这种客观价值都是永恒存在的。3. 从主体性理解自然内在价值。自然和人类一样具有主动性、能动性、有价值能力。有学者从自然界可以作为价值主体出发，得出自然界具有内在价值，就是自然界对于自己的价值，也就是作为客体的自然界对于作为主体的自然界的价值，即自然界是拥有自己的“好”的实体。自然界内在价值意味着自然界与人一样，可以是价值的所有者，亦即价值主体。（参考：包庆德：《关于自然内在价值的生态哲学反思》，《中国社会科学院研究生院学报》2010年第3期第45～51页。牟世晶）

自然农业

Natural Agriculture

指与自然秩序相和谐的农业，由日本的福冈正信于第二次世界大战后首次提出。他强调人类在从事农业的过程中，不应以征服手段改造自然，而要遵循自然格局和自然过程。自然农业采取的基本原则和技术有：1. 免耕；2. 以有机肥（如绿肥、秸秆还田、粪肥）替代化肥；3. 不中耕，以生物措施（铺秸秆、种三叶草、紫花苜蓿、菊苣）替代化学和机械除草；4. 靠培育壮苗、稻鸭共生和自然调节替代化学农药，以控制有害生物。这种方法使田间作业大为简化而有序，用工少，农田保水培肥能力改善，农田环境处于自然相对平衡状态，水稻产量接近传统农业和施用化学物质的平均产量。自然农业的理念体现在：1. 新环境。自然农业是不污染环境的可持续发展的生态农业。自然农业遵循自然规律，用身边的天然物质制作所需的生产资料，尊重植物和动物的基本权利。2. 尊重生命。自然农业尊重生命，反对依据人的欲望设计的剥削生命体的生产活动。自然农业顺应自然规律，充分挖掘生命体的潜能，开发自然的能力，生产出的农畜产品，比人为干预的，品质更好、产量更高。3. 不用农药。自然农业运用趋光灯、酒精、香气、毒草等控制病虫害。应用自然农业的区域，生态环境得到恢复，病虫害明显减少。4. 无需化肥。5. 自然农业的天然材料。（李雪姣）

自然奴隶观

Slaved Natural View

指将自然界及其包含的一切物种都视为一种工具意义上的存在的观点。自然奴隶观是人类中心主义的典型表现形式。近代人类中心主义肇始于文艺复兴之后理性主义的兴起，人相信理想是真理的标准，是一切事物的衡量标准，并且可以解决一切问题，人类历史本质上是人类理性不断发展和成熟的历史。近代理性人类中心主义是工具理性和技术理性的源头，也是现代环境生态危机的意识根源。自然奴隶观是人类中心主义的典型表现方式，因此也是生态环境危机的内在原因。自然奴隶观从根本上拒绝承认其他物种与人类处于平等的地位，人利用其思想以及技术工具可以任意改造自然界以及创造所需的物品，即使暂时无法知道和做到的也能随着时间的推移，技术的进步而加以破解。自然奴隶观不承认其他物种的内在价值，自然界的价值只是相对于人的需要而言的外在利用价值，因此对于自然的开发和挖掘，前提虽然是尊重自然规律，但从根本上说，自然规律也是外在于自然界的，只是人的理性创造。这种意义下，对自然界的利用是依据人的需要，按照人的理性思维进行创造实践，自然界作为材料和工具而存在。与自然奴隶观相对应的是种间公平观，即强调人与自然界其他物种处于平等关系的环境伦理观。这种伦理观认为生态环境危机迫使人们重新审视其他物种的地位以及人与自然的关系。它主张任何物种都有生存的权利，它们的价值不仅仅是对人类而言的利用、使用价值，人只是生物圈、自然界的一分子，不可能离开由所有物种所组成的生态圈而独自存活。（欧阳文川）

自然神学

Natural Theology

基督教神学的重要派别。主张凭借理性与经验构建关于上帝的教义，主张从人类理性和观察的角度出发对上帝存在进行论证，通过借助上帝创造的自然界了解和认识上帝。与自然神学相对应的是启示神学，启示神学主张依靠启示与宗教体验证明上帝存在，认为关于上帝存在等的高级智慧只能依靠上帝启示，不能建立在理性和日常经验基础上。自然神学与启示神学是基督教神学中两个重要派别，两者在对待理性与信仰的关系、上帝存在的证明以及其他教义阐释等问题上存在分歧。（雷爱民）

《自然神学》

Natural Theology

英国自然神学家、哲学家威廉·佩利的著作。作者认为有机生命的复杂性和相互依赖性都是上帝的想法，并非进化的结果；鸟类和花的美，爬行类、水生类、飞行类动物和走兽的身体构造各不相同，但它们都是神的思想的产物，它们都聪明而有序；因而进一步认定智慧的造物者创造了它们，就像一只钟表是由钟表匠所制造的一样。威廉·佩利认为自然的美和复杂性使人们很容易推论到上帝的存在，佩利认为一定有一位宇宙设计者，他为某一目的而把世界安排成这样，认为当我们发现大自然的规律越多，就越相信如此神奇的宇宙是上帝精心安排的结果。（雷爱民）

自然生产力

Natural productivity

客观存在于自然界同时又与生产活动密切相关，直接间接影响生产活动的各种自然力量的总和，是自然界的自然力和生产力的统称。自然生产力包括生物本身的生长或转化力、生物生长环境条件方面的光、热、气、水等因素的量及相互之间的转化力、土地肥力或土地中适宜于作物生长的各因素的量及其相互之间的转化力三种要素，表现为两个层次即自然界的自然力和自然界的生产力。自然力是自然生产力的根源和基础，生产力是自然生产力的主体和核心。自然生产力的特征：1. 自然生产力作为一种自然力，其形成是自发的，其作用的发生是盲目的，但却具有必然性和规律性。2. 自然生产力作为生态生产力，具有生态系统的整体性特征。3. 自然生产力作为一种自然力，但不包括自然破坏力。（牟世晶）

自然生态保护区

Natural and ecological protection area

指为保障野生动物、植物、地质类型等的生存而设立的保护性区域，这些区域能够为科学研究提供特殊支持。在一些国家，自然生态保护区可能由政府机构或私人土地所有者（如慈善机构和研究机构等）指定。根据各地法律所给予的保护等级的不同，自然生态保护区分属于国际自然保护联盟的不同等级序列。我国的自然保护区分为三大类：生态系统类，保护对象为典型地带的生态系统，如广东鼎湖山自然保护区保护对象为亚热带常绿阔叶林，甘肃连古城自然保护区保护对象为沙生植物群落；野生生物类，保护的是珍稀的野生动植物，如黑龙江扎龙自然保护区保护以丹顶鹤为主的珍贵水禽；福建文昌鱼自然保护区保护对象上文昌鱼；自然遗迹类，主要保护的是有科研、教育或旅游价值的化石和孢粉产地、火山口、岩溶地貌、地质剖面等。自然生态保护区的作用是为人类提供科研、观测的场所，提供评判人类活动后果的生态系统样本，在涵养水源、土壤保持、生态平衡方面发挥重要作用等等。（张沥元）

自然生态环境

Natural ecological environment

指存在于人类社会周围的对人类生存和发展产生直接或间接影响的各种天然形成的物质和能量的总体，是自然界中的生物群体和一定空间环境共同组成的具有一定结构和功能的综合体，且未受人类干扰或人扶持，在一定空间和时间范围内依靠生物及其环境本身的自我调节维持相对稳定的生态系统。典型的自然生态系统有森林、草原、荒漠以及海洋生态系统，还有介于水陆之间的湿地生态系统。自然生态环境的脆弱性对中国可持续发展构成巨大压力。中国的地理地质环境复杂多样，不适合人类居住的国土比重偏高，自然生态条件相对恶劣。占52%的国土面积是干旱、半干旱地区，90%的可利用天然草原存在不同程度的退化，沙化、盐碱化等中度以上明显退化的草原面积约占半数。极度脆弱的自然环境给中国生态环境建设与保护带来巨大挑战。与此同时，中国是世界上自然灾害最严重的国家之一，灾害种类多、分布地域广、发生频率高，对人民生命财产安全和经济社会发展构成重大威胁。（牟世晶）

自然生态系统

Natural Ecosystem

自然生态系统是生态系统的一个分支，指在一定空间和时间内，在各种生物之间以及生物与无机环境之间，通过物质循环和能量流动相互作用的自然系统，如未开发利用的天然草原、原始森林、海洋生态系统等。自然生态系统是自给自足的功能单元，有4个基本组成部分，即非生物环境、生产者、消费者、分解者。太阳能是唯一的能量来源，绿色植物（生产者）利用太阳能进行光合作用，吸收环境中的无机物质合成有机物质，把太阳能转化为化学潜能，满足系统内其他异养生物（消费者）生存需要。它们的废弃物通过微生物的分解作用返回环境，供生产者再吸收利用，如此往复循环，通过自身调节控制维持系统的稳定。由于人类的强大作用，绝对未受人类干扰的生态系统已经没有了。自然生态系统分为：1. 水生生态系统，以水为基质的生态系统；2. 陆生生态系统，以陆地土壤或母质等为基质的生态系统。生态系统的重要特点是它常常趋向于达到稳态或平衡状态。这种稳态靠自我调节过程实现。调节是通过反馈进行。当生态系统某一成分发生变化时，必然会引起其他成分的出现相应的变化。这种变化反过来影响最初发生变化的那种成分，使其变化减弱或增强，这种过程叫反馈。负反馈能够使生态系统趋于平衡或稳态。生态系统中的反馈现象十分复杂，既表现在生物组分与环境之间，也表现于生物各组分之间和结构与功能之间。在生态系统中，当被捕食者动物数量很多时，捕食者动物因获得充足食物而大量发展；捕食者数量增多后，被捕食者数量又减少；接着，捕食者动物由于得不到足够食物，数量自然减少。二者互为因果，彼此消长，维持个体数量的大致平衡。这仅是以两个种群数量的相互制约关系的简单例子，说明在无外力干扰下，反馈机制和自我调节的作用，而实际情况要复杂得多。当生态系统受到外界干扰破坏时，只要不过分严重，一般都可通过自我调节使系统得到修复，维持稳定与平衡。生态系统的自我调节能力有限度，当外界压力很大，使系统的变化超过自我调节能力的限度即生态阈限时，它的自我调节能力随之下降，以至消失。此时，系统结构被破坏，功能受阻，以致整个系统受到伤害甚至崩溃，此即通常所说的生态平衡失调。研究自然生态系统生物与生物、生物与环境之间相互作用的规律及其机理，对保护资源、协调人与自然的关系，创造人类优异的生存环境具有重要意义。自然生态系统为人类生产生活提供丰富资源，但人类开发活动在不同程度上对自然生态环境具有破坏作用。因此人类在开发和利用的同时应当注意保护自然生态系统，维持其自身的调节能力和平衡。（参考：马道明、李海强：《社会生态系统与自然生态系统的相似性与差异性探析》，《东岳论丛》2011 年第 11 期第 131 ～ 134 页；赵慧霞、吴绍洪、姜鲁光：《自然生态系统响应气候变化的脆弱性评价研究进展》，《应用生态学报》2007 年第 2 期第 445 ～ 450 页。**朱配辰　韩铮**）

自然生态艺术

Art of Natural Ecology

以自然审美为中介的生命共在体验。自然生态艺术超越自我生命，以表现自我与自然的生命关联，认同生命的共生和权利共存。作为生成性的生命体验，它活化审美主体的情感体验和精神感悟活动，在自然生命向社会的人的生命的审美生成中，创生全新意义上人的生态性存在。自然生态艺术审美内涵的生成性生命体验形式，不抛离现实生存中人与实存的自然，而是将生存活动中的人和自然生态以“象”的形式自由组构成生态网络，使其运行在艺术生态结构中。自然生态艺术审美具有超越性和体验性两个维度。超越性指其既起始于人与自然现实的实体性生命存在，又不拘泥于这种实体性。实体的存在往往是欲望性、功利性的存在，是凸显感性的生命活动，自然生态审美是超越欲望与功利的。体验性指它在体验与超越实体的、现实感性生命的行程中不断追索生命的本真。（参考：盖光：《自然生态艺术审美的生成性特征——以中国美学为例》，《思想战线》2005 年第 4 期第 84 ～ 89 页。**王薛时**）

自然剃刀

Nature Razor

受中世纪著名哲学家奥卡姆的“奥卡姆剃刀”思想“切勿浪费较多的东西去做用较少的东西同样可以做好的事情”这一认识论原则而提出的生态伦理学原则。自然剃刀可表述为：如无必要，不应该增加对生态系统的人为干预。自然剃刀一方面要求即便为了人类利益，也不应该对生态系统增加不必要的干预，另一方面人类不可以为了生态利益而增加对生态系统不必要的关爱性干预。自然剃刀不排除在生态恶化的前提下人类对生态系统加以强行干预以保护自然生态，同时，人类在保护生态系统的前提下仍然可以主张自我的生存权益与利用生态资源的权利。（**雷爱民**）

自然喜欢隐藏自己

Nature Likes to Hide Themselves

“自然喜欢隐藏自己”是赫拉克利特的认识论思想之一。伊奥尼亚的赫拉克利特出身贵族，鄙视民主政治。他认为“世界秩序（一切皆相同的东西）不是任何神或人所创作的，它过去、现在、未来永远是永恒的活火，在一定分寸上燃烧，在一定分寸上熄灭”，并未简单地把世界的本原归结为某一变化状态，而是在一与多、永恒与变化的关系中把握本原：火转化为万物，万物复又归结为火。“逻各斯”（以“说出的道理”喻事物运动的内在本性）与“火”是同一本原的内、外两个方面：逻各斯是“世界秩序”，但它不像火的运动是可感的。一事物转化成另一事物的原因是这事物的多余和彼事物的不足（类似于阿那克西曼德的“补偿原则”），逻各斯就是因火的不足和多余而造成事物之间转化的原则。按照逻各斯的原则，他提出了生成辩证法：“A 既是自身，又不是自身”，具体表现为事物之间转化、和谐、同一、相对的关系。他认为灵魂是普遍之火的一部分，在人身上起支配作用。人类服从理性、道德以守法、律己、制欲为目的。他肯定了认识对象的客观性，强调了感觉在认识中的作用和意义。（**牟世晶**）

自然选择理论

The theory of Natural Selection

查尔斯·罗伯特·达尔文（Charles Robert Darwin，1809 ~ 1882）在他的《物种起源》一书正式阐明自然选择理论。自然选择理论指生物在生存斗争中适者生存、不适者被淘汰的现象。最初由 C·R·达尔文提出。从生物与环境相互作用的观点出发，认为生物的变异、遗传和自然选择作用能导致生物的适应性改变。由于有充分的科学事实作根据，所以能经受住时间的考验，百余年来在学术界产生深远影响。这一理论主要内容有 4 点：过度繁殖，生存斗争（也叫生存竞争），遗传和变异，适者生存。这种情形是人们所能看到的自然选择。自然选择的类型包括稳定性选择、单向性选择、分裂性选择。自然选择结果是创造出琳琅满目的物种（现已描述的物种数超过 170 万种），从低级到高级，从简单的菌类到复杂而智慧的人类，并且不同等级的生物共存在一起。（牟世晶）

自然学习

Learning from Nature

英国环境教育的雏形。在英国维多利亚时代，英国教师和学者开始关注对自然界及其生命的学习。真正将环境与教育联系起来的专家是苏格兰植物学家帕特里克·盖茨博士，他于 1892 年在爱丁堡建立一座瞭望楼，供学生观察自然现象，从而首次在环境与教育之间架起桥梁。1889 年英国教育家蕾迪在阿博茨霍而姆创建欧洲第一所乡村寄宿学校，标志着新教育运动在欧洲的开始。随着新教育运动发展，英国建立学校自然学习联盟，到 20 世纪 40 年代，自然学习领域从城市扩展到乡村，部分地区成立乡村自然学习教师协会。当时，已出现“环境学习”这一术语，在地理、历史和地方自然学习中广泛运用。随着自然学习的发展，1960 年英国成立国家乡村环境学习协会，协会即现在的国家环境教育协会（NAEE）的前身。英国早期自然学习成为后来环境教育的雏形，但自然学习起初并不是以培养学生环境意识、传授环境知识技能为目的。直至 20 世纪 70 年代在卢卡斯模式影响下，英国率先把户外教学思想引入环境教育，使之成为环境教育实践的基本手段。（参考：祝怀新：《环境教育的理论与实践》第 9 页，北京：中国环境科学出版社，2005 年。王薛时）

自然遗产

Natural Heritage

指地球演化历史各阶段的典型和突出例证，是地质地貌和地球生物演化过程中的独特自然景观，以及人与自然环境相互作用后的自然现象。从外形上看，自然遗产是绝美、罕见和独特自然现象或自然地带。按照类型划分，自然遗产划分为国家公园、湿地类自然遗产、地质遗迹类自然遗产、地形地貌类自然遗产和濒危物种栖息地类自然遗产。1972 年联合国教科文组织在法国巴黎的会议通过《保护世界文化与自然遗产公约》（以下简称《公约》），其中将“自然遗产”界定为：“从审美或科学角度看具有突出的普遍价值的由物质和生物结构或这类结构群组成的自然面貌；从科学或保护角度看具有突出的普遍价值的地质和自然地理结构以及明确划为受威胁的动物和植物生境区；从科学、保护或自然美角度看具有突出的普遍价值的天然名胜或明确划分的自然区域。”《世界遗产公约行动指南》对自然遗产提出相应标准，即代表地球演化各主要发展阶段的典型范例；代表陆地、沿海和海上生态系统植物和动物群的演变及发展中的重要过程的典型范例；具有绝妙的自然景象和艺术价值；最具价值的自然和物种多样性的栖息地，包括有珍稀价值的濒危物种。然而，随着时代的发展，对于自然遗产的内涵和外延有了扩展。就内涵而言，《公约》将自然遗产限定为自然区域，然而现在普遍认为自然遗产与文化遗产相互交织，仅仅因为人工因素的存在就排除为自然遗产，并不利于自然遗产的保护；另一方面，就自然遗产的外延看，《公约》

自然遗产的区域限定排除珍稀动植物资源，《欧洲野生生物和自然界保护公约》首先打破这种限制，将珍稀动植物资源纳入自然资源的范畴。（参考：马明飞：《自然遗产保护的立法与实践问题研究》，武汉大学2010年博士学位论文第19～28页。欧阳文川）

自然与文化遗产保护

Natural and cultural heritage protection

世界遗产分为文化遗产、自然遗产及复合遗产。自然遗产是代表地球演化历史中重要阶段的突出例证，展现重要地质过程、生物演化过程以及人类与自然环境相互关系的突出例证，或者独特、稀有或绝妙的自然现象、地貌或具有罕见自然美地域，以及尚存的珍稀或濒危动植物栖息地。文化遗产专指有形的文化遗产，和联合国教科文组织的另一项计划非物质文化遗产完全不同。1965年美国最先倡议将文化和自然结合起来进行保护。鉴于文化遗产和自然遗产越来越受到破坏的威胁，一方面因年久腐变所致，同时变化中的社会和经济条件使情况恶化，造成更加难以对付的损害或破坏现象，1972年10月联合国教科文组织大会在巴黎举行第17届会议，通过《保护世界文化和自然遗产公约》，以保存和维护世界遗产。（申森）

自然灾害

Natural Disaster

指对人类生命安全造成威胁、损害人类生活环境的特殊自然现象。它的形成必须具备两个条件：一是要有自然异变作为诱因，二是要有受到损害的人、财产、资源作为承受灾害的客体。地球上的自然变异，包括人类活动诱发的自然变异。自然灾害孕育于由大气圈、岩石圈、水圈、生物圈共同组成的地球表面环境中，无时无地不在发生，当这种变异给人类社会带来危害时，即构成自然灾害。自然灾害按照不同类型分为气象灾害、地质灾害、海洋灾害、森林草原火灾以及重大生物灾害。常见的气象灾害包括干旱、洪涝、台风、冰雹、暴雪以及沙尘暴；常见的地质灾害包括火山喷发、地震、山体崩塌、滑坡和泥石流等灾害；常见的海洋灾害包括风暴潮和海啸等灾害。另一方面，自然灾害按照发生时间划分也可分为突发性自然灾害和渐变型自然灾害。突发型自然灾害包括地震、火山爆发、泥石流、海啸、台风、龙卷风、洪水等灾害；渐变型自然灾害包括地面沉降、土地沙漠化、干旱、海岸线变化等自然灾害。按照发生原因分类，自然灾害可分为由自然原因导致的自然灾害和由人为因素导致的自然灾害。由自然原因导致的自然灾害源于自然生态系统运行过程本身的异常，由人为因素导致的自然灾害是由于人对自然资源不合理的利用和开发方式以及资源利用构成不平衡和粗放的经济生产方式等诸多原因。现代工业社会中，人为因素是自然灾害频繁出现的更重要原因。（欧阳文川　牟世晶）

自然之道不可违

No Possibility to Violate Natural Law

语出中国古籍《阴符经》：“自然之道静，故天地万物生。天地之道浸，故阴阳胜。阴阳相推而变化顺矣。是故圣人知自然之道不可违，因而制之至静之道，律历所不能契。爰有奇器，是生万象，八卦甲子，神机鬼藏。阴阳相胜之术，昭昭乎进于象矣。”此处自然之道即天地阴阳变化之道，天地阴阳变化，需遵循其运行规律与基本法则，人们只有明阴阳、知变化，才能与天地合德，裁制变通，与天地同其功用。（雷爱民）

《自然之死：妇女、生态和科学革命》

The Death of Nature: Women, Ecology and Scientific Revolution

美国女性主义科学哲学家、历史学家、加州大学伯克利分校环境史与哲学伦理学教授卡洛琳·麦茜特最重要的学术著作，1980年出版。世界环境运动史上较为重要的学术著作。作者以对生命和自然的深刻体悟、对美丽荒野的细致描绘、对家园毁损和生存危机的忧患意识，深刻反思现代生活观念的历史性，一经出版就引起了强烈反响。书中指出，“女性的地球是有机宇宙学的中心，它被科学革命和 16 世纪以来欧洲市场为主导的文化所破坏 …… 有机体理论强调相互依存的人体各部分之间，个人与家庭、社区之间的隶属关系，生命渗透宇宙的基石”。（徐越）

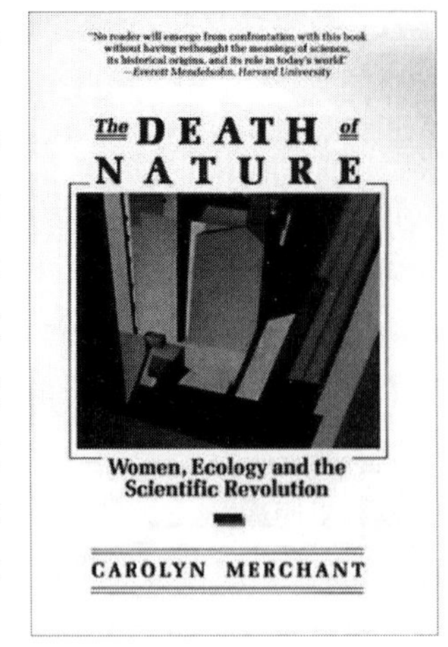

自然之友

Friends of Nature，FoN

又名中国文化书院·绿色文化分院，1993 年 6 月成立。中国最早在民政部门注册成立的民间环保组织之一，非营利性的民间环保组织，致力于推动公众参与环境保护，支持全国各地的会员和志愿者关注本地的环境挑战。办公室设在北京，下设野鸟会（观鸟组）、植物组和登山队（登山组）3 个主题小组。在全国各地设有 11 个会员小组。自然之友的愿景是在人与自然和谐的社会中，每个人都能分享安全的资源和美好的环境。使命是建设公众参与环境保护的平台，让环境保护的意识深入人心并转化为自觉的行动。自成立以来开展很多项环保活动，如滇西北天然林和滇金丝猴保护、藏羚羊保护、首钢搬迁、培养环境教育骨干力量、关注西南水电开发、圆明园环评听证、26 度空调节能行动、年度环境绿皮书等。回应中国快速城市化进程中日益凸显的城市环境问题，是自然之友最近几年的工作重点。自然之友希望通过推动垃圾前端减量、城市慢行交通系统改善、低碳家庭和社区建设、城市自然体验和环境教育等，探讨和寻找中国的宜居城市建设之路。累计获得国内、国际各类奖项 20 余项，有亚洲环境奖、地球奖、大熊猫奖、绿色人物奖和菲律宾雷蒙·麦格赛赛奖等；成为中国具备良好公信力和影响力的环境非政府组织，为中国环保事业和公民社会的发展做出了积极贡献。（王聪聪　蔡越　张惠娜）

自然中“自然的”尺度

The natural scale in nature

尺度指研究某一物体或现象时采用的空间或时间单位，同时又可指某一现象或者过程在空间和时间上涉及的范围和发生的频率。自然中的“自然的”尺度，即是指从自然自身的内在尺度评价自然界的价值。对于自然界的价值问题，我们会从人的尺度进行评价，但是不能仅仅从人的尺度进行评价。如果只是从人的尺度进行评价，是自然界价值的外在尺度；只是使自然界服从人的主观目的，属于人类中心主义的观点。实践表明，这种价值观已经使人类陷入深深困境中。因此我们对自然界的价值还需要从它的内在尺度进行评价，把内在尺度运用到对象上去，即按美的规律来建造。所谓内在尺度，指从自然界自身的尺度，我们需要承认自然界自身具有内在价值。这是生命和自然界的生存。传统伦理学把人当做目的，自然界是人达到自己目的的工具或手段，只承认自然界的外在价值。生态伦理学把道德对象的范围扩大到人与自然的关系，把人—自然系统当作目的，承认自然界的内在价值。（牟世晶）

自然中心主义

Nature-Oriented Centralism

相对人类中心主义而言，这种生态伦理观点主张从自然整体出发，肯定自然界的内在价值，突破人类种群视野限制，实现人类对自然利用的工具理性式价值观的革新。自然中心主义认为人类与其他生物种群是相互关联的统一体，在内在价值上是平等的。罗尔斯顿认为自然具有内在价值，人对自然负有客观义务。自然中心主义认为人类中心主义思想是环境问题产生的根源，因而主张突破传统道德强调人与人之间的关系的界定，把伦理学的应用范围从人类扩展到整个自然界，自然中心主义生态伦理学的最终目的是整个生物界的协同进化，维护包括人在内的整个生物界种群的平等权利与生存根基。动物解放论、动物权利论、生物中心论、生态中心主义等内容体现自然中心主义的具体主张。（雷爱民）

自然主义

Naturalism

首先是哲学观念，尝试用自然原因或自然规律解释一切现象；同时还是一种理论方法，假定不依据任何既有理论设定而对事物的实际状况作如实的、自然的描述，要求用自然科学观点和相应语言进行描述和解释。自然主义不假设超自然能力的存在，也不接受超自然的解释，这种哲学观念和方法支持自然科学和进化论观点，有科学唯物主义倾向。自然主义有悠久的历史传统，对人类思想影响深远。自然主义观念与方法论在近现代以来被广泛运用于教育、文学艺术创作、科学研究、生态保护等领域中。（雷爱民）

自然主义教育

Naturalistic Education

近代西方的教育理论。主要代表人物是18世纪法国启蒙思想家、教育家卢梭。卢梭依据他的政治论和天性论，竭力提倡自然主义教育。在他看来，当时法国及欧洲各国政治如此腐败，教育不堪入目。只能培养出暴君和奴隶，这些人既无理性，又无天良，既愚昧又骄横。因此，必须找到能使人的身心得到健康发展的教育，自然教育就是这种教育。卢梭认为人和物应该依从于自然即天性。天性是自然生成而非人力所能控制。一切教育措施要以儿童的内在自然或天性为准则，使儿童的身体和心灵能够按照自己的自然进程得到完善。卢梭从自然主义教育出发针对宗教封建教育对儿童个性的压抑和摧残，号召热爱儿童，尊重儿童的自由和个性，使他们的身心得到自由发展。自然主义教育思想，渊源于西欧文艺复兴时期的人文主义思想家对于自然的崇拜。17世纪捷克教育家夸美纽斯把人看成自然的组成部分，因此教育也必须遵循自然界的普遍法则。卢梭以及瑞士的裴斯泰洛齐、德国的福禄倍尔、第斯多惠等人又分别进一步阐述和发挥，使自然教育理论更加系统完善。（王薛时）

自然主义谬误

Naturalistic Fallacy

自然主义谬误问题，是英国哲学家摩尔在他1903年出版的《伦理学原理》一书中提出的。在这本书中，摩尔向人们明确传达一个主要思想是：善是不可定义的，因为善本身是单纯的。正如摩尔所说，“善的就是善的”，“善的”没有定义，因为它是单纯的，没有若干部分。它是那些本身不能下定义的无数思想对象之一，因为这些对象是最后的术语，无论什么能下定义的，都必须参照它们来下定义。因此，在摩尔的思想中，那些凡是企图给善下定义的做法都是错误的。摩尔把那些给他所宣称的不可定义的“善”下定义的企图都称之为“自然主义的谬误”。环境伦理从它产生的那一刻起，就不可避免地遭遇到自然主义谬误的问题。在今天无论是主张或赞同这种新型伦理的环境哲学家们，还是反对者们，几乎都认为自然主义谬误问题是这种新型环境伦理无法回避的重大问题。（参考：郑慧子：《环境伦理与“自然主义谬误”问题》，《河南大学学报》（社会科学版）2007年第3期第71～75页。牟世晶）

自然资源

Natural Resources

自然界形成的可供人类利用的一切物质和能量的总称，包括能源资源和天然资源。按照不同的分类标准，自然资源有不同的分类。按其形成条件、组合情况、分布规律等地理特征，可以分为矿产资源（地壳）、气候资源（大气圈）、水资源（水圈）、土地资源（地表）、生物资源（生物圈）5类。按照自然资源是否具有再生性能，可以分为再生资源、不可再生资源和恒定资源3类。可再生资源如土地资源、生物资源等；不可再生资源又分为能被重复利用的（如黄金等）和不能被重复利用的（如化石燃料等）；恒定资源如太阳能等。自然资源具有自然属性、社会经济属性及有用性、多用性、有限性和可变性等特征，其中自然资源的自然属性主要表现为自然资源的地域性、整体性和客观性；自然资源的社会经济属性指自然资源的开发利用及其管理，与人们对它们的认识、态度、利益关系和利用控制能力密切相关。（参考：蔡守秋：《环境资源法教程》第378～417页，武汉：武汉大学出版社，2000年。朱配辰）

自然资源保护法

Conservation Law on Natural Resources

调整人们在自然资源管理、保护和利用过程中所发生的各种社会关系的法律规范的总称。一般由土地管理法、矿产资源法、森林法、草原法、野生动物保护法、水法和渔业法、海洋法、空间法等法律、法规组成。自然资源保护法实质是调整一定的社会关系和自然规律的法律，目的是通过法律手段调节人类在开发利用自然资源的活动中所发生的社会关系。自然资源保护法具有以下特征：宏观性、综合性、科学技术性和国际共同性。1.宏观性是自然资源法调整各种社会关系的理论基础，各类自然资源法规必须按照资源配置的宏观要求规定人们在开发、利用和保护自然资源过程中的行为规则。2.综合性指其囊括《土地法》《森林法》《草原法》《矿产资源法》《水法》《渔业法》《野生动物保护法》《野生珍稀植物保护法》《自然保护区法》等。3.科学技术性指人们通过运用现代科技的发展处理人类活动与自然生态之间的关系、处理自然资源的开发利用对经济发展的关系来保护管理各种自然资源。4.国际共同性指由于人类共同生活的地球表面构成一个完整的生态系统，环境问题的解决和有些资源的开发利用超越国家界限，所以人类对自然资源的保护负有共同的国际义务。（参考：李爱年：《试论自然资源保护法》，《中国环境管理干部学院学报》2001年增1期第24～28页；孔凡斌、张利国、陈建成：《我国生态补偿政策法律制度的特征、体系与评价研究》，《北京林业大学学报》（社会科学版）2010年第1期第41～47页；蔡守秋：《环境资源法教程》第431～441页，武汉：武汉大学出版社，2000年。朱配辰）

自然资源保护协会

Natural Resources Defense Council，NRDC

非营利国际环保组织，1970年成立。总部位于美国纽约，在华盛顿、芝加哥、洛杉矶、旧金山、蒙大拿州及中国北京设有办公室。有超过130万会员和网络积极行动者。政治目标是致力于全面提高环境标准，推动在水污染、大气排放标准和环境效率等领域的立法。工作领域包括遏制全球变暖，推动清洁能源的未来；让海洋重现生机；防止污染，保护人类健康；拯救濒临野生动植物及其栖息地；确保安全足量的水资源；促进可持续的社区建设。成立以来在环保领域成就斐然，帮助美国起草《清洁能源法》，帮助实现全美汽油无铅化，推动实施美国家电能效国家标准，在美国食品禁用致癌杀虫剂的案件中取得标志性胜利。2009年被《财富》杂志评为“公众普遍认可的最具成效的环保组织”，被《纽约时报》评为“最强大环保组织之一”。（王聪聪）

自然资源产权制度

System of Natural Resources Property Rights

关于自然资源的所有权、使用权、转让权等法律制度的总称。自然资源的产权包括其所有权、使用权和转让权等。自然资源产权与其他物品的产权相比具有特殊性，主要是由于自然资源的开发周期一般不稳定且较长、经济价值波动较大；另一方面自然资源限于其自身的自然属性，有的具有可再生性，有的则不具有可再生性，其利用程度和开发程度受人为因素较大，其可再生速度和耗竭速度都不易预测。因此，自然资源产权相应地具有其特殊性质。在自然资源的所有权界定方面，其特殊性质要求采取多元化和弹性所有权制度而非单一性所有权制度。在自然资源的使用权界定方面，自然资源的效能具有多元性，资源效能的潜在外部性也不止一种，因此要求产权主体自主选择。在自然资源转让权界定方面，应使产权制度适应市场机制，以资源价格引导其优化、合理配置。（参考：周瑜琳：《“自然资源产权制度”概念初探》，《生态文明法制建设——2014年全国环境资源法学研讨会（年会）论文集（第一册）》第283～286页，广州：中国环境资源法学研究会、中山大学，2014年。欧阳文川）

自然资源二重性

The Duality of Natural Resources

人类本身是自然的产物，人类的发展也时刻与自然息息相关，各种自然资源既是人类的生产资料和劳动对象，又是人类赖以生存的生态环境。对于人类的长远生存和发展来说，这两方面作用缺一不可。从生态方面考虑，如果破坏自然资源，相当于破坏人类的生存条件，也破坏人类社会的发展条件；人类的发展受到阻碍，反之会影响自然的发展。可见，自然资源的两重性特点，要求人们对自然资源既要进行合理开发利用，同时又要重视保护和管理，以满足人类未来可持续发展的需要，实现自然的良性生态循环。（蔡越）

自然资源利用上线

Upper Line of Natural Resources Utilization

指为促进资源能源节约，保障能源、水、土地等资源高效利用的最高要求。应符合经济转型发展的基本需求，与现阶段资源环境承载能力相适应。界定并执行自然资源利用上线是为进一步促进和强化资源利用方式根本转变，全力推动绿色发展、循环发展、低碳发展。按照各相关主管部门建立的相应管理制度：1. 在能源开发利用方面，根据“十二五规划”目标，到末期能源消费总量40亿吨标准煤，非化石能源消费比重提高到11.4%；2. 在土地利用方面，确保18亿亩耕地红线，15.6亿亩基本农田数量不减少，质量有提高；3. 水资源开发和利用，实施用水总量控制、用水效率控制、水功能区限制纳污、水资源管理责任和考核4项制度。此外，在森林、湿地、海洋等资源领域，国家林业局、海洋渔业局也分别提出红线保护要求。这些界定范围均可作为各项自然资源的利用上线限值。（蔡越）

自然资源权

Natural Resources Rights

关于自然资源的权利的概括和总称。包括自然资源政府所有权、自然资源共用权、自然资源单位所有权、自然资源个人所有权、自然资源使用权、自然资源管理权等。自然资源政府所有权，是以国家政府组织为权利主体的自然资源所有权，又称自然资源国家所有权、国有自然资源所有权。其主体是国家组织，具有唯一性。自然资源共用权，是国家领域内所有公众共用自然资源的权利，又称自然资源全民所有权、共用自然资源国家所有权。其主体是全体国民（包括由公众组成的组织），客体包括大气、水流、荒野和传统上属于无主物的某些自然资源（如野生动物、鸟类等）。自然资源单位所有权涉及的单位包括法人组织（如一个工厂对降落在该厂区的雨水资源享有所有权）、非法人组织（如一个非法人组织对降落在该组织区域内的雨水资源享有所有权）和聚落性组织（如一个居民小区或一个村庄对降落在该小区或村庄的雨水资源享有所有权）。自然资源个人所有权，即以个人为权利主体的自然资源权利，如一个人对降落在庭院或土地上的雨水资源享有所有权。自然资源使用权涉及土地使用权、土地承包经营权、探矿权、采矿权、取水权和使用水域、滩涂从事养殖、捕捞的权利等。自然资源管理权指国家及有关政府组织有权对其管辖范围内的自然资源（包括政府所有自然资源、共用自然资源、单位和个人所有自然资源）依法进行管理和保护。（参考：常纪文：《环境权与自然资源权的关系及其合并问题研究》，《环境与开发》2000年第1期第4～6页。朱配辰）

《自然资源学报》

Journal of Natural Resources

1986年创刊。由中国自然资源学会和中国科学院地理科学与资源研究所主办的自然资源科学研究的综合性学术刊物。主要报道自然资源学科理论研究的最新成果、自然资源的数量与质量评价、自然资源研究中新技术与新方法的运用、区域自然资源的管理及可持续发展等研究成果，综述和简要报道国内外自然资源研究进展和发展趋势。主要栏目有：理论探讨、资源利用与管理、资源安全、资源生态、资源评价、资源研究方法和综述等。月刊，ISSN：1000-3037。（席溢）

自然资源资产产权制度和用途管制制度

Property Rights of Natural Resources and Application Control System

生态文明建设的重要制度创新与改革目标之一，指明确自然资源产权，对水流、森林、山岭、草原、荒地、滩涂等自然生态空间进行统一确权登记，建立多样化的自然资源所有权体系；建立统一的自然资源产权交易市场，通过合理定价反映自然资源的真实成本，发挥市场在资源配置中的决定作用。自然资源用途管制制度是指建立空间规划体系，划定生产、生活、生态空间开发管制界限，落实自然资源的用途管制。（张沥元）

自然资源资产管理体制和自然资源监管体制

Asset Management and Supervision System of Natural Resources

自然资源资产管理体制，指国家对全民所有的自然资源资产形式的所有权并进行管理。包括针对自然资源产权多样化的特征，建立起多种类别的所有权体系；建立统一的自然资源产权交易市场，在资源型产品价格改革的基础上，全面深化对公共资源产品价格形成机制和有偿使用制度的改革；建立自然资源资产核算体系，将自然资源纳入国民经济核算体系；完善自然资源资产管理相关法律体系。自然资源监管体制，指国家对国土范围内自然资源行使监管权。包括完善自然资源监管体制，统一行使所有国土空间用途管制职责，使国有自然资源资产所有权人和国家自然资源管理者相互独立、相互配合、相互监督。（张沥元）

自然最懂得自然

Nature Knows Best of Nature

“自然最懂得自然”，这是美国著名生态学家B. 康芒纳（Barry Commoner）提出的生态学4条定律的第3条。康芒纳这条定律的本意是针对“人拥有万能的权威”而言，以此说明“对自然系统的任何重大的人为变革都将有害于自然”。这一表述至少说明3方面的伦理意义：1. 地球生物圈是一个有完整结构运转精良的自组织系统。2. 我们应该对地球生物圈完整的结构关系抱以尊重的态度。3. 我们应该不干那些违反生态规律的事，人为地把自然界不存在的人造有机物引入生物体并参加生命系统，这样极可能会带来危害。“自然界最懂得自然”这条定律向我们暗示：自然界不仅仅是生态的大舞台，它本身就上演生态的大戏剧；它不仅仅产生生物现象和文化现象，也从生态本质上支配着生物种和人类的存亡；它是人与自然生态关系的最终的绝对的“领导者”，它有其绝对的“生态权力”，即相当于恩格斯在《自然辩证法》中所使用的大自然的“报复”这样的隐喻。大自然的“报复”形象地而且是本质地向我们当代人提出生态警示。恩格斯指出：“如果说人靠科学和创造天才征服自然力，那么自然力也对人进行报复，按他利用自然力的程度使他服从一种真正的专制，而不管社会组织怎样。”（参考：叶平：《生态哲学的内在逻辑：自然（界）权利的本质》，《哲学研究》2006年第1期第92～98页。牟世晶）

自我净化系统

Self Purification System

指对环境污染物有一定程度自净消纳能力的系统。环境污染物经过农业土壤和植物、微生物的物理、化学及生物作用，在不超出环境容量的前提下，自我净化的农业生态综合体。土壤—植物系统是自然活过滤器，净化功能的机制是：植物根系与叶面的吸收、转化、消解与合成；土壤微生物的降解、转化及生物固定作用；土壤胶体的吸附、络合和沉淀作用；土壤的离子交换作用、机械滞留及气体扩散作用。对于不同污染物质，土壤—植物系统的净化机理、强度和过程也不相同；其生态结构不同，对污染物的净化效率也不一样。这些因素是构成具体系统环境容量的基础。如利用土壤净化污水已有100余年历史；利用水生植物净化污水，生态效益和经济效益均十分显著。美国研究人员最新的研究表明，过去10年中地球大气自我清洁能力持续下降。这一结论是根据大气中的化学物质控基浓度下降得出的。经基是由氢和氧组成的原子团，它有助于促进空气中二氧化碳、二氧化硫和二氧化氮等污染物的分解。20世纪80年代大气中的经基浓度升高，但在90年代急剧下降。（参考：李拉：《水环境修复需要多种路径》，《中国环境报》2015年4月7日第10版；王伶雅：《应加强大气自我净化研究》，《成都日报》2014年3月11日第3版。朱配辰）

自我涉指性危机

Crisis of Self-referentiality

德国环境政党与政治学者英格福尔·布吕道恩在其后生态主义理论中提出的概念，具体是指后现代社会中的特定危机现象。这种危机是根本性的和不可避免的，只能够通过克服后现代社会的单向度性和恢复它的外部参考点来加以解决。后现代社会比以前任何时候都更接近无所不包的具有系统化内在一致性的现代梦想的实现，但这种社会以自治的人类主体的理想为中心。由于存在自我指涉性，去核化现代性体系极端易碎和脆弱。只要这种自我指涉性危机得以控制，自治主体的边缘化或者被消解或者被掩饰，去核化现代性体系就能得以维持。自我指涉性危机凸显既有体系中规范或文化的不确定性。一方面，自我指涉性危机显露出个人精神错乱和空虚的状况，更多的是表明民主政治体系排斥其再生产过程。另一方面，自我指涉危机意味着危害其经济体系。自我指涉性危机为后现代社会管理该危机提供可能性，即培养传统现代性的核心特征能够被模仿的特定空间。（徐越）

自由进步市镇主义

Libertarian municipalism/communalism

又称自由进步公社主义，是美国著名社会生态家默里·布克金提出并运用的重要术语。自20世纪90年代中期开始，布克金日益明确地把他的社会生态学概括为自由进步社会主义的新形态，或称之为自治市镇主义。借助这一核心性概念，社会生态学从最初的政治哲学演变成为研究主题更广泛，更加关注时代现实议题，更强调实现资本主义绿色变革的理念普及与技能储备的环境政治社会理论。（徐越）

自由贸易区

Free trade zone

指一国的部分领土内运入的任何货物就进口关税及其他各税而言，被认为在关境以外，并免于实施惯常的海关监管制度。自由贸易区首先具有自由港的功能和特点，允许国外船舶自由进出、允许外国货物免税进口等；此外，自由贸易区建设能够吸引外资、发展出口加工企业，有利于区域内企业、商业、金融综合全面发展。2013 年 9 月上海自由贸易试验区挂牌。2015 年 3 月 24 日中共中央政治局审议通过广东广州南沙自贸区、深圳蛇口自贸区、珠海横琴自贸区、天津、福建自由贸易试验区总体方案。由此，中国开始形成由南到北四个自贸园区的布局。（张沥元）

《自由民主制与环境主义》

Liberal Democracy and Environmentalism: The End of Environmentalism

荷兰环境社会与政治学者玛塞尔·威森伯格主编的主要著作之一。鉴于环境议题已逐渐被纳入到自由民主思想和政治实践中，环境主义和生态主义甚至成为重要政治思潮之一，因而，从主流政治学的视角思考环境运动、议题和观念的融入所产生的影响就成为一个值得探讨的议题。书中的基本假设是，环境主义最终证明环境主义者有理由成为一个环境主义者。书中强调，自由民主规范性基础是否能够或已经吸收最为基础的绿色观念，自由民主制度是否能够包容这些观念，对相关议题、社会相关性和未来环境政治理论进行了反思性的评述，指出环境主义尽管影响较大，但其影响力仍未达到应有的深度。（徐越）

《自由生态学：等级制的出现与消解》

The Ecology of Freedom

美国著名社会生态学家、佛蒙特社会生态学研究所主要创始人默里·布克金（Murray Bookchin）代表作之一，1982 年发表，被乡村之声称为“乌托邦社会批判主义的典范之作”。书中系统追溯人类社会中相互冲突性的自由与支配遗产——从人类文化的最初显现到当代的全球性资本主义。认为环境的、经济的和政治的衰败，始于人类等级制地组织其自身出现的那一时刻。

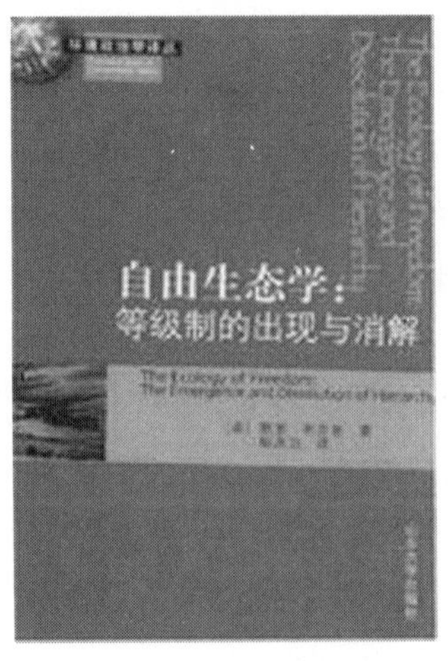

换句话说，在等级制被废除和人类创建更明智、可持续和平等的社会结构之前，我们时代所面临的困境将会延续。中译本译者郇庆治，济南：山东大学出版社 2008 年出版，《环境政治学译丛》子目。（徐越）

自由主义

Liberalism

当今世界一种政治意识形态，已有 300 多年的历史，是封建主义走向衰亡和市场经济逐步发展的产物。作为政治观念，早期只是反对绝对主义和封建特权的。19 世纪以来发展成为丰富的涵盖方方面面的学说，出现古典自由主义、现代自由主义等形态。其核心理念包括：个人主义（坚信社会生活中带有根本重要性的是个人，而非群体或组织），自由原则（每个人都能按照自己的意愿做出行动选择），理性主义（大多数情况下个人能够做出有利于自己的判断），平等原则（它更倾向于机会平等，从而支持能人统治、知识精英原则，区别于社会主义的平等观念），宽容原则（宽容是个人自由的保障和社会强大的手段，多元主义是社会积极健康的标志）。此外还有宪政主义原则。古典自由主义不同情任何形式的政府干预，“最好的政府就是管理最少的政府”；而现代自由主义以认同和支持国家干预为特征，支持大政府模式，拥护一种更加宽泛的积极自由观点，为社会自由主义或福利自由主义奠定了基础。（李庆）

自由主义公民

Liberalist citizenship

从其政治传统来看，公民身份（权）理论有自由主义和共和主义的区分。自由主义公民，是现代自然法、社会契约论与资产阶级革命暴动相结合的产物，强调个人权利和自由。自由主义公民身份包括古典自由主义时期（以洛克和密尔为主）和新自由主义时期(以罗尔斯和哈耶克为主)，前者更关注个人权利及自由在社会共同体中受保护的状况及保护方法，后者更关注平等概念。英国社会学家马歇尔提出了较为系统的公民身份理论，将其分为公民权利、政治权利和社会权利三部分，即公民基本权利（如人权、公民个体受到共同体保护的权利）、政治参与权利、经济权利(比如参与社会劳动分工、平等就业、保护合法财产的权利）、社会福利及社会保障权利。自由主义公民身份的特点，包括个人主义立场、以自由权利为基础的权利理论、普适性等。自由主义公民身份的制度，支撑着包括法治精神、分权制度、代议制民主等。（徐越）

自愿环境协议

Voluntary Environmental Agreements

指行政机关与企业或行业在意思表示一致的基础上缔结的，用于明确高于法定标准或者尚未立法规定的环境目标，并形成旨在实现这种目标的权利义务安排的一种合同。协议分为公共自愿方案、经谈判达成型协议和单边承诺 3 种类型。其中，公共自愿方案指由行政机关制定作用于产业界的具体规则或指导准则，企业或行业自行决定是否加入协议，如丹麦的《工业能效协议》；经谈判达成型协议指行政机关与企业或行业就所要实现的环境目标，相应的时间安排，以及履行、监督和制裁等一揽子条款经磋商谈判达成合意，并以合同的形式确定下来，荷兰的《能效长期协议》（LTA）与《标杆协议》（benchmark covenant）即属此例；单边承诺是指企业或行业就其主动实现减少污染或提高能效等一系列目标和所要采取的行动做出承诺，以德国的《工业气候保护宣言》为典型。（李雪婓）

自组织

Self Organization

一般来说，组织指系统内的有序结构或这种有序结构的形成过程。组织按照动力来源与形成方式的不同，可以划分为自组织和他组织。自组织指开放性系统在形成有序结构的过程中，不需要外界条件的干预，系统在自身内外矛盾的共同作用下，自行演化、自行组织，自发从无序结构向有序结构演变的过程。相对地，如果一个系统靠外部指令而形成组织，就是他组织。自组织现象无论在自然界还是在人类社会中都普遍存在。例如，行军蚁搭建的桥；萤火虫同步闪动；经济系统中相互维系的市场；干细胞发育成特定的器官，等等。一个系统自组织功能愈强，其保持和产生新功能的能力也就愈强。例如，人类社会比动物界自组织能力强，人类社会比动物界的功能高级。（牟世晶）

自组织生态自然观

The Self-organizing Ecological Natural Views

也称有机论自然观。建立在 20 世纪自然科学发展成果上的自然观。自组织生态自然观认为现实中存在的一切单位之间的都不是鼓励隔绝的外在关系，而是具有内在联系的，即所有单位都处在一定关系中的，并且由其所处的这种关系赋予其意义，因此事物之间是动态、网状联系着的，网络整体任何环节的任何变化都会对网络中其他部分产生影响。整体性、自组织性以及生态性是自组织生态自然观的总体特性。20 世纪自组织生态自然观是对 18 世纪机械论自然观的突破。18 世纪机械自然观建立在近代经典物理学的基础之上，这种物理学将世界一切事物还原为终极的实体—原子，即任何事物都是由原子通过不同的构造组合而成，因此这种原子论世界中的物质相互之间缺乏内在联系，一切都是外在的结构和组合。相对应的物质世界规律则是由因果关系主导的外在线性规律。自组织生态自然观与此相反，它是一种整体论的世界观，世界作为一个系统整体由其内部非线性网状关系组合而成。自组织的生态自然观认为世界作为有机整体，尤其自身的价值和选择，具体来说是对生存和进化的需要，这是本能的趋利避害的欲望，无机的原子世界则没有价值和选择，单纯因果规律无法解释有机体中必要性的联系。此外，自组织的生态系统具有自主性，即主动性和能动性。自组织系统是自我维持的生态系统，系统本身具有自我催化、自我增长、自我产生以及自我更新的特性。这种自主性类似于作为主体的人的主观能动性，因此是主体活动的性质。（参考：赵玲：《自然观的现代形态——自组织生态自然观》，《吉林大学社会科学学报》2001 年第 2 期第 13 ~ 17 页；赵玲：《论现代自组织生态自然观的实质》，《社会科学战线》2001 年第 4 期第 83 ~ 87 页。欧阳文川）

宗炳《画山水序》的生态美学思想

Zong Bing's Ecological Aesthetics Thought in his Works Preface of Painting Landscape

著名画家宗炳的画论思想中包含的生态美学思想。魏晋南北朝时期的山水画得到蓬勃发展，宗炳堪称当时山水画的杰出代表。他的画作，在对自我精神的肯定与超越中，与所表现的对象融为一体，显示出玄远而又空灵的意境，给人以美的享受。但可惜的是，他的画作已经散佚，只能从他仅存的画论《画山水序》中，揣摩当时山水画状况。宗炳跟与他同时期的大多数名士们一样，喜欢登山临水，咏志抒怀，把自然山水看作道的体现，在山水赏会中忘我，进入完全的审美状态，体验着身心自由的境界。在他看来，山水形象呈现出的勃勃生机，透露着宇宙的生命力。他把山水精神视为个人人格精神的外射，人与山水达到高度的融洽与和谐。宗炳认为，山水画可作为游赏山水的补充，他说：“老病俱至，名山恐难遍睹，惟当澄怀观道，卧以游之。”（《宋书·隐逸传》）他在《画山水序》中说：“余眷恋庐衡，契阔荆巫，不知老之将至，愧不能凝气怡身，伤跕石门之流，于是画像布色，构兹云岭。”宗炳认为，要想画出好的山水，必须进行切身的体会，“身所盘桓，目所绸缪”。同时，还要做到“以形写形，以色貌色”，真实地表现出所画山水所独有的风姿。在中国艺术家的视野中，天地万物绝不是纯然独立的外在世界，而是情意缠绵的自然怀抱，也是可居可游的温馨家园。在这个怀抱和家园中，心物的对立和差别界限消释无间，艺术家的身心与天地万物融为一体，协调和畅。（参考：刘国贞：《宗炳〈画山水序〉的生态美学解读》，《闽南师范大学学报》2014 年第 4 期第 64 ~ 68 页。王薛时）

宗教团体

Religious Groups

专门从事宗教活动的团体，按照宪法和其他有关法律的规定而成立，有自己的名称、章程、宗旨和组织机构等。在中国，全国性爱国宗教组织共有 8 个，即中国佛教协会、中国道教协会、中国伊斯兰教协会、中国天主教爱国会、中国天主教教务委员会、中国天主教主教团、中国基督教“三自”爱国运动委员会和中国基督教协会。此外，还有若干宗教性社会团体和地方组织。宗教团体的基本任务，是协助党和政府贯彻执行宗教信仰自由的政策，帮助广大信教群众和宗教界人士不断提高爱国主义和社会主义的觉悟，维护宗教界的合法权益，组织正常的宗教活动，办好教务。《中华人民共和国宪法》第 36 条规定：“国家保护正常的宗教活动。”同时规定，不允许任何人利用宗教进行破坏社会秩序和国家教育制度的活动。宗教团体可以同各国宗教团体和宗教界人士进行学术交流，如参加国际性的宗教思想讨论会、纪念会或庆祝活动等。但是，中国的宗教团体坚持独立自主、自办教会和“三自”（自传、自治、自养）的方针，不允许国际上的宗教势力干涉、控制、支配中国的宗教团体和宗教事务。（李庆）

综合生物塘

Synthetic Biological Pond

是一种新型稳定塘系统。在传统稳定塘基础上，运用生态学原理，将不同的生态单元，按照一定的方式和比例组合起来，具有净化污水和出水资源化双重功能的新型稳定塘技术。综合生物塘具有占地面积较小，净化效率高，能发挥以塘养塘的优势，适合中小城镇的实用。综合生物塘的生物学基础：1. 水生维管植物生态净化的功能；2. 藻菌共生生态系统代谢活性；3. 综合生物塘异氧活性的变化。综合生物塘对污水中的主要污染物具有一定的净化效果，特别是污水中的细菌和病毒的去除效果较好。综合生物塘的出水还可用于水产养殖等资源化利用。（朱雨晨）

综合实践活动

Comprehensive Practice Activity

在教师引导下学生自主进行的综合性学习活动。综合实践活动基于学生的直接经验，密切联系学生自身生活和社会生活，体现对知识的综合运用的课程形态。它由国家设置，地方和学校根据实际开发，面向全体学生开设，以学生自主选择、直接体验、研究探索为学习的基本方式，以贴近学生现实的生活实践、社会实践、科学实践的主题为课程基本内容，以学生个性养成为课程基本任务的非学科性课程。这是一门以学生的经验与生活为核心的实践性课程。通俗说，综合实践活动课程是一门面向学生生活，在教师的引导下学生自主解决实际问题，使学生获得全面发展的课程。综合实践活动与思想品德、语文、数学、外语、科学、体育、艺术等一起共同构成新课程的若干领域。因此，它是每所学校都有责任与义务提供给每一位学生的课程，也是每一位学生都必须参与和学习的课程。（参考：陈时见：《综合实践活动课程实施与案例分析》第 23 ~ 25 页，桂林：广西师范大学出版社，2005 年。王薛时）

综合学习环境教育

Integrated Learning Environmental Education

综合性学习是当今世界基础教育课程改革的基本发展趋势之一，也是各国学校课程改革的热点研究课题。开展环境教育之所以要采取综合性学习的方式，这与环境教育的特殊性分不开。与其他教育科目相比较，环境教育具有以下特性：1. 环境教育是以纠缠不清或“左右为难”为基本处境。也就是说，在开展环境教育时，一方面要考虑到人是自然的一员，不断接受自然的恩惠；另一方面，人为了生存不得不改变或改善自然，甚至是破坏自然环境。2. 人类借助社会生活与自然界建立关系，环境教育在于让人们理解在人类与自然的相互依存关系中建构的社会结构。环境教育的目的在于使人们认识人类与自然之间的关系取决于社会体系结构与性质。3. 环境教育的另外一个目标是使人们理解个人行为通过社会性渠道对自然产生某种影响。4. 环境教育可以使人们认识到自然环境与人类生活之间的关系是多歧的。环境教育的这些特性与品质在传统分科课程的分析性学习中难以体现出来。（参考：马桂新：《环境教育学》第 250 页，北京：科学出版社，2007 年。王薛时）

总罢工

General Strike

又称总同盟罢工，地方性的或全国性的总罢工。它可以分为两种类型：一种是在一个地区内各种产业的工厂同时罢工，如“五卅”运动中和上海三次武装起义前的上海工人总同盟罢工。另一种是一个产业或几个产业在全国或几个地区的范围内同时罢工，如京汉铁路大罢工。总罢工都是为了实现一定的政治目的，同时也包含一定的经济要求的罢工，是罢工斗争的最高形式，具有统一的罢工领导机关，如省港大罢工中的省港罢工委员会等，并具有统一的斗争纲领、斗争目标以及具体行动计划。总同盟罢工总是要控制国民经济的要害部门和重要地区，以给统治阶级以沉重的打击。只有具备了一定的政治条件、组织条件以及一定的革命形势，才可以举行总同盟罢工。

（李庆）

总量控制制度

Total Amount Control System

与环境保护其他制度相比属于较新的制度，因此学界对于总量控制制度概念的内涵尚没有统一的界定。一般来说，总量控制制度是指环境职能部门对一定区域按照环境污染情况和生态功能等要求将其划分为若干单位，并且按照单位制定相应的环境污染总量控制标准，以达到适宜该地区生态承载力的环境要求，从而在一定时间段内达到环境质量要求的一系列法律规范的总称。总量控制制度的内容包括控制标准的确定、总量分配的确定、总量控制的监督管理。与其他环境保护制度相比，总量控制制度对技术有更高的要求，因为对于环境生态承载力的检测、评估和污染影响评价需要先进的技术作为支撑；其次，对于控制环境污染，总量控制制度更具高效性，因为总量控制实质上是过程控制，排污单位需要从升级排污设备、改良生产技术等方面去达到控制要求，而非传统控制污染物浓度的事后控制。总量控制制度有明显的区域性特征，对于污染物的控制对象也具有特殊性，这是由于地区社会经济发展不平衡而导致的污染分布不同造成的。我国总量控制区域主要针对国家“九五”期间重点污染控制地区，此外还包括酸雨控制区。（参考：刘淑青：《我国污染物总量控制制度研究》，中国政法大学 2009 年硕士学位论文第 7 ~ 9 页。欧阳文川）

总统制

Presidential system

国家行政组织制度的一种形式。总统制的实质，是国家领导责任归属定期选举产生的行政首脑，而独立于立法机构。美国是典型的总统制国家。宪法规定，行政权力属于总统，同时，总统是武装力量的最高统帅。总统可以签订条约、任命使节、各部部长和最高法院的法官，但需要经过参议院的批准。总统可以向立法机构提出法案，但不可以解散它。总统对议案的否决，可以被议院三分之二多数推翻。反之，议会可以因为总统犯罪和叛国依宪对其弹劾。总统可以影响议会，但不能对议会下指令，他的权力实际上是说服的权力。总统制下的总统虽然地位显赫，但毕竟国家的权力分散在各个行政、立法和司法机构中，同时若还存在中央和地方的分权，总统的权力就更为有限。半总统制也属于总统制，典型国家是法国。这种制度下分权特征不是很明显，总统受到的限制低于美国，总统和总理实行双重领导，实际上是一种介于总统制和议会制之间的混合体。总理领导政府，政府对议会负责，但总统是政治体系中的领导角色。从 1962 年开始，法国总统由 7 年一次的民选产生（2002 年起改为任期 5 年）。总统选择总理，主持部长会议。总统制行政体系的绩效表现，取决于他实现其政治目标和动员民众的潜力。总统既是国家元首，又是政府首脑，面对所有的人和所有的事。（李庆）

总统制行政体制

Presidential administrative system

指资产阶级共和制政体下的行政组织模式。在这种体制下，国家行政机关首脑是由选举产生的总统，行政机关均从属于总统而非议会。最早起源于 18 世纪末的美国，现在实行这一制度的还有印度尼西亚、巴基斯坦、孟加拉国、墨西哥、危地马拉、巴西、阿根廷等大多数拉美国家和大多数中亚与非洲国家。实行总统制的国家，在宪法中都规定了总统的职权，总统独立于议会之外，定期由公民直接或间接选举产生，总统只向选民负责，不对议会负责。与议会内阁制相比较，它的特点是以总统为行政首脑，总统掌握最高行政权，与立法机关分立，其行政职权包括：1. 人事任免权。各部部长、驻各国使节、最高法院法官，均由总统提名，经参议院同意任命，总统对行政部门的一切官员都有罢免权。2. 法律实施权。总统负责法律的切实执行，监督各部门对法律的贯彻执行，必要时可以修改法律规定。3. 立法否决权。

法案经议会通过后，必须经总统签署才能生效，总统甚至可以拒绝签署，拥有立法否决权。4. 外交权。总统有权以政府名义对外缔结条约签订行政协定。（刘中华）

《走向包容性民主》

Towards an Inclusive Democracy

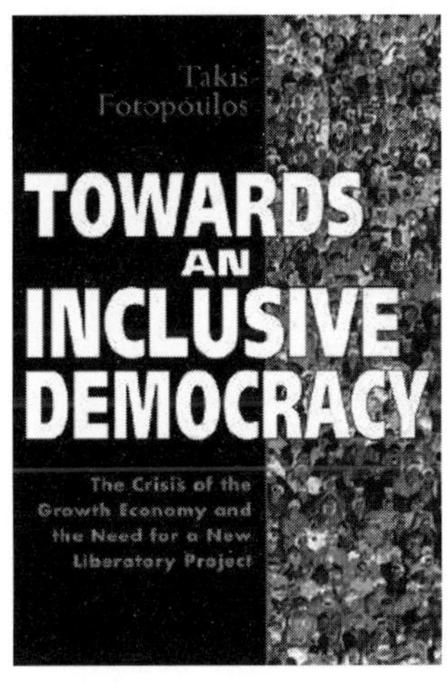

全称是《走向包容性民主——经济增长危机和新的解放工程的需要》，是希腊政治哲学家塔基斯·福托鲍洛斯1997年在伦敦出版的著作。书中认为，苏联的倒塌加剧了两个世纪以前市场经济体系和代议制民主刚刚建立时就已开始了的危机。市场经济在推动高度集权方面被当前的全球化加速了。正是这种集权造成当前的多重危机：政治的、经济的、社会的和生态的。作者认为，在新千年即将到来之际，开启新的解放工程是必要的。这个工程应当着眼于对集权的反对，对于社会主义和民主这两大传统以及激进环保主义、女性主义和自治运动来说，它是综合性的和超越性的。它的目标是对公民的平等赋权：政治层面的直接民主、经济层面的经济民主（例如超越市场经济或计划经济的一种新经济机制）以及更为宽广的社会层面的赋权。因此，包容性民主不是乌托邦，事实上，它可能是当前普遍性的危机可行性出路。（徐越）

走向生态美育

Toward the Ecological Aesthetic Education

生态美学发展的基本走向。生态美育的核心内涵和主要目的是生态审美观的建构，也就是要确立一种以人类存在、发展与自然生态始终保持着和谐共生、平衡互动的审美关系为终极价值指向的审美意识、审美观念。这种意义上的生态美育首先是对生态美学独有的价值立场的坚守。生态美学的价值立场建立在生态整体观和生态中心论的基础之上，它以此为前提思考以人类的存在、发展与自然生态的和谐关系为中心的一切美学问题。生态美育将从生态审美观的建构方面使生态整体观和生态中心论内化为人类自觉的审美意识、审美观念，达到生态美学价值立场在审美观上的确立。其次，生态审美观以人类存在、发展与自然生态的和谐共生、平衡互动的审美关系为终极价值指向，不仅超越了“人类中心主义”的传统美学，而且将对人类存在问题的美学思考从个体生存境界提升到人类命运的高度。（参考：祁海文：《走向生态美育——对生态美学发展的一种思考》，《陕西师范大学学报》，2005年第4期第70～74页。王薛时）

《走向一个生态社会》

Toward an Ecological Society

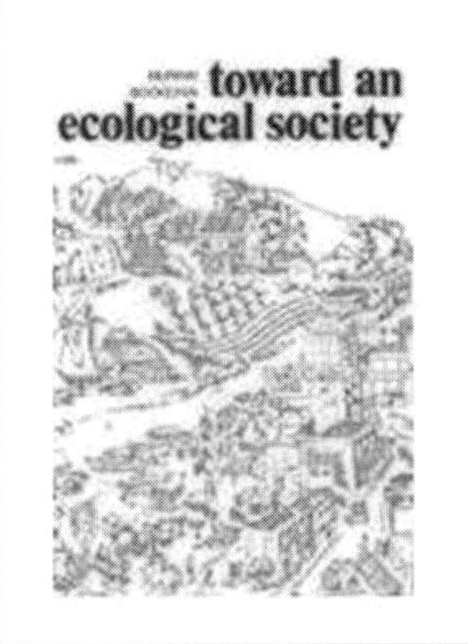

美国著名社会生态学家、佛蒙特社会生态学研究所创始人默里·布克金的代表作之一，黑玫瑰图书出版社1996年出版。书中基于社会生态学的基本立场，详细阐述未来生态社会的主要特征：一个合乎自然、非集中、直接民主、合作和谐的社会。这些描述或构想，逐渐成为生态自治主义环境政治社会理论的共识。（徐越）

组织传播

Organizational Communication

指组织从事的信息活动。包括组织内传播和组织外传播两个方面。这两个方面都是组织生存和发展必不可少的信息沟通保障。它们的传播具有不同的特点，二者在相互促进的同时在一定程度上相互制约。组织内传播是信息沿着一定组织活动关系（部门、职务、岗位以及其隶属或平行关系）环节在组织内流通的过程。传播形式可分为两种，即横向传播和纵向传播。一般来说，横向传播双向性强，互动渠道畅通；纵向传播则有单向流动的性质，因而，根据信息的流向，纵向传播又区分为下行传播和上行传播。组织内传播的媒体形式包括书面媒体、会议、电话、组织内公共媒体，如一些大企业的社内报、闭路电视系统和计算机通信系统。组织外传播是组织与其外部环境进行信息互动的过程，包括信息输入与信息输出两方面。信息输入是组织为进行目标管理和环境应变决策而从外部广泛收集和处理信息的活动。组织任何与外部有关的活动及其结果都带有信息输出的性质，主要是有组织、有目的、有计划地开展宣传活动。主要类型有：公关宣传、广告宣传、企业标识系统宣传等。形式可以分为下行传播、上行传播和横向传播。下行传播是有关组织目标、任务、方针、政策的信息，自上而下得到传达贯彻的过程。它是以指示、教育、说服和灌输为主的传播活动。（参考：郭庆光：《传播学教程》第 99 ~ 106 页，北京：中国人民大学出版社，2003 年。张惠娜）

组织生态位

Organization Niche

组织生态位理论最早由 Hannan 和 Freeman 根据数学模型（Hutchinson）提出，属于组织生态学中的理论范畴。组织生态学将自然选择理论应用于组织种群的研究中，认为外部环境的改变对组织种群的形态与结构都有调试作用，是组织变革的主要原因。因此，组织种群的存续和衰落与其在外部资源环境中的竞争力有直接关系。在此意义上，组织生态位相当于外部资源集合关系。组织种群根据对资源的需求在这个外部资源集合中相互竞争，适应外部环境的组织种群即是在竞争中具有优势的组织，不适应的组织种群就会被外部自然环境淘汰。组织种群根据需要可选择不同的生态位，因此一个生态位可以有不止一个组织种群，组织种群也可以选择一个以上的生态位。占据同一个生态位的组织种群，组织内部个体具有相似的行为，其外部适应性也具有相似性，具有同样的环境依附模式。不同组织种群占据相同的生态位，环境依附模式也不同，在资源竞争中处于劣势的组织会被淘汰。组织生态位理论存在条件预设，即组织种群的竞争限于有限的生态位中。生态位中的资源竞争受制度性环境的约束，制度性环境影响组织行为和策略选择。（参考：赵维良：《城市生态位评价及应用研究》，大连理工大学 2007 年博士学位论文第 17 ~ 19 页。欧阳文川）

组织生态学

Organizational ecology

也称为组织种群生态理论。种群生态学与组织理论的结合，将种群生态学原理在组织研究中应用的成果。传统组织理论认为组织的变革起源于组织本身内部的自发调整，与组织外部环境无关。组织生态学将自然选择理论应用于组织种群的研究中，认为外部环境的改变对组织种群的形态与结构都起到调试作用，是组织变革的主要原因。组织生态学以特定环境下的组织种群为研究对象，以组织、组织种群和组织群落为基本研究对象，其中组织种群是核心内容。组织生态学理论最早可追溯至 Hawley 和 Cambell，此外 Aldrich 和 Pfeffer 在《Environments of Organizations》中也提出了相关思想，直到 1977 年 Hannan 和 Freeman 发表《The Population Ecology of Organizations》，并在文中明确阐明自然选择与组织种群的紧密联系时，组织生态学才真正确立为一门理论学科。80 年代，Hannan 与 Freeman 又进一步探讨组织种群类型与外部环境之间的联系，即只有在与外部环境中采取相似行动的组织种群才被视为同类型的组织种群，环境依附模式是判断的标准。目前，组织生态学的研究重点在于与种群相关的数据统计，如出生和死亡率等等。随着研究的不断深化，西方组织生态学借鉴社会学、生态学理论成果，将研究对象拓展到包括组织内单元、组织、组织种群、组织群落和组织生态系统递进层次系列，丰富了组织生态学研究的内容。（参考：彭璧玉：《组织生态学理论述评》，《经济学家》2006年第5期第111～116页；梁磊：《论组织生态学研究对象的层次结构》，《科学学研究》2003年增刊第38～45页。欧阳文川　牟世晶）

祖先崇拜

Ancestor Worship

祖先崇拜是一种宗教习俗，相信死去的祖先灵魂仍然存在会影响到后世，去世的祖先可以持续与自己的后代有联系，会对子孙后代的生存状态产生深远影响。祖先崇拜是普遍存在的人类信仰文化现象。通常，进行崇拜的成员和被崇拜的已故成员之间曾是“子孙”和“祖先”关系，活着的成员认为自己以及所属族群的延续和繁荣有赖于祖先，认为通过一定的祭祖仪式和祈祷方式可以与已故先人相交通，获得祖先保佑而免遭不幸，获得幸福生活。传统中国人以及中国传统文化，尤其是传统儒家思想是祖先崇拜的典型。（雷爱民）

最大持续产量原则

Maximum Sustainable Yield Principle，MSY

指在最大限度开发和利用可再生资源情况下，保持再生资源的最高再生产能力的原则。也可理解为使资源更新速度与资源用量速度保持合适比例的原则。最大持续产量原则的目标在于保护生态平衡，维护经济可持续发展。最大持续产量原则被广泛应用于经济生产活动中，如渔业、林业、农业。任何生态系统中的生物、非生物要素都有其正常的代谢更新，在一定时间和空间内其可利用度必定是有限的，如果在资源再生、更新速度范围以内使用资源，不会造成资源的损害。但是，当资源使用量超过资源正常再生、更新速度，不仅会使资源及其再生能力本身受到极大损害，可能造成资源枯竭，还会使其所处的生态系统失去原有的平衡稳定，造成连锁性的生态反应。因此，资源的最大利用度一定要以其最大持续产量为限。然而，最大持续产量原则在实际应用中存在困难，如最大持续产量无法计量或者计量不准确，判断最大持续产量需要将资源置入其所处的整个生态系统中综合考量，要考虑气候条件、食物来源、天敌数目及种类的改变等因素。获得最大持续产量的方法为配额限制和努力限制。（欧阳文川）

最大熵原理

Maximum Entropy Principle

由E.T.Jaynes在1957年提出。主要思想是，在只掌握关于未知分布的部分知识时，应该选取符合这些知识但熵值最大的概率分布。其实质是，在已知部分知识的前提下，关于未知分布最合理的推断是符合已知知识最不确定或最随机的推断，这是我们可以做出的唯一不偏不倚的选择，任何其他的选择都意味着我们增加其他的约束和假设，这些约束和假设根据我们掌握的信息无法做出。最大熵方法的特点是在研究问题中，尽量把问题与信息熵联系起来，再把信息熵最大作为有益的假设（原理），用于研究的问题。（李雪姣）

最高法院环境资源审判庭

The Environment and Resources Judicial Tribunal of Supreme Court

最高人民法院设立的专门负责环境资源方面案件审判庭。2014年7月3日经最高人民法院举行新闻发布会宣布成立，主要负责最高人民法院审理的第一、二审涉及环境资源纠纷的案件；审判不服下级人民法院生效裁判的环境资源审判监督案件。具体职责为：审判第一、二审涉及大气、水、土壤等自然环境污染侵权纠纷民事案件，涉及地质矿产资源保护、开发有关权属争议纠纷民事案件，涉及森林、草原、内河、湖泊、滩涂、湿地等自然资源环境保护、开发、利用等环境资源民事纠纷案件；对不服下级人民法院生效裁判的涉及环境资源民事案件进行审查，依法提审或裁定指令下级法院再审；对下级人民法院环境资源民事案件审判工作进行指导；研究起草有关司法解释等。环境资源专门审判机构的设立，为我国社会主义生态文明建设提供了更好的法律保障，对于促进关于环境资源法律的施行，统一相关司法裁判尺度，保护自然资源环境，遏制环境形势的进一步恶化，将会产生积极而深远的影响。（刘中华）

最高法院环境资源司法研究中心

The Environment and Resources Judicial Research Centre of Supreme Court

2015 年 5 月 19 日由最高人民法院批准设立的研究环境资源方面法律问题的司法研究中心。研究中心下辖多个司法理论研究基地及司法实践基地，聘请 40 位环境资源审判咨询专家，是我国环境司法保护建设的重要举措。任务是以构建环境资源法治领域的一流智库、核心智库为目标，在环境司法的重大决策中发挥参谋助手作用，为环境资源审判提供理论和技术支撑。研究中心的设立对畅通环境案件受理渠道，积极推进公益诉讼，严格公正司法，加强环境资源司法理论研究和实践探索，不断提升环境保护司法水平，为推进生态文明建设、建设美丽中国提供有力的司法保障。（刘中华）

《最后的资源》

The Ultimate Resource

作者是美国经济学家朱利安西蒙，于 1980 年出版。作者对《增长的极限》一书悲观的观点进行抨击，作为乐观派的代表，用广泛而系统的方式论述对人类社会的资源、生态和人等问题的看法。（代富宇）

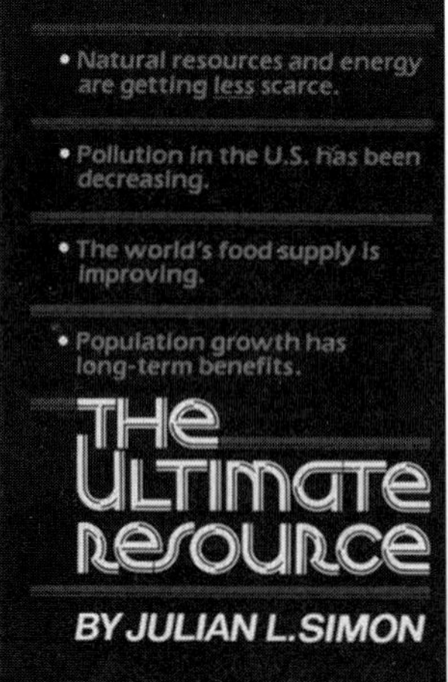

最佳环境报道奖

Best Environmental Reporting Award

2010 年由《中外对话》和英国《卫报》共同发起，面向中国媒体，每年一届。最佳环境报道评选由中外对话和《卫报》共同主办、新浪环保作为独家媒体支持，中国科学技术馆数字科技馆作为战略合作方。应承英国《卫报》驻华记者乔纳森·沃茨（Jonathan Watts）的提议，集中奖励中国年度最好的一个记者。为奖励中国优秀环境记者，推动中国环境保护事业健康发展，每年评选出年度最佳记者奖、最佳公民记者奖、最佳影响力报道奖、最佳突发报道奖、最佳深度报道奖、最佳自然探索奖。（张惠娜）

遵循自然

Follow nature

自然规律指存在于自然界的客观事物内部的规律。即自然现象固有的、本质的联系，具有不以人的意志为转移的客观性，不能被人改变、创造或消灭，但能利用。它可离开人的实践活动而发生作用，不直接涉及阶级的利益。人类对于自然规律的认识随着自然科学的发展而发展的，在古代对这种认识带有直观性，在近代具有机械论的特征。在现代，人类对自然规律的认识不仅克服古代和近代的片面性，而且得到扩展和深化。人类的生产生活等活动与自然的相互作用体现在两个方面：一方面人类从自然索取资源、空间、生态服务，向环境排放废弃物；另一方面，资源、环境制约着人类的生存发展，自然灾害、环境污染、生态退化对人类的生产、生活产生负面的影响。在这样的作用和反作用中，人类必须明确自身在自然界中的最大的自由就是遵循自然规律，按照自然规律开展生产、生活活动，在自然规律允许范围内做出最有利的选择，一旦违反自然规律必将受到自然的惩罚。（牟世晶）

《作为政治的生态女性主义：自然、马克思和后现代》

Eco-feminism as Politics: *Nature, Marx and the Post-modern*

澳大利亚社会生态学家、生态女性主义者艾瑞尔·萨勒的代表著作，St Martins 出版社 1997 年出版。书中系统阐述基于躯体唯物主义的生态女性主义理论。认为在哲学认识论上，生态女性主义是由人类身体特点所决定的或躯体性的唯物主义。它的首要目标是颠覆将男性置于女性和自然之上的欧洲认知传统，主张代之以作为整体存在的内部关系的辩证法，认为一旦消除了“男性 / 女性 = 自然”这种僵硬的对立，社会主义、生态学、女性主义和后殖民斗争将会获得强大的理论支持和实践动力。在政治立场上，生态女性主义同时是对当代资本主义的文化价值批判和经济政治批判。生态女性主义政治分析的前提是，生态危机是建立在统治自然和统治作为自然的女性基础上的欧洲中心主义的、资本主义父权制文化的不可避免的结果，或者说，生态危机是统治女性和统治作为女性的自然的文化主导下的不可避免的结果。（徐越）

《作为政治的生态学》

Ecology as Politics

法国著名左翼思想家、生态社会主义者安德列·高兹的重要著作，1975 年由 Galil é e 出版社出版，其英文版 1979 年由 South End 出版社出版。《作为政治学的生态学》体现了在新的历史背景下，高兹将政治学与生态学研究相结合的努力。高兹在书中指出，全新的世界形势，让民主社会

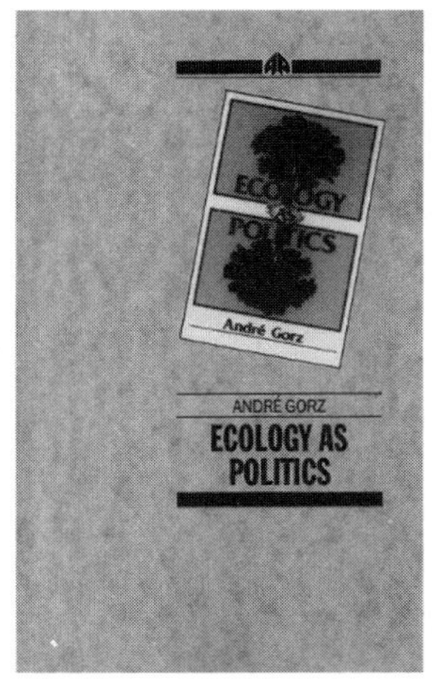

主义者和生态社会支持者均承认了这一现实：现代社会不能继续沿着目前的道路走下去。然而，民主社会主义者和生态社会主义者却并没有将政治与生态密切联系起来。高兹继承了赫伯特·马尔库塞的开创性工作，成为第一批生态社会主义者。（徐越）

坐忘

Sitting in Forgetfulness

坐忘思想出自《庄子·大宗师》：“堕肢体，黜聪明，离形去知，同于大通，此谓坐忘。”“坐忘”是庄子提出的重要的生命修习命题。坐忘是通过离形去智，超越现实世界与个体心灵的各种规定和执着后心无挂碍的状态，它描述的是“吾丧我”而来的，指向“真人”的超越境界，是一种天人合一之境地。坐忘也是一种极为重要的道教修行方式。后世道教的修道人士对“坐忘”思想多有发展和补充，形成系统的道门修习法则。司马承祯的《坐忘论》说：“夫坐忘者何所不忘哉！内不觉其一身，外不知乎宇宙，与道冥一，万虑皆遗，故庄子云同于大通。”坐忘最终指向的是与道合一、身物皆遗的境界。（雷爱民）

数字与字母

1 2 4 5 8 A D E G H I N P R S

10 大重点节能工程

Top Ten Energy Saving Projects

“十一五”期间，为了贯彻落实《国民经济和社会发展第十一个五年规划纲要》，以科学发展观为指导，根据《节能中长期专项规划》，国家制定并发布 10 大重点节能工程实施意见，目的在于节约资源，直接目标是“十一五”期间能耗下降 20% 左右。10 大重点节能工程分别为：1. 余热余压利用工程，即改造和建设高耗能行业中余热余压余能利用设备；2. 节约和替代石油工程，即发展碳煤液化石油产品、醇醚燃料、生物质柴油来替代石油资源；3. 燃煤工业锅炉（窑炉）改造工程，即对现有旧式锅炉进行综合节能改造；4. 电机系统节能工程，即更新改造低效耗能的电动机；5. 能量系统优化工程，即对化工、钢铁企业进行节能升级改造；6. 区域热电联产工程，即建设采暖供热为主热电联产和工业热电联产，分布式热电联产和热电冷联供，以及低热值燃料和秸秆等综合利用示范热电厂；7. 建筑节能工程，即新建建筑全面严格执行 50% 节能标准，直辖市和北方寒冷地区新建建筑实行 65% 的标准，建设低能耗、超低能耗建筑以及可再生能源与建筑一体化示范工程；8. 绿色照明工程，即提高节能灯生产线的节能创新能力，与此同时提高产品质量、降低生产成本；9. 政府机构节能工程，即推行节能产品政府采购、绿色采购和对现有建筑进行综合节能改造；10. 节能检测和技术服务体系建设工程，即省级监测监察中心节能检测仪器和设备更新改造。（参考：国家发展改革委等：《关于印发“十一五”十大重点节能工程实施意见的通知》，《电子信息节能技术与产品推广应用专集》第 171 ~ 185 页，北京：中国电子节能技术协会，2009 年。欧阳文川）

《12 点发展和行动纲领》

Twelve Declaration and Programme of Action

2006 年 12 月第 2 届伊斯兰国际环保研讨会在沙特的吉达举行，会议重点讨论伊斯兰国家因战争、自然灾害和经济发展而导致的环境问题，会议关注伊斯兰国家的环保现状，讨论成立环保科研组织，充分发挥资源和人才优势，确保伊斯兰国家在未来建设规划中稳步前进，保证可持续发展。研讨会达成 4 项成果：1. 大会宣告成立国际环保研究所和建立伊斯兰信息网络；2. 建立伊斯兰环保规划执行办公处和环保联络网；3. 拟定突发性灾难应对措施规划；4. 大会通过《12 点发展和行动纲领》。《纲领》主张消除贫困、改善人民生活、保护人民健康和卫生、提高环保意识、树立共同责任感，促进人与自然的和谐共处、走可持续发展道路等；主张增强人们的生态意识和环保观念，挖掘、弘扬已有文化资源中的环保理念，强调爱护自然，保持人与自然的和谐关系，对自然界进行合理开发利用，为人类造福，反对狭隘功利主义只顾眼前利益而忽视长远利益的行为。（雷爱民）

18 亿亩耕地红线

The Red Line of 18 Billion Mu Arable Land

18 亿亩耕地红线在 2013 年 12 月 24 日中央农村工作会议闭幕当日晚间发布的会议公告中提出。在这次会议中，9 次提到食品安全，提出要用最严谨的标准、最严格的监管、最严厉的处罚、最严肃的问责，确保广大人民群众“舌尖上的安全”。会议还提出要确保粮食安全，坚守 18 亿亩耕地红线，同时明确到 2020 年解决 3 个 1 亿人口：即促进约 1 亿农业转移人口落户城镇，改造约 1 亿人口的城镇棚户区和城中村，引导约 1 亿人在中西部地区就近城镇化。18 亿亩耕地红线必须坚守，将粮食安全作为底线，让农民成为体面的职业，核心在于提高收入。（李雪姣）

1970 年《环境教育法》

Environmental Education Act of 1970

世界上第一部有关环境教育的法案。美国是世界上最早进行环境教育的国家之一。美国的环境教育产生于 19 世纪后半期的保护自然研究运动和户外教育运动。这些活动旨在面向大众宣传保护自然资源的重要性。随着人类生存环境的日益恶化，越来越多的人开始关注环境问题，并试图以教育的方式来解决人类面临的生存危机。特别是在 20 世纪 60 年代，著名的环境科普图书《寂静的春天》出版。这本有关人类与环境的著作，在美国国内引起巨大的反响。此后，大规模的环境教育运动在美国各地相继开展。美国政府首先开始着手正规学校环境教育的立法工作。1970 年 10 月制定世界上第一部《环境教育法》，以法律手段促进并保障各级各类教育中环境教育的课程发展与实施。《环境教育法》涵盖环境教育、技术援助、少量补助、管理等 6 部分内容，目的是通过资助有关教育机构，加深它们对政策的理解，加强对环境教育活动的支持。从此，美国环境教育沿着规范、系统轨道发展，迅速跻身世界前列。美国政府历来重视环境问题，在世界上较早倡导通过教育途径保护与改善环境。因此，制定环境教育相应的政策法规、鼓励官方和民间发展环境教育计划，成为美国环境教育的一大特色，有效地保证在实践中落实。（参考：刘大濰：《第一部《环境教育法》的诞生地——记美国环境教育》，《环境教育》2007 年第 10 期第 68 ~ 69 页。王薛时）

1983 年《国际热带木材协定》

International Tropical Timber Agreement，1983

由国际热带木材组织 1983 年协商议定 1985 年 4 月 1 日起实施。为实现联合国贸易和发展会议关于商品综合方案的第 93（Ⅳ）号和第 124（Ⅴ）号决议通过的有关目标，有利于生产成员和消费成员双方，铭记生产成员对自然资源的主权，制定本协议。目的是适当而有效地保护和发展热带木材森林，以求保证得到最适度利用，同时保持有关区域和生物圈的生态平衡，建立生产成员和消费成员间的国际合作体制，以求解决热带木材经济面临的问题。本协定制订明确目标，对各个组织部分给出定义，成立国际热带木材组织，将成员国分为生产成员及消费成员两类，设立国际热带木材理事会。我国于1986年7月2日批准加入该协定。协定于1994年1月26日重新修订。（代富宇）

1985年黑森州红绿联盟政府

Red-green coalition government of 1985 in the state of Hesse

在1983年黑森州地方选举中，德国社民党、基督教民主党分别获得51个和44个议会席位，自由民主党和绿党分别获得8个和7个议会席位，没有一个政党获得绝对多数议会席位。1985年选举后，社民党与绿党组建德国历史上第一个“红绿”联盟政府（1985 ~ 1987）由社民党的霍尔格·伯尔纳（Holger Börner）再度出任总理，绿党的约希卡·费舍尔出任环境与能源部长一职。从议会到政府，是绿党政治取得的重要进展。加入“红绿”联盟政府，标志着德国绿党从抗议性运动到体制内政党的转型，引起很多绿党成员的不满。20世纪80年代，绿党党内存在着基要主义者和现实主义者的政治分野。这两个政治派别的政策分歧使绿党很难达成一致性纲领。“红—绿—乱”，是这一时期选民对德国绿党的评价。1985年黑森州“红绿”联盟政府，结束于1987年2月。此后，在1991 ~ 1999年间，绿党和社民党组建了第二届黑森州的“红绿”联盟政府。2014年开始，黑森州绿党还第一次与基督教民主联盟组建了“黑绿”联盟政府。（王聪聪）

1990年《清洁空气法案修正案》

Clean Air Act Amendments of 1990

前身是1963年《清洁空气法》。目前该法的最终版本为1990年修正后的《清洁空气法》，1990年修正版最具特色的地方在于将酸雨和排污权交易制度纳入管理体系之中。美国国会于1980年启动为期10年的全国酸性沉降物评价计划研究，主要目的在于揭示酸性沉降物对于自然环境和人体健康的影响程度，正是这个研究使1990年《清洁空气法案修正案》要求相关企业，尤其是电力公司大幅削减二氧化硫和二氧化氮的排放。《修正法案》要求排污企业分两个阶段实现对二氧化硫和二氧化氮的减排，并在此基础上确立排污权交易制度。排污权交易制度的基本思路为明确环境资源产权，以政府力量为主导并引入市场机制，将排污权推入市场之中，从而达到环境保护的目的。主要内容为作为对环境资源拥有所有权的政府，根据环境的承载能力，以环境保护为出发点，在某一区域确定一个可以接受的排污总量，然而再依据一定原则将排污总量分割成相应单元后分派给使用者。拥有相应排污权的使用者按照政府分派的单元排放污染物，也可以根据商品交换的原则将排污权与其他使用者进行交易，从而达到排污权和环境资源的优化配置。（参考：梁睿：《美国清洁空气法研究》，中国海洋大学2010年博士学位论文第8 ~ 11页。欧阳文川）

1990年《环境教育法》

Environmental Education Act of 1990

20世纪90年代初美国实施的有关国家环境教育的法令。1990年11月16日美国国会颁布《国家环境教育法》。该法案对环境的管理及资助方案做详细规定，主要内容包括：1. 确定由环保署总体管理全国的环境教育，并在其内设立环境教育办公室专门负责有关事宜。它的具体职能有：拨款职能。为地方教育机构、高等教育机构提供环境教育的联邦政府拨款；提供资金支持环境课程、师资培训的发展、教育材料的普及和举办环境教育研讨会、培训计划，电视会议，环境教育人士讨论会。管理职能。管理监督全美中小学环境教育，公民普及教育，社区教育，专业人员培训等；与其他组织协商合作，并建立非营利性基金以促进有关部门和各种组织的交流和合作；评价目前或潜在的环境问题所带来的专业需求；与有关学术机构发展训练计划，课程及继续教育计划，培训教师，学制行政人员及相关人员；管理环境奖金计划等。2. 制定各种专门奖项，由联邦政府拨出专款对环境教育和环境保护工作的人士颁发奖金，如罗斯福奖金、索罗奖金、总统环境青年奖金。除此之外，该法还对从事环境教育领域的教师资格做了修订，设立环境教育咨询委员会和联邦环境教育工作委员，它们对环境保护署的政策功能及相关活动提出建议等。（参考：祝怀新：《环境教育的理论与实践》第 161 页，北京：中国环境科学出版社，2005 年。王薛时）

1991 年反战和平示威

Peace Protests against War in 1991

1990 年 8 月 2 日伊拉克入侵科威特，推翻科威特政府并吞并科威特。在联合国授权下，以美国为首的 34 个国家发动对伊拉克的战争，即海湾战争。1991 年 1 月 16 日多国部队对科威特和伊拉克境内的伊拉克军队发动军事进攻，历经 42 天，重创伊拉克军队，取得战争的决定性胜利。海湾战争是较大规模的局部战争，引起和平爱好者的大规模游行抗议。海湾战争前夕，1 月 15 日，世界各地的和平主义者在全球 600 多个城市同时举行大规模反战和平示威游行。英国约 50 万人上街抗议攻打伊拉克的军事行动，是英国历史上规模最大的示威游行之一。意大利罗马举行声势浩大的反战抗议游行，约 100 多万人走上街头，是意大利近年最大规模的示威游行之一。日本、泰国、新西兰、韩国、马来西亚等地，都爆发群众性的游行示威活动。（王聪聪）

1994 年《国际热带木材协定》

International Tropical Timber Agreement, 1994

本协定是 1983 年国际热带木材协定的最新修订版，自 1985 年施行以后，已经拥有 51 个成员国，其中生产国 24 个，消费国 27 个。在 1994 年 1 月 21 日于日内瓦举行的联合国谈判中，所有成员国对《1983 年国际热带木材协定》后续协定进行再次修订，提出为发展中国家提供新的和额外的资源能够永续经营、养护和开发森林，途径包括植树造林、更新造林并与毁林及林地退化做斗争。各消费成员国做出承诺保持或争取在 2000 年前实现对各自森林的永续经营。《协定》的修改主要关注永续发展问题，为生产国与消费国之间存在问题提供新的解决方案，为各成员国解决自身的林业问题提供方法与桥梁。（代富宇）

1998 年德国联邦红绿联盟政府

The German federal red-green coalition government of 1998

在 1998 年联邦大选中，德国社会民主党获得 43.8% 的选票和议会中的 298 个席位，得到政府组阁权。大选后，社会民主党与绿党组建德国历史首个联邦层面的“红绿”联盟政府，这也是德国绿党首次进入全国政府执政。盖哈・施罗德担任“红绿”联盟政府的总理，绿党的约希卡・费舍尔出任副总理兼外交部部长一职。“红绿”联盟政府上台后，对社会保障制度、税收制度、医疗保险、劳动力市场制度、双重国籍等进行改革，推出了充满争议的“2010 议程”。绿党的主要执政成就，包括推动双重国籍改革、生态税改革以及分阶段废除核能等。但是，社会民主党带有新自由主义色彩的“2010 议程”，导致传统选民的背离以及党内的分裂，绿党的执政经历也给政党自身发展带来挑战，特别是支持德国军队参加科索沃战争，以及在其他议题上的战略妥协，都被认为是背离绿党的绿色政治理念。2002 年德国联邦大选后，社民党和绿党的“红绿”联盟政府得以维持（2002 ～ 2005）。（王聪聪）

2015 水资源与环境国际会议

2015 International Conference on Water Resource and Environment

会议于 2015 年 7 月 25 ～ 27 日在北京举行。会议邀请来自全世界各国的 130 多位学者共同参与讨论全球水资源与环境问题。在会前，组织者在全球范围内征稿，主题包括水资源管理、水污染、水资源政策与规划、湿地系统、持续发展与水资源、地下水、水资源浪费等，优质论文在期刊发表。会议预定于2016年7月23～26日在上海举行2016年度会议，征稿于2015年12月25日截止。在2015届会议的基础上，2016届会议将主要关注水资源与环境的可持续开发问题。（代富宇）

2003年反战和平示威

Peace Protests against War in 2003

2003年伊拉克战争（第二次海湾战争）前夕，世界各地爆发规模空前的反对战争示威游行。2003年2月15日，在英国停止战争联盟、英国穆斯林协会、核裁军运动等组织的倡议下，来自7大洲60多个国家600多座城市的1000万和平爱好者、民众在同一天，举行反战游行抗议活动，反对美国等国可能对伊拉克发动的军事打击，这是有史以来规模最大、真正席卷全球的反战活动。15日，澳大利亚的墨尔本首先爆发和平示威游行，之后意大利、俄罗斯、日本、奥地利、德国、英国、美国等多个国家，也都爆发不同形式的反对美国可能采取军事行动的反战示威活动。2月21日，巴基斯坦爆发和平游行示威活动。3月20日，在未经联合国安理会授权的情况下，美英联军向伊拉克发动军事行动。这一军事行动引发更大规模的全球抗议活动，3月29日德国柏林的数万名民众在勃兰登堡门附近举行大规模反战游行，抗议美国的军事战争。（王聪聪）

2006年世界佛教论坛

Worldwide Buddhism Forum in 2006

2006年4月首届世界佛教论坛在中国浙江省杭州市和舟山市举行，主题为“和谐世界，从心开始”，主张不同国家、不同民族、不同宗教共同致力于建设持久和平、共同繁荣的和谐世界；心净国土净，心安众生安，心平天下平，来自37个国家和地区的1000多位代表与会，提出人心和善、家庭和睦、人际和顺、社会和谐、人间和美、世界和平的“新六和”理念。论坛闭幕式上通过《普陀山宣言》，由108位僧人联合主持祈祷世界和平法会。（雷爱民）

2008年世界经济金融危机

World economic and financial crisis in 2008

又称次贷危机、信用危机等。危机以2007年4月美国第二大次级房贷公司新世纪金融公司破产事件为标志，进而演变成为全球性的金融危机。由房地产市场蔓延到信贷市场危机引发的金融危机，被称为是美国20世纪30年代大萧条以来最为严重的金融危机。这次金融危机的特点，是股市暴跌、资本外逃并伴随银行挤兑、银根奇缺以及金融机构大量破产倒闭。2008年世界经济金融危机，对国际金融秩序造成极大的冲击和破坏，使金融市场产生信贷紧缩的效应，暴露金融业监管与全球金融体系内在的根本性弱点，释放国际金融体系长期积累的系统性金融风险。（申森）

20国集团

Group of Twenty

国际经济合作论坛，于1999年9月25日由8国集团（G8）的财长在华盛顿宣布成立，属于布雷顿森林体系框架内非正式对话的机制，由8国集团以及其他12个重要经济体组成。宗旨是为推动工业化的发达国家和新兴市场国家之间，就实质性问题进行开放及有建设性的讨论和研究，以寻求合作并促进国际金融稳定和经济的持续增长。按照惯例，国际货币基金组织与世界银行列席该组织的会议。20国集团成员涵盖面广，代表性强，集团的GDP占全球经济的90%，贸易额占全球的80%，因此，已取代8国集团成为全球经济合作的主要论坛。（李庆）

《21世纪议程》

Agenda in the 21st Century

1992年6月3～14日在巴西里约热内卢召开联合国环境与发展大会通过的重要文件之一，由178个国家政府投票通过的行动方案。基本目标是，综合应对环境和发展问题，从而更好地满足人类基本需要，提高所有人的生活水平，改进对生态系统的保护和管理，创造更安全、更繁荣的未来，为人类可持续发展提供统一的全球性框架。其他通过的重要文件包括《关于环境与发展的里约热内卢宣言》和《关于森林问题的原则说明》。《21世纪议程》阐明人类在经济社会持续发展与环境保护关系之间应做出的正确选择和行动，是“世界范围内可持续发展行动计划”。具体说，《议程》明确了发达国家和发展中国家在全球环境治理问题方面“共同但有区别的责任”，发达国家以资金和技术向发展中国家支援和转让的具体方案，制定了实施可持续发展目标的计划方案和行动框架，改变不可持续的生产与消费方式以及建立全球合作伙伴关系开展国际合作的原则。《议程》共有20章，共计40多万字，分为4个部分。第一部分包括前6章内容，为可持续发展总体战略；包括加速发展中国家可持续发展的国际合作和有关的国内政策、消除贫困、改变消费方式、人口动态与可持续能力、保护和促进人类健康、促进人类住区的可持续发展、将环境与发展总是纳入决策进程。第二部分为7至11章的内容，为社会可持续发展战略；包括保护大气层；统筹规划和管理陆地资源的方式；禁止砍伐森林、脆弱生态系统的管理和山区发展；促进可持续农业和农村的发展；生物多样性保护；对生物技术的环境无害化管理；保护海洋，包括封闭和半封闭沿海区，保护、合理利用和开发其生物资源；保护淡水资源的质量和供应——对水资源的开发、管理和利用；有毒化学品的环境无害化管理，包括防止在国际上非法贩运有毒废料、危险废料的环境无害化管理；对放射性废料实行安全和环境无害化管理。第三部分为12至15章的内容，为经济可持续发展内容；加强主要群体的作用。包括采取全球性行动促进妇女的发展；青年和儿童参与可持续发展、确认和加强土著人民及其社区的作用；加强非政府组织作为可持续发展合作者的作用、支持《21世纪议程》的地方当局的倡议；加强工人及工会的作用、加强工商界的作用、加强科学和技术界的作用、加强农民的作用。第四部分为第16至20章的内容，为资源的合理利用和环境保护的总体方案和实施手段。包括财政资源及其机制；环境无害化（和安全化）技术的转让；促进教育、公众意识和培训、促进发展中国家的能力建设、国际体制安排；完善国际法律文书及其机制等。《议程》强调，要实现21世纪议程的发展和环境目标，要对发展中国家提供大量新的和额外的财政资源，以支付这些国家为应对全球环境问题和加速可持续发展而采取行动所引起的增额成本。在实施《21世纪议程》列举的有关领域方案时，必须特别注意转型期经济所面对的特殊情况。因此，该《议程》强调，将根据各国和各地区的不同情况、能力和优先次序，在充分尊重《里约热内卢宣言》所有原则的前提下，具体执行。《议程》虽不具有法律约束力，但反映环境与发展领域的全球共识和最高级别的政治承诺，提供全球推进可持续发展的行动准则。中国政府在里约环境与发展大会上赞同并承诺遵循《议程》，并根据其制定了《中国21世纪议程》，也称为《中国21世纪人口、环境与发展白皮书》，以此作为中国长期内实现经济、社会、自然可持续发展的总体设计与规划。（参考：郭日生：《<21世纪议程>：行动与展望》，《中国人口·资源与环境》2012年第5期第5页。欧阳文川　申森　王薛时）

21世纪中国首都圈环境保护示范基地项目
Twenty-first Century China Capital Circle Environmental Protection Demonstration Base Project

中国科学院中日科技与经济交流协会、河北省林业局、日本地球绿化中心、丰田汽车2001年在河北丰宁共同合作实施的风沙化治理项目。中日21世纪中国首都圈环境保护示范基地所在地河北省丰宁满族自治县，地处北京市北部，距离北京直线距离180公里，是距北京最近的风沙通道。项目的实施，对于京津周边风沙化地区防沙治沙有重要的示范和推动作用。项目累计直接投入资金已超过 4000 万元，植树 500 多万棵，树木成活率 90% 以上，绿化总面积超过 5 万亩，取得显著的绿化效果。中日合作项目的独特之处在于，在切实改善当地沙化状况的同时，帮助项目区内居民实现经济自主，实现项目区收获环境绿化模式下的生态、社会、经济三大效益，为面临同样难题的中国其他地区提供模板。（申森）

4R 环保方式

4R Environmental Protection Modes

属于广泛定义，不同国家和地区对 4R 有各自的定义及解释。目前国际公认的 4R 分别是 Reduce（减少使用）、Reuse（重复使用）、Recycle（循环使用）、Replace（回收再利用）。另外还有 Recovery（回收）、Restore（修复）等多种组合使用的方式。本质上的意义相同，目的都是为促进人们在生活及生产过程中采用更清洁环保的方式。（代富宇）

50 年足够运动

Fifty Years Enough，FYE

发起于美国的全球经济正义运动组织，由倡导妇女团结、社会经济正义、保护青年劳工和可持续发展等主题的 65 个国家超过 180 个国际伙伴组织与 200 多个草根组织组成的联盟，1994 年成立。运动的发起针对世界银行和国际货币基金组织等导致的世界经济不平等、贫困与人权和环境问题。运动的宗旨是通过对民众教育和行动，以改变国际金融机构目前的政策和做法，尤其是变革与重构世界银行和国际货币基金组织的组织方式与运作模式；对抗与替代世界银行和国际货币基金组织强加给苏联与亚洲国家的新自由主义经济方案与政策，实现内部公开透明、民主参与的进程；专注于面向行动经济知识培训，公众动员和政策宣传。运动的主要目标包括：倡导债务免除、机构的组织调整与运行透明化、对社会与环境破坏的赔偿、腐败监督与评估机构的未来等。（申森）

8 大公害事件

Eight Social Pollution Nuisances

公害事件是因为环境污染而导致的短时间内大量人畜发病和死亡的事件，8 大公害事件指 20 世纪工业污染造成的 8 个留下惨痛教训的国际环境污染事件。1. 马斯河谷烟雾事件，1930 年 12 月比利时马斯河谷由于工厂排放的有害气体在地势和气候等原因影响下导致上千人中毒，最终约有 60 人死亡。2. 洛杉矶光化学烟雾事件，1943 年美国洛杉矶市因为汽车排放大量废气在地势等原因作用下，导致大约 400 名 65 岁以上老人死亡。3. 多诺拉烟雾事件，1948 年美国多诺拉镇与马斯河谷事件相似，由于工厂集中，大量有害废气在逆温和多雾天气下无法迅速在盆地地势的多诺拉上空消散，造成约 6000 人中毒，17 人死亡。4. 伦敦烟雾事件，1952 年 12 月伦敦市民取暖用煤排出的有害气体在逆温天气形成有毒物质，致使 5 天内约有 4000 人死亡。5. 水俣事件，1953 年至 1961 年日本水俣镇化肥厂生产氮肥使用化学原料经转化与工厂废水一起排入水俣湾海中，当地居民食用被污染后的水产品后导致中毒和死亡。6. 四日事件，也称哮喘病事件，1955 年从日本四日市蔓延至其他几十个城市，由于工厂排放大量有害物质，导致 500 多人得呼吸道疾病，其中 36 人由于哮喘病死亡。7. 米糠油事件，1968 年发生在日本九州的中毒事件，由于米糠油生产工厂管理不善致使有毒物质进入米糠油，导致 5000 多人患病 16 人死亡。8. 富山事件，也称骨痛病事件，由于炼锌厂未经处理的含有毒物质的废水排入日本富山县神通川流域等 7 条流域，导致食用被有毒物质污染过的水和米的人发生神经、骨痛等症状，事件从 1931 年持续 1972 年，导致近百人死亡。（参考：官克：《世界八大公害事件与绿色 GDP》，《沈阳大学学报》2005 年第 4 期第 3 ~ 4 页。欧阳文川）

8 国集团

Group of Eight

20 世纪 70 年代初，西方国家经济形势恶化，先后发生了美元冲击、石油冲击和世界性经济危机。为共同研究世界经济形势，协调各国政策，重振西方经济，1975 年 7 月初在法国的倡议下，法国、美国、日本、英国、意大利等 6 国，于 1975 年 11 月举行首次最高级首脑会议。1976 年加拿大加入，形成 7 国集团。1998 年俄罗斯正式加入，形成 8 国集团。8 国集团成员国的国家元首，每年召开一次会议，即八国峰会（简称 G8）。通过定期的会晤与磋商，协调各国对国际政治和经济重要问题的看法和立场。欧盟也派欧盟轮值主席国和欧盟委员会主席参加 8 国集团的会议。自 1996 年起，8 国集团为加强同其他国家、国家集团或机构的对话，也会邀请其他国家的元首或政要出席会议。（李庆）

ABB 公司

ABB Group

即阿西布朗勃法瑞，世界 500 强企业之一。1988 年由瑞典的阿西亚公司和瑞士的布朗勃法瑞公司合并而成。总部位于瑞士苏黎世，全球电力和自动化技术领域的领导企业之一，行业覆盖工业、能源、电力、交通，为客户提高生产效率和能源效率，降低对环境的不良影响。1974 年 ABB 公司在香港设立中国业务部，1979 年在北京设立办事处。1992 年 ABB 在厦门投资建立第一家合资企业。1994 年 ABB 将中国总部迁至北京，于 1995 年正式注册投资性控股公司，即 ABB（中国）有限公司。目前在中国有 36 家企业，涉及各个行业，不仅为各个领域提供更高的生产效率，还更加注重环保和节能。（代富宇）

APEC 蓝

APEC Blue

在 2014 年北京 APEC 会议期间，京津冀及周边地区实施道路限行和污染企业停工等措施。北京、天津、河北、山西、内蒙古等省市共同努力，以政府主导，企业多方参与，实施减排措施，加强监察。大气污染物排放量显著下降，保障了 APEC 会议期间北京地区的空气质量。使受重度雾霾污染的北京出现难得的蓝天，被称作 APEC 蓝。虽然 APEC 蓝短暂，却表明空气污染是可预防、可控制、可治理的。不仅需要政府的监管，更需要企业的努力。以科学指导、法律监管为手段和方法，才能保持 APEC 蓝。（代富宇）

DDT

Dichloro Diphenyl Trichloroethane

有机氯类杀虫剂，化学名为双对氯苯基三氯乙烷（Dichlorodiphenyltrichloroethane）。又名滴滴涕，二二三。白色晶体，不溶于水，溶于煤油，可制成乳剂，是有效的杀虫剂，几乎对所有昆虫都有较强的杀伤力。药剂可以有效减轻由蚊蝇传播的疟疾伤寒带来的危害，因此在第二次世界大战期间得到广泛使用。同时也可以有效清除农业害虫，使农作物增产。但是该杀虫剂对环境的破坏十分明显。美国科学家蕾切尔·卡逊（Rachel Carson）在其著作《寂静的春天》中对 DDT 产生怀疑，认为 DDT 进入食物链，导致食肉食鱼鸟类濒临灭绝。DDT 具有较长的累积性和持久性，会对人类健康和生态环境造成威胁，因此从 20 世纪 70 年代开始，DDT 被很多国家禁用。到 2002 年，世界卫生组织宣布重新启用 DDT，控制蚊蝇的繁殖，以防治疟疾、登革热、黄热病等在全世界范围内的再次出现。（石艳峰）

DNA 指纹图谱技术

DNA Fingerprinting Technology

DNA 指纹图谱技术是通过分子生物学技术标记物质 DNA 差异形成 DNA 电泳图谱，以鉴别生物体个别差异的分子生物学技术。通过分子生物技术得到的 DNA 电泳图谱具有高度的个体差异和相对稳定性，就像人的指纹一样，因此被称为 DNA 指纹。由于 DNA 指纹图谱的多位点性、高变异性和简单稳定的遗传性等特点，已经被广泛应用于动植物微生物的品种鉴定、法医学鉴定、动植物遗传变异等研究领域。常见的技术有限制性片段长度多态性技术（Restriction Fragment Length Polymorphism/RFLP）、随机扩增多态性DNA技术（Random Amplified Polymorphic DNA/RAPD）、扩增片段长度多态性技术（Amplified Fragment Length Polymorphism/AFLP）等。（韩铮）

EM 技术

Effective microorganism technology

又名有效微生物技术。日本琉球大学比嘉照夫教授20世纪80年代初提出并研发成功。EM技术采用独特发酵工艺将光合菌群、乳酸菌群、酵母菌群、放线菌群、丝状菌群等多种微生物混合培养，通过它们共同作用，使各种微生物在其生长代谢过程中产生的代谢物成为相互间的养料，从而形成复杂稳定的微生物系统。EM技术在新兴农业生产、畜牧养殖、环境治理等方面有突出的成果。在农业种植方面，通过将EM发酵液混入农业用水排入农田，替代农药和化肥消灭杂草，可以很好改善土壤质量，增强土壤肥力。将EM发酵液稀释后喷洒在植物上可以有效提高植物抵抗病虫害的能力，从而提高农业产量。在养殖业方面，通过在饲料中加入EM原液，可以提高动物吸收营养和粗纤维的能力，提高饲料的消化利用率。同时有益微生物还能在动物肠胃中形成多用有益抗生素，提高动物抗病能力，抵抗黄、白痢病菌。在资源再生循环方面，EM发酵淘米水制成天然洗涤剂，可以有效减少洗涤废水对环境的污染。通过将EM发酵液、EM发酵米糠和泥土缓和制成的净化球放入河流、池塘中，可以有效去除水中的污染物，改善地表水的质量。用EM发酵米糠放在垃圾处理筒内，通过有益菌群的发酵作用，可以有效减少食品垃圾带来的环境污染，制作出的有机化肥进入自然环境后有益无害。目前，我国部分地区已经引进EM技术，在云南、吉林等地的三七、黄芪等中药种植方面，通过使用EM有机化肥，可以有效消除农业材料给药品带来的危害，提高中药的质量。（参考：史娇蓉、廖振良：《欧盟可交易白色证书机制的发展及启示》，《环境科学与管理》2011年第9期第11～16页。朱配辰）

GDP 至上主义

GDP supremacy

又称唯GDP论。指在发展经济的过程中，以透支自然资源、牺牲生态环境为代价，忽视民生和就业问题，盲目追求高速度，将GDP增长作为国家或地区管治政绩的最直接、最重要体现的发展理念。受历史和现实因素的影响，我国许多地方政府在发展经济过程中极易受GDP至上主义的主宰，忽视环境和民生问题，为经济的可持续发展留下隐患。因此，近年来，党和政府反复强调，要用科学发展和可持续发展，以及大力推进生态文明建设，来消除和遏制各种形式的GDP迷恋，尤其是通过转方式调结构来实现又好又快的发展。（张沥元）

GLOBE 开发计划

Global Learning and Observations to Benefit the Environment program

国际环境教育合作项目。通常简称为“The GLOBE Program”，即“有益于环境的全球性学习与观察计划”。计划由美国副总统戈尔在1994年4月22日地球日发起，同年9月，李鹏总理复信戈尔副总统，表示中国愿意参加这一有益于全球环境的国际环境教育项目。GLOBE计划的核心是为中小学生提供环境观测设备，以观测学校当地的大气温度、地表水温度和pH值、降水、云图类型以及生态状况等，将所测数据通过Internet发送到设在美国科罗拉多州博德市（Boulder，Colorado）的GLOBE数据处理中心。中心将对数据进行处理，生成一幅幅说明全球环境状况的彩色图像。参加GLOBE计划的学生不仅能够了解和认识自己家乡的环境状况，而且还能看到全球环境的变化，研究二者之间存在的密切联系。GLOBE计划的实施有益于培养青少年儿童从小关心环境、热爱环境、保护环境的良好习惯，同时提高他们动手动脑能力以及对计算机和信息高速公路的兴趣。为确保 GLOBE 计划实施，经国务院批准，成立中国 GLOBE 计划实施委员会，委员会下设办公室负责具体的组织协调工作。在全国 31 个省、自治区、直辖市和 5 个计划单列市各选择 1 所学校参加 GLOBE 计划，这些学校将作为本省（市）的 GLOBE 计划网点，向全省（市）开放。（王薛时）

Green 传媒

Green Media

专注于环保公益事业宣传和推广，长期组织并参与“老社区，新绿色”社区环保公益行动、“互助搭乘，绿色出行”环保公益行动、绿色使者环保培训活动、全国大学生环保创意大赛等多项环保公益活动。致力于为广大环保爱好者提供最新、最快的环保资讯和最热门、最实用的生活环保窍门；为环保志愿者提供交流经验、号召活动的平台；为大学生环保团队提供专业的支持和展示风采的舞台；为企业提供有效的帮助并共同承担社会责任。基于公益、绿色、交流、娱乐的性质，开通了不同类别的互动平台，供广大环保爱好者交流环保经验，加强减碳环保意识的推广。致力于为大学生环保团队提供一个交流的平台，使有志于环保的大学生团队能够充分发挥他们的智慧与热情，给予大学生最有效的网络媒体支持，使环保事业得以不断地发展，使大学生们能够更好更有效地参与到环保行动中来。借助平台，高校环保社团可在第一时间获得环保资讯，发布环保活动，扩大环保理念在大学生中的影响，推动与促进环保事业的发展。（张惠娜）

HSE 管理体系

HSE-Management System

HSE 分别是健康（Health）、安全（Safety）和环境（Environment）。HSE 管理体系是将组织实施健康、安全与环境管理的组织机构、职责、做法、程序和过程等有机构成的整体。这些要素通过先进、科学和系统的运行模式有机融合在一起，形成共同的管理体系。目前 HSE 管理体系是国际石油天然气工业通行的管理体系，对企业提高安全、环境管理水平起到巨大的作用，是企业管理的重要组成部分。（代富宇）

I=PAT 理论

Human Impact on the environment equals the product of Population，Affluence and Technology

是用来描述人类活动对于环境影响的公式。P 代表人口（population），A 代表富裕（affluence），T 代表科技（technology）。该方程是在巴里·康纳、艾利希和约翰霍尔顿的讨论中提出的，康纳认为在美国对环境的影响主要是由第二次世界大战后生产技术的变化引起的，而艾利希和霍尔顿则认为这三个因素都是非常重要的，其中人口的增长是最重要的因素。（代富宇）

ISO14000 标准

International Standardization Organization 1400 Standard

国际标准化组织（ISO）与其所设立的 TC207 环境管理技术委员会在 1993 年指定的一系列环境管理国际标准的总称。ISO14000 标准由国际标准化组织的 100 个预留号构成，包括 50 个标准号和 50 个备用标准号，共同构成 ISO14001——ISO14100 系列标准。ISO14000 标准不同于以往质量和环境保护标准，它是一套系统的环境管理规范体系，包括环境管理体系、环境审核、环境标志、生命周期评估、环境行为评价及产品中的环境因素等国际环境管理领域的研究与实践的重要领域。ISO14001—ISO14009 是 ISO14000 系列标准的环境管理体系标准体系，其中 ISO14001 环境管理标准最为重要，是企业建立环境管理体系以及认证审核的基本准则；ISO14010—ISO14019 是环境审核和环境监测标准，专门对组织的环境管理工作情况进行审核与评测；ISO14020—ISO14029 是环境标志标准，通过环境标志对企业等组织的产品或服务提供环保认证；ISO 14030—ISO14039 系列标准是环境表现评价标准，对企业等组织在特定时间和地点的环境表现进行评价；ISO14040—ISO14049 是生命周期评估标准，对产品进行从生产到处置各环节的环境影响评价。（参考：张维平：《21 世纪的环境管理——论 ISO14000 环境管理系列标准》，《环境科学进展》1998 年第 2 期第 85 ~ 89 页；富若松：《ISO 14000 系列环境管理国际标准概述》，《化工环保》2006 年第 2 期第 156 ~ 159 页。欧阳文川）

ISO9000 标准

International Standardization Organization 900 Standard

指国际标准化组织下设的专门制定质量管理和质量保证标准的质量管理和质量保证技术委员会（ISO/TC 176）于 1987 年完成的质量管理和质量保证系列标准。ISO9000 标准是 ISO/TC176 组织各成员国质量管理专家耗费 7 年时间，按照通用性、指导性和实用性等原则参照和总结世界各国质量管理理论成果和实践经验得出的，因此是目前为止在国际范围内最具权威的质量标准和管理体系。我国与 1988 年等效采用 ISO9000 系列标准，进行 ISO9000 标准认证的工作试点，1992 年等效采用改为等同采用，开启 ISO9000 系列标准在国内的使用和认证热潮。ISO9000 系列标准从 1990 开始进行有限修订的过程，至 1994 年修订完成，发布 ISO9000 系列标准的第二版，此后 ISO/TC176 在收集标准使用者的反馈评价后再次进行 ISO9000 系列标准的彻底修订，于 2000 年 12 月发布第三版的 ISO9000 系列标准，实现质量管理从注重产品质量保证到质量体系管理的转变。与此同时，ISO9000 系列标准的适用范围进一步扩大至各行各业。ISO9000 系列标准具有 4 项核心标准，分别是 ISO9000：2000《质量管理体系基础和术语》、ISO9001：2000《质量管理体系要求》、ISO9004：2000《质量管理体系业绩改进指南》、ISO9011：2002《质量和（或）环境管理体系审核指南》。（参考：王海天：《ISO9000 质量管理体系在政府部门的建立与实施》，厦门大学 2006 年硕士学位论文第 11 ~ 13 页。欧阳文川）

NEXT21 生态住宅

NEXT21 ecological residence

NEXT21 生态住宅是由日本大阪天然气公司研制开发的第三代实验集合住宅。建筑地上 6 层，地下 1 层，入住规模 18 户，占地面积 1500 平方米，预制混凝土和钢筋混凝土结构。住宅的设计主题是：节能与舒适，生态共生环境、减少环境负荷、舒适的居住空间和可变型住宅设备。从 1993 年入住以来，NEXT21 对未来集合住宅的要求，以节能减排、环境共生、可改造、立体街道规划为中心，进行一系列改造实验。在建筑设计方面，为减少资源浪费，NEXT21 住宅采用躯体与住户分离方式，每户住户可以根据生活方式和家庭结构调整变换房间布局和设备，建筑物总体则可以长期使用。在节能设备方面，NEXT21 生态住宅使用热电联产综合系统，第一期实验采用磷酸电池发电，第二期采用燃气发电机组组成的热点联产节能系统。2000 年 NEXT21 通过世界首个固体高分子燃料电池联产系统试验，并在试验基础上于 2009 年推出 ENEFARM 产品。在住宅绿化方面，NEXT21 采用从底层生态庭院到屋顶覆盖植物种植，形成 1000 平方米的立体绿地，吸引很多野生鸟类来此居住的同时，有效降低建筑物在高温环境下的温度。NEXT21 目前正在进行的试验是氢燃料供给能源系统。通过在屋顶设置将燃气转化为氢气的转化系统，在 5 层、6 层每家住户内装备氢燃料电池系统，这提高了整个系统的效率，节能达到近 12%。NEXT21 作为实验性住宅为实际中众多的建筑设计提供可行的节能环保设计方案，日本很多建成的节能住宅项目都从 NEXT21 那里获得节能住宅设计经验。（朱配辰）

Pall 公司

Pall Corporation

由颇尔博士于 1946 年在美国创建的。主要致力于过滤、分离、纯化技术，目前处于全球领先地位。颇尔公司为客户提供技术卓越的产品和工程化的过程解决方案，提高他们的业务水平，同时降低对环境的影响。运用创新净化、节约用水、减少能量消耗，使替代能源成为可能，并减少排放和废物。帮助客户减少他们的碳足迹，并确保最有效地利用水和其他自然资源和原材料。颇尔公司的环境管理方法是积极的，采用全球公认的温室气体评估协议，将环境可持续性指标纳入业务范围。（代富宇）

PM2.5

Particulate Matter 2.5

又称细颗粒物、细粒、细颗粒。指环境空气中空气动力学当量直径小于或等于 2.5 微米的悬浮颗粒物。细颗粒物的化学成分主要包括微量金属元素、生物物质（细菌、病菌、霉菌等）、有机碳、元素碳、硝酸盐、硫酸盐、铵盐、钠盐等。PM2.5 指数已经成为重要的检测空气污染程度的指数，与大气颗粒物相比，细颗粒物粒径小，含有大量有毒物质并在空气中停留时间长，输送距离远，对人体健康和大气环境质量影响较大，每立方米中这种颗粒的含量越高，代表空气污染越严重。PM2.5 来源分为 3 类：自然源、人为源和二次颗粒物。自然源包括扬尘、海盐、植物花粉、孢子、细菌等。人为源包括燃煤、燃油或燃气排放的烟尘以及各类交通工具向大气中排放的尾气。二次颗粒物包括大气中的气态前体污染物会通过大气化学反应生成二次颗粒物，实现由气体到粒子的转换。（王晴晴）

PM2.5 数据公开事件

Data disclosure event of Particulate Matter 2.5

2011 年秋北京市接连遭遇雾霾天气，北京市环保局的空气检测结果为轻度污染，引起公众强烈质疑。公众开始自发普及 PM2.5 知识，强烈要求环保部公布 PM2.5 数值。环保部给予的回应是不能随意公布相关信息。经过半个月讨论，11 月 16 日环保部第二次就《环境空气质量标准》向公众征求意见，拟将 PM2.5、臭氧等污染物纳入对空气质量的评价，收紧 PM10、氮氧化物等标准限值，提高监测数据统计有效性要求。同年 12 月北京继续遭遇雾霾天气，环保部第二次意见征求结束，公众普遍赞成将 PM2.5 纳入空气质量评价标准。2012 年 1 月北京市空气质量监测开始纳入 PM2.5 标准。2012 年 2 月 29 日国务院要求各地向社会公布 PM2.5 的数值。5 月 24 日环保部公布《空气质量新标准第一阶段监测实施方案》，要求全国 74 个城市在 10 月底前完成 PM2.5 国控点监测的试运行，12 月底前公布监测结果。中国空气质量检测正式进入 PM2.5 时代。（张沥元）

PPE 怪圈

PPE strange circle

人口（Population）、贫困（Poverty）和环境退化（Environment Degradation）三者之间有着循环的关系，简称 PPE 怪圈。这是当今世界大部分发展中国家面临的共同问题。研究表明，穷人既是环境退化的主要受害者，也是环境退化的催化剂，随着人口的过度增长，在人类现有开发能力下所能利用的环境与资源不足以满足人们需要的时候，便产生贫困，人均资源减少，失业人口增多，人均收入减少，社会设施不足，人们的生活水平低下。环境退化本质上并非贫困本身引起，而是由机制和政策造成。环境与贫困之间的关系是由机制、社会经济和文化因素共同调节的，而非是某一要素单独引起。贫困的加剧导致环境恶化，而环境恶化不仅无助于贫困问题解决，反而会加剧贫困从而加剧社会的两极分化。贫困者更依赖于日益恶化的环境，因此他们对环境退化非常敏感和易于受到伤害。他们常常为了生存，或者为知识所限，不能意识到环境问题所带来的“公有地悲剧”，不能合理开发利用自然资源，粗放

式经济活动导致经济活动的不可持续，最终导致环境退化。（牟世晶）

R 对策与 K 对策

R Strategy and K Strategy

1967 年麦克阿瑟与威尔逊按照栖息地与生命参数的特点，将生物分成两类：R 对策者与 K 对策者。他们认为地球表面环境是连续变化的，一个极端是气候稳定、天灾稀少的栖息地，另一个极端是气候稳定、天灾频繁的栖息地。动物种群数量达到或接近环境负载量，属于 K- 对策者；种群密度多处于 K 值以下的增长段，常出现扩展增大过程，属于 r- 对策者。K 对策和 r 对策的生活特点区别很大，它们的种群数量动态曲线也存在着明显的差异，K 对策物种的种群动态曲线有二个平衡点，一个是稳定平衡点 S，一个是不稳定平衡点 X。当种群数量高于或低于平衡点 S 都会趋向于 S 点。当在不稳平衡点 X 处，当种群数量高于X时，会回到S点，当种群数量低于 X 点时，就走向灭绝。而 r 对策物种只有一个平衡点而没有灭绝点，他们的种群密度能迅速回到平衡点 S，在平衡点附近上下波动。（代富宇）

SCP 分析框架

SCP Analysis Framework

20 世纪 30 年代哈佛大学学者创立的产业组织分析的理论。最初由哈佛大学教授梅森首先提出。作为正统的产业组织理论，哈佛学派以新古典学派的价格理论为基础，以实证研究为手段，按结构、行为、绩效对产业进行分析，构架系统化的市场结构（Structure）—市场行为（Conduct）—市场绩效（Performance）的分析框架。结构—行为—绩效分析范式，简称 SCP 范式。这一范式认为产业结构决定产业内的竞争状态，并决定企业的行为及其战略，从而最终决定企业的绩效。对于研究产业内部市场结构，主体市场行为及整个产业的市场绩效有现实的指导意义，是产业经济学中分析产业组织的正统理论。（参考：苏东水：《产业经济学》第 34 ~ 37 页，南昌：江西人民出版社，2012 年。张惠娜）

中文辞目笔画索引

【说明】本索引以辞目首字笔画少多为序。首字笔画数相同以起笔笔顺一、丨、丿、丶、ㄱ为序。首字字形相同，以第二个字笔画少多为序，同笔画数以起笔笔顺为序。同笔画数且起笔笔顺相同的字，兼顾字形结构，先左右，次上下，再包围，殿整体。余类推。

【一画】

【二画】

【三画】

【四画】

【五画】

【六画】

【七画】

【八画】

【九画】

【十画】

【十一画】

【十二画】

【十三画】

【十四画】

【十五画】

【十六画】

【十七画】

【十八画】

【十九画】

【二十画】

【二十一画】

外文辞目字序索引

【说明】本书辞目下缀相应英文辞目，间有德、俄等语种文字和汉语拼音辞目。故本索引首列英文辞目索引，设有字母标题以便检索，次列其他语种文字辞目索引，后缀汉语拼音辞目作为附录。

英文辞目索引

A

C

D

E

F

G

H

I

J

K

L

M

N

O

P

Q

R

S

T

U

X

Y

其他文种辞目索引

附

汉语拼音辞目索引